ArchiCAD 20 – Praxiseinstieg

Detlef Ridder

ArchiCAD 20

Praxiseinstieg

mitp

Bibliografische Information der Deutschen Nationalbibliothek
Die Deutsche Nationalbibliothek verzeichnet diese Publikation in der Deutschen Nationalbibliografie; detaillierte bibliografische Daten sind im Internet über <http://dnb.d-nb.de> abrufbar.

Bei der Herstellung des Werkes haben wir uns zukunftsbewusst für umweltverträgliche und wiederverwertbare Materialien entschieden. Der Inhalt ist auf elementar chlorfreiem Papier gedruckt.

ISBN 978-3-95845-154-4
1. Auflage 2016

www.mitp.de
E-Mail: mitp-verlag@sigloch.de
Telefon: +49 7953 / 7189 - 079
Telefax: +49 7953 / 7189 - 082

Lektorat: Sabine Schulz
Sprachkorrektorat: Petra Heubach-Erdmann
Coverbild: © Frank Boston, fotolia.de
Satz: III-satz, Husby, www.drei-satz.de
Druck: Medienhaus Plump GmbH, Rheinbreitbach

Inhaltsverzeichnis

Wo finde ich ... 13

1 Schnellstart: Wie geht das? 15
1.1 ArchiCAD und BIM 15
1.2 Die Testversion 15
1.2.1 Hard- und Software-Voraussetzungen 16
1.2.2 Installation 17
1.3 ArchiCAD starten und eine einfache Konstruktion erstellen 18
1.3.1 Das ArchiCAD-Fenster 19
1.4 Konstruktion der Außenwände 24
1.4.1 Nützliche Voreinstellungen 27
1.4.2 Vier Wände 29
1.5 Die Innenwände 34
1.5.1 Wandstärke und Ebenen 34
1.5.2 Rasterfang und Koordinateneingabe 36
1.5.3 Eingabe für die Innenwände 41
1.6 Die Tür 45
1.7 Speichern der Konstruktion 49
1.8 Einbau von Fenstern 49
1.9 Bemaßung 51
1.10 3D-Ansicht 54
1.11 Übungsfragen 56

2 Die Benutzeroberfläche im Detail 57
2.1 Die Standard-20-Arbeitsumgebung 57
2.2 Das Pfeil-Werkzeug 66
2.2.1 Objekte mit Pfeil-Werkzeug wählen 66
2.2.2 Punktpositionen auf Elementen 67
2.3 Zoom-Funktionen 68
2.3.1 Zoom und Verschieben mit der Maus 68
2.3.2 Zoom und Verschieben mit Werkzeugen 69
2.3.3 Was ändert sich bei Wahl eines anderen Maßstabs? 70

2.4	Kontextmenü im Grundrissfenster	70
2.5	Ansicht im 3D-Fenster manipulieren	73
2.5.1	Orbit	73
2.5.2	Das Kontextmenü im 3D-Fenster	73
2.5.3	Bestimmung von Sonnenstand und Standort für 3D-Darstellungen	77
2.5.4	Bearbeitungsebene im 3D-Fenster	79
2.6	Übungsfragen	80
3	**Koordinateneingabe**	81
3.1	Der Koordinatenursprung	81
3.1.1	Projektursprung	82
3.1.2	Benutzerursprung	82
3.1.3	Bearbeitungsursprung	82
3.1.4	Koordinateneingabe	83
3.2	Raster	91
3.3	Hilfslinien	93
3.3.1	Permanente Hilfslinien	94
3.3.2	Temporäre Hilfslinien – Fanghilfen	95
3.3.3	Fanghilfe Punkt	97
3.3.4	Haupt-Hilfslinien	98
3.3.5	Punkte auf Hilfslinien fixieren	99
3.4	Fangpunkte und Fangrichtungen	99
3.4.1	Fangpunkte	100
3.4.2	Fangpunktvarianten	103
3.4.3	Koordinaten-Fang	104
3.4.4	Relative Konstruktionsmethoden	105
3.5	Elementfang	109
3.6	Übungsfragen	110
4	**Einfache Geometrie**	111
4.1	Linie	112
4.1.1	Übereinanderliegende Linien	114
4.2	Kreis/Bogen	115
4.3	Polylinie	117
4.3.1	Polylinien verbinden	119
4.4	Spline	119
4.4.1	Splines verbinden	122

4.5 Fixpunkt 122
4.6 Schraffur 123
4.6.1 Schraffuren zusammenfassen 125
4.7 Übungsfragen 125

5 Wände, Fenster, Türen 127
5.1 Wände 127
5.1.1 Infofenster 127
5.1.2 Materialien, Prioritäten und Profile 130
5.1.3 Einstellungsdialog für Wände 136
5.1.4 Umbau-Status verwalten 141
5.1.5 Wandabschlüsse 143
5.1.6 Wände gruppieren 144
5.2 Fenster 145
5.2.1 Fenster-Einbau und Manipulation 148
5.3 Eckfenster 152
5.4 Türen 153
5.5 Decken 155
5.5.1 Decken mit Zauberstab 156
5.5.2 Decken anpassen 157
5.5.3 Deckendurchbrüche 159
5.6 Dächer 160
5.6.1 Infofenster 160
5.6.2 Verschiedene Dachformen erstellen 161
5.6.3 Dach im 3D-Fenster 163
5.6.4 Weitere Dach-Grundeinstellungen 164
5.6.5 Durchbrüche 167
5.6.6 Wände auf Dach anpassen 168
5.6.7 Dachneigung, -höhe, Traufkanten und Höhenlinien 169
5.7 Schalen 171
5.8 Dachfenster 175
5.9 Stützen 178
5.9.1 Eigenes Profil 180
5.9.2 Stütze und Wand 181
5.10 Unterzüge 182
5.11 Freiflächen 185
5.12 Übungsfragen 188

6 **Elemente bearbeiten** ... 189
6.1 Element-Auswahl ... 189
6.1.1 Informative Auswahl ... 189
6.1.2 Schnellauswahl ... 190
6.2 Explizite Auswahl zur Bearbeitung ... 191
6.2.1 Auswahl mit Pfeil-Werkzeug ... 191
6.2.2 Auswahl beenden ... 192
6.2.3 Pfeil-Werkzeug und Auswahlmethoden ... 192
6.2.4 Werkzeug Markierungsrahmen ... 192
6.2.5 Auswahl nach Kriterien ... 193
6.2.6 Auswahlsets ... 194
6.3 Direkt-Bearbeitung mit Pet-Paletten ... 195
6.4 Elemente bearbeiten ... 197
6.4.1 Direktes Ziehen mit der Maus ... 197
6.4.2 Funktionen der Pet-Paletten verwenden ... 198
6.5 Standard-Transformationen ... 201
6.6 Anpassungsoperationen ... 207
6.7 Der Zauberstab ... 212
6.8 Kontextmenü verwenden ... 216
6.9 Bearbeiten-Menü ... 217
6.9.1 Bewegen ... 218
6.9.2 Ausrichten ... 219
6.9.3 Verteilen ... 220
6.9.4 Verändern ... 221
6.9.5 Vereinigen & Zerlegen ... 227
6.9.6 Elementeinstellungen mit Pipette und Spritze ... 228
6.9.7 Tastaturkürzel ... 230
6.9.8 Symbolleiste »Elemente bearbeiten« ... 231
6.9.9 Symbolleiste »Elemente anordnen« ... 236
6.10 Drag&Drop ... 238
6.11 Übungsfragen ... 239

7 **Treppen** ... 241
7.1 Standardtreppen ... 241
7.2 Individuelle Treppen ... 243
7.3 Benutzerdefinierte Treppe ... 256
7.3.1 Deckendurchbruch ... 260
7.4 Übungsfragen ... 262

8 Fassaden ... 263
8.1 Das Fassaden-Werkzeug ... 263
8.2 Fassaden mit Polylinienkontur ... 266
8.3 Fassaden bearbeiten ... 270
8.4 Symbolleiste Fassade ... 276
8.5 Übungsfragen ... 278

9 Morph-Elemente ... 279
9.1 Das Morph-Werkzeug ... 279
9.2 Morph-Bearbeitung ... 282
9.2.1 Die Morph-Symbolleiste ... 282
9.2.2 Glätten ... 285
9.2.3 Arbeiten mit der Pet-Palette ... 288
9.3 Übungsfragen ... 292

10 Bemaßung und Text ... 293
10.1 Bemaßungseinstellungen ... 293
10.2 Linear bemaßen ... 296
10.2.1 Bemaßungsvorgang ... 298
10.2.2 Geometriemethoden ... 301
10.3 Automatisch bemaßen ... 311
10.3.1 Außenbemaßung ... 311
10.3.2 Innenbemaßung ... 313
10.3.3 Änderungen an der Bemaßung ... 314
10.4 Das Text-Werkzeug ... 317
10.4.1 Einstellungen und Darstellung ... 317
10.4.2 Texterstellung ... 319
10.4.3 Texte bearbeiten ... 319
10.4.4 Etiketten ... 321
10.4.5 Text ersetzen und Rechtschreibung prüfen ... 323
10.5 Änderungsmarken und Änderungsmanager ... 323
10.6 Übungsfragen ... 326

11 Raumstempel, Listen und Auswertungen ... 327
11.1 Raumstempel ... 327
11.1.1 Feineinstellungen ... 329
11.1.2 Anzeige von Raumstempeln und Raum-Kategorien ... 330
11.1.3 Räume anpassen ... 335
11.1.4 Raum nach Dachlinien erzeugen ... 338
11.1.5 Eigene Raumkategorien ... 340

11.2 Listen ... 341
11.2.1 Elementlisten ... 341
11.2.2 Listen zur Dokumentation ... 344
11.3 Übungsfragen ... 345

12 Schnitte, Ansichten, Innenansichten, Arbeitsblätter, Details und 3D-Dokumente ... 347
12.1 Schnitte ... 348
12.2 Ansichten ... 352
12.3 Innenansichten ... 354
12.4 Arbeitsblätter ... 358
12.5 Details ... 360
12.6 Die grafischen Überschreibungen ... 363
12.7 Das 3D-Dokument ... 366
12.8 3D-Schnitte ... 366
12.8.1 3D-Dokument erstellen ... 372
12.8.2 3D-Dokument aktualisieren und bearbeiten ... 373
12.8.3 3D-Dokument bemaßen ... 375
12.9 Übungsfragen ... 377

13 Organisation, Layout und Plot ... 379
13.1 Organisation ... 379
13.1.1 Der Navigator ... 379
13.1.2 Der Organisator ... 387
13.1.3 Layoutbuch ... 388
13.2 Plotten ... 394
13.3 Drucken ... 395
13.4 Publizieren ... 396
13.4.1 Publisher-Sets ... 396
13.5 Übungsfragen ... 399

14 Projekteinstellungen, Geschosse und Ebenen ... 401
14.1 Projekteinstellungen ... 401
14.1.1 Arbeitseinheiten ... 402
14.1.2 Bemaßungseinstellungen ... 402
14.1.3 Berechnungseinheiten und -regeln ... 403
14.1.4 Raumflächen ... 404
14.1.5 Referenzhöhen ... 404
14.1.6 Projektlage ... 406
14.1.7 Nordrichtung einstellen ... 406

14.2 Geschossverwaltung 407
14.3 Ebenen 411
14.4 Übungsfragen 413

15 Visualisierung 415
15.1 Vorbereitungen 416
15.1.1 Sonnenstand und Ort 416
15.1.2 Photorealistik-Einstellungen 418
15.1.3 Kamera 421
15.1.4 Lichtquellen 423
15.2 Photorealistische Bilder 424
15.3 Animationen 425
15.4 Sonnenstudie 427
15.5 Übungsfragen 427

16 Konstruktionsbeispiel 429
16.1 Das Projekt 429
16.2 Die Geschosse 430
16.3 Das Erdgeschoss 431
16.3.1 Wände 431
16.3.2 Türen und Fenster 435
16.4 Die anderen Geschosse 438
16.5 Das Gelände 442
16.6 Der Keller 443
16.6.1 Kellertreppe außen 445
16.6.2 Der Kellerboden 447
16.6.3 Fundamente 448
16.7 Treppe in Erdgeschoss 449
16.7.1 Kellerdecke 452
16.7.2 Der Balkon 453
16.8 Der Hauseingang 454
16.9 Das Dach 456
16.10 Übungsfragen 457

A Fragen und Antworten 459

B Unterschiede Windows – Macintosh und Tastaturkürzel 471

C Die Benutzeroberfläche im Detail 473

Stichwortverzeichnis 519

Wo finde ich ...

Schnelle Themenübersicht

- Koordinateneingabe .... Kapitel 3 .... Seite 81
- Fangpunkte, Elementfang .... Abschnitt 3.4, 3.5 .... Seite 99, 109
- Hilfslinien .... Abschnitt 3.3 .... Seite 93
- Elemente wählen .... Abschnitt 6.1, 6.2 .... Seite 189, 191
- Geschosse verwalten .... Abschnitt 14.2 .... Seite 407
- Zoomen .... Abschnitt 2.3 .... Seite 68
- Zeichenbefehle
  - 2D-Geometrie .... Kapitel 4 .... Seite 111
  - Dächer .... Abschnitt 5.6 .... Seite 160
  - Dachfenster .... Abschnitt 5.8 .... Seite 175
  - Decken .... Abschnitt 5.5 .... Seite 155
  - Eckfenster .... Abschnitt 5.3 .... Seite 152
  - Fassaden .... Abschnitt 8.1 .... Seite 263
  - Fenster .... Abschnitt 5.2 .... Seite 145
  - Morphs .... Kapitel 9 .... Seite 279
  - Schalen .... Abschnitt 5.7 .... Seite 171
  - Stützen .... Abschnitt 5.9 .... Seite 178
  - Treppen .... Kapitel 7 .... Seite 241
  - Türen .... Abschnitt 5.4 .... Seite 153
  - Unterzüge .... Abschnitt 5.10 .... Seite 182
  - Wände .... Abschnitt 5.1 .... Seite 127
- Bearbeitungsbefehle .... Kapitel 6 .... Seite 189
- Bemaßung
  - automatisch .... Abschnitt 10.3 .... Seite 311
  - einzeln .... Abschnitt 10.1–10.2 .... Seite 293

- Texte .... Abschnitt 10.4 .... Seite 317
- Schnittansichten .... Kapitel 12 .... Seite 347
- 3D-Ansicht/3D-Fenster .... Abschnitt 2.5 .... Seite 73
- Zeichnungserstellung .... Kapitel 13 .... Seite 379
- Plotten .... Abschnitt 13.2 .... Seite 394
- Listenausgabe .... Kapitel 11 .... Seite 327
- Visualisierung .... Kapitel 15 .... Seite 415

Kapitel 1

Schnellstart: Wie geht das?

In diesem einleitenden Kapitel wird zunächst die Installation des Programms beschrieben und dann anhand eines einfachen Beispiels ein kurzer Überblick über die Bedienung gegeben. Die Vertiefung über einzelne Bedienelemente, die Benutzeroberfläche und eine systematische Einführung in die Konstruktionsweise mit ArchiCAD wird in den nachfolgenden Kapiteln gebracht.

1.1 ArchiCAD und BIM

ArchiCAD ist ein ausgereiftes CAD-System für Architekturaufgaben. Es arbeitet objektorientiert und erstellt ein Gebäudemodell aus Architekturelementen, die aus einem Werkzeugkasten gewählt werden und durch Einstellen ihrer Eigenschaften an die Anforderungen des Projekts angepasst werden. Diese Architekturelemente tragen alle Informationen über Materialien, Abmessungen und Volumen bei sich und sind damit intelligente Objekte. Die internen Informationen der Objekte werden automatisch in Form von Teilelisten, Stücklisten, Massenlisten und Raumstempeln als Projektdaten zusammengefasst und sind stets automatisch aktuell. Es handelt sich hier also nicht um ein Basis-CAD-Programm, das seine Konstruktionen aus einzelnen Linien, Bögen, Kreisen etc. zusammensetzt, sondern um ein fortgeschrittenes CAD-System mit intelligenten Objekten und fortschrittlicher Konstruktionstechnik. ArchiCAD nennt sein CAD-Modell deshalb BIM, *Building Information Model*. Seit Version ArchiCAD 13 gibt es zur eigentlichen CAD-Software noch eine interessante Projektverwaltungssoftware, den Graphisoft BIM Server. Damit können Projekte, auf die mehrere Mitarbeiter zugreifen sollen, im Netzwerk verwaltet und mit Zugriffsrechten versehen werden.

1.2 Die Testversion

Sie können eine Testversion von ArchiCAD 20 übers Internet unter `http://www.graphisoft.de` herunterladen. Sie finden auf der Begrüßungsseite links einen Button TESTVERSION und darunter dann ARCHICAD TESTVERSION ZUM DOWNLOAD zum Herunterladen oder ARCHICAD TESTVERSION ALS DVD BESTELLEN. Auch gibt es auf der Graphisoft-Homepage unter AUSBILDUNG Möglichkeiten für Schüler, Studenten, Auszubildende, Dozenten und Schulungseinrichtungen, um Versionen zum Üben zu erhalten.

Im Lauf der Installation werden Sie aufgefordert, zwischen den Lizenzen mit *Hardware-Schutzschlüssel* für eine normale Vollversion oder mit *Seriennummer* für *Studenten-* und *Testversion* zu wählen. Für die *Studenten-* oder *Testversion* ist eine Lizenznummer der Firma Graphisoft nötig. Die *Vollversion* erfordert einen Dongle, der auch mit einem Zeitkonto ausgegeben werden kann.

- *Vollversion*
  - *mit Hardware-Schutzschlüssel*: Voller Funktionsumfang (zeitlich unbegrenzt oder mit Zeitkonto auf dem Dongle)
  - *ohne Dongle* als *Demoversion*: Kein Speichern oder Kopieren oder Teamwork möglich, zeitlich unbegrenzte Testversion
- *Studenten- oder Testversion*
  - mit *Lizenznummer* für Studenten oder zum Testen nutzbar

Als Demoversion sind die Funktionen zum Speichern, Kopieren und Teamwork abgeschaltet.

1.2.1 Hard- und Software-Voraussetzungen

Folgende 64-Bit-Betriebssysteme werden für ArchiCAD 20 empfohlen:

- Windows 8.1
- Windows 10
- Mac OS X 10.11 El Capitan
- Mac OS X 10.10 Yosemite

Als kompatible, aber nicht getestete 64-Bit-Systeme werden angegeben:

- Windows 7
- Windows 8
- Mac OS X 10.9 Mavericks

Tipp

Windows 7: Bei diesem Betriebssystem ist die Bildschirmdarstellung AERO-DESIGN nötig. Sie können das AERO-DESIGN über START|SYSTEMSTEUERUNG|ALLE SYSTEMSTEUERUNGSELEMENTE|ANPASSUNG aktivieren.

32-Bit-Systeme werden nicht unterstützt. Ältere Betriebssysteme sind nicht mehr kompatibel.

Zusätzlich ist Java 8 oder höher nötig und wird notfalls automatisch installiert.

Als Hardware wird mindestens vorausgesetzt:

- Für PC oder Mac: Intel Core2Duo oder höher, Mehrkern-Prozessoren wären optimal. Ein 64-Bit-Prozessor ist nötig.
- 4 GB RAM-Speicher oder mehr werden empfohlen.
- Mindestens 5 GB freier Speicherplatz auf der Festplatte für die komplette Installation
- Zusätzlich 10 GB Festplattenspeicher oder mehr pro aktivem Projekt
- Bildschirmauflösung 1366 x 768 Pixel minimal, empfohlen werden 1440 x 900 Pixel oder mehr.
- Grafikkarte mit Open GL 2.0 und möglichst 1024 MB oder mehr Videospeicher
- Zeigegerät: Maus oder Trackball
- Schnelles Internet für den Software-Download und Updates

Für die Vollversion ist ein ARCHICAD-20-CodeMeter-Hardware-Key oder -Software-Key nötig.

1.2.2 Installation

Obwohl Sie zur Ausführung von ArchiCAD nur einfache Benutzerrechte benötigen, müssen Sie für die Installation Administratorrechte auf dem PC besitzen. Außerdem sollten alle anderen Anwendungen geschlossen sein.

Nach dem Download führen Sie die Datei `ARCHICAD-20-GER-3012-1.3.exe` aus dem Download-Verzeichnis aus. Es erscheint ein Hauptdialogfenster (Abbildung 1.1) und dann eine Reihe weiterer Dialogfenster, die Sie meist mit Klick auf WEITER durchlaufen.

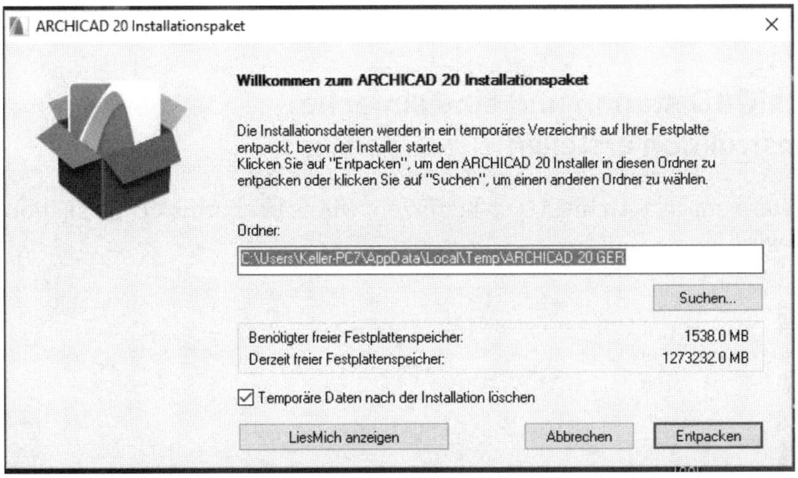

Abb. 1.1: Installation von ArchiCAD 20

Bei der *Versionswahl* können Sie zwischen HARDWARE LIZENZ-DONGLE für die VOLLVERSION oder SERIENNUMMER für die STUDENTEN- und TESTVERSION wählen. Wenn Sie die Version als DEMOVERSION benutzen wollen, wählen Sie die Option HARDWARE LIZENZ-DONGLE. Ohne den *Dongle* können Sie dann ArchiCAD bis auf die Funktionen *Sichern*, *Kopieren* und *Teamwork* für Demozwecke nutzen.

Wenn eine vorherige Version von ArchiCAD gefunden wird, könnten Sie einige Einstellungen übernehmen. Es wird aber empfohlen, die neuesten Programmeinstellungen zu benutzen.

Mit *Fertigstellen* wird die Installation beendet.

Abb. 1.2: Das ArchiCAD-Team dankt am Ende der Installation.

1.3 ArchiCAD starten und eine einfache Konstruktion erstellen

Wir wollen hier zunächst ArchiCAD so benutzen, wie es bei normaler Installation eingerichtet wird.

Abb. 1.3: Startsymbol für ArchiCAD auf dem Desktop

Danach erscheint das Start-Dialogfenster. Hier wählen Sie, ob Sie ein neues Projekt beginnen wollen (= NEU) oder eine bestehende Konstruktion fortsetzen wollen (= ÖFFNEN). Sie könnten sich auch an einem Team-Projekt beteiligen, wenn der BIM-Server installiert und gestartet ist. Für die erste Konstruktion wählen Sie hier EIN NEUES PROJEKT ERSTELLEN. Dann erst sehen Sie das ArchiCAD-Fenster mit vielen Werkzeugen und Paletten.

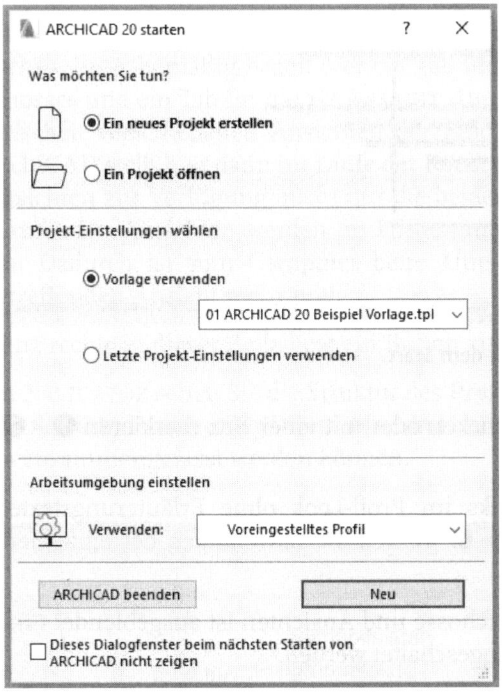

Abb. 1.4: Start-Dialogfenster bei ArchiCAD

1.3.1 Das ArchiCAD-Fenster

Nach dem Start eines neuen Projekts werden die Grundeinstellungen der Arbeitsumgebung und die Benutzeroberfläche aufgebaut. In der aktuellen Version ArchiCAD 20 wurde die Benutzeroberfläche neu gestaltet. Dabei wurden viele Icons vereinfacht und die gesamte Oberfläche freundlicher und übersichtlicher gestaltet. Das zentrale ArchiCAD-GRUNDRISSFENSTER ist von mehreren Funktionsleisten oben, links, rechts und unten umgeben. Mitten im GRUNDRISSFENSTER erscheint beim ersten Aufruf ein Hinweistext am Nullpunkt auf der Zeichenfläche, dass Sie mit einer Beispiel-Vorlage begonnen haben und für effektives Arbeiten eine individuelle Vorlage mit spezifischen Vorgaben für Ihr Projekt anlegen sollten.

Unter dem GRUNDRISSFENSTER liegt noch die Hilfsmittelleiste mit zahlreichen Tabs, die zu den SCHNELL-OPTIONEN zählen. Insbesondere liegen dort links Buttons für mehrere *Zoom-Optionen* und für den *Maßstab* (Abbildung 1.7).

Tipp

Die bisher genannten Paletten können Sie auch über das Menü FENSTER|PALETTEN|... jederzeit aktivieren oder deaktivieren. Unter FENSTER|SYMBOLLEISTEN finden Sie die oben genannten Symbolleisten und auch weitere.

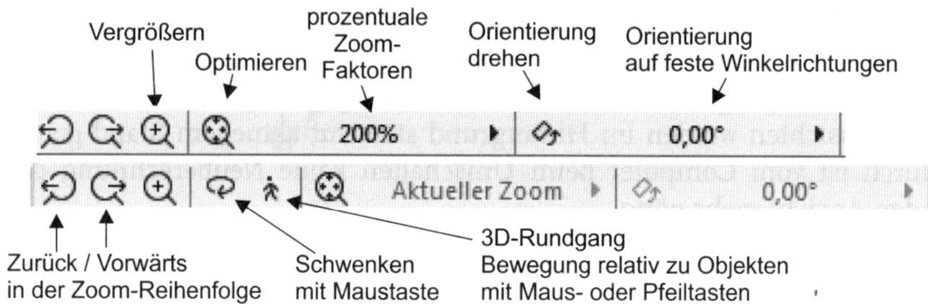

Abb. 1.7: Werkzeuge der Hilfsmittelleiste für 2D und 3D

Die Werkzeuge in der HILFSMITTELLEISTE haben folgende Bedeutung:

- VORHERIGER ZOOM geht in der Zoom-/Schieben-/Drehen-Historie rückwärts.
- NÄCHSTER ZOOM geht in der Zoom-/Schieben-/Drehen-Historie wieder vorwärts.
- ZOOM-VERGRÖßERN Sie wählen hierbei über zwei diagonale Punkte einen Ausschnitt des Bildes aus, der dann auf den kompletten Bildschirm vergrößert wird.
- ORBIT Diese Funktion existiert nur, wenn Sie im NAVIGATOR eine 3D-ANSICHT gewählt haben. Sie erlaubt durch vertikale Bewegung der gedrückten Maustaste ein Kippen der 3D-Ansicht, bei horizontaler Bewegung ein Drehen.
- 3D-RUNDGANG Diese Funktion existiert nur, wenn Sie im NAVIGATOR eine 3D-ANSICHT gewählt haben. Sie bewegen mit Maustaste oder Pfeiltasten Ihre Position relativ zur Konstruktion.
- OPTIMIEREN zeigt die gesamte Konstruktion bildschirmfüllend an.
- 200% ZOOM steuert die Vergrößerung auf dem Bildschirm unabhängig vom späteren Plotmaßstab. Hier können Sie einen Zoomfaktor aus einer Liste diskreter Werte auswählen. Dieses Feld dient der Anzeige des aktuellen Zoomfaktors.
- ORIENTIERUNG EINSTELLEN dreht den Bildschirminhalt um einen wählbaren Drehpunkt (erster Klick) aus einer gewählten Richtung (zweiter Klick:

Punkt für Startwinkel) in eine neue Richtung (dritter Klick: Punkt für neuen Winkel).

- 0,00° Orientierung Diese Box erlaubt die Auswahl eines festen Drehwinkels aus einer Box. Ein Klick darauf genügt, um die Drehung auf einen festen Wert einzustellen.

Rechts neben diesen Werkzeugen finden Sie weitere Tabs mit Drop-down-Auswahl, die zu den Schnell-Optionen gehören. Die Schnell-Optionen zusammen gibt es auch als eigene Palette. Sie steuern die Darstellung der Elemente in der aktuellen Ansicht. Sie zeigen Folgendes an:

- den Maßstab Der gewählte Maßstab wirkt sich auf die relative Größe von Texten und Bemaßungsobjekten aus. Diese Objekte werden automatisch so skaliert, dass sie später bei der maßstäblichen Plotausgabe die gewünschte Höhe haben.
- die Aktuelle Ebenenkombination Sie steuert die *Sichtbarkeit der Konstruktionselemente,* die auf verschiedenen transparenten Ebenen übereinander liegen, für unterschiedliche Darstellungsziele. Die Voreinstellung ist 02A Beispiel Gr Genehmigungsplanung (Gr = Grundriss, S/A = Schnitt/Ansicht). Weitere Darstellungsziele sind Entwurf, Genehmigungsplanung, Ausführungsplanung, Exposé und weitere.
- die Strukturdarstellung Sie erlaubt unterschiedlich detaillierte Darstellungen strukturierter Bauteile. Als Optionen stehen zur Verfügung Komplettes Modell, Ohne Bekleidungen, Nur der Kern und Nur der Kern der tragenden Elemente.
- den Stiftset Er legt fest, welche Stiftnummer mit welcher Linienstärke und welcher Farbe ausgegeben wird. Im Einstellungsdialog jedes Elements ist für die verschiedenen Linien jeweils die Stiftnummer eingestellt. Über den gewählten Stiftset wird jeder Stiftnummer dann die Linienstäke und Farbe zugeordnet.
- die Modell-Darstellungskombination Sie steuert die Art und Weise, *wie detailliert* verschiedene Objekte dargestellt werden sollen. Es gibt fünf Darstellungsarten: 01 Entwurf, 02 Genehmigungsplanung, 03 Ausführungsplanung, 04 Exposé und 05 Deckenspiegel.
- die Grafische Überschreibungsregel Für spezielle Gebäudeanalysen können extra Regeln zur Darstellung von Elementen erstellt werden. So gibt es beispielsweise eine fertige Überschreibungsregel für tragende Bauteile. Bauteile, die im Einstellungsdialog als tragend klassifiziert sind, werden dann rot hervorgehoben, nicht tragende blau und undefinierte gelb. Vorgegeben ist hier natürlich Keine Überschreibungen.
- den Umbaufilter Jede Wand kann einem der drei Zustände Bestand, Abbruch oder Neubau zugeordnet werden. Im Umbaufilter stehen nun die fünf Darstellungen 00 Reiner Neubau, 01 Bestand, 02 Abbruch, 03 Abbruch/Neubau, 04 Neubau, 05 Endzustand zur Wahl. Je nach Filter-Auswahl werden die betreffenden Wände angezeigt oder nicht bzw. farbig markiert.

- die BEMAẞUNGSEINSTELLUNG Aus vier verschiedenen Bemaßungstypen ist DIN 1356 – RUNDUNG 0.50 vorgegeben. Dies ist eine normale Baubemaßung mit Angabe der halben Zentimeter. Die übrigen Bemaßungsdarstellungen sind DIN 1356 – RUNDUNG 0.01 mit Anzeige bis zum Millimeter hin, DIN 1356 – RUNDUNG 0.25 mit Anzeige bis zum Viertel-Zentimeter hin und MILLIMETER mit Anzeige der Zentimeter und Millimeter und auch der hundertstel Millimeter als hochgestellte Zahlen.

Als letzte Leiste des Programms finden Sie ganz unten die STATUSLEISTE, in der bei Befehlsbedienung die Eingabeaufforderungen erscheinen.

1.4 Konstruktion der Außenwände

Um schnell in die Konstruktion einzusteigen, soll hier versucht werden, mit einfachsten Mitteln und den Werkzeugen, die automatisch oder mit wenigen Klicks zu aktivieren sind, zunächst eine einfache Entwurfszeichnung zu erstellen. Die Maße sind in Abbildung 1.8 gegeben. Es sollen Außenwände für einen einfachen Grundriss gezeichnet werden, Innenwände, Fenster und die Eingangstür mit Standard-Elementen.

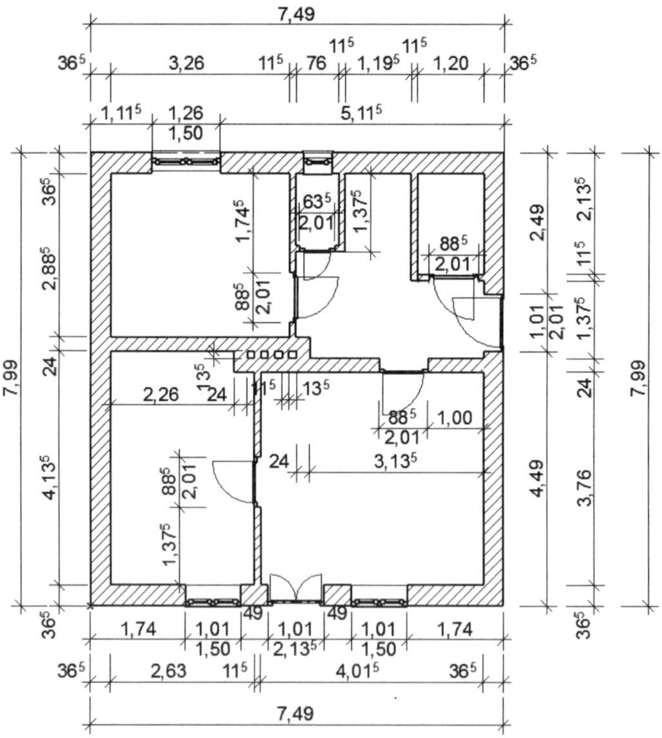

Abb. 1.8: Erste Beispielkonstruktion

Nehmen wir an, dass Sie ArchiCAD gestartet und ein neues Projekt begonnen haben. Dann wird Ihnen nach dem Start-Dialogfenster im Grundrissfenster rechts oben nach Aktivieren des POP-UP NAVIGATORS schon mal unter GESCHOSSE mit 0. EG das *Erdgeschoss als aktuelles Geschoss* angezeigt (Abbildung 1.10). Die Geschossnummerierung beginnt automatisch mit 0, der Name EG ist eine Vorgabe, die Sie nach Rechtsklick darauf über GESCHOSS UMBENENNEN auch ändern können.

Etwas unterhalb der Strukturdarstellung des NAVIGATORS finden Sie bei BESCHREIBUNGEN die Schaltfläche EINSTELLUNGEN. Hier können Sie mit einem Klick die Voreinstellungen für das Geschoss sehen, ändern und auch weitere Geschosse mit DARÜBER EINFÜGEN und DARUNTER EINFÜGEN erstellen (Abbildung 1.9). Alternativ erreichen Sie die Geschoss-Einstellungen auch über das Rechtsklickmenü eines beliebigen Geschosses.

Im Beispiel werden wir uns zunächst auf ein einziges Geschoss beschränken.

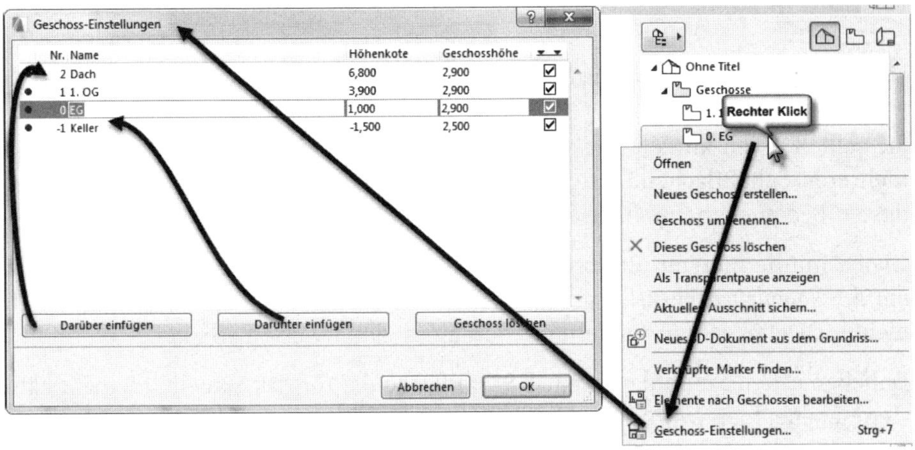

Abb. 1.9: Einstellungen für Geschosse

Nun sollen die ersten Wände konstruiert werden. Sie beginnen natürlich damit, dass Sie im WERKZEUGKASTEN links das WAND-Werkzeug anklicken. Das führt dazu, dass im INFOFENSTER oberhalb des Grundrissfensters die wichtigsten GRUNDEINSTELLUNGEN für dieses WAND-Werkzeug angezeigt werden (Abbildung 1.10). Außerdem erscheint sofort ganz unten in der STATUSANZEIGE die Anfrage ANFANGSPUNKT FÜR POLY-WAND FESTLEGEN. Hier erfahren Sie bei Aufruf bestimmter Funktionen immer, was zu tun ist. Sofern Sie also noch nicht auswendig wissen, wie ArchiCAD zu bedienen ist, bekommen Sie hier unten stets wertvolle Hilfe.

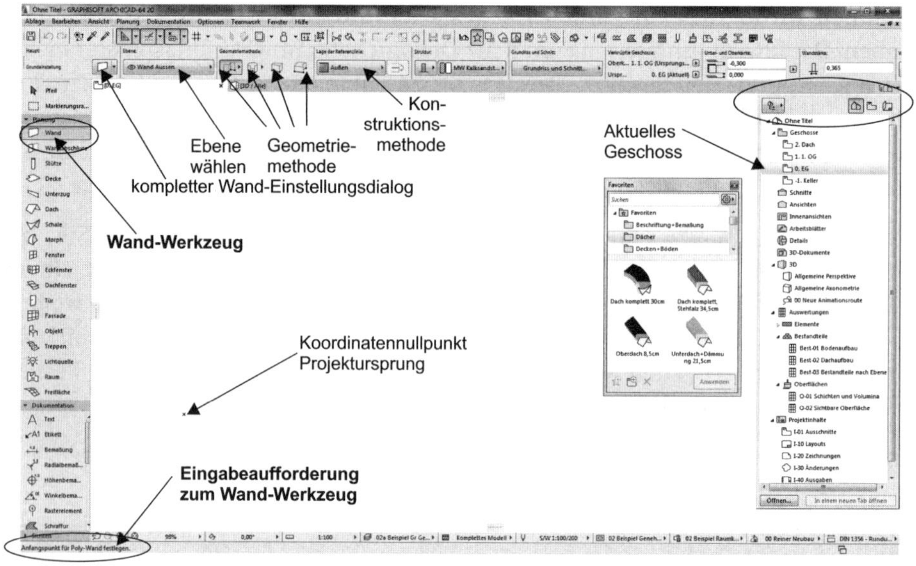

Abb. 1.10: WAND-Werkzeug aufrufen

Sie sollten einen kurzen Blick auf das INFOFENSTER oben werfen. Es enthält mit mehreren Schaltflächen, einigen Unterkategorien und Eingabefeldern die wichtigsten Bedienelemente für die Festlegung der Parameter für eine Wand.

Gleich mit dem ersten Button EINSTELLUNGSDIALOG erreichen Sie das *Dialogfeld mit den kompletten Einstellungen* für ein Wandelement. Hier wollen wir aber noch nicht ins Detail gehen, sondern mit voreingestellten Werten arbeiten.

Daneben sehen Sie in der zweiten Schaltfläche die für das aktuelle Element aktivierte Ebene, hier WAND AUSSEN.

Nun folgen vier wichtige Buttons mit den *Geometriemethoden* zur Wanderstellung:

- GERADE erstellt im Normalfall mit der Option POLY mehrere verbundene geradlinige Wandsegmente. Weitere Optionen sind GERADE EINFACH für einzelne gerade Wandsegmente, RECHTECK für rechteckige Wandverbünde und GEDREHTES RECHTECK für rechteckige Wandverbünde, die unter einem Winkel stehen.
- GEKRÜMMT Mit verschiedenen Untervarianten können bogenförmige Wandsegmente konstruiert werden: MITTELPUNKT UND RADIUS, 3 PUNKTE oder TANGENTE. Nach Eingabe der benötigten Geometrieelemente wird in den beiden ersten Methoden noch der Start- und Endwinkel des Bogens angefordert, während bei der Methode TANGENTE ein Vollkreis entsteht, der aber noch in seiner Lage mit dem sogenannten *Augen-Cursor* verändert werden kann.
- TRAPEZ ist eine Sonderform der Wand mit variabler Dicke an den Wandenden. Die Wandstärken für die beiden Wandenden müssen Sie vorher im EINSTELLUNGSDIALOG festlegen.

- Polygon dient zur Erzeugung beliebig geformter Wandstücke durch Angabe eines begrenzenden Vielecks, das auch Bogenformen enthalten kann. Damit kann der Wandquerschnitt beliebig vorgegeben werden. Die Form der einzelnen Segmente für die Wandkontur wie Linie, Bogen oder tangentialer Bogen kann über eine sogenannte *Pet-Palette* während der Erstellung gewählt werden.

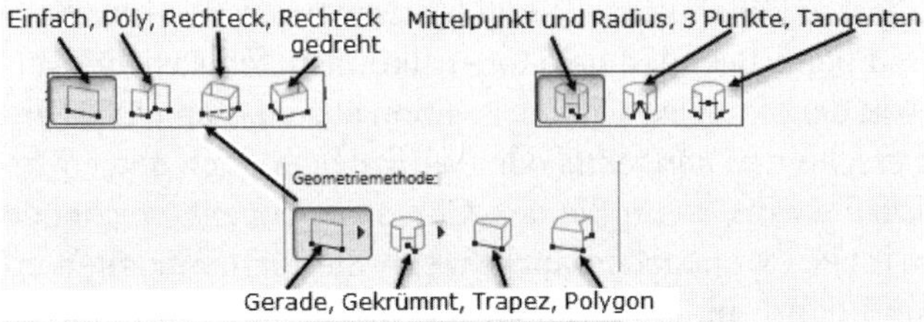

Abb. 1.11: Wand-Geometriemethoden

Die nächste Schaltfläche bestimmt die Lage der Wand-Referenzlinie:

- Außen Wenn Sie die Wände im Gegenuhrzeigersinn zeichnen, definieren die eingegebenen oder angeklickten Positionen die Wand-Außenkante. In anderer Richtung gezeichnet, werden aber die Innenkanten definiert.
- Mitte Die eingegebenen Positionen bestimmen die Wandmitten.
- Innen Wenn Sie die Wände im Gegenuhrzeigersinn zeichnen, definieren die Positionen die Wand-Innenkante, in anderer Richtung die Außenkanten.

1.4.1 Nützliche Voreinstellungen

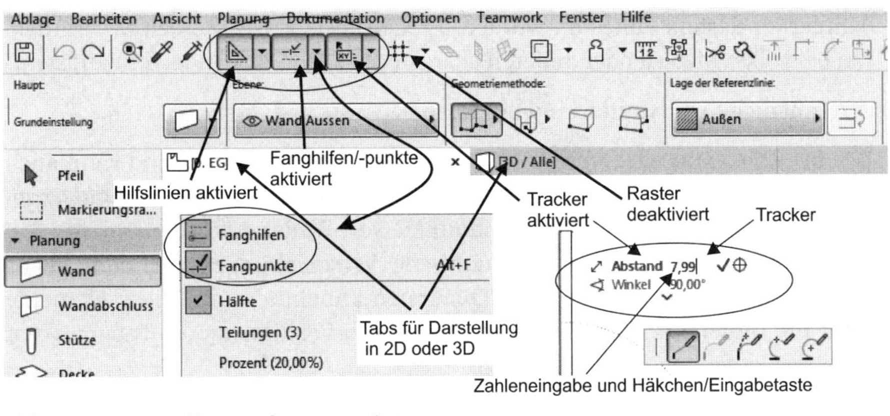

Abb. 1.12: Voreinstellungen für Konstruktion

In der Standard-Symbolleiste finden Sie einige nützliche Werkzeuge (Abbildung 1.13), die Ihnen bei der Koordinateneingabe helfen:

- Die HILFSLINIEN erscheinen als *horizontale, vertikale oder an Objektkanten ausgerichtete orangefarbene permanente Hilfslinien.* Erzeugt werden sie, indem Sie die auf dem Grundrissfenster in den vier Himmelsrichtungen am Rand sichtbaren orangefarbenen Linien auf eine Punktposition oder eine Elementkante ziehen. Neben dem HILFSLINIEN-Werkzeug finden Sie in der Drop-Down-Liste Funktionen zum Löschen aller oder einzelner dieser Hilfslinien.
- FANGHILFEN sind temporäre Hilfslinien, die automatisch während einer Konstruktion erscheinen und beim Beenden des Konstruktionsbefehls wieder verschwinden. Sie gehen von der aktuellen Cursor-Position aus oder an einem angefahrenen Punkt und erscheinen *horizontal* oder *vertikal* oder auch *unter Winkeln von 45°* und *Vielfachen* davon, wenn Sie den Cursor in die entsprechende Richtung bewegen. HILFSLINIEN entstehen auch, wenn Sie Elementkanten etwas länger berühren und dann mit dem Cursor auf die Verlängerung dieser Kanten fahren. Die gedachte Verlängerung erscheint dann als gestrichelte Hilfslinie.
- FANGPUNKTE ist wie FANGHILFEN standardmäßig aktiviert. Vorgabemäßig ist der ENDPUNKT einer Elementkante zum exakten Einrasten eingestellt. Sowie Sie einen Endpunkt anfahren, erscheint der Cursor in Häkchenform; wenn Sie dann länger darauf bleiben, wird er hellblau eingekringelt. Der TRACKER bietet dann die *Abstandseingabe* von diesem Punkt aus auf den FANGHILFEN an. Andere Positionen entlang von FANGHILFEN können durch Aufklappen eines Menüs neben dem FANGHILFEN/-PUNKTE-Werkzeug eingestellt werden. Standardvorgabe dafür ist HÄLFTE, also der *Mittelpunkt* von Elementkanten.
- Der TRACKER ermöglicht wie oben demonstriert die *Koordinateneingabe* oder *Abstandseingabe* an der *Cursorposition.*
- Der RASTERFANG (hier deaktiviert) bewirkt, dass Sie auf den Positionen eines vordefinierten Rasters einrasten würden. Er kann beispielsweise benutzt werden, um bei vollen Metern oder anderen charakteristischen Abständen einzurasten.

Weitere nützliche Hildsmittel sind der ELEMENTFANG und die FAVORITEN.

- Der ELEMENTFANG wird unter ANSICHT|ELEMENTFANG aktiviert und kann auch über Tastenkürzel [E] eingeschaltet werden. Er bewirkt, dass die *charakteristischen Punkte von Elementen,* wie Endpunkte von Wänden, für dynamische Änderungen, wie beispielsweise dynamische Verschiebungen mit dem PFEIL-Werkzeug, die Form von kleinen Quadraten annehmen und diese Elemente dann mit diesen Quadratpositionen an anderen Positionen oder Fangpunkten anderer Elemente einrasten können.
- Die Favoriten können Sie über das Werkzeug ☆ in der Symbolleiste STANDARD, das Menü FENSTER|PALETTEN|FAVORITEN oder Tastenkürzel [Strg]+[F] aktivieren. Mit diesem Werkzeug können Sie häufig benutzte Elemente in einer Liste zur schnellen Auswahl anzeigen lassen. *Eigene* Elemente mit bestimmten indi-

viduellen Voreinstellungen können Sie später aus dem GRUNDEINSTELLUNGEN-Dialogfenster jedes Werkzeugs mit der Schaltfläche FAVORITEN dort ablegen. Als Beispiel wird in Abbildung 1.13 eine Wand mit Wandstärke 50 cm als Favorit gespeichert:

1. WERKZEUGKASTEN|PLANUNG|WAND,
2. INFOLEISTE|WAND|GRUNDEINSTELLUNGEN,
3. Dialogfenster GRUNDEINSTELLUNGEN: Eigenschaften der Wand einstellen, hier Wandstärke auf **50** ändern,
4. GRUNDEINSTELLUNGEN|FAVORITEN anklicken,
5. Dialogfenster FAVORITEN ANWENDEN: AKTUELLE EINSTELLUNGEN ALS FAVORITEN SPEICHERN anklicken,
6. Passenden Namen dafür eintragen: **KS 50 cm**,
7. OK anklicken,
8. Neuer Name erscheint in FAVORITEN ANWENDEN,
9. ANWENDEN anklicken,
10. Die neue Wand erscheint nun zusätzlich in den FAVORITEN.

Unterhalb des INFOFENSTERS liegen die TABS zum schnellen Wechseln zwischen der 2D- und der 3D-Darstellung (Abbildung 1.13).

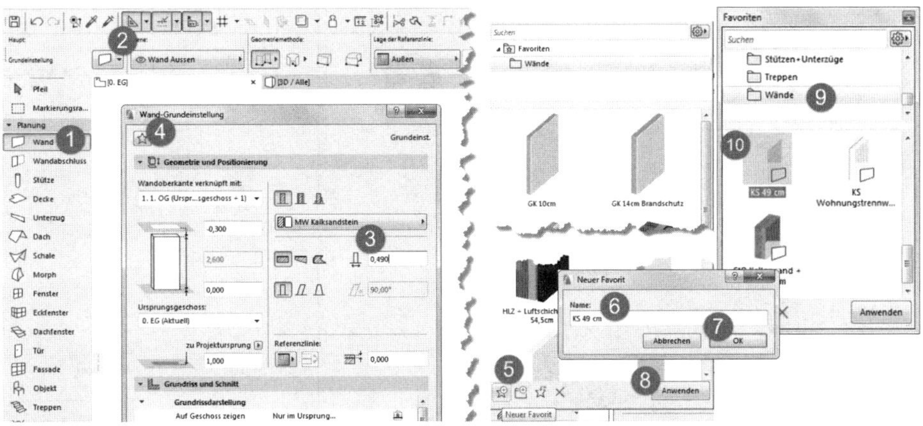

Abb. 1.13: Favoriten mit eigenem WAND-Element bestücken

1.4.2 Vier Wände

Erste Wand

Im Folgenden sollen nun vier Außenwände eines Hauses möglichst mit Standard-Voreinstellungen erstellt werden. Wenn Sie im WERKZEUGKASTEN das WAND-

Werkzeug aktivieren, werden Ihnen die wichtigsten Einstellungen für die Wand im INFOFENSTER angezeigt. Um mehr Einstellungen für die Wand zu sehen, müssten Sie das INFOFENSTER vergrößern; um *alle* Wand-Einstellungen zu erreichen, müssten Sie dort das Werkzeug EINSTELLUNGSDIALOG aktivieren. Sie würden dort feststellen, dass die Wandstärke vorgabemäßig **`0,24 m`** beträgt. Für die Konstruktion wird aber **`0,365 m`** benötigt. Das könnten Sie einerseits im EINSTELLUNGSDIALOG ändern oder Sie könnten einfach in der aktivierten FAVORITEN-Palette die Option KS 36,5 CM aktivieren.

Beginnen Sie nun die erste Wand mit der EBENEN-Einstellung WAND AUSSEN. Sie soll am *Projektursprung*, dargestellt durch das kleine Kreuz, starten. Sobald Sie mit dem Cursor in die Nähe dieses Kreuzes kommen, wandelt sich das Cursorsymbol in ein *Häkchen* um, es wird mit einem hellblauen Kreis umrahmt und deutet das Einrasten an. Sobald Sie nun klicken, rastet der Cursor ein und es erscheint eine dynamische Darstellung der Wand mit der dickeren Referenzlinie auf der aktuellen linken Kante.

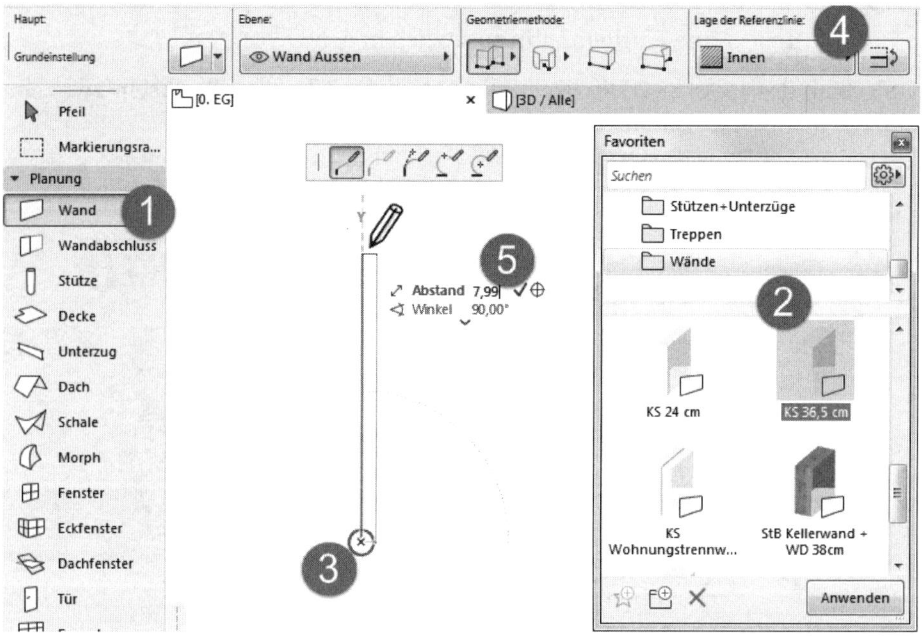

Abb. 1.14: Erste Wand mit Startpunkt 0,0

Wenn Sie dann mit dem Cursor nach oben fahren und sich nahe der Senkrechten bewegen, erscheint eine hellblaue gestrichelte Hilfslinie mit dem Symbol für die Y-Richtung. Dadurch, dass Sie den Cursor in der Nähe dieser Hilfslinie halten, können Sie auf dieser Hilfslinie mit der Wand einrasten. Damit ist die senkrechte Richtung dieser Wand bestimmt (Abbildung 1.14).

Achten Sie an dieser Stelle schon auf die Wandausrichtung. Wenn Sie wie im Folgenden im Gegenuhrzeigersinn weiterzeichnen wollen, dann müsste die andere dünnere Wandlinie jetzt auf der rechten (Innen-)Seite liegen. Die Wandausrichtung können Sie noch ändern, bevor Sie den Endpunkt des Wandsegments eingeben, indem Sie in der INFOLEISTE auf das Werkzeug LAGE DER REFERENZLINIE: WAND AN DER REFERENZLINIE SPIEGELN klicken.

Es erscheint vorgabemäßig für die Eingabe des Endpunkts nun auch der TRACKER als blau umrahmtes Feld zur Vereinfachung der Koordinateneingabe. In das fett hervorgehobene erste TRACKER-Feld ABSTAND können Sie nun über die Tastatur die Länge der Wand eingeben (**7,99**). Mit der Taste [Tab] könnten Sie zum nächsten TRACKER-Feld wechseln, mit [Enter] beenden Sie die Eingabe. Anstelle der [Enter]-Taste können Sie auch auf das Häkchen rechts neben der Zahl klicken, um die Eingabe zu akzeptieren. Damit haben Sie das erste Wandstück erstellt (Abbildung 1.15).

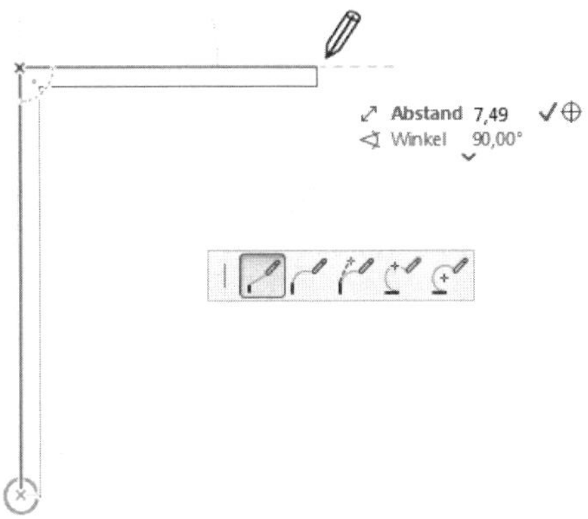

Abb. 1.15: Erste Wand fertig, zweite Wand weitergezeichnet mit Tracker-Eingabe für Länge

Zweite Wand

Wenn Sie die erste Wand fertiggestellt haben, können Sie mit der nächsten Wand fortfahren, weil im INFOFENSTER die vorgegebene GEOMETRIEMETHODE POLY aktiv ist. Mit POLY zeichnen Sie ohne Unterbrechung ein Wandstück nach dem anderen. Fahren Sie nun also annähernd waagerecht auf einer gestrichelten hellblauen Hilfslinie nach rechts und geben Sie im Tracker die gewünschte Länge von **7,49** ein.

Dritte Wand

Sie können bei der weiteren Konstruktion auch die hellblauen *Hilfslinien* nutzen, die von vorangegangenen Punkten der Kontur ausgehen. Solche Hilfslinien erhalten Sie automatisch, wenn Sie die Kontur nicht unterbrechen, und zwar unter Winkeln von 90° und Vielfachen davon sowie 45° und Vielfachen.

Bei der dritten Wand wurde in dieser Weise vorgegangen. Die Wand wurde am Endpunkt der zweiten Wand weitergezeichnet, diesmal einer senkrechten Hilfslinie nach unten folgend. Der Cursor wurde so weit nach unten gezogen, bis automatisch die waagerechte Hilfslinie vom Startpunkt der ersten Wand her erschien. Es zeigt sich dann auch ein kleines Logo, das das lotrechte Einrasten symbolisiert. Mit einem Klick wurde die Position übernommen.

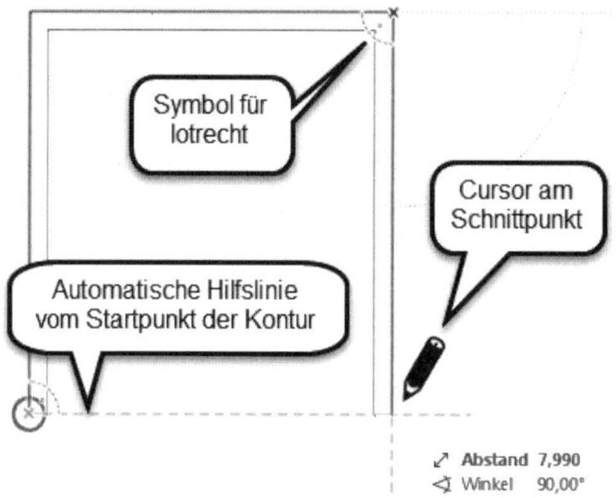

Abb. 1.16: Automatische Hilfslinien anstelle von Koordinateneingaben nutzen

Vierte Wand

Die vierte Wand zeichnen Sie nun weiter waagerecht bis zum Startpunkt der Kontur. Wenn Sie die Kontur ohne Unterbrechung gezeichnet haben, wird die Wandkonstruktion damit automatisch abgeschlossen. Ansonsten müssten Sie rechtsklicken und OK wählen, um die Wandkonstruktion abzuschließen.

Abb. 1.17: Kontur durch Anklicken des Startpunkts schließen

Die Beschreibung mag so im Text umständlich klingen, aber in der Praxis erscheinen ja die Hilfslinien und die Einrastsymbole automatisch, sodass Sie nur die richtigen Positionen anfahren und dann an der richtigen Stelle klicken müssen ohne weitere Eingaben Ihrerseits. Nach kurzer Übung wird es Ihnen gelingen, mit diesem Vorgehen schnell und intuitiv mit ArchiCAD zu arbeiten.

Wände einzeln zeichnen

Falls Sie den Wandbefehl im Modus POLY verlassen wollen, bevor die Wandkontur geschlossen ist, drücken Sie die rechte Maustaste und wählen im Kontextmenü die Option OK. Ansonsten wird der Befehl beendet, sobald Sie den Anfangspunkt einer geschlossenen Kontur wieder anklicken. Wenn Sie die Wandkontur derart unterbrochen haben, müssen Sie mit dem Cursor nur den richtigen Anschlusspunkt wieder anfahren, der dann erneut hellblau eingekringelt wird, und können durch Anklicken damit wieder anschließen. Haben Sie die Kontur aber unterbrochen und neu angestückelt, dann müssen Sie Hilfslinien, die von anderen Punkten ausgehen, anfordern, indem Sie einen solchen Punkt anfahren (NICHT anklicken!) und dann von diesem Punkt aus in die gewünschte Hilfslinienrichtung wegziehen. Es entsteht eine blau gestrichelte Hilfslinie. Diese Hilfslinie können Sie mit anderen Hilfslinien zum Schnitt bringen und damit beispielsweise den Endpunkt für die dritte Wand erhalten.

Alternative mit Rechteck

Wesentlich schneller arbeiten Sie natürlich, wenn Sie die fortgeschrittene Geometriemethode RECHTECK im WAND-Werkzeug nutzen. Damit entstehen die vier Wände unter Angabe von zwei diagonalen Positionen.

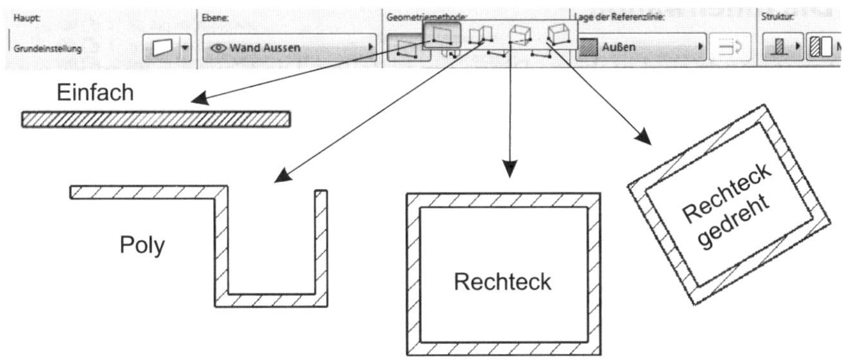

Abb. 1.18: Geometriemethoden für geradlinige Wände

Bei der Alternative RECHTECK können Sie beide Abmessungen im Tracker eingeben. Mit [Tab] wechseln Sie in den Tracker oder tippen gleich direkt für den fett

1.5.2 Rasterfang und Koordinateneingabe

Als Alternative zur Koordinateneingabe über den TRACKER können Sie für das Einrasten des Cursors an bestimmten Positionen das *Konstruktionsraster* aktivieren. Im Menü ANSICHT|RASTER- & BEARBEITUNGSEBENEN-OPTIONEN|RASTER-EINSTELLUNGEN (Abbildung 1.22) oder mit der Taste F6 können Sie die Einstellungen vornehmen. Für Bau-Entwurfszeichnungen stellt man ein typisches Raster mit Rasterpunkten alle *12,5 cm* ein. Im Dialogfenster geben Sie die Abstände unter der Rubrik RASTERFANG mit **0,125** horizontal und vertikal ein. Das KONSTRUKTIONSRASTER, das auf dem Bildschirm die grauen Linien in 1-m-Abständen anzeigt, lassen Sie zur allgemeinen Orientierung am besten so eingeschaltet.

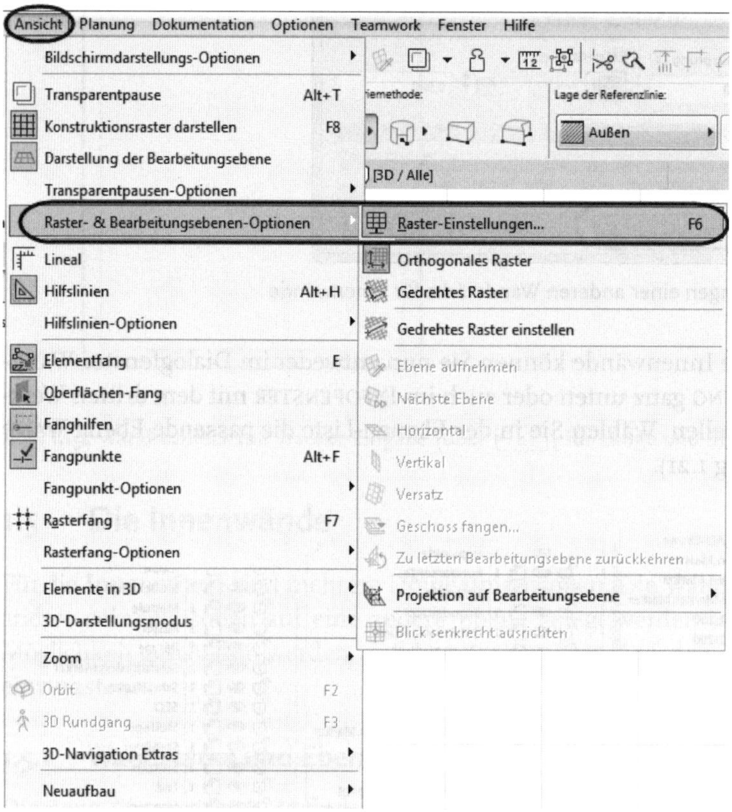

Abb. 1.22: Rasteroptionen wählen

Unten im Dialogfenster können Sie nun wählen, ob und welcher Rasterfang aktiviert wird. Die drei Kästchen in Abbildung 1.23 unten zeigen die Möglichkeiten:

- Kein Einrasten an dem eingestellten Raster oder am 1-m-Konstruktionsraster
- Einrasten am eingestellten Raster (hier 0,125)

- Einrasten am 1-m-Konstruktionsraster

Alternativ können Sie auch mit F7 oder Menü ANSICHT|RASTERFANG das Einrasten generell ein- und ausschalten. Zwischen Raster und Konstruktionsraster können Sie auch übers Menü ANSICHT|RASTERFANG-OPTIONEN|AM FANGRASTER EINRASTEN oder ANSICHT|RASTERFANG-OPTIONEN|AM KONSTRUKTIONSRASTER EINRASTEN wählen. Auch in der STANDARD-Symbolleiste gibt es ein Werkzeug RASTERFANG. Man kann es ein- und ausschalten und man kann in seinen Unteroptionen zwischen RASTERFANG und KONSTRUKTIONSRASTER wählen.

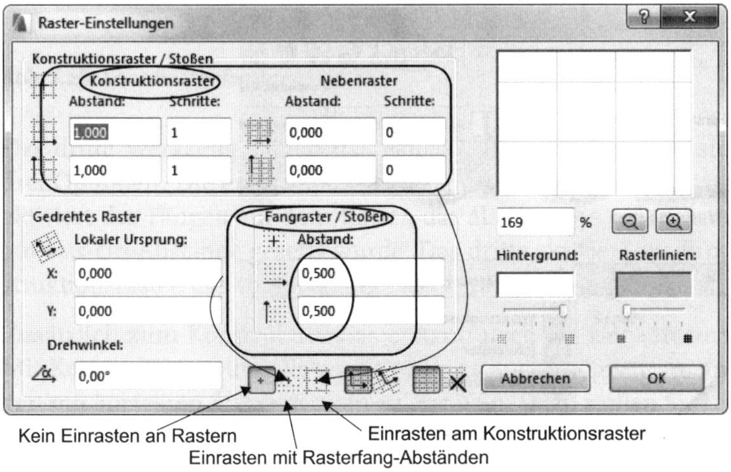

Abb. 1.23: Rasterabstände eingeben und Rasterfang-Option wählen

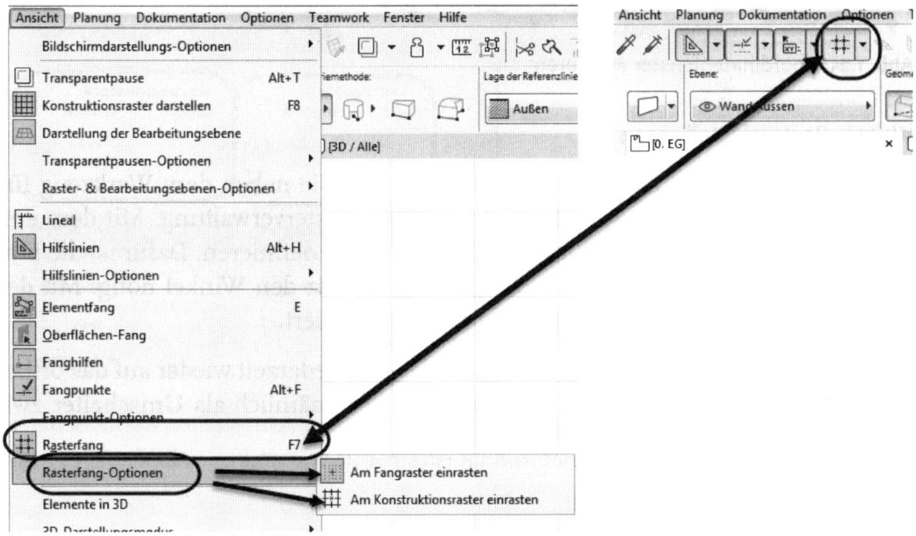

Abb. 1.24: Rasterfang zwischen Fangraster und Konstruktionsraster umschalten

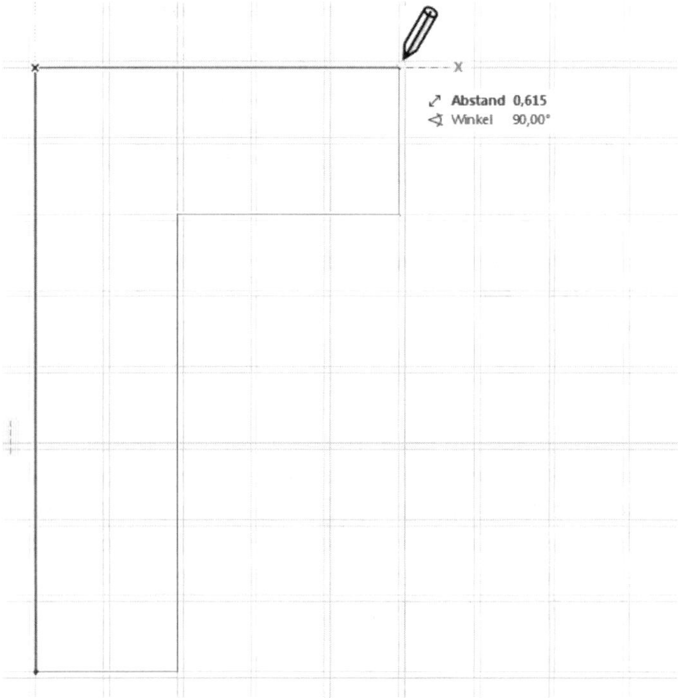

Abb. 1.28: Detailkonstruktion mit 24er-Wand im Konstruktionsraster mit Nebenraster

Rechtwinklige Koordinaten

Die übliche Eingabe von Koordinaten geschieht mit rechtwinkligen Koordinaten. Man kann nun diese Koordinaten *absolut* und *relativ* eingeben.

Absolute Koordinaten beziehen sich immer auf den *Ursprung*. Das ist in unserem Beispiel noch der *Projektursprung*, kann aber auch der *Benutzerursprung* sein, wenn mit dem ersten Werkzeug links ein Benutzerursprung gelegt wurde. Auf jeden Fall wird der Ursprung immer durch ein *dickes Kreuz* markiert. Ist es ein *Benutzerursprung*, dann erscheint der *Projektursprung* daneben noch in Grau, hat aber keine Auswirkung mehr auf die Koordinaten. Die absoluten Koordinaten geben den Abstand in der horizontalen x-Richtung und in der vertikalen y-Richtung vom Ursprung aus an.

Relative Koordinaten werden aktiviert, indem man im Koordinatenfenster das *Δ-Symbol* anklickt. Es erscheint dann *umrahmt*. Relative Koordinaten beziehen sich immer auf einen *vorhergehenden Punkt*. Deshalb werden relative Koordinaten auch immer nur wirksam, wenn Folgepunkte einzugeben sind.

Der *erste Punkt* einer Wand wird *immer absolut* eingegeben, egal ob Δ aktiviert ist oder nicht. Für den zweiten Punkt einer Wand hängt die Eingabe und Anzeige schon davon ab, ob relativ aktiv ist oder nicht. Die relativen Koordinaten zeigen auch Wirkung bei polygonalen Formen, wo später *nur der Startpunkt absolut* angegeben wird und alle Folgepunkte sich dann auf den jeweils vorhergehenden Punkt beziehen.

Polarkoordinaten

Eine etwas seltenere Koordinatenart sind die *Polarkoordinaten*. Dafür werden der *Abstand vom Ursprung* und der *Winkel zur x-Richtung* eingegeben. Auch hier gibt es wieder die Möglichkeit, für Folgepunkte *relative Polarkoordinaten* zu verwenden. Bei relativen Polarkoordinaten bezieht sich der Abstand auf den vorhergehenden Punkt, der Winkel aber immer auf die x-Richtung.

Bei einem *gedrehten Raster* werden die x- und y-Richtungen um den gewählten Winkel verdreht. Alles Erwähnte gilt dann bezogen auf die gedrehten Koordinatenrichtungen.

1.5.3 Eingabe für die Innenwände

Es gibt verschiedene Methoden, weitere Wände zu positionieren. Hier sollen einige zum Vergleich vorgestellt werden.

Methode 1: Koordinateneingabe

Sie können über den Tracker oder das Koordinatenfenster Start- und Endkoordinaten direkt eingeben. Wenn Sie dazu Abbildung 1.8 betrachten, sehen Sie, dass das mehr oder weniger etwas für die Freunde des Taschenrechners ist. Die innere 24er-Wand wäre dann mit den ausgerechneten absoluten Koordinaten **x=36,5** und **y=474** zu beginnen und mit **x=399** und **y=474** zu beenden. Die Berechnung wäre außerdem eine große Fehlerquelle.

Methode 2: Koordinaten und Konstruktions-/Nebenraster

Sie könnten nun raffinierte Rastereinstellungen verwenden, um die Positionen anzufahren. Hierbei ist aber auch die Berechnung der Koordinaten Voraussetzung, also mühsam und anfällig für Fehler.

Methode 3: Automatische Hilfslinien und Tracker

Einfacher wird es durch automatische Hilfslinien und die Eingabe von Relativkoordinaten über den Tracker. Dazu

1. aktivieren Sie das Wand-Werkzeug und wählen Wandreferenzlinie Innen 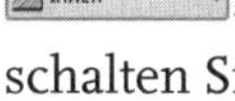
,
2. schalten Sie Hilfslinien und Tracker ein, aber Rasterfang F7 aus,
3. fahren Sie die Ecke unten links an (Abbildung 1.29), bis das Häkchensymbol erscheint und die Wand-Innenecke hellblau umkringelt wird,

4. fahren Sie an der Wandkante nach oben, wobei eine hellblau gestrichelte Hilfslinie erscheint,
5. geben Sie im TRACKER mit der numerischen Tastatur den relativen Abstand mit **4,135** und `Enter` ein. Damit ist der Startpunkt der Innenwand gegeben.
6. Ziehen Sie dann mit dem Cursor waagerecht nach rechts entlang einer neuen Hilfslinie rüber, geben Sie im TRACKER die Wandlänge über den ABSTAND **3,625** ein und beenden Sie mit `Enter`.

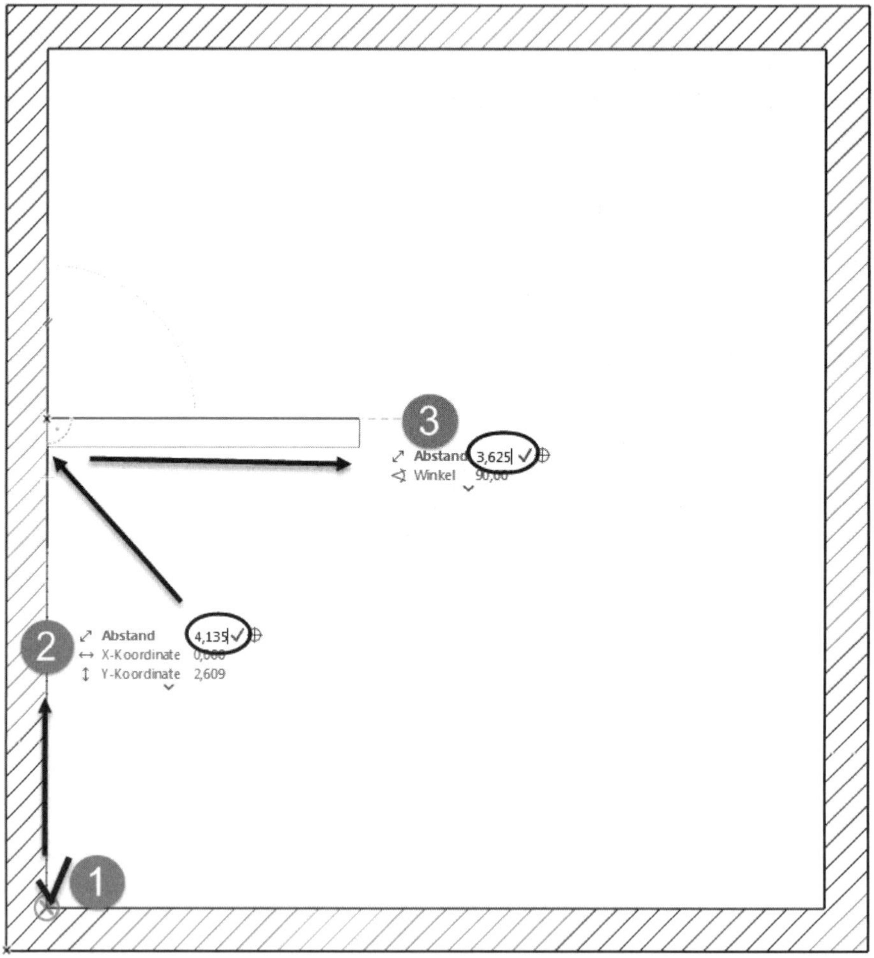

Abb. 1.29: Koordinateneingabe entlang Hilfslinie und TRACKER-Eingabe für zweiten Punkt einer Wand (RMK – Rechts-Maus-Klick)

Methode 4: Wand verschieben

Sie können auch einfach die eine vorhandene Wand auf den gewünschten Abstand ziehen. Eine vorhandene oder zunächst an der falschen Position erstellte Wand wird mit dem PFEIL-Werkzeug angeklickt, erscheint dann in grün und bietet Bearbeitungsfunktionen in der PET-PALETTE an. Hiermit wird die Wand um den Abstand verschoben, der aus Abbildung 1.8 ohne zusätzliches Rechnen entnommen werden kann.

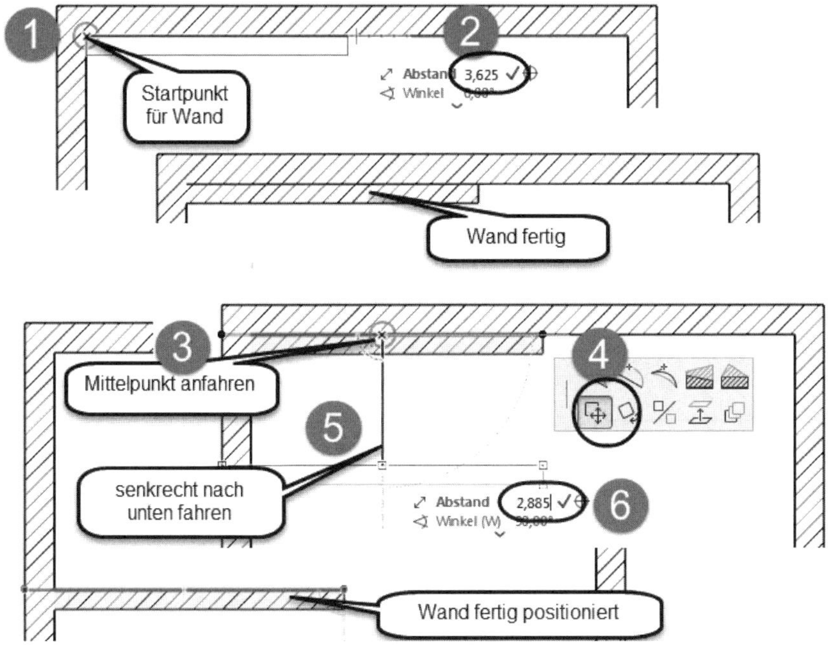

Abb. 1.30: Innenwand erstellen und verschieben

Weitere Wände

Für die in y-Richtung verlaufenden Wände wäre die Wandstärke über die FAVORITEN oder mit dem EINSTELLUNGSDIALOG des WAND-Werkzeugs auf **11,5** cm umzustellen. Dann können Sie auch diese mithilfe von RELATIVKOORDINATEN und des TRACKERS und der standardmäßigen Fangoptionen wie LOT (Abbildung 1.31) schnell konstruieren.

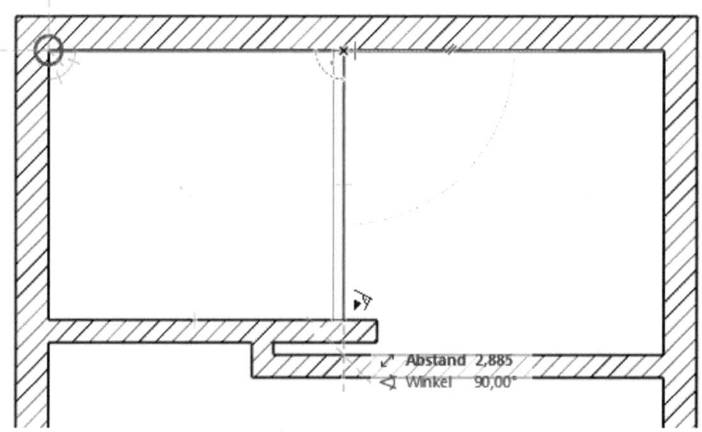

Abb. 1.31: Anzeige für Einrasten an einem Lotpunkt

Wenn die Abmessungen von Wänden nicht ohne Kopfrechnen einzugeben sind, kann ein Wandstück auch erst mal zu lang oder zu kurz erzeugt werden. Zu lange Wände können dann mit dem Werkzeug TRIMMEN verkürzt werden.

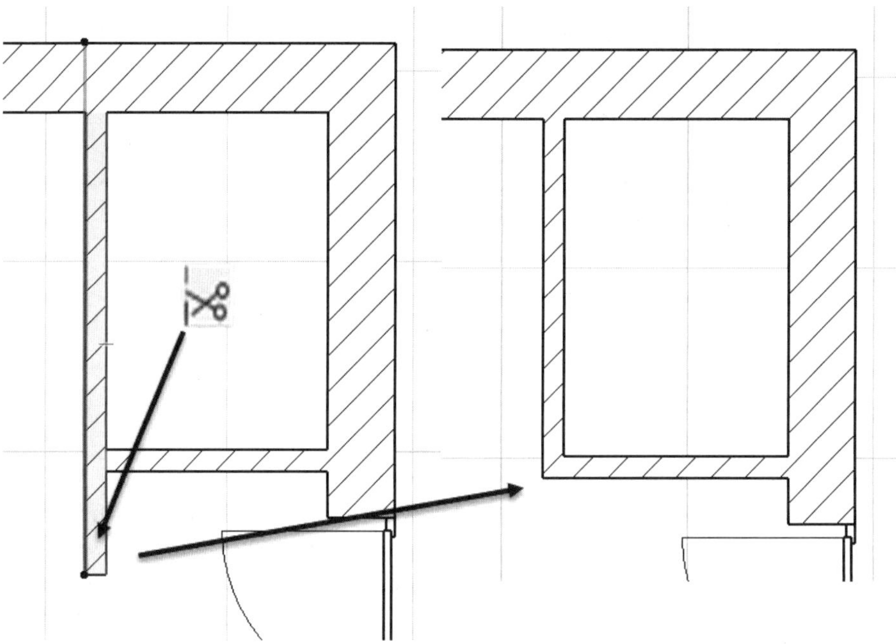

Abb. 1.32: Wand trimmen

Eine zu kurze Wand kann im Endpunkt angeklickt ❶ werden und mit dem PET-Werkzeug LÄNGENÄNDERUNG verlängert ❷ werden.

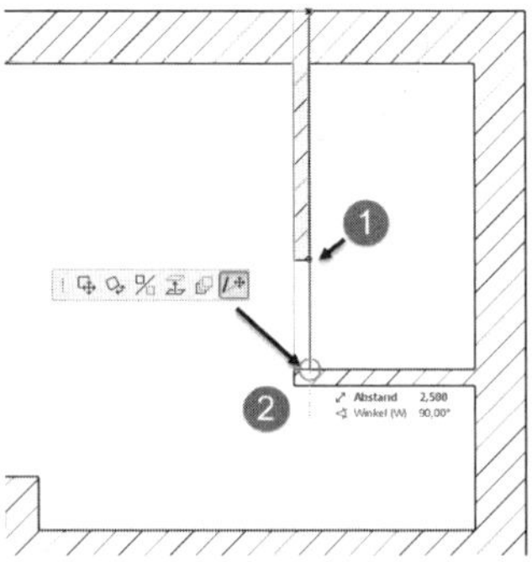

Abb. 1.33: Längenänderung einer Wand

Wenn nun beide Wandstücke zu kurz oder zu lang sind, kann das Werkzeug VERBINDEN benutzt werden. Dazu wird die erste Wand mit dem PFEIL-Werkzeug gewählt ❶, die zweite mit der [Shift]-Taste dazugewählt ❷ und dann das VERBINDEN-Werkzeug ❸ angeklickt.

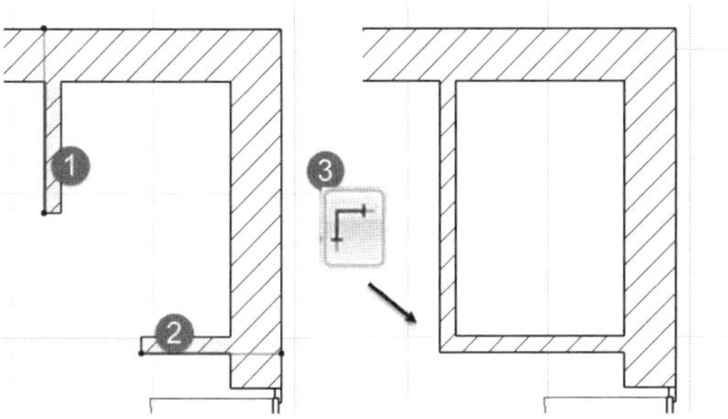

Abb. 1.34: Wände verbinden

1.6 Die Tür

Die Eingangstür soll nun an der in Abbildung 1.8 gezeigten Position in der rechten Außenwand 2,49 m unterhalb der Wandecke oben eingebaut werden. Wenn Sie aus dem WERKZEUGKASTEN das TÜR-Werkzeug aktivieren, erscheinen wieder die wichtigsten Eingabefelder im INFOFENSTER (Abbildung 1.35). Die Tür kann mit dem Pfosten oder der Mitte positioniert werden. Laut Bemaßung ist der Ankerpunkt nötig (Abbildung 1.30). Den richtigen Typ der Tür können Sie aus den FAVORITEN auswählen: **`Eingangstür 1,01x2,135`**.

1. Wählen Sie im WERKZEUGKASTEN das TÜR-Werkzeug.
2. Aktivieren Sie im INFOFENSTER den Ankerpunkt .
3. Wählen Sie in den FAVORITEN die **`Eingangstür`**.

4. Fahren Sie zunächst auf die Wandecke oben, wo dann der Eckpunkt hellblau umkringelt wird.
5. Fahren Sie nun nach unten, bis eine blaue Hilfslinie erscheint, und geben Sie im TRACKER für den Abstand das Maß **2,49** ein und drücken Sie `Enter` oder klicken Sie auf das Häkchen.
6. Nachdem die Tür nun positioniert ist, müssen Sie mit einem weiteren Klick nur noch die Öffnungsrichtung angeben.

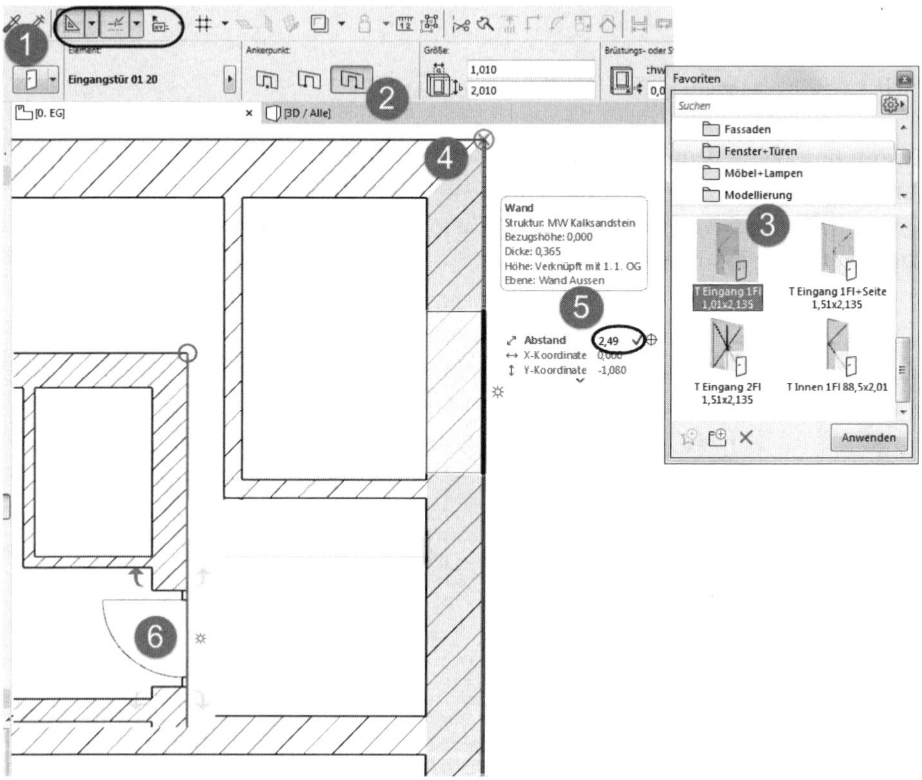

Abb. 1.35: TÜR-Werkzeug und Aktivierung der Hilfslinie

Wenn nun die Tür eventuell doch nach der falschen Seite aufschlägt, dann

1. aktivieren Sie zum Nachbessern das PFEIL-Werkzeug aus dem WERKZEUGKASTEN. Mit `ESC` wechseln Sie am schnellsten aus einem beliebigen Befehl zum PFEIL-Werkzeug.
2. Klicken Sie damit die Tür direkt an, damit sie grün markiert wird, und die *charakteristischen* Punkte.
3. Dann klicken Sie einen dieser *charakteristischen* Punkte an und
4. wählen aus der nun erscheinenden PET-PALETTE das Werkzeug zum SPIEGELN.

5. Es reicht nun aus, dass Sie den *charakteristischen Punkt* anklicken, der *auf der Mittellinie* liegt. Die Tür wird sofort um die Mittellinie gespiegelt.

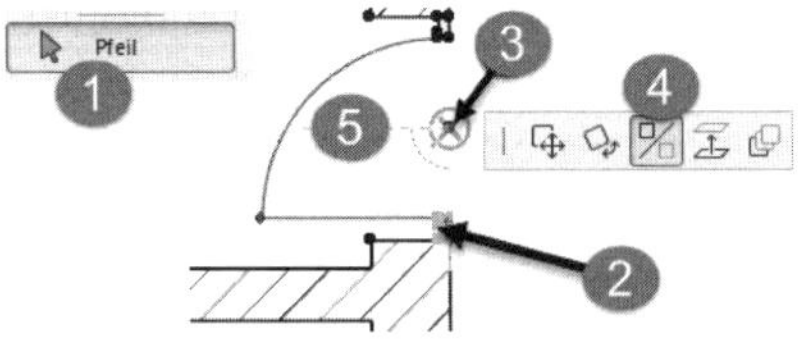

Abb. 1.36: Markierte Tür mit charakteristischen Punkten und PET-PALETTE spiegeln

Tipp

Die Funktion DREHEN in der PET-PALETTE bewirkt bei der Tür, dass sich die Rahmen-Position von innen nach außen ändert und umgekehrt.

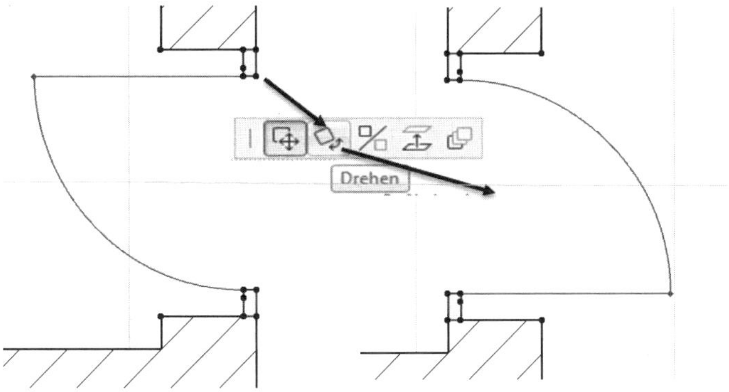

Abb. 1.37: Drehen der Tür mit Pet-Palette

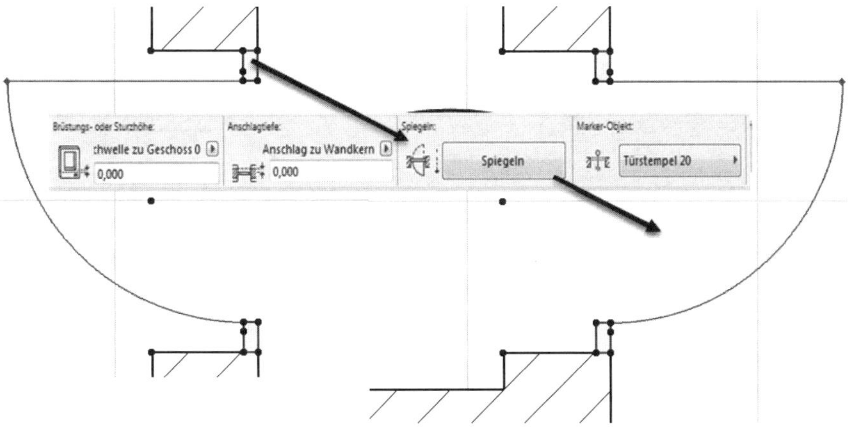

Abb. 1.38: Tür über INFOFENSTER spiegeln

Über den Schalter SPIEGELN im INFOFENSTER kann die Öffnungsrichtung der Tür gespiegelt werden. Die vollständige Mittellinie der Tür ist standardmäßig nicht eingeschaltet. Um das zu ändern, müssen Sie die Tür-Eigenschaften verändern und die Modelldarstellung. Mit dem Werkzeug PFEIL klicken Sie in einen der Türpfosten hinein, um im INFOFENSTER die wichtigsten Tür-Eigenschaften zu sehen. Um nun die Tür-Darstellung wie in Abbildung 1.39 zu erzielen, klicken Sie im INFOFENSTER auf das *Tür-Symbol* und bekommen die TÜR-EINSTELLUNGEN angezeigt. Hier öffnen Sie das Panel BEMAẞUNGSMARKER und wählen den Marker-Typ T MARKER 20. Im Panel MARKER-EINSTELLUNGEN aktivieren Sie unter MARKER-GEOMETRIE die Option LINIE VERLÄNGERN.

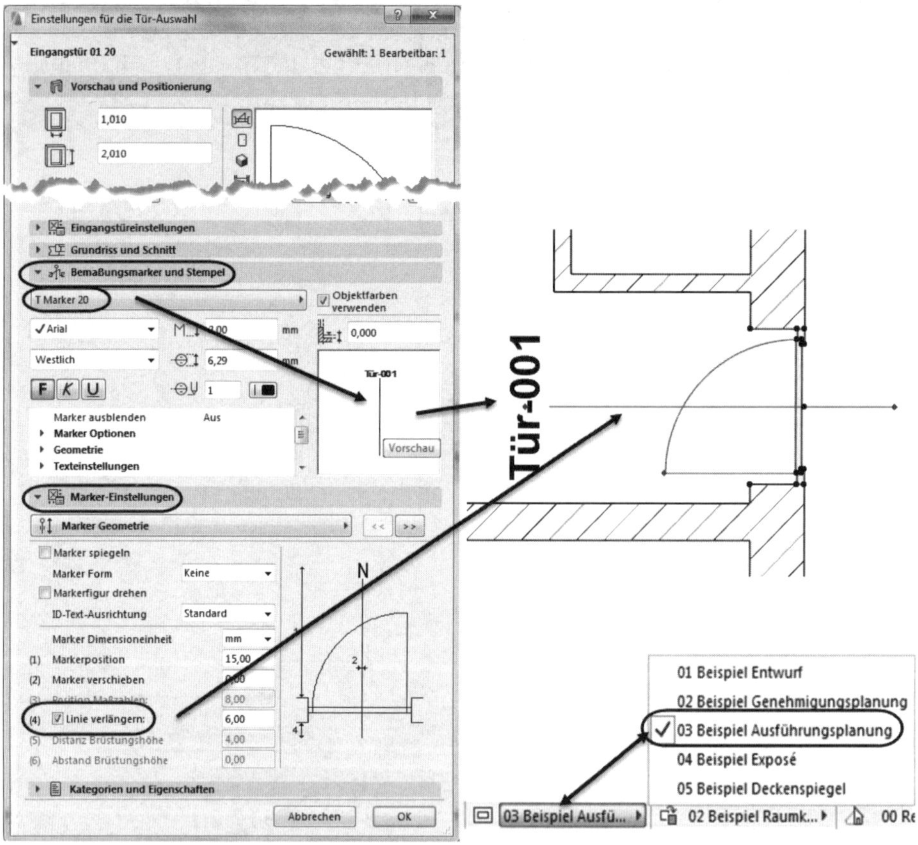

Abb. 1.39: Einstellungen für den Tür-Marker

Außerdem ist die Anzeige der Tür-Details noch abhängig von den MODELLDARSTELLUNGS-KOMBINATIONEN unter den SCHNELL-OPTIONEN. Letztere finden Sie rechts unten als unterste von den drei angedockten Paletten. Die SCHNELL-OPTIONEN bestehen aus sieben Zeilen. Davon bestimmt die fünfte die MODELL-

Darstellungs-Kombinationen. Wählen Sie hier 03 Beispiel Ausführungsplanung.

1.7 Speichern der Konstruktion

Wenn Sie nun zum ersten Mal die Konstruktion sichern wollen, wählen Sie im Menü Ablage|Sichern oder das entsprechende Werkzeug aus der Standard-Symbolleiste. Weil Sie bisher noch keinen Namen vergeben haben, heißt die Zeichnung vorläufig erst mal `Ohne Titel.pln`. Sie können jetzt einen eigenen sinnvollen Namen vergeben. Wenn Sie später wieder sichern, wird dieser Name automatisch weiterverwendet und Ihre alte Zeichnung mit dem neuen Stand überschrieben.

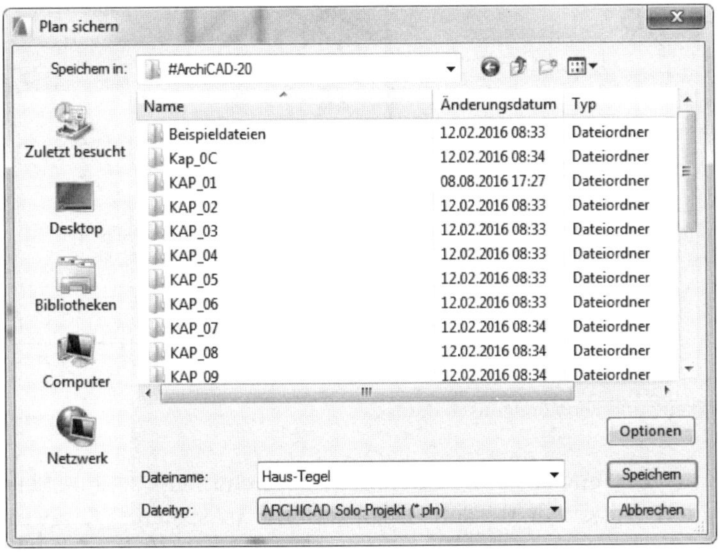

Abb. 1.40: Speichern des bisherigen Projektstands

1.8 Einbau von Fenstern

Der Einbau der Fenster geschieht analog zu den Türen. Wählen Sie das Fenster-Werkzeug und klicken Sie im Infofenster auf das Icon Einstellungsdialog. Dort wählen Sie links oben die Bibliothek aus:

Verknüpfte Bibliotheken|Bibliotheken 20|2. Fenster 20|2.01 Rechteckfenster 20 und darunter das individuelle Fenster, z.B. 2-Flügelfenster 1+1 20. Die Fensterbreite können Sie auch im großen Dialogfenster Fenster-Grundeinstellungen oder im Infofenster eingeben.

Das FENSTER-Werkzeug bietet ähnliche Positionierungsvarianten an wie bei den Türen. Auch bei Fenstern erscheint nach der Positionierung ein Cursor für die *Öffnungs-Richtung*. Dafür wäre hier die Innenseite anzuklicken. Bei einem falsch herum eingebauten Fenster können Sie mit dem PFEIL-Werkzeug markieren, einen Punkt anklicken und in der PET-PALETTE mit der Funktion DREHEN die Anschlagsrichtung ändern oder im INFOFENSTER mit SPIEGELN die Öffnungsrichtung umkehren. Die *detaillierte Darstellung* des Fensters mit Lage des Fensterflügels sehen Sie allerdings nur in der MODELL-DARSTELLUNGSKOMBINATION *03 Beispiel Ausführungsplanung*.

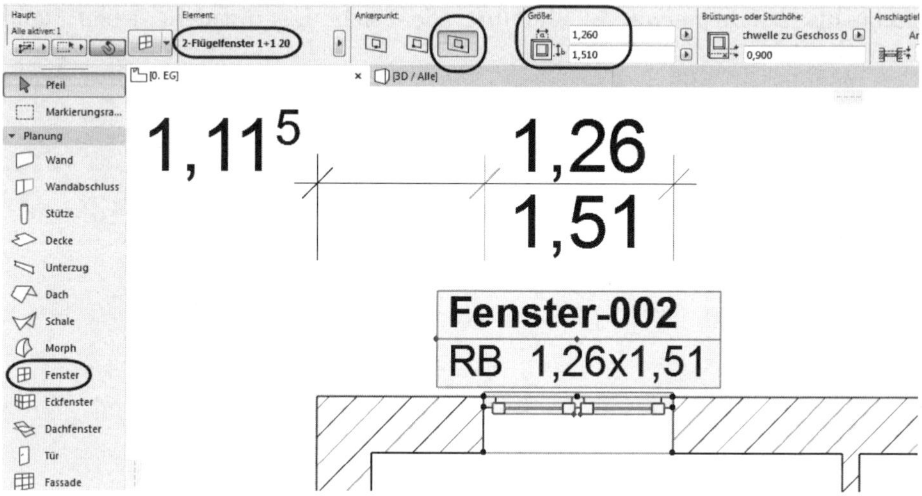

Abb. 1.41: FENSTER-Werkzeug und Fenstereigenschaften

Weitere Feinheiten für die Fenster können natürlich über den FENSTER-EINSTELLUNGSDIALOG detailliert eingestellt werden. Doch das soll in späteren Kapiteln beschrieben werden. Sie können nun weitere Fenster nach den Maßen in Abbildung 1.8 einbauen.

Wenn Sie die Fenster geöffnet anzeigen wollen, müssen Sie im FENSTER-EINSTELLUNGSDIALOG auf das Panel FENSTEREINSTELLUNGEN klicken, dort den Titel FENSTEREINSTELLUNGEN UND ÖFFNUNGEN aktivieren und den Untertitel ÖFFNUNGSTYP UND WINKEL wählen. Dort aktivieren Sie ÖFFNUNGEN und können dann für 2D und/oder 3D die Öffnungswinkel eingeben.

Sehen Sie sich nun die Fenster in der 3D-Darstellung durch Anklicken der Schaltfläche [3D / Alle] unterhalb des INFOFENSTERS einmal an. Wenn Sie jetzt nichts sehen, dann können Sie mit einem *Doppelklick aufs Mausrad* oder mit dem Werkzeug OPTIMIEREN aus der Hilfsmittelleiste die gesamte Konstruktion aufs Zeichenfenster zoomen.

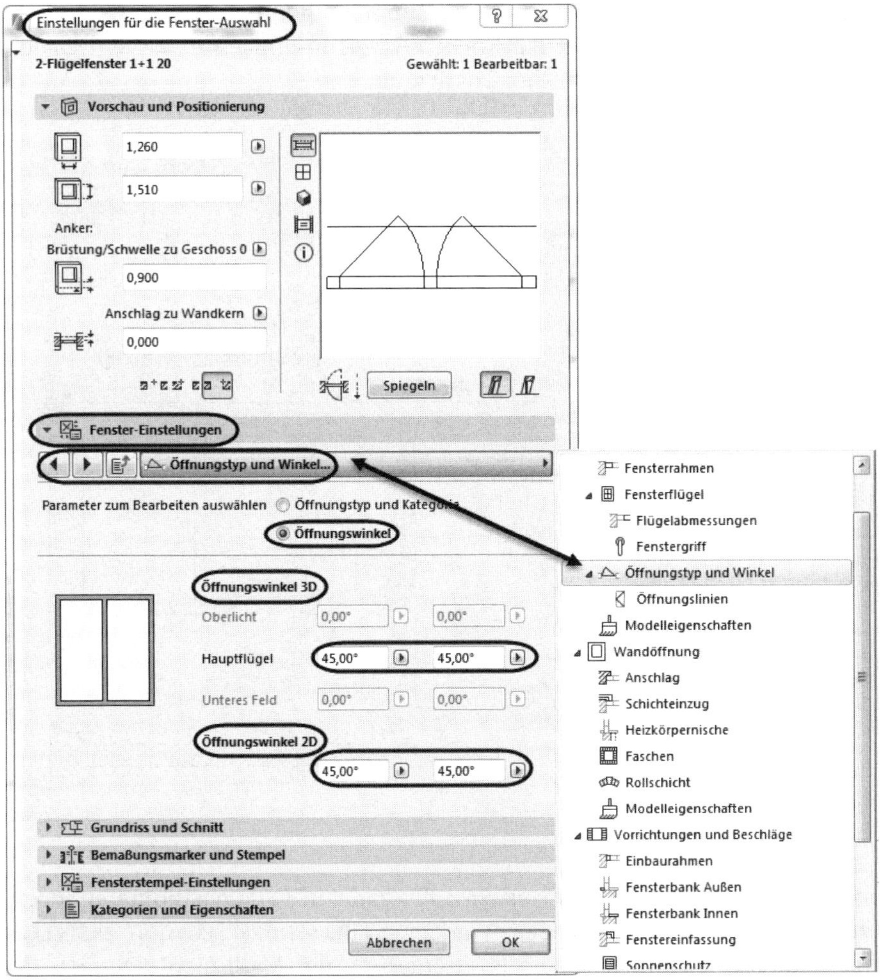

Abb. 1.42: Fenstereinstellungen für geöffnete Fenster in 2D/3D-Ansichten

1.9 Bemaßung

Zur Erstellung der Bemaßung wählen Sie aus dem WERKZEUGKASTEN unter der Überschrift DOKUMENTATION das Werkzeug BEMAßUNG. Sie können im INFOFENSTER die *Konstruktionsmethode* für die Bemaßung wählen. Für eine normale Architektur-Kettenbemaßung wäre die KONSTRUKTIONSMETHODE: LINEAR zu verwenden. Sie klicken dann die einzelnen Bemaßungspositionen mit dem Häkchen-Cursor an. Es werden Symbole mit Kreis und Kreuz gesetzt und Sie beenden diese Auswahl mit einem *Doppelklick* auf einer freien Fläche oder mit einem Rechtsklick und Wahl von OK. Danach erscheint der *Hammer-Cursor*, mit dem Sie die *Maßlinienposition* festlegen.

Eventuell erhalten Sie bei der ersten Bemaßungsposition eine Meldung, dass die Bemaßungsebene ausgeschaltet ist. Klicken Sie dann einfach in diesem Dialogfenster auf EBENE SICHTBAR, um sie zu aktivieren.

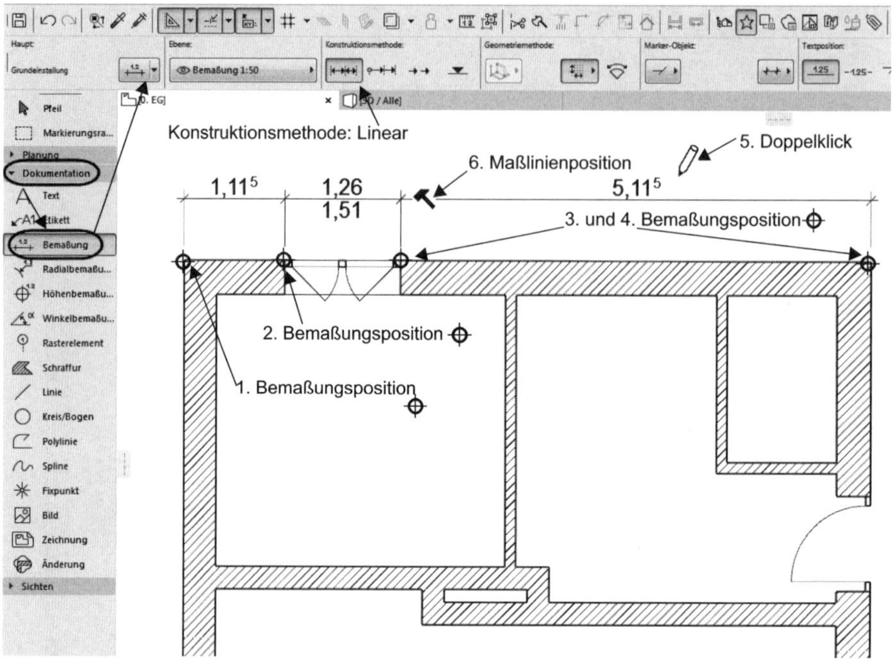

Abb. 1.43: Bemaßung erstellen

Wenn Sie die *Maßlinien in einem konkreten Abstand* zur Wand positionieren möchten, können Sie sich vorher mit dem Werkzeug HILFSLINIEN-SEGMENT ERSTELLEN eine permanente Hilfslinie für die Positionierung der Maßlinien erzeugen (im Prinzip ist das auch während der Bemaßungsaktion möglich):

1. HILFSLINIEN-Menü aufblättern,
2. HILFSLINIEN-SEGMENT ERSTELLEN wählen,
3. Startpunkt anklicken (gefüllter Cursor signalisiert Einrasten am Punkt),
4. Endpunkt anklicken,
5. orangefarbene Hilfslinie berühren, bis ein orangefarbener gefüllter Kreis erscheint,
6. Kreis mit gedrückter Maustaste herunterziehen, nicht loslassen,
7. noch im Ziehen den Abstand eingeben und `Enter`.
8. Hilfslinie ggf. entfernen.

Wenn permanente Hilfslinien nicht mehr benötigt werden, können Sie sie mit den übrigen Funktionen des HILFSLINIEN-Menüs einzeln oder alle löschen.

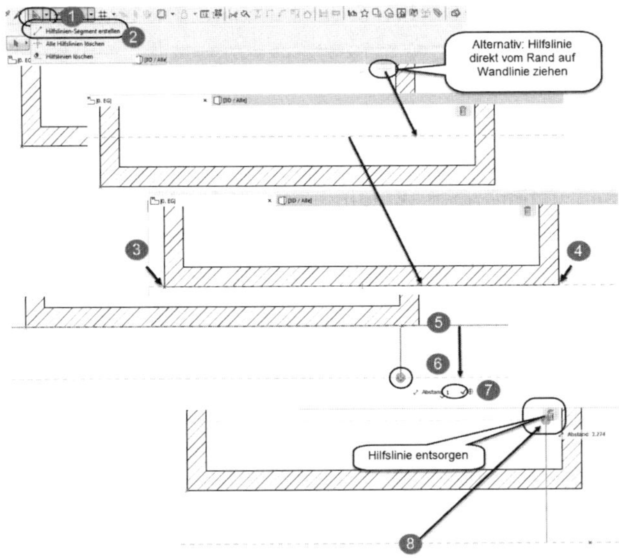

Abb. 1.44: Permanente Hilfslinie erstellen

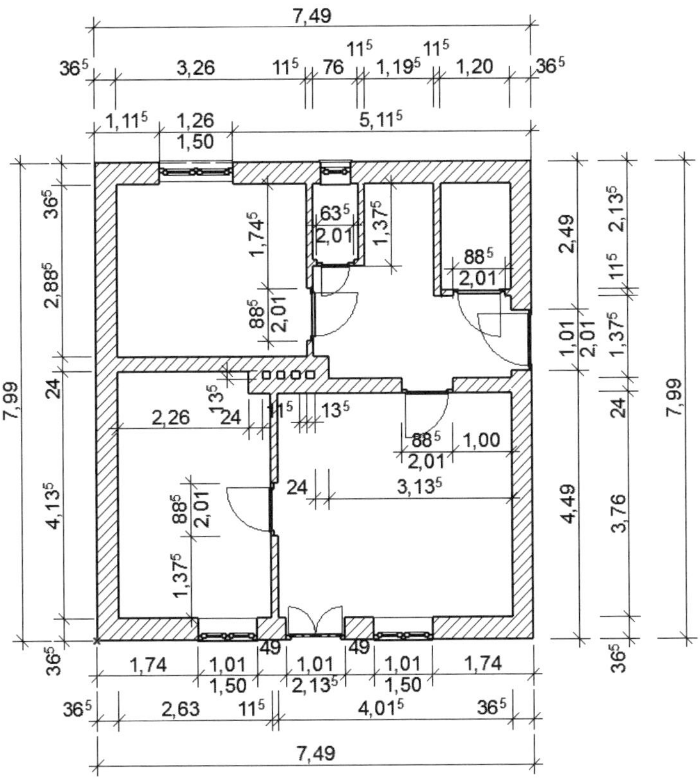

Abb. 1.45: Erdgeschoss komplett

Die hier benutzte Einzel-Bemaßung ist natürlich etwas mühsam. Die eleganteren Möglichkeiten der *automatischen Bemaßung* werden später vorgestellt.

1.10 3D-Ansicht

Zum Abschluss soll die Konstruktion noch dreidimensional betrachtet werden. Der schnelle Weg führt über die Schaltfläche unter dem INFOFENSTER zur 3D-Darstellung [3D / Alle]. Gegebenenfalls müssen Sie noch mit OPTIMIEREN aus der Hilfsmittelleiste etwas zoomen.

Alternativ können Sie in den NAVIGATOR gehen und dort auf den Knoten 3D klicken und darunter auf ALLGEMEINE AXONOMETRIE doppelklicken. Hier können Sie auch eine perspektivische Darstellung wählen.

Sie erhalten eine 3D-Darstellung, die Sie auch noch mit dem Werkzeug ORBIT unten in der Hilfsmittelleiste schwenken können. Wenn Sie mit gedrückter Maustaste mit diesem Werkzeug den Cursor auf dem Bildschirm auf- und abbewegen, wird die 3D-Darstellung gekippt. Wenn Sie den Cursor mit gedrückter Maustaste horizontal bewegen, wird die Darstellung gedreht.

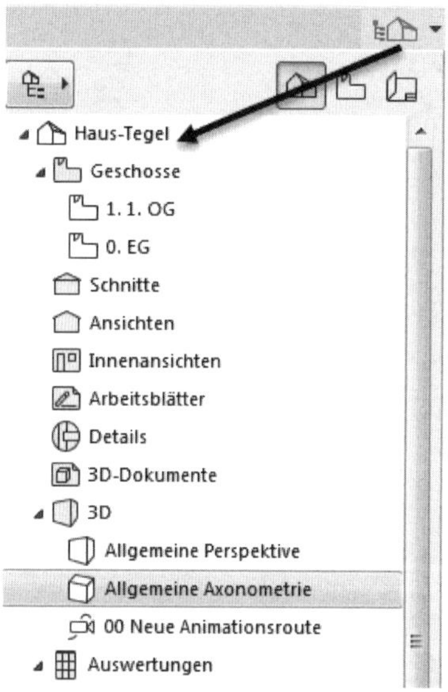

Abb. 1.46: 3D-Darstellungen im Navigator

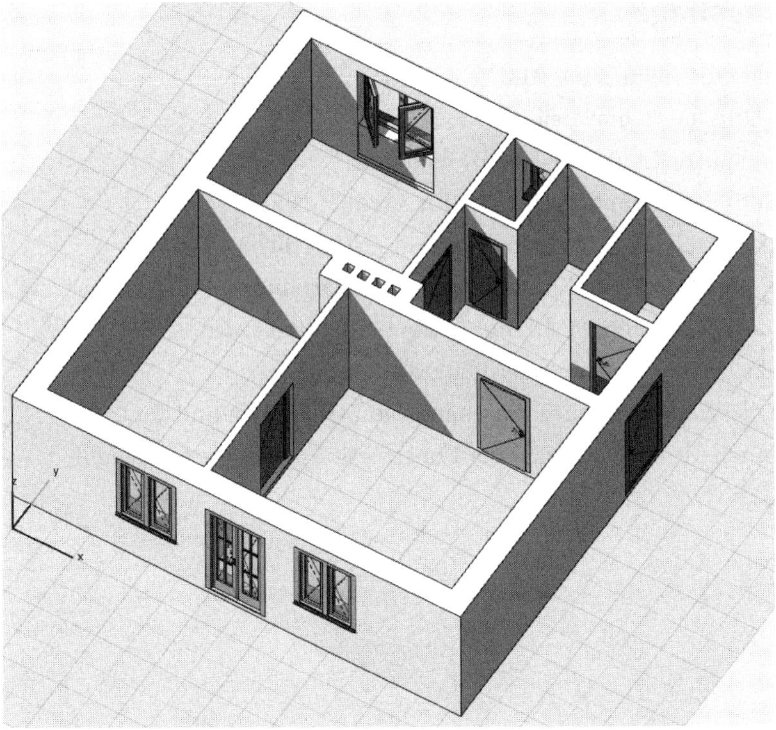

Abb. 1.47: 3D-Ansicht ALLGEMEINE AXONOMETRIE

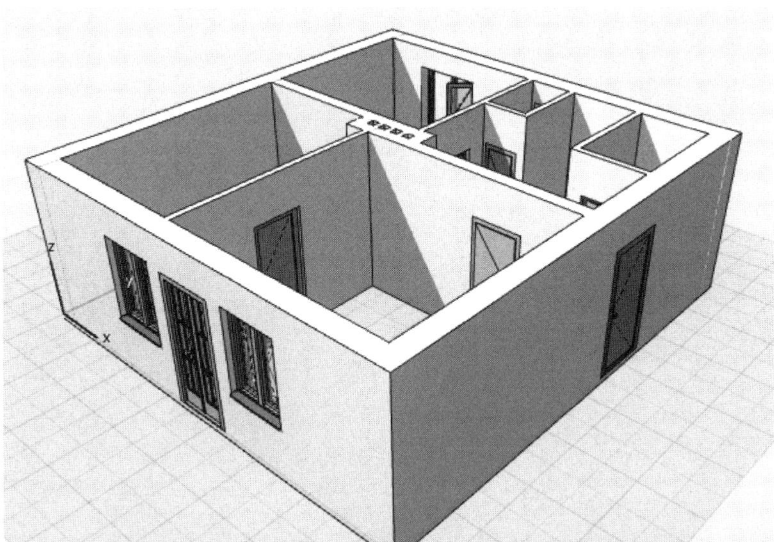

Abb. 1.48: 3D-Ansicht ALLGEMEINE PERSPEKTIVE

1.11 Übungsfragen

1. Was bedeutet die Abkürzung BIM?
2. Wie lange läuft die Demoversion?
3. Was können Sie nicht mit der Demoversion tun?
4. Welches Betriebssystem brauchen Sie für ArchiCAD 20?
5. Welche RAM-Speichergröße ist mindestens erforderlich?
6. Wo liegt der Nullpunkt der Konstruktion beim Start und wie wird er angezeigt?
7. Was sind die wichtigsten Werkzeuge in der Hilfsmittelleiste?
8. Wie wird das Fangen existierender Punkte angezeigt?
9. Wo liegen die Werkzeuge zum Einschalten von Hilfslinien und TRACKER?
10. Womit können Sie die Parameter der Konstruktionselemente einstellen?

Kapitel 2

Die Benutzeroberfläche im Detail

ArchiCAD besitzt eine Vielzahl von Bedienelementen, die je nach Projektstatus für eine optimale Bedienung zu wählen sind. Beim Start habe ich hier die *Arbeitsumgebung* STANDARD-PROFIL 20 gewählt. Das bedingt eine ganz bestimmte Auswahl von Symbolleisten und Paletten. Die anderen Arbeitsumgebungen weichen nicht gravierend davon ab. Im Folgenden werde ich eine Übersicht über die *Benutzeroberfläche* geben und die ganz wichtigen Bedienelemente, das PFEIL-Werkzeug und die ZOOM-Funktionen vorstellen. Die *Menüs, Symbolleisten* und *Paletten* werden Sie bei Vorstellung der einzelnen Funktionen schrittweise kennenlernen. Eine allgemeine Übersicht über die *Menüs, Symbolleisten* und *Paletten* mit ihren wichtigsten Funktionen erhalten Sie in Anhang C.

2.1 Die Standard-20-Arbeitsumgebung

Wenn Sie mit der *Arbeitsumgebung* STANDARD-PROFIL 20 gestartet haben, finden Sie folgende *Leisten, Werkzeuge* und *Paletten* auf dem Bildschirm (Abbildung 2.1):

- PROGRAMMLEISTE zeigt den Programmnamen an sowie in eckigen Klammern den Namen des aktuellen Projekts mit dem Geschoss hinter einem Schrägstrich. Nach dem Start eines neuen Projekts steht dort allerdings nur OHNE TITEL / 0. EG. Nach dem ersten Speichern unter einem spezifischen Namen erscheint dieser in den eckigen Klammern.
- MENÜLEISTE bietet in neun Menüs die ArchiCAD-Funktionen an, die aber meist auch in bequemen *Werkzeugkästen, Pet-Paletten* (aktionsabhängig nach Anklicken von Objekten) und *Kontextmenüs* (über Rechtsklick) zu finden sind. Die wichtigsten Funktionen aus den Menüs sind solche zur Einstellung der *Arbeitsumgebung.*
- Symbolleiste STANDARD Diese Symbolleiste bietet an erster Stelle Standard-Funktionen zur *Dateiverwaltung* wie bei jedem anderen Programm. Daneben finden Sie die Werkzeuge zum *Zurücknehmen* von Aktionen oder zum *Wiederherstellen.* Dann folgen Einstellungen zur *Konstruktionsunterstützung* und die gängigsten *Änderungsbefehle.*

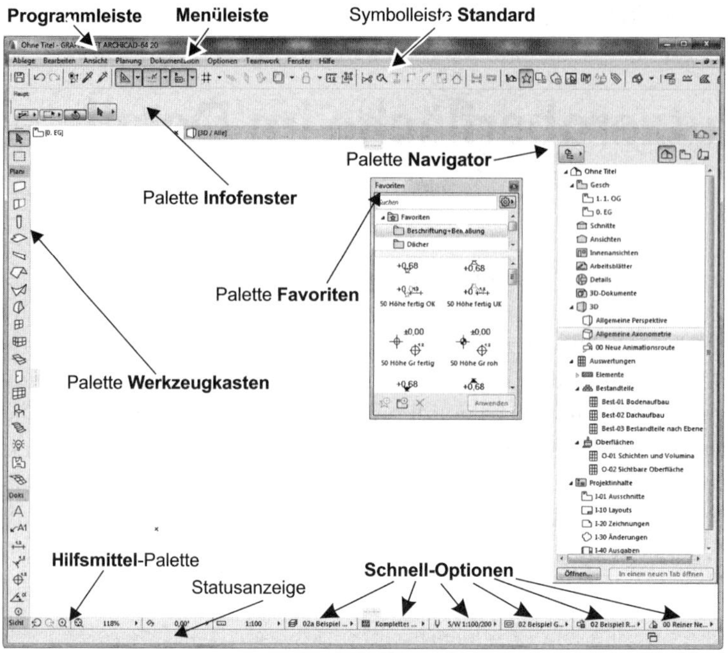

Abb. 2.1: Arbeitsumgebung STANDARD-PROFIL 20

- Palette INFOFENSTER Hier werden die aktuellen Optionen zum laufenden Befehl angezeigt. Insbesondere nehmen Sie damit die schnellsten Änderungen an den Werkzeug-GRUNDEINSTELLUNGEN vor. Das INFOFENSTER können Sie in der Höhe variieren, um mehr Einstellungen des aktuellen Werkzeugs im Zugriff zu haben. Um den kompletten *Einstellungsdialog* eines Werkzeugs zu erreichen, müssen Sie hier auf das Werkzeug-Logo klicken und das große Dialogfenster Werkzeug-GRUNDEINSTELLUNG aktivieren.
- Palette WERKZEUGKASTEN Der WERKZEUGKASTEN links ist in vier Abschnitte eingeteilt: AUSWAHL, PLANUNG, DOKUMENTATION und SICHTEN. Sie können (bei der PC-Version, nicht Mac) mit dem Cursor auf dem rechten Rand diesen Werkzeugkasten auch in die Breite ziehen. Er erscheint dann mehrspaltig.
  - AUSWAHL Sie können das PFEIL-Werkzeug aktivieren und konfigurieren.
  - PLANUNG Hier befinden sich die *Werkzeuge* für die *Architekturelemente*, aus denen sich ein Projekt zusammensetzt. Nach Anklicken eines Werkzeugs werden die dazugehörigen Optionen mit ihren Einstellungen im INFOFENSTER angezeigt.
  - DOKUMENTATION bietet die Werkzeuge für Bemaßung und Text.
  - SICHTEN enthält Werkzeuge zur Erstellung von Schnitten, Detailansichten und weiteren Ansichten.

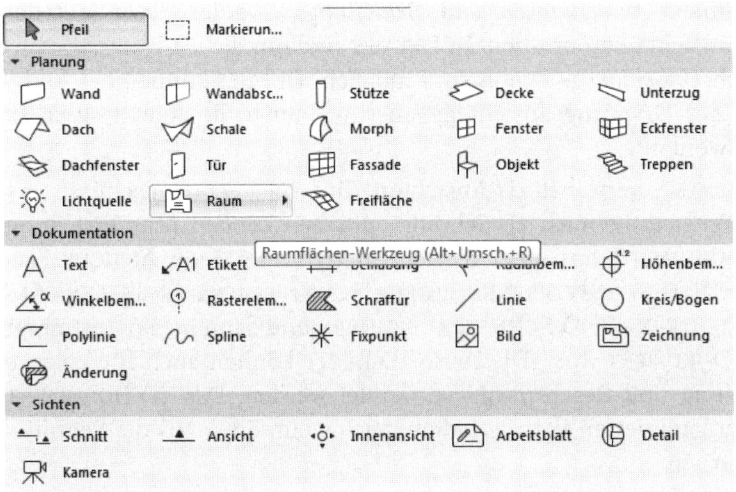

Abb. 2.2: Palette WERKZEUGKASTEN

- Palette NAVIGATOR Der Navigator rechts zeigt die Struktur des Projekts an. Standardmäßig ist dort die Darstellung der PROJEKT-MAPPE (zweiter Button) aktiv. Jedes Projekt ist in *Kategorien* eingeteilt:
  - GESCHOSSE enthält die 2D-Ansichten der einzelnen Geschosse.
  - SCHNITTE/ANSICHTEN/INNENANSICHTEN (IA) verwaltet die nach Schnittsymbolen automatisch erstellten Schnitte, Ansichten oder Innenansichten.
  - ARBEITSBLÄTTER sind in der Regel Ausschnitte von Grundrissen oder anderen Ansichten, in denen *2D-Kopien der Konstruktionselemente* erscheinen, die unabhängig von der Ursprungsansicht bearbeitet werden können. Die Arbeitsblätter werden in der Originalzeichnung durch eine dünne Rechteckberandung gekennzeichnet. In das Arbeitsblatt werden die zu den Originalelementen bereits erstellten *Anmerkungen und Bemaßungen* auch außerhalb der Ausschnittsgrenzen übernommen. Standardmäßig haben Arbeitsblätter den gleichen Maßstab wie die Ursprungsansicht. Auf diesen ARBEITSBLÄTTERN sind nur die *2D-Werkzeuge* wie *Linien, Schraffuren, Texte, Etiketten* (Hinweistexte) u.Ä. verfügbar. Arbeitsblätter können auch unabhängig von anderen Ansichten (DOKUMENTATION|DOKUMENTATIONSWERKZEUGE|UNABHÄNGIGES ARBEITSBLATT ERSTELLEN) zur Erstellung von Zusatzgrafiken wie Diagrammen, Organigrammen oder Konstruktionsvorschlägen verwendet werden.
  - DETAILS enthält Detailansichten, die mit dem Detailwerkzeug zu Grundrissen, Ansichten, 3D-Dokumenten, Arbeitsblättern und anderen Details erzeugt werden. Sie enthalten wie die Arbeitsblätter *2D-Kopien der Projekt-Elemente*, aber in *vergrößerten Maßstäben*. Details werden in der Ursprungszeichnung durch einen deutlichen *abgerundeten Detailrahmen und -marker*

gekennzeichnet. *Anmerkungen und Bemaßungen* werden *nicht* aus der Ursprungsansicht übernommen. In DETAILS sind nur die *2D-Werkzeuge* verfügbar, auch *Unabhängige Details* sind möglich. DETAILS können bei Änderungen in der Ursprungsansicht genauso wie auch die ARBEITSBLÄTTER *aktualisiert* werden.

- 3D-DOKUMENTE verwaltet 3D-Ansichten. Das sind Schnappschüsse aus einem 3D-Fenster, die auch 3D-Schnitte enthalten können (Zur Erstellung eines 3D-DOKUMENTS aus einer Ansicht in 3D siehe Menü ANSICHT|ELEMENTE IN 3D|3D-SCHNITTEBENEN|EIGENE SCHNITTEBENE ERSTELLEN, ANSICHT|ELEMENTE IN 3D|3D-SCHNITT AUSFÜHREN und dann im Kontextmenü NEUES 3D-DOKUMENT AUS 3D). Diese 3D-Bilder können auch für Zwecke der Bemaßung und Beschriftung verwendet werden. Das 3D-DOKUMENT bleibt in der generierten Form erhalten, auch wenn Sie in 3D die Schnittebenen entfernen.

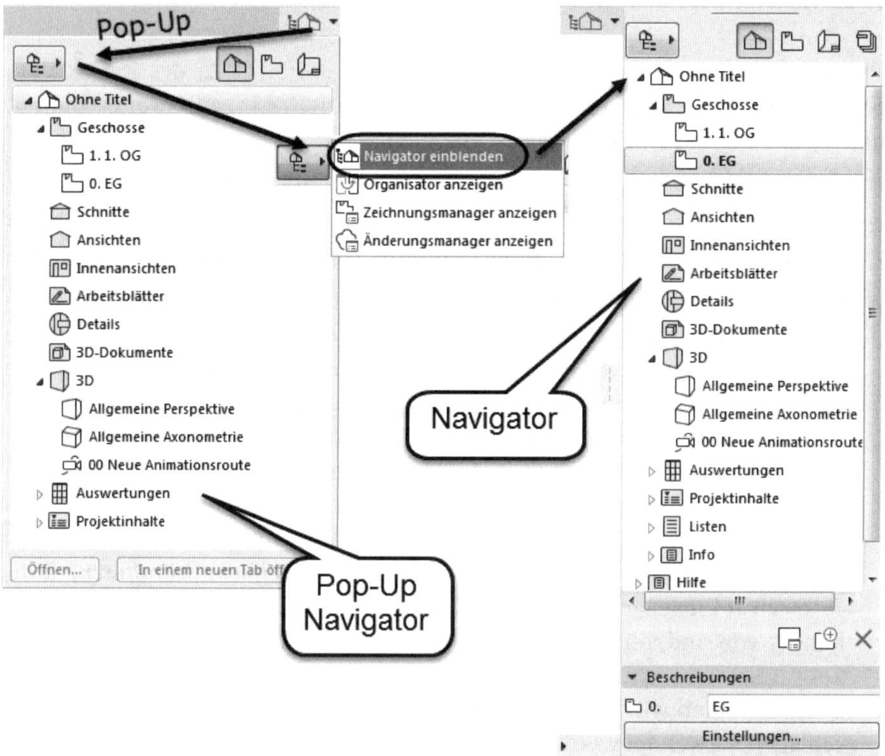

Abb. 2.3: Palette NAVIGATOR

- 3D zeigt Ihre Konstruktion als dreidimensionale Ansicht. 3D unterteilt sich in die *perspektivischen* und allgemeinen *axonometrischen* 3D-Darstellungen.

Diese Darstellungen können mit der ORBIT-Funktion (HILFSMITTEL-Palette oder ANSICHT|ORBIT oder [F2]) gedreht werden. Für ALLGEMEINE PERSPEKTIVE ist auch der 3D-RUNDGANG möglich (HILFSMITTEL-Palette oder ANSICHT|3D-RUNDGANG oder [F3]). In der Rubrik 3D werden auch Animationen gespeichert (DOKUMENTATION|RENDERING, ANIMATION ETC.|ANIMATION).

- AUSWERTUNGEN enthält die automatisch erstellten Listen der verschiedenen Elementtypen mit allen Daten und Maßen.
- PROJEKT-INDIZES zeigt Listen von vorhandenen Ausschnitten, Plot-Layouts und Zeichnungen an.
- LISTEN unterteilt sich in Listen von Elementen, Komponenten und Raumflächen. Dies sind automatisch im Rahmen des BIM (Building Information Model) erstellte Listen Ihrer Konstruktionselemente und Raumflächen.
- INFO enthält *Projektnotizen*, die Sie hier eintragen können, und automatische *Protokollierungen* zum Projekt.

- Palette TRANSPARENTPAUSE Diese Palette aktivieren Sie ggf. über das Menü FENSTER|PALETTEN|TRANSPARENTPAUSE. Sie können andere Geschossansichten, Schnitte, Details etc. als Transparentpause in roter bzw. wählbarer Farbe anzeigen lassen und dann Positionen daraus als Konstruktionshilfen für die aktuelle Ansicht verwenden. Ansichten lassen sich auch nach Rechtsklick oben im NAVIGATOR über das Kontextmenü als Transparentpause anzeigen. Wenn für die Konstruktion nötig, kann die Transparentpause mit Werkzeugen hier auch verschoben oder gedreht werden. Die Original-Konstruktion ist aber davon dann nicht betroffen.

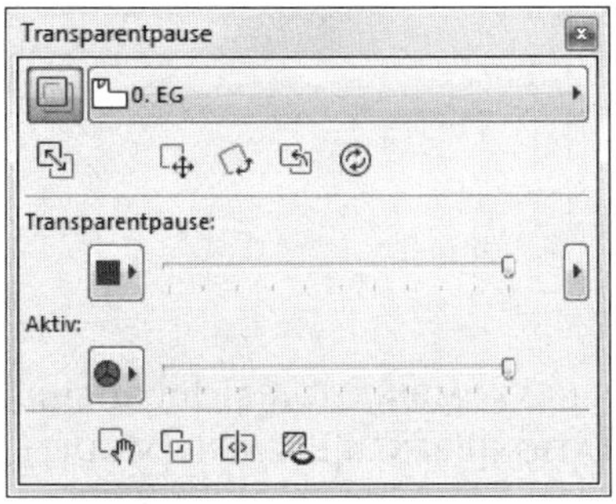

Abb. 2.4: Palette TRANSPARENTPAUSE

- Palette SCHNELL-OPTIONEN Mit den Optionen dieser Palette wählen Sie für das Grundrissfenster die EBENENKOMBINATIONEN, den MAßSTAB, die STRUKTURDARSTELLUNG, das STIFT-SET, die MODELLDARSTELLUNGS-KOMBINATION, den UMBAU-FILTER und die BEMAßUNGSEINSTELLUNG.

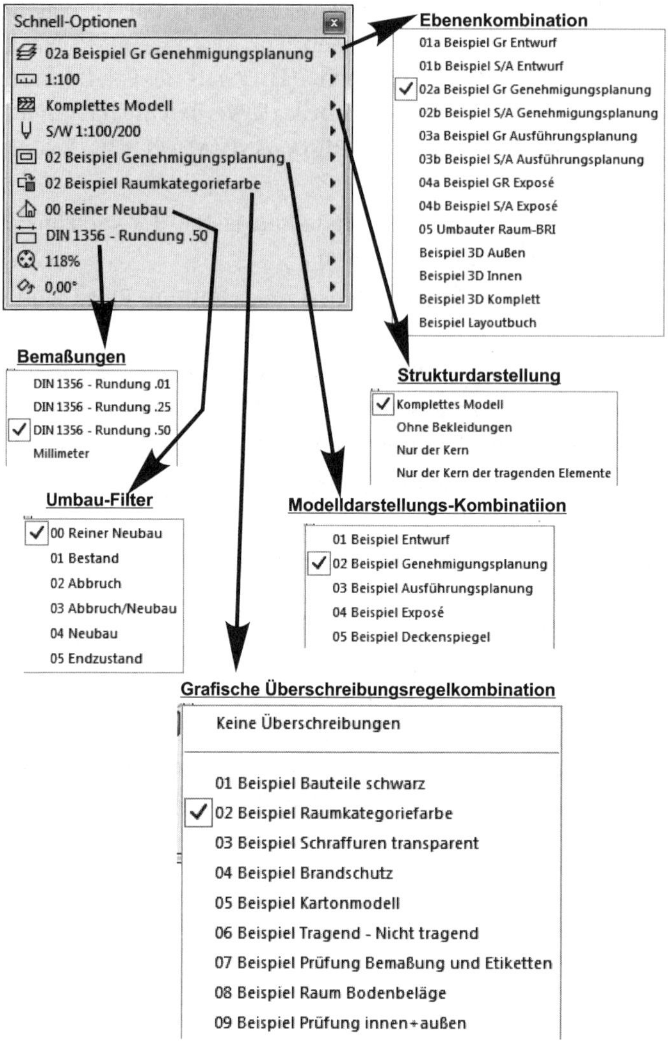

Abb. 2.5: Palette SCHNELL-OPTIONEN

- Welche EBENEN bei einer bestimmten EBENENKOMBINATION sichtbar sind, erfahren Sie über das Menü DOKUMENTATION|EBENEN|EBENEN (MODELL) (siehe Abbildung 2.9). Darüber wird die *Sichtbarkeit* der einzelnen *Elementtypen* gesteuert, die ja auf ganz spezifischen Ebenen liegen (GR = GRUNDRISS, S/A = SCHNITT/ANSICHT).

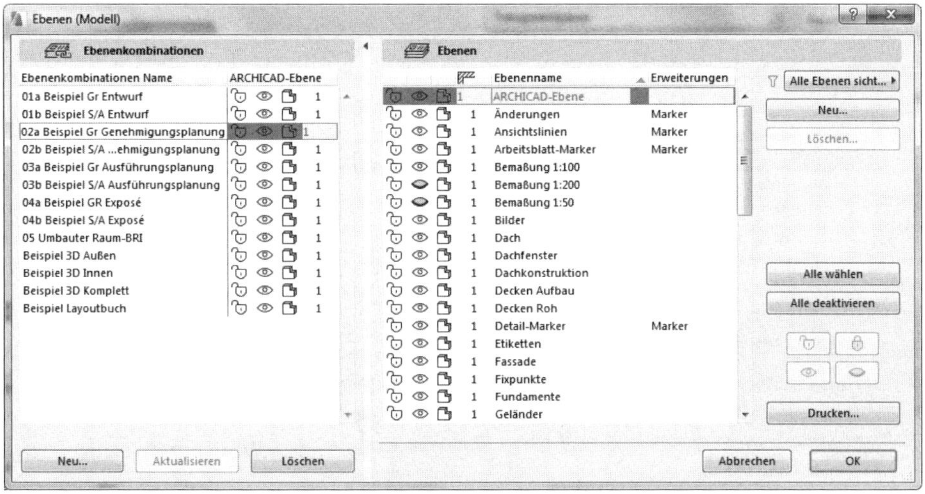

Abb. 2.6: Ebenenkombination für Ausführungsplanung

- Der MAẞSTAB bestimmt erstens, wie groß die Schrift im Verhältnis zur Konstruktion erscheint sowie *wie detailliert* Wände, Fenster und Türen etc. dargestellt werden. Andererseits hängt die Detaildarstellung bestimmter Elemente vom Maßstab ab. Für detaillierte Fensterdarstellung ist beispielsweise M=1:50 nötig.
- Die STRUKTURDARSTELLUNG ist für mehrschichtige Wände interessant und bestimmt deren Darstellung. Sie können wählen zwischen KOMPLETTES MODELL, OHNE BEKLEIDUNGEN, NUR DER KERN, NUR DER KERN DER TRAGENDEN ELEMENTE.
- Im STIFT-SET können Sie verschiedene Kombinationen von Stift-Farben für die unterschiedlichen Linienarten wählen. Es gibt auch schwarz-weiße Darstellungen.
- Es gibt folgende MODELLDARSTELLUNGSKOMBINATIONEN: 01 BEISPIEL ENTWURF, 02 BEISPIEL GENEHMIGUNGSPLANUNG, 03 BEISPIEL AUSFÜHRUNGSPLANUNG, 04 BEISPIEL EXPOSÉ und 05 BEISPIEL DECKENSPIEGEL. Je nach gewählter Modelldarstellung werden die Elemente *Unterzug, Stütze, Fassade, Marker, Tür, Fenster* und *Schraffur* unterschiedlich detailliert dargestellt. Sie können sich diese Einstellungen unter dem Menü DOKUMENTATION|MODELLDARSTELLUNG|MODELLDARSTELLUNG ERSTELLEN anzeigen lassen und bearbeiten.

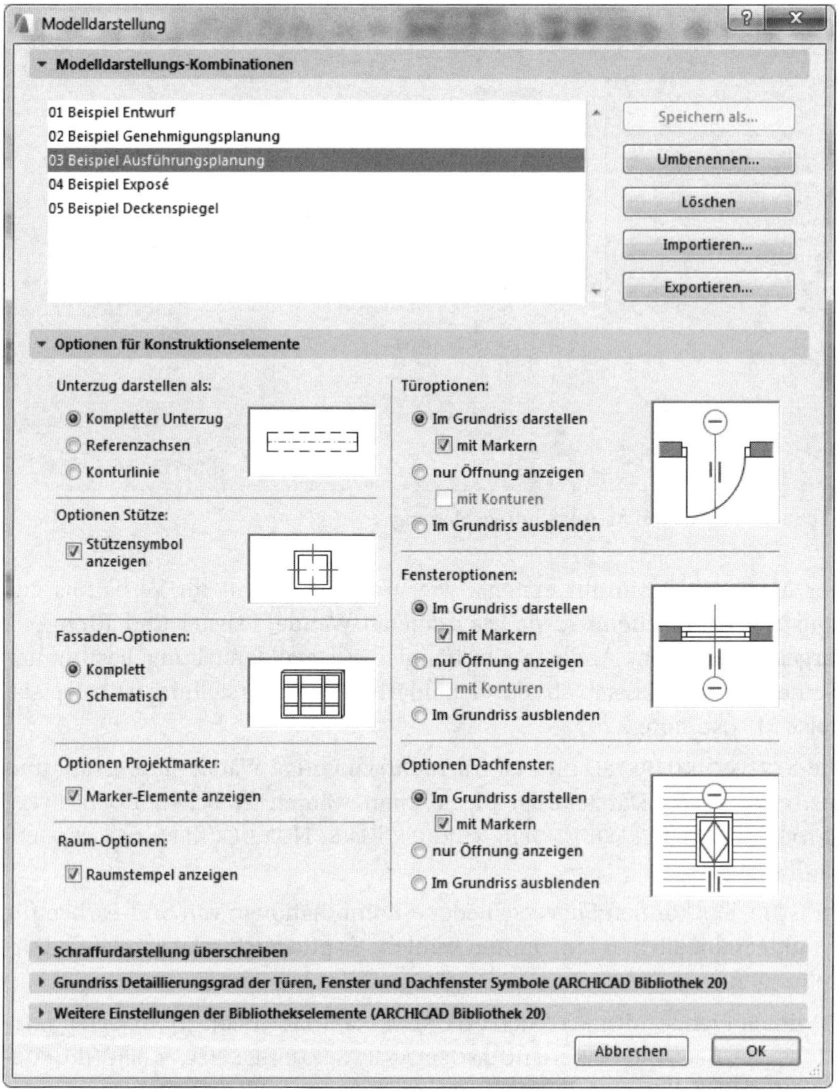

Abb. 2.7: Modelldarstellungs-Kombinationen

- Mit den GRAFISCHEN ÜBERSCHREIBUNGSREGELKOMBINATIONEN können Sie für spezielle Darstellungen bestimmte Elemente nach ihren internen Parametern verschieden darstellen lassen. So gibt es eine Überschreibungsregel BEISPIEL TRAGEND – NICHTTRAGEND, die tragende Wände rot, nichttragende blau und undefinierte gelb darstellt. Die dafür nötigen Eintragungen müssen natürlich in den WAND-EINSTELLUNGEN entsprechend vorgenommen werden, damit die Überschreibungsregel wirken kann. Entsprechende Regeln können Sie auch selbst nach beliebigen Parameterwerten gestalten. Die Funktion dafür finden Sie unter DOKUMENTATION|GRAFISCHE ÜBERSCHREIBUNG.

- Der UMBAU-FILTER kennt bei den Elementen drei Bauphasen, die als **Neubau**, **Bestand** oder **Abbruch** klassifiziert sind. Daraus werden hier sechs verschiedene Darstellungen erzeugt: 00 REINER NEUBAU, 01 BESTAND, 02 ABBRUCH, 03 ABBRUCH/NEUBAU, 04 NEUBAU und 05 ENDZUSTAND. Die Anzeige der einzelnen Elemente erfolgt dann gemäß Ihren Eingaben im EINSTELLUNGSDIALOG im Panel KENNZEICHEN UND KATEGORIEN beim Thema UMBAU, Vorgabe ist **Bestand**.
- Bei den BEMAßUNGSEINSTELLUNGEN gibt es vier Möglichkeiten für die Genauigkeit: DIN 1356 RUNDUNG .01, DIN 1356 RUNDUNG .25, DIN 1356 RUNDUNG .50 und MILLIMETER. Hierbei werden die Maße auf 1/10 mm, 1/4 cm, 1/2 cm genau oder auf volle Millimeter mit hochgestellten Hundertsteln angezeigt.

- Palette FAVORITEN Anstatt allgemein ein Werkzeug aus dem WERKZEUGKASTEN zu wählen, können Sie bequem aus den FAVORITEN Standard-Elemente mit bereits vorgegebenen Einstellungen wählen. Sie können eigene Favoriten hinzufügen, indem Sie

1. ein Element auf der Zeichenfläche aktivieren und
2. dann auf DIE KATEGORIE WÄNDE bei den FAVORITEN klicken,
3. Das Werkzeug NEUER FAVORIT anklicken,
4. einen Namen eingeben.
5. Nach OK ist die Palette erweitert.

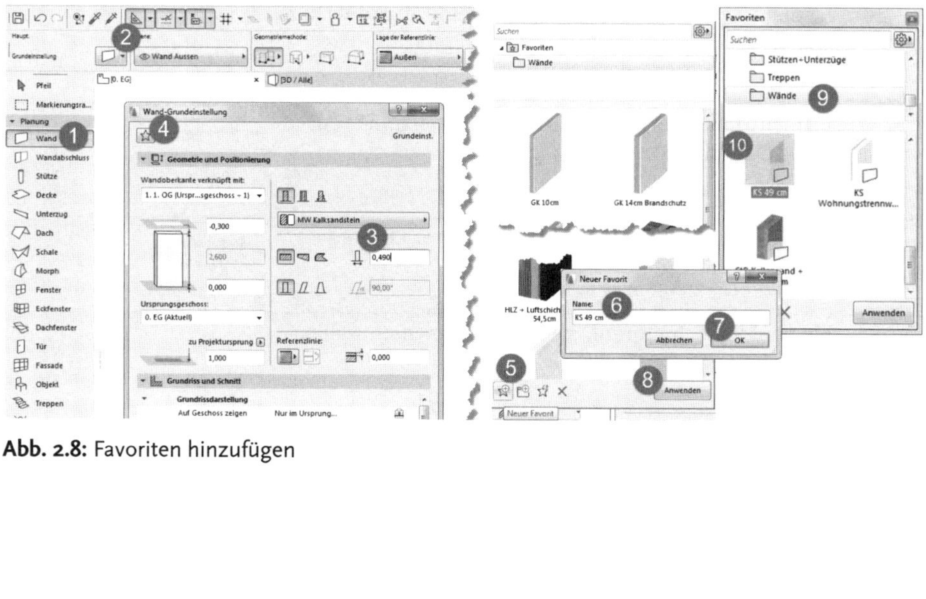

Abb. 2.8: Favoriten hinzufügen

2.2 Das Pfeil-Werkzeug

Die Bedienung von ArchiCAD zeichnet sich durch ein sehr direktes, intuitives Vorgehen aus. Sie fahren oft Punkte oder Elemente einfach mit dem Cursor an, um sie zu bearbeiten oder auszuwählen. Was Sie dann mit dem Cursor erreicht haben oder machen können, erkennen Sie meist an der Form des Cursorsymbols. Deshalb werden in den folgenden Tabellen die verschiedenen Varianten des Cursorsymbols aufgelistet.

2.2.1 Objekte mit Pfeil-Werkzeug wählen

Das PFEIL-Werkzeug aus dem WERKZEUGKASTEN wird aufgerufen, um Objekte zu wählen und oft auch mit der Absicht, ein Objekt an dezidierten Positionen zu wählen. Die möglichen Formen und Bedeutungen des Cursors beim PFEIL-Werkzeug sind in Tabelle 2.12.1 gezeigt.

Logo	Bedeutung	Beispiel
	Pfeil auf leerem Bereich oder auf einer Wandschraffurlinie, Wahl durch Klick auf eine Objektkonturlinie.	
	Pfeil bei aktivierter SCHNELL-AUSWAHL (MAGNETSYMBOL in INFOFENSTER aktiv), Wahl durch Klick in eine Objektkontur hinein, mit [Enter] kann die SCHNELL-AUSWAHL temporär aktiviert/deaktiviert werden.	
	Element am Eckpunkt auf Referenzlinie (bei Markierung dick hervorgehobene Linie) von Wand etc. wählen	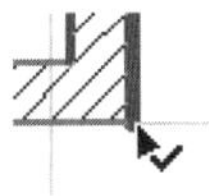
	Element am Eckpunkt oder besonderem Fangpunkt auf anderer Linie oder besonderem Fangpunkt auf Referenzlinie von Wand etc. wählen	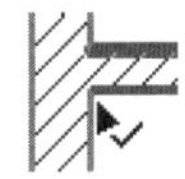
	Element an beliebiger Position auf Referenzlinie von Wand etc. wählen	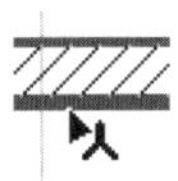
	Element an beliebiger Position auf anderer Linie von Wand etc. wählen	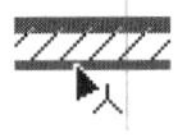
	Element am Schnittpunkt zwischen Elementen wählen	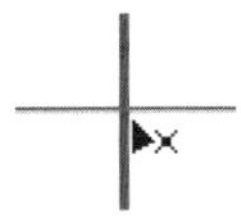

Tabelle 2.1: Verschiedene Gestalten des PFEIL-Werkzeugs

2.2.2 Punktpositionen auf Elementen

Zur Eingabe von Punktpositionen erhält der Cursor an ganz bestimmten Positionen eine bestimmte Gestalt, um anzudeuten, was Sie beim Anklicken erhalten werden. Es gibt unterschiedliche Möglichkeiten für den *Startpunkt* einer Wand oder eines ähnlichen Elements und für den *Folgepunkt*. Diese Varianten werden in Tabelle 2.2 und Tabelle 2.3 gezeigt. Die Darstellungen können mit dicker oder dünner Strichstärke erscheinen. Die dicke Darstellung deutet an, dass Sie an der Referenz- oder Basislinie arbeiten.

Logo	Bedeutung	Beispiel
+	Cursor abseits von Elementen	
✔	Punkt an Ecke auf Referenzlinie von Wand, Unterzug etc.	
✓	Position an Ecke oder an besonderem Fangpunkt auf anderer Linie von Wand, Unterzug etc.	
⅄	Punkt an beliebiger Stelle auf Referenzlinie von Wand, Unterzug etc. (Sterncursor)	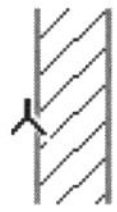
⅄	Punkt an beliebiger Stelle auf anderer Linie von Wand, Unterzug etc. (Sterncursor)	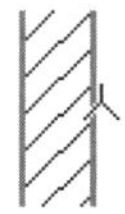

Tabelle 2.2: Cursorsymbole

Logo	Bedeutung	Beispiel
	Cursor für zweiten Punkt an freier Position	
	An Endpunkt auf Referenzlinie von Wand etc.	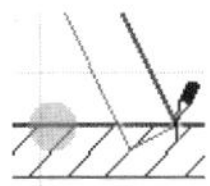

Tabelle 2.3: Cursorsymbole für zweiten Punkt einer Wand etc.

Logo	Bedeutung	Beispiel
	An besonderem Fangpunkt auf Referenzlinie oder anderer Linie einer Wand etc. oder an Endpunkt auf anderer Linie von Wand etc.	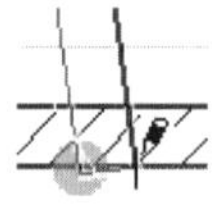
	An beliebiger Position auf Referenzlinie von Wand etc.	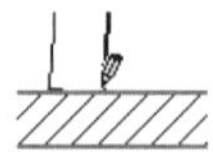
	An beliebiger Position auf anderer Linie von Wand etc.	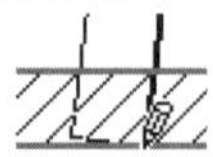
	Am Schnittpunkt zweier Elemente	
	Am Lotpunkt auf ein Element	
	Am Tangentenpunkt auf bogenförmigem Element	

Tabelle 2.3: Cursorsymbole für zweiten Punkt einer Wand etc. (Forts.)

2.3 Zoom-Funktionen

Da der Bildschirm am Computer eben kein 2-m-Zeichenbrett ist, sondern typisch ca. 19 Zoll in der Diagonale misst, besteht immer das Bedürfnis, Ausschnitte und Gesamtübersichten der Konstruktion möglichst schnell herzuholen. Dazu dienen die Zoom- und Verschiebe-Funktionen. Das sind Funktionen, wie Sie sie vom Fotoapparat her kennen, wo die Zoom-Linse das Bild vergrößern und verkleinern kann und ein Kameraschwenk den Bildausschnitt verschiebt.

2.3.1 Zoom und Verschieben mit der Maus

Eine der wichtigsten Erfindungen für den Computer ist wohl die Maus, insbesondere die moderne optische Maus, die alle Bewegungen an der Unterlage optisch ertastet. Das *Mausrad* war eine weitere wichtige Neuerung für den CAD-Bereich. Das *Mausrad* kann man mit minimalem Aufwand benutzen, um eine grafische Darstellung zu verkleinern und zu vergrößern.

Das Mausrad hat vier wichtige Funktionen:

- MAUSRAD ROLLEN verkleinert und vergrößert die Darstellung, je nach Rollrichtung. Hiermit werden nicht etwa die Konstruktionselemente in der Größe skaliert, sondern nur die Anzeige.

- MAUSRAD GEDRÜCKT HALTEN UND BEWEGEN erlaubt, den Ansichtsfensterinhalt in alle Richtungen zu verschieben. Sie bekommen dabei den *Hand-Cursor*, als ob Sie mit der Hand auf die aktuelle Position zugreifen und sie verschieben können. Zu beachten ist, dass Sie dabei nicht etwa die Elemente in der Konstruktion verschieben, sondern unter dem Bildschirmausschnitt die gesamte Grafik inklusive des Projektursprungs verschieben, der natürlich bei x=0 und y=0 bleibt.
- MAUSRAD DOPPELKLICKEN Diese Funktion zoomt derart, dass Ihre gesamte Konstruktion auf dem Bildschirm sichtbar wird. Ausgenommen davon sind Elemente auf ausgeblendeten Ebenen. Das entspricht dem OPTIMIEREN aus der HILFSMITTEL-Palette.
- MAUSRAD MIT Shift-TASTE GEDRÜCKT HALTEN UND BEWEGEN erlaubt in einer 3D-Ansicht, die ORBIT-Funktion auszuführen, also die Ansicht zu schwenken.

2.3.2 Zoom und Verschieben mit Werkzeugen

Nützliche Zoom-Funktionen finden sich auch in der HILFSMITTELLEISTE unter dem GRUNDRISSFENSTER (Abbildung 2.9).

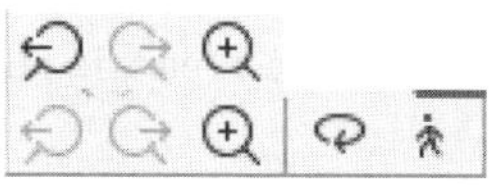

Abb. 2.9: Werkzeuge in der HILFSMITTELLEISTE FÜR 2D UND 3D

- ORBIT (nur in 3D-Ansichten) Hiermit können Sie in 3D-Ansichten das Projekt in der Höhe und seitlich mit gedrückter linker Maustaste schwenken. Die ORBIT-Funktion erreichen Sie aber auch, wenn Sie die Shift-Taste halten und die Maus bei gedrücktem Mausrad bewegen.
- 3D-RUNDGANG (aktiv nur im Modus ALLGEMEINE PERSPEKTIVE) Hiermit können Sie sich dreidimensional durch Ihre Konstruktion bewegen. Es gelten folgende Regeln:
  - Bewegung der Maus (keine Maustaste gedrückt) schwenkt die Richtung seitlich oder in der Höhe.
  - Mit den Pfeiltasten (←, →, ↑, ↓) oder den Zeichentasten A, D, W und S bewegen Sie sich selbst in die jeweilige Richtung.
  - Mit Bild↑ oder C und Bild↓ oder Leertaste bewegen Sie sich wie im Fahrstuhl nach oben oder unten.
  - Mit Shift können Sie die Bewegungen beschleunigen.
  - Mit F schalten Sie in den Flug-Modus um.
  - Mit + und - können Sie die Geschwindigkeit schneller oder langsamer einstellen.

  - Mit einem Mausklick oder [ESC] beenden Sie den Modus.

- ZOOM VERGRÖßERN Hiermit vergrößern Sie einen konkreten Bereich auf das ganze Zeichenfenster. Dazu müssen Sie mit zwei Klicks ein Rechteck aufziehen. Der Inhalt dieses Rechtecks wird dann auf die Fenstergröße vergrößert.
- OPTIMIEREN Das ist auch wieder ein Ersatz für das Mausrad, und zwar entspricht das dem Doppelklick mit dem Mausrad. Die gesamte Konstruktion mit Ausnahme ausgeblendeter Ebenen wird auf das Zeichenfenster gezoomt.
- ORIENTIERUNG DREHEN (nicht in 3D-ANSICHTEN, wohl aber bei 3D-DOKUMENTEN und 2D-Darstellungen) Sie können hiermit das Dokument drehen. Zwei Punkte definieren *Drehpunkt* und *Ausgangsrichtung*, ein dritter Punkt die *Zielrichtung*. Sie können auch als zweite Eingabe einen *Winkel* eintippen, um den gedreht werden soll.
- ORIENTIERUNG 0,00° Hier wird der aktuelle Drehwinkel der Ansicht aus einer Tabelle fester Werte gewählt. Mit einem Klick auf 0° können Sie die Drehung beispielsweise wieder auf 0° zurücksetzen.
- ZU VORHERIGEM ZOOM Diese Funktion geht jeweils einen Schritt in Ihrer Zoom-Historie zurück.
- ZUM NÄCHSTEN ZOOM Und diese Funktion geht in Ihrer Zoom-Historie jeweils wieder schrittweise vorwärts.

2.3.3 Was ändert sich bei Wahl eines anderen Maßstabs?

Egal, welcher Maßstab eingestellt ist, stets können Sie die Ansicht so zoomen, wie Sie es für Ihre Arbeit brauchen. Es gibt aber Veränderungen in Ihrer Zeichnung, die sich beim Maßstabswechsel ergeben. Verschiedene Detaildarstellungen von Elementen werden sich bei Maßstabsänderungen anpassen. Und zwar werden bei größeren Maßstäben wie 1:100 oder 1:200 Details verschwinden, die bei kleineren Maßstäben wie 1:20 oder 1:50 sichtbar sind. Außerdem werden die Größen der Schriften angepasst. So muss eine Schrift, die für Ausgabe im Maßstab 1:20 relativ zu den Konstruktionselementen eine bestimmte Höhe hat, für Ausgabe unter 1:100 fünfmal so groß erscheinen, weil sie beim Plotten später 5-mal stärker verkleinert wird. Die relativen Höhen von Texten, Maßtexten und Maßpfeilen etc. bezogen auf die geometrischen Elemente werden sich also beim Maßstabswechsel verändern.

2.4 Kontextmenü im Grundrissfenster

Kontextmenüs bieten immer die wichtigsten Funktionen an, die in der aktuellen Situation angeboten werden können. *Kontextmenüs* werden mit *Rechtsklick* aufgerufen. Abbildung 2.10 zeigt das Kontextmenü im Grundrissfenster (wenn keine

Elemente aktiviert sind und kein Werkzeug aktiv ist). Das *Grundrissfenster* wird angezeigt, nachdem Sie gestartet haben oder immer, wenn Sie im NAVIGATOR die PROJEKT-MAPPE und darin ein Geschoss aktiviert haben. Folgende Funktionen werden nach Rechtsklick angeboten:

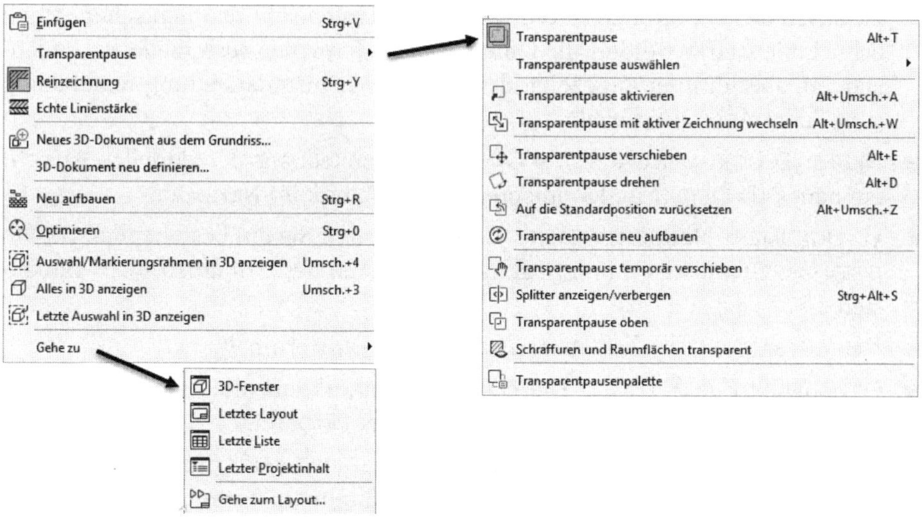

Abb. 2.10: Kontextmenü im Grundrissfenster

- EINFÜGEN (Strg+V) fügt Objekte aus der *Zwischenablage* ein. Voraussetzung ist natürlich, dass Sie vorher durch Anklicken und Strg+C oder mit Rechtsklick und EINFÜGEN etwas in die *Zwischenablage* gelegt haben.
- TRANSPARENTPAUSE Hier geht es zum Menü, das Transparentpausen verwaltet. Wenn keine Transparentpause aktiv ist, gibt es hier nur zwei Optionen:
  - Mit TRANSPARENTPAUSE (Alt+T) aktivieren und deaktivieren Sie den Modus TRANSPARENTPAUSE, das heißt, Sie schalten die Sichtbarkeit des aktuellen Transparentpausen-Geschosses ein oder aus.
  - Mit der unteren Option TRANSPARENTPAUSE wird die *Palette* für Transparentpausen auf der rechten Seite unter dem NAVIGATOR aktiviert und deaktiviert.
  - Wenn die Transparentpause aktiv ist, dann gibt es hier noch zusätzliche Optionen zur Verwaltung der Transparentpausen, die auch in der Palette verfügbar sind. Sie können z.B. dann mit TRANSPARENTPAUSE WÄHLEN das Geschoss auswählen, das als rote Transparentpause angezeigt werden soll, um beispielsweise Positionen daraus zu übernehmen.
- REINZEICHNUNG (Strg+Y) schaltet den *Reinzeichnungsmodus* ein, in dem die *Verschneidungen* von Elementen korrekt dargestellt werden. Alternativ werden die Verschneidungen abgeschaltet und Konstruktionslinien oder Basis-

linien der einzelnen Wände mit Andeutung der Laufrichtung gezeigt. Das kann sehr nützlich sein, um Probleme bei Wandverschneidungen aufzudecken.

- ECHTE LINIENSTÄRKE schaltet die Darstellung echter Linienstärken ein. Bei entsprechend starker Zoom-Vergrößerung können Sie dann die Unterschiede zwischen dicken, dünnen und mittelstarken Linien sehr deutlich sehen. Ohne echte Linienstärke werden alle Linien zwar auch mit den verschiedenen Linienstärken, aber dünner angezeigt, damit die Bildschirmdarstellung unabhängig vom Zoom-Ausschnitt bleibt.
- NEUES 3D-DOKUMENT AUS DEM GRUNDRISS erstellt aus der aktuellen Ansicht ein neues 3D-OBJEKT in der entsprechenden Rubrik im Navigator.
- 3D-DOKUMENT NEU DEFINIEREN Hiermit können Sie ein bestehendes 3D-OBJEKT *eines Grundrisses* mit dem aktuellen Zustand des *Grundrissfensters* aktualisieren.
- NEU AUFBAUEN (Strg+R) aktualisiert den Fensterinhalt.
- OPTIMIEREN (Strg+0) Die gesamte Konstruktion mit Ausnahme ausgeblendeter Ebenen wird auf das aktuelle Fenster gezoomt.
- AUSWAHL/MARKIERUNGSRAHMEN IN 3D ANZEIGEN zeigt nur die markierten Elemente oder den durch einen Markierungsrahmen begrenzten Ausschnitt im 3D-FENSTER. Rückgängig gemacht wird das durch ALLES IN 3D ANZEIGEN (siehe unten).
- LETZTE AUSWAHL/ IN 3D ANZEIGEN (Shift+4) zeigt die vorher markierten Elemente oder durch den Markierungsrahmen begrenzten Ausschnitt im 3D-FENSTER später erneut an.
- ALLES IN 3D ANZEIGEN (Shift+3) zeigt alles im 3D-FENSTER an. Das ist die schnellste Umschaltung in die 3D-Ansicht.
- GEHE ZU|LETZTER SCHNITT wechselt in den zuletzt aktivierten *Schnitt.*
- GEHE ZU|LETZTE DETAILZEICHNUNG wechselt in die zuletzt aktivierte *Detailzeichnung.*
- GEHE ZU|3D-FENSTER wechselt ins 3D-FENSTER.
- GEHE ZU|LETZTES LAYOUT wechselt ins zuletzt benutzte *Layout.*
- GEHE ZU|LETZTE LISTE wechselt in die zuletzt benutzte *Liste.*
- GEHE ZU|LETZTER PROJEKTINHALT wechselt in den zuletzt benutzten *Projektinhalt*, beispielsweise die *Ausschnittsliste, Layoutliste* oder *Zeichnungsliste.*

Wechsel zwischen *Grundrissfenster* und *3D-Fenster*: Am schnellsten wechseln Sie Ansichtsfenster mit den TABS unter dem INFOFENSTER. Im Menü FENSTER finden Sie eine Funktion zum Ein- und Ausschalten dieser TAB-LEISTE. Auch die einzelnen TABS können hier ein- und ausgeschaltet werden. Das Ausschalten nicht mehr benötigter Tabs gelingt am schnellsten durch einen Klick auf ein kleines »x« im jeweiligen Tab. Auch mit [Strg]+[2] und [Strg]+[3] können Sie schnell zwischen GRUNDRISSFENSTER und 3D-FENSTER wechseln.

2.5 Ansicht im 3D-Fenster manipulieren

Das *3D-Fenster* wird schnell aktiviert, wenn Sie in der TAB-LEISTE unter dem INFOFENSTER auf 3D/ALLE klicken oder im NAVIGATOR in der Projekt-Mappe den Knoten 3D mit einem Klick aufblättern und mit Doppelklick ALLGEMEINE AXONOMETRIE oder ALLGEMEINE PERSPEKTIVE aktivieren.

2.5.1 Orbit

Zur Ansichtsmanipulation im 3D-Fenster gibt es in der Bildlaufleiste neben den oben beschriebenen Optionen eine Zoom-Option, das Werkzeug ORBIT . Damit können Sie die Ansicht durch vertikale Bewegung bei gedrückter Maustaste um die horizontale Achse und umgekehrt mit horizontaler Bewegung um die vertikale Achse drehen. So können Sie jede beliebige Ansichtsrichtung einstellen.

2.5.2 Das Kontextmenü im 3D-Fenster

Das 3D-FENSTER kennt zwei Darstellungsarten, die ALLGEMEINE PERSPEKTIVE und die ALLGEMEINE AXONOMETRIE. Erstere ist eine Darstellung mit Fluchtpunkt und Blickpunkt, bei der sich parallele Kanten in der Verlängerung treffen. Die axonometrische Darstellung dagegen erhält die Parallelität von Kanten. Sie können zwischen beiden Darstellungsarten über die NAVIGATOR-Palette durch Doppelklick umschalten.

Das Kontextmenü im 3D-FENSTER erhalten Sie mit einem Rechtsklick (Abbildung 2.11), wenn keine Elemente gewählt sind. Es enthält einige Punkte, die ähnlich oder gleich dem Kontextmenü im GRUNDRISS-FENSTER sind, aber auch einige sehr 3D-spezifische. 3D-Einstellungen können Sie alternativ auch über das Menü ANSICHT|3D-DARSTELLUNGSMODUS vornehmen. Wenn Sie unter ANSICHT|3D-DARSTELLUNGSMODUS|3D-FENSTER EINSTELLUNGEN|3D-ENGINE die VEKTORIELLE 3D-ENGINE wählen, erhalten Sie eine weitere 3D-Darstellungsart VERDECKTE KANTEN.

- DRAHTMODELL In dieser Darstellungsart werden alle Elemente nur durch ihre Kanten repräsentiert. Alle Flächen sind dann durchsichtig. Diese Darstellungsart wird gewählt, um innen liegende Elemente oder Kanten zu sehen und bearbeiten zu können.
- VERDECKTE KANTEN (Option nur bei 3D-Darstellung mit der vektoriellen 3D-Engine verfügbar) Nun werden auch nur Kanten ohne schattierte Flächen angezeigt, aber verdeckte Kanten werden ausgeblendet.
- SCHATTIERUNG In dieser Darstellungsart erscheinen alle Elemente mit undurchsichtigen schattierten Oberflächen. Auch die Materialien der Oberflächen kommen hier zur Geltung.

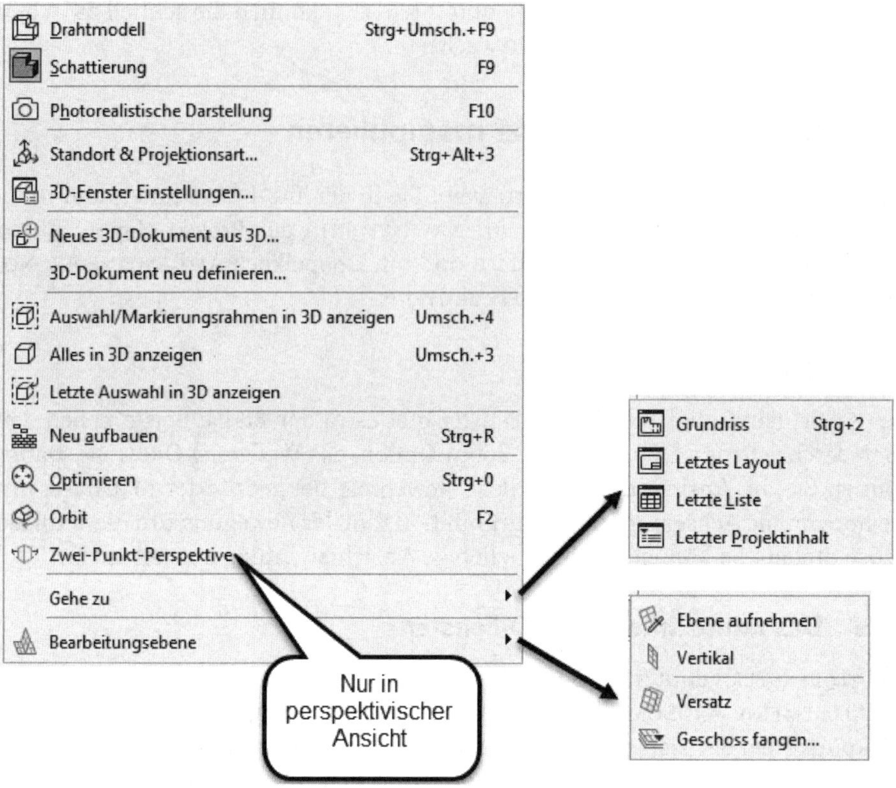

Abb. 2.11: Kontextmenü im 3D-Fenster

- PHOTOREALISTISCHE DARSTELLUNG Mit dieser Funktion wird in einem extra Fenster eine photorealistische Darstellung der Konstruktion neu berechnet. Dieses Bild können Sie mit ABLAGE|SICHERN als Pixelbild speichern. Die Einstellungen für die photorealistische Darstellung finden Sie unter DOKUMENTATION|RENDERING, ANIMATION ETC.|PHOTOREALISTIK-EINSTELLUNGEN.
- STANDORT & PROJEKTIONSART Je nachdem, ob Sie in der perspektivischen oder axonometrischen Darstellung sind, erhalten Sie unterschiedliche Dialogfenster zur Einstellung der Ansichten (Abbildung 2.12, Abbildung 2.13). Zu beachten ist, dass Sie in beiden Fenstern *im kleinen Vorschaufenster* die *Ansichtsrichtungen, Beleuchtungsrichtung* und *Blickpunkt* auch *interaktiv mit dem Cursor* variieren können. Mit der Schaltfläche PERSPEKTIV-EINSTELLUNGEN bzw. AXONOMETRIE-EINSTELLUNGEN können Sie zwischen diesen beiden Darstellungsarten wechseln.

  Bei den Einstellungen für die *Perspektive* wird gern ein größerer BILDWINKEL gewählt (Weitwinkel-Objektiv), um damit eine etwas übertriebene Perspektive zu erreichen (Abbildung 2.15). Dann kann man beispielsweise auch von oben in einen Raum hineinschauen und alle Wände von innen sehen. Wenn Sie die

Blickrichtung nicht gerade über *ganz bestimmte Winkel* einstellen müssen, verwenden Sie dafür natürlich das Werkzeug ORBIT anstelle der Eingaben in diesen Dialogfenstern. Sie können auch mit dem Cursor *direkt im Dialogfenster* den Standpunkt des Betrachters, die Blickrichtung und den Sonnenstand variieren.

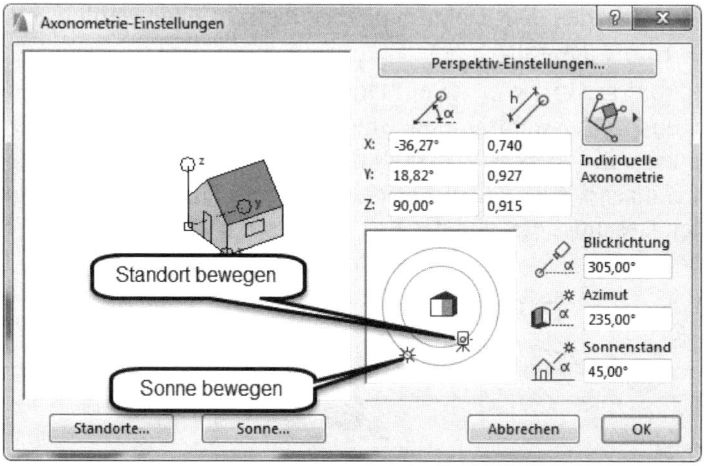

Abb. 2.12: Einstellungen für die Allgemeine Axonometrie

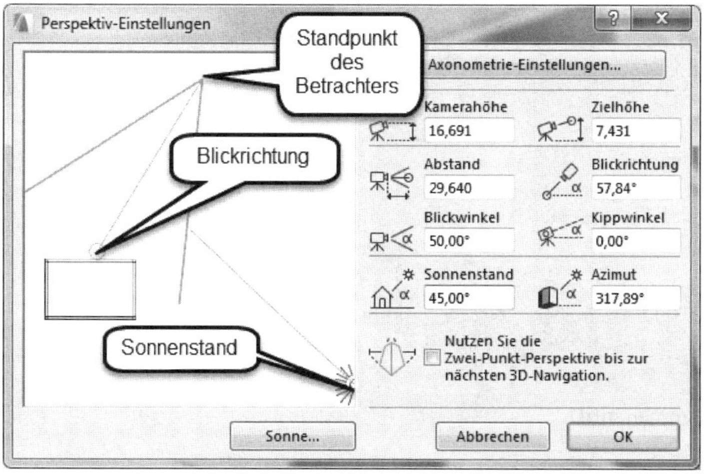

Abb. 2.13: Einstellungen für die Allgemeine Perspektive

- 3D-FENSTER EINSTELLUNGEN Sie können hiermit wählen, wie Ihre Konstruktion im 3D-Fenster dargestellt wird. An erster Stelle steht dabei die Wahl zwischen der Darstellung im Modus OPEN GL oder durch INTERNE ENGINE. Wenn Sie Letztere wählen, erhalten Sie den zusätzlichen Modus für eine unschattierte Darstellung mit ausgeblendeten Kanten namens VERDECKTE KANTEN.

- NEUES 3D-DOKUMENT AUS 3D erstellt von der aktuellen Ansicht im Knoten 3D-DOKUMENTE des NAVIGATORS einen 3D-Schnappschuss der aktuellen Ansicht. Dieser kann dann als grafische Darstellung für Bemaßungen, Beschriftungen oder Schnittgenerierung verwendet werden.
- 3D-DOKUMENT NEU DEFINIEREN erstellt von der aktuellen 3D-Ansicht ein bestehendes 3D-DOKUMENT neu. Das Dokument, das überschrieben werden soll, wird dann aus einer Liste gewählt.
- AUSWAHL/MARKIERUNGSRAHMEN IN 3D ANZEIGEN zeigt nur die vorher markierten oder mit einem Auswahlrahmen umschlossenen Elemente im 3D-FENSTER an. Dazu kann im WERKZEUGKASTEN mit dem MARKIERUNGSRAHMEN-Werkzeug eine *dreidimensionale Box* aufgezogen werden. Die Funktion zeigt dann vom aktuellen Geschoss den von der Box umrahmten 3D-Bereich an.

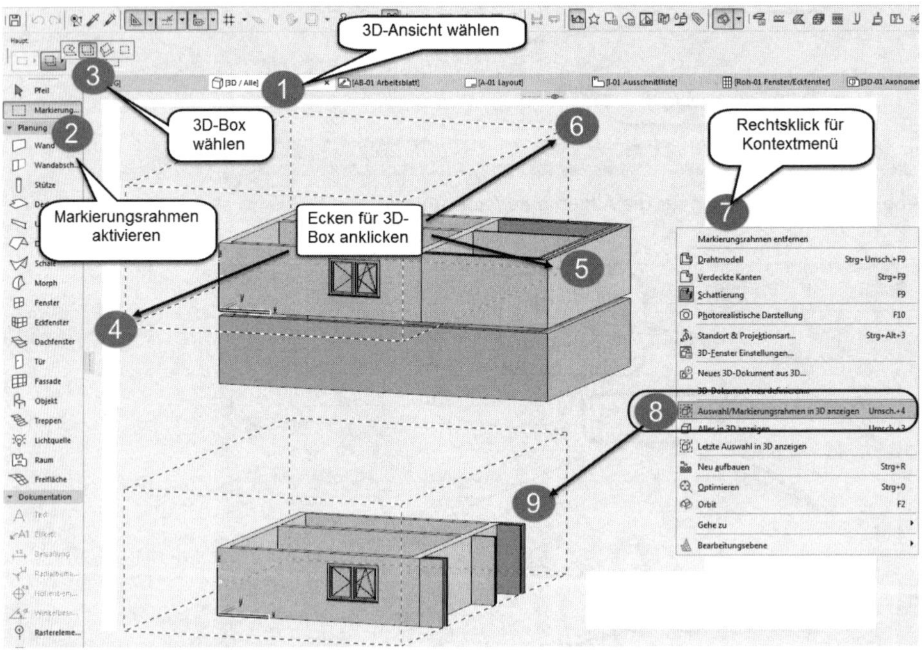

Abb. 2.14: Markierungsrahmen in 3D

- ALLES IN 3D ANZEIGEN (GEFILTERT) ermöglicht Auswahl unter den gefilterten Elementen (siehe ANSICHT|ELEMENTE IN 3D|ELEMENTE IN 3D FLTERN UND SCHNEIDEN).
- LETZTE AUSWAHL IN 3D ANZEIGEN zeigt die in einer vorhergehenden Auswahl markierten oder mit einem Auswahlrahmen umschlossenen Elemente im 3D-FENSTER an.
- NEU AUFBAUEN aktualisiert den Fensterinhalt.

- OPTIMIEREN Die gesamte Konstruktion mit Ausnahme ausgeblendeter Ebenen wird auf das Fenster gezoomt.
- ORBIT ermöglicht das Schwenken des Modells mit gedrückter Maustaste.
- GEHE ZU|GRUNDRISS wechselt ins GRUNDRISS-FENSTER.
- GEHE ZU|LETZTES LAYOUT wechselt ins zuletzt aktivierte LAYOUT (vorbereitete Plotausgabe).
- GEHE ZU|LETZTE LISTE wechselt in die zuletzt aktivierte LISTE.
- GEHE ZU|LETZTER PROJEKTINHALT wechselt in den zuletzt aktivierten PROJEKT-INHALT.

Abb. 2.15: Perspektivische Ansicht mit großem Bildwinkel

2.5.3 Bestimmung von Sonnenstand und Standort für 3D-Darstellungen

In den Dialogfenstern zur Einstellung für die ALLGEMEINE PERSPEKTIVE oder ALLGEMEINE AXONOMETRIE (Abbildung 2.12, Abbildung 2.13) finden Sie die Schaltfläche SONNE. Damit können Sie das Sonnenlicht nach *Farbe, Sonnenstand* und *Ort* beeinflussen (Abbildung 2.16). Unter SONNENPOSITION ZUR PROJEKTLAGE befindet sich auch die Datumseingabe. Unter PROJEKTLAGE verbirgt sich dann die Verwaltung einer Ortsliste (Abbildung 2.17). Sie wählen aus dieser Liste den gewünschten Ort aus. Damit können Sie die Beleuchtungsbedingungen an einem bestimmten Ort zu einem bestimmten Zeitpunkt simulieren. Alternativ können Sie *weitere Orte* in diese Liste eintragen über OPTIONEN|ELEMENT-ATTRIBUTE|ATTRIBUTE-MANAGER auf der Registerkarte mit der Weltkugel. Mit ANHÄNGEN> wird ein bestehender Ort auf die rechte Seite gebracht, dann angeklickt, über die kleinen Felder rechts unten bearbeitet und mit <ÄNDERN in die Ortsliste aufgenommen.

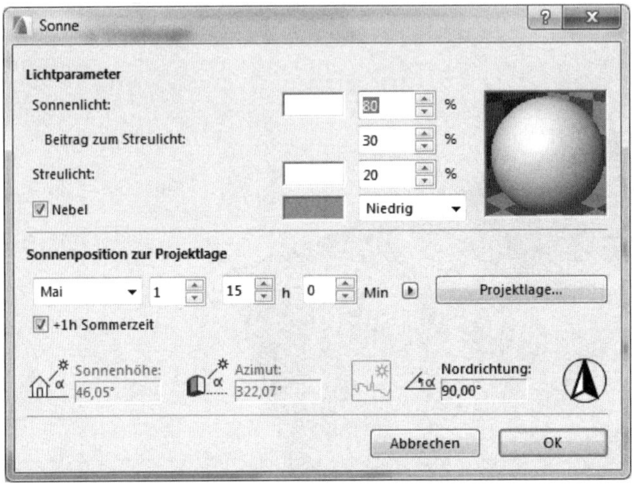

Abb. 2.16: Sonnenstandangaben

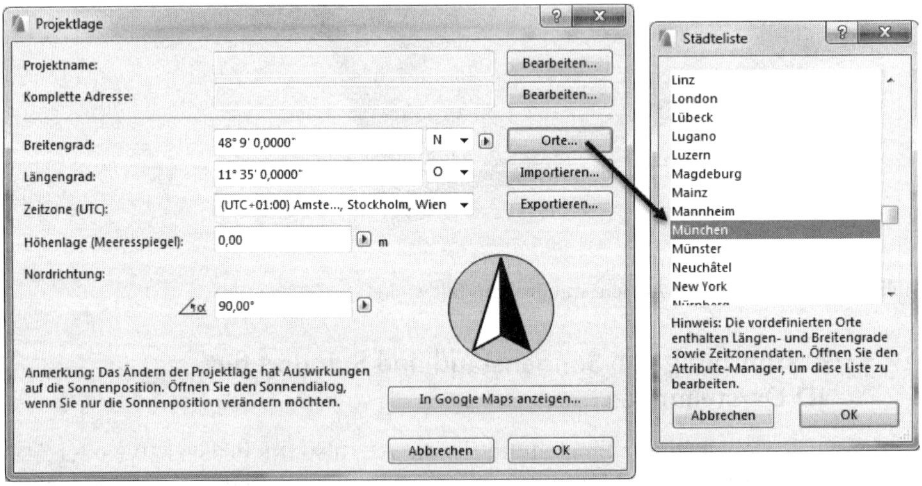

Abb. 2.17: München in der Ortsliste wählen

Alternativ können Sie auch In Google Maps anzeigen aktivieren, den exakten Standort suchen und aus Google Maps nach Lokalisierung des Standorts die Breiten- und Längengradwerte in das Dialogfenster Projektlage übernehmen.

2.5.4 Bearbeitungsebene im 3D-Fenster

ArchiCAD kann Ihnen beim Arbeiten im 3D-Fenster automatisch eine *Bearbeitungsebene* in Hellblau und ggf. mit Konstruktionsraster anzeigen. Dazu aktivieren Sie Ansicht|Darstellung der Bearbeitungsebene. Sie erscheint aber nur bei aktivierter Open-GL-Grafik-Engine. Dazu müssen Sie noch Ansicht|3D-Darstellungsmodus|OpenGL 3D Engine wählen. Die Standard-Bearbeitungsebene liegt vorgabemäßig in der Basisebene von Geschoss 0. Wenn Sie eine andere Ebene zur Definition von Positionen benötigen, können Sie über das Kontextmenü per Rechtsklick oder über die Pet-Palette (nach Anklicken der blauen Markierung) weitere Optionen zur Arbeitsebenenauswahl erhalten (Abbildung 2.18). Besonders für verschiedene Bearbeitungen von *Morphs* (frei modellierbare Volumenkörper) wird die Verwendung von beliebig positionierbaren Arbeitsebenen interessant.

- Sehr nützlich ist dort die Option Ebene aufnehmen, mit der Sie eine graue Fläche mit dem Cursor auf eine geeignete Fläche in der Konstruktion legen können. Alternativ können Sie damit aber auch eine Fläche völlig frei über *zwei Punktpositionen* und einen *dritten Punkt* definieren, der die *Drehrichtung* bezüglich dieser Achse angibt.
- Mit Vertikal wird eine senkrecht stehende Bearbeitungsebene erzeugt, deren Position Sie beispielsweise von einer Wand abgreifen können.
- Mit Horizontal wird eine horizontal stehende Bearbeitungsebene erzeugt, deren Position Sie beispielsweise von einer Bodenfläche abgreifen können.
- Mit Versatz können Sie die vorhandene Bearbeitungsebene parallel um einen Abstand verschieben.
- Bei Geschoss fangen erlaubt eine Tabelle der vorhandenen Geschosse die Positionierung der Bearbeitungsebene auf ein gewähltes Geschoss.
- Zurück zur Standard-Bearbeitungsebene restauriert wieder die Bearbeitungsebene auf der Basisebene vom Geschoss 0.

Tipp

Die graue Fläche für die Positionierung der *Arbeitsebene* ist nur sichtbar, wenn im Kontextmenü unter 3D-Fenster-Einstellungen die OpenGL-Grafik-Engine gewählt wurde.

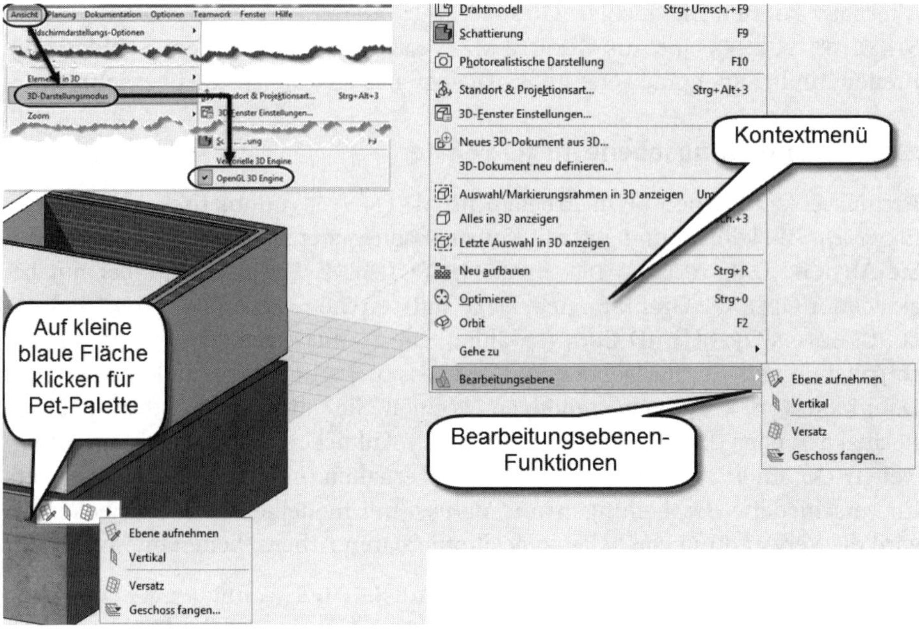

Abb. 2.18: Kontextmenü und Pet-Palette für Bearbeitungsebene im 3D-Fenster

2.6 Übungsfragen

1. Welches sind die wichtigsten Strukturelemente in der Projektmappe?
2. Nennen Sie die wichtigsten Paletten.
3. Was kann mit Schnell-Optionen eingestellt werden?
4. In welcher Ansicht erreichen Sie den 3D-Rundgang?
5. Wie zeigt das Pfeil-Werkzeug an, dass es auf einem Punkt oder einer Kante einrastet?
6. Welche drei Zoom-Optionen können Sie mit der Maus bedienen?
7. Was bedeutet Als Transparentpause anzeigen?
8. Mit welchem Hilfsmittel stellen Sie am einfachsten die Ansichtsrichtung im 3D-Fenster ein?

Kapitel 3

Koordinateneingabe

Die Koordinaten werden meist in Form rechtwinkliger Koordinaten eingegeben. Die x-Koordinate zählt in der waagerechten Richtung, die y-Koordinate in der senkrechten Richtung. Die positive Richtung zählt einerseits nach rechts, andererseits nach oben. Es gibt verschiedene Möglichkeiten für den Koordinatenursprung: *Projektursprung*, *Benutzerursprung* oder *Bearbeitungsursprung*. Die rechtwinkligen Koordinaten werden nach dem französischen Mathematiker Descartes auch als *kartesische Koordinaten* bezeichnet.

Eine Eingabe *polarer Koordinaten* ist auch möglich. Dabei werden der radiale Abstand vom Koordinatenursprung sowie der Winkel zur positiven x-Richtung angegeben.

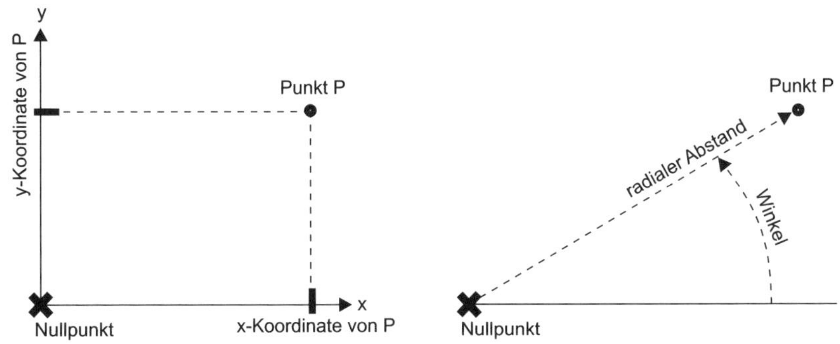

Abb. 3.1: Rechtwinklige (kartesische) und polare Koordinaten

3.1 Der Koordinatenursprung

Die Palette zur Anzeige und Eingabe der Koordinaten wird mit dem Menü FENSTER|PALETTEN|KOORDINATEN aktiviert.

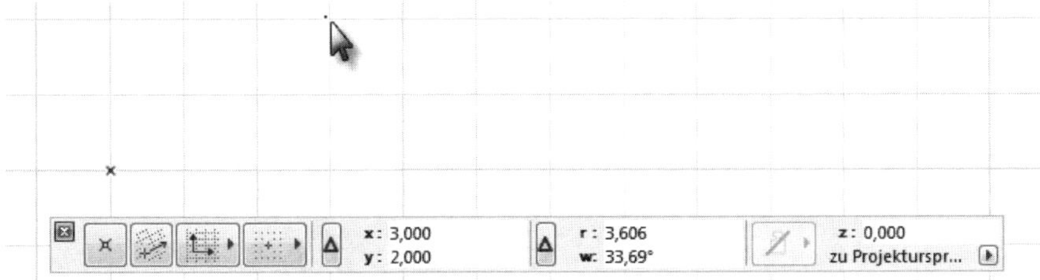

Abb. 3.2: KOORDINATEN-Palette

3.1.1 Projektursprung

Beim Start einer neuen Zeichnung finden Sie mitten auf der Zeichenfläche des Startfensters eine Markierung für den PROJEKTURSPRUNG in Form eines dicken Kreuzchens. Dieser PROJEKTURSPRUNG kennzeichnet den absoluten Nullpunkt der Koordinaten für dieses Projekt. Dieser Ursprung ist eindeutig und kann vom Benutzer nicht verändert werden.

Wichtig

Die Position des Projektursprungs kann jederzeit mit einem *Doppelklick* auf das Werkzeug BENUTZERURSPRUNG SETZEN aus der KOORDINATEN-Palette wiederhergestellt werden.

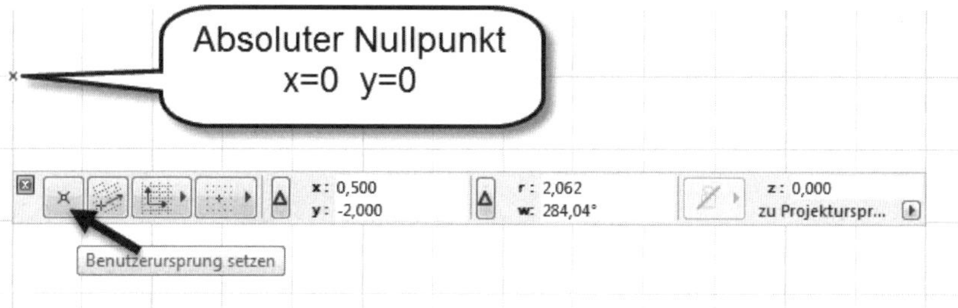

Abb. 3.3: Werkzeug BENUTZERURSPRUNG SETZEN

In einer 3D-Darstellung wird der PROJEKTURSPRUNG durch ein Dreibein mit dicken Linien dargestellt. Jede der Linien ist 1/2 m lang.

3.1.2 Benutzerursprung

Ein individueller Ursprung, der *Benutzerursprung*, kann mit dem Werkzeug BENUTZERURSPRUNG SETZEN aus der KOORDINATEN-Palette an jede beliebige Stelle verschoben werden. Mit diesem Ursprung können Sie sich die Koordinateneingabe bei Anbauten oder das Messen von Abständen erleichtern und vermeiden, dass Sie unnötig kopfrechnen müssen. Temporär können Sie den Benutzerursprung auch mit [Alt]+[⇧]+Klick im aktuellen Befehl setzen.

3.1.3 Bearbeitungsursprung

In Zeichen- oder Bearbeitungsoperationen erscheint oft das dicke Kreuzchen als Ursprung einer Gummibandlinie beispielsweise für Verschiebungen. Das wird dann als *Bearbeitungsursprung* bezeichnet. Hier kann dann der Abstand bezüglich dieses *Bearbeitungsursprungs* angegeben werden. Das sind dann relative Koordinaten.

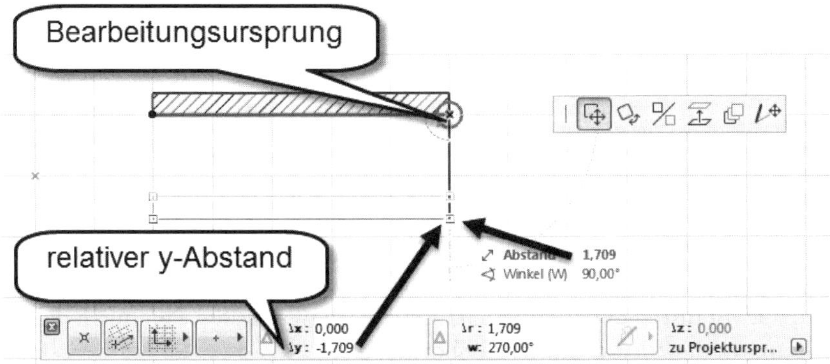

Abb. 3.4: Verschieben relativ zu einem Bearbeitungsursprung

3.1.4 Koordinateneingabe

Koordinaten können über

- *Tastatur* eingegeben werden oder
- mit *Mausunterstützung und Tastatur*, wobei die Maus meist die Richtung vorgibt (Hilfslinien benutzen) oder
- gänzlich mit der *Maus*, indem bereits konstruierte Punktpositionen gefangen werden.

Wenn sich die Koordinaten auf den *Projektursprung* beziehen, dann sind es *absolute Koordinaten*. Wenn Sie in einer Bearbeitungsfunktion (z.B. BEARBEITEN|BEWEGEN) Koordinaten eingeben, dann zählen sie *relativ*, weil sie sich auf den *Bearbeitungsursprung* beziehen.

Eingabe in der KOORDINATEN-Palette

Sie können sich die Koordinaten über die KOORDINATEN-Palette anzeigen lassen. Diese lässt sich mit dem Menü FENSTER|PALETTEN|KOORDINATEN aktivieren. In der Palette werden die Koordinaten als rechtwinklige und auch als Polarkoordinaten angezeigt. Mit der Schaltfläche Δ vor beiden Koordinatenarten kann auf die Anzeige relativer Koordinaten umgeschaltet werden. Das griechische Δ soll darauf hinweisen, dass es sich dann um relative *Distanzen* handelt. Eine relative Anzeige macht natürlich immer nur Sinn, wenn bereits ein Punkt in der aktiven Bearbeitung eingegeben wurde. Aktivieren Sie die Schaltflächen Δ vor den Koordinaten und rufen Sie beispielsweise das WAND-Werkzeug auf. Für den ersten Punkt hat die Δ-Einstellung keine Bedeutung, es werden die absoluten Koordinaten bezogen auf den Projektursprung angezeigt bzw. verwendet. Aber für den Endpunkt der Wand beziehen sich die Koordinaten mit dem Δ dann auf den Startpunkt des

Wandsegments (=Bearbeitungsursprung) und nur bei deaktiviertem Δ auf den Projektursprung.

Abb. 3.5: Die KOORDINATEN-Palette

Sie können nun in die Koordinatenfelder klicken und die gewünschten Koordinaten eintragen und mit [↵] in Ihre Konstruktion übernehmen. Damit Sie im Moment noch nicht durch den TRACKER irritiert werden, schalten Sie ihn vielleicht für diese Übung in der STANDARD-Symbolleiste ab: .

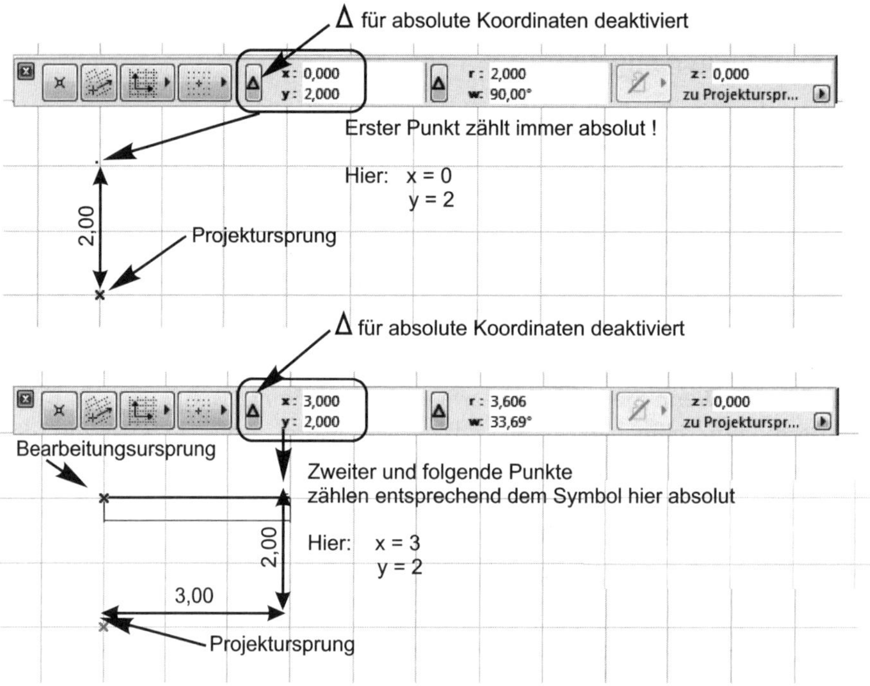

Abb. 3.6: Wandkonstruktion mit absoluten Koordinaten (Δ deaktiviert)

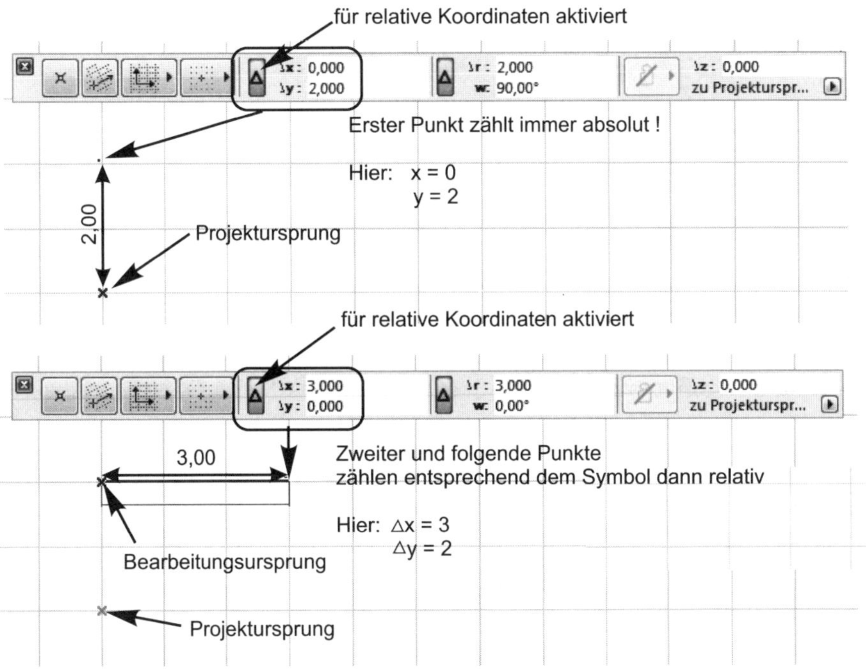

Abb. 3.7: Wandkonstruktion mit relativen Koordinaten (Δ aktiviert)

Tracker-Eingabe

Die Koordinateneingabe wird durch den TRACKER erheblich erleichtert. Der TRACKER ist ein dynamisches Anzeige- und Eingabefeld für die aktuelle Cursorposition. Es ist transparent und folgt der Cursorposition. Der Umfang der Anzeige hängt etwas von der jeweiligen Situation und der Konfigurierung ab. Der TRACKER lässt sich mit dem Werkzeug EINGABE-TRACKER ANZEIGEN/VERBERGEN in der STANDARD-Werkzeugleiste jederzeit ein- oder ausschalten.

Über die Optionen des Werkzeugs können Sie unter ▾ wählen, ob *absolute oder relative* Koordinaten angezeigt werden sollen. So sind z.B. für Wandkonturen oft relative Koordinaten sinnvoll.

Nützlich ist auch die Option ▾EINGABE-TRACKER AUTOMATISCH VERGRÖẞERN. Dadurch wird bei jeder Eingabe in den TRACKER dieser sofort vergrößert, um alle Koordinatenwerte *x*, *y*, *z*, *Abstand* und *Winkel* anzuzeigen und nicht nur die *x*-, *y*-*Werte*.

Wenn der TRACKER erscheint, können Sie mit Rechtsklick ein Kontextmenü aktivieren, in dem Sie von *rechtwinkligen Koordinaten* in *polare* und umgekehrt umschalten können.

Abb. 3.8: Optionen des TRACKER-Werkzeugs

Die detaillierte Konfiguration des TRACKERS erlaubt das Menü OPTIONEN|ARBEITS-UMGEBUNG|TRACKER & KOORDINATENEINGABE.

- Nützlich ist hier bei ERSCHEINUNGSBILD die Aktivierung von EINGABE-TRACKER ANZEIGEN mit Option IMMER. Letzteres bewirkt, dass auch der Startpunkt von Wänden etc. schon mit dem TRACKER bedient werden kann und nicht erst der Folgepunkt.
- Üblicherweise sollte auch unten die Option DIREKTE NUMERISCHE EINGABE IN DEN TRACKER-FELDERN AKTIVIEREN gewählt sein.

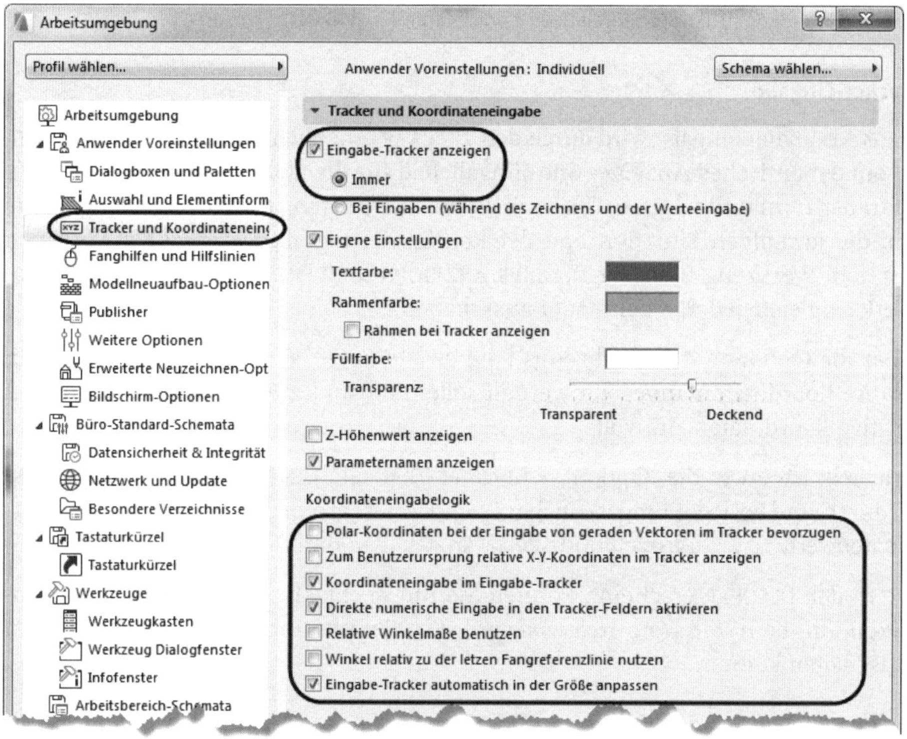

Abb. 3.9: Typische Konfiguration des TRACKER-Werkzeugs

- Die Option POLAR-KOORDINATEN BEI DER EINGABE VON GERADEN VEKTOREN IM TRACKER BEVORZUGEN ist nützlich zur Eingabe relativer Koordinaten. Wenn Sie trotzdem mal absolute Koordinaten eingeben wollen, können Sie den TRACKER bei der Arbeit leicht mit der [Tab]-Taste erweitern.
- Wenn Sie *nur* ZUM BENUTZERURSPRUNG RELATIVE X-Y-KOORDINATEN IM TRACKER ANZEIGEN aktiviert haben *ohne* die Option POLAR KOORDINATEN..., dann werden im TRACKER *immer* die Koordinaten vom Benutzerursprung aus angezeigt. Die Umstellung des TRACKERS in der STANDARD-Symbolleiste auf RELATIVE KOORDINATEN IM TRACKER wird dann deaktiviert. Das ist vielleicht nicht immer erwünscht.

Die Eintragungen im TRACKER können Sie mit [Tab] durchblättern. Dabei erscheinen auch weitere Eingabeparameter.

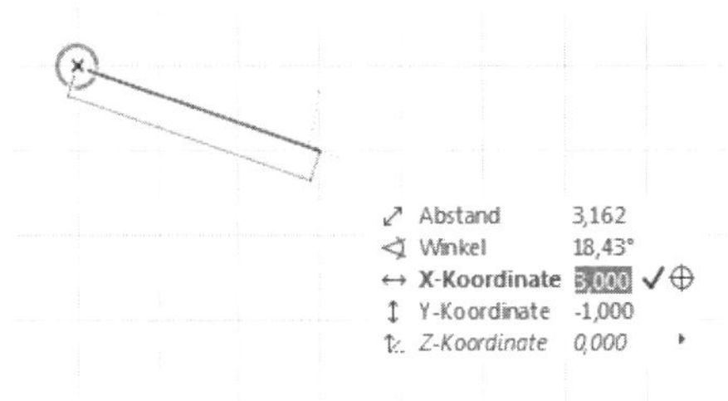

Abb. 3.10: TRACKER mit weiteren Eingabefeldern

Tipp

Wenn Sie einmal [Tab] drücken, erscheint ggf. an der Unterkante des TRACKERS ein kleines schwarzes Dreieck, auf das Sie zum Erweitern des TRACKERS klicken können.

Zum Eingeben von Koordinaten im TRACKER können Sie

- zur gewünschten Koordinate blättern (mit [Tab]), dort eine Zahl eingeben, dann zur nächsten Koordinate blättern (mit [Tab]) und die Zahl der zweiten Koordinate eingeben. Beendet wird mit [Enter] oder mit einem Klick auf das *kleine Häkchen* ✓.
- die Koordinaten mit den betreffenden Kürzeln eingeben
  - **x** für die x-Koordinate
  - **y** für die y-Koordinate
  - **z** für die z-Koordinate
  - **r** für den radialen Abstand
  - **w** für den Winkel
  - und gefolgt von der Zahl. Nach der letzten Koordinate beenden Sie die Eingabe wie oben.

- die gewünschten Koordinaten im TRACKER anklicken und die Zahlen eingeben. Die Eingabe wird wie oben beendet.

Tracker-Eingabe relativ zu Fangpunkten

Besonders interessant ist die relative Koordinateneingabe über den TRACKER im Zusammenhang mit Fangpunkten. In Abbildung 3.11 soll eine neue Wand im Abstand von 2 Metern vom Startpunkt der horizontalen Wand begonnen werden. Mit dem WAND-Werkzeug wurde der Startpunkt der Wand angefahren, was durch das Häkchen-Symbol angezeigt wird. Danach wurde durch Eingabe von **X** [↵] der TRACKER mit der X-Eingabezeile aktiviert. Dort kann dann der gewünschte relative Abstand von 2 Metern in positiver x-Richtung vom obigen Punkt als *Wert* eingegeben werden. Voraussetzung ist hier, dass in der STANDARD-Symbolleiste neben dem TRACKER-Symbol die Einstellungen auf RELATIVE KOORDINATEN IM TRACKER gesetzt wurden.

Wenn diese Option dort nicht aktiviert ist, gelten die Koordinaten im TRACKER absolut (!). In diesem Fall können Sie aber auch relative x- und/oder y-Koordinaten eingeben, indem Sie im TRACKER beispielsweise den x-Abstand *gefolgt von einem Pluszeichen* (allerdings + auf der numerischen Tastatur) eintippen (Abbildung 3.11).

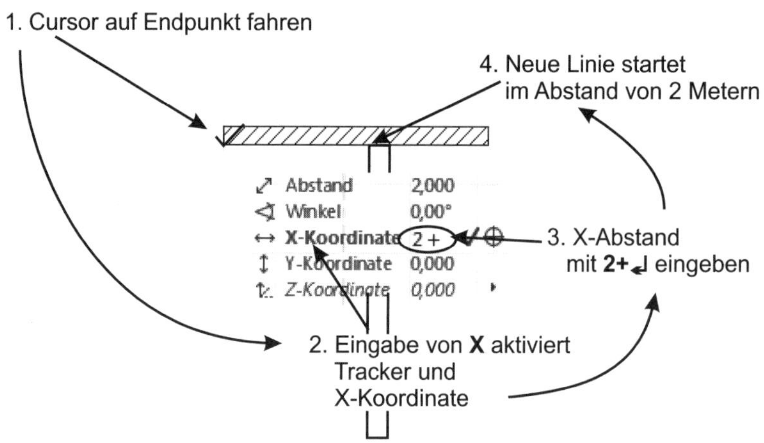

Abb. 3.11: Relative Koordinaten im TRACKER, wenn die TRACKER-Einstellungen absolut eingestellt sind

Markieren

Alternativ können Sie eine Koordinate nach Eingabe im TRACKER durch Klick auf das *Fadenkreuzsymbol* ⊕ dahinter *markieren*. Damit wird die Koordinate gewissermaßen fixiert. Besonders effektiv wird das *Markieren*, wenn in der STANDARD-Symbolleiste die FANGHILFEN aktiviert sind, weil Sie dann an der markierten Position eine *temporäre Hilfslinie* erhalten, auf der Sie zur Positionsbestimmung beispielsweise entlangfahren können, um die endgültige Position zu spezifizieren. Wenn Sie die x-Koordinate markieren, entsteht eine Hilfslinie mit dem entsprechenden x-Abstand, bei der y-Koordinate mit passendem y-Abstand. Besonders nützlich ist die Vorgehensweise, wenn eine diagonale Wand über x- und y-Abstand konstruiert werden soll. Wichtig ist nur, das Pluszeichen mit der *numerischen Tastatur* einzugeben.

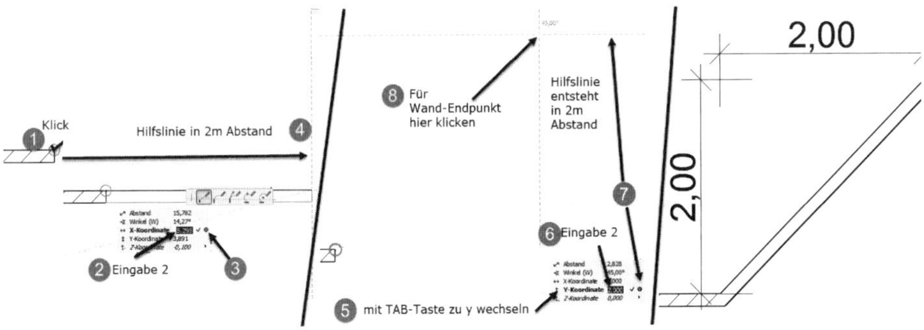

Abb. 3.12: Markieren im TRACKER

Es können auch *kreisförmige Hilfslinien* entstehen, wenn Sie im TRACKER nicht die x-Koordinate, sondern den Abstandswert mit POSITION MARKIEREN festhalten (Fadenkreuz- bzw. Cursorsymbol wählen, nicht das Häkchen). Dann werden danach auch Tangenten an diesen Kreis angeboten.

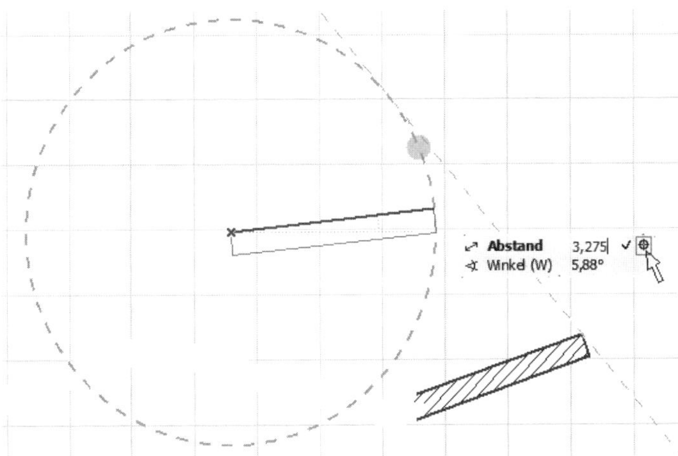

Abb. 3.13: Hilfslinien-Kreis bei fixiertem Abstand

Werkzeug zum Messen

Jede Konstruktion erfordert immer mal eine Nachprüfung, bei der Abstände und/oder Winkel überprüft werden müssen. Dazu dient das Werkzeug MAß in der

STANDARD-Werkzeugleiste. Als Tastenkürzel geben Sie **M** ein. Sie klicken den ersten Punkt mit dem Cursor an, typischerweise sollte er dabei mit einem Häkchen-Symbol an einem charakteristischen Punkt einrasten. Dann fahren Sie zur zweiten Position und klicken dort. Nun können Sie die Entfernung im TRACKER unter KUMULIERTER ABSTAND ablesen.

Nachdem Sie zwei Positionen mit dem Messwerkzeug angeklickt haben, wechselt es in den Flächenmodus für polygonale Flächen. Der aktuelle Flächeninhalt erscheint dann zusätzlich im TRACKER. Sie können dann weitere Polygonecken anklicken und im TRACKER Flächeninhalt und Umfang (KUMULIERTER ABSTAND) ablesen.

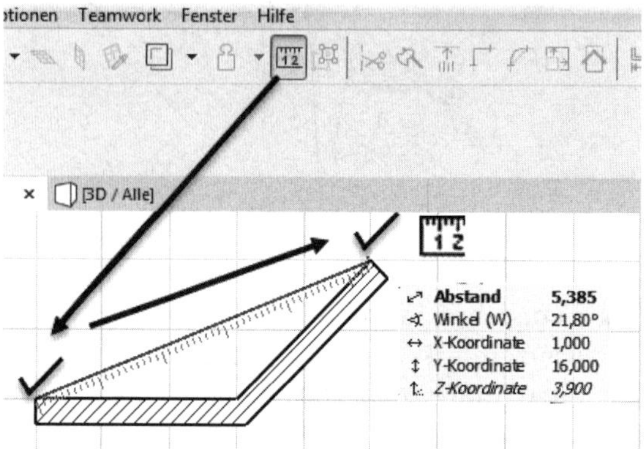

Abb. 3.14: MAß-Werkzeug und Anwendung

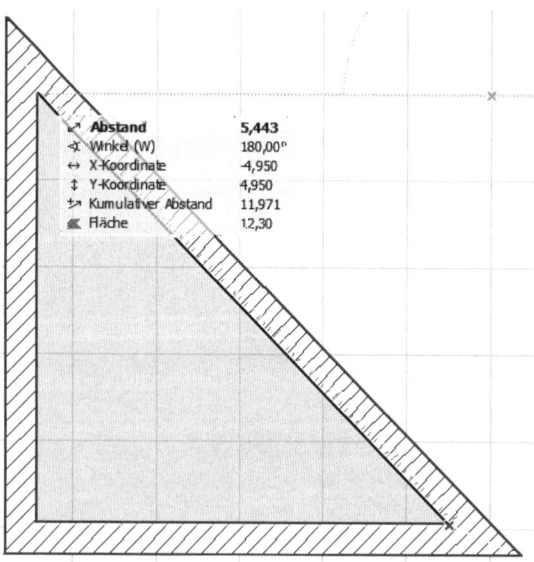

Abb. 3.15: Fläche und Umfang mit MAß-Werkzeug bestimmen

3.2 Raster

Bei den Rastermöglichkeiten von ArchiCAD müssen wir zwischen zwei grundlegenden Rastern unterscheiden, dem *Konstruktionsraster* und dem *Fangraster.*

- Das *Konstruktionsraster* ist vorgabemäßig aktiviert und stellt eine optische Orientierungshilfe dar, indem es ein Raster anzeigt, das Linien im 1-Meter-Abstand horizontal und vertikal erzeugt. Es kann mit F8 oder ANSICHT|KONSTRUKTIONSRASTER DARSTELLEN sichtbar gemacht werden. Dieses Raster hat aber erst dann eine Wirkung auf den Cursor, wenn auch ANSICHT|RASTERFANG # oder F7 aktiviert ist.
- Das FANGRASTER, ursprünglich auf 0,5 Meter eingestellt, wird *nicht sichtbar* angezeigt. Es ist im Dialogfenster ANSICHT|RASTER- & BEARBEITUNGSEBENEN-OPTIONEN|RASTER-EINSTELLUNGEN (siehe Abbildung 3.17) als FANGRASTER/STOßEN bezeichnet.
- Unter ANSICHT|RASTERFANG-OPTIONEN (Abbildung 3.16) können Sie wählen, ob der Cursor auf dem FANGRASTER (Vorgabe-Abstand 0,5 m) oder dem KONSTRUKTIONSRASTER (sichtbar, Abstand 1,0 m) einrasten soll.
- Erst die Aktivierung von ANSICHT|RASTERFANG # F7 führt dazu, dass der Cursor auf einem der beiden möglichen Raster *einrastet.*

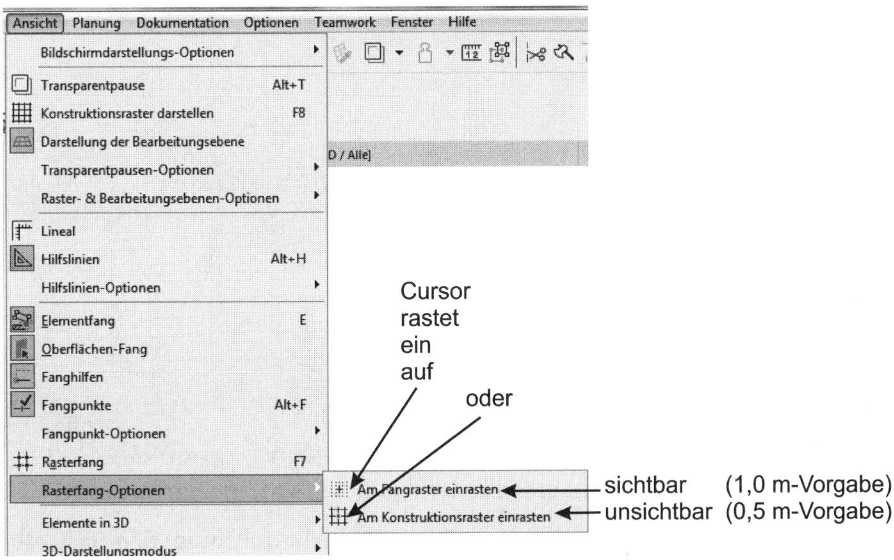

Abb. 3.16: Verschiedene Fang-Optionen

- Das FANGRASTER ist im Prinzip unabhängig vom KONSTRUKTIONSRASTER. Oft wird es aber eine Unterteilung des KONSTRUKTIONSRASTERS sein. Das heißt, wenn das KONSTRUKTIONSRASTER typischerweise auf 1,0 Meter gesetzt wird, verwendet man für den Rasterfang beispielsweise 0,50 oder 0,25 oder 0,125 Meter für eine Entwurfszeichnung. Das Fangraster ist nicht als Linienraster *sichtbar*, aber es bewirkt, dass der Cursor an diesen Positionen einrastet. Der *Cursorpfeil* erhält neben dem *Pfeilsymbol*, das frei beweglich ist, dann ein zusätzliches *Punktsymbol*, das nur auf Fangrasterpositionen einrasten kann.

Die Rastereinstellungen können Sie mit Ansicht|Raster- & Bearbeitungsebenen-Optionen|Raster-Einstellungen oder [F6] verwalten. In diesem Dialogfeld finden Sie die Einstellungen für das Konstruktionsraster und für das Fangraster. Im Bereich Gedrehtes Raster lassen sich für beide Raster ein *Drehwinkel* und auch ein anderer *Startpunkt* als der Projektursprung einstellen. Das gedrehte Raster können Sie auch unter Ansicht|Raster- & Bearbeitungsebenen-Optionen|Gedrehtes Raster einstellen über Positionen in der Zeichnung festlegen.

Interessant ist unter Konstruktionsraster auch die Möglichkeit, ein *Nebenraster* einzustellen. Beispielsweise könnte man das *Hauptraster* auf das Ziegelmaß von 0,115 m und das *Nebenraster* auf die Fugenbreite von 0,01 einstellen, um für ein Standard-Mauerwerk stets auf korrekten Positionen einzurasten.

Für Entwurfszeichnungen reicht ein Konstruktionsraster mit 1-m-Abstand aus und ein Rasterfang mit dem Abstand 0,125 m.

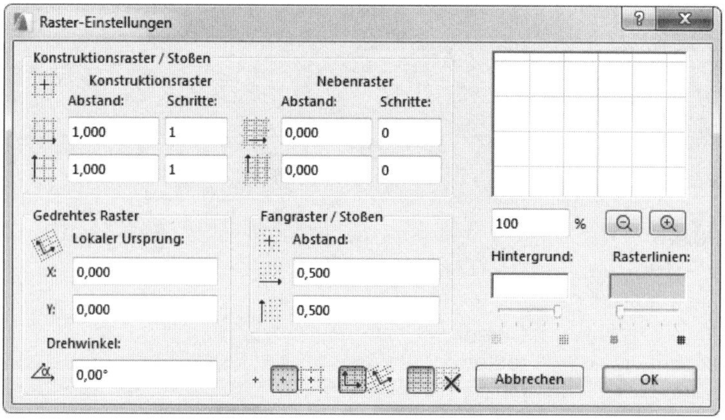

Abb. 3.17: Rastereinstellungen

Mit Ansicht|Raster- & Bearbeitungsebenen-Optionen|Orthogonales Raster und ...|Gedrehtes Raster wählen Sie zwischen diesen Rastervarianten aus.

Wenn Sie *kein* Nebenraster wünschen, müssen Sie nicht unbedingt den Rasterabstand dafür auf 0 setzen, aber auf jeden Fall die *Schritte*.

Tipp

Für Detailzeichnungen und Schnitte können separat eigene Raster definiert werden.

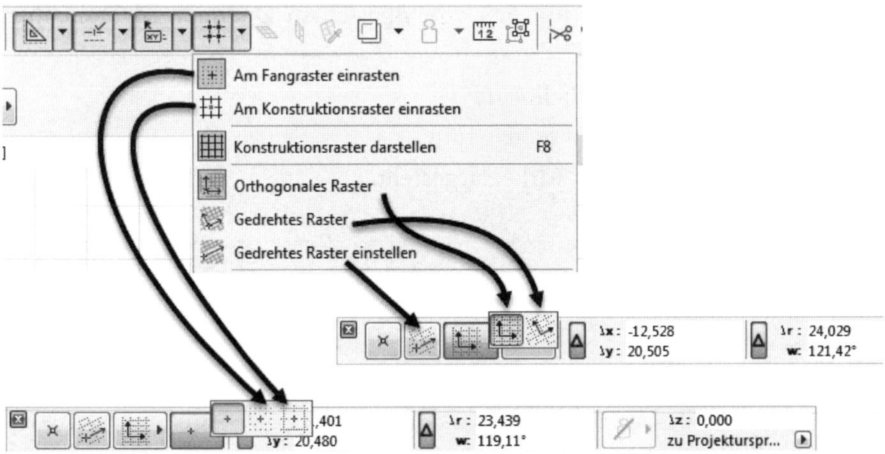

Abb. 3.18: Rastereinstellungen in STANDARD-Symbolleiste oder Palette KOORDINATEN

3.3 Hilfslinien

Es gibt zwei Arten von Hilfslinien in ArchiCAD. *Temporäre Hilfslinien* erscheinen automatisch als gestrichelte blaue Linien, sobald Sie vorhandene Kanten bei der Konstruktion anfahren. Auch beim Anfahren von Punktpositionen erscheinen solche Hilfslinien in bestimmten Richtungen. Die temporären Hilfslinien verschwinden später wieder automatisch. *Permanente Hilfslinien* müssen Sie mit extra Befehlen erzeugen. Sie bleiben so lange sichtbar, bis Sie sie absichtlich einzeln oder alle löschen.

Die Einstellungen für Hilfslinien finden Sie unter OPTIONEN|ARBEITSUMGEBUNG|FANGHILFEN UND HILFSLINIEN.

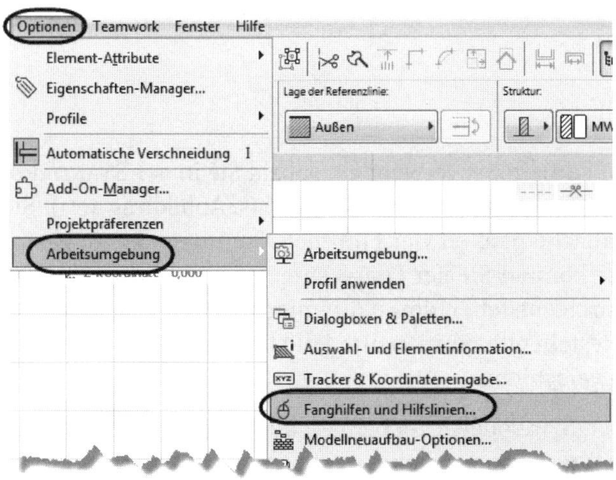

Abb. 3.19: Hilfslinien-Einstellungen

Die Grundeinstellungen sind mit den voreingestellten Optionen so brauchbar. Beachten Sie hier die *Farbangaben*:

- temporäre Hilfslinien sind hellblau,
- permanente Hilfslinien sind orange und
- Fangpunkte werden in roter Farbe dargestellt.

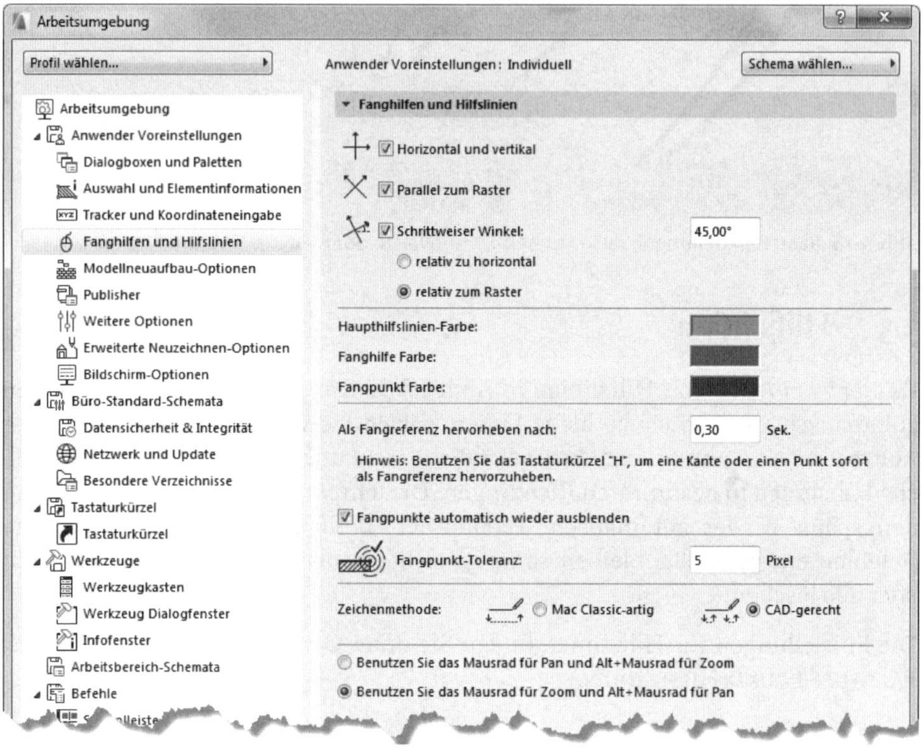

Abb. 3.20: Optionen für die Hilfslinien

3.3.1 Permanente Hilfslinien

Die permanenten Hilfslinien können Sie verwenden, sobald Sie in der STANDARD-Symbolleiste das HILFSLINIEN-Werkzeug aktiviert haben (s. Abbildung 3.21). Sie finden dann auf der Zeichenfläche in allen vier Himmelsrichtungen kurze gestrichelte Linien am Rand. Diese können Sie per Drag&Drop auf Fangpositionen wie Eckpunkte o.Ä. ziehen. Dadurch entstehen dort dann unendlich lange gestrichelte orangefarbene Hilfslinien. Bestehende permanente Hilfslinien können Sie jederzeit per Drag&Drop beliebig verschieben.

Alternativ können Sie in der Symbolleiste neben auch über ▾ die Option HILFSLINIEN-SEGMENT ERSTELLEN wählen und eine permanente Hilfslinie über zwei Punktpositionen erstellen. Damit sind auch beliebig schräge Hilfslinien möglich.

Des Weiteren finden Sie unter ▾ auch die Option ALLE HILFSLINIEN LÖSCHEN, um eben alle zu löschen, und HILFSLINIEN LÖSCHEN, um gewählte Hilfslinien zu löschen.

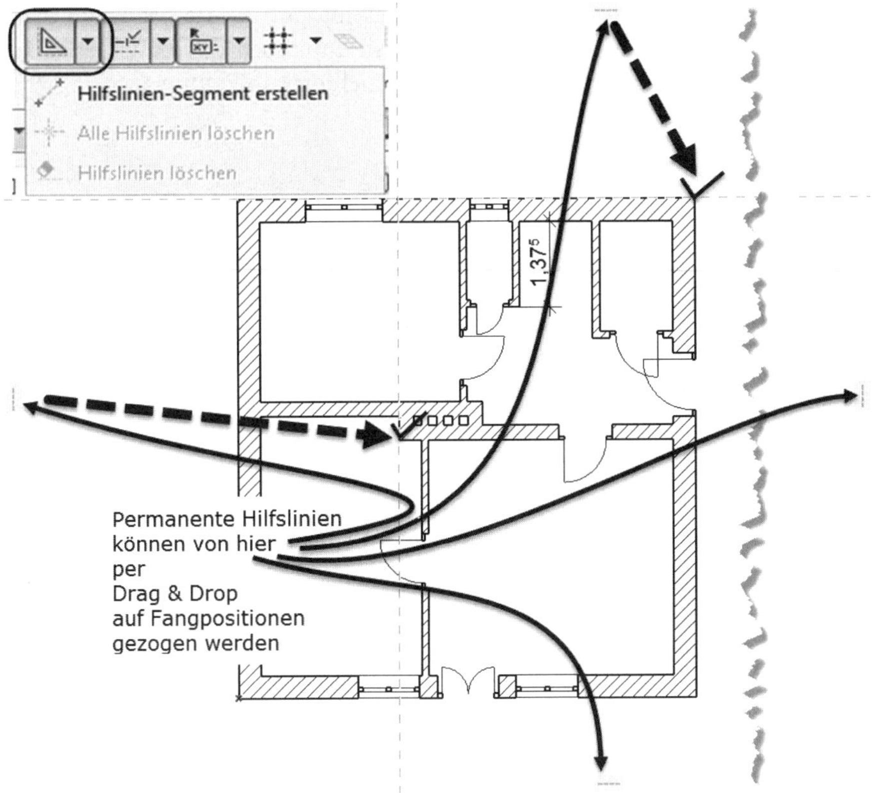

Abb. 3.21: Erzeugen von permanenten Hilfslinien

Hilfslinien lassen sich in vielfältiger Weise verwenden: Sie können auf den Hilfslinien entlangfahren, mehrere Hilfslinien zum Schnitt bringen, Lote auf Hilfslinien fällen oder Parallelen dazu erzeugen.

Die Hilfslinien finden Sie im Menü ANSICHT und in den Paletten STANDARD und KONTROLLFENSTER. Mit ANSICHT|HILFSLINIEN (Alt+H) oder Klick auf die Werkzeuge in den Paletten werden die Hilfslinien ein- oder ausgeschaltet. Unter ANSICHT|HILFSLINIEN-OPTIONEN finden Sie dieselben HILFSLINIEN-OPTIONEN wie in der STANDARD-Symbolleiste.

3.3.2 Temporäre Hilfslinien – Fanghilfen

Die *temporären* Hilfslinien können benutzt werden, sobald die FANGHILFEN aktiviert sind. Sie finden die FANGHILFEN entweder unter ANSICHT|FANGHILFEN oder in der STANDARD-Symbolleiste unter FANGHILFEN UND -PUNKTE (Abbildung 3.22). Diese Hilfslinien erscheinen als hellblaue gestrichelte Linien, sobald Sie eine vorhandene Kante berühren. Sie erscheinen auch während der Konstruktion, wenn Sie beispielsweise eine Wand ungefähr waagerecht, senkrecht oder unter 45° (und Vielfachen davon) zeichnen, bei der Eingabe des Endpunkts. Da die Wand dann praktisch an diesen Hilfslinien einrastet und Sie nur noch die Länge eingeben müssen, wird dadurch die Konstruktion sehr erleichtert (Abbildung 3.23).

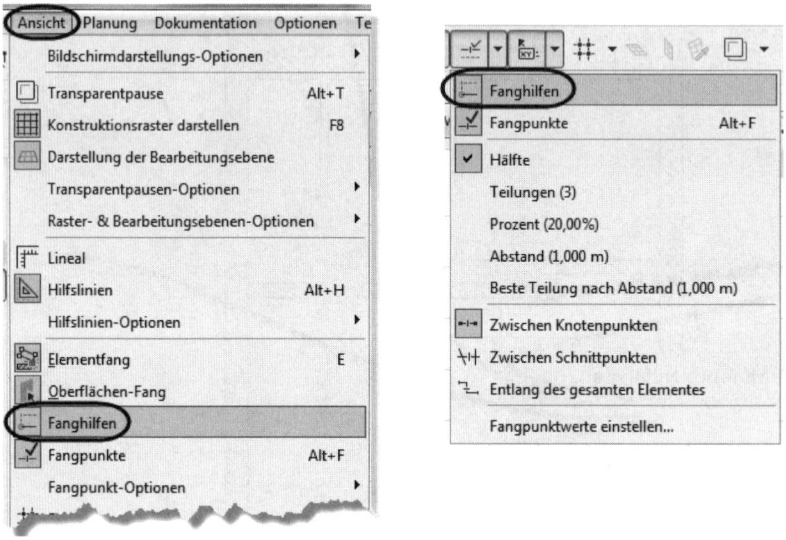

Abb. 3.22: Temporäre Hilfslinien über FANGHILFEN aktivieren

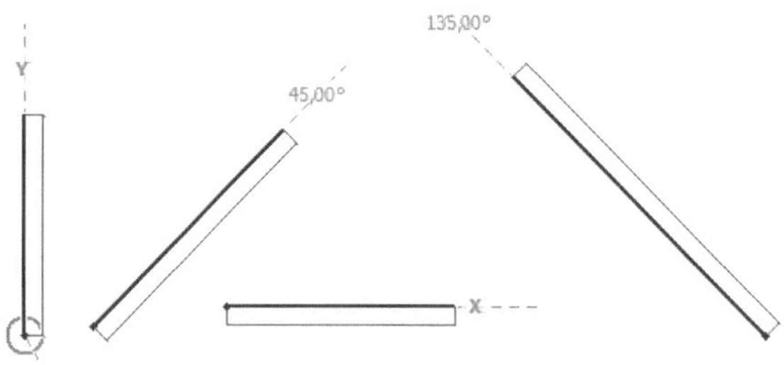

Abb. 3.23: Temporäre Hilfslinien bei Wandkonstruktion

Die Richtungen, in denen Sie temporäre Hilfslinien erhalten, sind unter OPTIONEN|ARBEITSUMGEBUNG|FANGHILFEN UND HILFSLINIEN einstellbar. Dort kann auch der Winkel von 45° geändert werden, beispielsweise auf 15°, um Hilfslinien auch unter 30°, 45° und weiteren Vielfachen von 15° zu bekommen.

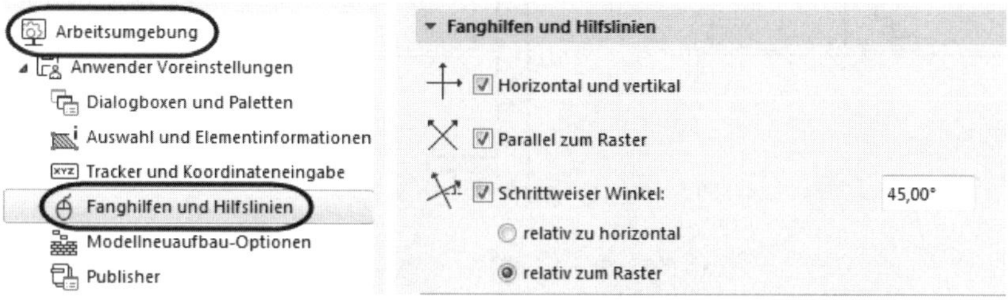

Abb. 3.24: Optionen für Hilfslinien

Wenn Sie ein *gedrehtes Raster* aktiviert haben (*Festlegung* über zwei Punkte mit Menü ANSICHT|RASTER- & BEARBEITUNGSEBENEN-OPTIONEN|GEDREHTES RASTER EINSTELLEN und Aktivierung mit ...|...|GEDREHTES RASTER), dann erhalten Sie HAUPT-HILFSLINIEN zusätzlich auch in den neuen x-y-Richtungen des Rasters mit x- und y-Markierungen, aber auch in den Richtungen des ungedrehten Rasters (auch die 45°-Hilfslinie). Die Hilfslinien mit Bezug auf das ungedrehte Raster zeichnen sich dadurch aus, dass sie mit Winkelangaben erscheinen, wobei sich die Winkel auf das gedrehte Raster beziehen.

Weitere temporäre Hilfslinien erscheinen auch automatisch in den eingestellten Richtungen ausgehend von anderen Endpunkten und auch lotrecht zu vorhandenen Kanten. Die Vielzahl der möglichen Zeichenhilfen mag zunächst verwirrend erscheinen, erleichtert aber sehr die eigentliche Konstruktion. Sobald gestrichelte hellblaue Hilfslinien erscheinen, müssen Sie immer schauen, woher sie kommen, um sie zu verstehen und dann korrekt nutzen zu können.

3.3.3 Fanghilfe Punkt

Die augenfälligste Fanghilfe besteht in einem hellblauen Kreis, der immer dann erscheint, wenn man für eine Positionseingabe auf eine wählbare Punktposition fährt. Eine wählbare Punktposition, sei es ein Wandende oder der Mittelpunkt auf einer Wand, wird zuerst immer durch Erscheinen des Häkchen-Cursors angezeigt. Aufgrund der eingeschalteten Fanghilfen wird kurz darauf diese Position mit einem hellblauen Kreis umkringelt.

Man kann einen solchen Punkt nun entweder direkt benutzen und ihn anklicken oder aber weitere solche Fanghilfspunkte aktivieren, um beispielsweise dazu Hilfslinien zu aktivieren, indem man den Cursor auf deren ungefähre Lage zieht. Damit ist es leicht möglich, beispielsweise einen Schnittpunkt zweier solcher Hilfslinien als Ausgangspunkt für weitere Konstruktionen abzuleiten (Abbildung 3.25).

Die Hilfspunkte bleiben so lange aktiv, bis der Zeichenvorgang beendet ist. Ein Hilfspunkt kann auch deaktiviert werden, indem Sie einfach den Punkt noch einmal mit dem Cursor berühren. Dann wird der hellblaue Kreis wieder eingerollt.

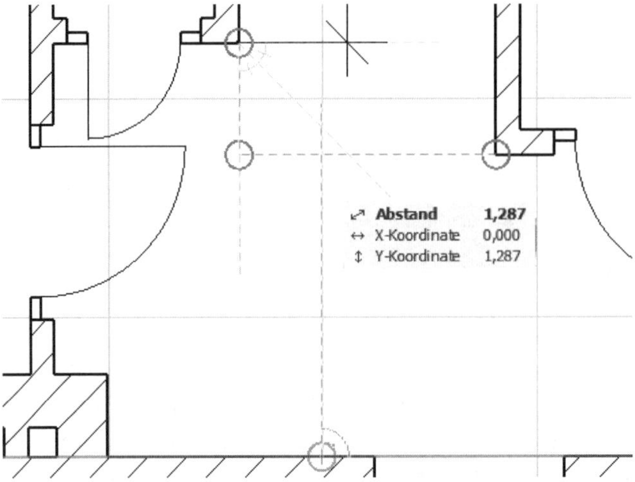

Abb. 3.25: Mehrere über Hilfspunkte erzeugte Hilfslinien und ein Hilfslinien-Schnittpunkt

Wenn Sie Fanghilfslinien verwenden, gibt es nach Rechtsklick im Kontextmenü noch einige Optionen dazu.

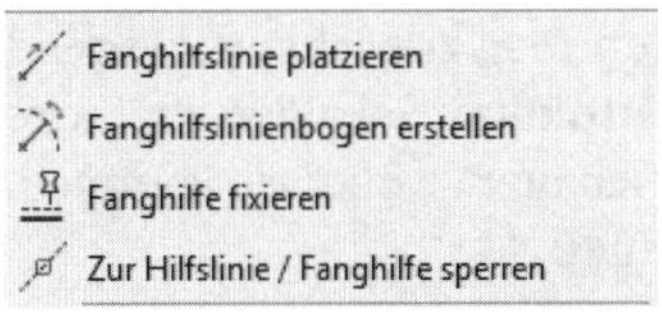

Abb. 3.26: Kontextmenü für Fanghilfslinien

- FANGHILFSLINIE PLATZIEREN Diese Option erscheint beispielsweise, wenn Sie den Endpunkt eines Wandsegments eingeben wollen, und generiert zur aktuellen Wandrichtung die passende Hilfslinie.
- FANGHILFSLINIENBOGEN ERSTELLEN Diese Option erscheint ebenfalls, wenn Sie den Endpunkt eines Wandsegments eingeben wollen, und generiert zur aktuellen Endpunktposition den passenden Hilfskreis.
- FANGHILFSLINIE BEFESTIGEN fixiert die aktuelle temporäre Hilfslinie mit unendlicher Ausdehnung für die Dauer des aktuellen Zeichenbefehls.
- ZUR HILFSLINIE / FANGHILFE SPERREN Diese Option beschränkt die Cursorbewegung auf die aktuelle Hilfslinie/kreis.

3.3.4 Haupt-Hilfslinien

HAUPT-HILFSLINIEN sind permanente orangefarbene Hilfslinien, die durch Verschieben der Hilfslinienstücke entstehen, die im Grundrissfenster nahe den Fensterkanten zu sehen sind. Sie können diese Hilfslinienstücke auf Punktpositionen parallel verschieben oder an vorhandene Konstruktionskanten anschmiegen. Sie werden dann als unendlich lange Linien angezeigt. Sie können diese Hilfslinien auch parallel um definierte Abstände verschieben. Dazu fahren Sie eine permanente Hilfslinie als Bezugselement an und erhalten ein orangefarbenes kreisförmiges Handle darauf. Mit diesem Handle können Sie nun die Hilfslinie parallel per Drag&Drop verschieben. Für eine exakte Verschiebung ist es wichtig, den Abstand noch im TRACKER einzugeben, bevor Sie die Maustaste loslassen.

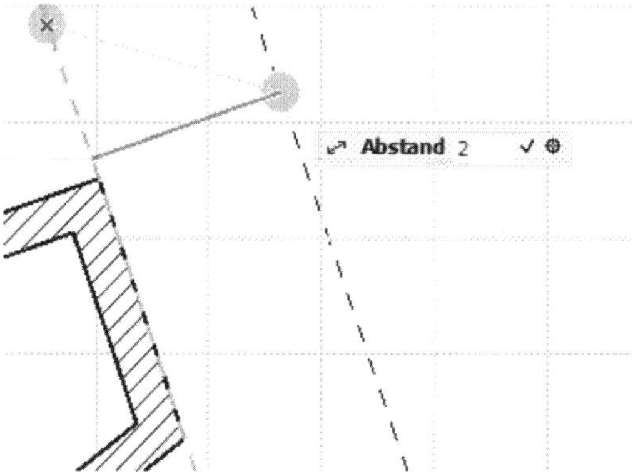

Abb. 3.27: Relativ-Hilfslinie mit Abstand

Tipp

Tastenkürzel: Mit [Alt]+[H] können Sie auch während der Befehlsabarbeitung die Hilfslinienfunktion aktivieren/deaktivieren.

3.3.5 Punkte auf Hilfslinien fixieren

Sie können einen Punkt auf einer Hilfslinie mit der [⇧]-Taste fixieren. Sobald Sie mit dem Cursor in die Nähe einer Hilfslinie kommen und [⇧] drücken, rastet der Punkt dort ein. Solange Sie die [⇧]-Taste gedrückt halten, bleibt der Punkt auch an der Hilfslinie angeheftet. Sie können so einen Endpunkt einerseits an der Hilfslinie in dieser Richtung fixieren und dann die Länge über den TRACKER mit [⇆] eingeben.

3.4 Fangpunkte und Fangrichtungen

Sie hatten schon erfahren, dass Sie beim Fortsetzen einer Wand an den Endpunkten einrasten können. Sie kennen den Häkchen-Cursor, der immer dann erscheint, wenn Sie an einem Eckpunkt der Wand einrasten werden. Er wird als *fettes Häkchen* gezeigt, wenn Sie die *Konstruktionslinie* der Wand gewählt haben, sonst als *mageres Häkchen.* Neben diesen grundlegenden Fangpositionen, die Sie auch ohne aktivierte FANGHILFEN und FANGPUNKTE erhalten, gibt es aber noch eine Vielzahl weiterer Positionen zum Einrasten. Die Benutzung dieser Positionen erspart die mühsame Eingabe von Koordinatenwerten und spart damit viel Zeit.

3.4.1 Fangpunkte

Sie wollen beispielsweise einen Mittelpunkt der Wand einfangen oder senkrecht zu einer Wand konstruieren. Dazu gibt es

- FANGPUNKTE und
- RELATIVE KONSTRUKTIONSMETHODEN.

In der STANDARD-Symbolleiste finden Sie unterhalb der FANGHILFEN im Aufklappmenü die FANGPUNKTE mit ihren Einstellungen weiter unten. Die RELATIVEN KONSTRUKTIONSMETHODEN liegen sowohl in der Palette KONTROLLFENSTER als auch in der Symbolleiste ZEICHENHILFEN.

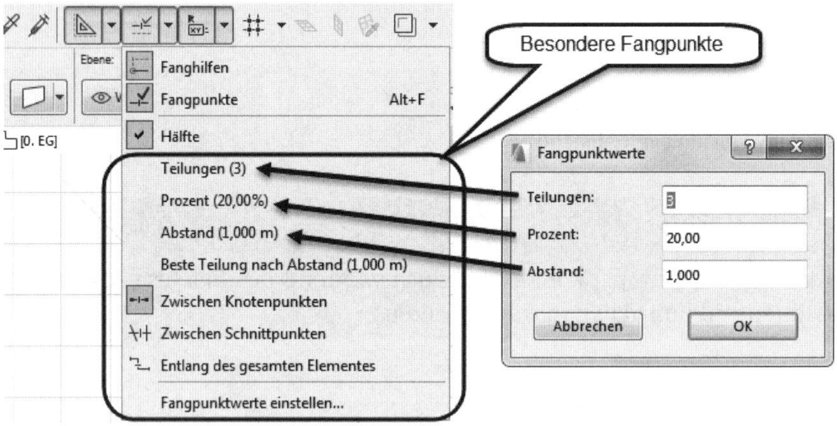

Abb. 3.28: Fangpunkte in der STANDARD-Symbolleiste

Es gibt folgende Möglichkeiten für FANGPUNKTE:

- HÄLFTE erzeugt *einen Fangpunkt in der Mitte* des Bereichs.
- TEILUNGEN generiert *mehrere Fangpunkte*, indem der Bereich wahlweise in 3, 4, 5 usw. gleichlange Segmente eingeteilt wird.
- PROZENT führt zu *einem Fangpunkt* bei der in Prozent des Bereichs angegebenen Länge, gemessen vom nächsten Ende.
- ABSTAND führt zu mehreren Fangpunkten im angegebenen Abstand von dem Endpunkt aus gemessen, der dem Cursor am nächsten liegt.
- BESTE TEILUNG NACH ABSTAND führt zu mehreren gleichmäßigen Fangpunkten mit dem nächstkleineren Abstand.

Worauf sich die obigen Angaben beziehen, geben Sie weiter unten als Bereich an:

- ZWISCHEN KNOTENPUNKTEN verwendet die komplette Länge des Elements oder bei zusammengesetzten Elementen eines Unterelements, um davon nach den obigen Angaben die Hälfte, die Teilungen, die prozentuale Länge oder den Abstand auszurechnen.
- ZWISCHEN SCHNITTPUNKTEN nimmt als Bereich für die Fangpunkte nicht die Gesamtlänge des Elements, sondern grenzt den Bereich auf die nächstliegenden Schnittpunkte mit anderen Elementen ein. Das sind z.B. bei Wänden die Abschnitte zwischen Querwänden, die oft zum Positionieren von Türen und Fenstern auf Mitte nötig sind.
- ENTLANG DES GESAMTEN ELEMENTS Diese Option entspricht bei den meisten Elementen der obersten Option, nur bei zusammenhängenden Elementen wie Polylinien bezieht sich diese Option nicht auf ein Teilsegment, sondern auf die Gesamtlänge.

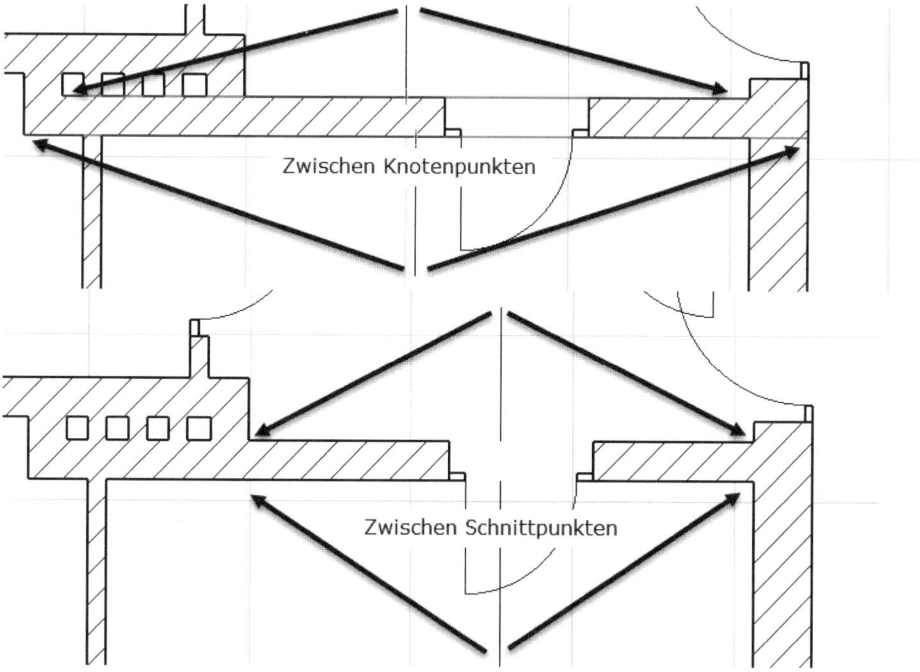

Abb. 3.29: Optionen für Fangpunkte

Die Werte für Teilungen, Prozent und Abstand geben Sie in der letzten Menüwahl an:

- FANGPUNKTWERTE EINSTELLEN

Die Fangpunkte können Sie auch mit ANSICHT|FANGPUNKTE oder [Alt]+[F] aktivieren und deaktivieren, und Sie stellen die Optionen über das Menü ANSICHT|FANGOPTIONEN|HÄLFTE, ...|TEILUNGEN, ...|PROZENT usw. ein.

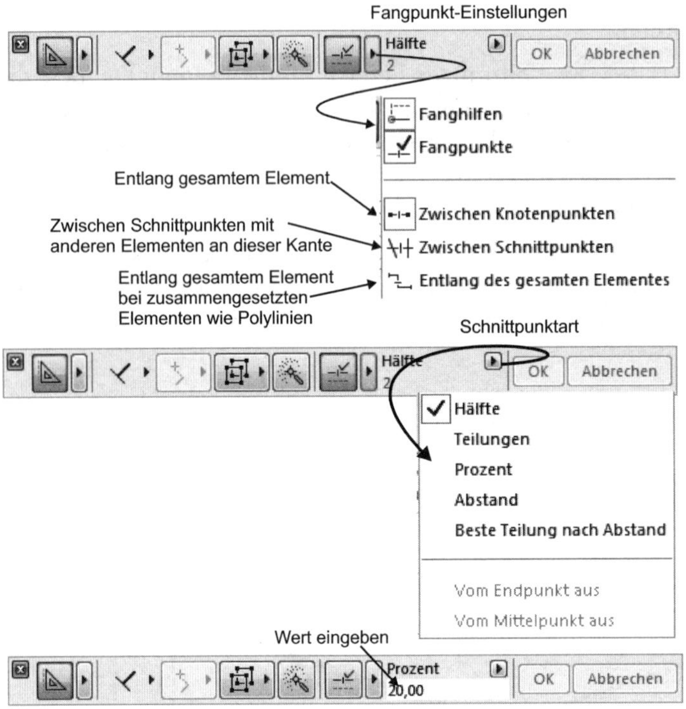

Abb. 3.30: Fangpunkte im KONTROLLFENSTER

Während der Konstruktionsarbeit werden die Fangpunktpositionen durch eine kleine Marke am Element gekennzeichnet, und der Häkchen-Cursor erscheint.

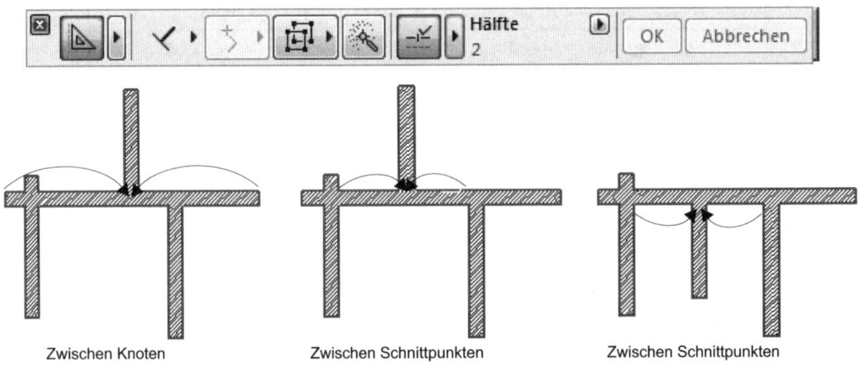

Abb. 3.31: Fangpunkt bei der Hälfte zwischen Knoten und zwischen Schnittpunkten

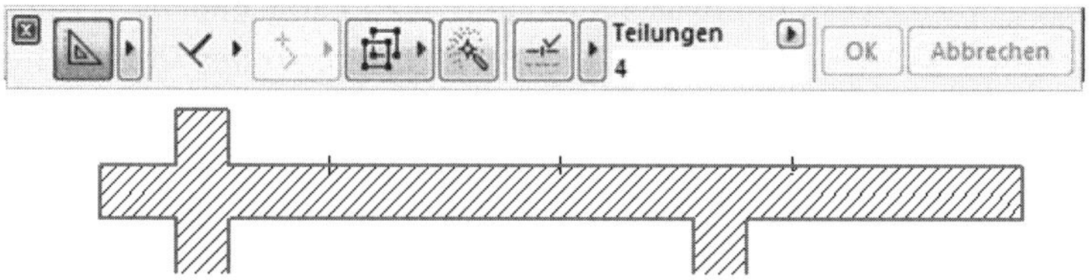

Abb. 3.32: Fangpunkt bei 4 Teilungen bezogen auf gesamtes Element

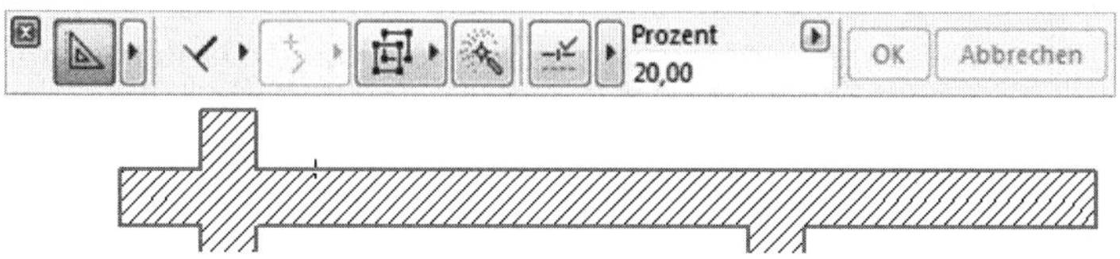

Abb. 3.33: Fangpunkt bei 20% vom nächsten Endpunkt bezogen auf gesamtes Element

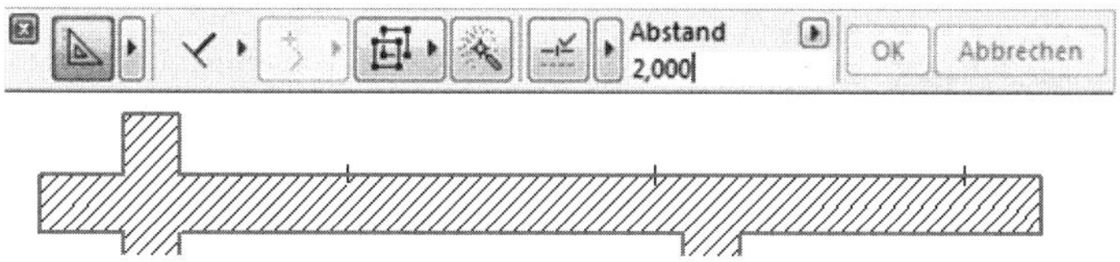

Abb. 3.34: Fangpunkte bei Abstand 2 m, Cursorposition links an der Kante bezogen auf gesamtes Element

3.4.2 Fangpunktvarianten

Wenn Sie beispielsweise bei der Konstruktion einer Wand auf einer temporären Hilfslinie liegen, können Sie mit der Taste [⇧] Ihre Konstruktionsrichtung einfrieren. Damit können Sie nur noch die Länge in dieser Richtung variieren. Wenn Sie bei einer schrägen Wand unter 45° dann aber die Länge durch die Projektion in x-Richtung bestimmen wollen, haben Sie ein Problem. Dazu gibt es in der Palette KONTROLLFENSTER, die man nach Rechtsklick zum ERWEITERTEN KONTROLLFENSTER vergrößern kann, und in der Symbolleiste ZEICHENHILFEN die Werkzeuge FANGPUNKTVARIANTEN (Abbildung 3.35).

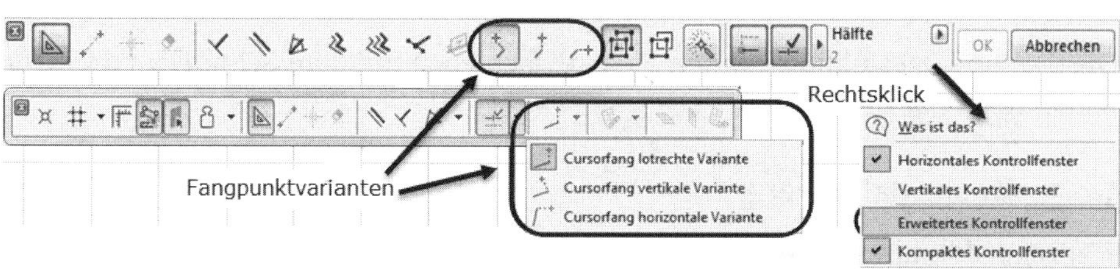

Abb. 3.35: FANGPUNKTVARIANTEN im erweiterten KONTROLLFENSTER und in den ZEICHENHILFEN

Im Beispiel soll zu einer bestehenden waagerechten Wand mit gleichem Startpunkt eine zweite unter 45° gezeichnet werden, deren Länge so bestimmt wird, dass die Projektion auf die waagerechte Wand genau der waagerechten Länge entspricht. Ich setze voraus, dass Hilfslinien unter 45° im Dialogfenster OPTIONEN| ARBEITSUMGEBUNG|FANGHILFEN UND HILFSLINIEN aktiviert sind. Dann beginnen Sie die neue Wand am linken Ende der waagerechten Wand, bewegen den Cursor etwa in die 45°-Richtung und drücken die Taste [⇧] zum Einrasten in der Fangrichtung. Nun erst können Sie das Werkzeug FANGPUNKTVARIANTEN in den ZEICHENHILFEN anwählen und die Variante VERTIKAL aktivieren (Abbildung 3.36). Damit können Sie nun das rechte Ende der waagerechten Wand anklicken und bestimmen damit die projizierte Länge der 45°-Wand.

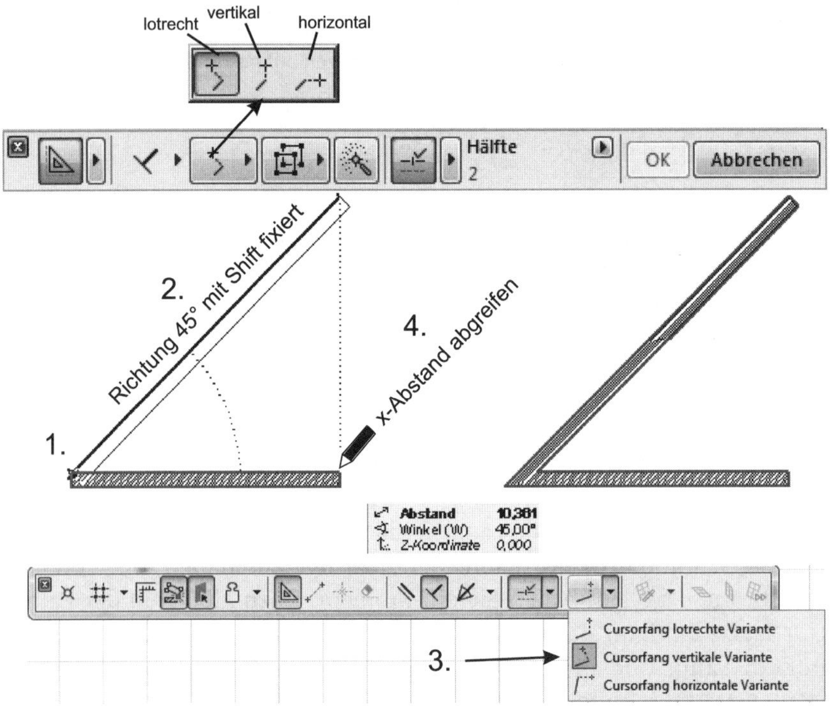

Abb. 3.36: Wirkung der Fangpunktvariante vertikal nach Einrasten in der Fangrichtung 45°

Die gleiche Konstruktion können Sie natürlich auch mit dem Schnittpunkt zweier Hilfslinien erstellen.

3.4.3 Koordinaten-Fang

Während der Eingabe von Positionen können Sie Koordinaten, Abstände oder Richtungen auch bequem mit Tastencodes einfrieren. Dazu drücken Sie die Taste [Alt] und die entsprechende Koordinatenbezeichnung:

- [Alt]+[X] fixiert die x-Koordinate.
- [Alt]+[Y] fixiert die y-Koordinate.
- [Alt]+[R] fixiert den radialen Abstand bezogen auf den Ursprung bzw. Benutzerursprung.
- [Alt]+[W] fixiert den Winkel bezogen auf den Ursprung bzw. Benutzerursprung.

Die gleichen Funktionen lösen auch wieder die Fixierung, und zwar auch gegenseitig. Wenn zusätzlich die Hilfslinien aktiviert sind, werden auch die zum fixierten Wert passenden Hilfslinien gezeigt (Abbildung 3.37).

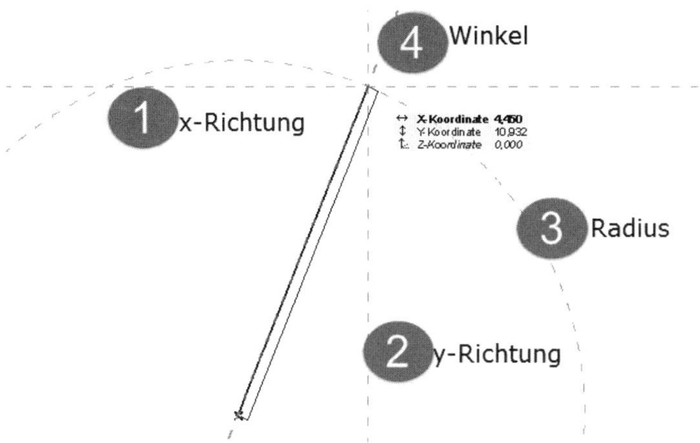

Abb. 3.37: Die vier Möglichkeiten, Koordinaten zu fangen

3.4.4 Relative Konstruktionsmethoden

Die relativen Konstruktionsmethoden sind Möglichkeiten, um relativ zu vorhandenen Elementen oder deren Ausrichtung eine Richtung für neue Elemente zu definieren. Typische Varianten davon sind die Optionen PARALLEL oder LOTRECHT. Sie finden diese Methoden wieder im ERWEITERTEN KONTROLLFENSTER.

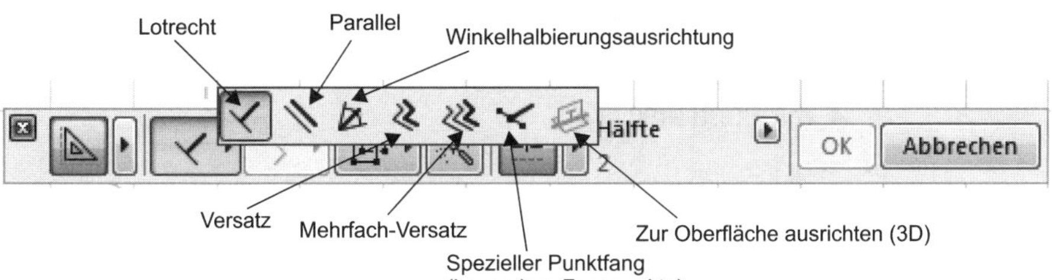

Abb. 3.38: Relative Konstruktionsmethoden

- LOTRECHT Sie wählen hier im Konstruktionsbefehl zuerst LOTRECHT, dann über zwei Punktpositionen die *Referenzrichtung*, zu der Sie lotrecht konstruieren möchten und dann die Punkte für die Wand. Anstelle zweier Punkte für die Referenzrichtung reicht es auch aus, die Kante mit dem Stern-Cursor anzuklicken. Bei einer Wand-Konstruktion liegt damit die Richtung für den zweiten Punkt der Wand fest.

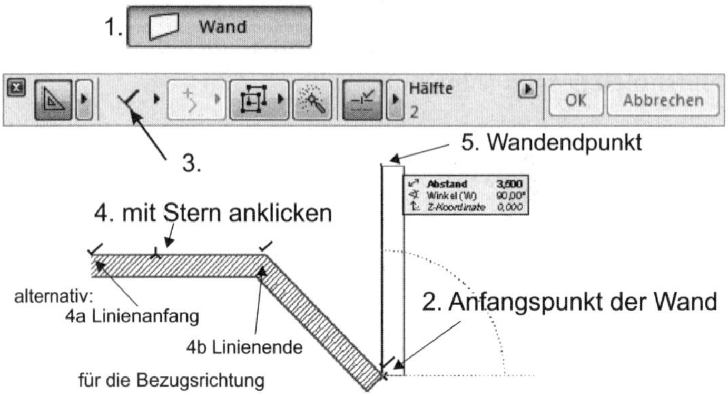

Abb. 3.39: Lotrecht zu vorhandener Richtung

Es reicht auch aus, wenn Sie die Bezugsrichtung später festlegen, nämlich nach dem Startpunkt der Wand, kurz bevor Sie den Endpunkt festlegen, können Sie das Werkzeug LOTRECHT noch aufrufen und die Bezugskante mit dem Stern-Cursor anklicken.

- PARALLEL Sie wählen wieder über zwei Punktpositionen die Referenzrichtung, zu der Sie parallel konstruieren wollen. Auch hier kann alternativ eine Kante mit dem Stern-Cursor angeklickt werden. Für eine Wandkonstruktion bedeutet dies, dass wieder die Richtung für den zweiten Punkt fixiert ist.

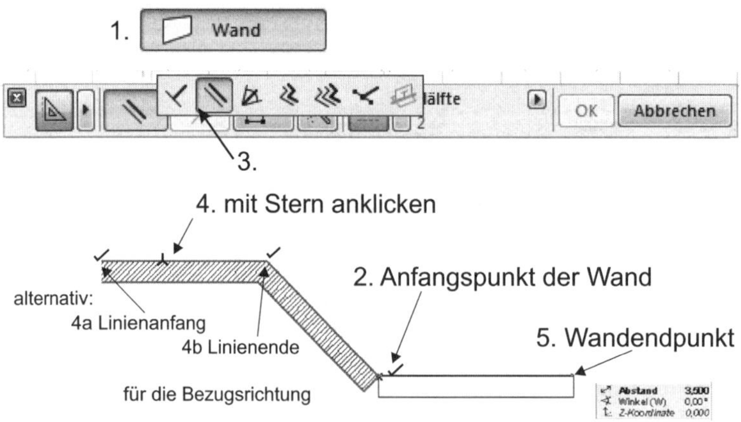

Abb. 3.40: Parallel zu gegebener Richtung

- WINKELHALBIERUNGSAUSRICHTUNG Sie wählen über vier Punktpositionen die beiden Richtungen, zu denen die Winkelhalbierende für die nachfolgende Konstruktion berechnet werden soll. Es genügt auch hier, die Kanten mit dem Stern-Cursor anzuklicken. Bei der Winkelhalbierenden ist damit auch schon die Linie festgelegt, auf der der erste Punkt der nachfolgenden Konstruktion liegen muss, und natürlich auch der zweite.
- VERSATZ Diese Option ist für *polygonale Objekte* interessant, weil hiermit *alle Segmente einer polygonalen Kontur* gleichzeitig um den angegebenen Abstand parallel verschoben werden. Sie klicken beispielsweise mit dem WAND-Werkzeug und der *Geometriemethode* POLY die Punkte einer bestehenden polygonalen Wand an und beenden mit *Rechtsklick* und OK aus dem Kontextmenü. Dann werden Sie zur Eingabe des *Abstands* aufgefordert, und die komplette neue Poly-Wand wird nun um diesen Abstand versetzt.

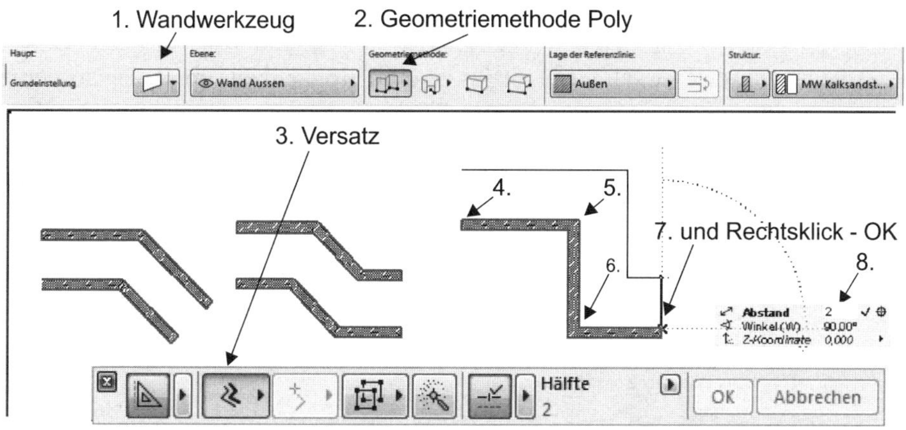

Abb. 3.41: Abstandsmethode für polygonale Elemente

- MEHRFACH-VERSATZ Diese Option arbeitet wie die vorhergehende, nur können hier *mehrere Abstände* eingegeben werden. Dadurch können mehrere parallel versetzte polygonale Konturen entstehen.
- SPEZIELLER PUNKTFANG Dies ist eine Kombination zwischen den Fangpunkten und einer hier erstellten Hilfslinie. Während bei den Fangpunkten immer eine existierende Wand, Linie, Bogen für Hälfte etc. zugrunde liegt, kann hiermit ein Fangpunkt wie HÄLFTE, PROZENT usw. auf einer Linie ermittelt werden, die aus zwei Punktpositionen hervorgeht. Sie stellen also zuerst die gewünschte Option der FANGPUNKTE ein, aktivieren dann dieses Werkzeug der relativen Konstruktionsmethoden und wählen Anfangs- und Endpunkt der Referenzlinie, auf der dann die Fangpunkte erscheinen werden. Damit erhalten Sie sozusagen Bezugspunkte, die in der Luft liegen.

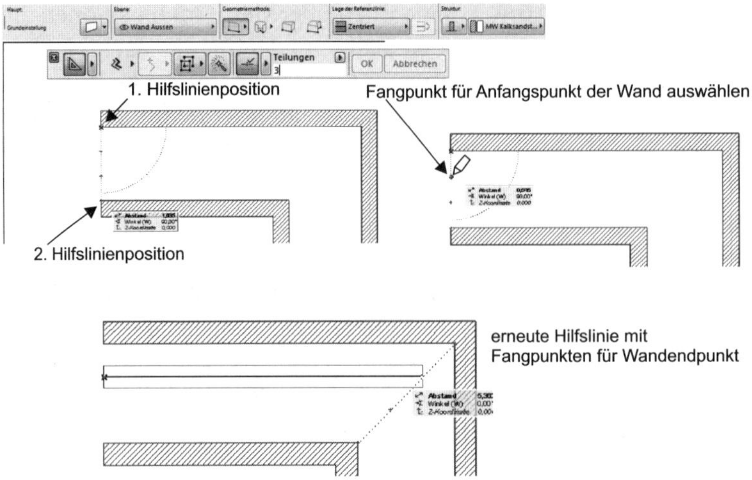

Abb. 3.42: Referenzvektor bei 1/3 mit Fangpunkten

- ZUR OBERFLÄCHE AUSRICHTEN Dies ist eine Möglichkeit, im 3D-Fenster eine Schnittkante zwischen einer schrägen Fläche (bzgl. der xy-Ebene) und der Konstruktionsebene z = 0 für verschiedene Konstruktionen oder Modifikationen zu benutzen. Im Beispiel wird eine Decke auf die Schnittlinie mit einer Dachfläche hin verlängert.

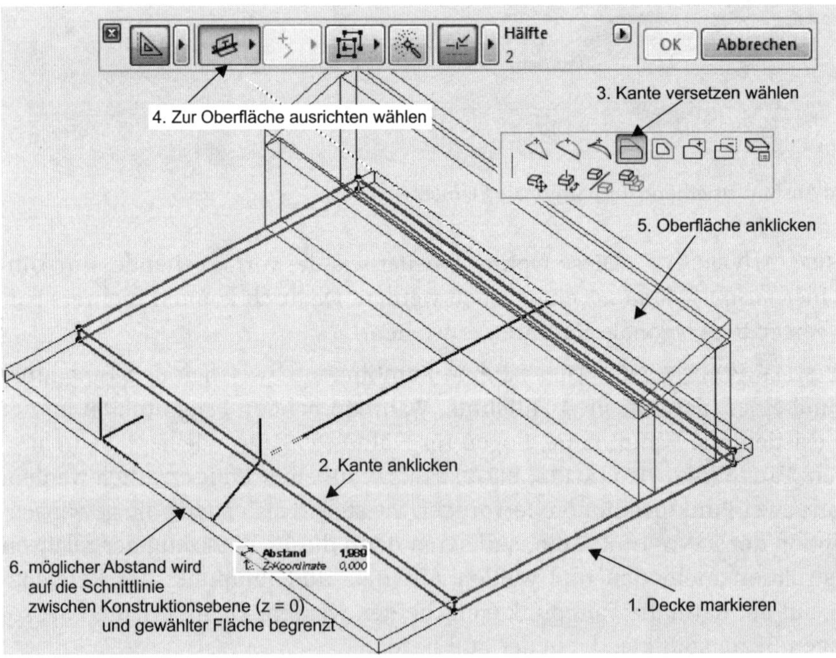

Abb. 3.43: Decke bis zum gedachten Schnitt mit der Dachfläche verlängern

Wichtig

Sie können aber diese 3D-Konstruktion auch einfach über Hilfslinien lösen, die durch die Eckpunkte der beteiligten Elemente laufen, und die Sie dann zum Schnitt bringen.

Wichtig

Wichtig ist zu beachten, dass diese *relativen Konstruktionsmethoden* immer nur für *eine* Konstruktionsaktion gültig sind und ggf. erneut aktiviert werden müssen, wenn Sie diese wiederholt brauchen.

3.5 Elementfang

Die ArchiCAD-Elemente besitzen von Haus aus Punkte, die zum gegenseitigen Einrasten benutzt werden können, die Auswahlpunkte und Ankerpunkte. Der dazu nötige Elementfang wird über das Menü ANSICHT|ELEMENTFANG aktiviert (Abbildung 3.44). Damit er wirkt, muss allerdings der Rasterfang abgeschaltet sein, ggf. mit [F7].

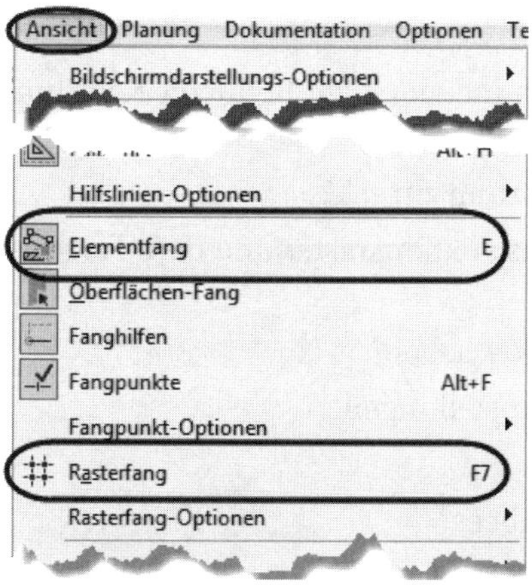

Abb. 3.44: ELEMENTFANG

Der Elementfang wird aktiviert, sobald ein Element zur Bearbeitung markiert wird. Die möglichen Punkte werden dann als etwas größere leere Quadrate angezeigt. Als Punkte für den Elementfang kommen infrage:

- Auswahlpunkte einschließlich der Ankerpunkte des Elements
- Fangpunkte, sofern aktiviert

- Position der Cursorspitze

Wenn ein solcher Punkt beispielsweise beim Verschieben auf entsprechende Punkte eines anderen Elements stößt, wird das betreffende Symbol etwas vergrößert, um zu signalisieren, dass nun mit Klick eingerastet werden kann. Wenn sich mehrere Punkte gleichzeitig näher kommen, werden sie schwarz markiert. Sie können dann mit der Taste `Leertaste` zwischen den Möglichkeiten wechseln und mit Klick die richtige Position zum Einrasten bringen.

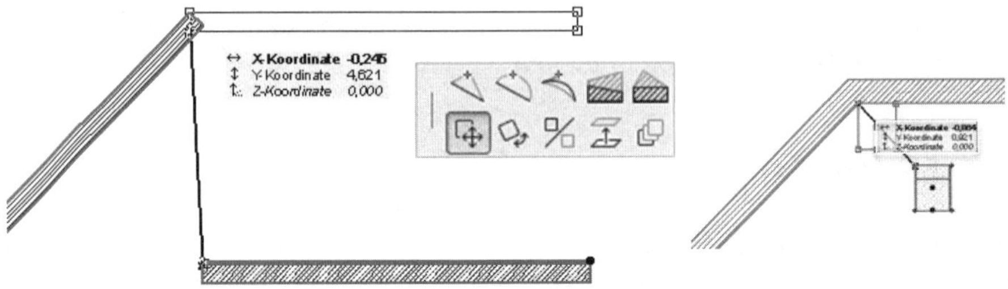

Abb. 3.45: Elementfang mit Auswahlpunkten beim Positionieren von Wand (links) und Stuhl (rechts)

3.6 Übungsfragen

1. Wo liegt das Werkzeug zum Festlegen eines individuellen Benutzer-Koordinatenursprungs?
2. Wie schalten Sie wieder auf den Projektursprung zurück?
3. Was ist der Unterschied zwischen dem Konstruktionsraster und dem Fangraster (auch als Rasterfang bezeichnet)?
4. Welches der Raster kann auch ein Nebenraster haben?
5. Nennen Sie die vier wichtigen Fangpunkt-Einstellungen.
6. Wie können Sie eine Koordinate fixieren?
7. Welche relativen Konstruktionsmethoden gibt es?
8. Wie wird der Elementfang aktiviert?

Kapitel 4

Einfache Geometrie

Es wurde zu Beginn des Buches hervorgehoben, dass ArchiCAD ein CAD-System ist, das die Konstruktion nicht mühsam Linie für Linie aufbaut, sondern gleich mit komplexen intelligenten (mit internen Parametern versehenen) Elementen erstellt. Dennoch ist für einzelne Aktionen die Konstruktion eines Umrisses aus zweidimensionalen Linien, Bögen und Kreisen sinnvoll. Zweidimensionale Geometrien finden als Hilfskonstruktionen zur Positionierung der 3D-Elemente immer wieder Anwendung. Außerdem können damit 2D-Detaillierungen, also vom 3D-Entwurf unabhängige Einzelheiten frei gestaltet werden. Deshalb sollen in diesem Kapitel die Vorgehensweisen zur Erstellung einfacher 2D-Geometrie vorgestellt werden.

Die Werkzeuge für einfache Geometrieelemente finden Sie im WERKZEUGKASTEN im Bereich DOKUMENTATION (Abbildung 4.1). Es sind die Werkzeuge:

- LINIE zeichnet einzelne Liniensegmente.
- KREIS/BOGEN zeichnet Kreise, Kreisbögen, Ellipsen und Ellipsenbögen.
- POLYLINIE erstellt eine zusammenhängende Kurve bestehend aus Linien- und Bogensegmenten.
- SPLINE erzeugt eine glatte Kurve durch vorgegebene Stützpunkte.
- FIXPUNKT setzt einen einzelnen Punkt.
- SCHRAFFUR erzeugt eine Schraffur in einem polygonalen Gebiet.

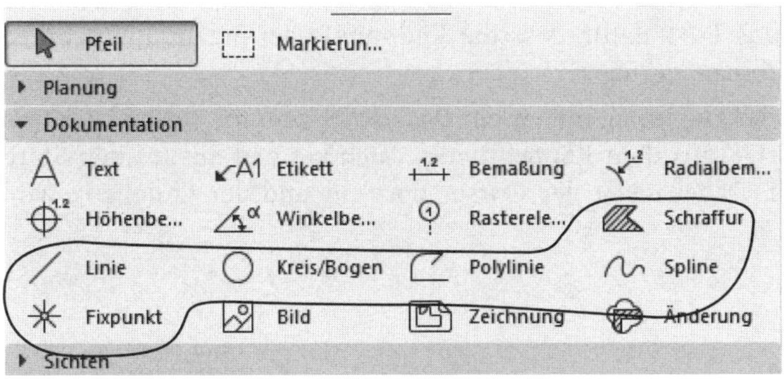

Abb. 4.1: WERKZEUGKASTEN mit Linie, Kreis/Bogen etc.

> **Tipp**
>
> Einfache Geometrieelemente können auch leicht mit dem ZAUBERSTAB-Werkzeug (Menü PLANUNG|ZAUBERSTAB oder im KONTROLLFENSTER) beispielsweise in *Wände, Decken* oder *Dächer* (z. B. GEOMETRIEMETHODE: POLYGONALES DACH) umgewandelt werden.

4.1 Linie

Die Funktion ⁄ Linie erstellt einzelne oder mehrere geradlinige oder gebogene Segmente. Im INFOFENSTER werden verschiedene Geometriemethoden angeboten (Abbildung 4.3):

- EINFACH zeichnet eine einzelne Linie. In der Statusleiste erhalten Sie die Anfragen nach den *Endpunkten* LINIENANFANGSPUNKT FESTLEGEN und LINIENENDPUNKT FESTLEGEN.
- POLY zeichnet mehrere aneinander anschließende Linien. Die Anfragen in der Statusleiste lauten:
  - ERSTEN ECKPUNKT FÜR POLY-LINIE FESTLEGEN
  - NÄCHSTEN PUNKT FÜR POLYLINIE FESTLEGEN fragt nach dem Endpunkt des aktuellen Liniensegments, der gleichzeitig Startpunkt des nächsten Liniensegments ist. Obwohl hier im Text das Wort »Polylinie« erscheint, ist es kein Element vom Typ POLYLINIE, das Sie erzeugen, denn alle Liniensegmente bleiben *einzelne* Elemente und sind *nicht irgendwie zusammengefasst,* wie das beim Element POLYLINIE weiter unten der Fall ist.
  - Sie bekommen in diesem Modus über eine PET-PALETTE auch Optionen wie bei der POLYLINIE angeboten, um auf *Bogen* umzuschalten. Die Konstruktion läuft wie weiter unten bei der Polylinie beschrieben, aber die erzeugten Elemente *hängen nicht zusammen* wie bei der POLYLINIE. Jedes mit dem LINIE-Werkzeug erstellte Element ist einzeln wählbar und löschbar. Nur sorgt der Modus POLY dafür, dass die Endpunkte bei Erzeugung geometrisch exakt aufeinander liegen.
  - Beendet wird der Linienzug mit einem *Doppelklick* oder mit Rechtsklick und der Wahl von OK aus dem Kontextmenü. Auch können Sie auf den Startpunkt klicken. Dabei rastet der Cursor dort ein und der Linienzug wird geschlossen.

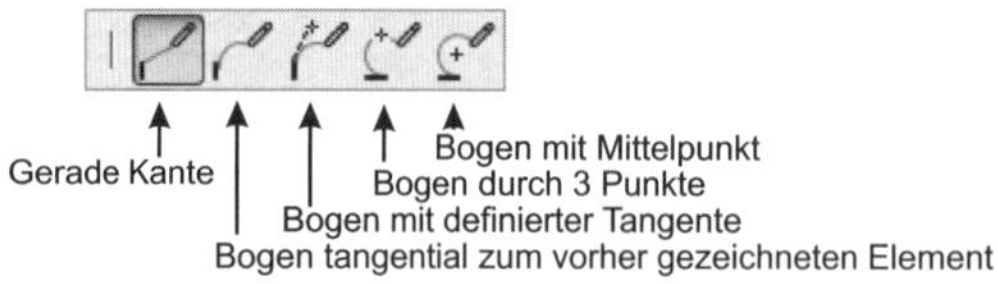

Abb. 4.2: PET-PALETTE für LINIE im Modus POLYLINIE

- RECHTECK Mit dieser Methode konstruieren Sie vier Linien, die ein Rechteck bilden, dessen Seiten zu den x- und y-Achsen parallel sind. Sie müssen zwei diagonale Eckpunkte eingeben auf die beiden Anfragen:
  - ERSTEN ECKPUNKT FÜR LINIEN-RECHTECK FESTLEGEN
  - LINIEN-RECHTECK KONSTRUIEREN
  - Wenn Sie das Rechteck bei gedrückter [⇧]-Taste aufziehen, entsteht ein Quadrat.
- RECHTECK GEDREHT Damit können Sie Linien konstruieren, die ein gedrehtes Rechteck bilden. Das Rechteck liegt unter einem bestimmten Winkel zur Horizontalen. Nach dem ersten Eckpunkt folgt die Eingabe für die Richtung der ersten Rechteckseite, anstelle eines dritten Punkts können Sie im TRACKER auch einen Abstandswert eingeben:
  - ERSTEN ECKPUNKT FÜR GEDREHTES LINIEN-RECHTECK FESTLEGEN
  - RICHTUNG FÜR LINIEN-RECHTECK FESTLEGEN
  - LINIEN-RECHTECK KONSTRUIEREN

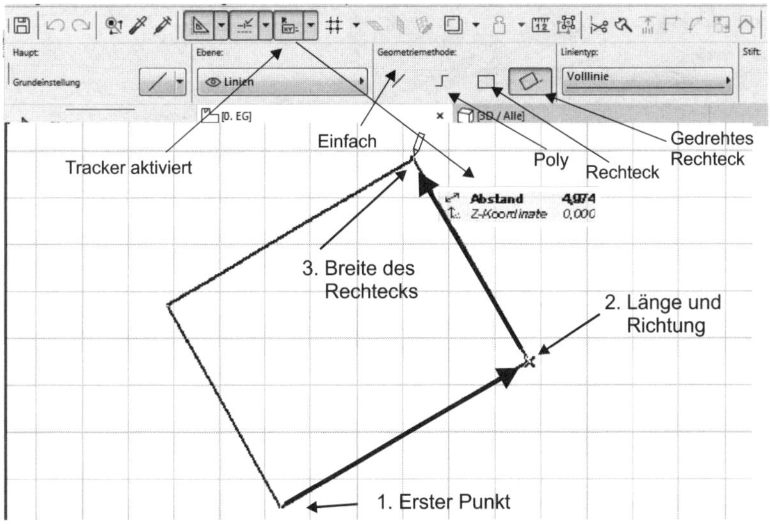

Abb. 4.3: Linienkonstruktion, Option GEDREHTES RECHTECK

Wenn Sie den EINSTELLUNGSDIALOG im INFOFENSTER für die Linie anklicken, finden Sie noch wertvolle Optionen (Abbildung 4.4). Sie können natürlich Linientyp und Stift wählen. Anstelle der Volllinie sind viele verschiedene Linientypen verfügbar.

Die Checkbox RAUMFLÄCHEN-BEGRENZUNG sollten Sie aktivieren, wenn Sie später bei der *automatischen Raumflächenerkennung* nicht nur Wände zur Begrenzung von Räumen verwenden wollen, sondern auch Linien. Das ist beispielsweise der

Fall, wenn Sie Räume, die Wohn- und Essbereich ohne Trennwand vereinen, zur logischen Raumtrennung unterteilen wollen.

Darunter können Sie Linien mit *Markern* (= Maßpfeilsymbole) versehen, um Hinweispfeile oder Maßlinien selbst zu konstruieren, ohne Beschriftungs- oder Bemaßungswerkzeuge zu benutzen. Die Marker greifen aber nur bei den Geometriemethoden EINFACH und POLY.

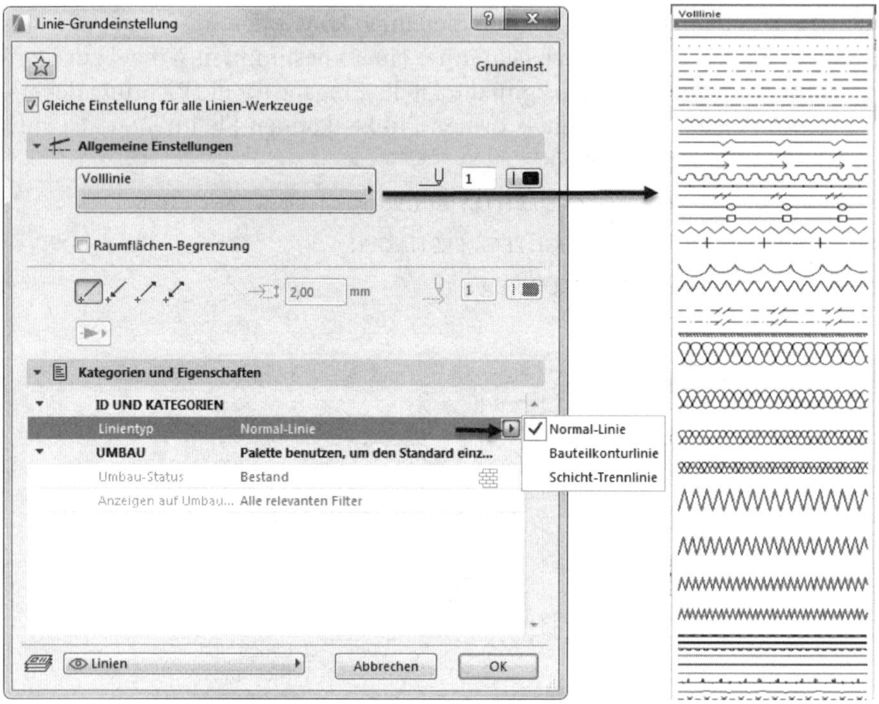

Abb. 4.4: Grundeinstellungen für Linie

4.1.1 Übereinanderliegende Linien

Wenn in einer Linienkonstruktion oder Skizze mehrere Linien übereinanderliegen oder mit gleicher Richtung aneinandergrenzen, dann ist es möglich, diese zu einer einzigen Linie zusammenzufügen. Dafür verwenden Sie BEARBEITEN|VEREINIGEN & ZERLEGEN|LINIEN-VEREINIGUNG. Wählen Sie alle betreffenden Linien, indem Sie eine mit dem PFEIL-Werkzeug anklicken und mit der [⇧]-Taste weitere hinzufügen. Mit der [⇥]-Taste wechseln Sie ggf. die Auswahl. Beim Zusammenfügen der Linien können Sie verschiedene *Aktionen* wählen:

1. doppelte löschen,
2. Polylinien zerlegen,
3. Attribute für die neue Linie bestimmen,

4. aneinanderstoßende gleichen Linientyps verbinden,
5. überlappende vereinigen,
6. nur Volllinien erhalten,
7. bei Überlagerung nur oberste erhalten.

Es wird mit dieser Funktion aber aus den einzelnen Linien/Bögen keine zusammenhängende Polylinienstruktur erstellt.

4.2 Kreis/Bogen

Die Funktion ○ Kreis/Bogen erstellt Kreise, Bögen, Ellipsen und Ellipsenbögen mit verschiedenen Methoden (Abbildung 4.5). Die Dialoge zur Eingabeaufforderung erscheinen in der Statusleiste. Sie werden hier detailliert erläutert, damit die Eingaben klar werden.

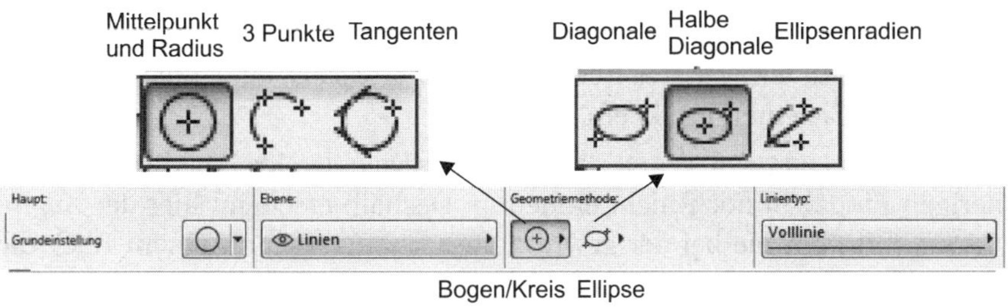

Abb. 4.5: KREIS-Werkzeug mit Geometriemethoden

Bei der Geometriemethode KREIS/BOGEN gibt es folgende Optionen:

- MITTELPUNKT UND RADIUS Sie erstellen einen Kreis durch Angabe von Mittelpunkt und Radius.
  - MITTELPUNKT DES KREISBOGENS FESTLEGEN Geben Sie den Kreismittelpunkt ein.
  - BOGENANFANGSPUNKT FESTLEGEN Geben Sie hier eine Position für den Startpunkt des *Vollkreises* oder *Kreisbogens* ein. Dieser Punkt legt den *Radius* fest. Alternativ können Sie für einen *Vollkreis* auch den *Radius* im TRACKER eingeben.
  - BOGENENDPUNKT FESTLEGEN Für einen *Vollkreis* klicken Sie am einfachsten an der letzten Position noch einmal oder geben Sie im TRACKER den Winkel **0**° oder **360**° ein. Für einen *Kreisbogen* geben Sie entweder den Endpunkt ein oder im TRACKER den *Öffnungswinkel* des Bogens. Um einen Vollkreis zu erhalten, brauchen Sie nur den Startpunkt wieder als Endpunkt wählen.
- PUNKTE Mit dieser Funktion wird ein Kreis durch drei Punkte erzeugt.
  - ERSTEN BOGENPUNKT FÜR 3-PUNKTE-KONSTRUKTION FESTLEGEN Geben Sie eine Position für den Startpunkt des Bogens ein.

- ZWEITEN BOGENPUNKT FESTLEGEN Es wird ein zweiter Punkt auf dem Bogen gefordert.
- DRITTEN BOGENPUNKT FESTLEGEN Es wird ein dritter Punkt auf dem Bogen gefordert, der aber nicht der Endpunkt des Bogens sein muss.
- BOGENENDPUNKT FESTLEGEN Hier wird der *Endpunkt* des Bogens eingegeben. Der Punkt legt nur noch den *Öffnungswinkel* fest und muss nicht auf dem Bogenumfang liegen. Alternativ können Sie auch den *Öffnungswinkel* im TRACKER eingeben.

- TANGENTEN Diese Funktion erzeugt einen Kreis, der ein, zwei oder drei lineare Elemente exakt tangiert und im Übrigen noch durch Punkte auf dem Kreisbogen definiert wird. Sie erstellt keine Tangenten zu gebogenen Elementen. Hiermit kann auch ein Kreis über drei Punkte konstruiert werden.
  - BOGENPUNKT FESTLEGEN ODER AUF TANGENTIALES ELEMENT KLICKEN
    Klicken Sie auf ein lineares Element, das als Tangente dienen soll, oder geben Sie einen Punkt ein.
  - ELEMENT TANGENTIAL ODER EINEN PUNKT AUF KREISBOGEN ANGEBEN
    Klicken Sie auf ein weiteres lineares Element, das als Tangente dienen soll, oder geben Sie einen Punkt ein.
  - LAGE DES KREISES FESTLEGEN Meist ist die Lage des Kreises durch die bisherigen Eingaben noch nicht eindeutig. Deshalb erscheint hier der *Augen-Cursor,* mit dem Sie bei der gewünschten Voranzeige mit einem Klick die Auswahl treffen.

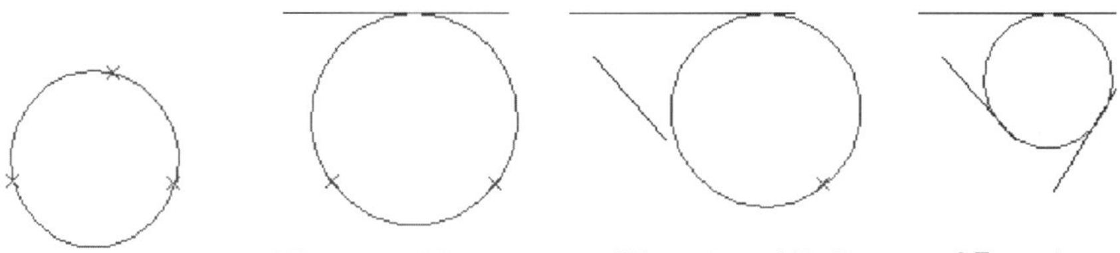

Abb. 4.6: Kreise konstruiert mit der Methode TANGENTEN

Bei der Geometriemethode ELLIPSE gibt es folgende Optionen:

- DIAGONALE Diese Funktion erstellt eine Ellipse, indem Sie die diagonalen Ecken des *umschreibenden Rechtecks* eingeben. Wenn Sie den zweiten Punkt auf eine 45°-Hilfslinie legen, erhalten Sie natürlich auch einen Kreis.
  - GEBEN SIE DEN ERSTEN PUNKT DES ELLIPSEN-BEGRENZUNGSRAHMENS AN
    Geben Sie die erste Ecke des Rechtecks ein, das die Ellipse umfängt.
  - ELLIPSEN-BEGRENZUNGSRAHMEN BEENDEN Geben Sie die zweite diagonale Ecke ein.

- HALBE DIAGONALE
  - GEBEN SIE DEN MITTELPUNKT DER ELLIPSE EIN Geben Sie die Position für den Mittelpunkt der Ellipse ein.
  - ELLIPSEN-BEGRENZUNGSRAHMEN BEENDEN Geben Sie eine diagonale Position für die Ecke des umschreibenden Rechtecks ein. Die x- und y-Entfernungen vom Mittelpunkt entsprechen den Längen der großen und kleinen Halbachsen. Diese Werte können Sie natürlich auch über den TRACKER eingeben.
- ELLIPSENRADIEN Hiermit wird ein Ellipsenbogen erstellt.
  - GEBEN SIE DEN MITTELPUNKT DER ELLIPSE AN Geben Sie die Position für den Mittelpunkt der Ellipse ein.
  - GEBEN SIE DEN ENDPUNKT DER ELLIPTISCHEN ACHSEN EIN Hier geben Sie die Lage (Winkel) und Länge der halben Hauptachse der Ellipse ein.
  - GEBEN SIE DEN STARTPUNKT DES ELLIPTISCHEN BOGENS EIN Dieser Punkt legt die Form der Ellipse fest. Es kann ein beliebiger Punkt auf der gewünschten Ellipse sein.
  - ELLIPSEN-BOGEN BEENDEN Dieser Punkt definiert eigentlich den Startpunkt des Ellipsenbogens.
  - GEBEN SIE DEN UMFANGSPUNKT DER ELLIPSE EIN Und dieser Punkt ist dann der Endpunkt der Ellipse.

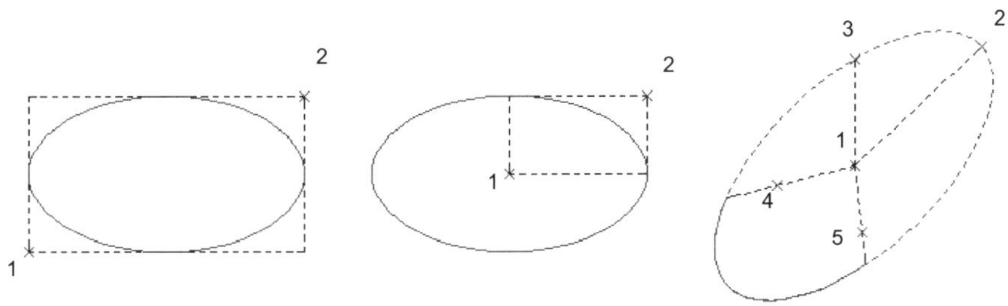

Abb. 4.7: Ellipsen und Ellipsenbogen

4.3 Polylinie

Die Funktion Polylinie erstellt Polylinien, die aus mehreren Segmenten bestehen. Die Segmente können Linien oder Kreisbögen sein. Die Polylinie kann offen oder geschlossen sein. Eine Polylinie ist eine zusammenhängende Kurve. Damit reicht es, ein Segment anzuklicken, um den gesamten Kurvenzug zu wählen.

Polylinien können als nützliche Grundlage für viele andere Elemente dienen wie Wände und Decken. Sie können mit den entsprechenden WAND- oder DECKEN-Werkzeugen und dem ZAUBERSTAB (aus der Palette KONTROLLFENSTER oder dem Menü PLANUNG|ZAUBERSTAB) schnell aus Polylinien abgeleitet werden.

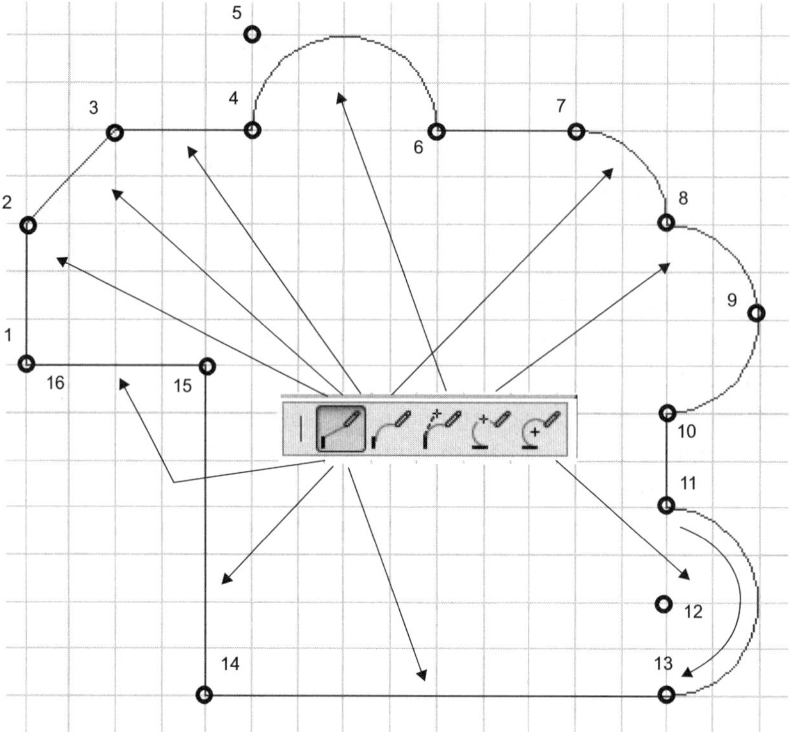

Abb. 4.8: Geschlossene Polylinie mit Bogensegmenten

Am Konstruktionsbeispiel der Abbildung 4.8 mit dokumentiertem Dialogfenster aus der Statusleiste sollen die Optionen demonstriert werden, die in der PET-PALETTE enthalten sind. Damit die Eingabe einfacher wird, habe ich für das Beispiel den Rasterfang auf das Konstruktionsraster eingestellt (F7, F8).

- Polylinie Befehlsaufruf – Die PET-PALETTE ist im Modus GERADE KANTE.
  - ERSTEN PUNKT FÜR POLYLINIE FESTLEGEN Geben Sie Punkt 1 ein.
  - NÄCHSTEN PUNKT FÜR POLYLINIE FESTLEGEN Geben Sie Punkt 2 ein.
  - NÄCHSTEN PUNKT FÜR POLYLINIE FESTLEGEN Geben Sie Punkt 3 ein.
  - NÄCHSTEN PUNKT FÜR POLYLINIE FESTLEGEN Geben Sie Punkt 4 ein.
- *Pet-Palette* in den Modus BOGEN MIT DEFINIERTER TANGENTE schalten
  - TANGENTE DES ERSTEN KREISBOGENS ANKLICKEN Geben Sie Punkt 5 ein.
  - NÄCHSTEN PUNKT DES POLYGONBOGENS FESTLEGEN Geben Sie Punkt 6 ein.
- *Pet-Palette* in den Modus GERADE KANTE schalten
  - NÄCHSTEN PUNKT FÜR POLYLINIE FESTLEGEN Geben Sie Punkt 7 ein.
  - NÄCHSTEN PUNKT DES POLYGONBOGENS FESTLEGEN Geben Sie Punkt 8 ein.

- *Pet-Palette* in den Modus BOGEN DURCH 3 PUNKTE schalten
  - ZWEITEN BOGENPUNKT FESTLEGEN Geben Sie Punkt 9 ein.
  - DRITTEN BOGENPUNKT FESTLEGEN Geben Sie Punkt 10 ein.
- *Pet-Palette* in den Modus GERADE KANTE schalten
  - NÄCHSTEN PUNKT FÜR POLYLINIE FESTLEGEN Geben Sie Punkt 11 ein.
- *Pet-Palette* in den Modus BOGEN MIT MITTELPUNKT schalten
  - MITTELPUNKT DES KREISBOGENS FESTLEGEN Geben Sie Punkt 12 ein.
  - BOGENENDPUNKT FESTLEGEN Fahren Sie mit dem Cursor in der angedeuteten Pfeilrichtung auf die Position von Punkt 12, damit Sie den richtigen Halbkreis bekommen.
- *Pet-Palette* in den Modus GERADE KANTE schalten
  - NÄCHSTEN PUNKT FÜR POLYLINIE FESTLEGEN Geben Sie die Punkte 13 bis 16 ein.

Am Punkt 16 wird die Polylinie mit dem Hammer-Cursor geschlossen. ArchiCAD erkennt also, dass Sie mit dem letzten Punkt wieder den Startpunkt erreicht haben, und zeigt dies mit dem Hammer-Symbol an.

4.3.1 Polylinien verbinden

Mit der Funktion BEARBEITEN|VEREINIGEN & ZERLEGEN|VEREINIGEN können Sie mehrere aneinandergrenzende Polylinien oder mehrere Splinekurven zu einer *Gesamtkurve* verbinden. Auch einzelne Linien und Bögen lassen sich hiermit zu einer Polylinie zusammenfügen. Voraussetzung ist immer, dass die Kurven mit ihren Endpunkten zusammenfallen. Splinekurven und Polylinien können nicht miteinander zu einem einzigen Element verbunden werden.

Die Funktion BEARBEITEN|VEREINIGEN & ZERLEGEN|IN 2D-ELEMENTE ZERLEGEN zerlegt dann die Polylinie wieder in einzelne Segmente.

4.4 Spline

Die Funktion Spline erstellt eine glatte Kurve, die durch einzugebende Stützpunkte definiert ist. Es gibt drei verschiedene Spline-Typen: NATÜRLICH, BÉZIER und FREIHAND.

Geometriemethode: Natürlich

Bei der Geometriemethode NATÜRLICH geben Sie Stützpunkte ein, zwischen denen automatisch eine glatte Kurve entsteht. Durch Bearbeiten können Sie die Stützpunkte nachträglich verschieben und im Start- und Endpunkt die Tangentenrichtungen drehen. Abbildung 4.10 zeigt eine Splinekurve mit hervorgehobenen

Stützpunkten und einer Polylinie durch die gleichen Punkte als Vergleich. Eine Splinekurve ist eine sogenannte Freiformkurve mit variablem Radius, wodurch glatte Übergänge entstehen. Sie wird im modernen Design gern verwendet, weil sie maximale Freiheit in der Formgebung bietet.

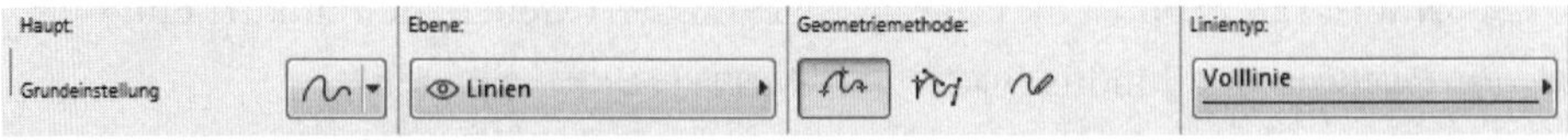

Abb. 4.9: Spline-Geometriemethoden: NATÜRLICH, BÉZIER, FREIHAND

Die Voreinstellung ist eine geschlossene Kurve. Wenn Sie eine offene Splinekurve wünschen, sollten Sie in den Einstellungsdialog gehen und auf das Icon für offene Kurve klicken und dann beim Konstruieren mit einem Doppelklick beenden. Nach Rechtsklick und OK im Kontextmenü wird die Kurve geschlossen. Gegebenenfalls müssen Sie auch nachträglich vom Modus geschlossene  Kurve auf offene  umschalten.

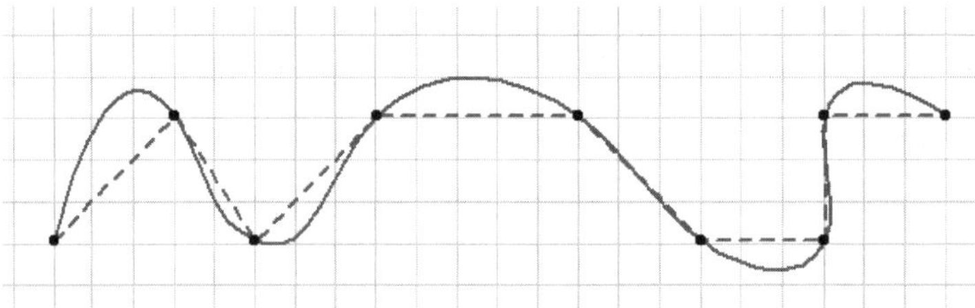

Abb. 4.10: Splinekurve verglichen mit Polylinie (gestrichelt)

Abbildung 4.11 zeigt eine Wand, die mit dem ZAUBERSTAB aus einer Splinekurve erzeugt wurde.

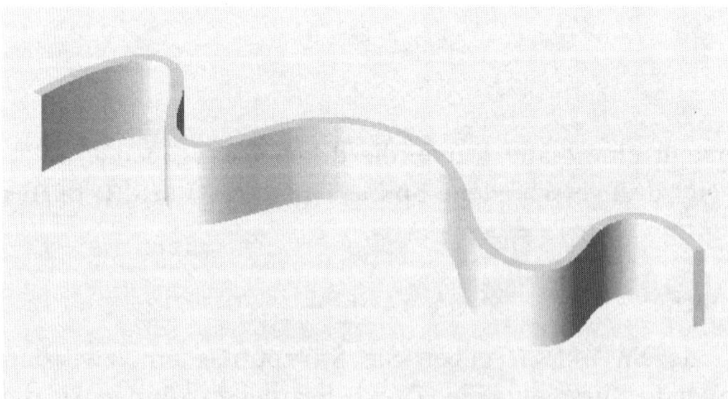

Abb. 4.11: Wand auf Grundlage einer Splinekurve

Geometriemethode: Bézier

Beim Typ Bézier gibt es zwei verschiedene Vorgehensweisen: Konstruktion mit *Punkten und Tangenten* oder Konstrunktion *nur über Punkte*, wobei die Tangenten nachträglich hinzugefügt werden.

Beim Klicken auf eine Punktposition können Sie gleich durch Ziehen (mit gedrückter Maustaste) die Richtung der Tangente in diesem Punkt bestimmen. Hier spielt nicht nur die Richtung, sondern auch die Länge der Tangente eine Rolle. So entsteht eine glatte Kurve aus mehreren Béziersegmenten.

Wenn Sie nur Punktpositionen durch Klicken eingeben, entstehen zunächst Liniensegmente, die durch weitere Bearbeitung zu einem glatten geschwungenen Kurvenzug verbogen werden können.

Wenn Sie an einer Punktposition statt zu klicken mit gedrückter Maustaste ziehen, entsteht ein neues Splinesegment mit dieser Tangentenrichtung.

Abb. 4.12: Pet-Paletten für Splines mit aktivierter Bearbeitung für Punkte, Spline-Hebel und zusätzliche Punkte (Icon immer links oben)

Beim Bearbeiten einer Splinekurve gibt es mehrere Möglichkeiten:

- Klick auf einen Punkt:
  - Punkt verschieben
  - Spline-Hebel drehen, falls vorhanden
  - Spline-Hebel hinzufügen, falls noch keiner vorhanden
  - Zweiten Spline-Hebel hinzufügen, falls erst einer vorhanden
- Klick auf die Kurve zwischen den Punkten:

  Sie müssen dazu zuerst die gesamte Kurve wählen, und danach können die Knotenpunkte durch Anklicken mit dem Pfeil-Werkzeug bearbeitet werden. Über die Pet-Palette können Sie die sogenannten *Tangentenhebel* bearbeiten. Beim ersten Klick auf einen Punkt wird eine Tagente für das vorhergehende Segment angeboten. Diese Tangente legt die Richtung im Knotenpunkt und die Krümmungsstärke des vorhergehenden Segments fest. Beim zweiten Klick auf denselben Knoten und der Pet-Funktion Tangentenhebel verschieben wird die Tangente fürs nachfolgende Segment erstellt und immer automatisch fluchtend mit der ersten Tangente eingerichtet. Dadurch ist für einen glatten Übergang ohne Knickstelle gesorgt. Ändern lässt sich nun nur noch die Länge des Tangentenhebels zur Bestimmung der Krümmung des nachfolgenden Segments.

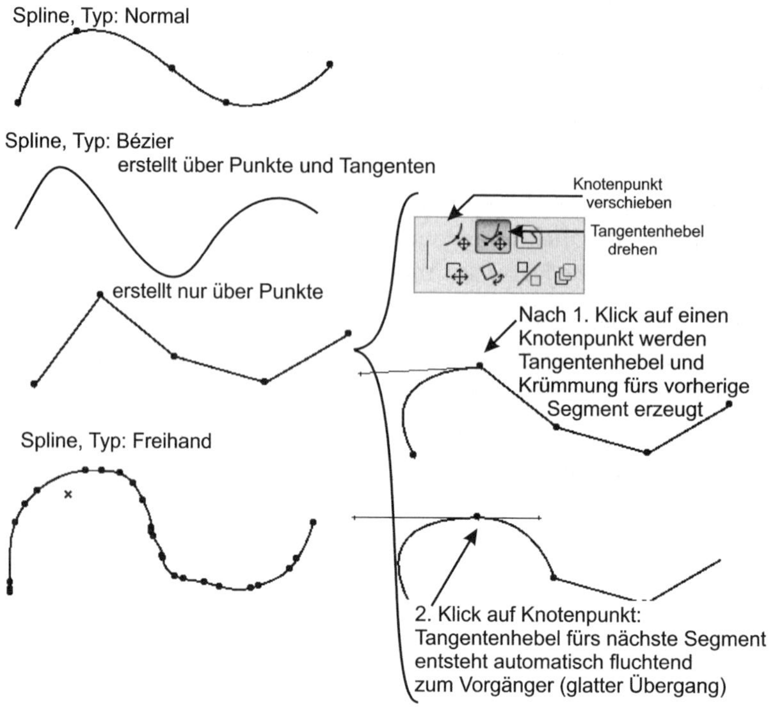

Abb. 4.13: Vergleich verschiedener Splinetypen

Geometriemethode: Freihand

Beim Typ FREIHAND fahren Sie einfach mit der Maus den gewünschten Verlauf ab und erhalten dann eine geglättete Splinekurve als Ergebnis.

4.4.1 Splines verbinden

Auch Splinekurven lassen sich wie in Abschnitt 4.3.1 beschrieben zu Gesamtkurven zusammenfassen. Sollte dabei an der Verbindungsstelle ein *Knick* vorliegen, wird dieser in der Gesamtkurve automatisch *geglättet*.

4.5 Fixpunkt

Die Funktion ✳ Fixpunkt erstellt ein Punkt-Objekt.

Diese Funktion erstellt an der eingegebenen Position ein Punkt-Element, das für weitere Konstruktionen mit dem Häkchen-Cursor gefangen werden kann. Die Darstellung ist ein kleines Kreuz. In den Beispielen für die Ellipse habe ich Fixpunkte gesetzt, um die Positionen zu markieren, an denen ich Punkte eingegeben habe.

4.6 Schraffur

Die Funktion Schraffur erstellt eine Schraffur mit einer polygonalen oder rechteckigen Begrenzung (Abbildung 4.14). Standardmäßig ist die Geometriemethode POLYGON eingestellt. Sie werden also wie in der Funktion POLYLINIE aufgefordert, eine Kontur zu definieren, und zwar eine geschlossene. Wenn Sie die Kontur nicht selber schließen, sondern als offene Kontur mit Doppelklick beenden, wird sie *automatisch* geschlossen. Sollten dabei Überschneidungen der Kontur auftreten, wird die erste geschlossene Teilkontur verändert.

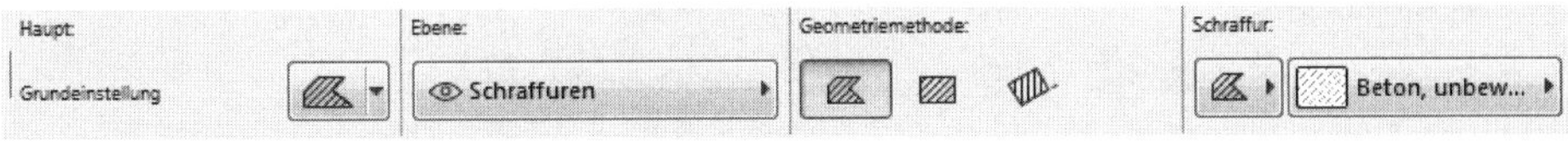

Abb. 4.14: Werkzeug SCHRAFFUR

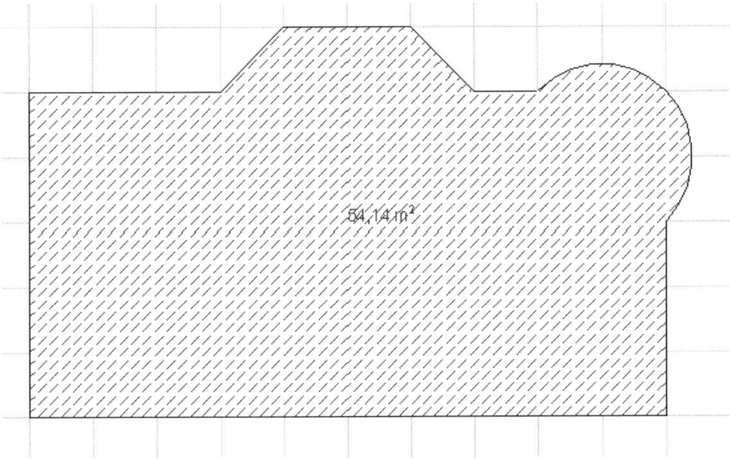

Abb. 4.15: Schraffur mit polygonaler Begrenzung

Bei den Grundeinstellungen können Sie die Checkbox mit Flächenmaß aktivieren. Dann erscheint nach der Konturdefinition der Hammer-Cursor für die Festlegung der Textposition des Flächenmaßes.

Eine elegantere Methode zur Erstellung von Schraffuren besteht darin, mit dem SCHRAFFUR-Werkzeug und dem ZAUBERSTAB aus dem Kontrollfenster in eine geschlossene Wandkontur oder auf die Kontur zu klicken. ArchiCAD erkennt die Kontur dann automatisch. Bei Konturen mit Überschneidungen können auch die Teilkonturen, die normalerweise vom SCHRAFFUR-Werkzeug nicht berücksichtigt werden, durch Hineinklicken in diese Bereiche ausschraffiert werden.

Abb. 4.16: Schraffur-Einstellungen

Umgekehrt können Sie mit dem WAND-Werkzeug und dem ZAUBERSTAB auch eine Schraffurfläche mit einer Wand umrahmen lassen.

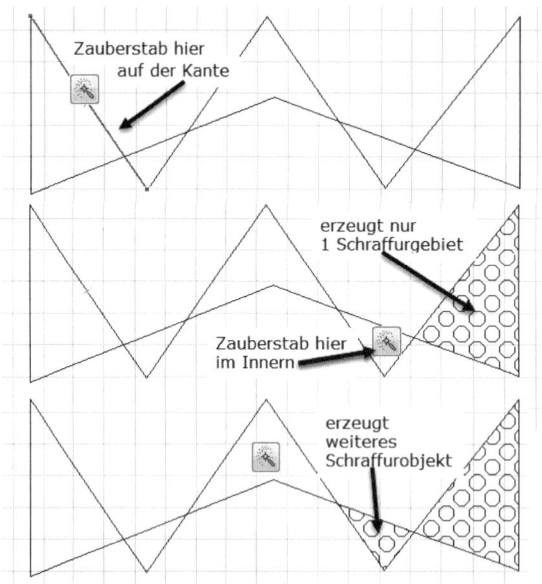

Abb. 4.17: Komplexe Schraffurbereiche mit dem ZAUBERSTAB bearbeiten

4.6.1 Schraffuren zusammenfassen

Bei aneinandergrenzenden oder überlappenden Schraffuren gibt es die Möglichkeit, diese mit BEARBEITEN|VEREINIGEN & ZERLEGEN|SCHRAFFUREN-VEREINIGUNG zusammenzufassen. Mit BEARBEITEN|VEREINIGEN & ZERLEGEN|IN 2D-ELEMENTE ZERLEGEN wird das Schraffurelement in die reine Schraffur und die Umgrenzungselemente zerlegt.

4.7 Übungsfragen

1. Welche zweidimensionalen Geometrieelemente kennen Sie?
2. Welche Geometriemethoden gibt es beim KREIS-Werkzeug?
3. Welche Segment-Übergänge gibt es bei der POLYLINIE in der PET-PALETTE?
4. Was ist charakteristisch für eine SPLINE-Kurve?
5. Welchen Geometriemethoden gibt es bei SCHRAFFUREN?
6. Erscheint ein FIXPUNKT im Plot?

Kapitel 5

Wände, Fenster, Türen ...

Zu den Standard-Elementen jeder Architektur-Konstruktion gehören Wände mit Fenstern und Türen, ferner Decken, Dächer, Stützen und Unterzüge. Diese Grundelemente sollen in diesem Kapitel mit vielen ihrer Gestaltungsmöglichkeiten vorgestellt werden.

5.1 Wände

5.1.1 Infofenster

Wenn Sie das WAND-Werkzeug zum Erstellen von Wänden aktivieren, werden die wichtigsten Vorgaben im INFOFENSTER angezeigt (Abbildung 5.1). Dort finden Sie elf Schaltflächen für diverse Einstellungen:

- EINSTELLUNGSDIALOG Hinter dieser ersten Schaltfläche verbirgt sich das in Abbildung 5.14 gezeigte allgemeine Einstellungsdialogfenster.

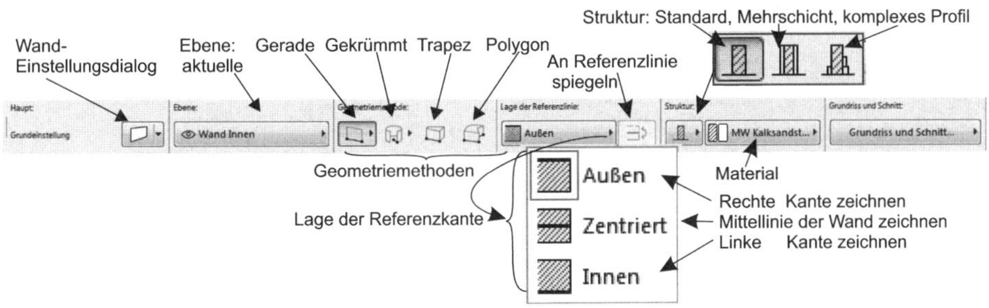

Abb. 5.1: INFOFENSTER zu Wänden

- WAND AUSSEN Mit dieser Schaltfläche könnten Sie die gewünschte Ebene für die Wand auswählen. Da die Voreinstellung WAND AUSSEN ist, müssten Sie erst für die Innenwände die Ebene in WAND INNEN ändern.

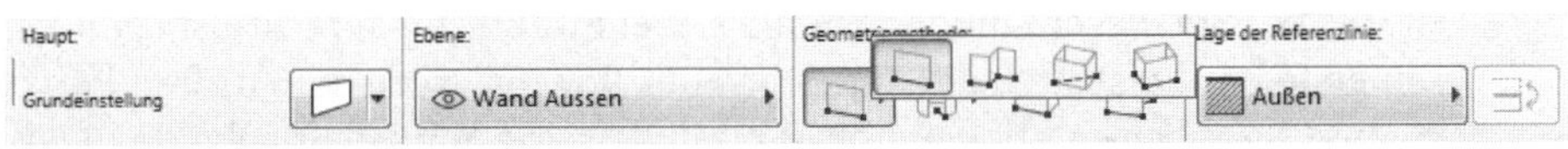

Abb. 5.2: Auswahl bei Geometriemethode GERADE

- Geometriemethode GERADE Für *gerade Wandabschnitte* gibt es vier verschiedene Geometriemethoden, die bei geeigneter Wahl die Konstruktion beschleunigen können:
  - EINFACH Hiermit zeichnen Sie einzelne Wandstücke. Mit der ersten Koordinateneingabe oder Klick beginnt das Wandsegment, mit der zweiten Koordinateneingabe oder Klick endet es. Es wird nicht weitergezeichnet. Das nächste Wandstück müssen Sie wieder mit Klick oder Koordinatenangabe beginnen.
  - POLY Diese Methode eignet sich bestens zum Konstruieren zusammenhängender Wandstücke. Vom zweiten Wandsegment an wird automatisch an das letzte Wandsegment angeschlossen. Den Wandzug beenden Sie mit *Doppelklick* oder mit Rechtsklick und Wahl von OK aus dem *Kontextmenü*. Beenden Sie *nicht* mit [ESC], weil das die Abbruch-Taste ist und das komplette Wandpolygon verworfen wird.
  - RECHTECK Rechteckige Grundrisse wird man wohl immer mit dieser Option beginnen, weil hier eine rechteckige Form über zwei diagonale Punkte am schnellsten erzeugt wird. Dieses Rechteck orientiert sich an den x- und y-Richtungen.
  - RECHTECK GEDREHT Eine rechteckige Form, die nicht parallel zu den Koordinatenrichtungen ausgerichtet ist, können Sie hiermit erstellen. Dieses Rechteck wird über drei Punkte definiert. Die ersten zwei Punkte geben die Richtung und Länge der ersten Rechteckseite an, der dritte Punkt definiert dann die Länge oder den Abstand der zweiten Rechteckseite.

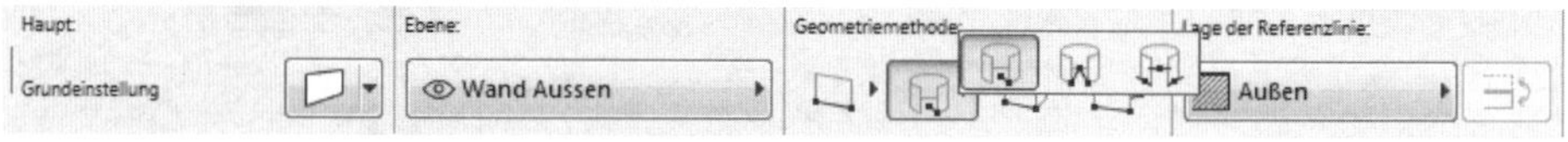

Abb. 5.3: Auswahl bei Geometriemethode GEKRÜMMT

- Geometriemethode GEKRÜMMT Die Methode GEKRÜMMT erlaubt die Erstellung bogenförmiger Wandsegmente. Drei Optionen gibt es:
  - MITTELPUNKT UND RADIUS Sie beginnen mit dem *Mittelpunkt* des Kreisbogens und geben dann den *Startpunkt* ein, wodurch sowohl die Winkelposition als auch der Radius definiert sind. Dann bleibt nur noch über einen dritten Punkt der *Endwinkel* des Bogens zu bestimmen. Wenn Sie keinen dritten Punkt eingeben, sondern mit [↵] beenden, wird die Winkelvorgabe 0° als *Vollkreis* mit 360° interpretiert.
  - 3 PUNKTE Bei dieser Option geben Sie drei Punkte *auf* dem Kreisbogen an. Der erste Punkt ist auch der *Startpunkt* des Bogens. Nach dem dritten Punkt können Sie über einen weiteren Punkt oder eine Winkeleingabe den ÖFFNUNGSWINKEL des Bogens noch variieren.

- TANGENTIAL Diese Option erzeugt einen Vollkreis nach Eingabe von drei Punkten oder von drei Tangentenbedingungen oder entsprechenden Kombinationen von Punkten oder Tangenten. Für die Wahl der Tangentenbedingungen müssen Sie mit dem Cursor auf eine Wand- oder Geometrielinie oder einen -bogen fahren. Es wird dann die tangierende Kurve als Hilfslinie angezeigt. Wenn die Definition nicht eindeutig ist, erscheint der *Augen-Cursor*, mit dem Sie die gewünschte Möglichkeit auswählen.

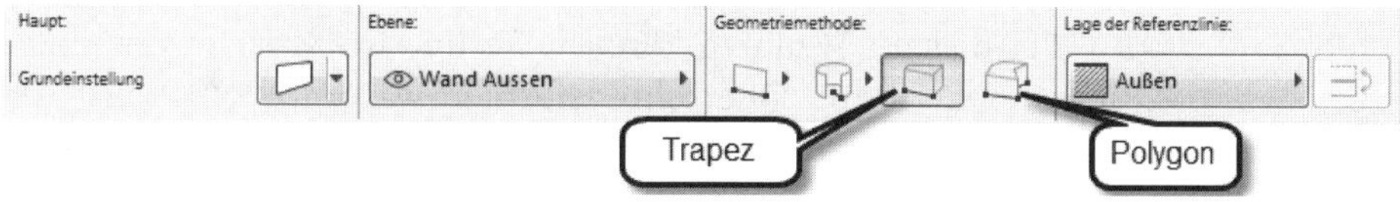

Abb. 5.4: Geometriemethoden TRAPEZ und POLYGON

- Geometriemethode TRAPEZ Eine Wand mit *unterschiedlicher Wandstärke an beiden Enden* wird mit der Methode TRAPEZ erzeugt. Die Wandstärken stellen Sie im EINSTELLUNGSDIALOG über WANDSTÄRKE und TRAPEZOIDE WAND, 2. DICKE ein.
- Geometriemethode POLYGON Mit der Methode POLYGON erstellen Sie Wandstücke mit *beliebigem Querschnitt*. Der Querschnitt wird wie eine Polylinie durch Linien- und Bogensegmente erzeugt. Eine PET-PALETTE (Abbildung 5.5) bietet die verschiedenen Optionen für unterschiedliche Segmentanschlüsse an.

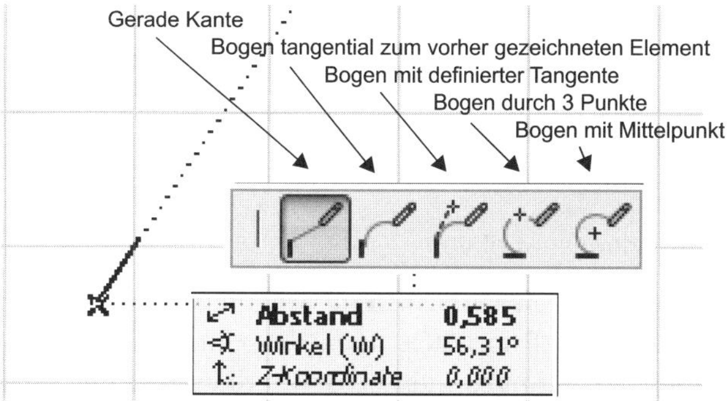

Abb. 5.5: PET-PALETTE für Polylinien-Formen

- Lage der *Referenzkante*
  - AUßEN legt fest, dass die *Referenzkante* der Wand bezüglich der Konstruktionsrichtung rechts liegt und die Wandbreite von dieser Kante nach links gerechnet wird. Die *Referenzkante* ist die Linie, für die Sie die *Koordinaten* eingeben.
  - MITTE Die *Referenzkante* liegt in der Mitte der Wand. Diese Option steht für Trapezwände nicht zur Verfügung.

  - INNEN Die Wand erstreckt sich von der *Referenzkante* aus gesehen nach rechts.
- Lage der *Referenzkante*: WAND AN DER REFERENZKANTE SPIEGELN Mit dieser Funktion können Sie die Ausrichtung einer Wand während der Erzeugung oder nachträglich ändern. Dadurch wird die Wand an der *Referenzkante* gespiegelt, also in ihrer Lage verändert.
- Struktur: STANDARD, MEHRSCHICHT, KOMPLEXES PROFIL Hiermit können Sie den *Wandaufbau* aus verschiedenen Komponenten und/oder die *Wandform* wählen.
  - STANDARD Bei diesem Wandtyp können Sie im Grundrissfenster unter WANDNEIGUNG drei Querschnittsformen wählen: SENKRECHT, GENEIGT und BEIDSEITIG GENEIGT. Die Wand besteht aus einem einzigen Material bzw. Baustoff.
  - MEHRSCHICHT Für diesen Wandtyp gibt es im Grundrissfenster dieselben Querschnitte wie oben, aber die Wand besteht aus *mehreren Materialschichten*. Die vorhandenen mehrschichtigen Wandaufbauten finden Sie unter OPTIONEN|ELEMENT-ATTRIBUTE|MEHRSCHICHTIGE BAUTEILE.
  - KOMPLEXES PROFIL Hier kann ein *beliebiges Wandprofil* und ein *beliebiger Schichtaufbau* verwendet werden. Bei Wahl dieser Option erscheint neben dieser Strukturoption eine neue Dialogfläche für das gewünschte *Profil*. Als Vorgabe wird ein Profil WAND, ALTBAU mit verschiedenen Schichten und einer konstruierten Außenkontur angeboten. Bei dieser Wand gibt es im Grundrissfenster keine Option für die Wandneigung mehr, weil der Querschnitt allein durch das Profil bestimmt wird. Eigene Profile können über OPTIONEN|ELEMENT-ATTRIBUTE|PROFIL-MANAGER erstellt werden. Profile entstehen im Prinzip aus Schraffurbereichen mit beliebiger Form und wählbaren Materialien/Baustoffen.

5.1.2 Materialien, Prioritäten und Profile

Materialen/Baustoffe und Verschneidungsprioritäten

Den Wänden und Wandschichten können verschiedene *Materialien* zugeordnet werden. Diese Materialien regeln über Prioritäten auch die automatische Verschneidung von Wänden und die Darstellungsreihenfolge. Wände und später auch Decken oder Dächer aus *gleichem Material* werden in Schnitten und Grundrissen verschmolzen dargestellt.

Bei Überlagerungen von Wänden und Wandschichten regeln die Prioritäten, welche Schicht verschmolzen wird und welche unterdrückt wird. Die verfügbaren Materialien oder Baustoffe können über OPTIONEN|ELEMENT-ATTRIBUTE|BAUSTOFFE oder über Symbolleiste ATTRIBUTE|BAUSTOFFE angezeigt werden (Abbildung 5.6). Auch neue Baustoffe lassen sich hier erstellen. In der Spalte PRIORITÄT oder rechts unter VERSCHNEIDUNGSPRIORITÄT sind verschiedene Werte eingetragen, die den Vorrang von Materialien steuern. Ein hoher Wert entspricht auch einer hohen Priorität. Die Auswirkung unterschiedlicher Prioritäten zeigt Abbildung 5.7. Dort hat Stahlbeton mit 680 die höchste Priorität und dominiert die anderen Baustoffe. Entsprechend werden die Wände durch Stahlbeton unterbrochen.

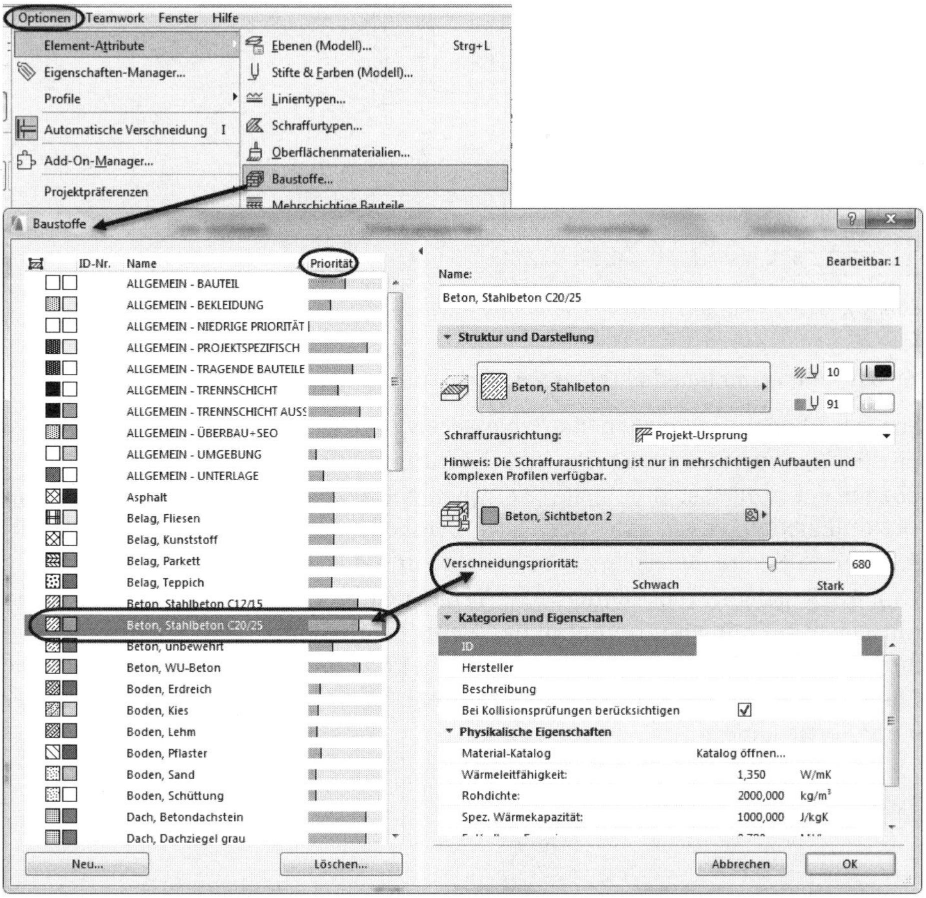

Abb. 5.6: Verwaltung der Prioritäten für Baustoffe

Noch deutlicher zeigt sich die Wirkung der Verschneidungsprioritäten in Abbildung 5.7. Hier wurden teilweise Wände mit Schichtaufbau und eine Decke mit Schichtaufbau kombiniert. Das Bild soll nur die Wirkung der Prioritäten zeigen, die Konstruktion ist architektonisch gesehen nicht sinnvoll. Wände und Decken gleichen Materials, hier Beton, werden verbunden. Die Deckenschichten mit geringerer Priorität werden von den Wandkomponenten mit höherer Priorität unterbrochen.

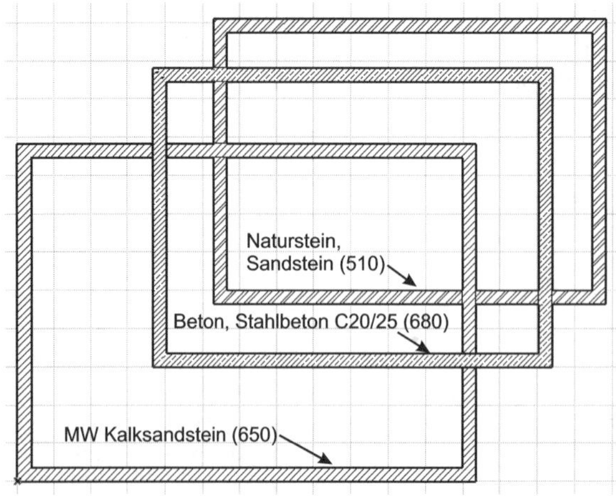

Abb. 5.7: Auswirkung verschiedener Wandprioritäten

Verschneidung nur innerhalb einer Verschneidungsgruppe

Für die Ebenen, auf denen die Objekte erzeugt werden, gibt es eine weitere Einstellung zur Steuerung der Verschneidung, die *Verschneidungsgruppe*. Allen Ebenen ist zunächst die *Verschneidungsgruppe* 1 zugeordnet (siehe DOKUMENTATION|EBENEN|EBENEN (MODELL) oder Symbolleiste ATTRIBUTE|EBENEN). In der vierten Spalte auf der rechten Seite steht die Gruppennummer (Abbildung 5.9). Als Regel gilt: Die automatische Verschneidung wird nur zwischen Ebenen mit gleicher Gruppennummer aktiv. Wenn eine automatische Wandverschneidung nicht erwünscht ist, können Sie die betreffenden Objekte einfach auf eine Ebene mit einer anderen Gruppennummer legen oder die Gruppennummer einer Ebene ändern.

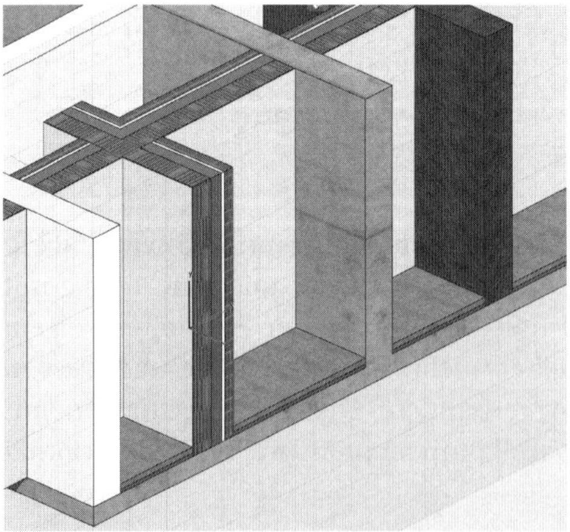

Abb. 5.8: Verschneidungen zwischen Wänden und Decke (mit Schichtaufbau)

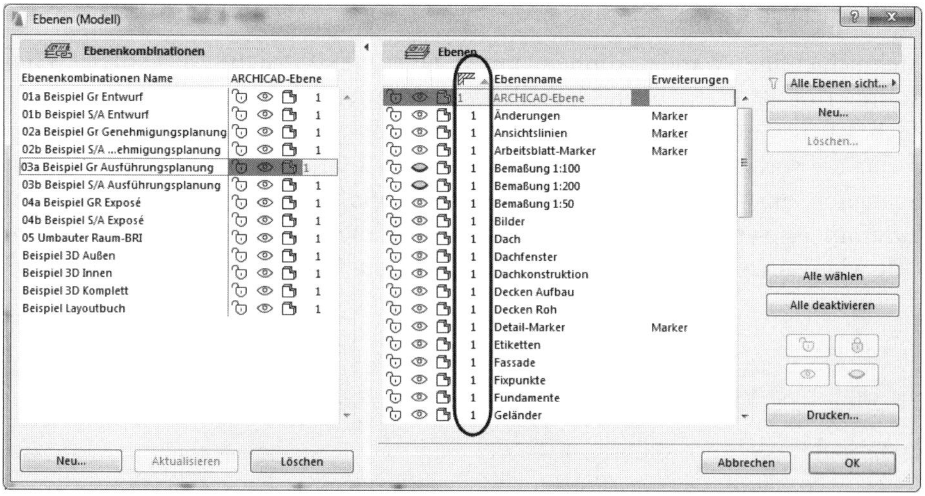

Abb. 5.9: Verschneidungsgruppe bei Ebenen

Anschlussreihenfolge bei gleichen Wänden

Auch bei Wänden mit gleicher Verschneidungspriorität kann es abhängig von der Zeichenreihenfolge Probleme mit der Darstellung geben. Bei Abbildung 5.10 soll unabhängig von der angedeuteten Zeichenreihenfolge die mittlere Wand auf die Innenkante reduziert werden. Die linke Abbildung zeigt die durch die Zeichenreihenfolge entstehende Verschneidung. Damit die mittlere Wand nun zurückgezogen wird, genügt es, im Einstellungsdialog die *Anschlussreihenfolge* der mittleren Wand vom Standardwert 8 auf 7 herunterzusetzen.

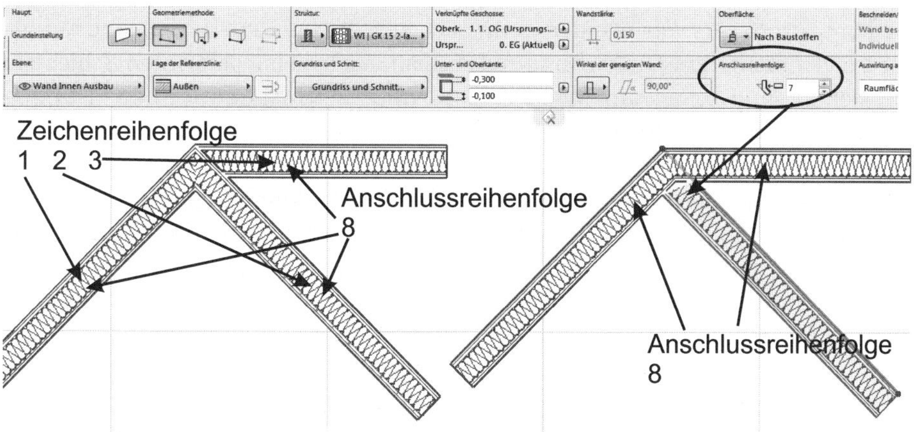

Abb. 5.10: Steuerung der Verschneidung über die Anschlussreihenfolge

Mehrschichtige Wände

Mehrschichtige Wände können unter OPTIONEN|ELEMENT-ATTRIBUTE|MEHRSCHICHTIGE BAUTEILE oder Symbolleiste ATTRIBUTE| MEHRSCHICHTIGE BAUTEILE bearbeitet und neu erstellt werden (Abbildung 5.11). Das Dialogfeld zeigt rechts die vorhandenen mehrschichtigen Bauteile. Neue können mit mehreren Schichten aus den wählbaren Materialien und wählbaren Trennungslinien zusammengesetzt werden. Sie können rechts unten für die verschiedenen Bauteile wie Wände, Decken, Dächer und Schalen zur Verfügung gestellt werden.

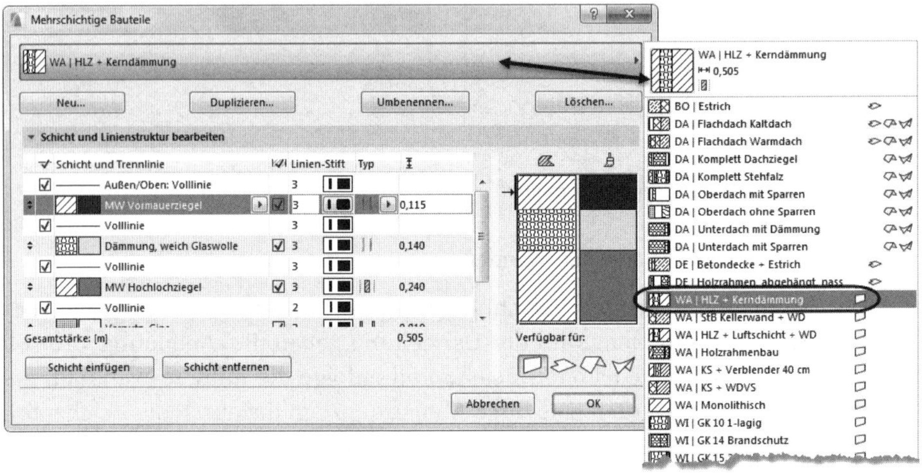

Abb. 5.11: Dialog für mehrschichtige Bauteile

Profilwände

Die komplexeste Art von Wänden nennt sich KOMPLEXES PROFIL. Das sind Wände mit frei definierbarem Querschnitt und Aufbau aus beliebig geformten Schichten. Die Generierung erfolgt im Menü OPTIONEN|ELEMENT-ATTRIBUTE|PROFIL-MANAGER (Abbildung 5.12) oder über Symbolleiste ATTRIBUTE|PROFIL-MANAGER. Im Beispiel ist das vorhandene Wandprofil WAND, ALTBAU gezeigt. Ein kleines Kreuz auf der unteren Linie gibt die Lage der *Wand-Referenzlinie* an. Das Profil besteht zunächst aus je zwei horizontalen und vertikalen Begrenzungslinien, genannt STRECKUNGSBEREICH HORIZONTAL und STRECKUNGSBEREICH VERTIKAL. Diese Begrenzungen werden später im Wanddialog der Wandhöhe und der Wandbreite angepasst. Die Profilteile, die innerhalb dieser Begrenzungen liegen, werden proportional zu den Abmessungen der Wand skaliert. Weitere Profilteile, die außerhalb liegen könnten (beim aktuellen Profil ist nichts außerhalb der Begrenzungen vorhanden), würden einfach mit den Wandabmessungen verschoben werden.

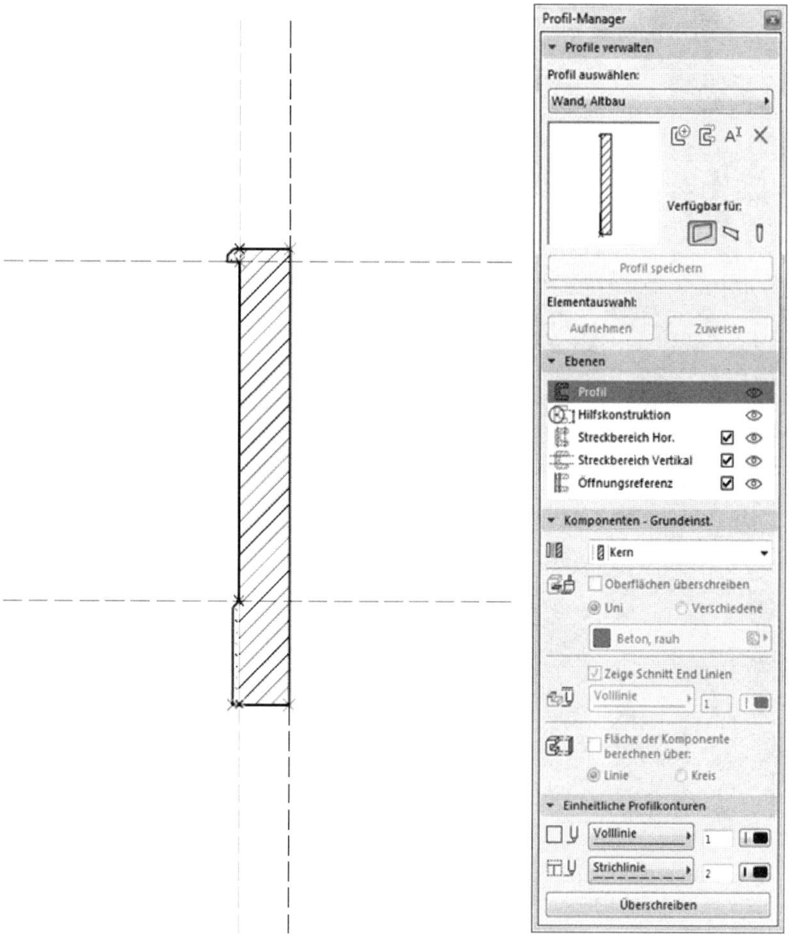

Abb. 5.12: Profil-Manager mit Wandprofil

Die Profilteile selbst werden mit dem SCHRAFFUR-Werkzeug mit entsprechend gewählten *Baustoffen* erstellt. Für diese Komponenten gibt es noch drei *Grundeinstellungen*: KERN, ANDERE, BEKLEIDUNG. Die Wirkung dieser Zuordnung können Sie unter der Palette SCHNELL-OPTIONEN durch Wahl der verschiedenen STRUKTURDARSTELLUNGEN zeigen. Bei der Darstellung KOMPLETTES MODELL werden *alle Wandkomponenten* angezeigt werden. Die Darstellung OHNE BEKLEIDUNGEN entfernt dann die Bekleidungen der Wände, und bei NUR DER KERN werden nur die Kernbereiche der Wände angezeigt (Abbildung 5.13).

Die Kante ÖFFNUNGSREFERENZ legt die Lage für Wandöffnungen wie Fenster und Türen fest, die dort dann später eingefügt werden.

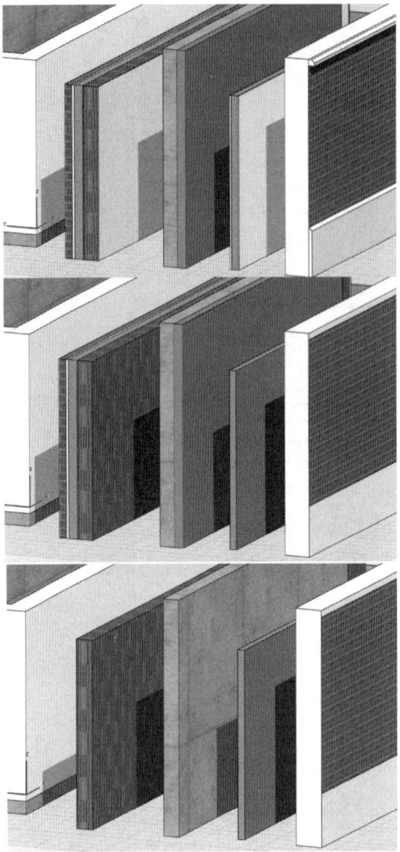

Abb. 5.13: Wände unter verschiedenen Strukturdarstellungen

5.1.3 Einstellungsdialog für Wände

Wenn Sie die Schaltfläche EINSTELLUNGSDIALOG in der INFOLEISTE des WAND-Werkzeugs anklicken, bekommen Sie eine komplette Übersicht über *alle* einzustellenden Daten. Dieses Dialogfeld ist in einzelne *Panels* eingeteilt, die unabhängig voneinander auf- und zugeschaltet werden können. Die *Panels* sind im geschlossenen Zustand lediglich durch ein nach rechts weisendes schwarzes Dreieck ▸ und ihre Überschrift gekennzeichnet. Im geöffneten Zustand zeigt das Dreieck ▾ nach unten, wo die Daten zu finden sind. Folgende *Panels* sind für WÄNDE verfügbar:

- GEOMETRIE UND POSITIONIERUNG Hier finden Sie auf der rechten Seite die Wand-Daten im engeren Sinne, die zum größten Teil schon im INFOFENSTER einzugeben waren.
  - Auf der linken Seite können Sie die *Wandhöhe* bestimmen. Eine Wand kann hier assoziativ zu den Geschossen angelegt werden, sodass bei späterer

Änderung der Geschosshöhen die Wände automatisch angepasst werden. Dazu wählen Sie das URSPRUNGSGESCHOSS, auf dem die Wand steht, und unter WANDOBERKANTE VERKNÜPFT MIT das zugehörige darüber liegende Geschoss. Damit wird die Wandhöhe bestimmt, die dann auf einem gegrauten Feld erscheint. Im Beispiel wurde die Wand noch mit -0,1 m nach unten verlängert, um bei einer darunter liegenden Decke mit einem Fußbodenaufbau von 10 cm noch bis zur Rohdecke durchzudringen. Oben wurde die Wand um -0,3 m für eine darüber liegende Decke mit 30 cm Stärke verkürzt. So ergibt sich die echte Wandhöhe von 2,80 m aus der Geschosshöhe von 3,00 m durch: 3,00+0,10+0,30. Die Höhe zum Projektursprung wird in jedem Geschoss dann berechnet aus der absoluten Geschosshöhe abzüglich der Wandverlängerung nach unten. Im 1. Stock wäre dann die Höhe zum *Projektursprung* bei 3,00-0,1 = 2,90 m.

- Die *Geschosshöhen* gibt man übrigens am leichtesten im NAVIGATOR durch Rechtsklick auf den Knoten GESCHOSSE ein. Unter GESCHOSS-EINSTELLUNGEN finden Sie das Dialogfenster für die *Geschosshöhen*.

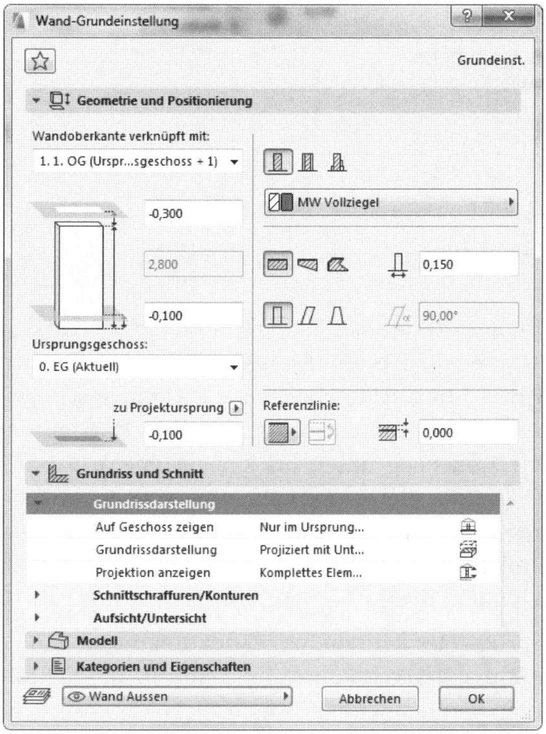

Abb. 5.14: Grundeinstellungen und Einstellungen für Darstellung der Wände im Grundriss

- GRUNDRISS UND SCHNITT In diesem Panel können Sie die Wanddarstellung im Grundrissfenster und für die Schnitte bestimmen:

- GRUNDRISSDARSTELLUNG – AUF GESCHOSS ZEIGEN bietet für mehrgeschossige Wände die Wahl zwischen der Anzeige NUR AUF URSPRUNGSGESCHOSS oder ALLE RELEVANTEN GESCHOSSE.
- GRUNDRISSDARSTELLUNG – GRUNDRISSDARSTELLUNG Die Option PROJIZIERT zeigt den Schnitt (Vorgabe: Schnittebene für Grundrisse ist 1 m) und bei schrägen Wänden zusätzlich die Unterkante der Wand an. PROJIZIERT MIT UNTERSICHT zeigt den Schnitt (1 m) und bei schrägen Wänden die Unterkante und punktiert die Oberkante an. NUR SCHNITT zeigt nur den Schnitt (1 m) an. Letztere wird mit dem Menü DOKUMENTATION|GRUNDRISS-SCHNITTEBENE bestimmt. SYMBOLISCHER SCHNITT zeigt für einfache Wände die übliche Schnittansicht *unabhängig* von der eingestellten Höhe der Schnittebene. NUR AUFSICHT zeigt die Ansicht von oben übers gesamte Geschoss und UNTERSICHT die Ansicht von unten mit gepunkteten Konturen.

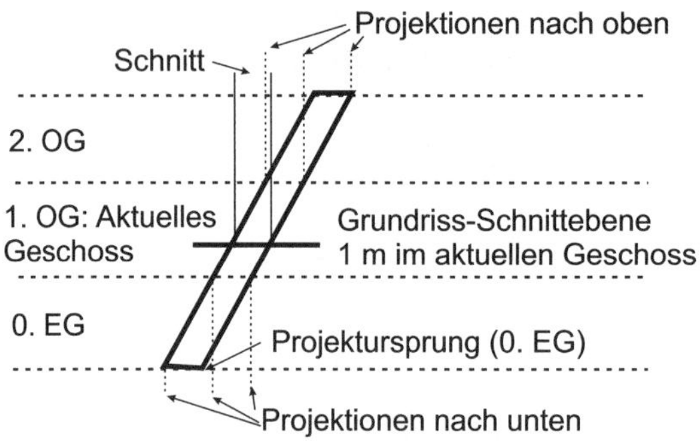

Abb. 5.15: Mehrgeschossige Wand benutzt für die verschiedenen Projektionen

- GRUNDRISSDARSTELLUNG – PROJEKTION ANZEIGEN Die Option ZUM GRUNDRISSBEREICH zeigt die Projektion nur im aktuellen Geschoss an (Schnitt, Projektion nach unten und Projektion nach oben im aktuellen Geschoss). Mit ZUR ABSOLUTEN DARSTELLUNGSGRENZE erhalten Sie eine Darstellung wie oben, nur wird die Projektion nach unten bis zur absoluten Darstellungsgrenze durchgeführt (siehe Menü DOKUMENTATION|GRUNDRISS-SCHNITTEBENE). Die Option KOMPLETTES ELEMENT zeigt den Schnitt im aktuellen Geschoss, aber die Projektionen nach oben und unten bei geschossübergreifenden Wänden auch auf anderen Geschossen an.
- STRUKTUR Unter BAUTEILSCHRAFFUR können Sie Wandaufbau und Wandmaterial auswählen. Das Wandmaterial wird durch die Schraffur im Schnitt charakterisiert. Es können auch mehrschichtige Wände ausgewählt werden. Mit der WANDPRIORITÄT im Wertebereich von 1 bis 16 können Sie bestimmen, welche Wand bei Verschneidungen und unterschiedlichen Materialien höhere Priorität hat und durchgeht. Wände gleicher Priorität werden verschmolzen.

- BAUTEILSCHRAFFUREN/KONTUREN Hier können Sie die Stifte – sprich Linientypen – und Farben für Kontur und Schraffur im Schnitt wählen.
- AUFSICHT/UNTERSICHT Hier wählen Sie Stifte und Farben für die Darstellung der nach unten und nach oben projizierten Kanten.

Abb. 5.16: Wandformen für verschiedene Grundrissdarstellungen

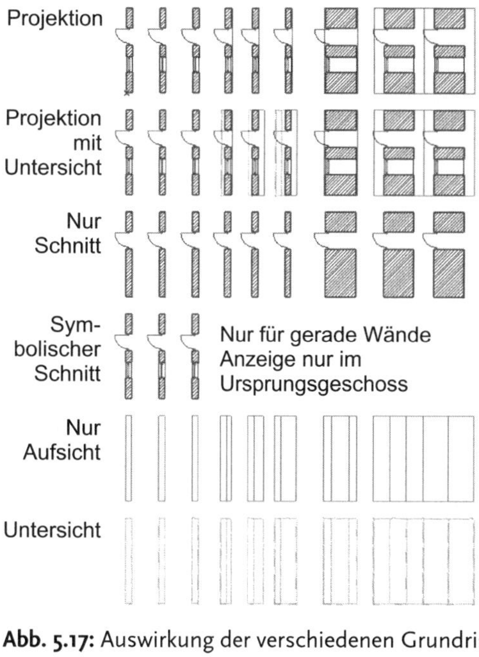

Abb. 5.17: Auswirkung der verschiedenen Grundrissdarstellungen

- MODELL Für die Darstellung im 3D-Fenster können Sie hier Farbe und Material für die Außen- und Innenfläche und den Wandabschluss abweichend vom Wandmaterial wählen. Sie können auch die Materialien für alle drei Flächen verknüpfen. Damit wirken sich Änderungen gleichzeitig und gleichmäßig auf alle aus. Interessant ist auch die Sonderfunktion BLOCKWANDDETAILS, wenn

Sie ein Blockhaus bauen wollen. Beachten Sie, dass BLOCKHÖHE und WANDSTÄRKE zueinander passen müssen.

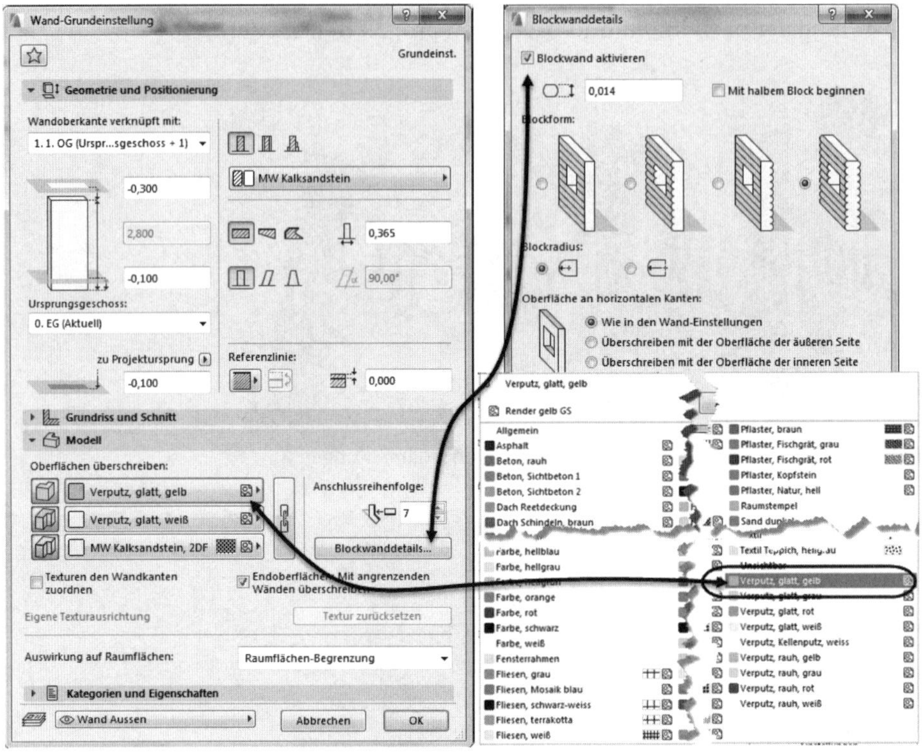

Abb. 5.18: Einstellungen für 3D-Modell-Darstellung

- LISTEN UND ETIKETTEN Hier wird geregelt, wie das Element in Auswertungslisten berücksichtigt wird und ob Element-Hinweise (Etiketten) im Grundriss angezeigt werden. *Etiketten* sind Textkommentare oder auch Symbole, d.h. Bilder für grafische Hinweise.
  - Unter AUSWIRKUNG AUF RAUMFLÄCHEN können Sie wählen, wie die Wand bei der Berechnung von Raumflächen und Raumvolumen wirken soll.
  - Mit der Option RAUMFLÄCHEN-BEGRENZUNG wirkt die Wand ganz normal als Raumgrenze.
  - REDUZIERT RAUMFLÄCHE bedeutet, dass die Raumfläche des Nachbarraums mitgezählt wird und die Grundfläche der Wand als Abzugsfläche zählt:

    `Bruttofläche beider Räume = Netto-Gesamt-Fläche + Abzugsfläche (Wandgrundfläche)`

    `Raumvolumen = Netto-Volumen beider Räume + Wandvolumen`

    Sie sehen das, wenn Sie mit dem RAUM-Werkzeug dem Raum einen *Raumstempel* zuordnen. Das Werkzeug verlangt *einen* Klick in den Raum hinein zum Definieren des Raums und *einen zweiten* zum Positionieren des Raumstempels. Die berechneten Werte finden Sie auch im NAVIGATOR unter AUSWERTUNGEN|ELEMENTE|ROH-03 RAUMBUCH. Sie können die Daten von Raumstempeln nach Änderungen mit dem Menü PLANUNG|RÄUME AKTUALISIEREN jederzeit nach Änderung der Wandeigenschaften aktualisieren.

Die dritte Option VON RÄUMEN ABZIEHEN ignoriert die Wand bei der Flächenberechnung vollständig:

```
Bruttofläche beider Räume = Netto-Gesamt-Fläche (beider Räume ohne Wandgrundfläche)
Raumvolumen = Netto-Volumen beider Räume ohne Wandvolumen
```

5.1.4 Umbau-Status verwalten

Es gibt für Konstruktions-Elemente drei verschiedene Umbau-Zustände. Der normal voreingestellte Zustand ist BESTAND. Sie können aber auch Wände dem Zustand ABBRUCH oder dem Zustand NEUBAU zuordnen. Die Zuordnung können Sie beim Ändern der WAND-EINSTELLUNGEN im Panel KATEGORIEN UND EIGENSCHAFTEN vornehmen (Abbildung 5.19) oder über die Palette UMBAU (Abbildung 5.20). Sie können dann die Umbau-Filter in den Tabs unter dem Grundrissfenster verwenden, um die verschiedenen Bauphasen darzustellen und entsprechende Elemente zu zeigen oder auszublenden.

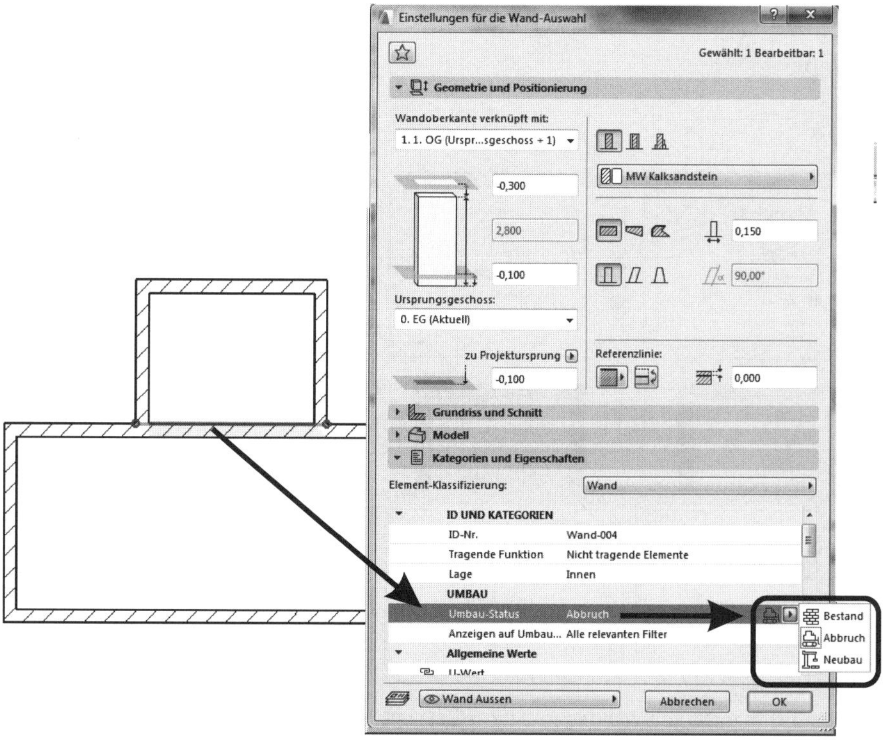

Abb. 5.19: Umbau-Status über Grundeinstellungen festlegen

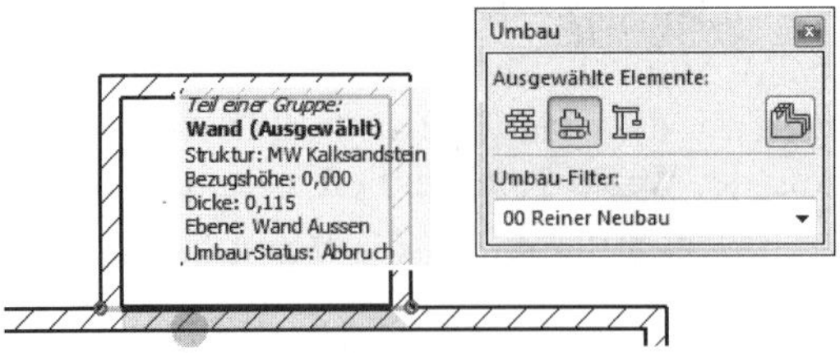

Abb. 5.20: Umbau-Zustand über Palette UMBAU bestimmen

Entsprechend dem jeweiligen Umbau-Zustand werden folgende Darstellungen in den sechs Umbau-Filtern angezeigt (Abbildung 5.21):

- Filter 00 REINER NEUBAU zeigt Wände der Zustände BESTAND, NEUBAU und ABBRUCH ohne besondere Hervorhebung an.
- Filter 01 BESTAND zeigt Wände der Zustände BESTAND und ABBRUCH ohne besondere Hervorhebung an, also den Stand vor den Abbruch-Arbeiten.
- Filter 02 ABBRUCH zeigt Wände des Zustands BESTAND an und mit Hervorhebung gepunktet und in *gelber Farbe* die Wände des Zustands ABBRUCH.
- Filter 03 ABBRUCH/NEUBAU zeigt Wände des Zustands BESTAND an und mit Hervorhebung gepunktet und in *gelber Farbe* die Wände des Zustands ABBRUCH, sowie in *roter Farbe* die Wände des Zustands NEUBAU.

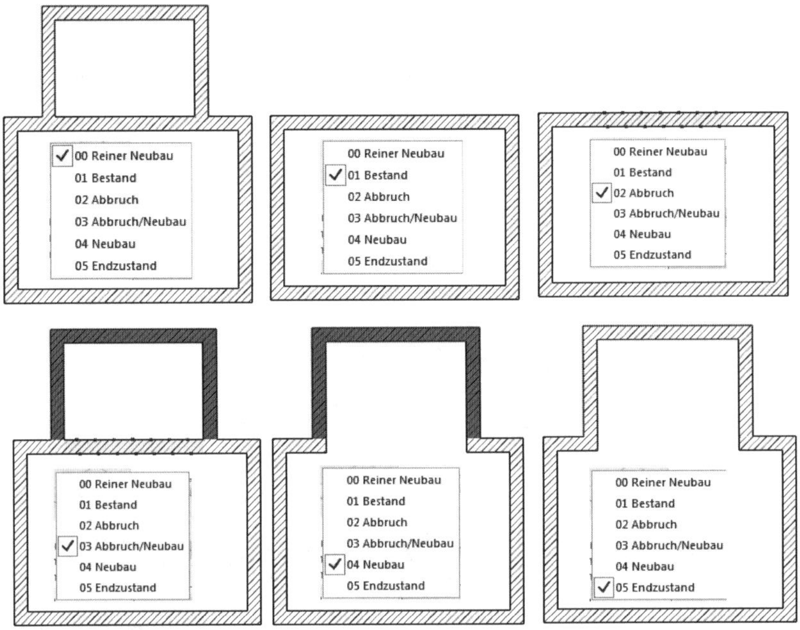

Abb. 5.21: Sichtbarkeit von Wänden im Status BESTAND, ABBRUCH und NEUBAU in den sechs Umbau-Filtern

- Filter 04 NEUBAU zeigt Wände des Zustands BESTAND an und in *roter Farbe* die Wände des Zustands NEUBAU. Die Abbruch-Wände werden nicht angezeigt.
- Filter 05 ENDZUSTAND zeigt Wände der Zustände BESTAND und NEUBAU ohne besondere Hervorhebung an, also den Stand nach den Abbruch-Arbeiten.

Sie können diese Umbau-Zustände natürlich auch anderen Konstruktions-Elementen zuordnen. Bei Fenstern und Türen, die als NEUBAU eingesetzt werden sollen, werden dann automatisch die Durchbrüche als ABBRUCH definiert.

5.1.5 Wandabschlüsse

Eine spezielle Funktion erlaubt die Erstellung verschiedener Wandabschlüsse. Der Wandabschluss wird vorgabemäßig an die Wandhöhe angepasst, kann aber auch variiert werden.

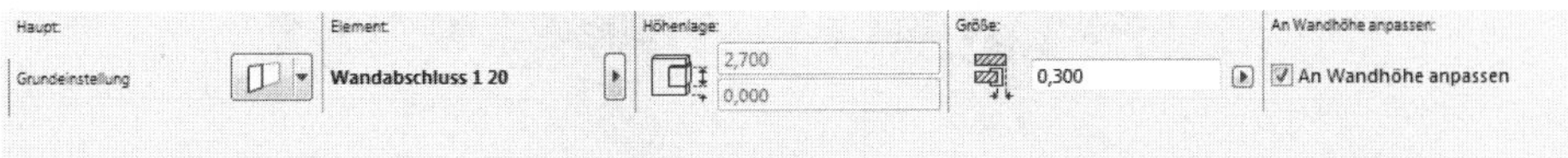

Abb. 5.22: WANDABSCHLUSS-Werkzeug

Die unterschiedlichen Wandabschlüsse sind in Abbildung 5.23 zu sehen. Insbesondere für mehrschichtige Wände mit Wärmedämmschichten sind sie interessant.

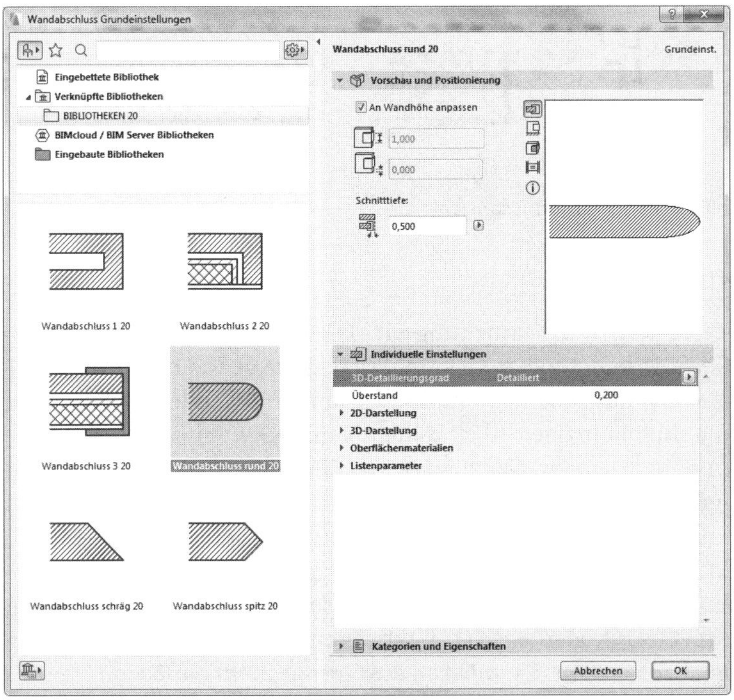

Abb. 5.23: Einstellungsdialog für Wandabschlüsse

Die Wandabschlüsse werden auf die Wandendpunkte positioniert und ergeben die in Abbildung 5.24 und Abbildung 5.25 gezeigten Darstellungen in 3D bzw. im Grundriss.

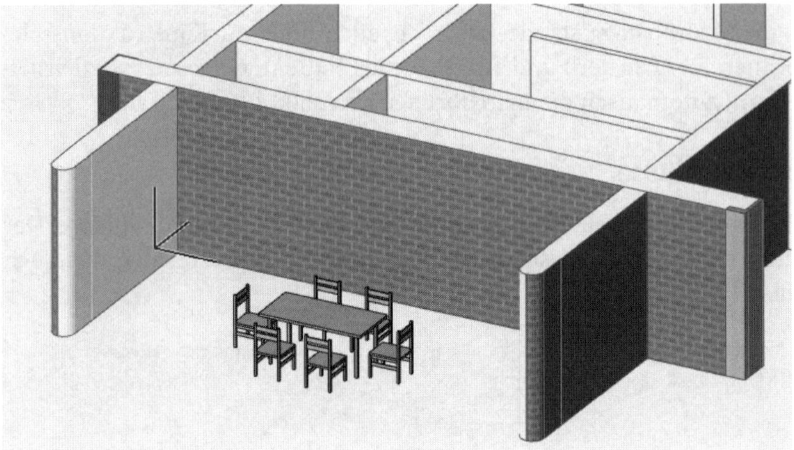

Abb. 5.24: 3D-Darstellung verschiedener Wandabschlüsse

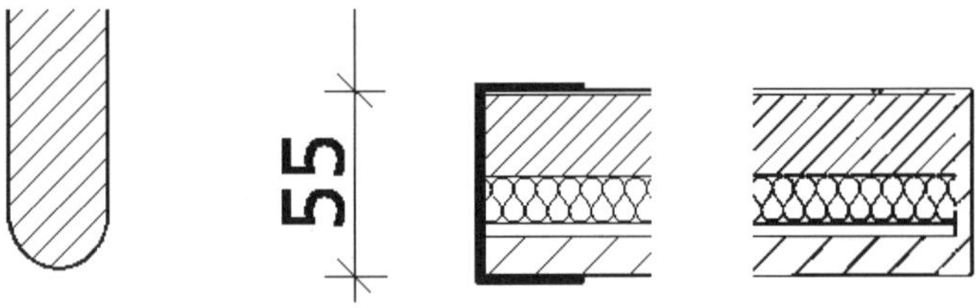

Abb. 5.25: Wandabschlüsse in der Grundrissansicht

5.1.6 Wände gruppieren

Wände werden Sie zur weiteren Bearbeitung oft als geschlossene Kontur wählen wollen. Bei den Geometriemethoden GERADE-POLY, GERADE-RECHTECK und GERADE-RECHTECK GEDREHT entstehen automatisch gruppierte Wände, die Sie später zum Bearbeiten mit einem einzigen Klick wählen können. Wenn Sie aber Wände einzeln als GERADE-EINZELN oder GEKRÜMMT erstellen, dann ist keine automatische Gruppierung möglich. In diesen Fällen müssten Sie die Objekte selbst gruppieren. Wählen Sie dazu zuerst die Objekte und dann die Funktion BEARBEITEN|GRUPPIEREN|GRUPPIEREN oder [Strg]+[G]. Wenn Sie später aus den gruppierten Elementen einzelne wählen wollen, müssen Sie nur das Werkzeug GRUPPIERUNG AUSSETZEN oder [Alt]+[G] aktivieren, um die *Gruppierungsfunktion* vorübergehend abzuschalten. Sie müssen die Gruppe nicht auflösen.

5.2 Fenster

Das FENSTER-Werkzeug zeigt sich beim ersten Aufruf mit einem einfachen **2-Flügel-Fenster** im INFOFENSTER (Abbildung 5.26). Neben verschiedenen Fenstertypen können Sie mit dem kleinen Button unter der Fensterbezeichnung auch eine *leere Fensteröffnung* erstellen.

Es werden drei GEOMETRIEMETHODEN zum Einfügen von Fenstern in Wände angeboten: MITTE, SEITE 1 und SEITE 2. Wählen Sie eine der Methoden und geben Sie eine Position auf der Wand ggf. mit geeignet eingestellten Fangpositionen ein. Zuerst erscheint beim Einfügen eines Fensters an der betreffenden Wand ein Sonnensymbol. Damit wählen Sie die Anschlagseite, üblicherweise die Wand-Außenkante. Für die nächste Eingabe erscheint der Cursor für die Öffnungsrichtung. Damit geben Sie an, wohin das Fenster öffnen soll, üblicherweise nach innen. Beim einflügligen Fenster kann damit auch noch gewählt werden, ob nach links oder rechts geöffnet wird.

Auf der Schaltfläche ANSCHLAG ZU WANDKERN kann die Einbautiefe für das Fenster eingegeben werden.

Falls die Anschlagseite nicht stimmt, können Sie in der FENSTER-GRUNDEINSTELLUNG diese nachträglich über die Schaltfläche SPIEGELN umkehren (Abbildung 5.27).

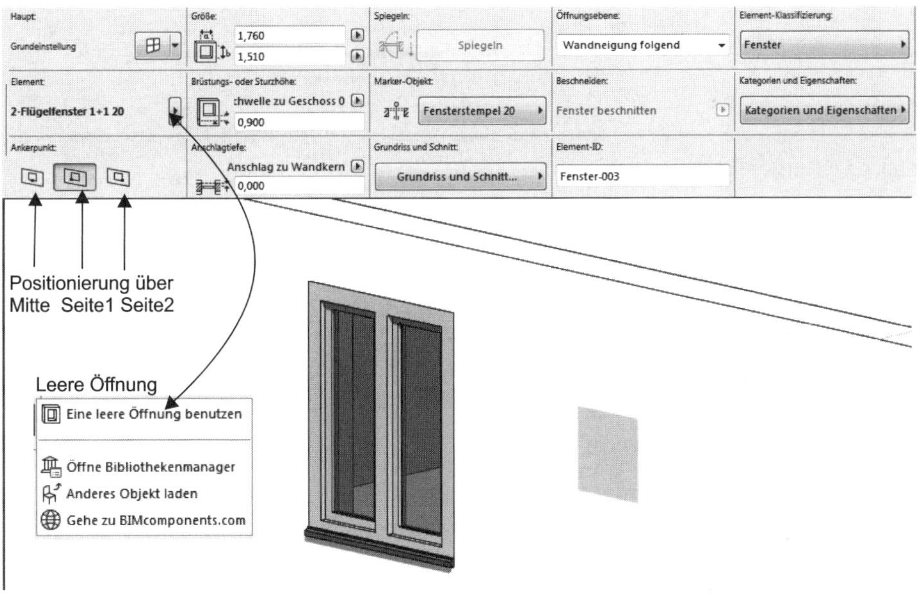

Abb. 5.26: INFOFENSTER für Fenster

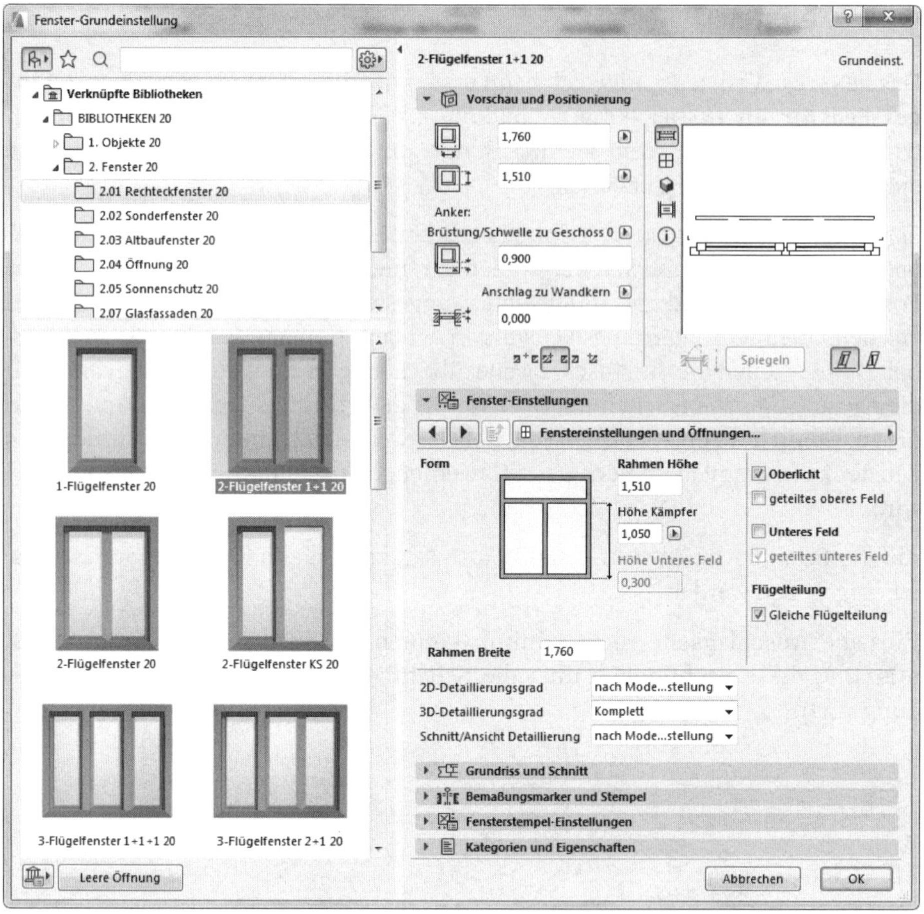

Abb. 5.27: Fenster-Grundeinstellungen

Wenn Sie im INFOFENSTER auf den EINSTELLUNGSDIALOG klicken, haben Sie Zugriff auf alle Parameter für das Fensterelement (Abbildung 5.27). Immer wenn Sie ein kleines Dreieck sehen, das nach rechts weist, können Sie es anklicken, um weitere Optionen oder Parameter zu sehen und einzugeben. Wenn Sie einzelne Parameter anpassen möchten, dann klicken Sie den betreffenden Parameter an, und Sie werden ein Eingabefeld für einen neuen Wert erhalten. Parameter, die nicht verändert werden können, erscheinen in Grau.

Interessant ist auch die linke Seite der FENSTER-GRUNDEINSTELLUNGEN, wo die Bibliotheken angezeigt werden, aus denen Sie die verschiedensten Fenstertypen beziehen können. Hier können Sie nach geeigneten Fenstern suchen. Diese Spalte lässt sich durch einen Klick in den ganz schmalen Balken rechts daneben schließen.

Beachten Sie auch, dass Sie oben rechts im *Vorschau-Fenster* verschiedene Darstellungen bis hin zur photorealistischen 3D-Ansicht aufrufen können.

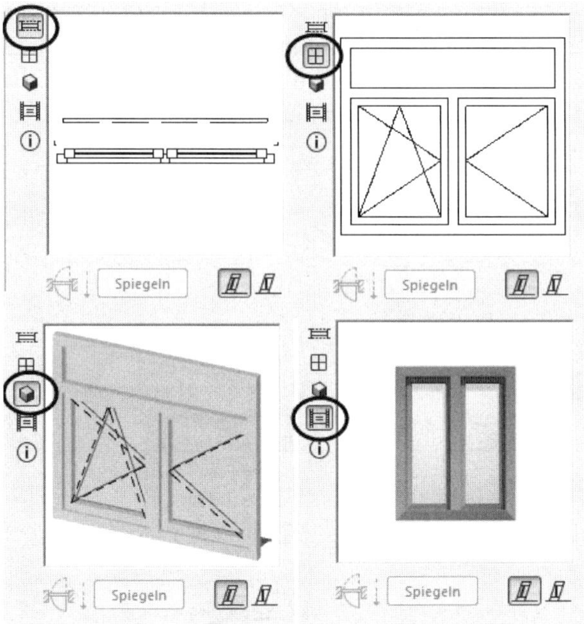

Abb. 5.28: Fenster-Vorschau-Optionen

Das Dialogfeld ist wieder in zahlreiche Panels eingeteilt. Im Panel VORSCHAU UND POSITIONIERUNG finden Sie die geometrischen Abmessungen für das Fenster wie Höhe und Breite und so weiter, zahlreiche weitere Parameter folgen dann im Panel FENSTER-EINSTELLUNGEN, um *Gestaltung* und *Darstellung* des Fensters Ihren Wünschen anzupassen. So lassen sich z.B. im Panel FENSTER-EINSTELLUNGEN unter ÖFFNUNGSTYP UND WINKEL nach Aktivieren der Option ÖFFNUNGSWINKEL die Werte für ÖFFNUNGSWINKEL-3D und ÖFFNUNGSWINKEL-2D eintragen.

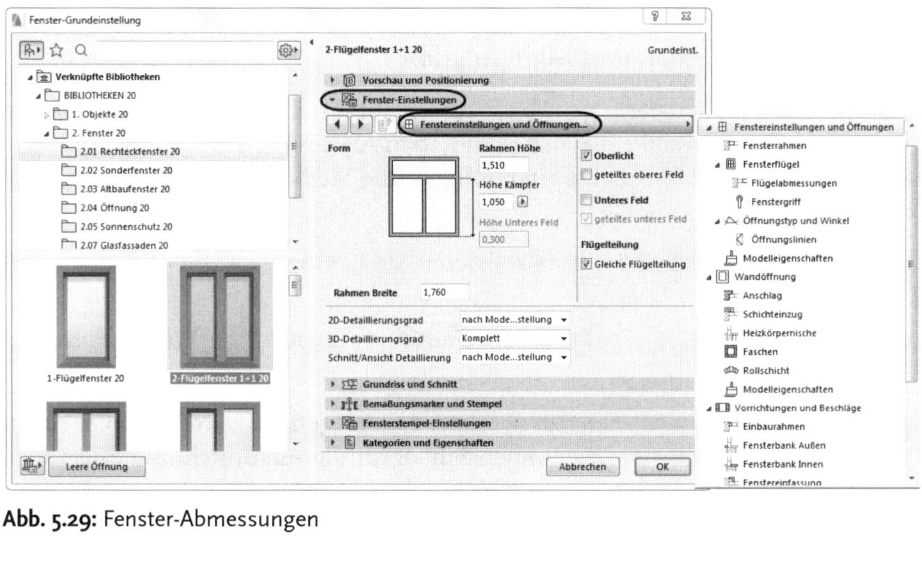

Abb. 5.29: Fenster-Abmessungen

Im Panel FENSTER-EINSTELLUNGEN können Sie unter MODELLEIGENSCHAFTEN die Materialien für die Darstellung im 3D-Fenster etwa für Holzfenster überschreiben. Unter FENSTER-EINSTELLUNGEN können Sie auch über 4 blättern, bis Sie alle nötigen Einstellungen für Anschlag und Fensterrahmen finden, und detaillierte Maße eingeben (Abbildung 5.30).

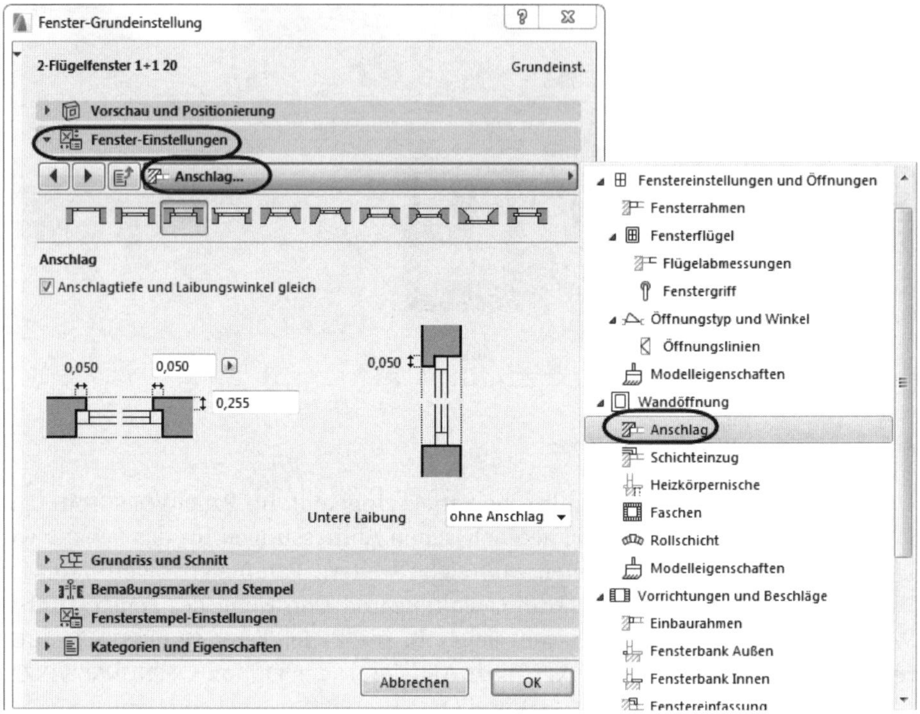

Abb. 5.30: Fenster-Parameter

5.2.1 Fenster-Einbau und Manipulation

Der Einbau von Fenstern in Wände geschieht oft mit einem vorgegebenen Abstand. Im Beispiel soll ein Fenster mit 1,50 m Abstand von der Wandecke eingesetzt werden. Folgende Schritte sind nötig für die Methode mit besonderen Fangpunkten:

1. In der STANDARD-Symbolleiste aktivieren Sie FANGHILFEN UND -PUNKTE ▼ ABSTAND,
2. klicken FANGHILFEN UND -PUNKTE ▼ FANGPUNKTWERTE EINSTELLEN an und
3. geben bei ABSTAND **1,50** ein.
4. Aktivieren Sie nun das FENSTER-Werkzeug und legen Sie es mit dem Cursor an die Wand-Außenkante. Das Sonnensymbol für die Außenrichtung muss auch außen erscheinen!

5. Es erscheint eine Marke bei 1,50 m auf der äußeren Wandkarte.

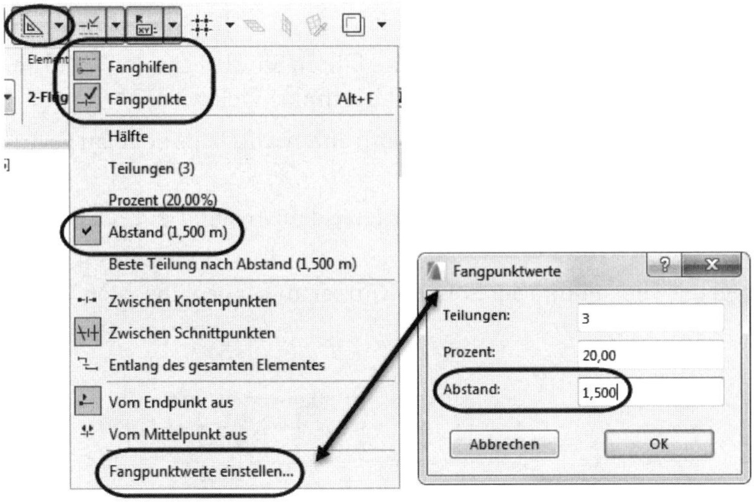

Abb. 5.31: Einstellungen für Fensterposition

6. Fahren Sie auf den Fangpunkt, bis das Häkchen erscheint, und klicken Sie die Position an.
7. Dann erscheint der *Öffnungs-Cursor*, mit dem Sie die Öffnungsrichtung auf der Innenseite der Wand angeben können.

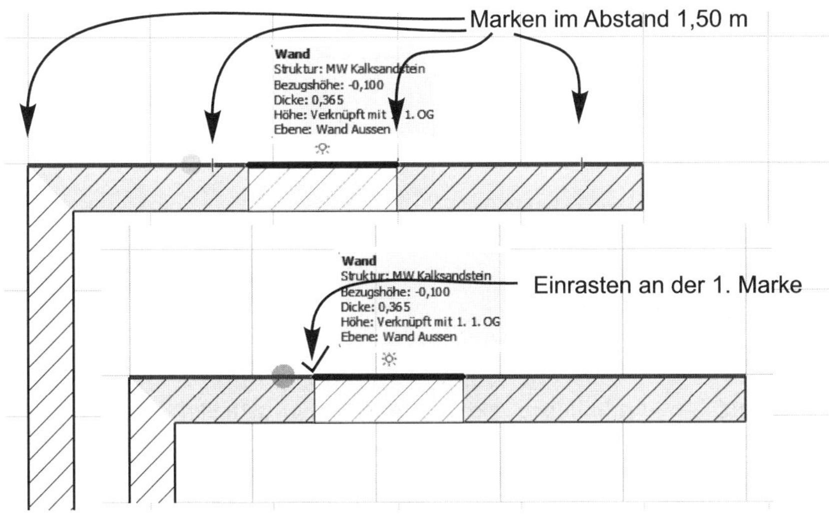

Abb. 5.32: Fenster auf Marke positionieren

Alternativ können Sie auch mit Fanghilfen und dem TRACKER arbeiten:

1. In der STANDARD-Symbolleiste aktivieren Sie den TRACKER, aktivieren Sie FANGHILFEN und deaktivieren Sie über das Menü ANSICHT|FANGPUNKTE.
2. Aktivieren Sie nun das FENSTER-Werkzeug und fahren Sie die Ecke der Wand an, bis das Häkchen erscheint und die Ecke hellblau umkringelt wird.
3. Fahren Sie auf der Wandkante entlang, die dann automatisch als hellblau gestrichelte Hilfslinie markiert wird.
4. Nun erscheint der TRACKER und Sie geben jetzt den Abstand ein, also **1,50**. Beenden Sie die Eingabe mit [↵].
5. Nun erscheinen das Fenster und der Sonnen-Cursor an der gewünschten Wandposition.

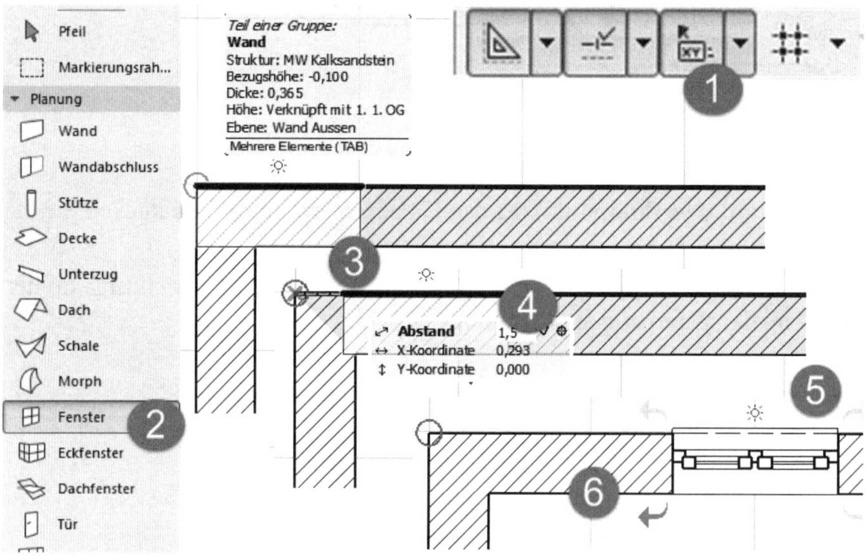

Abb. 5.33: Fenster mit Abstand von Ecke einfügen

6. Dann erscheint der *Öffnungs-Cursor*, mit dem Sie auf der Innenseite des Fensters die Öffnungsrichtung anklicken.

Besonders einfach wird es, wenn das Fenster auf Wandmitte gesetzt werden soll.

1. In der STANDARD-Symbolleiste aktivieren Sie FANGHILFEN UND -PUNKTE ▾ HÄLFTE.
2. Aktivieren Sie nun das FENSTER-Werkzeug und wählen Sie in der INFOLEISTE die GEOMETRIEMETHODE MITTE.

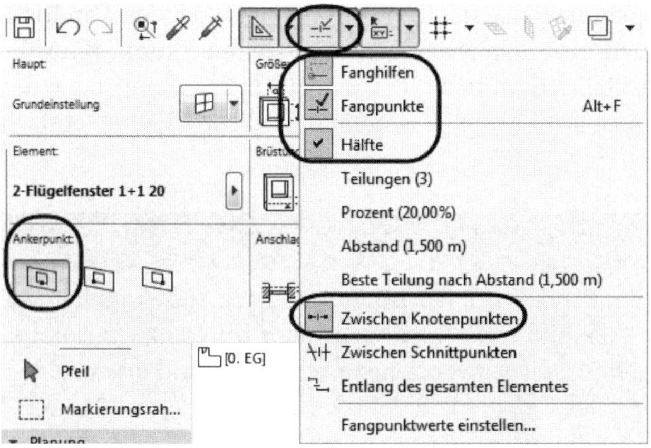

Abb. 5.34: Fensterposition für Mitte eines Wandstücks

3. Fahren Sie nun die Wand an. Es erscheint eine Marke in der Wandmitte.
4. Fahren Sie dorthin, bis das Häkchen erscheint, und klicken Sie die Position an.
5. Dann erscheint der *Öffnungs-Cursor*, mit dem Sie auf der Innen-Seite des Fensters klicken.

Sie können Fenster auch nachträglich noch in der Wand verschieben. Im Beispiel (Abbildung 5.35) wurde der besseren Übersichtlichkeit halber die 3D-Darstellung gewählt. Am besten klicken Sie das Fenster mit dem Pfeil-Werkzeug SCHNELLAUSWAHL an. Dann können Sie einen *Eckpunkt* anklicken. Es erscheint eine PET-PALETTE, auf der Sie das Werkzeug HORIZONTAL VERSCHIEBEN wählen. Über den TRACKER wäre eine bequeme Eingabe für den ABSTAND möglich, um das Fenster relativ zu verschieben.

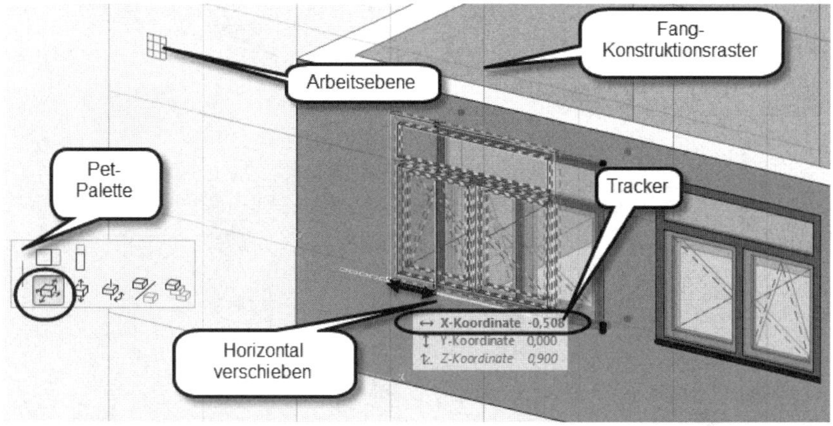

Abb. 5.35: Fenster im 3D-Fenster verschieben

Da das Fenster an die Wand gebunden ist, folgt der Abstand natürlich der Wandrichtung. ArchiCAD blendet auch eine zur jeweiligen Pet-Paletten-Aktion sinnvolle Bearbeitungsebene ein. Zusätzlich könnten Sie dann noch das Fang- oder das Konstruktionsraster aktivieren, um Raster-Positionen in dieser Ebene einfach anzuklicken.

Tipp

Fenster Spiegeln: Wenn Sie ein Fenster mit der Innenseite nach außen eingebaut haben, können Sie im FENSTER-EINSTELLUNGSDIALOG oder im INFOFENSTER die Funktion SPIEGELN wählen. Diese spiegelt von innen nach außen und umgekehrt.

5.3 Eckfenster

Die Eckfenster werden analog zu den normalen Fenstern erstellt, eben mit der Ausnahme, dass Sie eine Wandecke zum Einbau wählen. Im Grundrissfenster wird zunächst ein normales Fenster für *eine* Seite angeboten. Dieses wird dann an der Wandecke mit dem Sonnen-Cursor außen positioniert. Danach wählen Sie mit dem Öffnungs-Cursor die Öffnungsrichtung nach innen. Die zweite Hälfte des Eckfensters erscheint dann automatisch. Bei nachträglichen Änderungen am Fenstertyp bleiben die Fenster immer symmetrisch. Die Abmessungen der beiden Fensterteile können aber einzeln bearbeitet werden, um unsymmetrische Eckfenster zu gestalten.

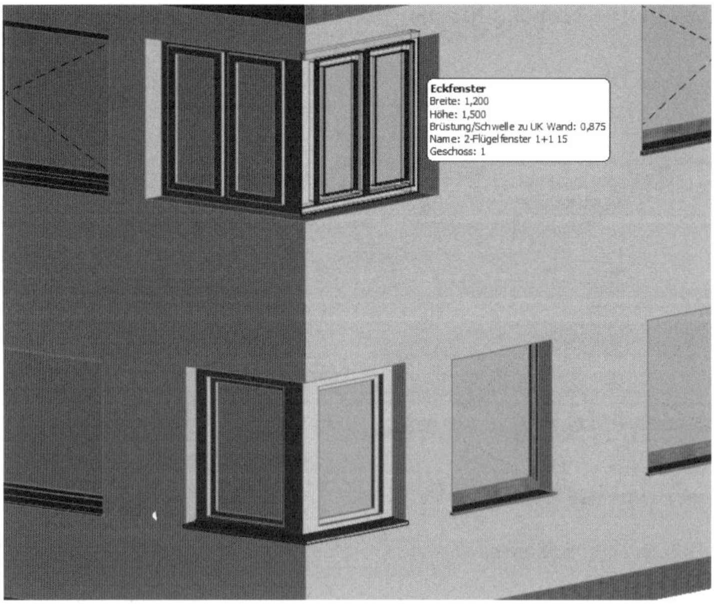

Abb. 5.36: Eingebaute Eckfenster der Typen Einflügelig und Zweiflügelig

5.4 Türen

Das TÜR-Werkzeug ähnelt natürlich in vielem dem FENSTER-Werkzeug. Das INFOFENSTER zeigt die gleichen GEOMETRIEMETHODEN MITTE, SEITE 1 und SEITE 2. Auch hier gibt es die Option einer leeren Türöffnung.

Nach Einfügen der Tür wird wieder wie beim Fenster mit dem *Richtungspfeil-Cursor* nach der Anschlagseite innen oder außen gefragt.

Abb. 5.37: INFOFENSTER für TÜR-Werkzeug

Der Einstellungsdialog (Abbildung 5.38) ähnelt auch sehr stark dem des Fensters. Auch hier lässt sich mit der Option SPIEGELN die *Öffnungsrichtung* nach innen oder nach außen noch nachträglich umstellen.

Abb. 5.38: Tür-Grundeinstellungen

Wenn Sie die Anschlagseite von rechts nach links oder umgekehrt ändern wollen, markieren Sie zunächst die Tür mit der SCHNELLAUSWAHL und klicken einen Punkt auf der *Mittellinie* der Tür an. Dann erscheint die PET-PALETTE und bietet unter anderem das Werkzeug SPIEGELN an. Klicken Sie dieses Symbol in der PET-PALETTE an. Mit einem weiteren Klick auf einen Punkt der *Mittelachse* wird die Tür schon umgedreht.

Im Panel PARAMETER finden Sie unter LISTENPARAMETER auch Eingabemöglichkeiten für *Preis* und *Hersteller,* die später zur Erzeugung automatischer Listen sehr nützlich sein können.

Im Panel EINGANGSTÜREINSTELLUNGEN finden Sie eine Vielzahl von individuellen Parameterwerten, insbesondere die ANSCHLAG EINSTELLUNGEN mit allen möglichen Abmessungen.

Im Panel MARKER-Einstellungen haben Sie viele Möglichkeiten zur Gestaltung der Tür-Marker.

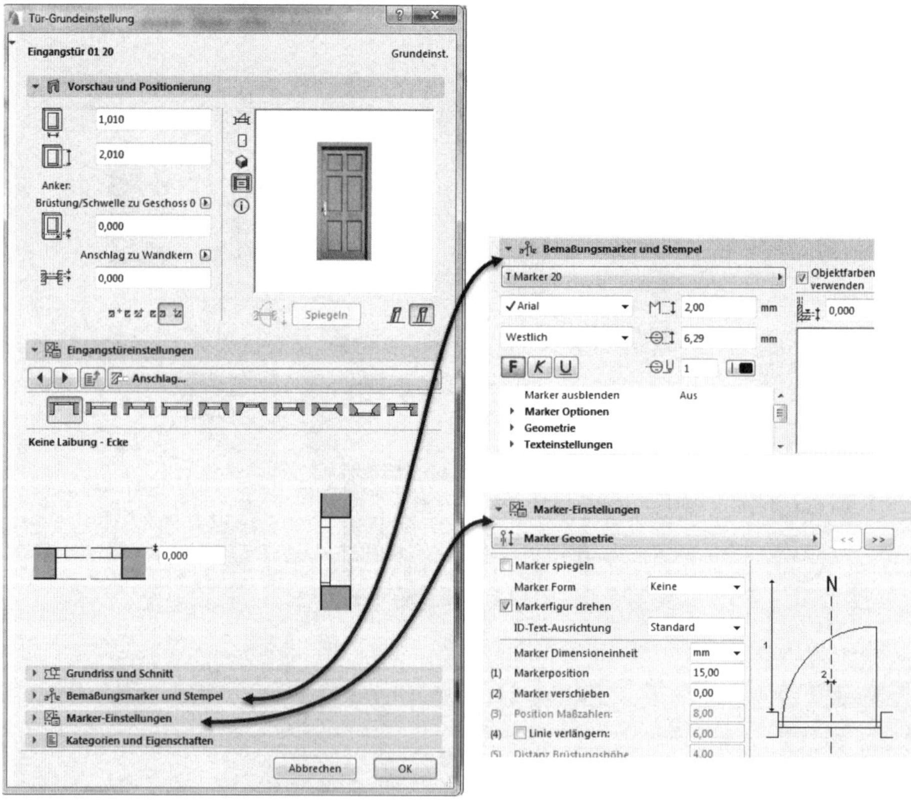

Abb. 5.39: Weitere Parameter für Türen

5.5 Decken

Bei Decken gibt es drei einfache GEOMETRIEFORMEN:

- POLYGON Es kann eine polygonale Form eingegeben werden mit geradlinigen und auch bogenförmigen Segmenten. Die Erzeugung wird durch die PET-PALETTE für polygonale Formen unterstützt. Sie bietet neben der GERADEN KANTE drei Optionen für Bogensegmente: BOGEN TANGENTIAL ZUM VORHERGEZEICHNETEN SEGMENT, BOGEN MIT DEFINIERTER TANGENTE, BOGEN DURCH 3 PUNKTE und BOGEN MIT MITTELPUNKT.
- RECHTECK Durch zwei diagonale Punkte wird ein Rechteck definiert, dessen Seiten parallel zu den Koordinatenachsen laufen.
- GEDREHTES RECHTECK Hiermit wird über drei Punkte ein Rechteck definiert, das in einem wählbaren Winkel zu den Koordinatenachsen steht.

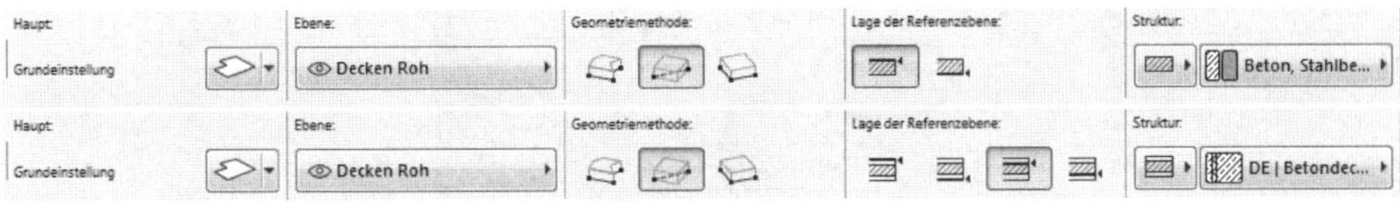

Abb. 5.40: INFOFENSTER für ein- und mehrschichtige Decken

Die vorgegebene GRUNDEINSTELLUNG für eine Decke sieht als Deckenoberkante die aktuelle Geschosshöhe (0,000). Das bedeutet, dass damit die Decke *unter* dem aktuellen Geschoss erstellt wird. Es wird als Vorgabe eine einschichtige Decke mit 30 cm Beton angeboten. Sie können aber auch auf mehrschichtige Decken umschalten, z.B. mit einem Schichtaufbau bestehend aus 20 cm Beton, 4 cm Isolation und 6 cm Estrich. Daraus ergibt sich die Gesamtdicke der Decke von 0,30 m. Es stehen noch weitere Schichtaufbauten zur Verfügung, auch für Holzdecken. Für andere Schichtaufbauten müssten Sie unter OPTIONEN|ELEMENT-ATTRIBUTE|MEHRSCHICHTIGE BAUTEILE eigene Strukturen aufbauen, wie bereits bei den Wänden beschrieben. Wenn Sie die Decke mit 10 cm Deckenaufbau über dem Beton wählen, passt sie zu den Standard-Wandeinstellungen, die sich um 10 cm unter die Geschosshöhe nach unten ausdehnen. Da der Wandbeton die Priorität 680 hat, der Estrich 330 und die Trittschall-Dämmung aber 210, dominiert eine Betonwand die oberen Schichten und geht bis zur Betonschicht der Decke hindurch.

Für die schattierte Modelldarstellung ist die Oberfläche durch das Schichtmaterial bestimmt. Sie können aber im Panel MODELL noch strukturierte Materialien auswählen wie etwa *Holz, Parkett Stäbchen.*

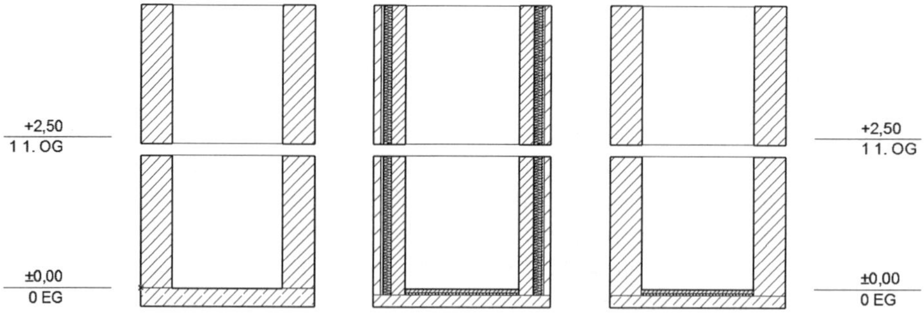

Abb. 5.41: Verbindungen zwischen Wänden und Decken

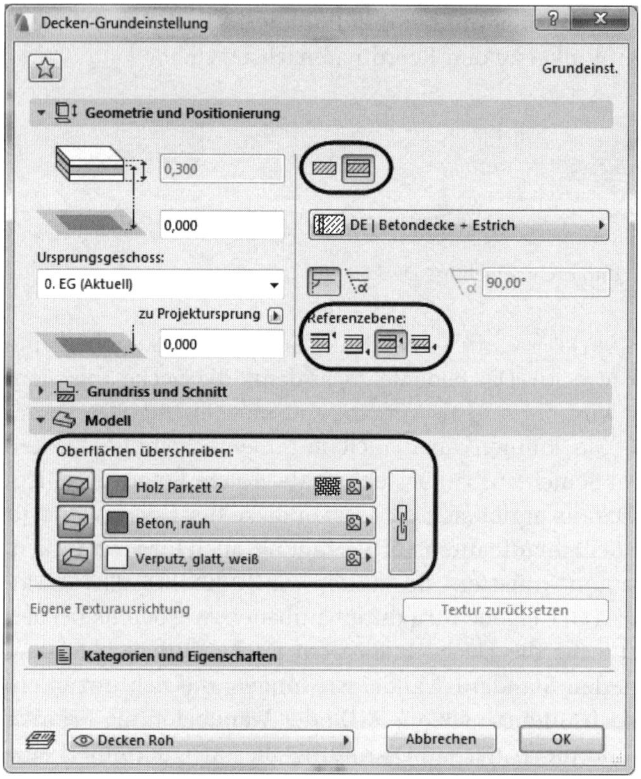

Abb. 5.42: Grundeinstellungen für Decken, hier Schichtaufbau mit individuellen Oberflächen

5.5.1 Decken mit Zauberstab

Sie können die Decke auch mit dem ZAUBERSTAB aus dem KONTROLLFENSTER bzw. aus PLANUNG|ZAUBERSTAB erstellen. Wenn Sie mit dem ZAUBERSTAB einfach in die umgrenzenden Wände hineinklicken, entsteht eine Decke, die bis zu den *Innenkanten* der Wände reicht. Wenn Sie mit dem ZAUBERSTAB auf die *Außenkante* der Umgrenzungswand klicken, zeigt der ZAUBERSTAB das Polygonsymbol und erstellt eine Decke bis zu den Außenkanten der Wände. Das funktioniert auch im 3D-Fenster.

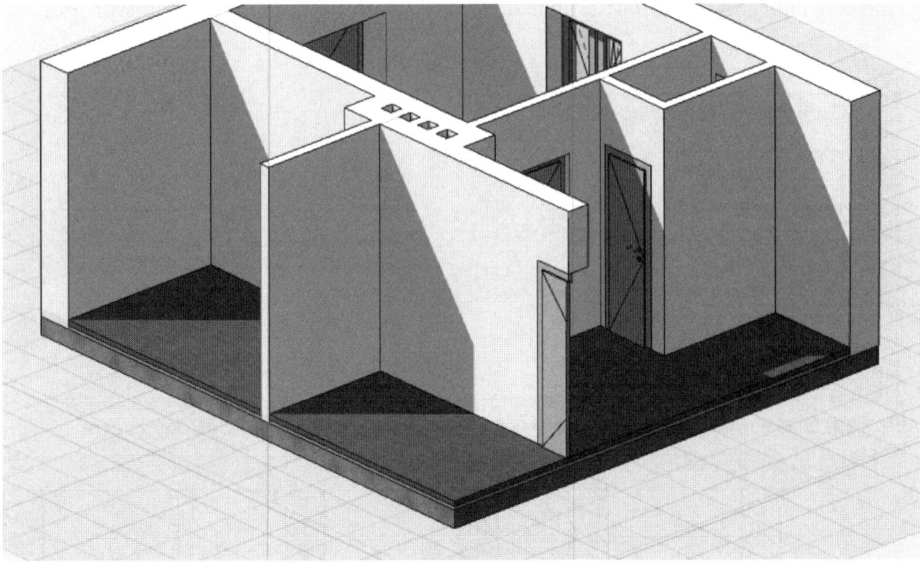

Abb. 5.43: Decke mit Schichtaufbau im Schnitt

5.5.2 Decken anpassen

Die Deckenkanten können auch in ihrem *Neigungswinkel* verändert werden, z.B. zum Anpassen an eine Dachneigung. Das geht im EINSTELLUNGSDIALOG oder auch für individuelle Kanten mittels PET-PALETTE. Markieren Sie dazu die Decke, aktivieren Sie mit einem weiteren Klick auf eine Kante die PET-PALETTE und rufen Sie dort rechts oben das Werkzeug INDIVIDUELLE KANTEN-EINSTELLUNGEN auf. Hier können Sie eigene Winkel für die aktuelle Kante oder auch für alle Kanten eingeben. Zum Anpassen an eine Dachneigung von 30° müssen Sie einen Winkel von 150° angeben (180° – 30° = 150°), also immer den Neigungswinkel von 180° abziehen. In den GRUNDEINSTELLUNGEN können Sie zwar auch den Winkel für die Kante angeben, aber nur einen einzigen Wert für *alle* Kanten. Bei individuell veränderten Kantenwinkeln finden Sie in den GRUNDEINSTELLUNGEN dann eine gelbe Markierung.

Eventuell wollen Sie die Decke nicht bis ganz zur Außenkante der Wand durchgehen lassen. Dann müssen Sie die Decke an einer Kante anklicken und mit dem Werkzeug ALLE KANTEN VERSETZEN aus der PET-PALETTE um den gewünschten Betrag zurückziehen. Den Abstand geben Sie in die TRACKER-Dialogfläche unter ABSTAND ein.

Die Wände im darunter liegenden Geschoss sollten nun mit der äußeren Schicht bis zur entsprechenden Schicht im Obergeschoss durchgehen. Dazu reicht es aus, die untere Wand bis zur Geschosshöhe durchgehen zu lassen, also den vorgegebenen Versatz der Oberkante von -0,3 m auf 0,0 m zu setzen. Die Verschneidungsprioritäten sorgen dann dafür, dass die Materialien korrekt dargestellt werden.

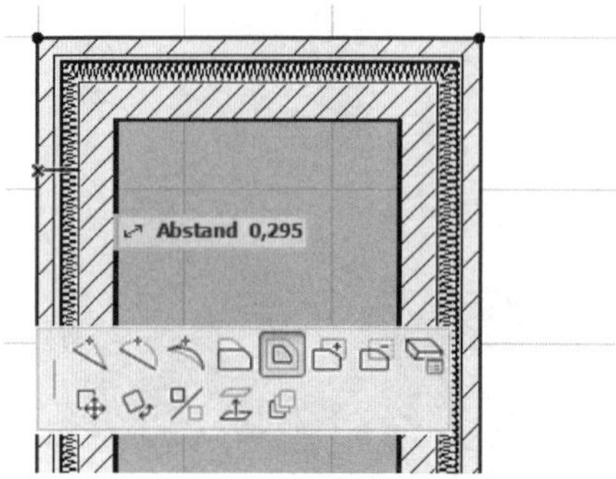

Abb. 5.44: Decke unter dem Obergeschoss wird auf die tragende Wand zurückgezogen.

Abb. 5.45: Verschneidungen zwischen Decken und Wänden

Die Wirkung der Decken auf die Wände können Sie in 3D gut anzeigen, indem Sie die Decken ausblenden. Für die Darstellung in Abbildung 5.46 gehen Sie im NAVIGATOR auf 3D|ALLGEMEINE AXONOMETRIE. Aktivieren Sie 3D-SCHNITT AUSFÜHREN im STANDARD-Werkzeugkasten und wählen Sie EIGENE SCHNITTEBENE ERSTELLEN. Klicken Sie dann auf eine *Wandfläche*, um die Schnittebene zu definieren, verschieben Sie diese dann in das Modell hinein und klicken Sie auf FERTIGSTELLEN. Wählen Sie unter der gleichen Funktion ELEMENTE IN 3D FILTERN und deaktivieren Sie die *Decken*.

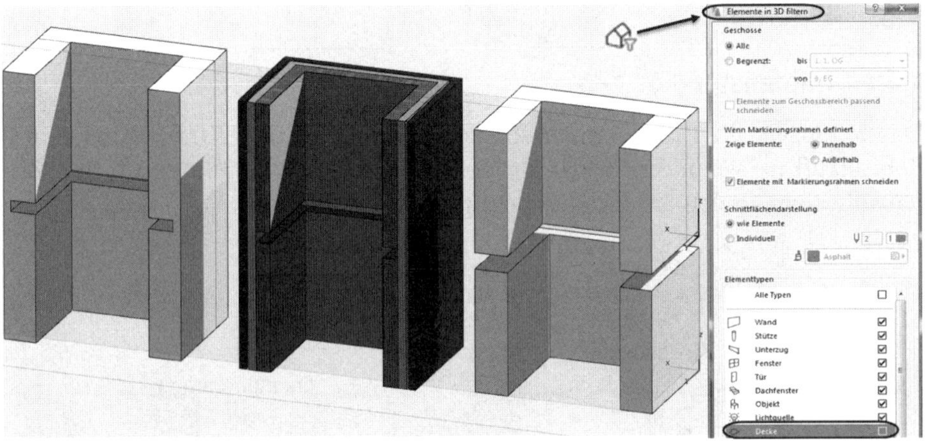

Abb. 5.46: Kellergeschoss-Wände nach Abziehen der EG-Decke

5.5.3 Deckendurchbrüche

Deckendurchbrüche können Sie nach Markieren der Decke und zusätzlichem Anklicken am Rand oder an der Ecke mit dem Werkzeug VOM POLYGON ABZIEHEN aus der PET-PALETTE erstellen. Je nach Einstellung in der INFOLEISTE können Sie ein POLYGON, ein RECHTECK oder ein GEDREHTES RECHTECK erzeugen. Ziehen Sie dann z.B. ein Polygon über mehrere Eckpunkte auf und schließen Sie es. Dann erscheint es als Durchbruch.

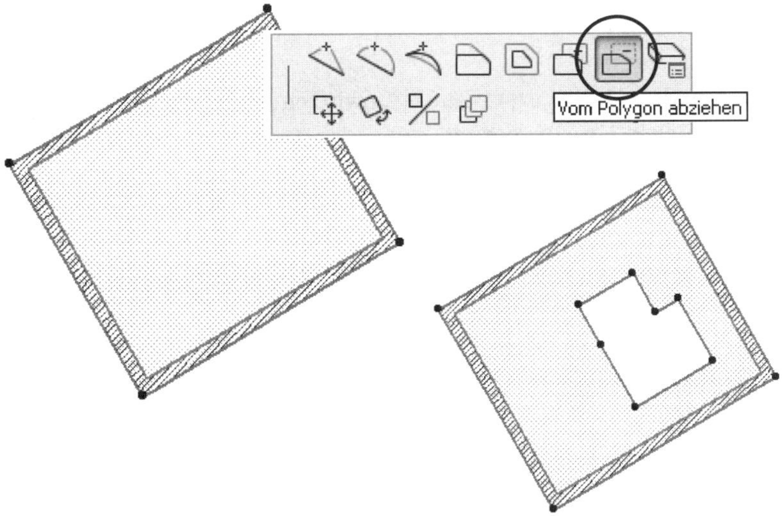

Abb. 5.47: DECKENDURCHBRUCH-Werkzeug

5.6 Dächer

5.6.1 Infofenster

Das voreingestellte Dach ist ein Walmdach mit rechteckigem Umriss und einem Schichtaufbau. Wenn Sie für das DACH-Werkzeug das INFOFENSTER auf drei Zeilen aufziehen, finden Sie dort die wichtigsten Einstellungen.

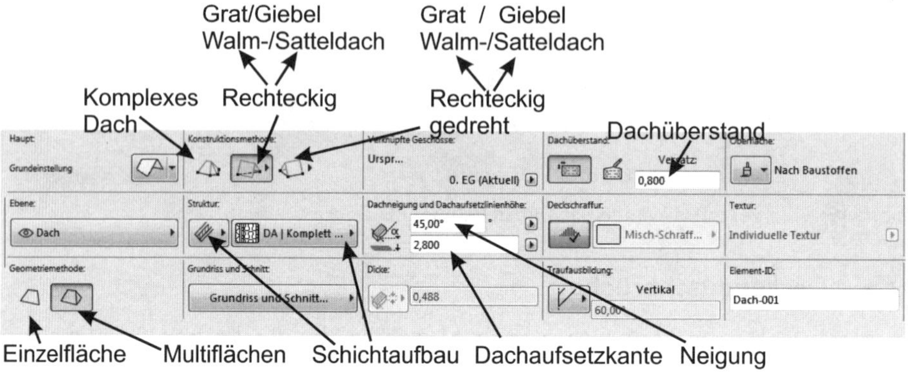

Abb. 5.48: INFOFENSTER für DACH-Werkzeug

Links unten und oben im zweiten Feld finden Sie in fünf Buttons mit Unteroptionen die *Geometriemethoden* (Abbildung 5.48) für Dächer:

- EINZELFLÄCHE erzeugt eine einzelne geneigte oder ebene Dachfläche. Die Einzelfläche wird durch die Dach-Aufsetzkante, die Neigungsrichtung (per Augen-Cursor anzugeben) und den Dachumriss definiert. Drei Unteroptionen sind möglich:
  - KOMPLEXES DACH Mit KOMPLEXES DACH wird eine Dachfläche erzeugt, die einen polygonalen Umriss besitzt, der im Grundrissfenster eingegeben wird. Diese Methode ist besonders im Zusammenhang mit dem ZAUBERSTAB (Menü PLANUNG|ZAUBERSTAB oder ZAUBERSTAB im KONTROLLFENSTER) sehr praktisch, weil Sie damit nicht alle Polygonecken einzeln anklicken müssen, sondern nur einmal mit dem Zauberstab auf die umlaufende Wandkontur zu klicken brauchen.
  - RECHTECK Es wird ein Dach durch ein Rechteck erstellt, dessen Seiten parallel zu den Koordinatenachsen laufen. Das Rechteck wird über diagonale Eckpunkte definiert.
  - GEDREHTES RECHTECK Das Dach wird als gedrehtes Rechteck erzeugt. Nach dem ersten Rechteckpunkt folgt der zweite Eckpunkt, der auch die Richtung definiert. Der dritte Eckpunkt legt dann die Tiefe des Rechtecks fest.
- MULTIFLÄCHEN bedeutet ein aus mehreren Flächen zusammengesetztes Dachobjekt. Die Option erzeugt deshalb gleich mehrere zusammengehörige Dachflächen für einen geschlossenen Umriss.

- KOMPLEXES DACH Das komplexe Multiflächen-Dach kann einen beliebigen polygonalen Umriss haben. Zusätzlich können in den DACHEINSTELLUNGEN *mehrere Dachneigungen* in verschiedenen Höhen definiert werden. Eine Aufsetzkante definiert die Lage des Daches. Mit dem Zauberstab müssen Sie nur die Kontur einmal anklicken, ohne die Aufsetzkante explizit zu wählen.
- RECHTECK Es wird wie oben ein Dach durch ein Rechteck mit zwei diagonalen Punkten erstellt, dessen Seiten parallel zu den Koordinatenachsen laufen. Bei dieser Option können Sie noch zwischen *Satteldach* (Option GIEBEL) und *Walmdach* (Option GRAT) wählen.
- GEDREHTES RECHTECK Das Dach wird als gedrehtes Rechteck wie weiter oben erzeugt. Auch hier kann zwischen *Sattel-* und *Walmdach* gewählt werden.

Komplexere Dachformen wie Kuppeldach oder Dächer mit beliebigem Querschnitt können mit dem Werkzeug SCHALE realisiert werden (siehe nächster Abschnitt).

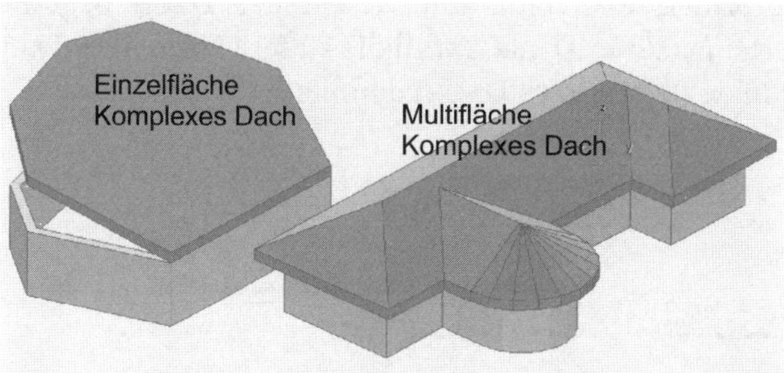

Abb. 5.49: Dachformen

5.6.2 Verschiedene Dachformen erstellen

Das einfachste Dach im DACH-Werkzeug ist die GEOMETRIEMETHODE: EINZELFLÄCHE|KOMPLEXES DACH, ein Dach mit frei zu zeichnendem Umriss und einer einzigen Dachschräge. Sie müssen zuerst zwei Punkte für die *Dach-Aufsetzlinie* eingeben. Danach müssen Sie mit dem AUGEN-CURSOR in die Richtung klicken, in die das Dach von der Aufsetzlinie gesehen aus ansteigen soll. Dann folgen die einzelnen Punkte für das geschlossene Dachflächen-Polygon (Abbildung 5.50). Hier können Sie effektiv den ZAUBERSTAB zur automatischen Konturauswahl einsetzen (über PLANUNG|ZAUBERSTAB oder KONTROLLFENSTER).

Die Definition für das KOMPLEXE DACH kann wie bei der *Polylinie* auch Bogensegmente einschließen. Die PET-PALETTE bietet entsprechende Werkzeuge an, um auch Bögen mit glattem, tangentialem Übergang oder mit anderer Startrichtung oder mit drei Punkten etc. zu erstellen. Wenn Sie am Schluss den Startpunkt erreichen, zeigt der Hammer-Cursor an, dass die Kontur geschlossen wird.

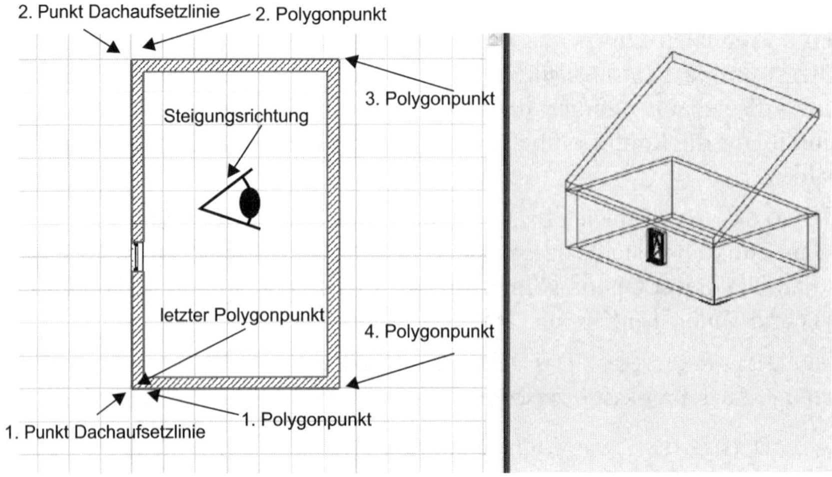

Abb. 5.50: Einfache Dachfläche mit Eingabepositionen

Die Konstruktion der Dachformen RECHTECK und KOMPLEXES DACH beginnt immer mit der Definition der *Aufsetzlinie*. Danach wird die äußere Form über zwei (RECHTECK) oder mehrere Punkte (KOMPLEXES DACH) definiert.

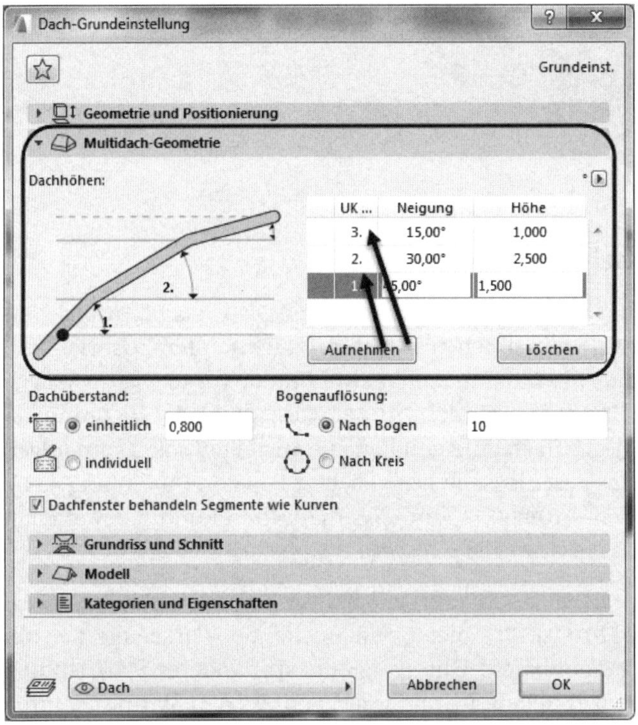

Abb. 5.51: Dachneigungen für das MULTIFLÄCHEN-Dach

Bei der Form GEDREHTES RECHTECK wird das Rechteck mit der ersten Seite zur Richtung der Aufsetzlinie ausgerichtet, beim normalen Rechteck dagegen liegen die Dachkanten immer horizontal und vertikal in der Grundrissansicht.

Sie können beim MULTIFLÄCHEN-Dach in den Dach-Einstellungen noch mehrere Dachneigungen angeben, die in verschiedenen Höhen aktiviert werden (Abbildung 5.51). Zusätzliche Neigungen werden mit AUFNEHMEN hinzugefügt.

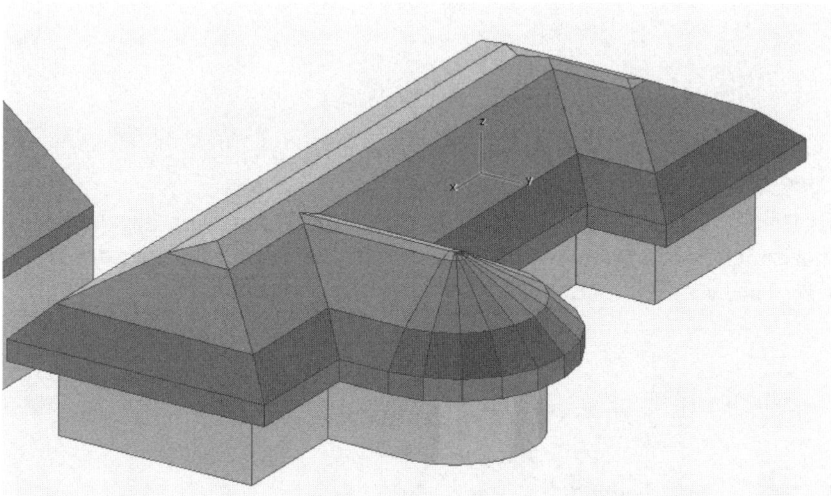

Abb. 5.52: MULTIFLÄCHEN-Dach mit verschiedenen Neigungen

5.6.3 Dach im 3D-Fenster

Sie können auch ein Dach im 3D-Fenster definieren. Der Eingabedialog läuft dann etwas anders. Bei der Konstruktion eines EINZELFLÄCHEN-Dachs im 3D-Fenster werden zuerst drei Punkte zur Festlegung der Referenzebene eingegeben. Dadurch wird die Dachneigung bestimmt. Danach folgen die Eckpunkte des Dach-Polygons.

Der dritte Punkt der Referenzebene kann auch auf einer Hilfslinie in z-Richtung liegen. Dazu müssen die Haupt-Referenzlinien aktiviert sein. Eine Hilfslinie in z-Richtung erhalten Sie dann mit der Taste [H], und die Höhe können Sie im TRACKER eingeben.

Bequem ist es auch, den dritten Punkt der Referenzebene von einer Wand abzugreifen, die in der Höhe verändert wurde. Wenn Sie eine Wand wie in Abbildung 5.53 einzeln in die Höhe ziehen möchten, Ihre Wände aber mit der Option GRUPPIEREN erstellt wurden, dann müssen Sie nur die Gruppierung abschalten (Menü BEARBEITEN|GRUPPIEREN|GRUPPIERUNG AUSSETZEN oder in Symbolleiste STANDARD), um die Höhe dieser Wand einzeln in der INFOLEISTE zu ändern.

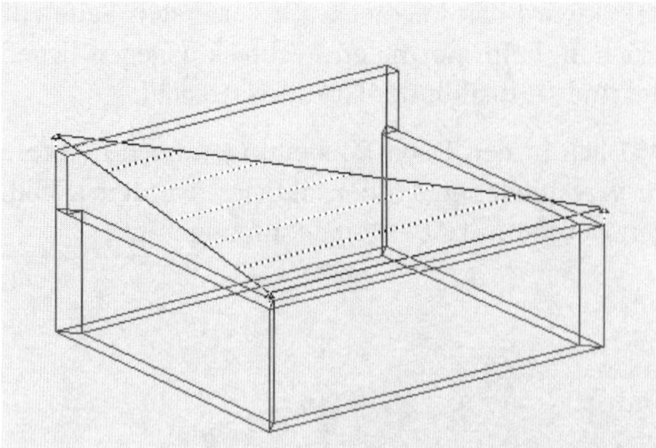

Abb. 5.53: Referenzebene für POLYGONDACH im 3D-Fenster

Wenn das Dach-Polygon größer sein soll als durch die Wandecken gegeben, können Sie nachträglich das Dach an einem Eckpunkt aktivieren und über das Werkzeug der *Pet-Palette* ALLE KANTEN VERSETZEN bequem vergrößern.

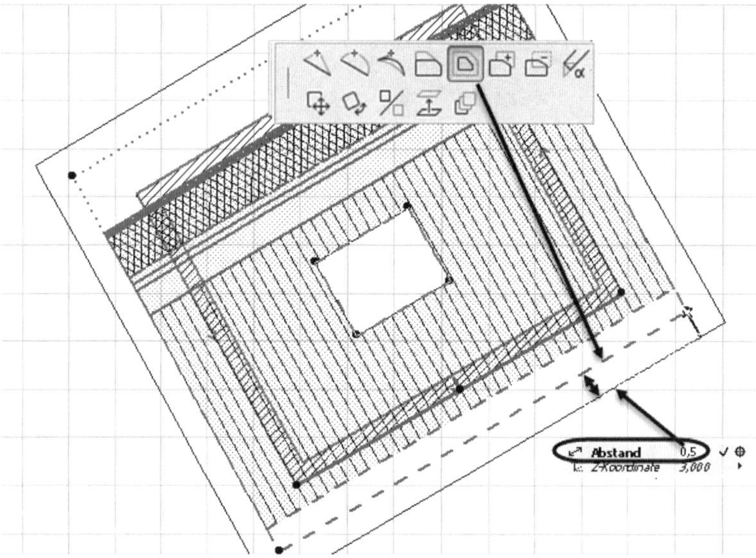

Abb. 5.54: Dach vergrößern mit ALLE KANTEN VERSETZEN

5.6.4 Weitere Dach-Grundeinstellungen

Unter GEOMETRIE UND POSITIONIERUNG (Abbildung 5.55) ist die Höhe für die Dach-Aufsetzlinie anzugeben, entweder als Höhe im aktuellen Geschoss, relativ zum Projektursprung, zur 1. Referenzhöhe, zur 2. Referenzhöhe oder zur Meereshöhe. Das Ursprungsgeschoss kann in der Grundrissdarstellung gewählt werden.

Rechts davon wird entweder der Schichtaufbau gewählt oder bei einschichtigem Dachaufbau die Dicke.

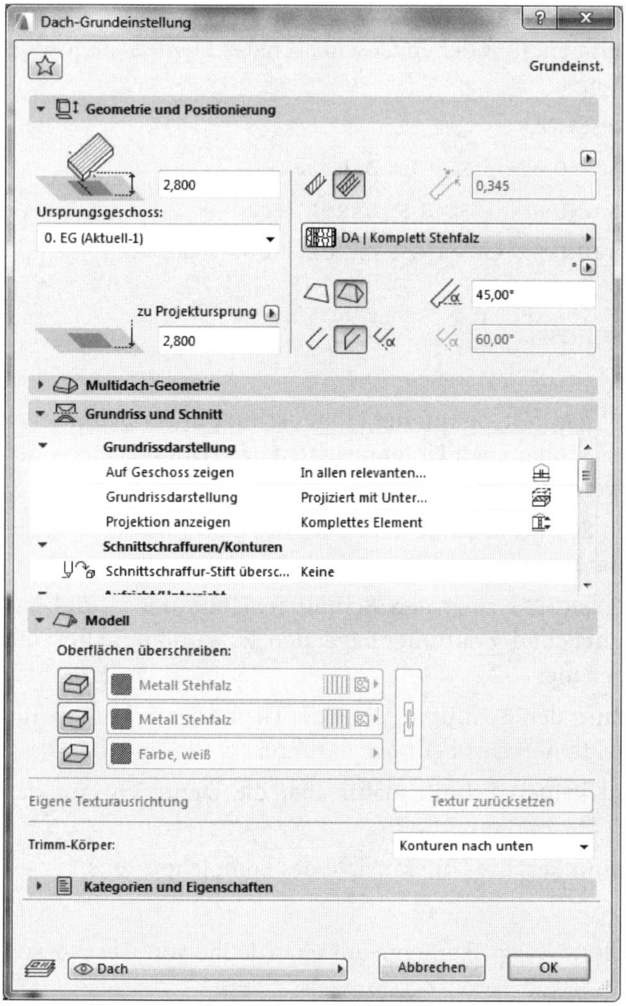

Abb. 5.55: DACH-GRUNDEINSTELLUNGEN

Darunter wird die DACHNEIGUNG eingegeben. Anstelle des Winkels kann über einen kleinen Button auch auf Prozent umgeschaltet werden.

Ferner kann noch zwischen rechtwinkliger, vertikaler und beliebig geneigter Dachkante gewählt werden.

Im Panel MODELL können noch verschiedene Oberflächenstrukturen abweichend vom Material für Dachfläche, -kante und -unterseite gewählt werden wie z.B. **Dach, Schindeln grün**.

Darstellungsoptionen

Gerade bei Dächern ist es interessant, die Darstellungsoptionen auszutesten. Sie sind im Panel GRUNDRISS UND SCHNITT lokalisiert unter GRUNDRISSDARSTELLUNG:

- AUF GESCHOSS ZEIGEN gibt an, in welchen Geschossen das Element angezeigt werden soll mit den Optionen:
  - NUR IM URSPRUNGSGESCHOSS
  - URSPRUNGSGESCHOSS UND EIN GESCHOSS DARÜBER
  - URSPRUNGSGESCHOSS UND EIN GESCHOSS DARUNTER
  - URSPRUNGSGESCHOSS UND EIN GESCHOSS DARÜBER UND DARUNTER
  - IN ALLEN GESCHOSSEN
  - ALLE RELEVANTEN GESCHOSSE
  - EIGENE EINSTELLUNG
- GRUNDRISSDARSTELLUNG legt fest, ob nur der Höhenschnitt in der Schnittebene des aktuellen Geschosses oder auch Unteransichten oder Draufsichten oder Projektionen angezeigt werden sollen:
  - PROJIZIERT zeigt den Schnitt in Höhe der Grundriss-Schnittebene und die Draufsicht der darunter liegenden Teile.
  - PROJIZIERT MIT UNTERSICHT zeigt den Schnitt in Höhe der Grundriss-Schnittebene, die Draufsicht der darunter liegenden Teile und punktiert die Teile über der Schnittebene.
  - NUR SCHNITT zeigt nur den Schnitt in Höhe der Grundriss-Schnittebene, weder Teile oder Projektionen darüber noch darunter.
  - NUR AUFSICHT zeigt keinen Schnitt, dafür aber die Draufsicht auf das komplette Teil.
  - UNTERSICHT zeigt punktiert die Unteransicht des kompletten Teils.
- PROJEKTION ANZEIGEN
  - ZUM GRUNDRISSBEREICH zeigt Elemente auf einer Reihe von Geschossen als Projektion.
  - ZUR ABSOLUTEN DARSTELLUNGSGRENZE zeigt alles, was innerhalb der definierten Geschosse sichtbar wäre. Dächer, die über das oberste definierte Geschoss hinausgehen, würden dort abgeschnitten werden.
  - KOMPLETTES ELEMENT wird auf allen relevanten Geschossen gezeigt.

Abbildung 5.56 zeigt die verschiedenen Grundrissdarstellungen für ein Pult- und ein Walmdach, das im 1. Geschoss beginnt und darüber herausragt vom 2. Geschoss aus gesehen.

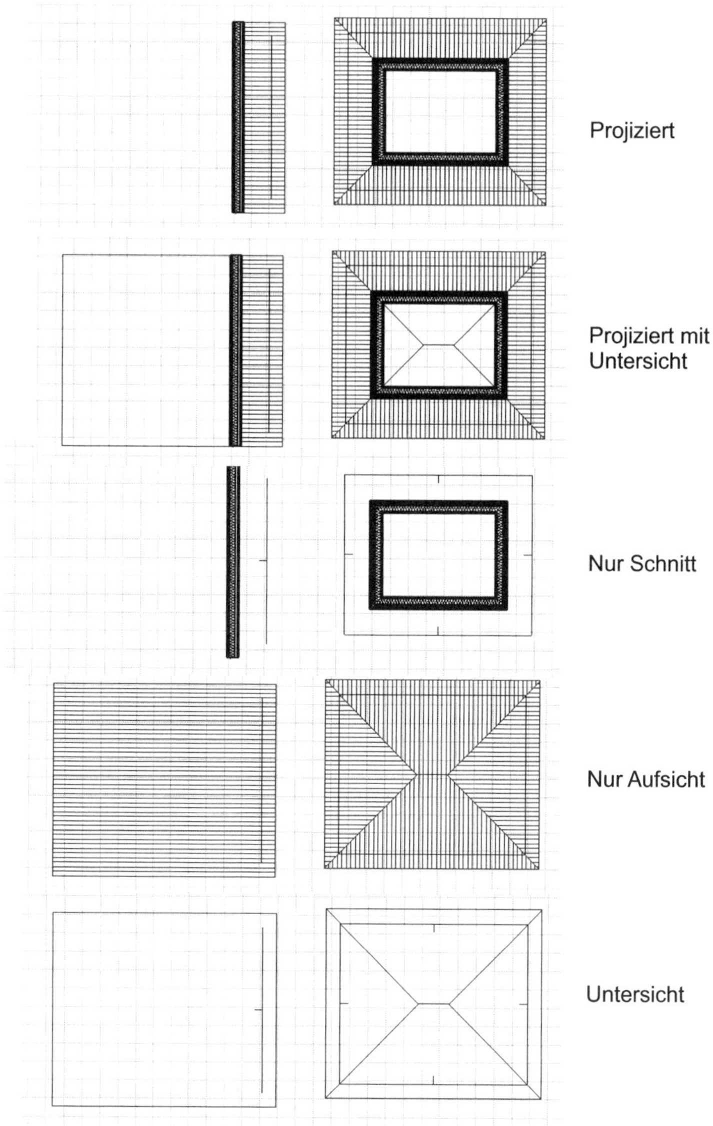

Abb. 5.56: Grundrissdarstellungen für ein Pultdach und ein Walmdach

5.6.5 Durchbrüche

Um einen Dachdurchbruch zu erstellen, markieren Sie das Dach und wählen wie bei den Deckendurchbrüchen in der *Pet-Palette* VOM POLYGON ABZIEHEN. Dann können Sie ein beliebiges Polygon konstruieren, das beim Schließen (HAMMER-Werkzeug erscheint) vom Dach abgezogen wird.

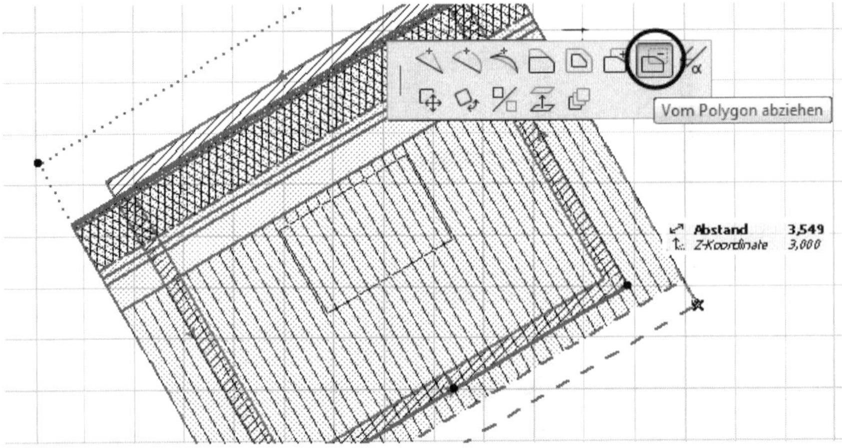

Abb. 5.57: Dachdurchbruch erstellen

5.6.6 Wände auf Dach anpassen

Die Wände werden durch eine spezielle Trimm-Aktion ans Dach angepasst:

1. Damit Sie gleich mehrere Wände wählen können, schalten Sie das Werkzeug GRUPPIEREN AUSSETZEN ab (z.B. mit [Alt]+[G]). Wenn Sie die Außenwände mit der Geometriemethode RECHTECK erstellt haben, bilden sie automatisch eine Gruppe.
2. Wählen Sie die Außenwände im 3D-Fenster einzeln mit Klick und [Shift]-Klick oder als Gruppe mit einem einzelnen Klick.
3. Ändern Sie die Höhe im INFOFENSTER so, dass alle über das Dach herausragen.

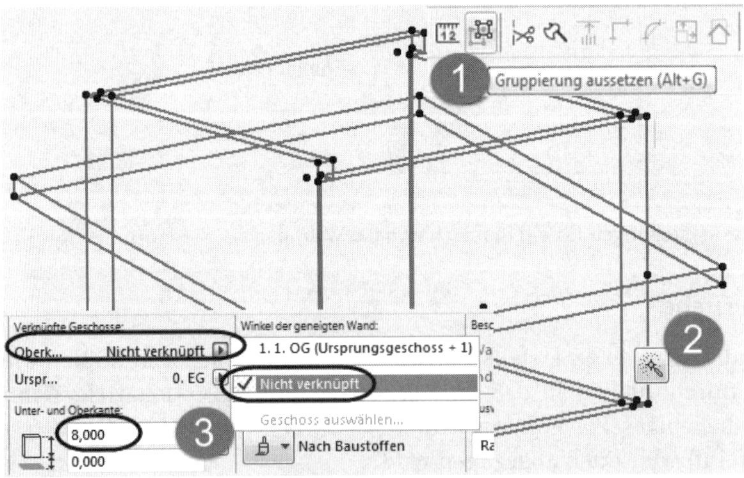

Abb. 5.58: Wände zur Dach-Anpassung verlängert

4. Sobald die Wände höher als das Dach und noch aktiviert sind, wählen Sie das Werkzeug AN DACH ANPASSEN aus der STANDARD-Symbolleiste.
5. Sie wählen das Dach als Trimm-Element.
6. Abschließend müssen Sie nur noch auf die Seite der Wände (nämlich unten) klicken, die bei der Trimm-Aktion erhalten bleiben soll.

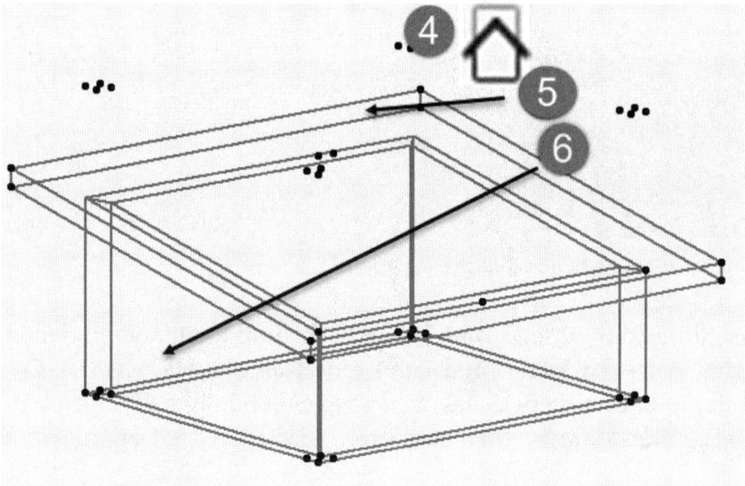

Abb. 5.59: Fertig angepasste Wände

Die Wände werden auch mit dem Dach verschnitten. Die Verschneidungsergebnisse können Sie wieder wie bei Wänden und Decken über die Verschneidungsprioritäten der beteiligten *Materialien* beeinflussen.

5.6.7 Dachneigung, -höhe, Traufkanten und Höhenlinien

Die Dachneigung können Sie nachträglich natürlich für das ausgewählte Dach über den EINSTELLUNGSDIALOG des DACH-Werkzeugs ändern. Das Dach wird dann immer um die *Aufsetzkante* gedreht. Die Wände passen sich dabei automatisch an, wenn sie durch die Operation AN DACH ANPASSEN mit dem Dach verknüpft sind. Nur wenn die ungetrimmte Höhe der Wände nicht ausreicht, ist ein Nachbessern der Wandhöhen nötig.

Schließlich können Sie auch Einzeldachflächen wie beim Pultdach markieren und mit Schnellauswahl und Strg zusammen anklicken, um ein Dialogfeld zur Eingabe der unteren und oberen Dachhöhen zu erhalten. Komplexe zusammengesetzte Dächer können Sie zwar mit dem Kontextmenü in Einzeldachflächen zerlegen, aber eine individuelle Bearbeitung von Höhenwerten ist dann nicht sinnvoll.

Abb. 5.60: Änderung der Höhen einer Dachfläche

Individuelle Einstellungen für *Traufenwinkel*, Oberfläche und Kantentyp sind möglich, wenn Sie das Dach markieren und dann eine Kante anklicken. Die PET-PALETTE enthält dann dafür ein spezielles Werkzeug (Abbildung 5.61). Wenn Sie die Option AUF ALLE KANTEN ANWENDEN aktivieren, wird auch der Dachausbruch betroffen.

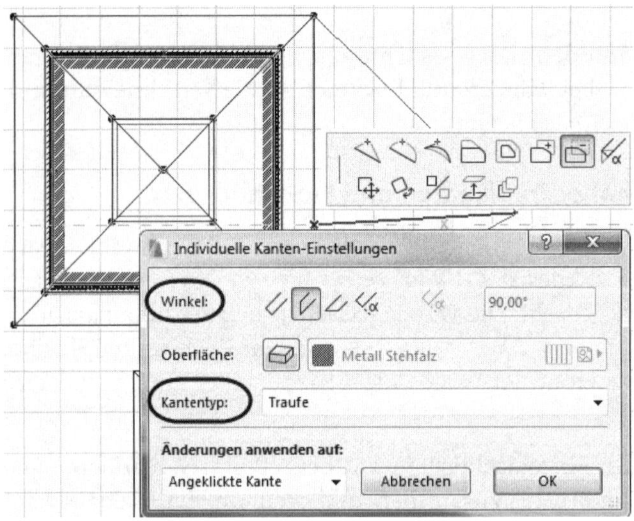

Abb. 5.61: Werkzeug für den Traufenwinkel

Bei einem Dach mit mehreren Neigungen können Sie auch über die PET-PALETTEN einzelne Dachflächen in Neigung und Höhe bearbeiten.

Dach-Höhenlinien können Sie mit dem Menü PLANUNG|DACH EXTRAS|DACH-HÖHENLINIEN ERSTELLEN generieren. Sie müssen zuerst die Dachflächen wählen und dann die Menüfunktion aktivieren. Die Funktion ist für Einzel-Dachflächen verfügbar, auch für mehrere gewählte und gruppierte. Im Dialogfeld geben Sie zunächst an, ob Sie die obere (OBEN) oder untere (UNTEN) Dachfläche verwenden wollen. Dann geben Sie die gewünschte Höhe im aktuellen Geschoss oder relativ zum Projektursprung an.

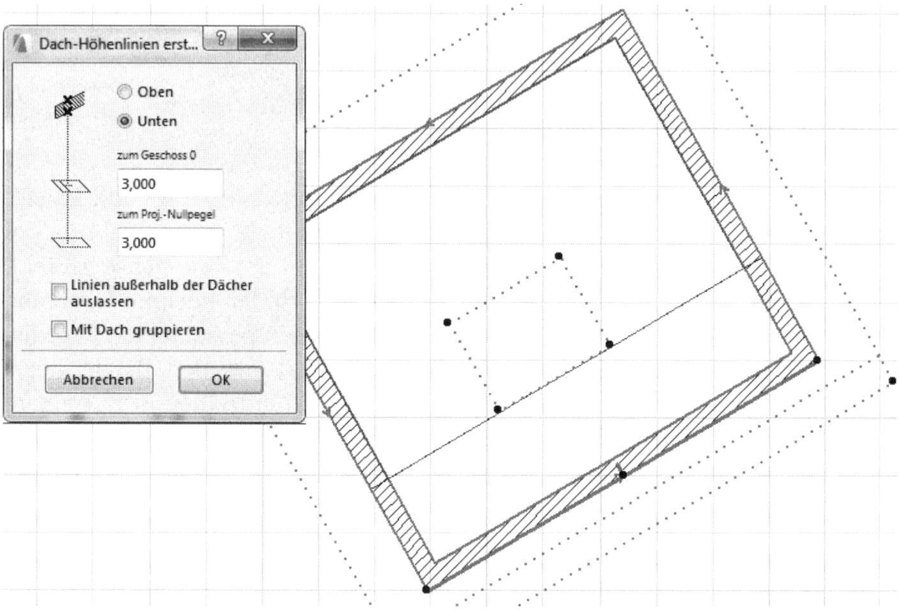

Abb. 5.62: Höhenlinie erstellen

Die Höhenlinien können Sie zu einer Polylinie zusammenfassen, die im Beispiel alle Dachhöhen über 3 m erfasst, indem Sie das POLYLINIE-Werkzeug aktivieren, dann den ZAUBERSTAB aus dem KONTROLLFENSTER und damit auf die Linienkontur klicken. Sofort ist die Polylinie erstellt. Die Polylinie können Sie über den EINSTELLUNGSDIALOG zur Raumflächen-Begrenzung erstellen. Damit ist es dann möglich, die Raumflächen einzeln zu berechnen, die unter und über der angegebenen Höhe liegen. Für Wohnraumberechnungen mit Dachschrägen ist das sehr nützlich.

5.7 Schalen

SCHALEN-Elemente sind den Dächern sehr ähnlich. Viele komplizierte und moderne Dachformen lassen sich mit den Schalen erstellen.

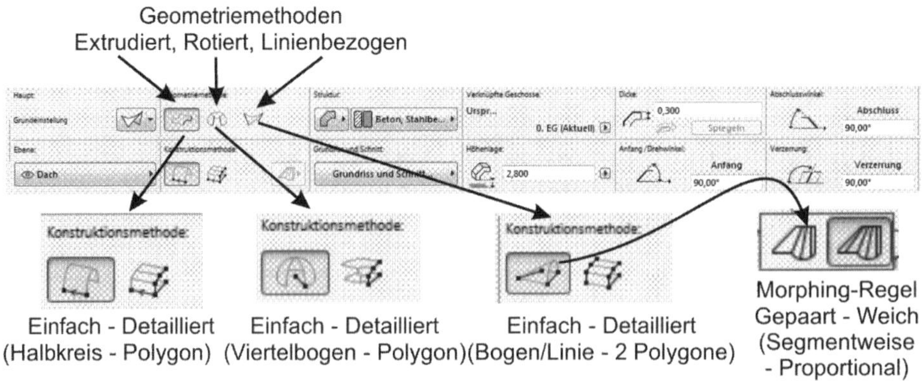

Abb. 5.63: Grundeinstellungen für Schalen

Es gibt drei verschiedene Geometriemethoden: EXTRUDIERT, ROTIERT und LINIENBEZOGEN. Bei EXTRUDIERT wird ein ebenes Profil in eine Richtung verschoben, um eine Fläche zu erzeugen. Bei der ROTIERT wird ein Profil um eine Achse gedreht, um eine Fläche zu bilden. Bei LINIENBEZOGEN wird durch den linearen Übergang zwischen zwei Profilen eine Fläche erzeugt, mathematisch gesehen eine Regelfläche. In diesem Fall können Sie noch eine MORPHING-REGEL wählen. Bei der Regel GEPAART werden die Segmente bzw. Segmentknoten der einzelnen Profile einander zugeordnet, bei WEICH werden die Profilkurven einander proportional zugeordnet. LINIENBEZOGEN ähnelt etwas dem Lofting-Verfahren, allerdings gibt es beim allgemeinen Lofting mehrere Querschnitte und nicht nur zwei.

Bei allen drei Methoden gibt es jeweils eine Konstruktionsmethode EINFACH und DETAILLIERT.

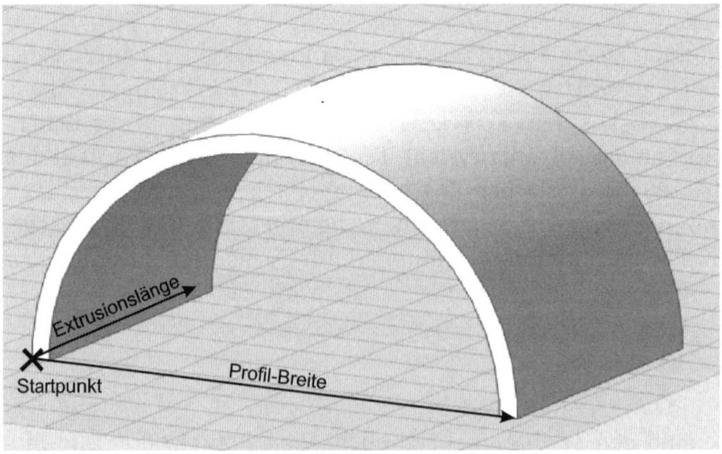

Abb. 5.64: Einfache Schalen-Extrusion

Bei der Methode Extrudiert bedeutet Einfach, dass ein halbkreisförmiges Profil verschoben wird. Bei Detailliert wird eine Polylinie bestehend aus Linien- und Bogensegmenten verschoben. Für die einfache Extrusion geben Sie einen *Startpunkt* an, danach ziehen Sie in die gewünschte Richtung und geben die *Extrusionslänge* an und dann senkrecht dazu die *Breite*.

Es ist auch möglich, eine *vertikale Extrusion* zu erzeugen. Dazu müssen Sie nur in der Grundrissansicht *am Startpunkt zweimal* klicken. Dann erscheint ein Dialog für die Extrusionslänge. Wenn Sie einen positiven Wert eingeben, wird nach oben (positive z-Richtung) extrudiert, bei negativem Wert nach unten. In einer 3D-Ansicht können Sie vertikal extrudieren, indem Sie für den zweiten Punkt die *vertikale Hilfslinie* benutzen, die automatisch erscheint, wenn Sie in die richtige Richtung ziehen.

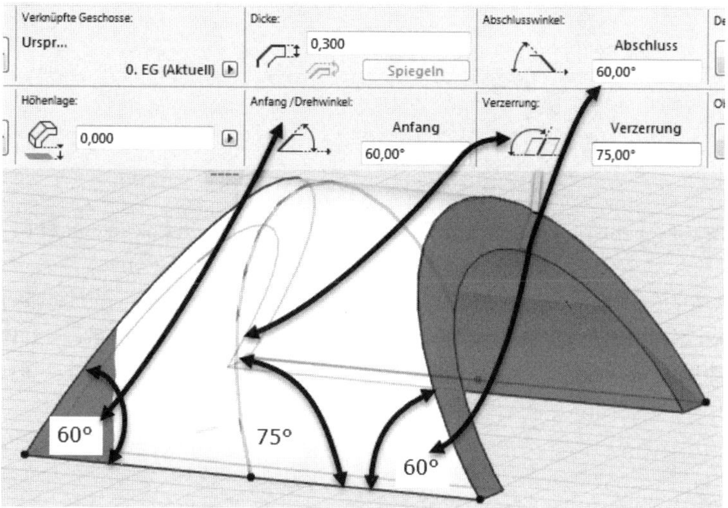

Abb. 5.65: Schale mit Winkeleinstellungen

Über die Winkelangaben bei Anfang und Abschluss können Sie die Profile vorn und hinten schräg stellen (Abbildung 5.65). Der Winkel unter Verzerrung stellt das Profil schräg (blaue Kurve) und erzeugt damit vertikal betrachtet einen elliptischen Querschnitt.

Bei der Methode Extrudiert – Detailliert wird am Anfang nach den Profilsegmenten gefragt. Wenn Sie sich in der normalen Grundrissdarstellung befinden, entsteht das Profil in der xy-Ebene und die Extrusion dann in z-Richtung. Um eine Extrusion in der Horizontalen zu erhalten, müssen Sie die Profilsegmente im 3D-Fenster in einer Ebene zeichnen, die senkrecht auf der Grundrissebene steht. Dazu haben Sie am Cursor das Werkzeug zur Ebenenwahl. Klicken Sie damit auf eine Referenzebene, z.B. eine Wand. Danach richtet ArchiCAD dann die Arbeitsebene zur Definition des Profils aus. Das Profil wird dann punktweise als Polylinie eingegeben und am letzten Punkt mit Doppelklick beendet. Sie haben über eine PET-PALETTE dabei auch die Möglichkeit, zwischen Linien- und verschiedenen Bogen-Modi zu wechseln. Danach können Sie die Extrusionsrichtung angeben und über den TRACKER die exakte Extrusionslänge eingeben.

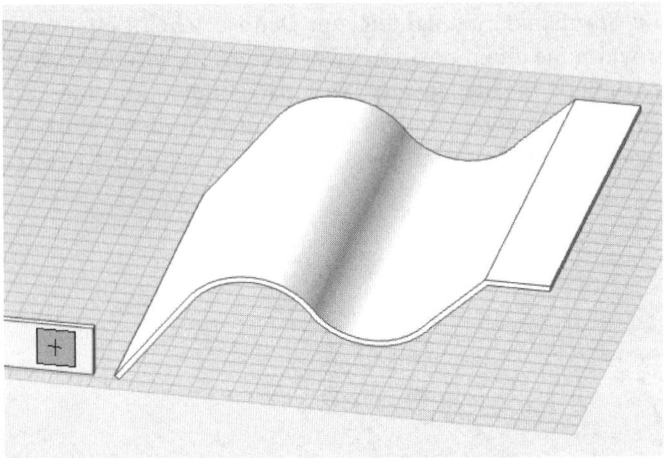

Abb. 5.66: Wahl der Bezugsebene (links) und detaillierte Extrusion mit einem Polylinienprofil

Bei ROTIERT bedeutet EINFACH, dass ein Viertelkreis um den Mittelpunkt rotiert wird. Es entsteht so eine Kuppel, ggf. mit einem Öffnungswinkel unter 360°. Die Konstruktionsmethode DETAILLIERT erlaubt wieder die Verwendung einer Polylinien-Kontur.

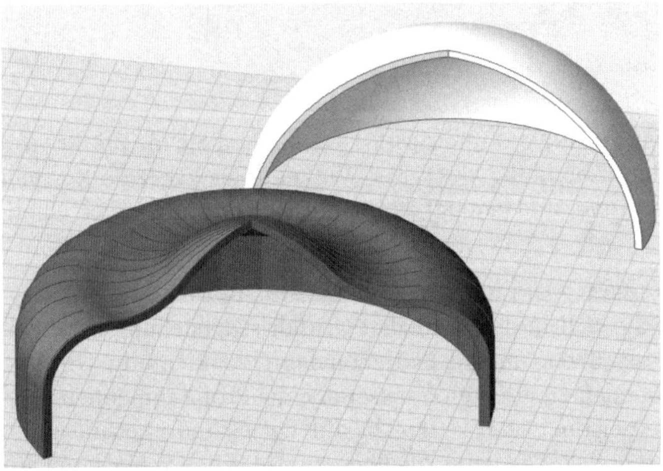

Abb. 5.67: Rotationsschalen

Abbildung 5.67 zeigt eine einfache Rotationsschale mit Öffnungswinkel von 210° und eine detaillierte Rotationsschale mit 220° Öffnungswinkel. Für Letztere wurden die ROTATIONSEIGENSCHAFTEN auf Segmentierung mit **36** Segmenten für den Vollkreis eingestellt. Dadurch entsteht die Facettierung in Umfangsrichtung.

Bei LINIENBEZOGEN werden immer zwei Profile benötigt. Im Fall der Konstruktionsmethode EINFACH sind es ein Halbkreis am Beginn der Konstruktion und eine Linie am Ende. Bei DETAILLIERT sind es zwei Polylinien-Konturen.

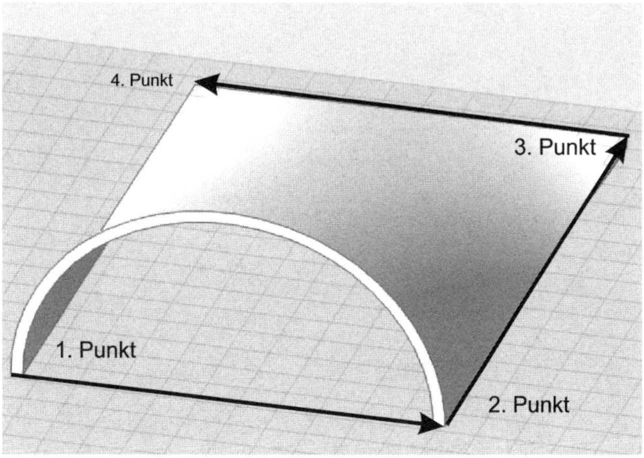

Abb. 5.68: Einfache linienbezogene Schale

Schalen können wie Dächer benutzt werden, um Wände etc. zu trimmen. Sie können auch mit einem Schichtaufbau wie Dächer erzeugt werden.

5.8 Dachfenster

In Dächer und Schalen können Sie Elemente aus der Rubrik DACHFENSTER einbauen. Vorgabe beim Werkzeug DACHFENSTER ist eine leere Dachöffnung, aber wenn Sie im Einstellungsdialog die BIBLIOTHEKEN 20 öffnen, finden Sie eine Vielzahl von Dachelementen vom einfachen Dachfenster über verschiedenste Oberlicht-Konstruktionen bis zu den Dachgauben mit Satteldach, Schleppdach, Tonnendach und Fledermausdach (Abbildung 5.70).

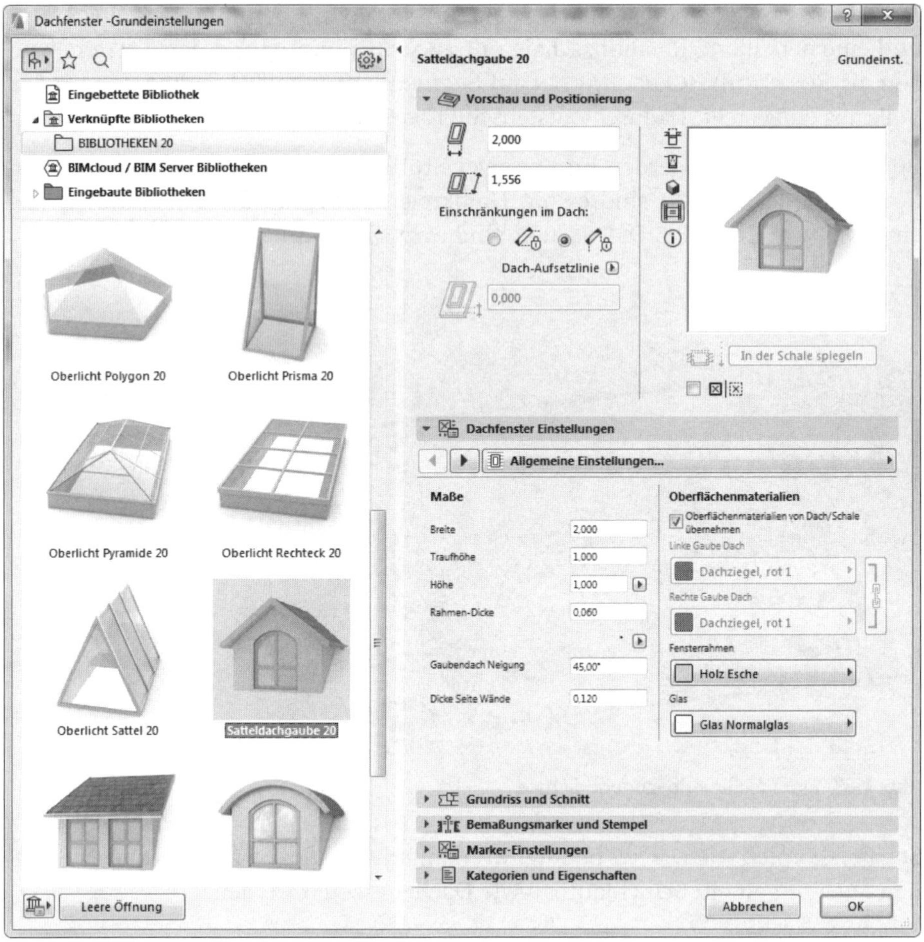

Abb. 5.69: Grundeinstellungen und Typen für Dachfenster

Die Dachfenster-Elemente werden in den Grundrissen projiziert dargestellt. Als Ankervorgaben sind die Dach-Aufsetzlinien vorgesehen. Diese Elemente erzeugen automatisch die notwendigen Dachdurchbrüche, sodass keine extra Arbeit dafür nötig ist. Standardmäßig wird von den Gauben auch das Dachmaterial des vorhandenen Daches übernommen.

Die nötigen Parameter können Sie über die Grundeinstellungen und deren Panels steuern. Auch in Schalen lassen sich die Elemente einbauen, bei stärker gewölbten Schalen kann es Probleme mit der Verträglichkeit der Geometrien einiger Gauben geben, aber es sind einfach nicht alle Formen miteinander sinnvoll kombinierbar. Durch Anpassen der Neigung für das Gaubendach können oft gute Ergebnisse erzielt werden (Abbildung 5.71).

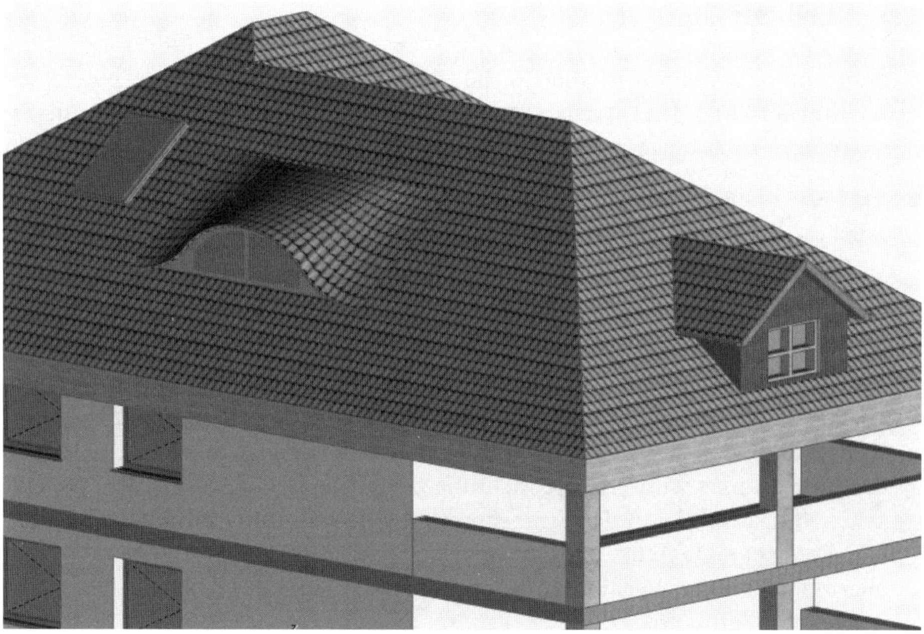

Abb. 5.70: Beispiel für Dachfenster und Gauben

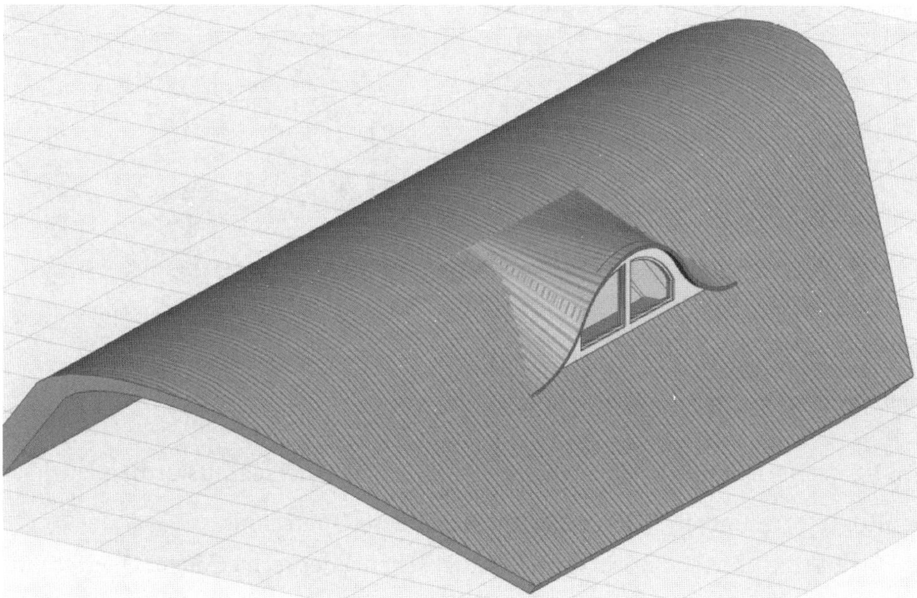

Abb. 5.71: Dachgaube kombiniert mit Schale

5.9 Stützen

Stützen sind relativ einfache Objekte, die aus dem Kern und wahlweise einer Ummantelung bestehen. Im INFOFENSTER (Abbildung 5.72) erscheinen drei *Positionierungsvarianten* (Abbildung 5.73):

- EINFACH Die Stütze wird bei rechteckigem Querschnitt mit den Kanten parallel zu den Koordinatenachsen ausgerichtet. Lediglich die Position der Stütze ist anzugeben.
- GEDREHT Eine rechteckige Stütze kann mit einem wählbaren Winkel eingebaut werden. Die Richtung wird durch einen zweiten Punkt nach Eingabe des Mittelpunkts definiert.
- GEDREHT/GENEIGT Hiermit kann eine Stütze erstellt werden, die nicht senkrecht zum Boden steht, sondern unter einem beliebigen Winkel. Nach Eingabe des Mittelpunkts wird erst die Richtung spezifiziert, in der die Stütze geneigt sein soll. Danach kann das Stützenprofil durch eine dritte Punktangabe noch um diese geneigte Achse gedreht werden. Die Option GEDREHT/GENEIGT steht aber erst dann zur Verfügung, wenn im EINSTELLUNGSDIALOG ein Neigungswinkel definiert wurde.

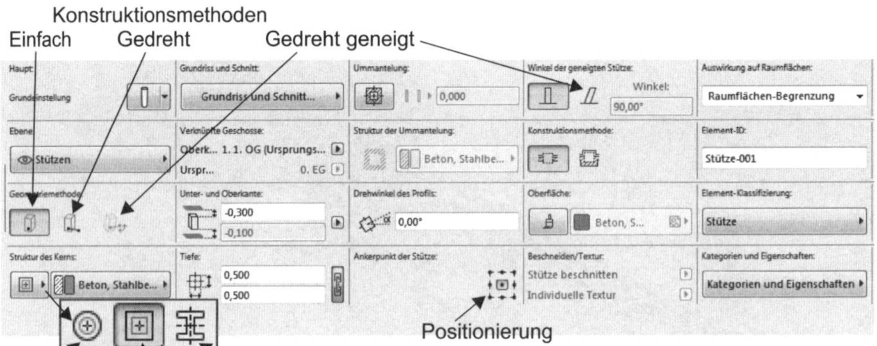

Abb. 5.72: INFOFENSTER für Werkzeug STÜTZE

Im INFOFENSTER finden sich auch drei verschiedene Querschnittsformen:

- RUND erzeugt eine Stütze mit kreisförmigem Querschnitt.
- RECHTECK setzt eine Stütze mit quadratischem oder rechteckigem Querschnitt.
- PROFIL erzeugt eine Stütze mit einem komplexen Querschnitt, der durch ein Profil definiert wird. Auch *eigene Profile* sind hier möglich. Es können hierüber auch die importierten Profile verwendet werden, die Sie unter OPTIONEN|PROFILE|STANDARD STAHLPROFILE IMPORTIEREN laden können.

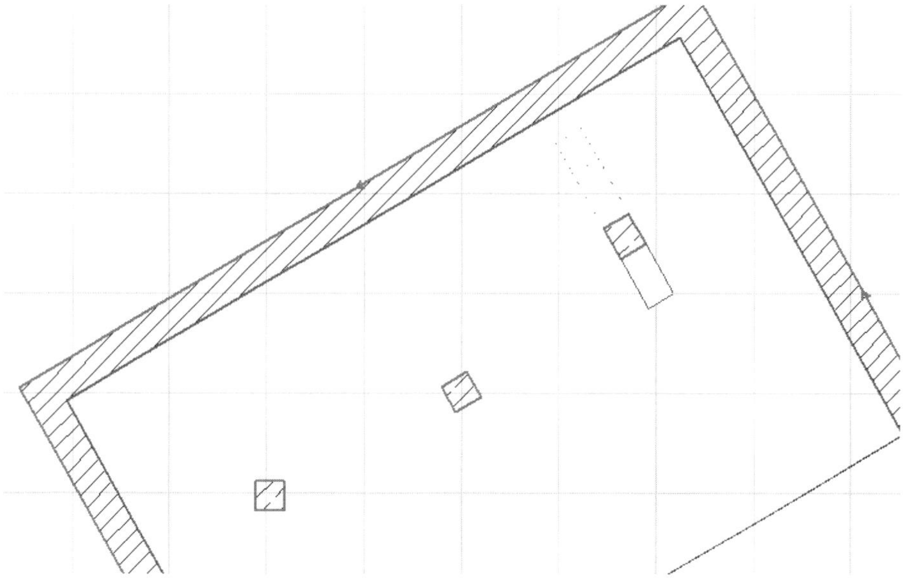

Abb. 5.73: Verschiedene Stützen-Positionierungen

Das gesamte INFOFENSTER erstreckt sich über vier Zeilen. In der zweiten Spalte finden sich die Vorgaben für die Höhen von Unterkante und Oberkante. Normalerweise werden die Stützen mit der Unterkante zum aktuellen Geschoss verknüpft und mit der Oberkante zum Geschoss darüber. Nur wenn Sie diese Verknüpfung lösen, können Sie eigene Höhen eingeben. Darunter folgen für rechteckige Stützen die Seitenlängen. Darunter wiederum kann die Ummantelung einer Stütze aktiviert und die Stärke und das Material für den Mantel angegeben werden.

In der dritten Spalte mittig kann der Stütze von Haus aus eine Verdrehung mitgegeben werden. Darunter folgt die Festlegung des Ankerpunkts, mit dem die Stütze positioniert werden soll. Vorgabe ist der *Mittelpunkt*, aber auch alle *Eckpunkte* oder *Seitenmitten* sind für die Positionierung wählbar. In der vierten Spalte oben kann die Neigung der Stütze über das Symbol gewählt und ein definierter Winkel eingegeben werden.

In der vierten Zeile links kann noch das *Material* gewählt werden.

Im EINSTELLUNGSDIALOG (Abbildung 5.74) sehen Sie die verschiedenen Einstellungen etwas ausführlicher und können für Profil-Stützen im Panel GRUNDRISS UND SCHNITT das Profil auswählen.

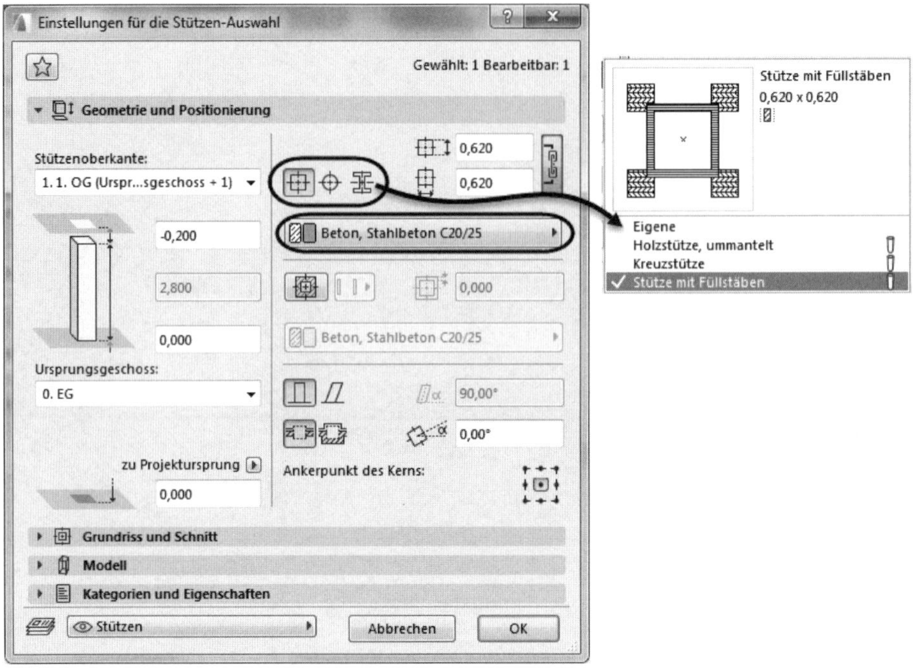

Abb. 5.74: EINSTELLUNGSDIALOG für Stützen

Stützen lassen sich genauso wie Wände an Dächer anpassen.

Tipp

Wenn Sie komplette *Stützenraster* auch mit *Unterzügen* zusammen benötigen, finden Sie das Werkzeug dazu unter PLANUNG|RASTERSYSTEM.

5.9.1 Eigenes Profil

Sie können sogar eigene Profile definieren, wenn Sie das Menü OPTIONEN|ELEMENT-ATTRIBUTE|PROFIL-MANAGER oder die Symbolleiste ATTRIBUTE|PROFIL-MANAGER wählen. Dort wählen Sie zuerst das Profil, mit dem Sie beginnen wollen, und duplizieren es für die weitere Bearbeitung oder Sie klicken auf die Schaltfläche NEU, um ein neues Profil zu erstellen. Sie werden nach einem Namen gefragt und können nach dieser Eingabe mit OK die geometrische Definition beginnen. ArchiCAD öffnet eine neue Zeichnungsansicht für die Konstruktion des Profilquerschnitts. Achten Sie darauf, dass der *Nullpunkt* in dieser Ansicht später als *Einfügeposition* der Stütze verwendet wird!

Dann wählen Sie unten EBENE: PROFIL und rufen das SCHRAFFUR-Werkzeug für das eigentliche Profil auf. Bei Verwendung des LINIE-Werkzeugs schaltet Archi-

CAD automatisch in die Ebene HILFSKONSTRUKTION um! Sie können natürlich auch erst Hilfskonstruktionen mit Linien und Kreisen auf der Ebene HILFSKONSTRUKTION vornehmen und diese dann in der Ebene PROFIL mit dem ZAUBERSTAB in eine Schraffur umwandeln. Ansonsten zeichnen Sie im Bearbeitungsfenster das neue Profil im Modus POLYLINIE des SCHRAFFUR-Werkzeugs. Wählen Sie im INFOFENSTER die VOLLLINIE als Umgrenzung und ein geeignetes *Material* für die Schraffur. Wenn Sie die Polylinie mit ✎ geschlossen haben und Ihr Profil geometrisch fertig ist, wählen Sie den oder die Elementtyp(en) (WAND, UNTERZUG, STÜTZE), für den/die das Profil verfügbar sein soll, und klicken auf PROFIL SPEICHERN. Dann können Sie das Fenster schließen und das Profil benutzen.

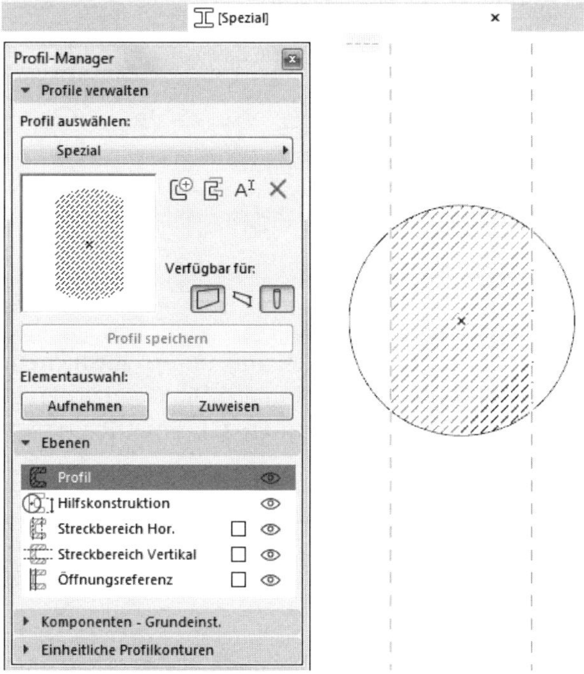

Abb. 5.75: Eigenes Profil erstellt

5.9.2 Stütze und Wand

Wenn Stützen in Wände eingebaut werden, wird bei einfachen Wänden lediglich der Platz für die Stütze und ggf. für eine Ummantelung in der Wand ausgespart. Bei mehrschichtigen Wänden kann der Einbau in eine Wand je nach Lage zu den Wandschichten auch die Wand beeinflussen. Abbildung 5.76 zeigt verschiedene Einstellungen mit und ohne Ummantelung für verschiedene Wandtypen und Ummantelungsbedingungen.

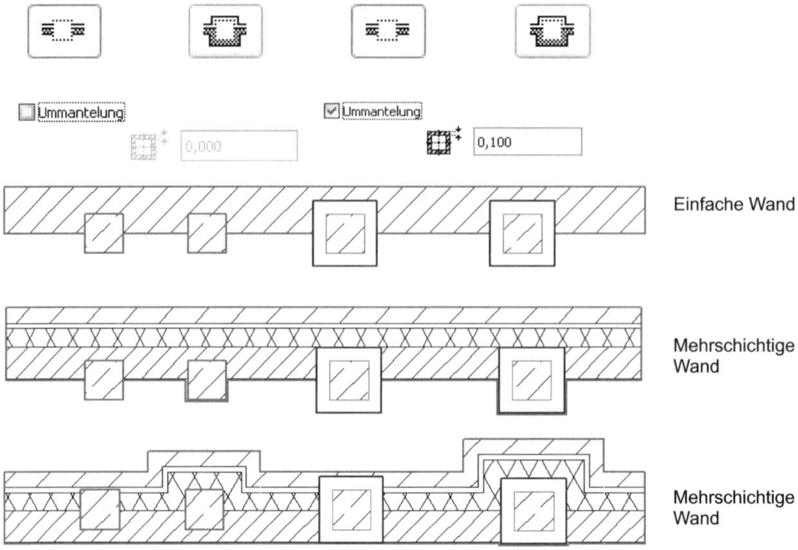

Abb. 5.76: Stützen mit und ohne Ummantelung in einfachen und mehrschichtigen Wänden

5.10 Unterzüge

Unterzüge sind horizontale oder auch geneigte Balken mit unterschiedlichem Profil. Sie werden meist mit Stützen und Wänden kombiniert. Die Geometriemethoden entsprechen denen von Wänden (Abbildung 5.77): EINZEL, POLY, RECHTECK und GEDREHTES RECHTECK.

Abb. 5.77: INFOFENSTER Unterzug

Im erweiterten INFOFENSTER wird in der zweiten Zeile links die *Höhenvorgabe* angezeigt. Wenn der Unterzug nicht an einer Stütze oder Wand angebracht wird, wird er über den ersten Fangpunkt in der Höhe positioniert. Der Unterzug ist mit einer Breite von 40 cm vorgegeben. Er kann auch mit einem Mittenversatz relativ zur Achse versehen werden.

Die normale Form ist *rechteckig*, aber auch beliebige andere Profile können verwendet werden. Eigene Profile können wie oben bei den Stützen beschrieben mit dem Menü OPTIONEN|ELEMENT-ATTRIBUTE|PROFIL-MANAGER erzeugt werden.

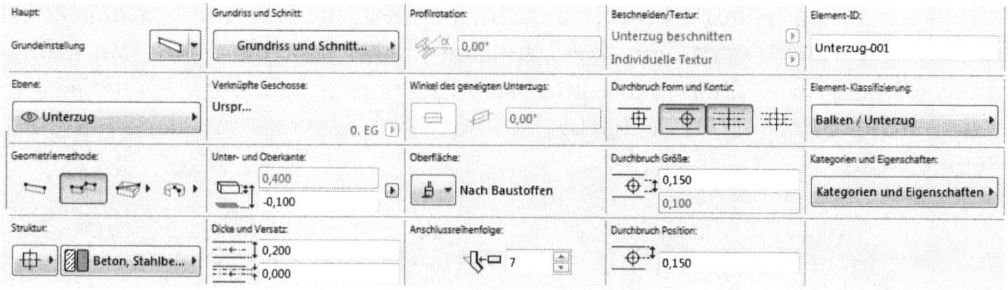

Abb. 5.78: INFOFENSTER Unterzug komplett

Für schräg stehende Unterzüge kann in der dritten Spalte oben ein *Winkel* angegeben werden. In der vierten Zeile rechts sind zwei Felder zur Festlegung von Durchbrüchen vorhanden.

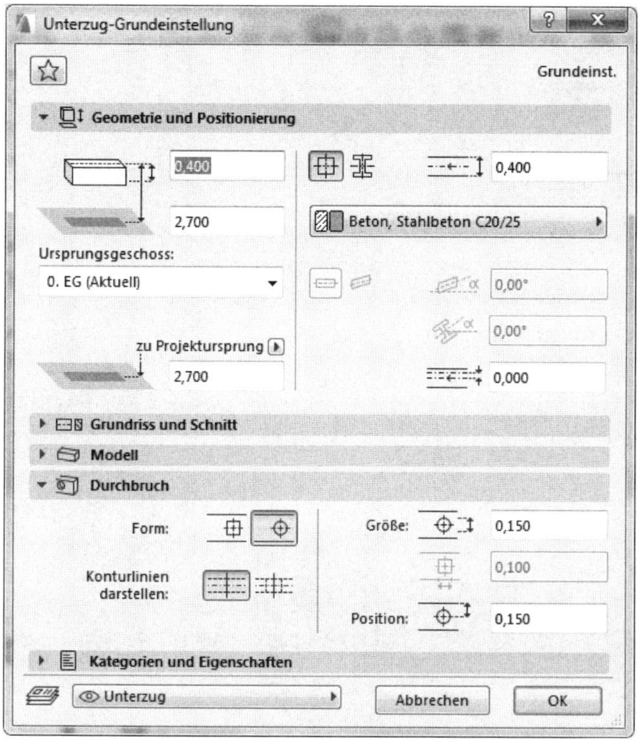

Abb. 5.79: Grundeinstellungen für Unterzüge

Durchbrüche bei Unterzügen werden erst nach Einbau erstellt. Die Durchbrüche können rund oder quadratisch sein. Zum Erstellen eines Durchbruchs wird der fertige Unterzug in der Grundrissansicht markiert, die Bezugsachse angeklickt und auf der PET-PALETTE dann das Werkzeug für *Durchbrüche* aufgerufen (Abbildung 5.80). Zum Positionieren eignen sich hier wieder hauptsächlich die BESONDEREN FANGPUNKTE (HÄLFTE, TEILUNGEN, PROZENT, ABSTAND) aus der STANDARD-Symbolleiste.

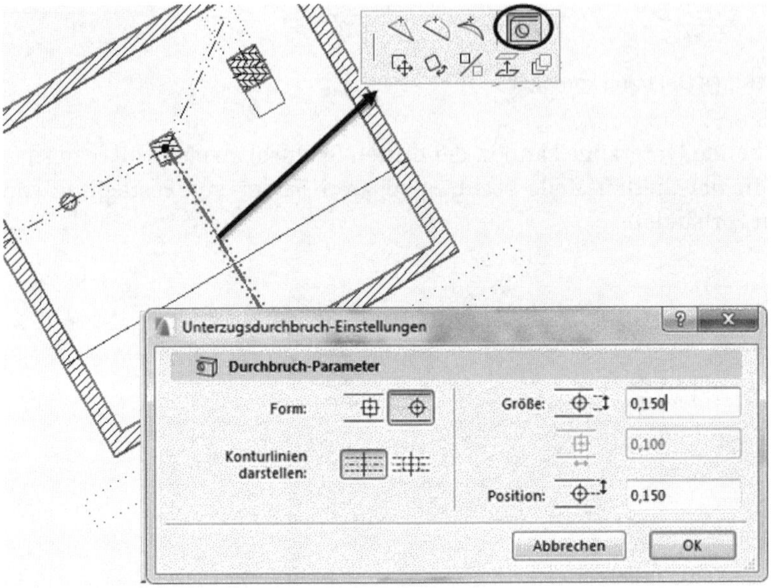

Abb. 5.80: Werkzeug für Unterzugsdurchbrüche

Die Durchbrüche können dann auch wieder über Werkzeuge aus der PET-PALETTE verschoben und multipliziert werden.

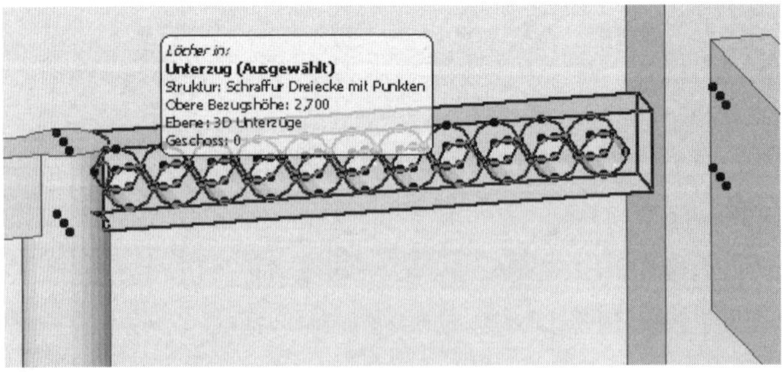

Abb. 5.81: Vervielfachen von Durchbrüchen

5.11 Freiflächen

Freiflächen sind für die Geländemodellierung gedacht. In ihrer einfachsten Form sind es *Volumen mit fester Höhe* und rechteckigem oder polygonalem Umriss, um damit die Geländehöhe des Baugrundstücks zu modellieren. Die z-Höhen der Eckpunkte können nachträglich mit einem Werkzeug der PET-PALETTE geändert werden.

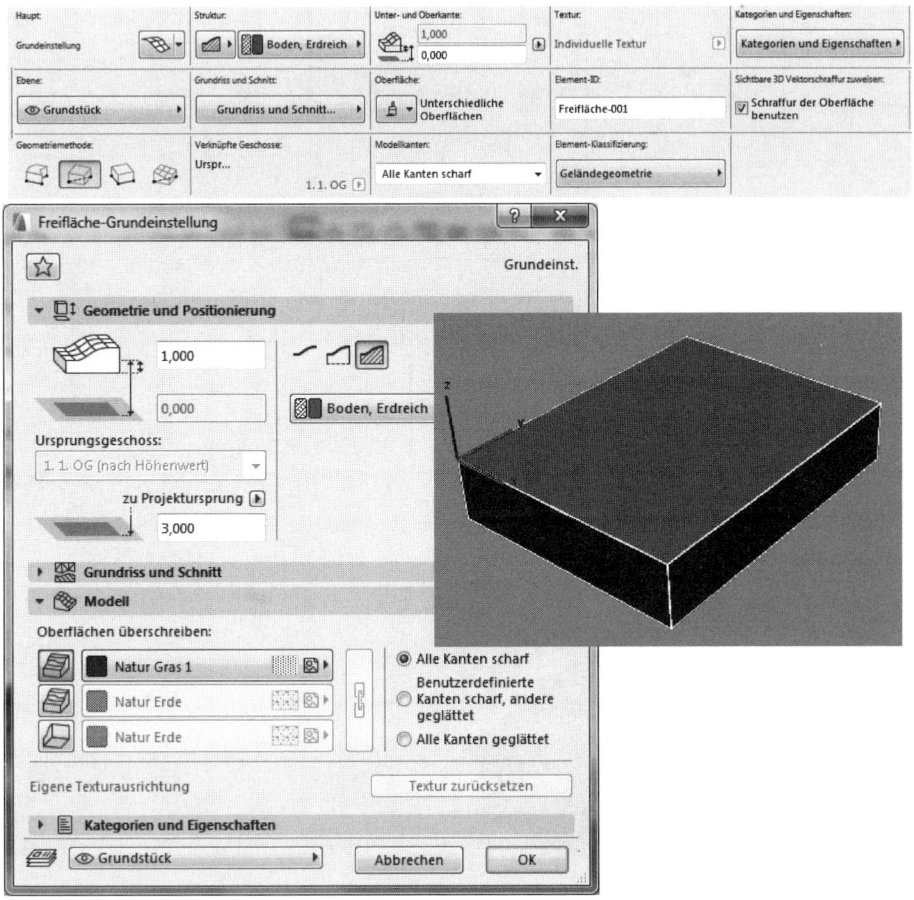

Abb. 5.82: Freiflächen-Einstellungen

Es gibt aber auch einen Typ, der als *Gitternetz* konstruiert werden kann und vorgabemäßig eine schiefe Oberfläche hat. Nach Aufziehen des rechteckigen Umrisses über zwei diagonale Positionen geben Sie die Höhen dreier Eckpunkte Z1, Z2 und Z3 vor (Abbildung 5.83). Diesen Typ können Sie in den einzelnen Gitterpunkten modellieren. Mit der PET-PALETTE lassen sich einzelne Gitterpunkte auf beliebige

Höhe legen, im 3D-Fenster sogar per Cursor. Damit gelingt es dann, fast beliebige Oberflächen eines Baugrundstücks darzustellen.

Abbildung 5.82 zeigt die Geometriemethoden POLYGON, RECHTECK, GEDREHTES RECHTECK und GENEIGTES RECHTECK. Letzteres ist die *schiefe Ebene*, die noch punktweise mit der PET-PALETTE modelliert werden kann.

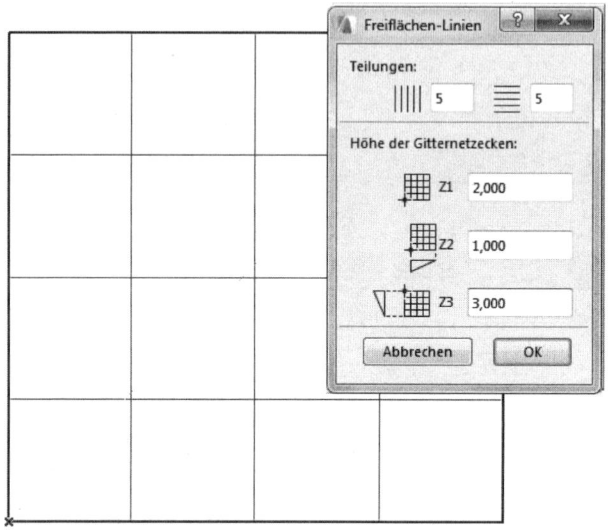

Abb. 5.83: Freifläche als Gitternetz

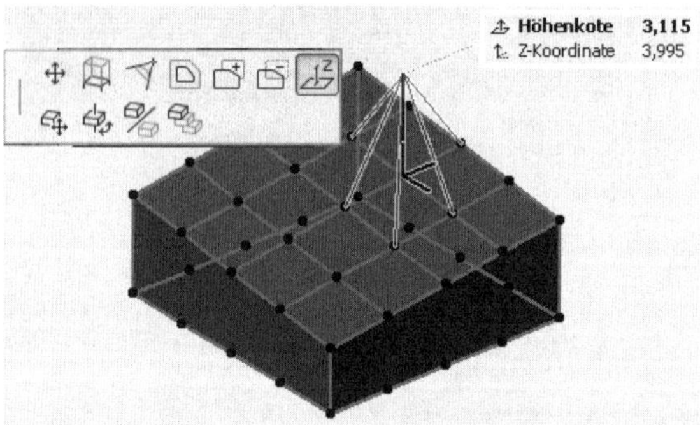

Abb. 5.84: Freifläche modifizieren

Abb. 5.85: Freiflächen in 3D, links punktweise modelliert, rechts schiefe Ebene

Als Alternative können Sie aber auch mit Daten aus gegebenen Punkte-Listen über das Menü ABLAGE|INTEROPERABILITÄT|FREIFLÄCHEN AUS VERMESSER-DATEN ERSTELLEN die Freiflächen erzeugen. Es können Dateien mit Punktkoordinaten als Textdatei (*.TXT) oder XYZ-Datei (*.XYZ) eingelesen werden. Die Punktkoordinaten müssen darin pro Zeile als drei getrennte Zahlenwerte stehen. Als Trennzeichen kommen Semikolon oder Leerzeichen infrage., Es können auch Punkt oder Komma als Trennzeichen verwendet werden, wenn sie nicht in den Dezimalzahlen vorkommen, beispielsweise so:

```
0,0,1
0,10,1
0,20,2
0,30,1
10,0,1
10,10,1
10,20,1.5
10,30,2
20,0,1
20,10,1
20,20,2
20,30,2
30,0,1
30,10,2
30,20,2
30,30,1
```

5.12 Übungsfragen

1. Welche Geometriemethoden gibt es für Wände?
2. Welche Optionen hat die lineare Wand?
3. Welche Querschnitte gibt es für Wände?
4. Womit wird bei Fenstern die Anschlagrichtung spezifiziert?
5. Wie kann die Öffnungsrichtung der Tür (nach innen/nach außen) geändert werden?
6. Wo wird ein Deckenelement platziert?
7. Wie konstruieren Sie einen Deckendurchbruch?
8. Welche Dach-Formen gibt es?
9. Wie wird ein Dach im 3D-Fenster erstellt?
10. Was ist die Vorbedingung für das Anpassen von Wänden an Dächer?

Kapitel 6

Elemente bearbeiten

Die Bearbeitung von Elementen wird in ArchiCAD in speziellen WERKZEUGPALETTEN angeboten, nachdem Sie die Elemente gewählt und bestimmte Positionen angeklickt haben. Deshalb steht bei der Bearbeitung die geeignete *Elementwahl* im Vordergrund. Elemente können zunächst einmal nur zum Zwecke der *Information* gewählt werden. Nach Anklicken bestimmter Positionen auf diesen Elementen erhalten Sie dann aber sogenannte PET-PALETTEN, die verschiedene *Bearbeitungsmöglichkeiten* anbieten.

6.1 Element-Auswahl

6.1.1 Informative Auswahl

Informationen über Elemente können Sie erhalten, indem Sie das PFEIL-Werkzeug aktivieren und damit auf das Element bzw. dessen Kanten fahren. Hier können Sie klicken oder das Element nur mit dem PFEIL-Werkzeug berühren und etwas warten. Das Element wird dann *blau* hervorgehoben und es erscheint eine Box mit den Elementdaten:

- *Typ des Elements*
- *Grundeigenschaften wie beispielsweise*
  - *Name* (elementabhängig, beispielsweise bei Fenstern, Türen)
  - *Bezugshöhe* (elementabhängig, beispielsweise bei Wänden)
  - *Ebene* (elementabhängig, beispielsweise bei Wänden)
  - *Geschoss* (elementabhängig, beispielsweise bei Wänden in Schnittansichten)

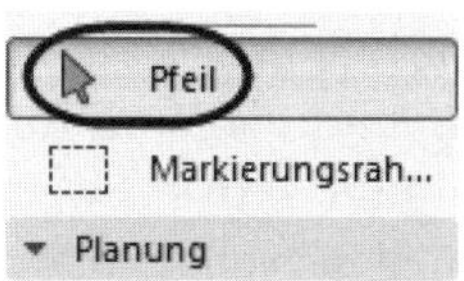

Abb. 6.1: Das PFEIL-Werkzeug

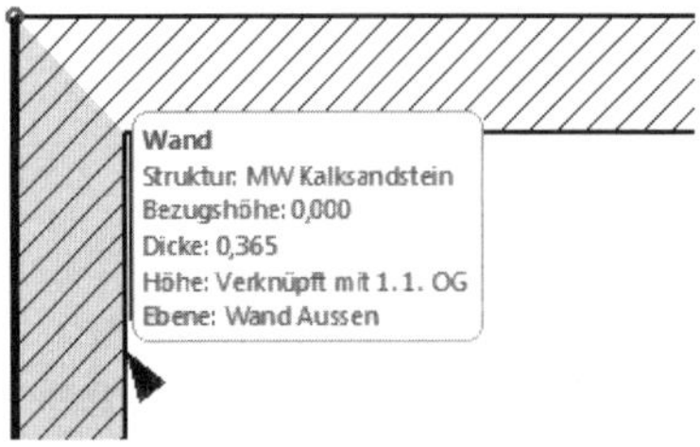

Abb. 6.2: Elementinformation nach Anklicken mit dem PFEIL-Werkzeug

Wenn Sie an eine Stelle fahren, wo mehrere Elemente zusammentreffen, wird eine weitere Zeile angezeigt:

- *Mehrere Elemente (TAB)*

Ein typisches Beispiel dafür ist die Position, wo sich Wand und Geschossdecke in einer Kante überlagern. Das bedeutet, dass Sie mit [⇆] zwischen den verschiedenen Elementen hin- und herblättern können.

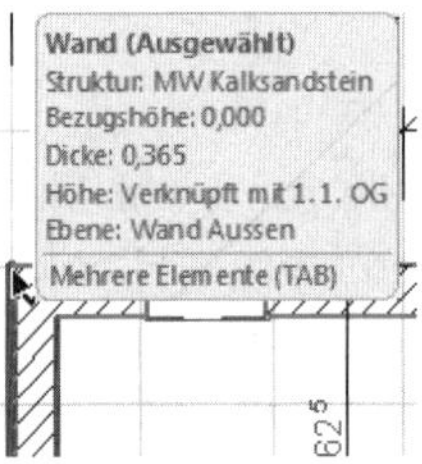

Abb. 6.3: Elementinformation bei mehreren Elementen

6.1.2 Schnellauswahl

Eine leichtere, effektivere Auswahl bietet die SCHNELLAUSWAHL. Vorgabemäßig ist die SCHNELLAUSWAHL als Zusatzoption zum PFEIL-Werkzeug schon aktiviert. Über diesen speziellen Button mit dem Magnetsymbol im INFOFENSTER können Sie diese SCHNELLAUSWAHL ein- und ausschalten. Wählen Sie das PFEIL-Werkzeug und aktivieren Sie im INFOFENSTER die SCHNELLAUSWAHL. Während Sie mit dem PFEIL-Werkzeug *eine Kante des gewünschten Elements* treffen müssen, aktiviert dieses Werkzeug ein Element, auch *wenn Sie dessen Fläche berühren*, und es wird die Element-Info angezeigt. Die *Schnellauswahl* kann für das PFEIL-Werkzeug auch *temporär* mit [Leertaste] aktiviert und deaktiviert werden. Wenn die Elemente zu klein sind, erscheint kein Schnellauswahl-Cursor. Dann müssen Sie zuerst zoomen.

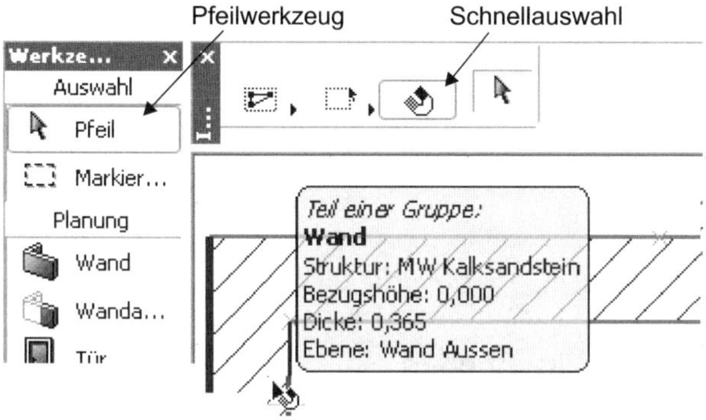

Abb. 6.4: SCHNELLAUSWAHL mit PFEIL-Werkzeug

Das PFEIL-Werkzeug können Sie mit der [⇧]-Taste aktivieren, wenn gerade ein Werkzeug aus dem WERKZEUGKASTEN aktiv ist.

6.2 Explizite Auswahl zur Bearbeitung

6.2.1 Auswahl mit Pfeil-Werkzeug

Um Elemente zu bearbeiten, können Sie diese

- mit dem PFEIL-Werkzeug anklicken
- mit [⇧] anklicken, falls ein anderes Werkzeug aktiv ist
- mit PFEIL-Werkzeug und aktivierter SCHNELLAUSWAHL anklicken, um einfach und effektiv zu wählen
- mit [Strg]+[A] alle Elemente wählen, die zum aktuellen Werkzeug (WAND, FENSTER o.Ä.) passen. Beispiel: Bei aktivem WAND-Werkzeug wählt [Strg]+[A] alle Wände.

Beim PFEIL-Werkzeug gibt es noch zwei Varianten, den *normalen* Objektwahlpfeil und den hellen Pfeil zur Wahl von *Unterobjekten*. Das wird beispielsweise bei MORPH-Objekten (Volumenkörpern) interessant, bei denen Sie neben dem gesamten Objekt auch mal einzelne *Flächen*, *Kanten* oder *Eckpunkte* wählen wollen. Dafür ist dann der helle Pfeil da.

Abb. 6.5: PFEIL-Werkzeug für normale Objekte und Unterobjekte

Bei Wahl mit [⇧] wird *ein Element der bisherigen Auswahl hinzugefügt.*

Die *Markierungsfarbe* gewählter Elemente ist *Grün*. Zudem werden für die gewählten Elemente die Knotenpunkte und Kanten hervorgehoben. Bei einem weiteren *Klick auf einen Knoten oder eine Kante* erscheinen Werkzeugkästen mit elementspezifischen Bearbeitungsfunktionen, sogenannte PET-PALETTEN.

6.2.2 Auswahl beenden

Eine Auswahl wird *beendet*, wenn Sie auf eine *leere Fläche* klicken oder [ESC] drücken.

6.2.3 Pfeil-Werkzeug und Auswahlmethoden

Das INFOFENSTER des PFEIL-Werkzeugs bietet neben der SCHNELLAUSWAHL noch weitere Auswahlverfahren, insbesondere zur Wahl mehrerer Elemente. Sie setzen sich zusammen aus

1. den Auswahlmethoden …, … oder … und
2. den Geometrieverfahren …, … oder … .

Verfahren	Bedeutung
	Objekt ist gewählt, wenn mindestens *ein* Knotenpunkt im Auswahlgebiet liegt.
	Objekt ist erst dann gewählt, wenn *alle* Knotenpunkte im Auswahlgebiet liegen.
	Die Elementwahl ist nun richtungsabhängig. Bei Aufziehen einer Box von rechts nach links oder eines Polygons im Gegenuhrzeigersinn werden Elemente gewählt, wenn *mindestens ein* Knotenpunkt im Auswahlgebiet liegt. Das Auswahlgebiet wird in diesem Fall von *gepunkteten Linien* umgrenzt. Im umgekehrten Fall werden Elemente nur gewählt, wenn *alle* Knotenpunkte im Auswahlgebiet liegen. Die Umgrenzung erscheint dann *strichpunktiert*.
	Auswahlgebiet ist eine *rechteckige Box*, die durch zwei Klickpositionen aufgezogen wird.
	Auswahlgebiet ist ein *gedrehtes Rechteck*, dessen erste Kante durch zwei Klickpositionen definiert wird und dessen Höhe der dritte Klickpunkt festlegt.
	Das Auswahlgebiet wird durch ein *Polygon* mit beliebig vielen Klickpunkten gebildet. Wenn der letzte Punkt auf den ersten fällt, ist das Polygon definiert und die Auswahl getätigt.

Tabelle 6.1: Auswahlverfahren

Eine Auswahl wird beendet durch [ESC] oder Klick auf eine freie Fläche.

6.2.4 Werkzeug Markierungsrahmen

Zur Auswahl mehrerer Elemente ist auch das Werkzeug MARKIERUNGSRAHMEN nützlich. Der MARKIERUNGSRAHMEN wird typischerweise zum Verschieben von ganzen Elementgruppen verwendet. Es gibt zwei verschiedene Rahmen, der eine wirkt nur im *aktuellen Geschoss* …, der andere wirkt *geschossübergreifend* … .

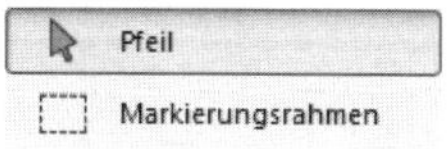

Abb. 6.6: Auswahlwerkzeuge Pfeil und Markierungsrahmen (unten)

Wieder gibt es dann die oben gezeigten Formen des Markierungsrahmens: *Rechteck, gedrehtes Rechteck* und *Polygon*.

Bei aktiviertem Markierungsrahmen werden bei Annäherung an Ecken oder Kanten die bekannten Cursorsymbole *Häkchen* oder *Stern-Cursor* (Mercedesstern) gezeigt. Damit können Sie dann beispielsweise mit Klick einen Startpunkt für eine Verschiebung wählen und danach eine Zielposition anklicken. Wenn Sie im Markierungsrahmen auf eine freie Fläche fahren, erscheint ein *Dreizack*, der das Verschieben des Rahmens selbst erlaubt. Die gewählten Elemente werden in diesem Fall aber nicht grün hervorgehoben.

Der Markierungsrahmen wird mit [ESC] wieder entfernt.

6.2.5 Auswahl nach Kriterien

Mit dem Menü Bearbeiten|Suchen & Aktivieren oder in der Symbolleiste Standard können Sie eine Auswahl nach bestimmten Kriterien zusammenstellen. Bei Kriterien-Set-Name können Sie zuerst nur aus vordefinierten Sets auswählen:

- Alle Elemente
- Alle 2D-Elemente
- Alle 3D-Elemente
- Alle Elemente auf sichtbaren und entsicherten Ebenen
- Invertierte Elemente

Um eine eigene Auswahl zusammenzustellen, müssen Sie ein vordefiniertes Set wie etwa Alle Elemente wählen. Ändern Sie dann in der Zeile Element-Typ ... hinten bei ▸ eine andere Spezifikation wie beispielsweise Wand. Damit haben Sie ein Set Eigene erstellt, das Sie natürlich noch weiter ausbauen können. Mit dem Button ▸ rechts neben Eigene können Sie über die Option Speichern als einen sinnvolleren Namen definieren. Im eigenen Kriterien-Set können Sie beliebige Kriterien hinzufügen und dann dafür Werte auswählen. Zuerst wählen Sie den Element-Typ, z. B. Wand.

Darunter werden dann weitere Kriterien gewählt und hinzugefügt. Mit den Schaltflächen Kriterium hinzufügen und Kriterium löschen können Sie weitere Kriterien zur Auswahl hinzufügen oder Kriterien wieder entfernen. Bei jedem Kriterium gibt es eine Wertzuweisung, meist ein Gleichheitszeichen, aber es kann auch ein Kleiner- oder Größer-Zeichen sein. Zu jedem Kriterium können Sie rechts daneben dann den Wert auswählen.

Abb. 6.7: BEARBEITEN|SUCHEN & AKTIVIEREN

Die Schaltfläche mit der *Pipette* wird benutzt, um einzelne *Kriterien* von einem Element per Mausklick *abzugreifen*. Mit dem Werkzeug mit der *Box* rechts daneben können Sie alle Kriterien eines angeklickten Elements übernehmen.

Die Schaltfläche mit dem Pluszeichen wählt dann die Objekte nach den Kriterien aus, die Schaltfläche mit dem Minuszeichen hebt die Auswahl wieder auf oder entfernt die Objekte aus einer bestehenden Auswahl.

Gehört ein gewähltes Element zu einer *Gruppe* und ist die GRUPPIERUNG in der STANDARD-Symbolleiste aktiviert, dann wird die komplette *Gruppe* gewählt.

6.2.6 Auswahlsets

Mit der Palette AUSWAHLEN, zu aktivieren mit dem Menü FENSTER|PALETTEN|AUSWAHLSETS, können Sie aus *gewählten Objekten* ein Auswahlset zusammenstellen und speichern. Zum Test wählen Sie einfach mit dem PFEIL-Werkzeug bzw. mit ⇧+PFEIL mehrere Objekte aus. Dann aktivieren Sie in der Palette AUSWAHLEN den kleinen Pfeil ▶ rechts oben, um die aktuelle Auswahl hinzuzufügen und dieser Auswahl einen Namen zu geben. Diese Auswahl können Sie nun benutzen, um bestehende Auswahlen über die drei Schaltflächen mit den Zeichen »x«, »-« und »+« zu manipulieren.

- x aktiviert in einer bestehenden Auswahl (Markierung) nur diejenigen Elemente, die auch in der oben markierten Auswahl vorkommen, und schaltet andere bereits gewählte ab. Man nennt das auch die Schnittmenge der beiden Auswahlen.
- \- schließt aus einer Auswahl diejenigen aus, die in der markierten Auswahl vorkommen. Das ist eine Art Differenzbildung.
- \+ fügt zu einer aktuellen Auswahl noch die Objekte der markierten Auswahl hinzu. Das ist eine Summierung.

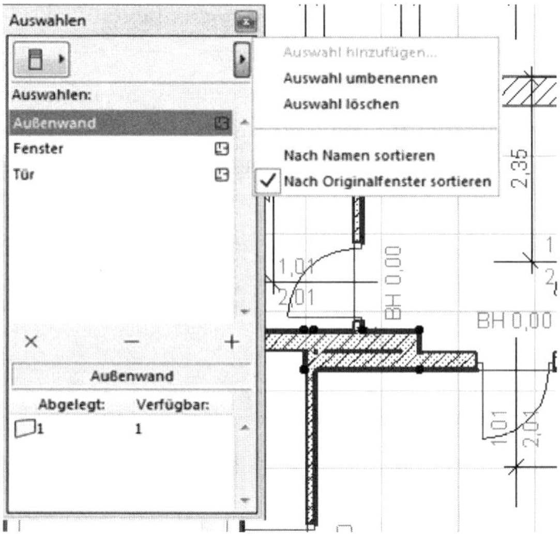

Abb. 6.8: Auswahlsets verwenden

6.3 Direkt-Bearbeitung mit Pet-Paletten

Nach *Markieren* eines Elements und *nachfolgendem Anklicken* einer Kante oder eines Eckpunkts erscheinen die PET-PALETTEN und bieten Bearbeitungsbefehle an. Nach dem Klick auf eine *definierende Kante* wird als Standard-Bearbeitung das VERSCHIEBEN angeboten. Nach Klick auf einen *Eckpunkt* wird vorzugsweise die LÄNGENÄNDERUNG vorgegeben.

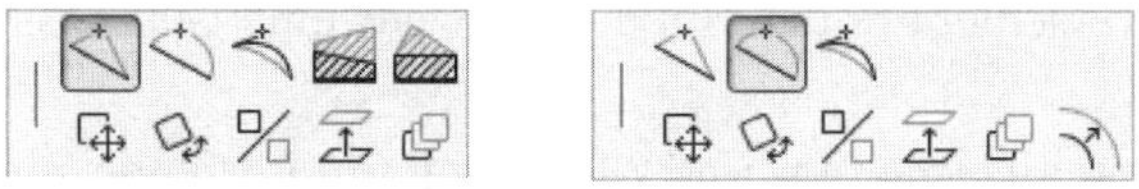

Abb. 6.9: PET-PALETTEN nach Markieren eines Elements, rechts für bogenförmige Wand

Folgende Optionen sind in der oberen Reihe der PET-PALETTE enthalten:

- NEUEN KNOTENPUNKT EINFÜGEN fügt einen neuen Punkt an der angeklickten Position ein und macht damit aus einem Segment zwei. Bei gebogenen Objekten wird zuerst in ein lineares Objekt umgewandelt, und dann ein Punkt hinzugefügt.
- KANTE ABRUNDEN wandelt eine geradlinige Kante in eine gewölbte um und verlangt dazu einen Punkt auf dem neuen Bogen. Bei gebogenen Objekten wird mit diesem Punkt ein neuer Bogen bestimmt.
- SEGMENT MIT DER TANGENTE wandelt eine geradlinige Kante in eine gewölbte um und verlangt dazu einen weiteren Punkt, der die Tangentenrichtung im

nächstliegenden Endpunkt definiert. Bei Bögen wird die nächstliegende Endtangente neu definiert.

- KONTUR EINER TRAPEZWAND VERÄNDERN wandelt eine normale Wand mit zwei zusätzlichen Punkten in eine Trapezwand (mit trapezförmigem Grundriss) um oder ändert den Grundriss einer Trapezwand und verlangt dazu zwei Punkte für den neuen Verlauf der Innenwand.
- NEUEN PUNKT IN TRAPEZWAND EINFÜGEN wandelt ein normales Wand- oder Trapezwandsegment in eine Trapezwand mit zwei Segmenten um und braucht dafür eine weitere Position auf der Innenseite.

In der unteren Reihe liegen:

- VERSCHIEBEN verschiebt auf eine neue Punktposition.
- DREHEN verlangt drei Punkteingaben: einen Drehpunkt, einen Punkt für den Anfangswinkel und einen weiteren für den Endwinkel.
- SPIEGELN spiegelt an einer Spiegelachse, die über zwei Punkte definiert wird.
- HÖHENVERSCHIEBUNG verschiebt gewählte Objekte um den eingegebenen Höhenwert. Optional können Sie wählen, ob die Elemente dann je nach Höhe dem entsprechenden Geschoss zugeordnet werden sollen: URSPRUNGSGESCHOSS NACH HÖHENWERT FESTLEGEN.
- MULTIPLIZIEREN erzeugt eine Vervielfachung der Elemente auf verschiedene Arten (Abbildung 6.25):
  - VERSCHIEBEN verschiebt in der Ebene über zwei Punktpositionen.
  - DREHEN dreht um einen Drehpunkt über Angabe von Anfangswinkel und Endwinkel.
  - HÖHENVERSCHIEBUNG verschiebt in der Höhe um jeweils eine Geschoss-Höhe.
  - MATRIX bewirkt eine Verschiebung in x- und y-Richtung um Abstände, die durch zwei Punkte angegeben werden, und um eine Geschoss-Höhe in z-Richtung.
  - Sie können bei Höhenverschiebungen wählen, ob die verschobenen Objekte den entsprechenden neuen Geschossen zugeordnet werden sollen oder zum alten zugehörig bleiben sollen. Es gibt verschiedene Optionen zur Angabe der Anzahl, des Gesamtabstandes und des Einzelabstandes. Insgesamt sind damit eine große Zahl regelmäßiger Anordnungen möglich.
  - RADIALE STRECKUNG bewirkt bei gebogenen Elementen eine Variation des Bogenradius bei gleichem Zentrum.

In Abbildung 6.10 sehen Sie die Funktionen der PET-PALETTE bei *Klick auf einen Eckpunkt.*

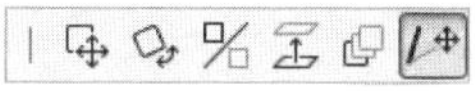

Abb. 6.10: PET-PALETTE für markiertes Element nach Klick auf Eckpunkt

Hier erscheint noch eine neue Operation am rechten Ende:

- LÄNGENÄNDERUNG ermöglicht die Änderung der markierten Position in Richtung und Entfernung über Wahl eines neuen Endpunkts.

Weitere Bearbeitungen erscheinen bei anderen Elementen wie *verbundenen Elementen* oder *Kreisen, Ellipsen, Splines* und *Polylinien*. Die PET-PALETTEN sind immer abhängig vom Element-Typ und vom angeklickten Detail des Elements. Etliche werden im folgenden Abschnitt detailliert beschrieben.

6.4 Elemente bearbeiten

Die Bearbeitung ist gemäß dem Charakter des Programms wieder sehr intuitiv möglich. Dazu wird *zunächst* das betreffende Element durch Anklicken *markiert*. Dann gibt es verschiedene Vorgehensweisen, eine bestimmte Bearbeitung zu wählen:

- Klicken und direktes Ziehen mit der Maus
- Klicken und Funktionen der PET-PALETTEN verwenden
- Kontextmenü verwenden (über Rechtsklick)
- BEARBEITEN-Menü
- Tastaturkürzel
- Symbolleiste ELEMENTE BEARBEITEN
- Symbolleiste ELEMENTE ANORDNEN

6.4.1 Direktes Ziehen mit der Maus

Wenn Sie das *Element* mit Klick *markiert* haben und dann auf einer *Kante* anklicken, ist die Funktion VERSCHIEBEN vorgewählt, und Sie können mit dem Cursor sofort die neue Position für die Verschiebung des Elements eingeben oder die Position in den *Tracker* eingeben oder auch den Abstand spezifizieren.

Wenn Sie einen Eckpunkt angeklickt haben, wird die Funktion LÄNGENÄNDERUNG automatisch aktiviert. Sie geben dann die neue Position für diese Ecke an. Die andere Ecke bleibt erhalten. Dadurch wird das Objekt gestreckt oder zusammengeschoben.

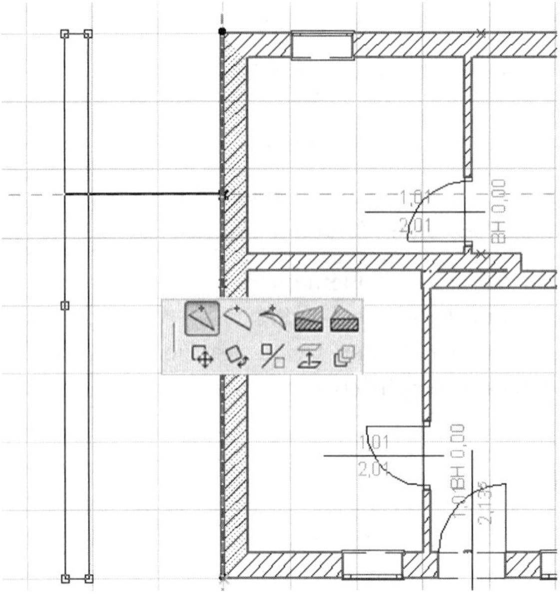

Abb. 6.11: Verschieben einer Wand

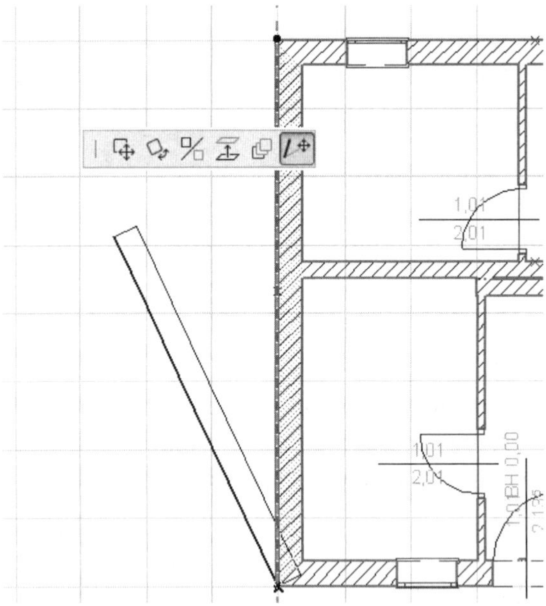

Abb. 6.12: Längenänderung

6.4.2 Funktionen der Pet-Paletten verwenden

Die PET-PALETTEN brauchen Sie, um andere Funktionen als die auszuwählen, die automatisch nach dem zweiten Anklicken des Elements aktiviert werden.

Neuen Knotenpunkt einfügen

Hiermit wird in einer Wand oder in einer Linie ein neuer Eckpunkt mit den Koordinaten erzeugt, die Sie hier eingeben. Zum Positionieren stehen Ihnen natürlich alle oben bereits vorgestellten Koordinateneingaben inklusive Hilfslinien und Fangpositionen zur Verfügung.

> **Tipp**
>
> Tipp: Wenn Sie Wände mit der Geometriemethode POLY erstellt haben, müssen Sie mit BEARBEITEN|GRUPPIEREN|GRUPPIERUNG AUSSETZEN oder mit dem Werkzeug in der STANDARD-Werkzeugleiste die Gruppierung aufheben, um Bearbeitungen für einzelne Wandteile zu ermöglichen. Erst dann erhalten Sie auch die PET-PALETTE für Einzelbearbeitung.

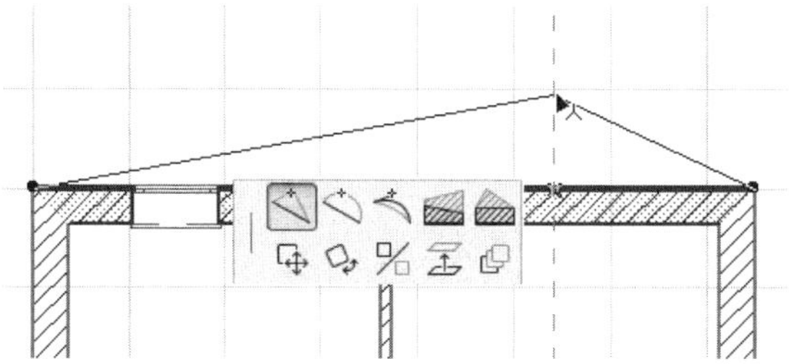

Abb. 6.13: Wand mit neuem Eckpunkt

Kante abrunden

Diese Funktion macht aus einer Linie oder einer geradlinigen Wand ein *gebogenes Element*. Die Cursorposition liegt *auf* dem Bogen und bestimmt damit dessen Krümmung. Elemente wie Fenster oder Türen können entlang der neuen Wand mit den alten Abständen erscheinen oder proportional positioniert werden.

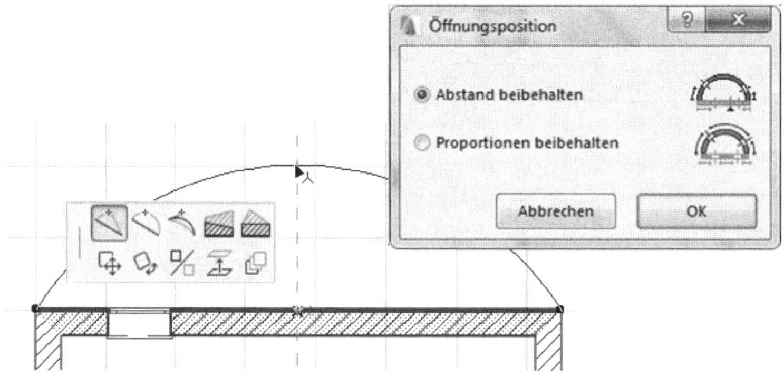

Abb. 6.14: Gebogene Wand erstellen

Sie können die Krümmung mit der Funktion SEGMENT MIT TANGENTE wieder zurücknehmen, indem Sie die Tangente des gebogenen Objekts zum anderen Endpunkt hin ziehen.

Segment mit der Tangente

Diese Option bestimmt für ein gebogenes Objekt die Tangentenrichtung im nächstliegenden Endpunkt. Sie kann auch verwendet werden, um ein geradliniges Objekt erst in einen Bogen umzuwandeln.

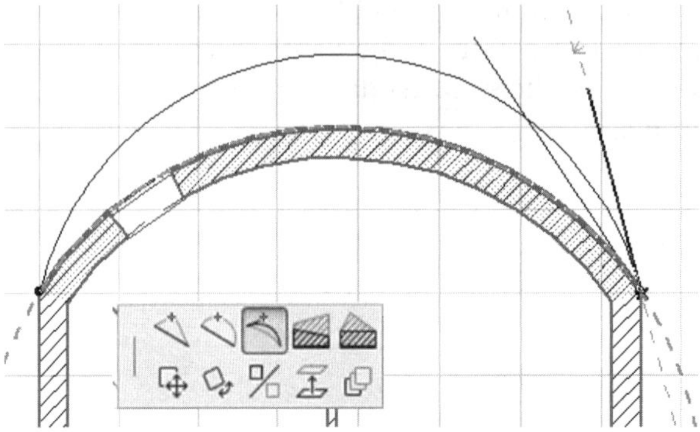

Abb. 6.15: Tangentenrichtung bestimmen

Kontur einer Trapezwand verändern

Diese Funktion ist nur für normale Wände und solche vom Typ *Trapezwand* sinnvoll. Trapezwände werden mit der Geometriemethode TRAPEZ (im INFOFENSTER WAND vorm Erstellen wählen) erzeugt und besitzen unterschiedliche Wandstärken an beiden Enden. Wenn Sie damit eine normale geradlinige Wand bearbeiten, wird sie zuerst in eine Trapezwand umgewandelt.

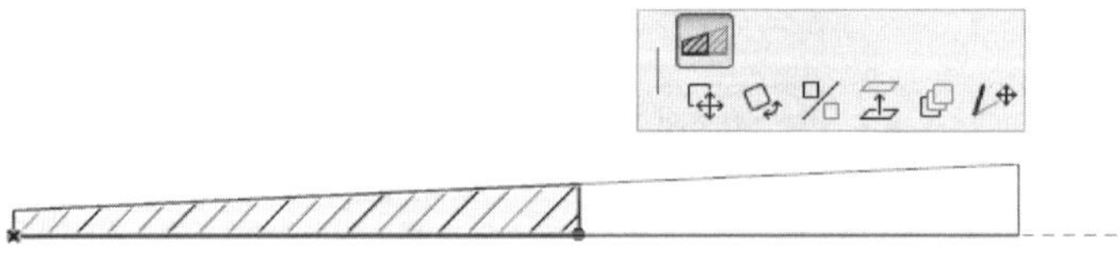

Abb. 6.16: Trapezwand

Nach Anklicken der definierenden Linie können Sie diese Funktion wählen, dann einen Eckpunkt der Innenwand wählen und die Richtung für die Wandlinie über einen zweiten Punkt festlegen. Die betreffende Wandlinie wird dann gedreht.

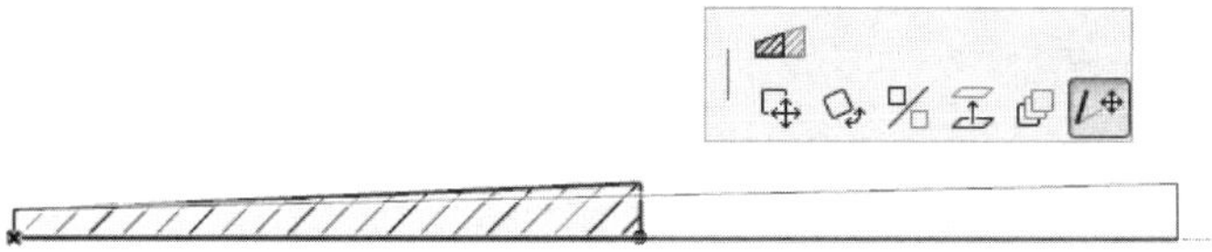

Abb. 6.17: Längenänderung bei Trapezwand

Neuen Punkt in Trapezwand einfügen

Diese Funktion ist auch wie oben nur für normale Wände oder solche vom Typ *Trapezwand* aktiv. Normale Wände werden wieder in Trapezwände umgewandelt. Durch den angegebenen Punkt wird das Wandstück in zwei Teile unterteilt und außerdem definiert der Punkt die Wandstärke an der gewählten Position.

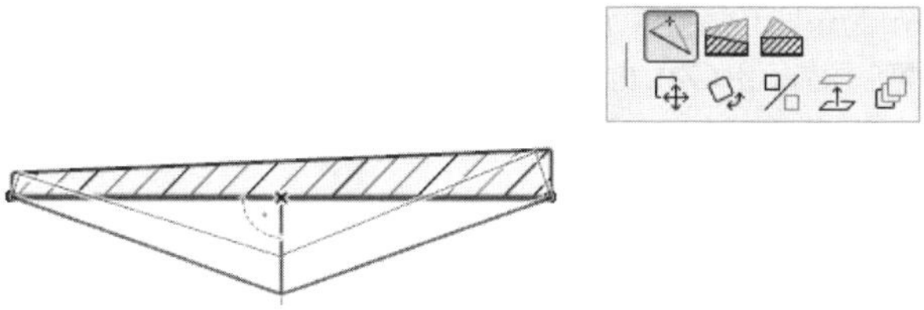

Abb. 6.18: Punkt zu Trapezwand hinzufügen

6.5 Standard-Transformationen

Die Standard-Transformationen sind für fast alle Elemente verfügbar: VERSCHIEBEN, DREHEN, SPIEGELN, HÖHENVERSCHIEBUNG, LÄNGENÄNDERUNG, MULTIPLIZIEREN.

Kopien bearbeiten

Sie können diese Funktionen auch auf die *Kopien* dieser Elemente ausführen, wenn Sie nach Markieren der Objekte die Strg-Taste einmal drücken. Dann erscheint am Cursorsymbol ein *Pluszeichen* als Hinweis, dass eine Kopie erstellt wird und das Original so erhalten bleibt.

Verschieben

Zum Verschieben von Elementen brauchen Sie diese nur mit der Schnellauswahl anzuklicken, beim letzten Element dann die Maustaste gedrückt zu halten und das Element so zu verschieben. Sie können aber auch Strg+E als Tastaturkürzel eingeben oder BEARBEITEN|BEWEGEN|VERSCHIEBEN wählen, wenn Sie Objekte markiert haben und verschieben wollen. Sie geben dann einen Ausgangspunkt und einen Endpunkt für die Verschiebung an.

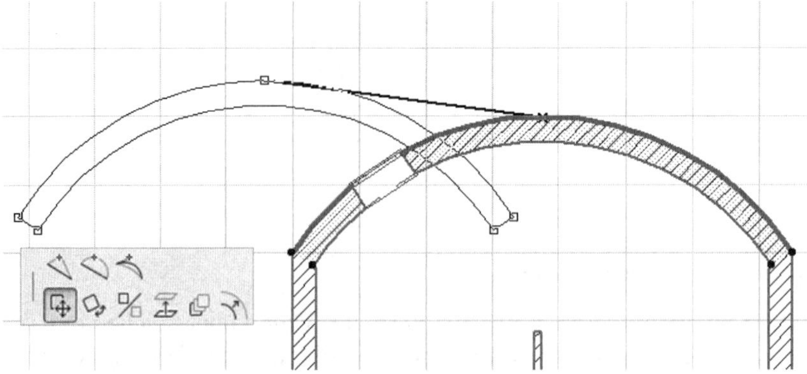

Abb. 6.19: Verschieben

Gruppierte Objekte werden zusammen verschoben. Um Elemente zu gruppieren, müssen Sie diese markieren und BEARBEITEN|GRUPPIEREN|GRUPPIEREN oder [Strg]+[G] wählen. Mit dem Werkzeug GRUPPIERUNG AUSSETZEN aus der STANDARD-Symbolleiste wird eine Gruppierung zeitweilig ausgeschaltet, kann aber auch wieder eingeschaltet werden.

Drehen

Wenn Sie BEARBEITEN|BEWEGEN|DREHEN oder [Strg]+[D] wählen, müssen Sie einen Drehpunkt wählen und dann einen Startwinkel und einen Endwinkel der Drehung angeben.

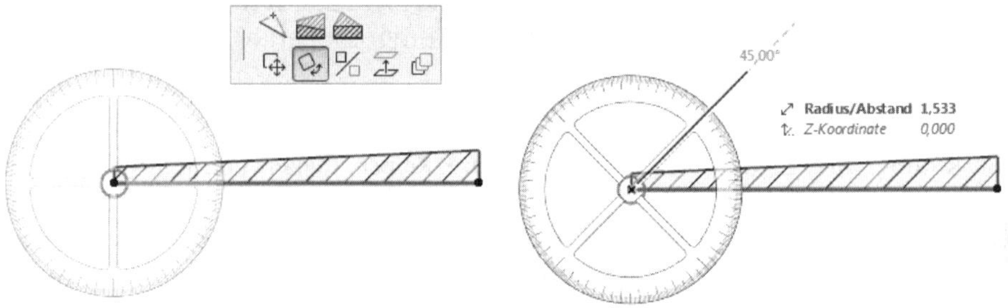

Abb. 6.20: Drehen

Spiegeln

Wenn Sie BEARBEITEN|BEWEGEN|SPIEGELN oder [Strg]+[M] wählen, müssen Sie zwei Punkte für eine Spiegelachse wählen, an der die Objekte unmittelbar gespiegelt werden. Bei Elementen wie Texten, Bemaßungen und Pfeilspitzen wird zwar das Element selbst gespiegelt, aber die Elemente behalten ihre Ausrichtung bei. Es entsteht also keine Spiegelschrift. Raumstempel können nicht gespiegelt werden.

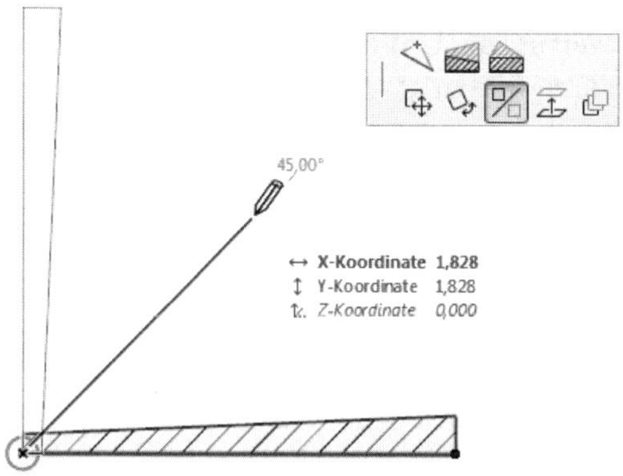

Abb. 6.21: Spiegeln

Höhenverschiebung/Vertikal verschieben

Mit dieser Funktion können Sie ein oder mehrere Elemente wählen und die neue Bezugshöhe in einem Dialogfenster eingeben.

Abb. 6.22: Höhenverschiebung

Längenänderung

Zum *Ändern der Größe* von Elementen gibt es drei Arten von Operationen: SPLITTEN, LÄNGENÄNDERUNG und ANPASSUNG. Die einfachste Operation ist die LÄNGENÄNDERUNG. Die PET-PALETTEN bieten da bei verschiedenen Elementen unterschiedlichste Optionen.

- *Wände* Bei Wänden geschieht die Längenänderung ganz intuitiv durch Verschieben eines Eckpunkts.
- *Geneigte Wände, Stützen* Geneigte Wände und Stützen haben ähnliche Optionen zur Längenänderung (eine geneigte Wand entsteht mit dem WAND-Werk-

zeug, wenn Sie im EINSTELLUNGSDIALOG die Wandform GENEIGT wählen). Sie sind aber nicht alle im 2D-Modus verfügbar. Um alle Optionen zu erhalten, müssen Sie über die NAVIGATOR-Palette in den 3D-MODUS wechseln, am besten in die ALLGEMEINE AXONOMETRIE.

- HÖHE BEI FESTEN WINKELN ÄNDERN variiert die Höhe unter Beibehaltung des Neigungswinkels.
- WINKEL ÄNDERN verändert den Neigungswinkel des Elements durch Wahl entsprechender Zielpunkte für den gewählten Eckpunkt bei gleichem z-Wert.
- HÖHE STRECKEN verschiebt die obere Fläche der Wand oder Stütze in z-Richtung, also senkrecht zur Konstruktionsebene. Dabei ändert sich der Neigungswinkel, aber die Projektion auf die xy-Ebene bleibt gleich.

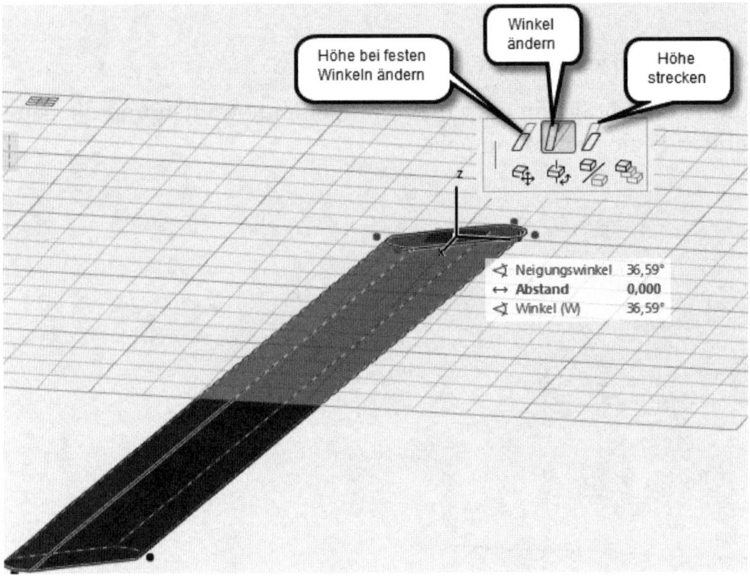

Abb. 6.23: WINKEL ÄNDERN bei Stütze in der 3D-Ansicht

- *Unterzüge* Auch bei Unterzügen gibt es die volle Palette der Optionen erst im 3D-Modus:
  - LÄNGE STRECKEN ermöglicht die Eingabe der neuen Gesamtlänge oder einer neuen Punktposition für den Eckpunkt.
  - PROFIL HORIZONTAL STRECKEN erlaubt die Eingabe einer neuen Gesamtbreite oder einer Punktposition, wobei symmetrisch zur Mittellinie verbreitert wird.
  - PROFIL VERTIKAL STRECKEN verlangt einen neuen Wert für die Balkenhöhe oder einen Punkt. Dabei bleibt die Balkenfläche gegenüber dem gewählten Punkt fixiert.

- *Stützen* Bei Stützen unterscheiden sich die Optionen je nachdem, ob der Mittelpunkt oder ein Eckpunkt oben oder unten gewählt wurde.
  - LÄNGE BEI FESTEN WINKELN ÄNDERN variiert die Höhe bei unverändertem Neigungswinkel.
  - WINKEL ÄNDERN und HÖHE STRECKEN wirken wie bei den Wänden.
  - PROFIL DREHEN dreht das Profil um die Achse.
  - PROFIL STRECKEN gibt es für die Verbreiterung in Richtung beider Seitenflächen.
- *Komplizierte Profil-Elemente* Spezielle Streck- und Dehn-Optionen werden für Profile angeboten. Das sind Wände, die im EINSTELLUNGSDIALOG mit der WANDFORM PROFILE versehen wurden und für die dann unter STRUKTUR ein Profil gewählt wurde.

Multiplizieren

Die Funktion MULTIPLIZIEREN dient zum Erstellen regelmäßiger Anordnungen von Elementen. Dabei kann es sich um lineare Anordnungen, kreisförmige Anordnungen oder Anordnungen in Form einer Matrix handeln. Die lineare Anordnung kann eine normale Verschiebung in der xy-Ebene oder in der Höhe, also in z-Richtung sein. Bei der Matrix-Anordnung sind Sie nicht auf eine rechtwinklige Struktur beschränkt, sondern können die beiden Richtungen für die Matrix-Zeilen und -Spalten angeben.

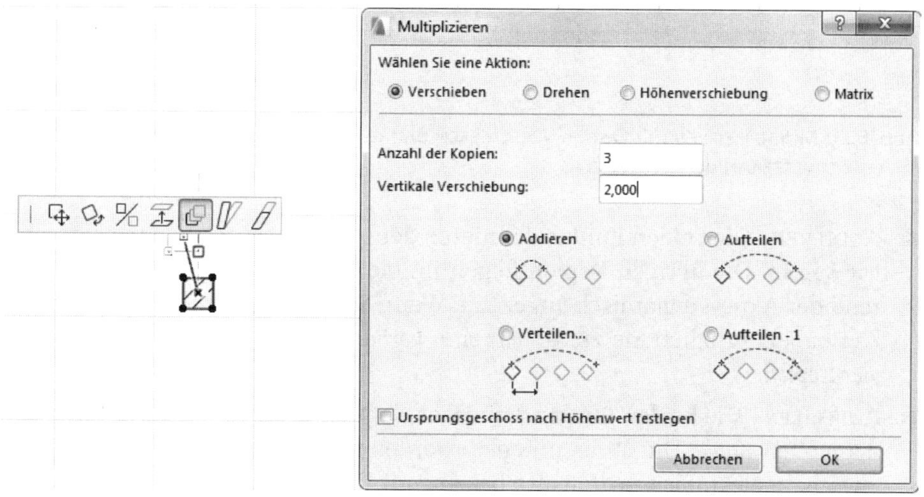

Abb. 6.24: Dialogfeld MULTIPLIZIEREN

Die Ausdehnung der Anordnung wird typischerweise durch die ANZAHL DER KOPIEN und dann einen *Referenzpunkt* und einen *zweiten Punkt* festgelegt. Wenn

Sie eine VERTIKALE VERSCHIEBUNG angeben, dann werden die neuen Elemente jeweils um diesen Betrag zusätzlich in der Höhe verschoben und landen – eventuell unsichtbar – auf anderen Geschossen. Es gibt vier verschiedene Verfahren, in welcher Art und Weise *Referenzpunkt* und *zweiter Punkt* das Muster definieren:

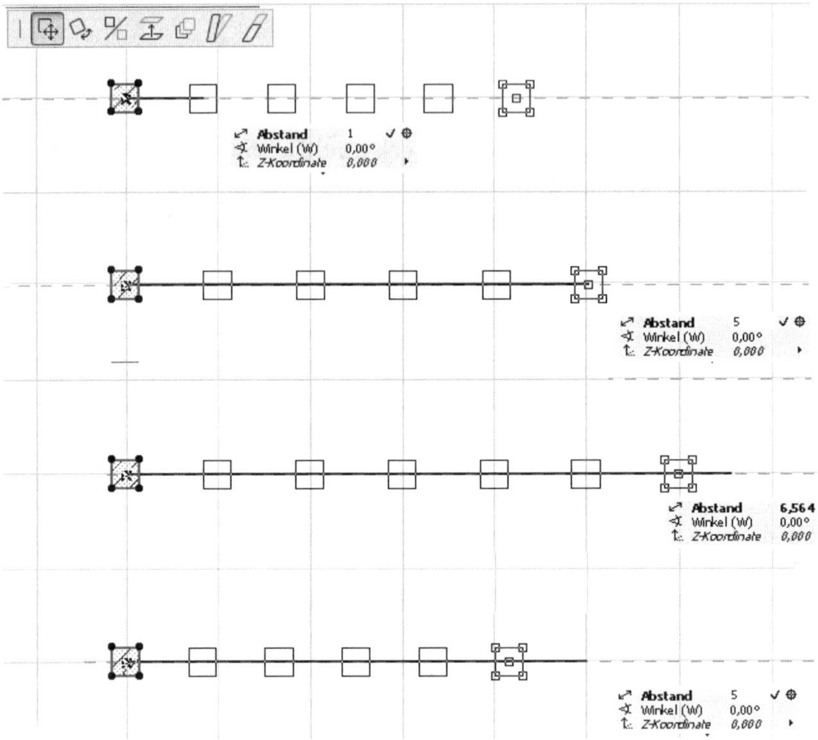

Abb. 6.25: MULTIPLIZIEREN mit Option VERSCHIEBEN und den Methoden ADDIEREN, AUFTEILEN, VERTEILEN und AUFTEILEN-1

- ADDIEREN Die beiden Punkte definieren den *Abstand* zwischen den beiden *ersten Kopien*. Die übrigen Kopien folgen im gleichen Abstand und werden während der Aktion dynamisch angezeigt. Wenn Sie für die *Anzahl* also **4** eingegeben haben, erhalten Sie zusätzlich *zum vorhandenen Element* eben noch diese *vier Kopien*.
- AUFTEILEN Die beiden Punkte definieren den *Abstand* zwischen der *ersten* und der letzten *Kopie*. Die übrigen Kopien werden in gleichmäßigen Abständen dazwischengelegt. Sie erhalten also bei *Anzahl* **4** hier dann *vier neue Elemente*.
- VERTEILEN Hierbei geben Sie nicht die Anzahl an, sondern den gewünschten *Abstand* zwischen zwei Elementen. Der Referenzpunkt und der zweite Punkt definieren dann den *auszufüllenden Bereich*. Es werden also *so viele Kopien* er-

zeugt, wie bei dem gewählten Abstand zwischen Referenzpunkt und zweiten Punkt passen.

- AUFTEILEN-I Die beiden Punkte definieren wie bei AUFTEILEN den *Abstand* zwischen der *ersten* und der letzten *Kopie*. Die gewünschte Anzahl Kopien wird in gleichmäßigen Abständen dazwischengelegt. Sie erhalten also bei *Anzahl* **4** hier dann mit dem letzten durch den zweiten Punkt bestimmten Element insgesamt *fünf neue Elemente*.

6.6 Anpassungsoperationen

Trimmen

Elemente wie Wände, Unterzüge, Linien, Kreise, Bögen, Polylinien oder Splines können Sie trimmen. Das bedeutet, dass Sie Teile aus diesen Elementen bis zum nächsten Schnittpunkt mit einem anderen Element herausschneiden können.

Dazu wählen Sie zuerst mit einem Klick das Element aus. Dann wählen Sie BEARBEITEN|VERÄNDERN|TRIMMEN oder drücken einfach `Strg` und das SCHERE-Werkzeug erscheint. Wenn die Schere geschwärzt aussieht, sitzen Sie richtig auf dem Element bzw. der Kante des Elements und die Schere ist scharf. Nun klicken Sie, und sofort wird das Stück herausgeschnitten.

Sie können natürlich auch das Werkzeug TRIMMEN aus dem Werkzeugkasten STANDARD wählen.

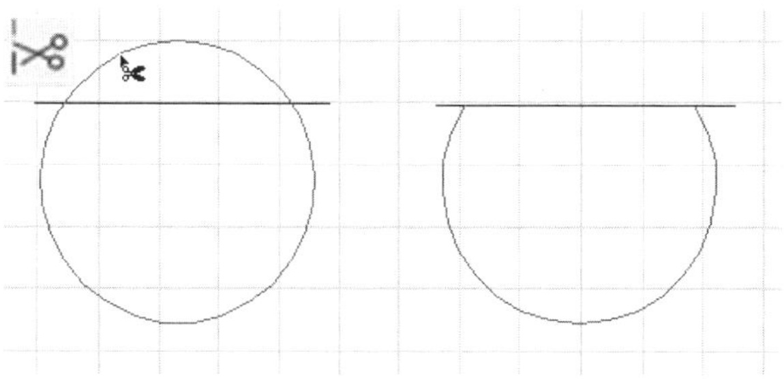

Abb. 6.26: Trimmen

Tipp

Gruppierte Elemente können nicht aneinander getrimmt werden. Dafür müssen Sie zuerst in der STANDARD-Symbolleiste die Schaltfläche GRUPPIEREN AUSSETZEN wählen.

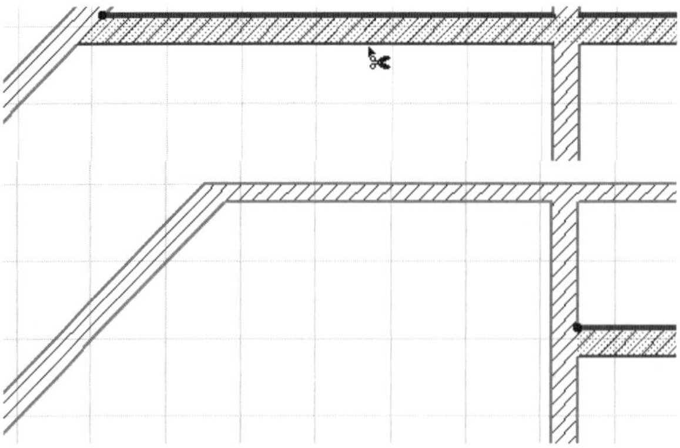

Abb. 6.27: Trimmen von Wänden

Anpassen/Trimmen

Zum Anpassen von Wänden an Dächer oder Schalen verwenden Sie am besten das *Kontextmenü*. Voraussetzung ist, dass die Wand zunächst über Dach oder Schale hinausragt. Dazu wäre sie ggf. in der Höhe zu verlängern. Dann markieren Sie die Wand, wählen mit Rechtsklick das *Kontextmenü* und dort die Option VERBINDEN|ELEMENTE MIT DACH/SCHALE TRIMMEN und markieren das Dach. Danach müssen Sie noch anklicken, was übrigbleiben soll. Das ist natürlich die untere Wandpartie. Wenn die Wände ursprünglich als Rechteck erzeugt wurden, dann bilden sie eine Gruppe. Sie können dann auch die komplette Gruppe wählen und über die ELEMENTEIGENSCHAFTEN mit einer genügend hohen Oberkante versehen, um dann die komplette Gruppe zu trimmen.

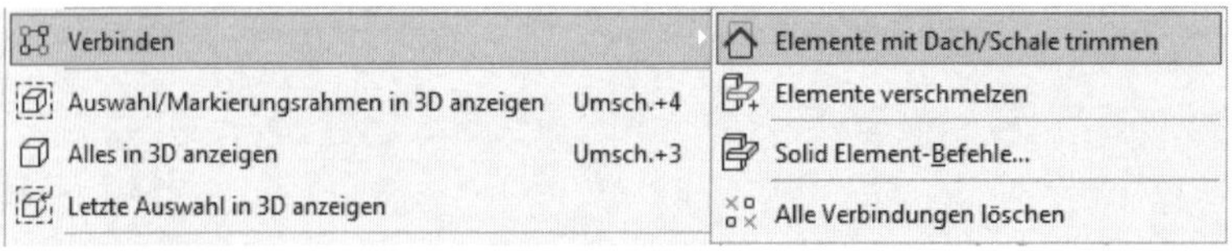

Abb. 6.28: Kontextmenü mit Funktion zum Trimmen von Wänden

> **Tipp**
>
> Wenn eine einzelne Wand aus einer geschlossenen Wandkontur verlängert und angepasst werden soll, ist es ggf. nötig, sie aus der Wand-Gruppierung herauszunehmen mit BEARBEITEN|GRUPPIEREN|GRUPPIERUNG AUSSETZEN.

Wenn ein Dach aus zwei einzelnen Hälften besteht, wählen Sie zuerst die über die Dächer erhöhten Wände und dann im Kontextmenü (Abbildung 6.29) die Funktion MIT EINZEL-DACH BESCHNEIDEN und aktivieren ELEMENT OBEN BESCHNEIDEN (Abbildung 6.30).

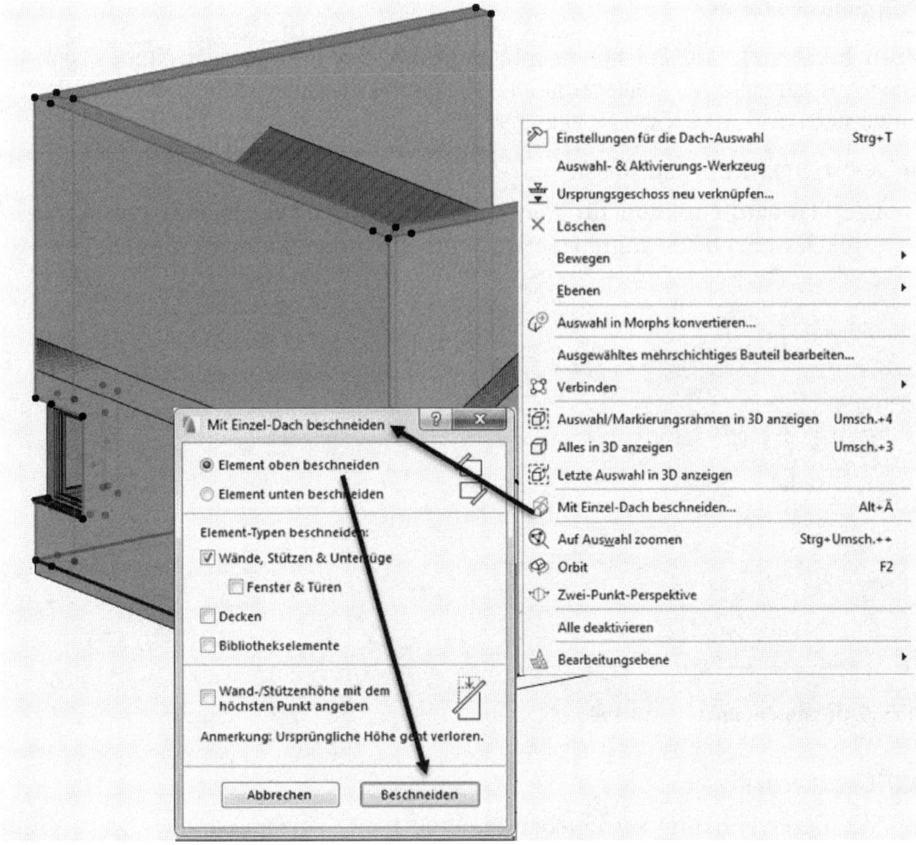

Abb. 6.29: Kontextmenü MIT EINZEL-DACH BESCHNEIDEN

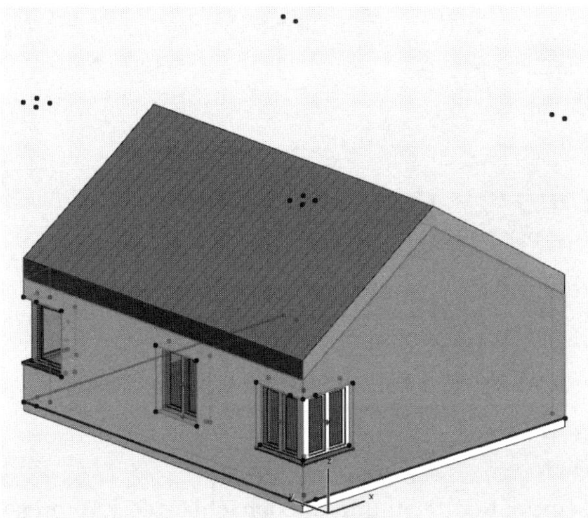

Abb. 6.30: Alle Wände an zwei Einzeldächern getrimmt

Polygone neu formen

Zum Bearbeiten von Polygonen gibt es außer den bekannten weitere *Pet-Werkzeuge*: KNOTENPUNKT VERSCHIEBEN, KANTE VERSETZEN, BENACHBARTE ECKEN ERWEITERN und ALLE KANTEN VERSETZEN.

- KNOTENPUNKT VERSCHIEBEN

  Die Standard-Funktion für Polygonpunkte ist das Verschieben des Knotenpunkts, wobei beide angrenzenden Segmente mitgenommen werden.

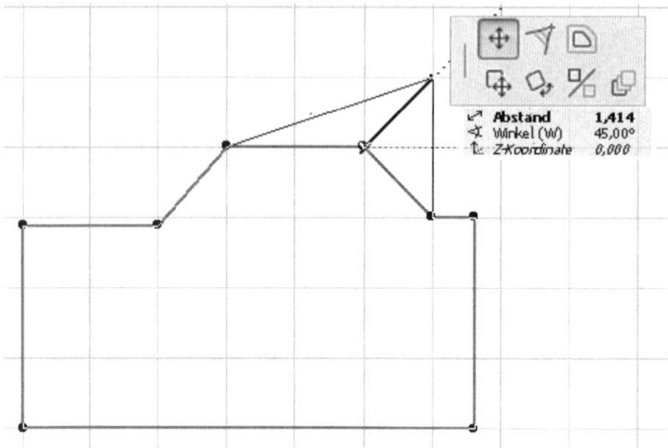

Abb. 6.31: Knotenpunkt verschieben

- KANTE VERSETZEN

  Mit dieser Funktion verschieben Sie eine Kante einzeln parallel. Die angrenzenden Kanten bleiben in ihrer Richtung erhalten, werden aber entsprechend verkürzt oder gedehnt.

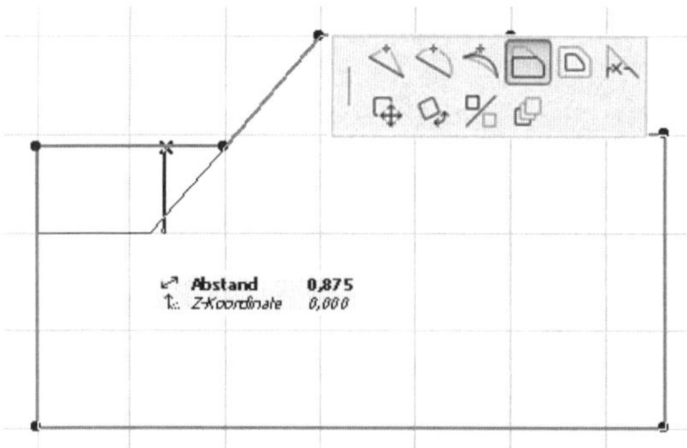

Abb. 6.32: Kante versetzen

- BENACHBARTE ECKEN ERWEITERN

  Hierbei wird das markierte Segment entfernt und die benachbarten Kanten so weit verlängert, bis durch ihren Schnittpunkt das Polygon wieder geschlossen wird. Diese Funktion wird aber nur für solche Kanten angeboten, bei denen die Nachbar-Kanten in ihrer Verlängerung aufeinander zulaufen und die Funktion Erfolg verspricht.

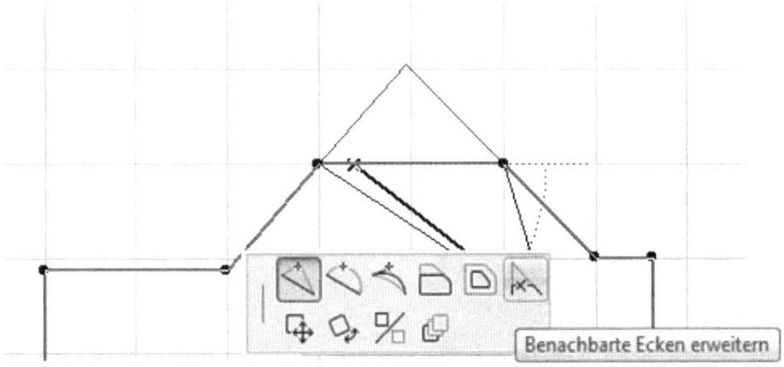

Abb. 6.33: Verlängerung der benachbarten Kanten zum Schließen des Polygons

- ALLE KANTEN VERSETZEN

  Mit dem Pet-Werkzeug ALLE KANTEN VERSETZEN wird ein gesamtes Polygon mit allen Segmenten im Stück parallel nach innen oder außen versetzt. Der Abstand wird angegeben oder durch einen Zielpunkt bestimmt.

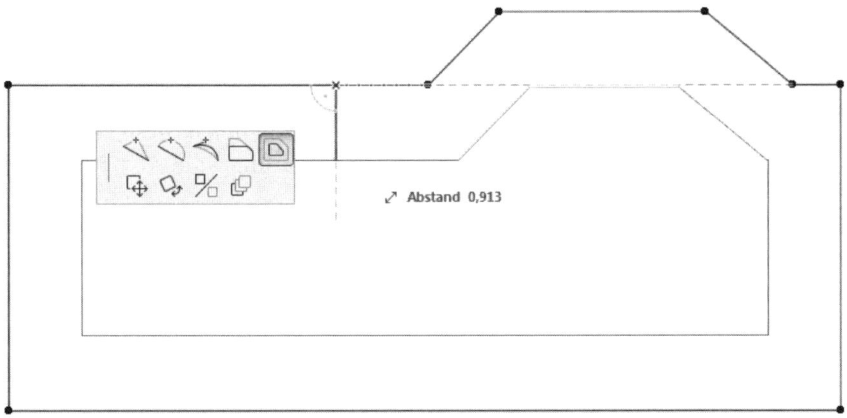

Abb. 6.34: Polygonaler Versatz

Polygonformen hinzufügen oder abziehen

Um ein polygonförmiges Element wie eine Decke mit einem weiteren zu ergänzen oder zu reduzieren, gehen Sie folgende Schritte:

- Markieren Sie das Element.
- Klicken Sie auf einen Eckpunkt oder Rand.
- In der PET-PALETTE wählen Sie eine der beiden Funktionen ZUM POLYGON HINZUFÜGEN oder VOM POLYGON ABZIEHEN.

- Zeichnen Sie nun den Umriss für die neue Polygonform mit mehreren Punkten.
- Beim Anfahren des Startpunkts als letztem Punkt erscheint der Hammer-Cursor, schließt die neue Polygonform und vollendet den Befehl.
- Die neue Polygonform wird damit automatisch der bestehenden Form hinzugefügt oder von ihr abgezogen.

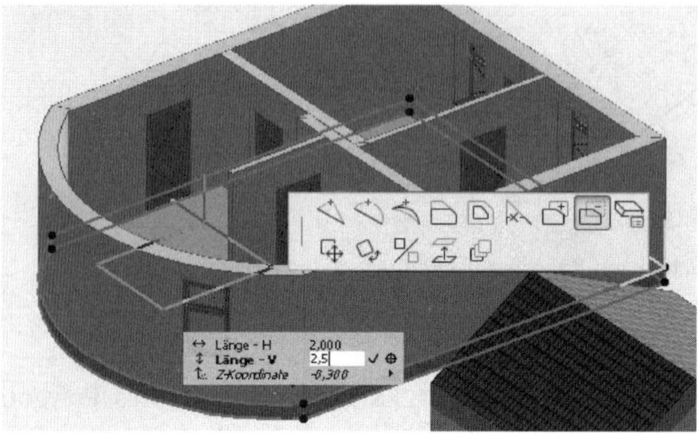

Abb. 6.35: Polygonform wird abgezogen

Aus diese Art und Weise können Sie *Deckendurchbrüche* für Treppen erzeugen.

Tipp

Wenn Sie polygonale Formen mit Bogensegmenten brauchen, können Sie diese nachträglich durch Umwandeln linearer Segmente über die PET-PALETTEN erzeugen.

6.7 Der Zauberstab

Der ZAUBERSTAB hat seinen Namen wohl zu Recht, denn damit können Sie alle möglichen Objekte zu bereits vorhandenen polygonalen Formen erstellen. Beispielsweise kann damit zu vorhandenen Wänden die Decke erstellt werden oder auch zu einem reinen Polygon- oder Linienzug. Diese polygonalen Formen dürfen für Dächer und Decken auch offen sein. Die fehlende Seite wird vom ZAUBERSTAB für das neue Element dann geradlinig ergänzt.

Der ZAUBERSTAB arbeitet so, dass Sie nur in den Bereich hineinklicken müssen und er dann von der Klickposition aus die Begrenzungen erkennt und das gewünschte Element wie Decke, Unterzug oder Wand nach der gefundenen Begrenzung erstellt.

Der ZAUBERSTAB erkennt viele Elemente: Wände, Unterzüge, Decken, Dächer, Schraffuren, Freiflächen, Linien, Bögen, Polylinien und Splines. Er kann auch Elemente aus anderen Geschossen oder gesperrte Elemente oder Elemente außerhalb des Arbeitsbereichs erkennen.

Das Vorgehen mit dem ZAUBERSTAB läuft folgendermaßen:

- In der Palette WERKZEUGKASTEN wählen Sie das zu erzeugende Element, z.B. WAND, aus.
- Dann aktivieren Sie den ZAUBERSTAB entweder
  - aus der Palette KONTROLLFENSTER oder
  - im Menü PLANUNG|ZAUBERSTAB oder
  - ganz einfach indem Sie die [Leertaste] gedrückt halten.
- Nun klicken Sie *in die Kontur hinein* oder *klicken sie an*.
- Das Objekt wird unmittelbar erstellt.

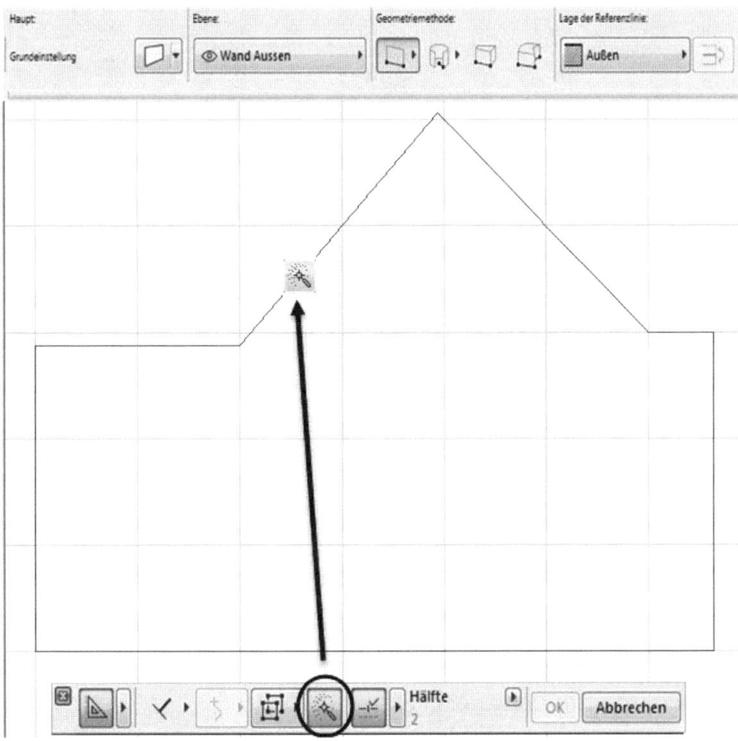

Abb. 6.36: Wand wird aus Polygon erstellt.

Tipp

Die Objekte werden mit dem ZAUBERSTAB manchmal so schnell erstellt, dass man es kaum merkt. Gerade bei der Erstellung von Decken, deren Umriss ja unter der vorgegebenen Geometrie liegt, läuft das ganz unmerklich ab. Danach erscheint dann in der Statusanzeige sofort wieder die Anfrage nach dem ersten Punkt für die nächste Decke. Oft meint man deshalb, die Erstellung hätte nicht geklappt.

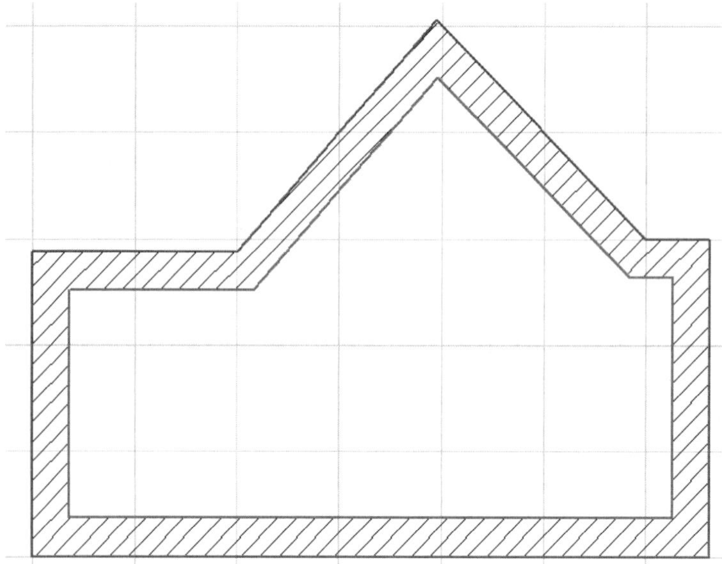

Abb. 6.37: Fertige Wand

Der ZAUBERSTAB wählt standardmäßig ausgehend vom angeklickten Punkt die nächstliegenden Begrenzungsobjekte. Sie können die Auswahl möglicher Grenzobjekte aber noch verfeinern, indem Sie vorher die möglichen Begrenzungsobjekte markieren. Das Vorgehen sieht dann so aus:

- Sie erstellen eine Vorauswahl der Begrenzungsobjekte, indem Sie das erste anklicken und weitere mit ⇧ und Klick hinzufügen.
- Dann wählen Sie in der Palette WERKZEUGKASTEN den Elementtyp aus, der erstellt werden soll.
- Nun aktivieren Sie den ZAUBERSTAB aus der Palette KONTROLLFENSTER.
- Schließlich klicken Sie in die Kontur hinein. Der ZAUBERSTAB bildet nun die Begrenzung lediglich aus den vorgewählten Objekten.
- Das neue Element wird unmittelbar erstellt.

Tipp

Wenn Sie mit dem ZAUBERSTAB durch Hineinklicken Decken zu vorhandenen Wänden erstellen, wird immer die Innenkante der Wände verwendet. Wenn Sie umgekehrt zu einer vorhandenen Decke die Wände erstellen, wird die Konstruktionslinie der Wand auf die Kanten der Decke positioniert.

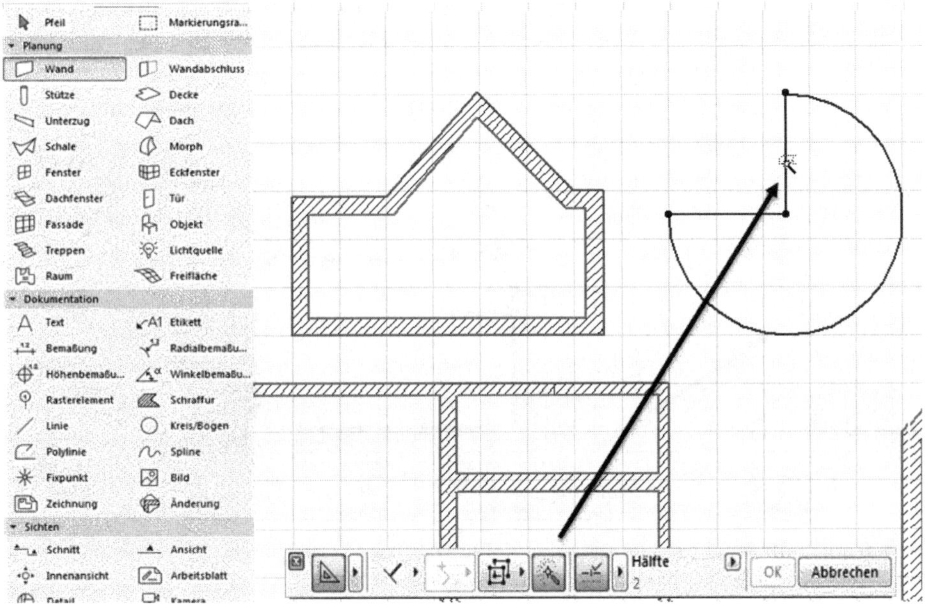

Abb. 6.38: ZAUBERSTAB mit vorgewählten Elementen

Sie können auch den ZAUBERSTAB verwenden, um direkt auf ein Konturobjekt zu klicken. Der ZAUBERSTAB sucht dann entlang der Kontur weitere anschließende Elemente, bis sie geschlossen ist oder bis Konturknoten auftreten, an denen die Fortsetzung nicht mehr eindeutig ist. Bei der Erzeugung von Wänden wird dort aufgehört, wo mehrdeutige Verzweigungen beginnen, bei Decken wird die innerste mögliche Kontur gewählt.

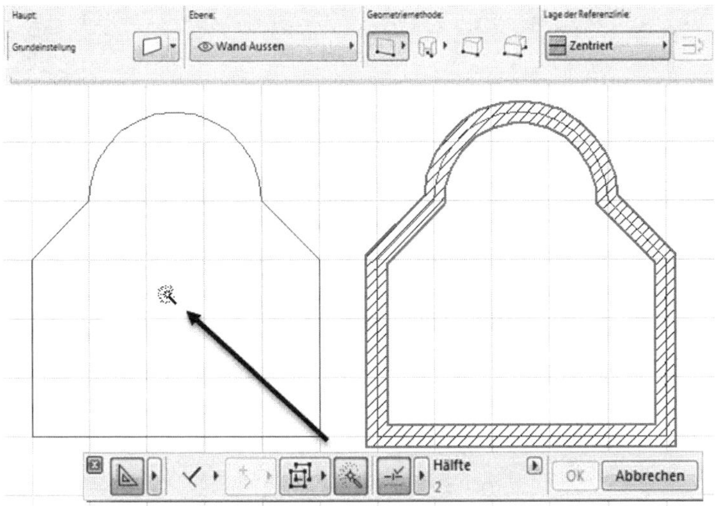

Abb. 6.39: ZAUBERSTAB bei automatischer Konturwahl

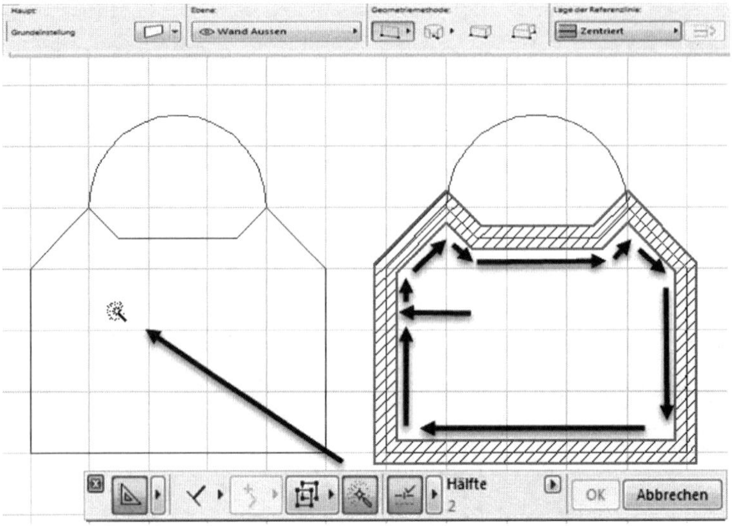

Abb. 6.40: ZAUBERSTAB bei automatischer Konturwahl mit Verzweigungen

6.8 Kontextmenü verwenden

Wenn Sie mit dem PFEIL-Werkzeug ein Element markiert haben, finden Sie nach einem Rechtsklick im Kontextmenü eine große Anzahl von Bearbeitungsfunktionen (Abbildung 6.41).

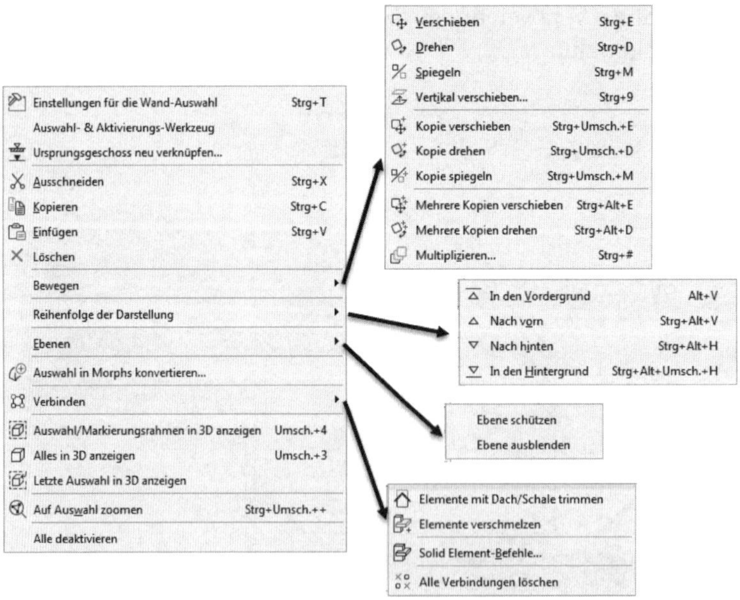

Abb. 6.41: Kontextmenü nach Markieren eines Elements

- EINSTELLUNGEN FÜR DIE WAND-AUSWAHL Das gibt das Einstellungsdialogfeld für das markierte Element. Damit können Sie also alle Parameter dieses Elements verändern.
- AUSWAHL- & AKTIVIERUNGS-WERKZEUG aktiviert das Werkzeug, das zu diesem Element gehört, um neue Elemente zu konstruieren.
- URSPRUNGSGESCHOSS NEU VERKNÜPFEN ordnet ein Element einem anderen Geschoss zu. Das Objekt wird damit nicht etwa in der Höhe verschoben, sondern nur logisch einem anderen wählbaren Geschoss zugeordnet. Die Aktion ist für Wände sinnvoll, die sich über mehrere Geschosse erstrecken und damit neu zugeordnet werden sollen.
- LÖSCHEN löscht das (die) markierte(n) Element(e).
- BEWEGEN Hier finden Sie die Funktionen des Menüs BEARBEITEN|BEWEGEN zum Verschieben, Drehen, Kopieren und Spiegeln von Elementen.
- REIHENFOLGE DER DARSTELLUNG Sie können hiermit die normale Darstellungsreihenfolge der Objekte ändern. Beispielsweise wird eine Decke im aktuellen Stockwerk immer unter der Wand angezeigt, d.h. am Außenrand von der Wand verdeckt. Wollen Sie aber für Prüfzwecke die Deckenkanten trotzdem sehen, dann legen Sie die Decke in der Darstellungsreihenfolge einfach nach oben.
- EBENEN Sie können hiermit die Ebene des markierten Elements schützen (gegen Änderungen) und wieder entsichern oder auch ausblenden, d.h. unsichtbar machen.
- AUSGEWÄHLTES PROFIL ÜBERNEHMEN übernimmt das Profil des markierten Elements und startet den PROFIL-MANAGER, mit dem Sie das Profil in einem extra Fenster beliebig bearbeiten und als neues eigenes Profil speichern können.
- VERBINDEN Mit dieser Befehlsgruppe können Sie Volumenkörperaktionen wie das Trimmen von Wänden an Dächern durchführen. Auch lassen sich solche Volumenkörperaktionen wieder rückgängig machen.
- AUSWAHL/MARKIERUNGSRAHMEN IN 3D ANZEIGEN zeigt die ausgewählten oder markierten Elemente im 3D-FENSTER an.
- ALLES IN 3D ANZEIGEN zeigt die komplette Konstruktion im 3D-FENSTER an.
- AUF AUSWAHL ZOOMEN zoomt auf die ausgewählten Elemente. Dies ist eine bequeme Optimierung des Fensters auf die gewählten Elemente.
- ALLE DEAKTIVIEREN schaltet die Markierung/Auswahl der Elemente ab.

6.9 Bearbeiten-Menü

Im BEARBEITEN-Menü finden sich noch einige interessante Befehle, die Sie nicht über PET-PALETTEN erreichen können. Hier gibt es insgesamt fünf Kategorien mit Befehlen, die Elemente bearbeiten können: BEWEGEN, AUSRICHTEN, VERTEILEN, VERÄNDERN und VEREINIGEN & ZERLEGEN.

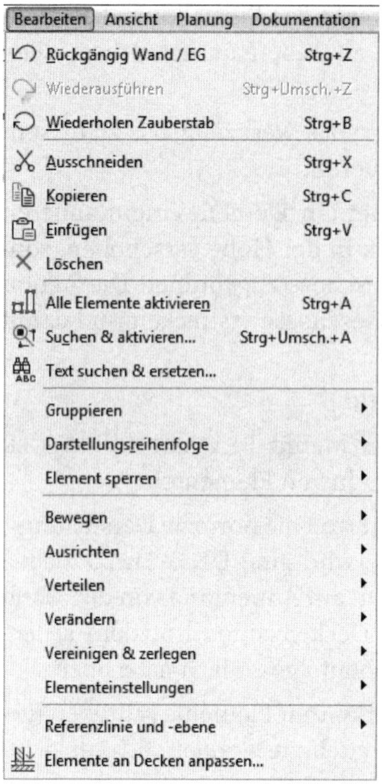

Abb. 6.42: Das BEARBEITEN-Menü

6.9.1 Bewegen

Die erste Gruppe sind Befehle zum BEWEGEN von Elementen. Dies sind alles Befehle, die Sie auch über PET-PALETTEN erreichen können. Die Aktionen der PET-PALETTEN VERSCHIEBEN, DREHEN und SPIEGELN gibt es hier auch als Varianten KOPIE VERSCHIEBEN, KOPIE DREHEN und KOPIE SPIEGELN. Dabei bleibt dann die Originalgeometrie erhalten. Diese Optionen erhalten Sie auch aus den PET-PALETTEN, wenn Sie bei VERSCHIEBEN, DREHEN und SPIEGELN die Taste `Strg` gedrückt halten. MEHRERE KOPIEN VERSCHIEBEN und MEHRERE KOPIEN DREHEN sind schnelle Optionen, um mehrere Kopien ohne Neuwahl zu erstellen. Auch MULTIPLIZIEREN haben Sie schon über die PET-PALETTEN in Abschnitt 6.5, *Standard-Transformationen* kennengelernt.

Von einem Geschoss in andere kopieren

Eine sehr nützliche Funktion unter BEWEGEN ist ELEMENTE NACH GESCHOSSEN BEARBEITEN. Damit können Sie ausgewählte Elementtypen wie Wände, Fenster oder Türen etc. von einem Geschoss in weitere Geschosse kopieren, was die Erstellung mehrgeschossiger Häuser wesentlich erleichtert. Abbildung 6.44 zeigt ein

Beispiel für das Kopieren aller Wände aus dem Erdgeschoss in drei weitere Geschosse. Neben der Option KOPIEREN gibt es noch die Möglichkeit, bestimmte *Objekttypen in ein anderes Geschoss zu kopieren* oder auf gewählten Geschossen zu löschen.

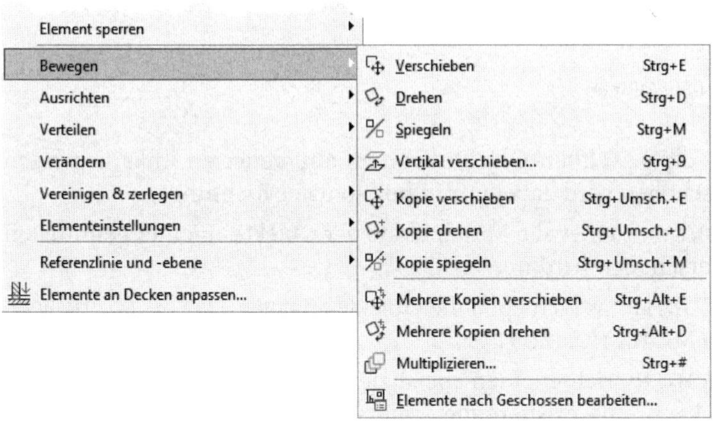

Abb. 6.43: BEWEGEN-Befehle

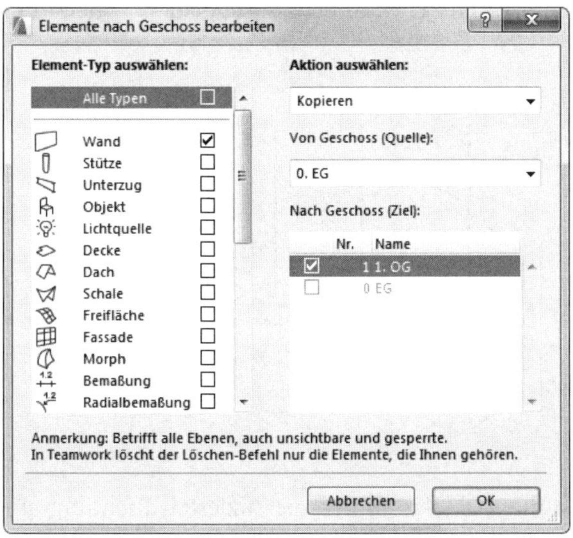

Abb. 6.44: Elemente von einem Geschoss in andere kopieren

6.9.2 Ausrichten

Unter AUSRICHTEN geht es darum, die gewählten Objekte in wählbaren Richtungen fluchtend auszurichten.

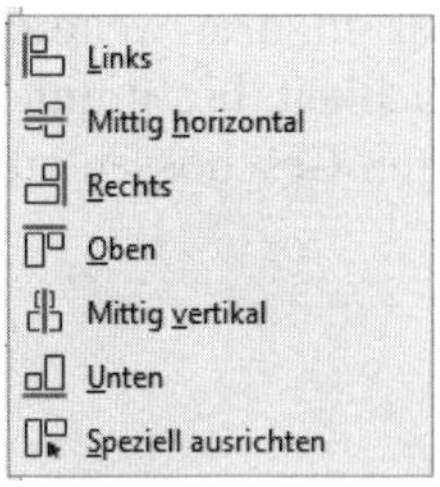

Abb. 6.45: AUSRICHTEN-Funktionen

- LINKS richtet alle gewählten Objekte an dem am weitesten links liegenden Punkt aus. Verschoben wird dabei nur in horizontaler Richtung.
- MITTIG HORIZONTAL richtet alle Mittelpunkte der Objekte an einer gemittelten Position aus. Verschoben wird nur vertikal.
- RECHTS, OBEN, UNTEN verschieben die Objekte analog zu LINKS, MITTIG VERTIKAL analog zu MITTIG HORIZONTAL.
- SPEZIELL AUSRICHTEN richtet einen spezifizierten Punkt des Objekts an einer Linie aus. Das kann eine existierende Linie sein oder eine, die Sie erst jetzt zeichnen. Welcher Punkt des Objekts auf diese Linie fallen soll, können Sie auswählen zwischen NÄCHSTER PUNKT und UMRANDUNGSBOX-ANKER. Letzteres ist natürlich für Stützen interessant. Hier können Sie auch den Mittelpunkt einer Stütze wählen.

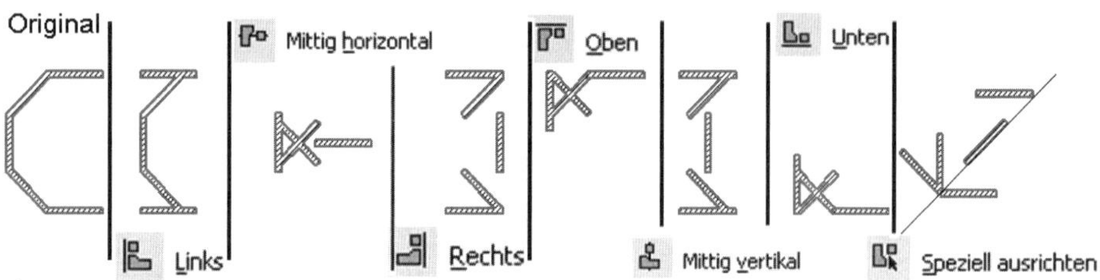

Abb. 6.46: Funktionen zum Ausrichten

6.9.3 Verteilen

Bei VERTEILEN werden die gewählten Objekte in der spezifizierten Richtung auf gleichmäßige Abstände verteilt. Sie müssen für diese Funktion zuerst die Objekte, und zwar mehrere, wählen.

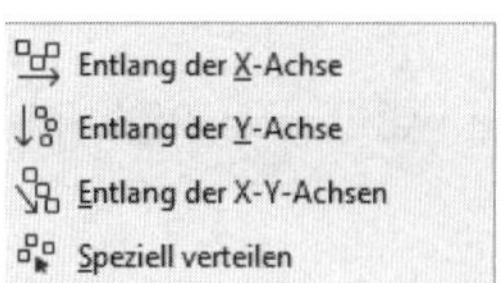

Abb. 6.47: VERTEILEN-Funktionen

- ENTLANG DER X-ACHSE verteilt durch horizontale Verschiebung gleichmäßig in X-Richtung. Erstes und letztes Element bleiben stehen, die dazwischen werden gleichmäßig verteilt.
- ENTLANG DER Y-ACHSE verteilt analog zum vorhergehenden Punkt gleichmäßig in vertikaler Richtung.
- ENTLANG DER X-Y-ACHSEN verteilt die Elemente so, dass sie hinterher gleichmäßig auf einer Linie liegen, die sich zwischen den am weitesten außen liegenden Element-Positionen erstreckt.
- SPEZIELL VERTEILEN verteilt die gewählten Elemente mit einer wählbaren Position auf eine gewählte oder neu zu zeichnende Linie. Als Position kann der nächste Punkt des Elements verwendet werden oder eine Position des Umrandungsbox-Ankers. Das kann eine Ecke oder auch der Mittelpunkt sein.

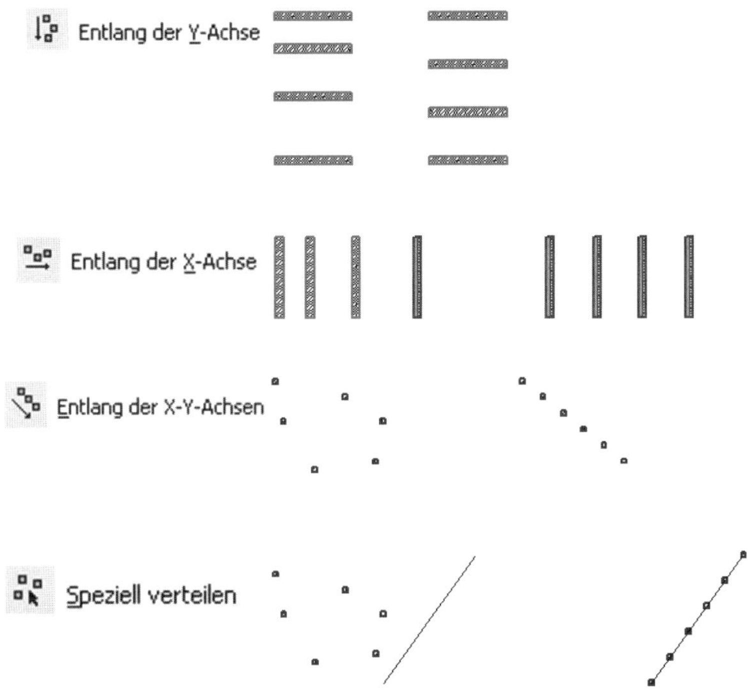

Abb. 6.48: Verteilungs-Funktionen

6.9.4 Verändern

Aus dem Bereich VERÄNDERN sind auch schon viele Funktionen aus den PET-PALETTEN bekannt.

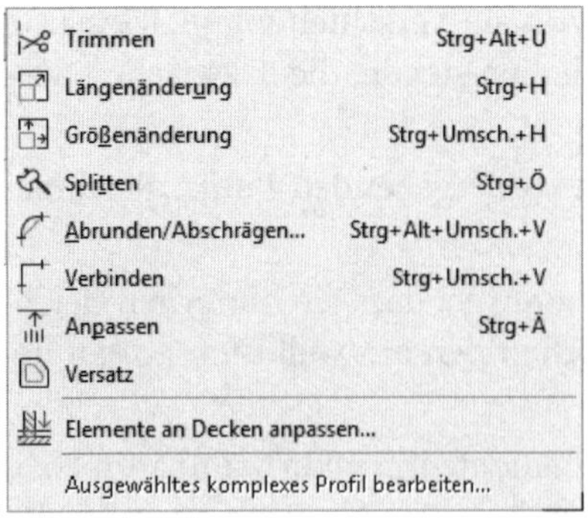

Abb. 6.49: Funktionen unter BEARBEITEN|VERÄNDERN

Trimmen

Die erste Funktion TRIMMEN können Sie auch über das PFEIL-Werkzeug aktivieren, indem Sie einfach mit gedrückter Taste [Strg] einen Teil eines Elements anklicken, den Sie abschneiden möchten. Achten Sie darauf, dass die Schere schwarz wird. Es wird dann ein Segment aus diesem Element herausgetrennt, das *von der Klickposition bis zu den nächsten Schnittpunkten mit weiteren Elementen* reicht.

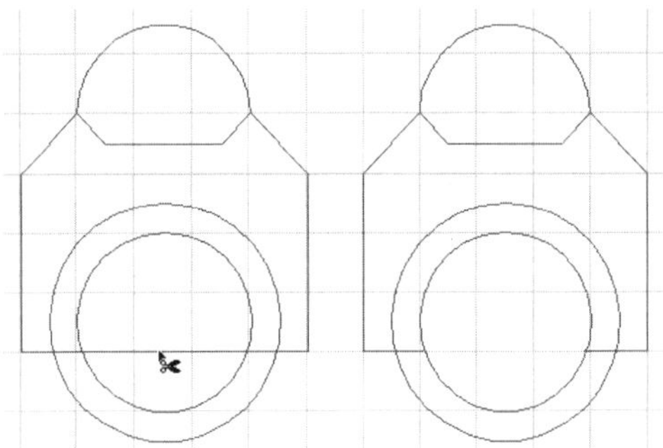

Abb. 6.50: Trimmen an nächstmöglichen Positionen

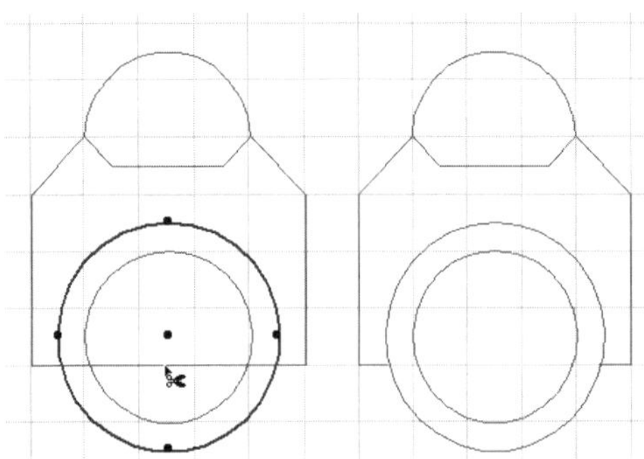

Abb. 6.51: Trimmen an gewählten Positionen

Wenn Sie nicht auf die nächste mögliche Schnittpunkt- oder Endpunkt-Position trimmen möchten, sondern auf gezielt gewählte andere Elemente bzw. deren Schnittpunkte, müssen Sie nur die gewünschten Begrenzungen vorher markieren.

Längenänderung

Bei LÄNGENÄNDERUNG wählen Sie vorher das zu verändernde Objekt, etwa eine Wand, dann den Endpunkt, an dem verlängert werden soll, und geben dann die neue Länge ein oder wählen einen neuen Endpunkt aus der Zeichnung.

Größenänderung

Auch die GRÖßENÄNDERUNG verlangt eine vorhergehende Elementwahl. Dann geben Sie im Dialogfeld den Skalierfaktor ein. Im Beispiel sollen die Elemente doppelt so groß werden. Dafür sind drei Möglichkeiten vorgesehen:

- Verhältnis neue Größe zu alter Größe, in der Form 1:**x**, wobei **x** für das Beispiel dann **0,5** wäre (eine etwas unübliche Form)
- Verhältnis neue Größe zu alter Größe, in der Form **x**:1, wobei **x** für das Beispiel dann **2** wäre (übliche Eingabe für eine Vergrößerung)
- Verhältnis neue Größe zu alter Größe als prozentuale Veränderung, wobei für das Beispiel dann **200** vor % einzugeben wäre

Sie können alternativ die Vergrößerung auch über Cursorpositionen grafisch bestimmen. Interessant ist, dass Sie die Größenänderung auf bestimmte Elemente aus der Auswahl beschränken können, etwa nur Texte.

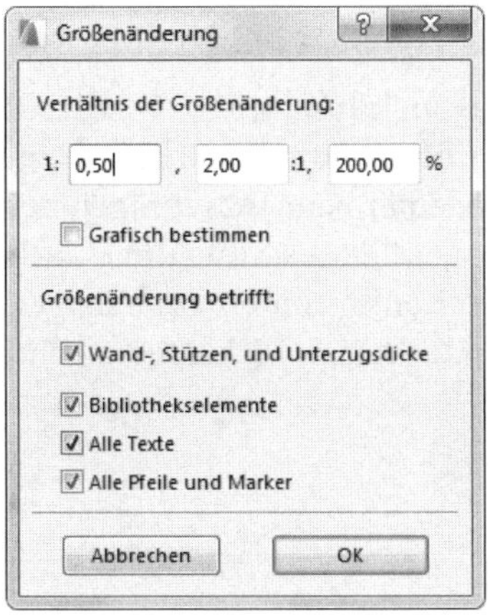

Abb. 6.52: Dialog für Größenänderung um einen Faktor **2**

Splitten

Die Funktion SPLITTEN wird auf Wände, Decken, Unterzüge und Geometrieelemente angewendet, um sie an Schnittpunkten mit anderen Elementen oder an anderen Punktpositionen aufzutrennen. Die Elemente werden damit praktisch durchgeschnitten. Zum Splitten können Sie als Schnittkanten Linien, Bögen oder Polylinien-Segmente verwenden.

- Aktivieren Sie die zu splittende Geometrie,
- wählen Sie SPLITTEN,
- wählen Sie die Split-Schnittkante oder klicken Sie auf zwei Punktpositionen.
- Der *Augen-Cursor* erscheint, damit Sie die Seite des zerteilten Elements wählen können, die aktiviert bleiben soll.

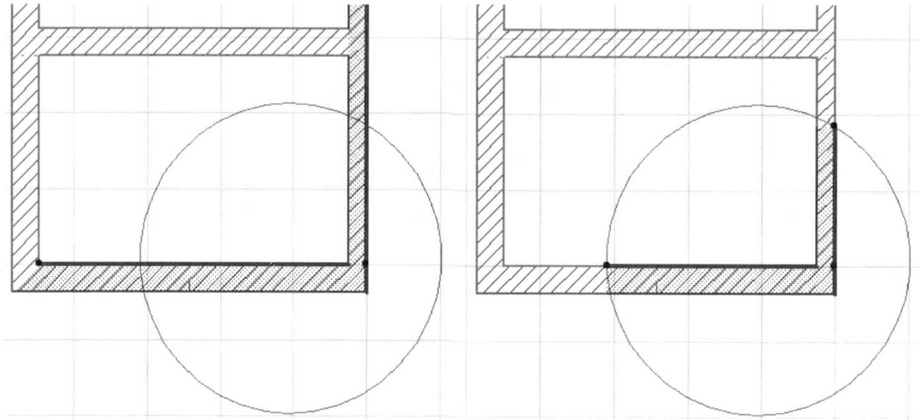

Abb. 6.53: Splitten von Wänden und Decken

Abrunden/Abschrägen

Die Funktion ABRUNDEN/ABSCHRÄGEN finden Sie auch in den PET-PALETTEN. Sie dient dazu, zwischen einzelnen Elementen Abrundungen oder Schrägen zu konstruieren. Was beim Abrunden der *Radius* ist, bedeutet beim Abschrägen der *Abstand von der Ecke*. Sie können mit der Option AUF ALLE ECKEN ANWENDEN auch sämtliche Ecken eines Polygons oder einer beliebigen Kontur mit einem einzigen Funktionsaufruf bearbeiten. Natürlich muss an den betreffenden Ecken genügend Platz für die Abrundung oder Abschrägung sein.

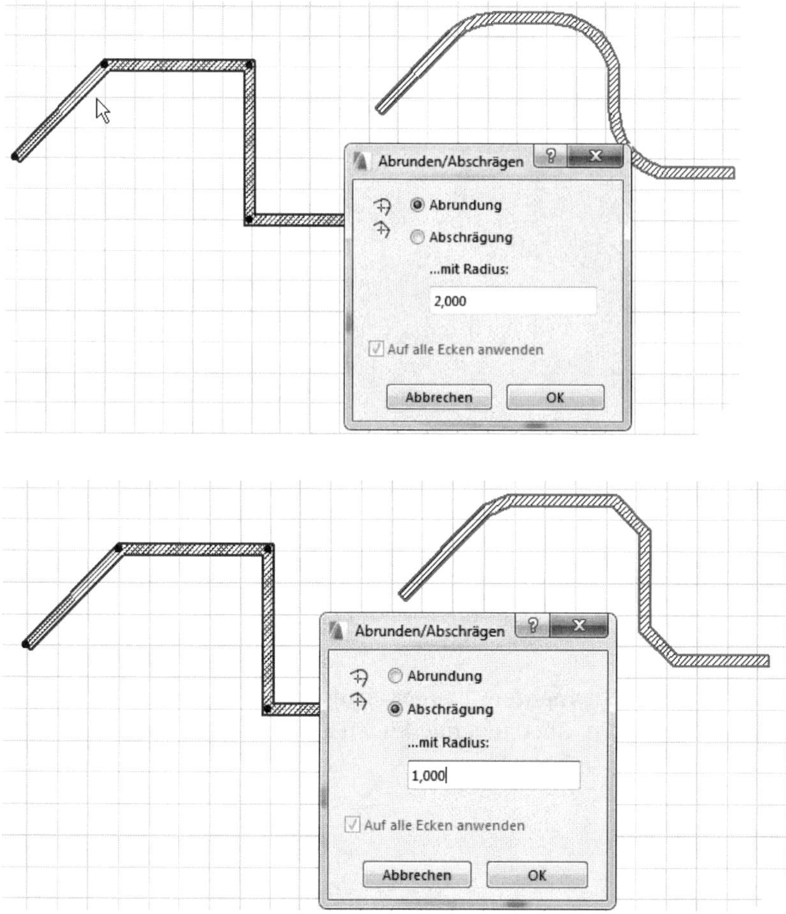

Abb. 6.54: Abgerundete und abgeschrägte Wände

Verbinden

Die Funktion VERBINDEN dient dazu, Elemente bis zu einem gemeinsamen Schnittpunkt (Ecke) zu verlängern oder an einem gemeinsamen Schnittpunkt zu verkürzen. Sie werden dabei aber nicht im logischen Sinne verbunden, sondern bleiben einzelne Elemente.

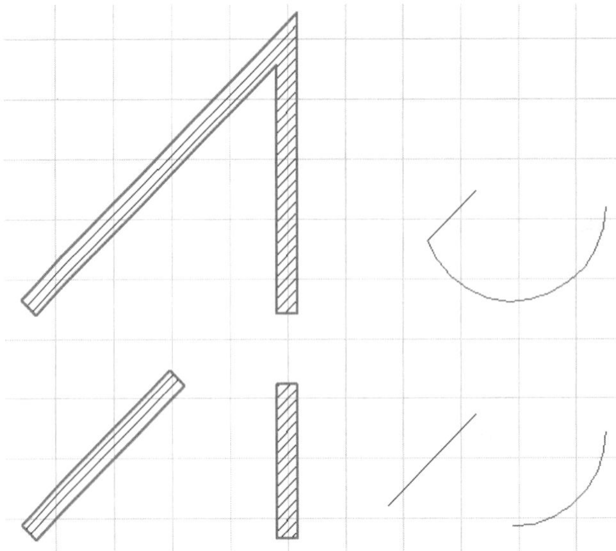

Abb. 6.55: Verbinden von Wänden, Linien und Bögen

Anpassen

Mit ANPASSEN können Sie mehrere Elemente an Linien, Bogensegmente oder Polygonkanten anpassen, d.h. überstehende Enden abschneiden.

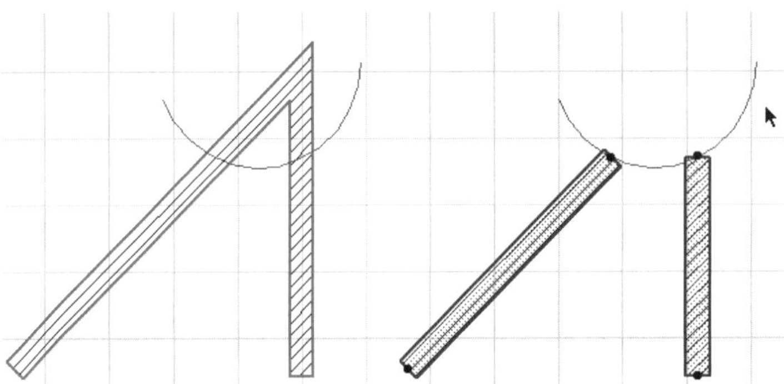

Abb. 6.56: Anpassen mehrerer Wände an einen Bogen

Versatz

Die Funktion VERSATZ finden Sie auch wieder in den PET-PALETTEN. Sie müssen nach Wahl der Objekte beim Befehlsaufruf noch einen REFERENZPUNKT und einen ABSTAND angeben, um die Kanten von Wänden, Decken u.Ä. versetzen zu können. Bei mehreren zusammen gewählten Wänden oder polylinienartigen Objekten werden alle Teile gemeinsam versetzt, Gruppierung ggf. abschalten.

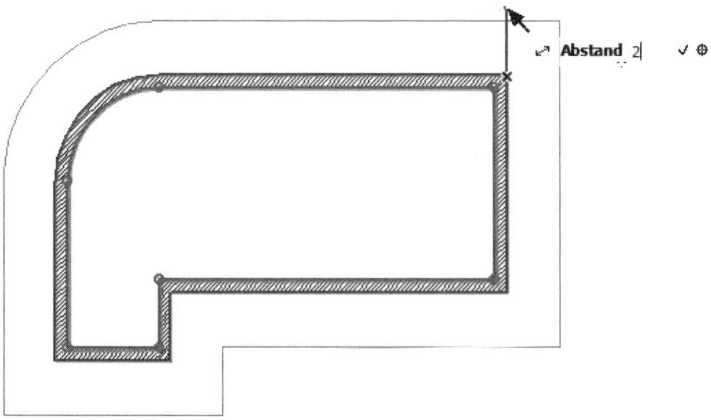

Abb. 6.57: Versatz mehrerer Wände um 2 m

Ausgewähltes komplexes Profil bearbeiten

AUSGEWÄHLTES KOMPLEXES PROFIL BEARBEITEN aktiviert für Elemente, die über ein Profil definiert sind, wie beispielsweise Stützen, Unterzüge oder die komplexen Wände, die *Profilbearbeitungsfunktion.* Sie ist auch im Menü unter OPTIONEN|ELEMENT-ATTRIBUTE|PROFIL-MANAGER zu erreichen.

6.9.5 Vereinigen & Zerlegen

Der Bereich BEARBEITEN|VEREINIGEN & ZERLEGEN dient dazu, komplexe Objekte aus einfachen zusammenzustellen und umgekehrt.

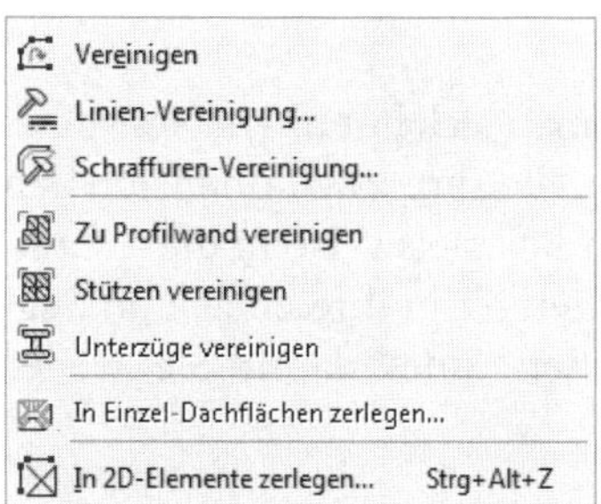

Abb. 6.58: VEREINIGEN & ZERLEGEN-Befehle

Mit VEREINIGEN können Sie einzelne *Linien* und *Bögen* und auch *Polylinien* zu einer *Gesamt-Polylinie* zusammenfügen. Als Polylinie bezeichnet man Kurven, die aus Linien und Bogensegmenten zusammengesetzt sind, aber trotzdem ein einziges Objekt bilden. Voraussetzung ist, dass die Einzelteile in ihren Endpunkten exakt passen. Auch einzelne *Splinekurven* können zu einer übergreifenden Splinekurve kombiniert werden. Dabei werden sie an den Verbindungsstellen geglättet.

Mit LINIEN-VEREINIGUNG lassen sich kollineare Linien zusammenfassen, also exakt fluchtende Linien. Die Linien dürfen überlappen oder müssen mindestens zusammenstoßen. Wenn verschiedene Linientypen überlagert sind, können Sie wählen, ob der Type Volllinie dominieren soll, und ob sonst der Typ der jeweils oben liegenden Linie als einzelnes Liniensegment erhalten bleiben soll.

Die Option SCHRAFFUREN-VEREINIGUNG bietet verschiedene Verfahren zum Kombinieren überlappender Schraffuren an. Beim Anpassen unterschiedlicher überlappender Schraffuren wird die ältere, unten liegende Schraffur durch die obere, neuere beschnitten. Sie könnten aber die *Reihenfolge* übers Kontextmenü der Schraffur mit REIHENFOLGE DER DARSTELLUNG vorher ändern. Handelt es sich um *gleiche Schraffurtypen*, dann entsteht ein gesamtes zusammengefasstes Schraffurgebiet. Zusätzlich lassen sich aus den gewählten Schraffuren die Umgrenzungskurven wieder ableiten und als Bögen und Linien erzeugen.

Die Option ZU PROFILWAND VEREINIGEN führt kollinear verlaufende, also fluchtende, Wandstücke zu einer einzigen Wand zusammen. Sie können überlappen und dürfen auch Lücken aufweisen. Letztere werden dann geschlossen. Analog können mit UNTERZÜGE VEREINIGEN kollineare Unterzüge vereinigt werden.

STÜTZEN VEREINIGEN fasst mehrere benachbarte oder überlappende Stützen zu einer Stütze mit dem Querschnittstyp *Profil* zusammen.

IN EINZEL-DACHFLÄCHEN ZERLEGEN zerlegt ein komplexes Dach in einzelne Dachflächen, um individuelle Bearbeitungen zuzulassen.

ELEMENTE AN DECKEN ANPASSEN bietet für Wand-Decke-Verbindungen individuelle Varianten für die Verbindung am oberen und unteren Wandende an: OBEN, KERN-OBERSEITE, KERN-UNTERSEITE, UNTEN.

IN 2D-ELEMENTE ZERLEGEN ist eine Funktion, die man sich gut überlegen sollte. Damit werden nämlich die gewählten Elemente in alle ihre zweidimensionalen Zeichnungs-Bestandteile zerlegt. Eine Wand zerfällt beispielsweise in die Schraffur und die vier Begrenzungslinien. Eine Polylinie zerfällt in ihre einzelnen Segmente. Das macht meist nur in Detailausschnitten Sinn, damit Sie weiter detaillieren können.

6.9.6 Elementeinstellungen mit Pipette und Spritze

Über den letzten Menüpunkt BEARBEITEN|ELEMENTEINSTELLUNGEN können Sie die Eigenschaften von Elementen verändern.

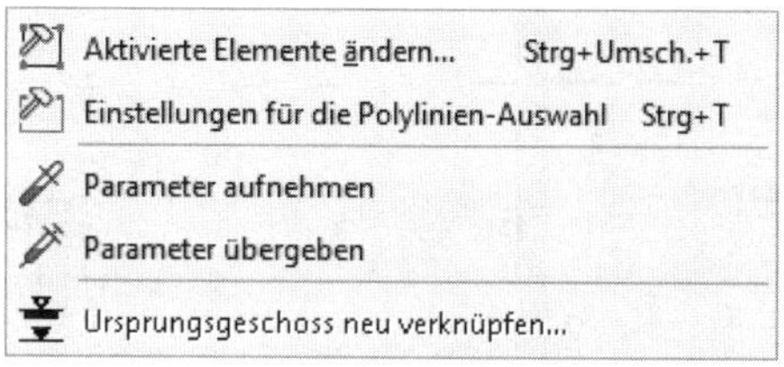

Abb. 6.59: Menü BEARBEITEN|ELEMENTEINSTELLUNGEN

Mit AKTIVIERTE ELEMENTE ÄNDERN können Sie die Ebene oder die Farbe und noch weitere Klassifikationsmerkmale der gerade markierten Elemente ändern (Abbildung 6.60).

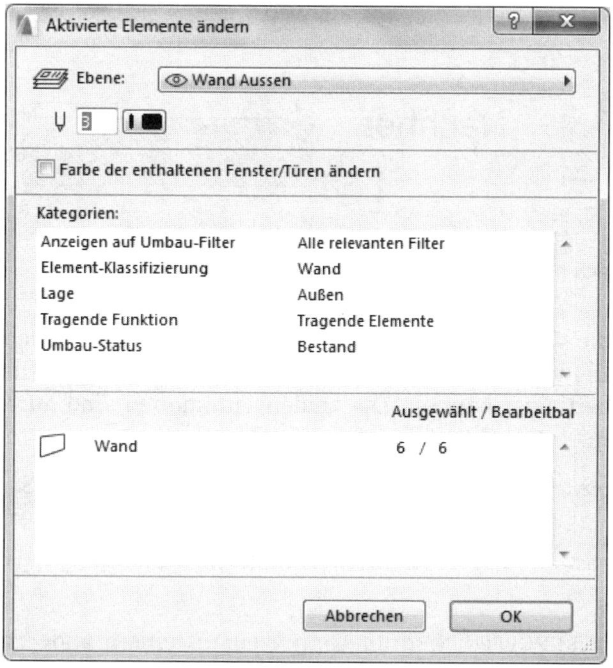

Abb. 6.60: Elementdaten bearbeiten

Über EINSTELLUNGEN FÜR DIE XXX-AUSWAHL – wobei xxx der Elementtyp eines zuvor gewählten Elements ist, können Sie alle die Grund-Einstellungen der markierten Elemente des Typs XXX ändern.

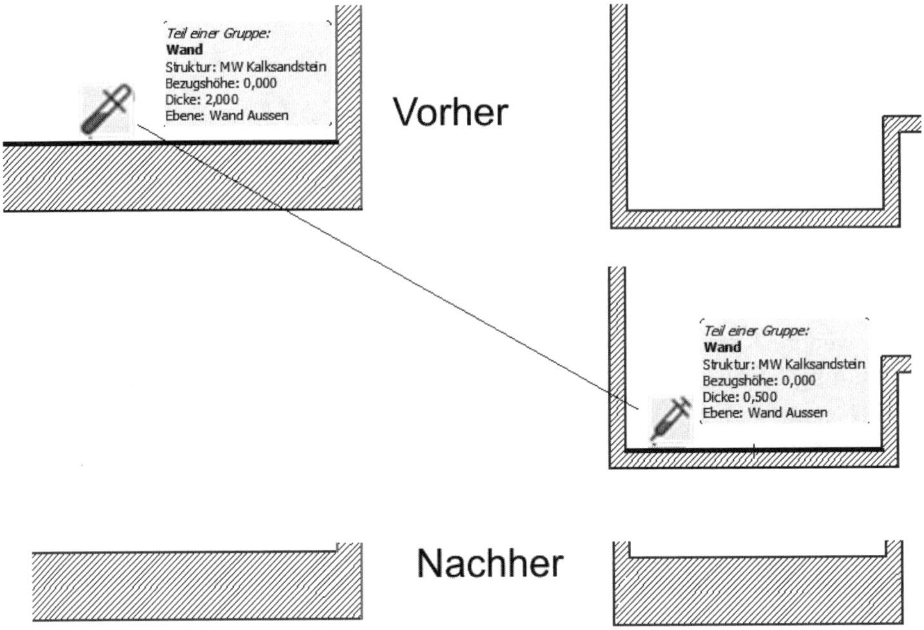

Abb. 6.61: Eigenschaften übertragen mit Pipette und Spritze

Besonders interessant sind die Werkzeuge PIPETTE und SPRITZE, mit denen Sie einerseits alle Eigenschaften eines Elements aufnehmen und sie andererseits auf ein anderes Element übertragen können. Die beiden Funktionen sind auch über Tastenkürzel aufzurufen:

- PIPETTE zum *Aufnehmen* von Eigenschaften eines Elements erreichen Sie mit `Alt`,
- SPRITZE zum *Übertragen* auf andere Elemente aktivieren Sie über `Strg`+`Alt`.

URSPRUNGSGESCHOSS NEU VERKNÜPFEN ordnet ein Element einem anderen Geschoss zu. Das Objekt wird damit nur logisch einem anderen Geschoss zugeordnet. Seine Originalkoordinaten und -abmessungen bleiben dabei erhalten. Eine Wand im Erdgeschoss, die hiermit dem Obergeschoss zugeordnet wird, verschiebt sich geometrisch nicht ins Obergeschoss.

6.9.7 Tastaturkürzel

Für viele Befehle gibt es *Tastaturkürzel*. Besonders interessant sind sie für die Bearbeitungsbefehle. Die Tastaturkürzel können unter OPTIONEN|ARBEITSUMGEBUNG|TASTATURKÜRZEL mit der Schaltfläche TASTATURKÜRZEL IM BROWSER ANZEIGEN betrachtet und auch neu definiert werden. Von dort können Sie sich auch alle

Kürzel als HTML-Datei ausgeben lassen. Hier eine kurze Übersicht über Tastaturkürzel für Bearbeitungsbefehle:

Befehlsart	Funktion	Kürzel
Bewegen	Verschieben	Strg+E
	Drehen	Strg+D
	Spiegeln	Strg+M
	Vertikal verschieben	Strg+9
	Kopie verschieben	Strg+⇧+E
	Kopie drehen	Strg+⇧+D
	Kopie spiegeln	Strg+⇧+M
	Mehrere Kopien verschieben	Strg+Alt+E
	Mehrere Kopien Drehen	Strg+Alt+D
	Multiplizieren	Strg+#
Verändern	Trimmen	Strg+Alt+ü
	Längenänderung	Strg+H
	Größenänderung	Strg+⇧+H
	Splitten	Strg+ö
	Abrunden/Abschrägen	Strg+Alt+⇧+V
	Verbinden	Strg+⇧+V
	Anpassen	Strg+ä
	In 2D-Elemente zerlegen	Strg+Alt+Z

Tabelle 6.2: Tastaturkürzel für Bearbeitungsbefehle

An dieser Stelle wären noch zwei wichtige Tasten zu erwähnen:

ESC	Bricht eine Eingabe ab
	Bricht eine Auswahl ab
	Löscht den Markierungsrahmen
	Wechselt aus einem Werkzeug zum Pfeil-Werkzeug
Backspace	Bricht eine Eingabe ab
	Löscht markierte Elemente

6.9.8 Symbolleiste »Elemente bearbeiten«

Häufig verwendete Bearbeitungsfunktionen sind in dieser Symbolleiste (Abbildung 6.62) zusammengefasst. Viele von diesen Funktionen sind auch in der Standard-Symbolleiste (Abbildung 6.63) enthalten.

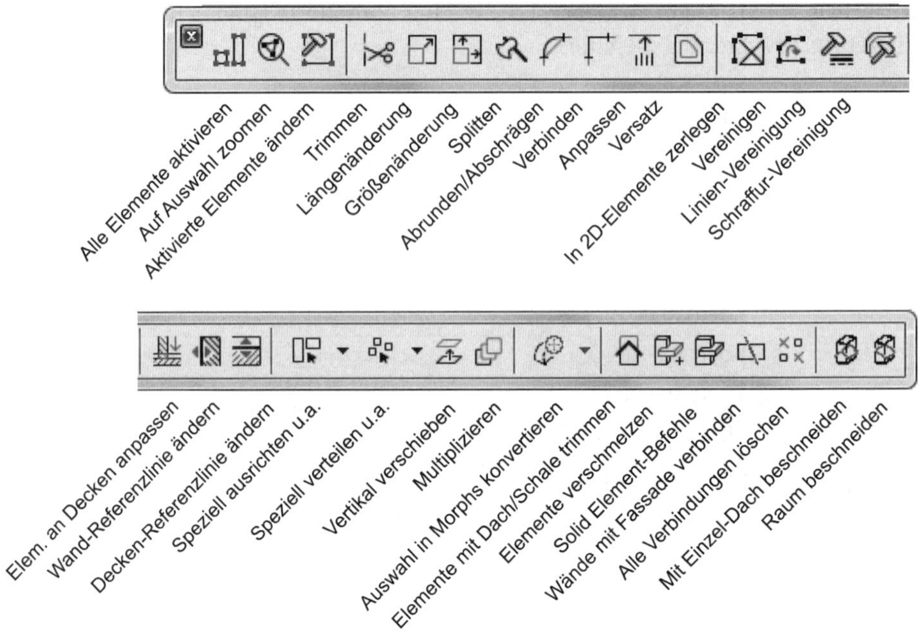

Abb. 6.62: Symbolleiste ELEMENTE BEARBEITEN

- ALLE ELEMENTE AKTIVIEREN aktiviert/markiert alle Elemente der Konstruktion.
- AUF AUSWAHL ZOOMEN zoomt auf ausgewählte Elemente, damit sie größtmöglich im Fenster erscheinen.
- AKTIVIERTE ELEMENTE ÄNDERN Attribute von gewählten Elementen wie Ebenenzuordnung oder Stiftfarbe können hiermit geändert werden.
- TRIMMEN schneidet überstehende Enden oder Teile zwischen Schnittpunkten aus Objekten heraus. Sie können vorher Elemente als Begrenzung für das Trimmen wählen, ansonsten wird immer bis zu den nächsten Schnittpunkten herausgeschnitten. Die Funktion aktiviert den *Scheren-Cursor*, mit dem Sie das wegzuschneidende Segment anklicken..
- LÄNGENÄNDERUNG Sie können damit die Länge des markierten Elements gummibandartig ändern, meist auch den Winkel, indem Sie einen neuen Endpunkt angeben.
- GRÖẞENÄNDERUNG Damit lassen sich Elemente skalieren.
- SPLITTEN Diese Funktion erlaubt, Elemente wie beispielsweise Wände an einem Punkt zu zerteilen. Damit werden aus einer durchgehenden Wand zwei Einzelstücke, die dann ihrerseits einzeln weiter editiert werden können. Sie können auch mehrere Elemente an einer Kante oder einem Kreisbogen splitten, wenn Sie die zu splittenden Elemente vorher wählen, dann die Funktion aufrufen und dann die Kante oder den Kreisbogen anklicken, der als Schnittkante dienen soll. Es erscheint abschließend der *Augen-Cursor*, mit dem Sie auf

die Seite der Schnittkante klicken, wo die Elemente markiert bleiben sollen. Auf dieser Seite könnten Sie dann weiter splitten.

- ABRUNDEN/ABSCHRÄGEN erstellt eine Abrundung oder eine Schräge zwischen Elementen. Der Rundungsradius oder die Abschrägung wird über ein Dialogfenster abgefragt. Der Wert der Abschrägung gibt an, in welchem Abstand von der ursprünglichen Ecke bzw. der gedachten Ecke die Abschrägung beginnt. Die Funktion kann auch auf Wände o.ä. angewendet werden, die sich nicht direkt schneiden, sondern nur in ihrer gedachten Verlängerung. Die Elemente werden derart verlängert oder verkürzt, bis die Rundung oder Abschrägung passt.
- VERBINDEN erzeugt für Wände, Linien oder Kreisbögen eine Ecke, indem die zuvor gewählten Elemente entsprechend verlängert oder verkürzt werden. Sie müssen nur zuvor die Elemente an den Stellen markiert haben, die nach Bildung der spitzen Ecke stehen bleiben sollen.
- ANPASSEN passt Endpunkte von Wänden, Unterzügen, Linien und Bögen an Linien, Bögen oder Polygonsegmente an (Abbildung 6.56).
- IN 2D-ELEMENTE ZERLEGEN Sie können damit ArchiCAD-Elemente wie Wände in die geometrischen Grundelemente wie Linien, Bögen und Schraffuren zerlegen.
- VEREINIGEN Einzelne Linien, Bögen oder Polylinien können zu einer einzigen zusammenhängenden Polylinie zusammengefasst werden. Sie dürfen aber keine Lücken aufweisen, sondern müssen in ihren Endpunkten exakt passen. Auch einzelne Splines lassen sich zu einem gesamten Spline kombinieren. Dabei werden eventuelle Knickstellen geglättet.
- LINIEN-VEREINIGUNG kollineare Linien mit Überlappung können zusammengefasst werden.
- SCHRAFFUREN-VEREINIGUNG Überlappende Schraffuren können zu einer zusammengefasst werden, wenn sie gleich sind, oder gegeneinander verschnitten werden, wenn sie verschieden sind.
- ELEMENT AN DECKEN ANPASSEN Hiermit können Sie Wände nach oben und/oder unten vom aktuellen Geschoss aus gesehen an die Decken anpassen, sodass überstehende Teile entfernt werden. Sie können jeweils zwischen Decken-Oberseite und -Unterseite wählen oder Decken-Kern-Oberseite und -Unterseite.
- WAND-REFERENZLINIE ÄNDERN Hiermit lässt sich die Wand-Referenzlinie verlagern, mit oder ohne Spiegelung daran.
- DECKEN-REFERENZLINIE ÄNDERN verschiebt die Referenzlinie der Wand zwischen Ober- und Unterkante bzw. Kern-Oberseite und -Unterseite.
- VERTIKAL VERSCHIEBEN Damit verschieben Sie Elemente in der Höhe, also den Koordinaten nach in z-Richtung.
- MULTIPLIZIEREN Diese Funktion erlaubt, Elemente zu vervielfachen und in einer regelmäßigen Anordnung durch Verschiebungen oder Drehungen zu positionieren.

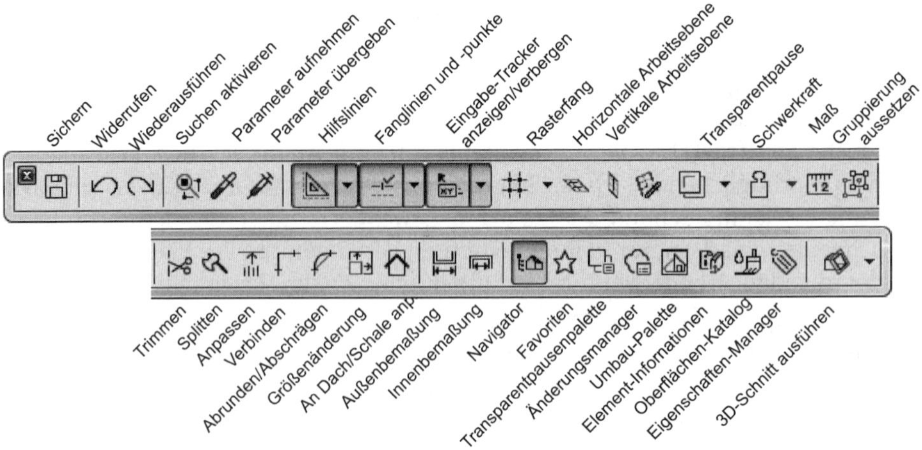

Abb. 6.63: Symbolleiste STANDARD mit Bearbeitungsbefehlen

- SPEZIELL AUSRICHTEN Markierte Elemente werden wahlweise mit dem nächsten Punkt oder einem Umrandungsbox-Anker an einer Linie ausgerichtet. Im Flyout erscheinen die übrigen bereits oben erläuterten Ausrichteoptionen.
- SPEZIELL VERTEILEN Markierte Elemente werden wahlweise mit dem nächsten Punkt oder einem Umrandungsbox-Anker gleichmäßig entlang einer Linie verteilt. Im Flyout erscheinen die übrigen bereits oben erläuterten Verteiloptionen.
- AUSWAHL IN MORPHS KONVERTIEREN Elemente können hiermit in die neuen, frei modellierbaren MORPH-Elemente konvertiert werden.
- ELEMENTE MIT DACH/SCHALE TRIMMEN Wände oder Räume, die über ein Dach hinausragen, können Sie hiermit an das Dach anpassen.
- ELEMENTE VERSCHMELZEN Für überlappende Elemente wird hiermit die Verschneidung berechnet, wie sie sich aus den Prioritäten der einzelnen Materialien ergibt (siehe PRIORITÄTEN in Symbolleiste ATTRIBUTE|BAUSTOFFE).
- SOLID ELEMENT-BEFEHLE Mit diesem Werkzeug können Sie volumenartige Elemente wie Wände mit den sogenannten *Boole'schen Operationen* bearbeiten. Zuerst müssen Sie *Zielelemente* wählen, das sind die Elemente, die bearbeitet werden sollen. Zweitens wählen Sie *Operatorelemente*, das sind die Elemente, die Sie für die Bearbeitungsoperation brauchen, die aber selbst nicht verändert werden sollen. Oft sind auch die *Zielelemente* gleichzeitig die *Operatorelemente*. Im Beispiel (Abbildung 6.64) wurde die Wand als Zielelement gewählt und die Freifläche als Operatorelement. Damit der Effekt besser zu sehen ist, wurde die Ebene der Freifläche in der Ebenenverwaltung DOKUMENTATION|EBENEN|EBENEN (MODELL) auf DRAHTMODELL geschaltet. Im Vordergrund sehen Sie die Ausgangssituation, bei der beide Volumina einfach überlappen. Dahinter sehen Sie von links nach rechts verschiedene Bearbeitungen:

- Abzug
- Abzug mit Verlängerung nach oben
- Abzug mit Verlängerung nach unten
- Schnittmenge
- Vereinen

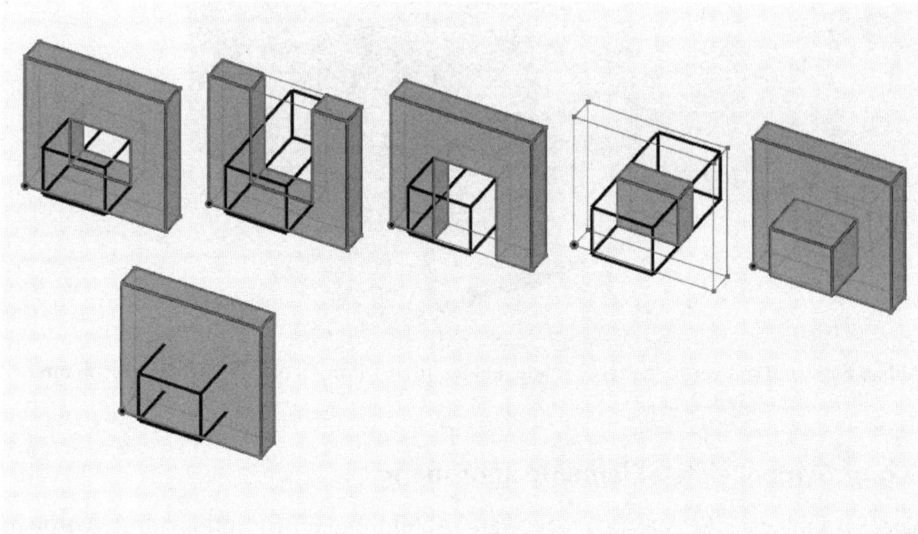

Abb. 6.64: Solid-Element-Befehl: Boole'sche Operationen

- Wände mit Fassade verbinden Mit dieser Funktion können Sie eine Wand und eine Fassade wählen (darauf achten, dass die Fassade auf der Wand-Außenfläche liegt) und im vorgegebenen oder einem individuellen Abstand verbinden. Beim Anklicken solch verbundener Elemente erscheint ein quadratisches Verbindungssymbol. Sie können es anklicken und wenn nötig auch darin Verbindungen löschen.
- Alle Verbindungen löschen Damit werden solche Verbindungen von Elementen gelöscht. Eine gelöschte Verbindung zwischen Dach und getrimmter Wand bedeutet natürlich, dass die Wand wieder ihre vorherige Höhe erreicht.
- Mit Einzel-Dach beschneiden Wenn Sie Wände an *mehreren einzelnen* Dachelementen trimmen müssen, verwenden Sie diese Funktion statt Elemente mit Dach/Schale trimmen.
- Raum beschneiden Damit können Sie nach Änderungen an Wänden die Räume wieder automatisch anpassen lassen.

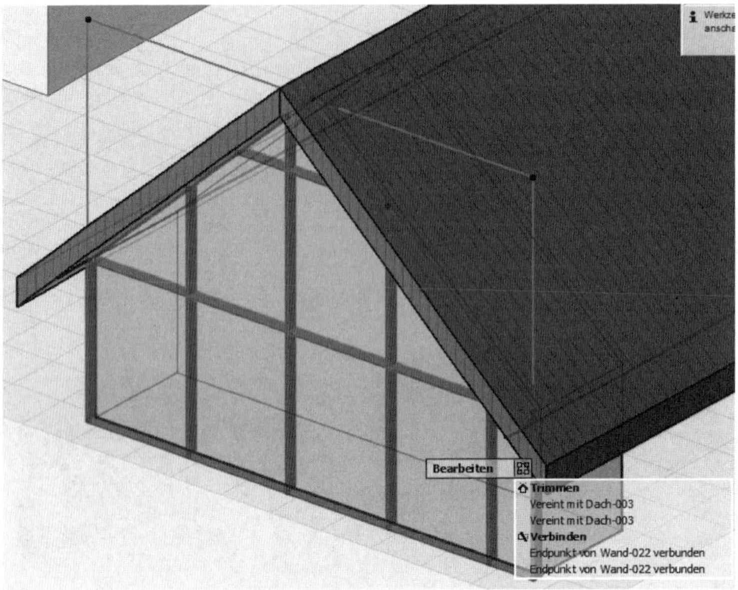

Abb. 6.65: Wand mit verbundener Fassade, beide durch Trimmen mit den beiden Dachhälften verbunden

6.9.9 Symbolleiste »Elemente anordnen«

Die Symbolleiste ELEMENTE ANORDNEN (Abbildung 6.66) enthält drei Gruppen von Funktionen:

- Werkzeuge zum Verwalten von Gruppierungen,
- Werkzeuge zum Verwalten der Anzeigereihenfolge,
- Werkzeuge für die Ebenenverwaltung.

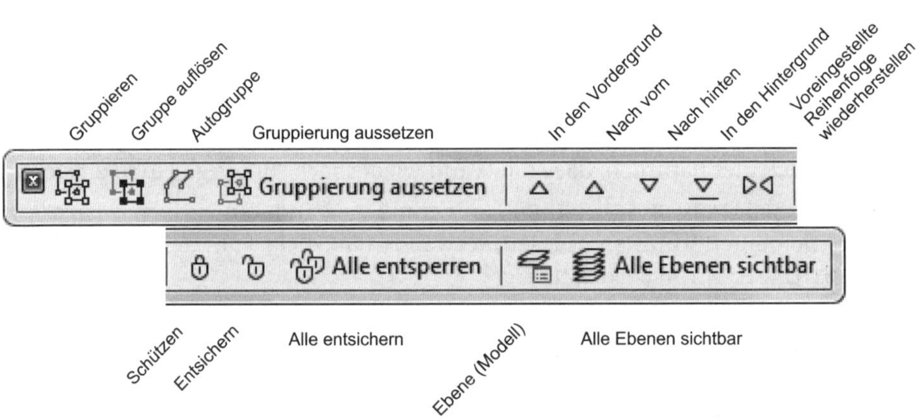

Abb. 6.66: Symbolleiste ELEMENTE ANORDNEN

Gruppierungen

Mehrere Elemente auch unterschiedlichen Typs können Sie zu Gruppen zusammenfassen, um danach bequemer bestimmte Editierfunktionen ausführen zu können. Zum Verschieben, Drehen, Kopieren oder Spiegeln mehrerer Elemente ist es oft angenehm, diese als Gruppe mit einem einzigen Klick wählen zu können.

- GRUPPIEREN fasst gewählte Elemente zu einer Gruppe zusammen. Beim Anklicken einer Gruppe werden an den charakteristischen Punkten der Elemente kleine offene Kreise anstelle gefüllter Kreise angezeigt.
- GRUPPE AUFLÖSEN löst eine Gruppe wieder auf.
- AUTOGRUPPE bewirkt, dass Elemente, die mit polygonalen oder rechteckigen Konstruktionsmethoden erstellt werden, automatisch zu Gruppen zusammengefasst werden.
- GRUPPIERUNG AUSSETZEN Diese Funktion schaltet die Wahl der ganzen Gruppe mit einem einzigen Klick ab. Wenn also diese Option aktiviert ist, und Sie ein Element einer Gruppe anklicken, wird nur das angeklickte Element gewählt. Schalten Sie diese Funktion ab, wird beim Anklicken eines einzelnen Elements einer Gruppe wieder die gesamte Gruppe gewählt.

Anzeigereihenfolge

Mit diesen Funktionen können Sie die Anzeigereihenfolge von Elementen steuern. Standardmäßig wird eine Anzeigereihenfolge für die Elemente festgelegt, die üblichen Kriterien für eine sinnvolle Anzeige und Ausgabe entspricht. Die Reihenfolge sieht folgendermaßen aus: Beschriftung, dann 2D-Grafiken, dahinter Bibliothekselemente, 3D-Strukturen, 2D-Polygone und ganz hinten Abbildungen (Pixelbilder). Nur wenn Sie von dieser Reihenfolge abweichen wollen, brauchen Sie die folgenden Befehle:

- IN DEN VORDERGRUND befördert das gewählte Element vor alle anderen ganz in den Vordergrund.
- NACH VORNE bringt das gewählte Element um eine Stufe weiter nach vorne.
- NACH HINTEN bringt das gewählte Element um eine Stufe weiter nach hinten.
- IN DEN HINTERGRUND befördert das gewählte Element hinter alle anderen ganz in den Hintergrund.
- VOREINGESTELLTE REIHENFOLGE WIEDERHERSTELLEN stellt die vorgegebene Reihenfolge wieder her.

Ebenen-Verwaltung

Über die Ebenen können Sie Elemente unsichtbar machen oder vor Änderungen schützen.

- SCHÜTZEN schaltet für die Ebene des gewählten Elements den Schutz vor Änderungen ein. Kein Element auf dieser Ebene kann dann geändert werden.
- ENTSICHERN nimmt den Schutz für die Ebene des gewählten Elements wieder weg.
- ALLE ENTSICHERN nimmt den Schutz für alle Ebenen weg. Alle Elemente können bearbeitet werden.
- EBENEN (MODELL) startet das Dialogfenster für die Ebenen-Verwaltung.
- ALLE EBENEN SICHTBAR macht alle Ebenen wieder sichtbar.

6.10 Drag&Drop

Zum Thema *Bearbeiten* gehört natürlich auch das Arbeiten mit der Zwischenablage, um Objekte über dieses Medium aus anderen Programmen in das Projekt einzufügen. Folgendes ist möglich:

- Texte einfügen aus anderen Programmen
- Zeichnungen aus der Projektstruktur anderer Projekte hereinholen
- Bilder (Rasterdateien) aus anderen Programmen hereinholen
- GDL-Objekte einfügen
- Grundriss-Elemente aus anderen Stockwerken oder Projekten einfügen
- DWG- oder DXF-Objekte sogar aus dem Internet mit der i-drop-Technik hereinholen. Dabei wird das Objekt mit einem Pipetten-Cursor (englisch eyedropper, daher i-drop) von der Internetseite in Ihre Zeichnung geholt.

Die Befehle dafür finden Sie wie bei fast allen Programmen im Werkzeugkasten STANDARD und im Menü BEARBEITEN.

- AUSSCHNEIDEN Strg+X löscht die gewählten Elemente aus der Zeichnung und befördert sie in die Zwischenablage.
- KOPIEREN Strg+C lässt die gewählten Elemente in der Zeichnung stehen und kopiert sie in die Zwischenablage.
- EINSETZEN Strg+V fügt die Elemente aus der Zwischenablage in die Zeichnung ein. Wenn es sich um ArchiCAD-Elemente handelt, werden sie zunächst mit der Originalposition eingesetzt. Die Elemente bleiben für weitere Einsetz-Operationen so lange in der Zwischenablage, bis andere Objekte in die Zwischenablage kommen.

Sie können mit diesen Befehlen auch bequem Objekte von einem Geschoss in ein anderes kopieren. Die Elemente werden standardmäßig an der gleichen Stelle eingesetzt. Da sie beim Einsetzen mit einer Auswahlbox erscheinen, können Sie die Elemente auch gleich an eine andere Stelle verschieben.

6.11 Übungsfragen

1. Wie erhalten Sie Element-Informationen?
2. Wie wird signalisiert, dass mehrere Elemente übereinander liegen?
3. Wie arbeiten Sie mit der SCHNELLAUSWAHL?
4. Womit fügen Sie Elemente zur Auswahl hinzu?
5. Wie sieht der geschossübergreifende Markierungsrahmen aus?
6. Was ist das Universalwerkzeug zum Bearbeiten?
7. Wie verschieben Sie Elemente am schnellsten?
8. Was bietet die Bearbeitungsfunktion MULTIPLIZIEREN?
9. Zu welcher Funktion gehört der Scheren-Cursor?
10. Womit erstellen Sie aus 2D-Geometrie normale Elemente wie Wände oder Decken?

Kapitel 7

Treppen

Bei den Treppen gibt es drei Möglichkeiten:

- Sie können aus einer Vielzahl von vorgegebenen Standard-Treppenformen aus der Bibliothek auswählen und mit Variation zahlreicher Parameter in der TREPPE-GRUNDEINSTELLUNG Ihre eigene Treppengeometrie erstellen.
- Sie konstruieren die Treppe nach Auswahl der groben Form über mehrere Dialogeingabefelder sehr detailliert in der TREPPE-GRUNDEINSTELLUNG unter TREPPE ERSTELLEN.
- Sie konstruieren den Umriss als Schraffur und die Lauflinie der Treppe als normale Geometrie selber und lassen ArchiCAD mit der Funktion PLANUNG|TREPPE MIT AUSWAHL ERSTELLEN daraus eine Treppe erstellen.

7.1 Standardtreppen

Für Standardtreppen rufen Sie das TREPPEN-Werkzeug auf, suchen einen Treppentyp aus den Bibliothekselementen aus und definieren die Treppengeometrie über Parameter. Sie finden fünfzehn Treppen-Typen in der Bibliothek. Die wichtigsten Parameter lassen sich dann im Einstellungsdialog individuell anpassen. Eventuell wird Ihnen eine Treppe angeboten, deren Laufrichtung genau umgekehrt sein muss. Dazu gibt es im Dialogfeld TREPPE GRUNDEINSTELLUNG unter der Winkelangabe noch die Schaltfläche BIBLIOTHEKSELEMENT SPIEGELN.

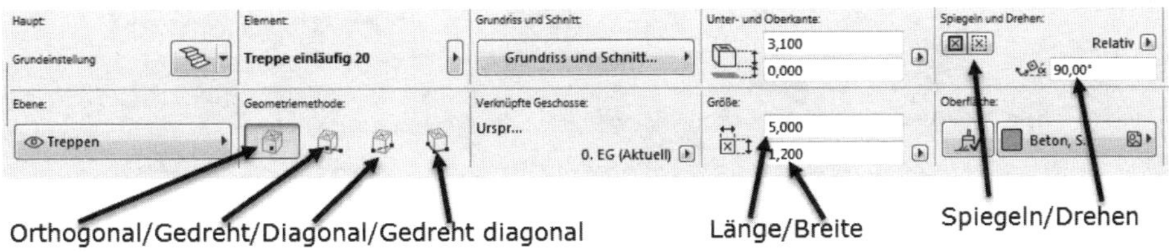

Abb. 7.1: TREPPEN-Werkzeug

Im INFOFENSTER werden vier Geometriemethoden angeboten:

- ORTHOGONAL fügt die Treppe mit dem Winkel bzgl. der x-Achse ein, der in der Winkeleingabe rechts oben vorgegeben wird.
- GEDREHT fügt die Treppe in der Richtung ein, die Sie beim Positionieren über *zwei Punkte* vorgeben.
- DIAGONAL ist nur wirksam, wenn Sie die Kopplung zwischen Länge und Breite herausgenommen haben. Die Treppe wird dann so lang und breit erstellt, wie Sie beim Positionieren durch *zwei diagonale Punkte* angeben.
- GEDREHT DIAGONAL ist nur wirksam, wenn Sie die Kopplung zwischen Länge und Breite herausgenommen haben. Der erste Punkt definiert die erste Ecke der Treppe, der zweite die Richtung und Länge und der dritte die Breite.

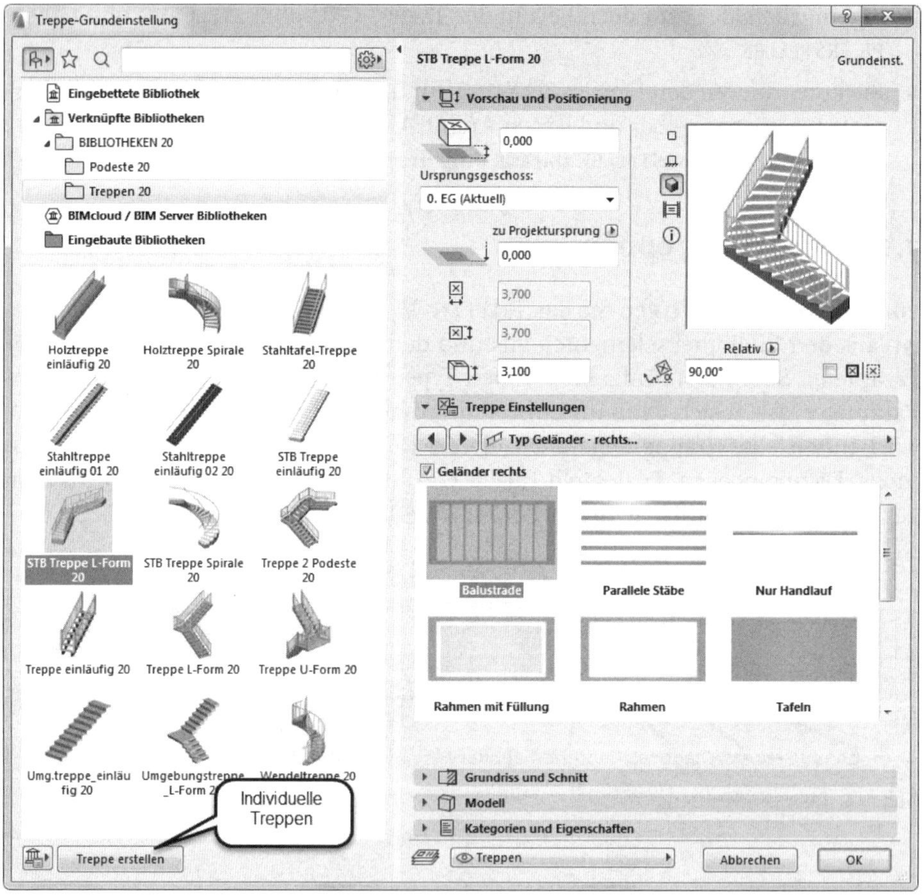

Abb. 7.2: Eingabedialogfenster für Standardtreppen

7.2 Individuelle Treppen

Starten Sie wieder den EINSTELLUNGSDIALOG (Abbildung 7.2). Dort finden Sie oben über dem Vorschaubild die Schaltfläche TREPPE ERSTELLEN. Sie wählen Letztere und dürfen sich zuerst für eine der vordefinierten Formen (Abbildung 7.3) entscheiden. Es reicht von der einfachen einläufigen Treppe bis zur gewendelten und letztlich bis zur Wendeltreppe. 21 Formen stehen zur Verfügung, die allerletzte Form ist für den Fall vorbehalten, wo Sie die gesamte Treppengeometrie durch eigene Konstruktion vordefinieren.

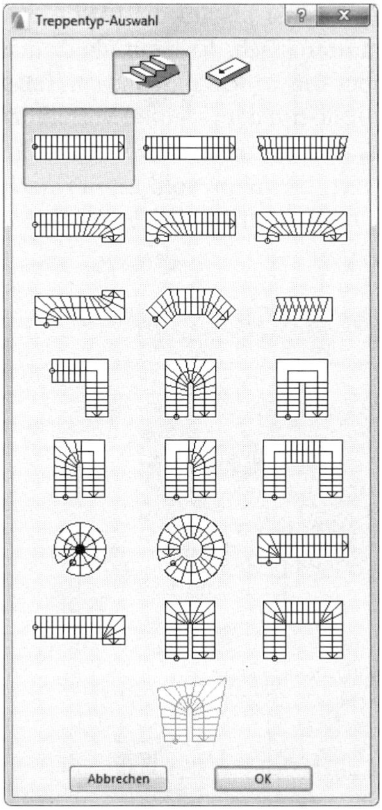

Abb. 7.3: Treppenformen

Achten Sie vor der Auswahl einer Treppengeometrie noch auf die beiden obersten Schaltflächen (Abbildung 7.3). Damit kann zwischen *Treppen* und *Rampen* gewählt werden, die beide ähnliche Geometrien verwenden. Um alle Parameter kennenzulernen, sollten Sie verschiedene Treppenformen probieren. Für unser Beispiel wird der Typ GLEICHSEITIG, VIERTELGEWENDELT gewählt. Nach dieser Wahl erscheint eine Reihe von Dialogfenstern für folgende Parametereingaben:

- GEOMETRIE UND TREPPENLAUF-EINSTELLUNGEN
- STRUKTUR- UND PODEST-EINSTELLUNGEN
- EINSTELLUNGEN DER STUFE
- GELÄNDER-EINSTELLUNGEN
- SYMBOL-EINSTELLUNGEN
- LISTEN-EINSTELLUNGEN

In den Dialogfenstern werden Sie bei den meisten Parametern kleine Schalter finden, um die Werte gegen Veränderungen zu schützen. Das Programm wird dann stets versuchen, die übrigen Parameter so zu arrangieren, dass eine gültige Treppengeometrie entsteht. Bevor Sie letztlich die neu gestaltete Treppe speichern, sollten Sie auf jeden Fall über die Schaltfläche TREPPE PRÜFEN die Konsistenz Ihrer Eingaben testen lassen. Gegebenenfalls erhalten Sie Ratschläge, was zu ändern ist.

Geometrie- und Treppenlauf-Einstellungen

Unter EINSTELLUNGEN GEOMETRIE geben Sie die Abmessungen ein für

- TREPPENHÖHE
- LAUFBREITE
- LÄNGE DES MITTLEREN TEILS
- LÄNGE DES UNTEREN TEILS
- LÄNGE DES OBEREN TEILS
- LÄNGE DER LAUFLINIE

Die Daten sind hier redundant. Wenn Sie alle Parameter bis auf die LÄNGE DER LAUFLINIE eingegeben haben, ergibt sich diese automatisch. Es kann aber auch sein, dass Sie diese Länge vorgeben möchten, aber die LÄNGE DES OBEREN TEILS ermitteln lassen wollen. Durch Schützen der Lauflinie mit dem kleinen Vorhängeschloss und der übrigen Längen können Sie das Programm dann zwingen, die LÄNGE DES OBEREN TEILS zu berechnen. Einen Wert, den man wohl immer nach Eingabe schützen wird, ist natürlich die Treppenhöhe, weil sie durch die übrige Konstruktion von außen vorgegeben ist.

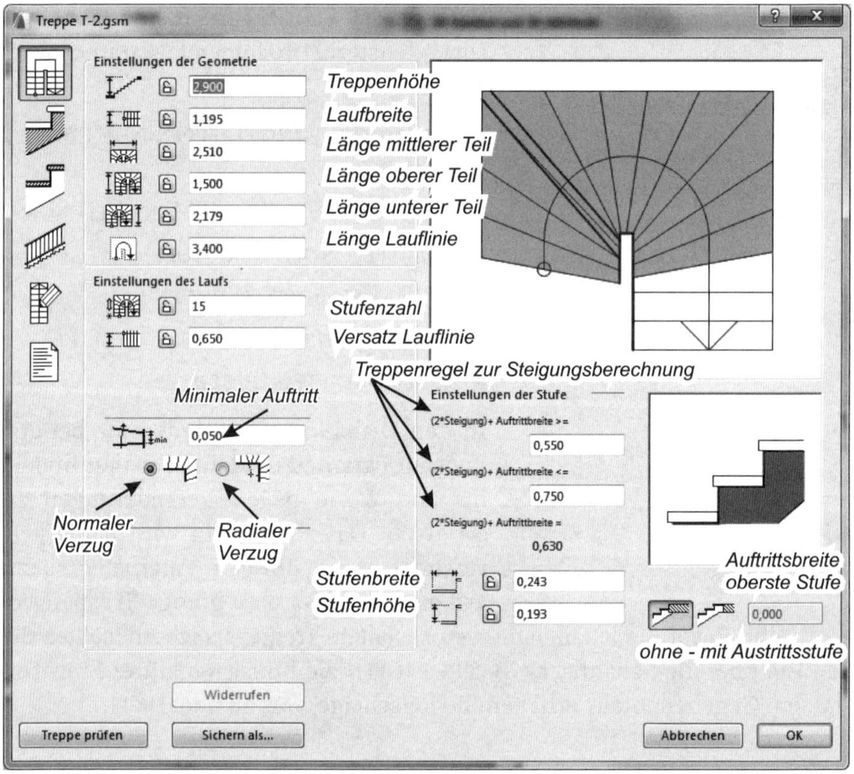

Abb. 7.4: Geometriedefinition der Treppe

Als weitere Eingaben folgen unter EINSTELLUNGEN DES LAUFS die STUFENZAHL und die LAGE DER LAUFLINIE vom Rand her gesehen. Dann folgen für gewendelte und verzogene Teile der Treppe die Angabe der MINIMALEN AUFTRITTSFLÄCHE und die Wahl zwischen NORMALEM VERZIEHEN und RADIALEM VERZUG.

In der Grafikvorschau können Sie auch den Bereich bzw. die Bereiche für das Verziehen der Stufen grafisch interaktiv bestimmen. Der Verzugsbereich wird grau markiert. Wenn Sie auf die nächste weiße Stufe außerhalb klicken, vergrößern Sie den Verzugsbereich und die betreffende Stufe wird auch grau markiert. Wenn Sie auf die *vor*letzte graue Stufe klicken, wird der Verzugsbereich um eine Stufe verkürzt, und die letzte Stufe wird dann weiß markiert. Durch diese Manipulationen können Sie bei sehr engen Platzverhältnissen noch manches herausholen.

In dieser Darstellung haben Sie auch die Chance, die Schnittkanten für die Darstellungsgrenze der Treppe im aktuellen Geschoss zu verschieben. Alle vier Endpunkte dieser schrägen Doppellinie können Sie mit dem Cursor anfahren, der sich dann in einen Kreuz-Cursor verwandelt und die Positionen entlang der Treppenränder frei verschieben kann. Unter den Verzugsparametern kann noch ein Wert für die AUSTRITTSSTUFE eingegeben werden, falls die oberste Stufe länger oder kürzer sein soll als die normale Stufenbreite. Den linken Button wählen Sie, wenn *keine* Austrittsstufe nötig ist, die rechte Option wählen Sie, wenn die *Austrittsstufe verlängert* werden soll. In diesem Fall geben Sie dann einen positiven Wert für die Verlängerung ein.

Im Vorschaufenster haben Sie noch die Möglichkeit, die *Ecken in der Treppenkontur* zu modifizieren. Wenn Sie in eine der Ecken fahren, bekommen Sie einen Ecken-Cursor und erhalten nach einem Klick ein Menü, um zwischen ABRUNDUNG und ABSCHRÄGUNG zu wählen sowie um den ABRUNDUNGSRADIUS bzw. die LÄNGE DER ABSCHRÄGUNG einzugeben. Die Standardvorgabe in diesem Menü heißt GERADE und bedeutet, dass Sie die Ecke behalten.

Als weitere Parameter stehen unter der Grafik-Vorschau noch die *Grenzen für die Steigungsberechnung* an. Ich nehme an, dass Sie an der allgemeinen Formel für die Treppensteigung, dass nämlich die doppelte Steigung plus der Auftrittslänge zwischen 60 und 65 Zentimetern liegen soll, auch nichts ändern werden. Allerdings wäre dies eine Möglichkeit, bei kritischen Fällen durch Erweitern des Toleranzbereichs noch eine Lösung zu finden. Die nächste Zahl ist der für Ihre Treppe aus den bisherigen Parametern berechnete tatsächliche Wert.

Dann folgen die Werte für die STUFENHÖHE und AUFTRITTSLÄNGE, die sich auch aus den anderen Parametern ergeben. Es könnte natürlich auch sein, dass Sie dafür Werte eingeben wollen und beispielsweise die ANZAHL DER STUFEN dann neu ausrechnen lassen wollen. In diesem Fall geben Sie hier die Werte ein und schützen sie wieder mit dem Vorhängeschloss. Die ANZAHL DER STUFEN muss dann aber ungeschützt sein, damit sie ermittelt werden kann. Da sich bei Änderung *eines* Parameters unter Umständen alle anderen ändern können, achten Sie immer auf die Parameter, die für Ihre Konstruktion festbleiben müssen, und schützen Sie diese notfalls.

Struktur- und Podest-Einstellungen

Es gibt fünf Treppenstrukturen wie in Abbildung 7.5 gezeigt. Die Abmessungen der verschiedenen Komponenten werden im Dialogfeld darunter abgefragt (Abbildung 7.6).

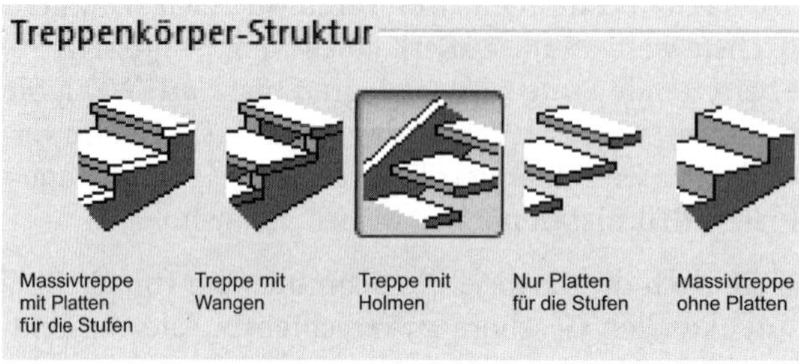

Abb. 7.5: Treppenstrukturen

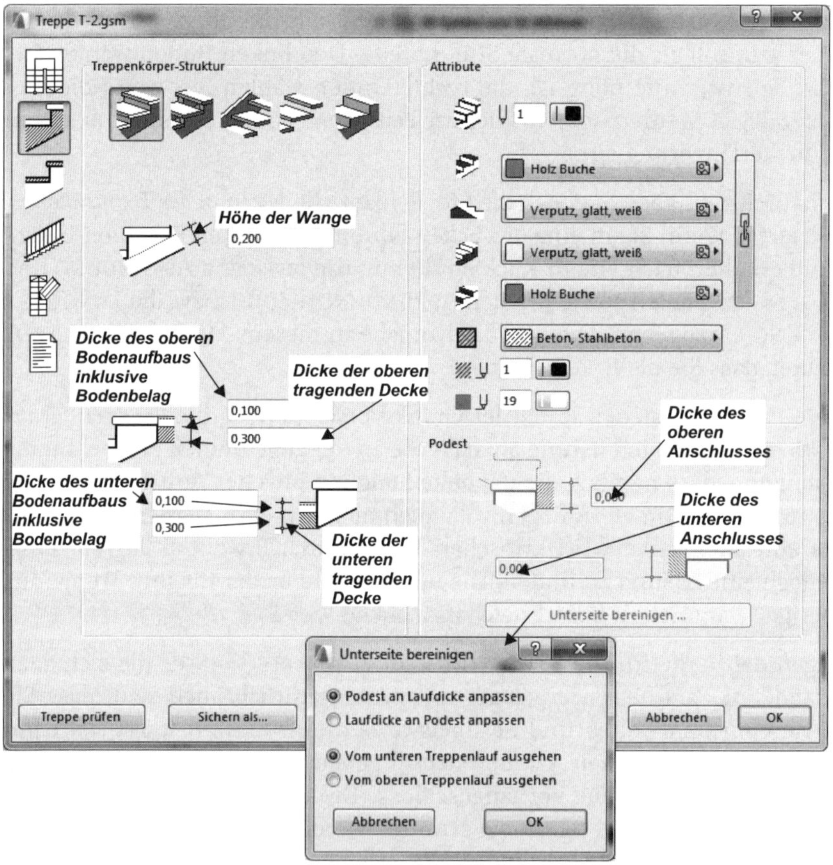

Abb. 7.6: Parameter für die Treppenstruktur außer Treppen mit Holmen

Die Dialogfelder unterscheiden sich etwas nach den Strukturen. Abbildung 7.6 zeigt die Parameter, die maximal für Massivtreppen anzugeben sind. Die Parameterbezeichnungen werden Ihnen angezeigt, wenn Sie mit dem Cursor auf dem betreffenden Eingabefeld kurz stehen bleiben. Die Eingabefelder für oberes und unteres Podest sind natürlich nur erreichbar, wenn es sich um Treppen mit ein bzw. zwei Podesten handelt. Die Schaltfläche UNTERSEITE BEREINIGEN ist nur aktivierbar, wenn Sie mit Massivtreppen mit Podest oder Treppen mit Wangen arbeiten. Die Bedeutung der Parameter dürfte durch die Grafiken und die dargestellten Maße klar sein. Natürlich können Sie für die einzelnen Komponenten der Treppenstruktur auch die verschiedensten Materialien auswählen.

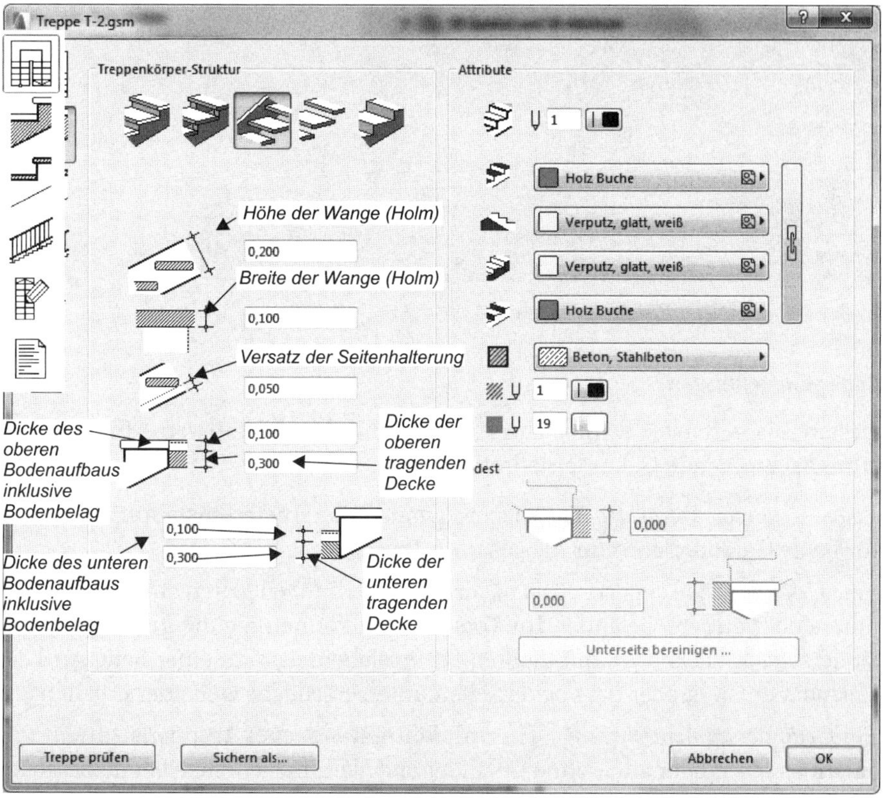

Abb. 7.7: Parameter für Treppen mit Holmen

Einstellungen der Stufe

Die Einstellungen der Stufe sind für alle Treppen außer der Massivtreppe ohne Platten vorzunehmen. Die Anzahl der Parameter hängt natürlich wieder vom Treppentyp ab. Die Bedeutung der einzelnen Parameter zeigt Abbildung 7.8. Auf der rechten Seite werden wieder die Materialien für die 3D-Darstellung ausgewählt.

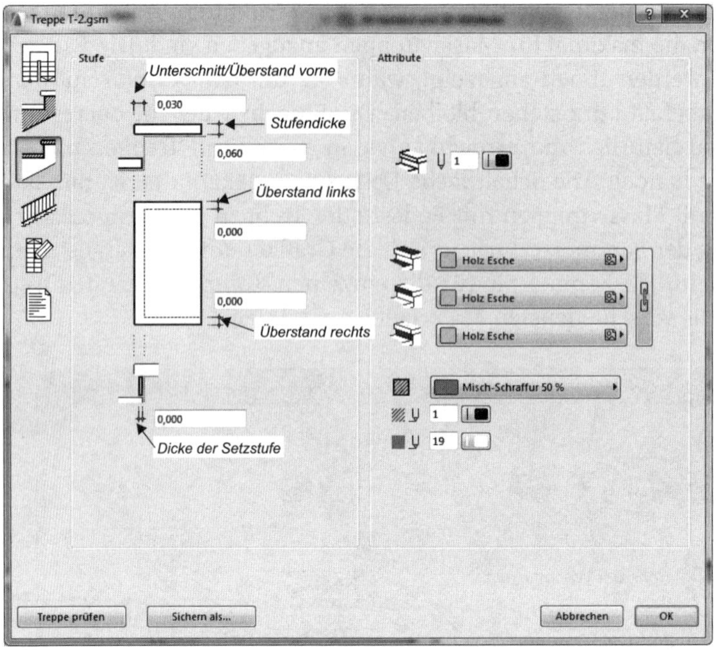

Abb. 7.8: Parameter für die Treppenstufen

Geländer-Einstellungen

In diesem Dialogfenster wählen Sie zunächst mit drei Buttons aus, für welchen Teil Ihre nachfolgende Geländerdefinition gelten soll.

- *Beide Geländer komplett* Die nachfolgenden Parametereinstellungen gelten für beide Geländerläufe für die gesamte Treppe.
- *Eine Geländerseite komplett* Die nächsten Einstellungen gelten entweder für das innere oder äußere Geländer. Im Vorschaubild können Sie die gewünschte Geländerseite anklicken. Damit können Sie erreichen, dass an einer Seite gar kein Geländer entsteht oder dass beide Seiten unterschiedliche Geländer erhalten.
- *Ein Geländersegment einzeln* Hiermit können Sie jedes Treppensegment mit einem anderen oder auch ohne Geländer erstellen. Das einzustellende Segment der Treppe klicken Sie mit dem Treppen-Cursor im Vorschaubild wieder an.

Je nachdem, ob Sie *beide Läufe, einen Lauf* oder *ein Segment* gewählt haben, wählen Sie nun oben bei Geländereinstellungen die gewünschte Geländerform aus. Für die Geländer der unteren Gruppe werden neben den allgemeinen Parametern des Geländers auch noch Einstellungen für die einzelnen Spindeln nötig. Sie können bei diesen Geländern die *individuelle Position einzelner Spindeln* entlang des Treppenlaufs ändern, nachdem Sie im Vorschaubild mit dem Spindel-Cursor *doppelt* auf eine Spindel geklickt haben. Es erscheint dann ein Menü, in dem Sie entweder eine *relative Verschiebung* oder die *absolute Position* entlang des Treppenlaufs angeben.

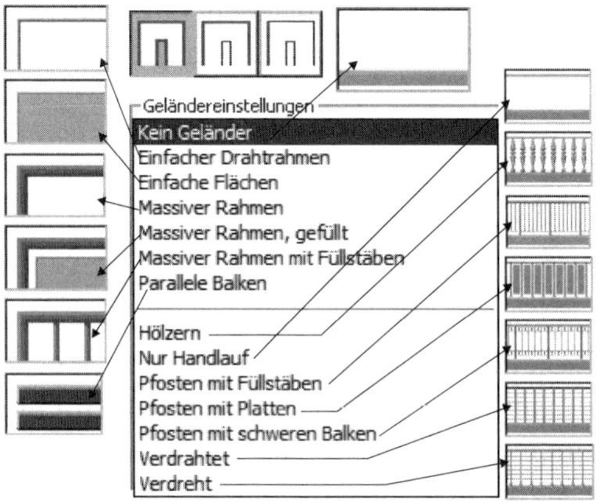

Abb. 7.9: Geländerform wählen

Die nötigen Parameter für die Geländer sind eigentlich wieder eindeutig durch Text und Grafik beschrieben (Abbildung 7.10). Beachten Sie unbedingt das Listenfeld ZUSÄTZLICHE PARAMETER, weil Sie hier abhängig von der Geländerform noch ganz individuelle Parameter setzen können.

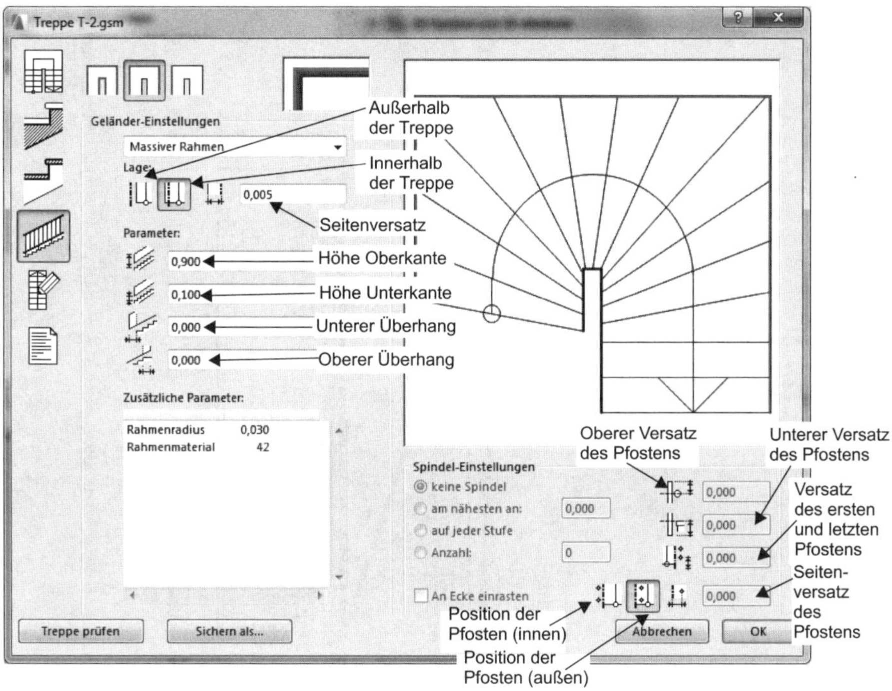

Abb. 7.10: Parameter für die Geländer

Wenn Sie Geländer mit Pfosten haben, können Sie bei Spindeleinstellungen noch wählen, ob Sie einen Abstand vorgeben wollen (Option AM NÄHESTEN AN) oder AUF

JEDER STUFE Spindeln haben wollen oder die ANZAHL eingeben möchten. Bei Geländern, die über mehrere Segmente gehen, ist die Option AN ECKE EINRASTEN interessant.

Mit OBERER VERSATZ DES PFOSTENS ist eine Verlängerung des Pfostens über die Geländeroberkante hinaus gemeint, mit UNTERER VERSATZ DES PFOSTENS eine Verlängerung um einen bestimmten Betrag unter die Aufsetzkante auf der Stufe. Der VERSATZ DES ERSTEN UND LETZTEN PFOSTENS ist der Versatz *entlang* der Geländerflucht. Senkrecht dazu zählt der SEITENVERSATZ DES PFOSTENS, für den die zusätzlichen Schaltflächen für die POSITION INNEN oder AUßEN gelten. In der Grafik-Vorschau können Sie die Pfosten *individuell positionieren*, indem Sie auf eine Pfosten-Position doppelklicken und in einem neuen Dialogfenster entweder einen relativen Versatz oder den absoluten Abstand entlang des Geländers verändern.

2D-Detaillierungsgrad-Einstellungen

In diesem Dialogfenster legen Sie die Art der Detaillierung im Grundrissfenster fest. Es stehen 8 Darstellungstypen zur Verfügung. Außerdem können Sie die Symbole für Antritt, Austritt und Geländer wählen.

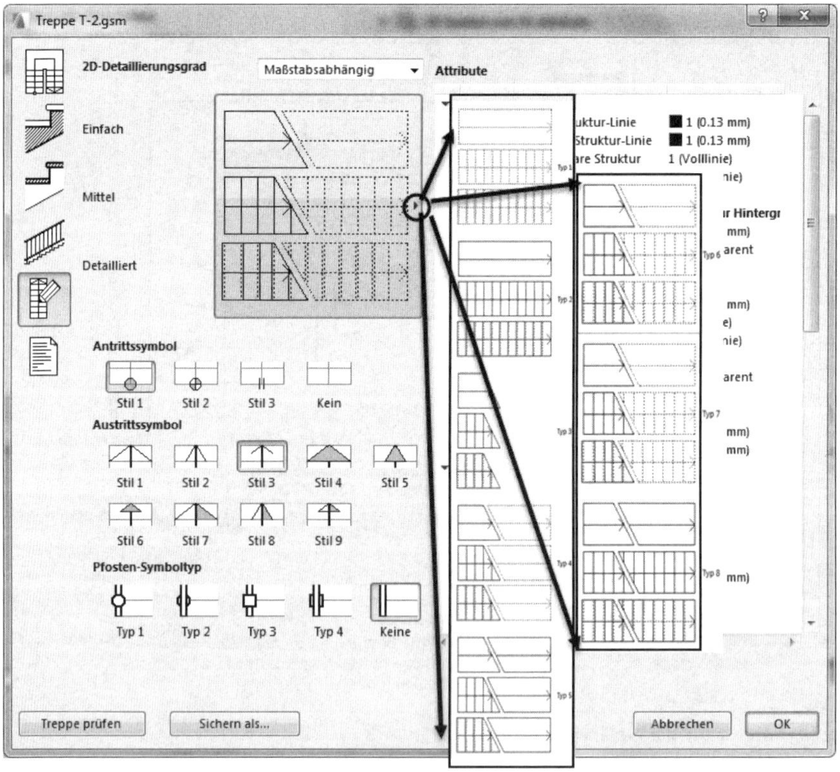

Abb. 7.11: 2D-Detaillierungsgrad

Listen-Einstellungen

Im letzten Dialogfeld können Sie alle Komponenten der Treppe markieren, die automatisch in die Listen aufgenommen werden sollen. Standardmäßig ist hier alles markiert. Die Listen werden mit dem Menü DOKUMENTATION|LISTEN UND BERECHNUNGEN weiterbearbeitet.

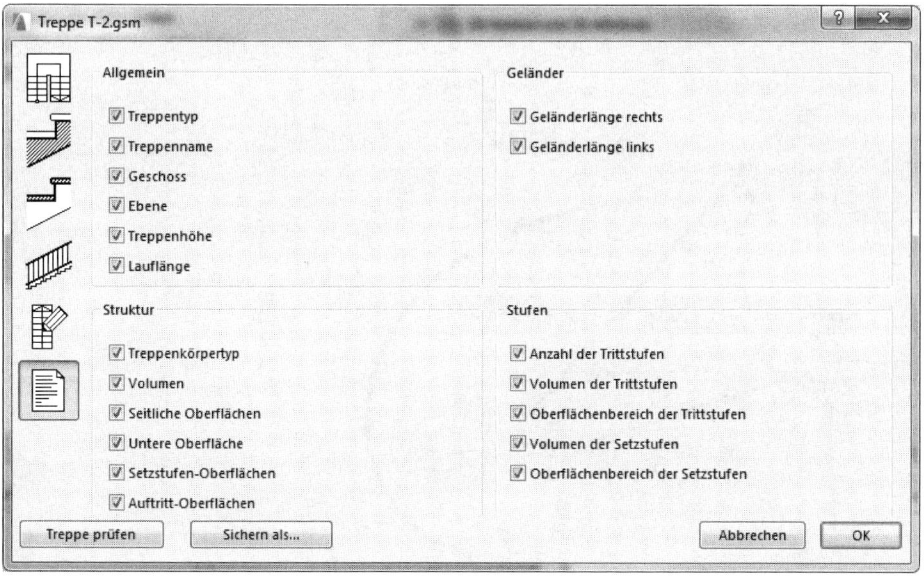

Abb. 7.12: Parameter zur Listenausgabe wählen

Letzte Schritte zur neuen Treppe

Bei den Parametereingaben sollten Sie immer wieder mit der Schaltfläche TREPPE PRÜFEN die Konsistenz prüfen lassen. Spätestens aber jetzt sollten Sie eine letzte Prüfung starten. Wenn es Probleme mit der Treppengeometrie gibt, bekommen Sie ggf. wertvolle Hinweise. Sie müssen dann die Treppe über Parameteränderungen oder Ändern des Verziehungsbereichs (Abbildung 7.5) nachbessern, bis das ersehnte OK erscheint (Abbildung 7.13).

Abb. 7.13: Die Treppe ist in Ordnung.

Wenn Sie eine neue Treppe erstellt haben, werden Sie bei Bedienung des Buttons OK auf dem großen Treppendialogfenster automatisch zum Speichern aufgefordert. Hier sollten Sie die Treppe unter einem sinnvollen Namen ablegen. Als Speicherort wird die eingebettete Bibliothek angeboten. Wenn nötig können Sie darin noch einen neuen Ordner einrichten. Später können Sie die Treppen dann über den EINSTELLUNGSDIALOG immer wieder aus der eingebetteten Bibliothek holen.

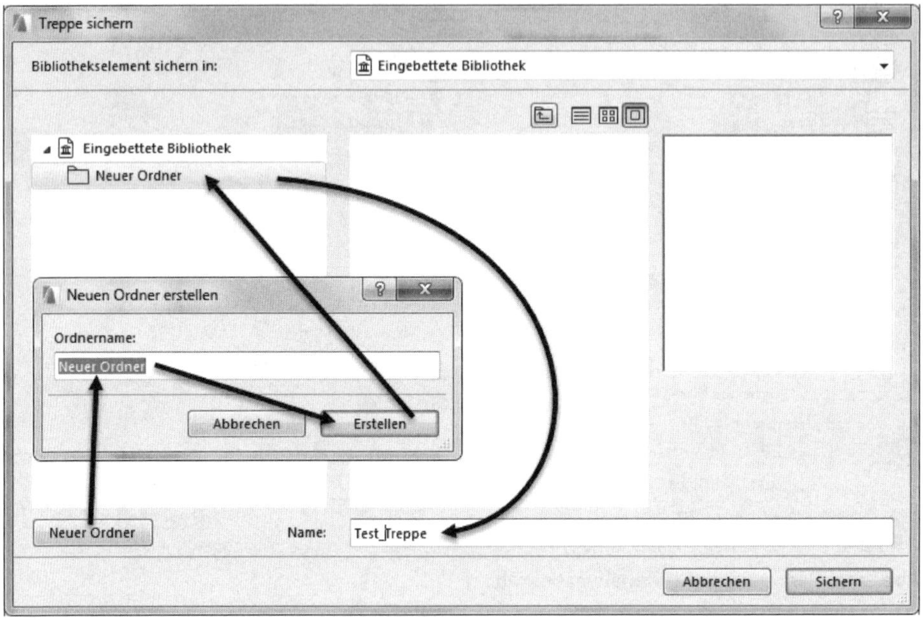

Abb. 7.14: Treppe in einem neu erstellten Ordner in der EINGEBETTETEN BIBLIOTHEK speichern

Nach Ende dieses Dialogfensters sollten Sie nicht gleich die Treppe positionieren, denn sie hat noch keinen eigenen Bezugspunkt. Gehen Sie deshalb wieder zurück in den normalen Einstellungsdialog des Treppenelements und wählen Sie rechts oben in der Grafik-Vorschau einen sinnvollen Bezugspunkt und auch die nötige Ausrichtung der Treppe.

Im *Vorschaubild* rechts oben werden verschiedene Darstellungen in 2D und 3D angeboten. In diesem Bild können Sie mit dem Cursor die Position für das Einfügen der Treppe in die Konstruktion vorgeben, indem Sie entsprechende Ecken anklicken. Auch können Sie neben die Treppe klicken und damit den Drehwinkel in Schritten von 45° verändern.

Die Einbauhöhe der Treppe ist auf die Geschosshöhe voreingestellt.

Im Panel TREPPENEINSTELLUNGEN können folgende wichtige Parameter gesetzt werden:

- GESCHOSSABHÄNGIG Wenn Sie diese Option ausschalten, wird die Treppe im Grundrissfenster in *allen* Geschossen angezeigt. Normalzustand ist AUS.
- 2D-ÜBER URSPRUNGSGESCHOSS Diese Option erscheint erst, wenn GESCHOSSABHÄNGIG aktiviert wurde. Hier wird angegeben, welche Details mit welchen Linientypen über dem Ursprungsgeschoss noch angezeigt werden sollen.
- 2D-SYMBOL TYP Hier und unter den folgenden Titeln können Sie alle Detaildarstellungen für 2D auswählen.

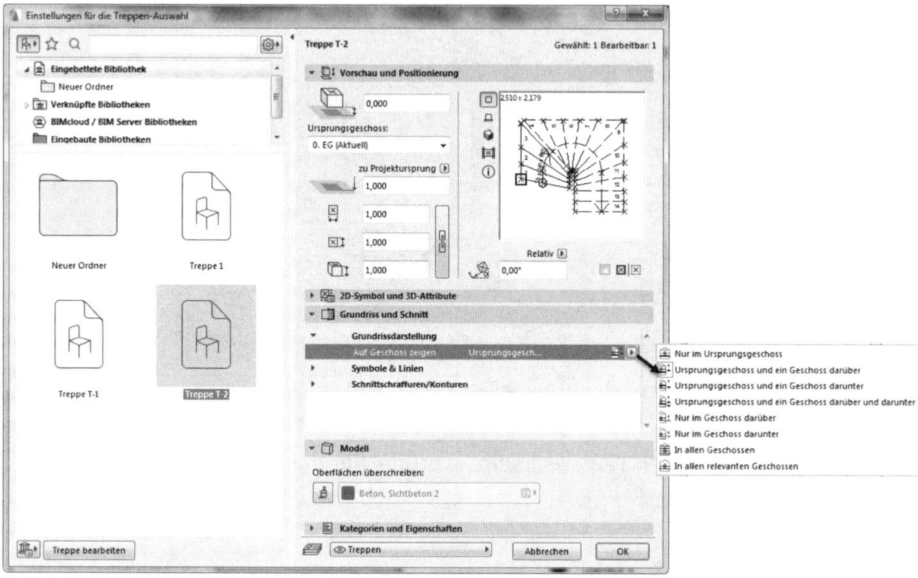

Abb. 7.15: Darstellungs-Einstellungen für Treppen

Im Panel GRUNDRISS UND SCHNITT gibt es die Überschrift GRUNDRISSDARSTELLUNG. Dort kann bei AUF GESCHOSS ZEIGEN gewählt werden, ob und wie die Treppe im Ursprungsgeschoss und in Geschossen darüber und darunter angezeigt werden soll. Da Treppen normalerweise übereinander im Treppenhaus konstruiert werden und auch noch Zusatzarbeiten wie das Ausschneiden von Durchbrüchen in die Decken erfordern, ist es oft sinnvoll, bei AUF GESCHOSS ZEIGEN die Option IN ALLEN GESCHOSSEN zu wählen. Von sich aus wird die Treppe im Geschoss, in dem sie eingebaut wird, *bis* zur Treppen-Sichtkante gezeigt, im direkt darüber liegenden Geschoss *ab* der Sichtkante. Wenn Sie über die Sichtbarkeitsoptionen noch weitere Geschosse dazunehmen, wird dort dann nur der gestrichelte Gesamtumriss der Treppe gezeigt.

Das Panel MODELL bietet dieselben generellen Einstellungen wie bei allen Elementen.

Nach all diesen Einstellungen können Sie die Treppe wie gewünscht in Ihre Konstruktion einfügen.

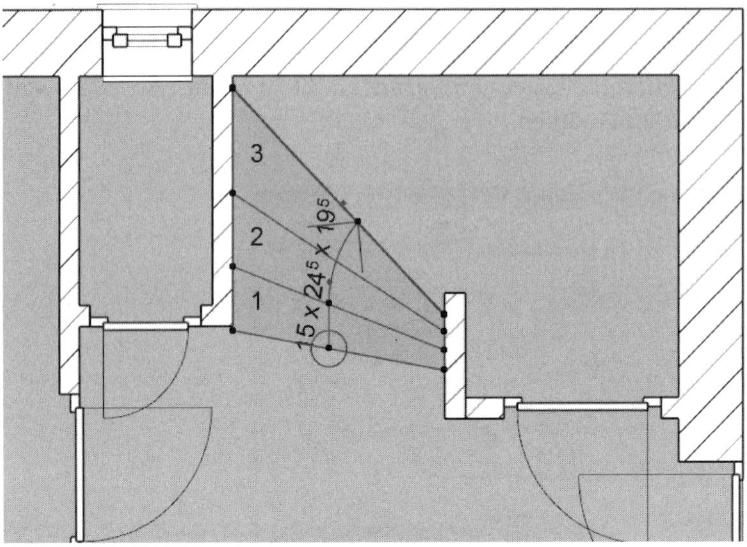

Abb. 7.16: Treppe mit Sichtbarkeit bis Bruchlinie

Wenn Sie in das 3D-FENSTER wechseln, werden Sie die vollständige Treppendarstellung sehen.

Abb. 7.17: Treppe in der 3D-Ansicht

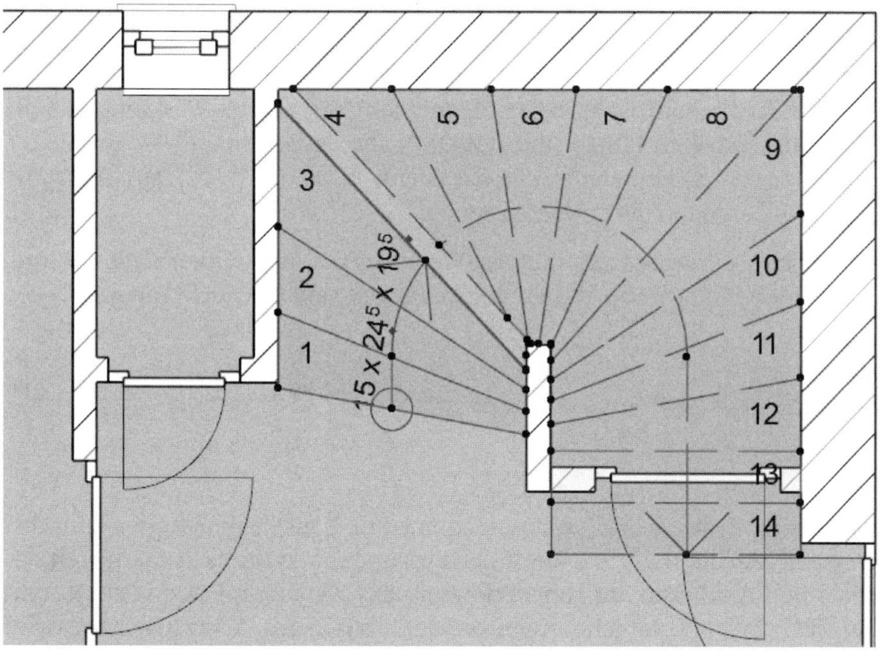

Abb. 7.18: Treppe in geschossunabhängiger Darstellung

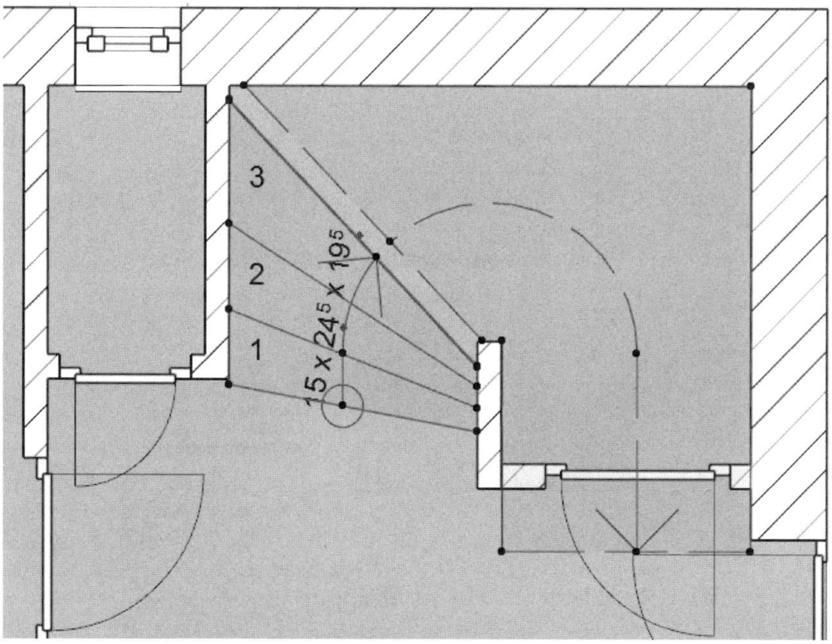

Abb. 7.19: Treppe mit Strichlinien oberhalb Bruch

7.3 Benutzerdefinierte Treppe

Die benutzerdefinierte Treppe wird aus individuell gezeichneten Elementen erstellt. Den Treppenumriss erstellen Sie mit dem SCHRAFFUR-Werkzeug und die Lauflinie mit einzelnen LINIEN und BÖGEN, nicht als Polylinie (!). Wenn Sie die Geometrie erstellt haben, starten Sie das Menü PLANUNG|TREPPE MIT AUSWAHL ERSTELLEN und arbeiten die Dialogfenster ab.

Rufen Sie also als Erstes das SCHRAFFUR-Werkzeug auf und wählen Sie die polygonale Form (Abbildung 7.20). Weitere Einstellungen sind hier nicht nötig.

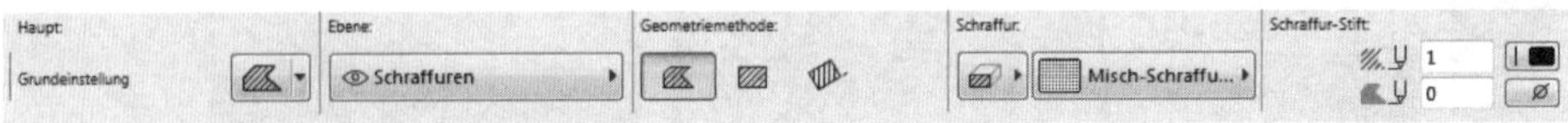

Abb. 7.20: SCHRAFFUR-Werkzeug

Im Beispiel wird die Schraffur-Umgrenzung mit Konstruktionsraster zunächst eckig erstellt (Abbildung 7.21). Die Eckenausrundung kann nach Markieren des Elements und Anklicken der Innenecke mit dem Werkzeug ECKENVERRUNDUNG aus der PET-PALETTE vorgenommen werden. Mit dem Werkzeug LINIE wird zunächst eine eckige Lauflinie erstellt, die dann mit dem Werkzeug ABRUNDEN ausgerundet wird. Diese vier Elemente – Schraffur, zwei Linien und ein Bogen – bilden nun die Grundlage für die selbst definierte Treppe.

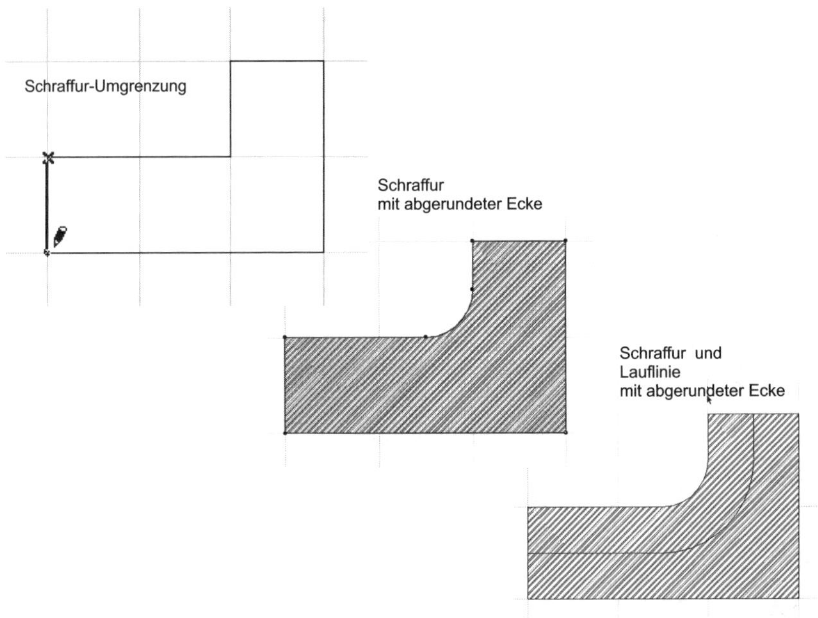

Abb. 7.21: Schraffur und Lauflinie erstellen

Zum Erstellen der eigenen Treppenform wählen Sie zunächst diese vier Elemente mit dem PFEIL-Werkzeug. Dann rufen Sie das Menü PLANUNG|TREPPE MIT AUSWAHL ERSTELLEN auf. ArchiCAD bietet Ihnen im TREPPEN-Werkzeug daraufhin die 22. Form an (Abbildung 7.23), die freie Treppe. Zahlreiche Parameter dürfen Sie nun noch definieren (Abbildung 7.24). Beenden Sie den Dialog mit OK und speichern Sie die Treppe in der EINGEBETTETEN BIBLIOTHEK. Mit dem TREPPEN-Werkzeug können Sie dann diese Treppe einfügen. Vergessen Sie nicht, in den GRUNDEINSTELLUNGEN den *Basispunkt* und die *Treppenausrichtung* ggf. neu zu setzen. Die vier Elemente, von denen Sie ausgegangen sind (Schraffur, Linien und Bogen), sind aber immer noch vorhanden. Wenn sie nicht anderweitig benötigt werden, können sie nun gelöscht werden (Abbildung 7.25).

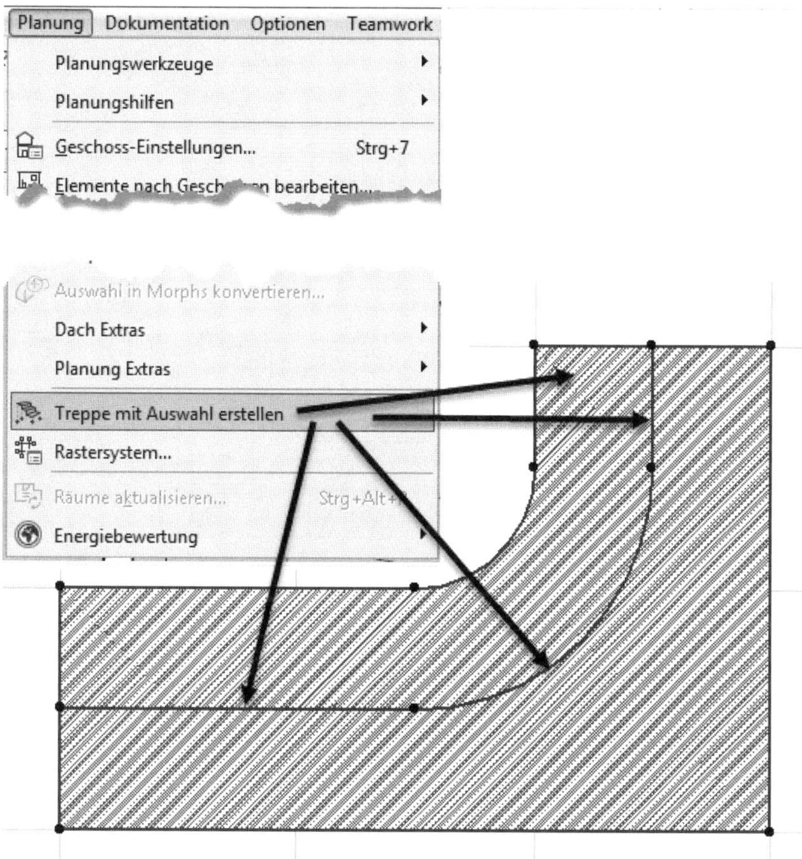

Abb. 7.22: Umwandlung in Treppe

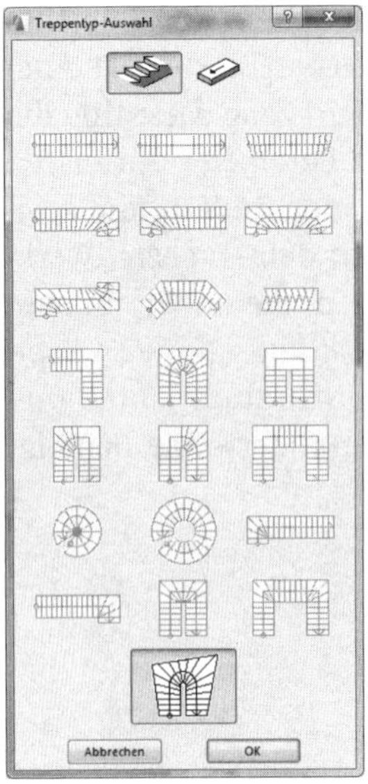

Abb. 7.23: Treppenform für eigene Treppendefinition

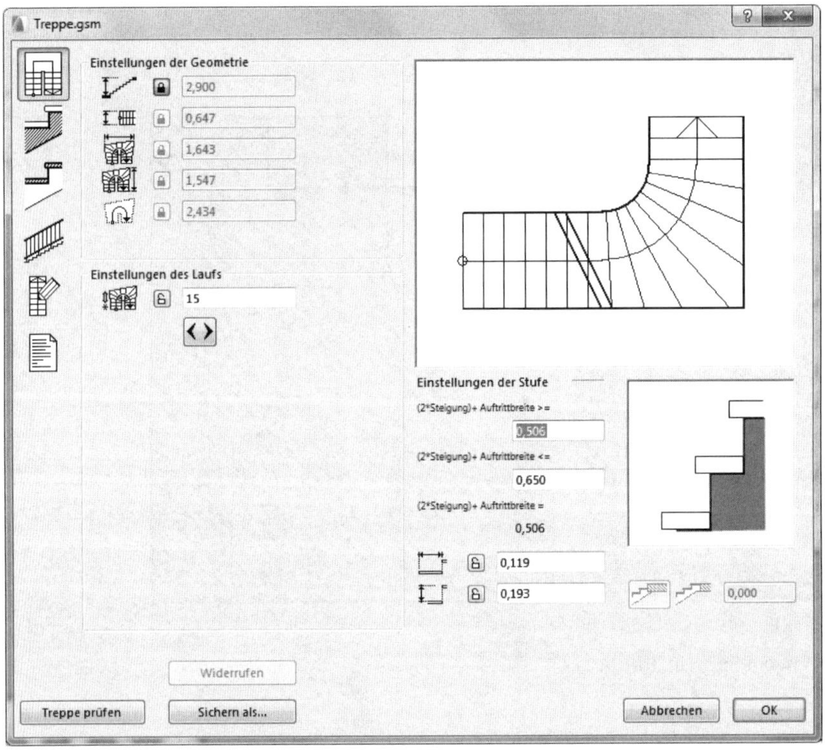

Abb. 7.24: Parametereingabe

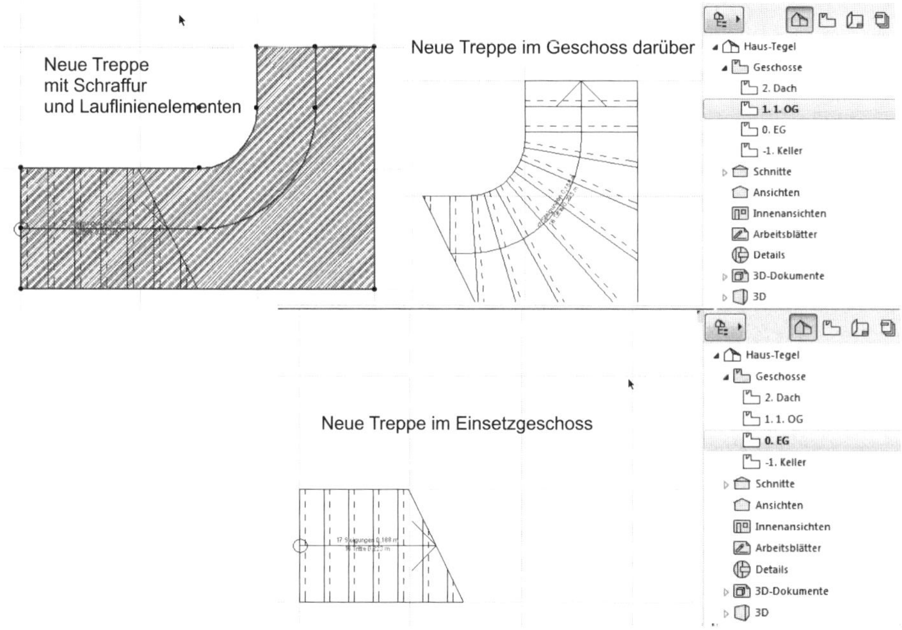

Abb. 7.25: Neue Treppe in den Geschossen

Abb. 7.26: Fertige eigene Treppe in 3D

7.3.1 Deckendurchbruch

Sobald Treppen konstruiert sind, besteht natürlich der Bedarf, die Decken zu durchbrechen (Abbildung 7.27). Da es keine Automatik gibt, die einen Deckendurchbruch erzeugt, müssen Sie den Durchbruch selber in die Decke einzeichnen. Dazu sollten Sie zunächst dafür sorgen, dass die Treppe auch im darüber liegenden Geschoss entsprechend angezeigt wird. Sie können dazu mit einem Rechtsklick auf das darunter liegende Geschoss in der PROJEKT-MAPPE das Kontextmenü aufrufen und das Geschoss zum *transparenten Geschoss* machen. Die andere Variante wäre, die Treppe über ihre Parametereinstellungen in allen Geschossen sichtbar zu machen.

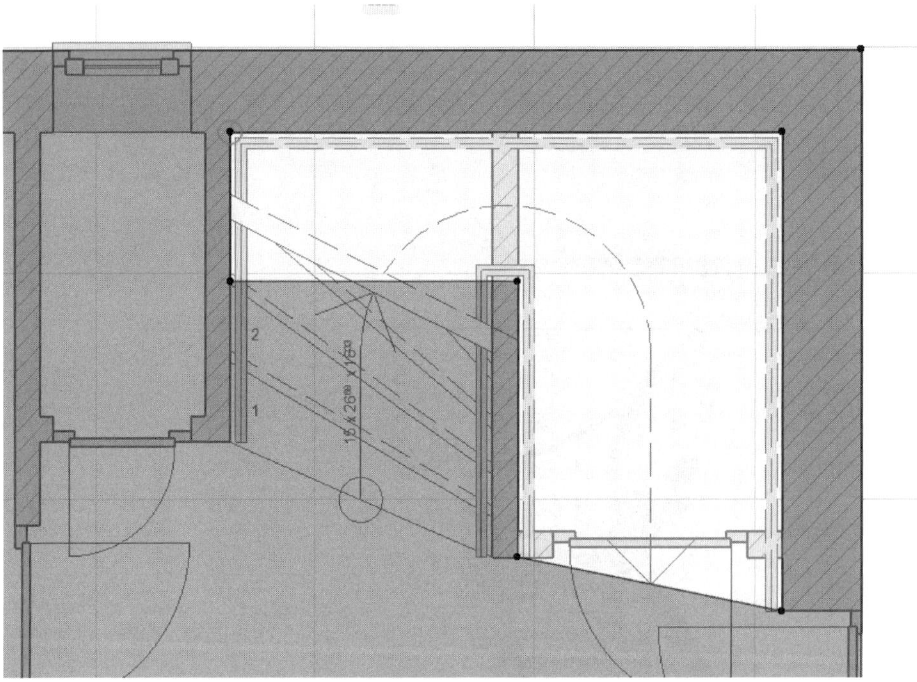

Abb. 7.27: Deckendurchbruch über der Treppe

Wenn Sie die Treppe also in dem Geschoss, in dem die Decke liegt, sehen wollen, dann gehen Sie folgendermaßen vor (Abbildung 7.28):

1. Markieren Sie die zu durchbrechende Decke.
2. Klicken Sie dann auf das DECKEN-Werkzeug.
3. Nun können Sie einfach einen polygonalen Umriss konstruieren, der dann automatisch zum Deckendurchbruch wird. Klicken Sie dazu alle Ecken des Treppenumrisses an, bis die Kontur geschlossen ist.

4. Wenn das nicht klappt, haben Sie bestimmt Punkt 2 vergessen.
5. Um einen Deckendurchbruch an einer Seite zu *verkürzen*, können Sie einfach den polygonalen Umriss markieren, die gewünschte Seite anklicken und dann mit der PET-PALETTE diese Seite verschieben. Damit Sie exakte Verschiebungsabstände eingeben können, sollten Sie die TRACKER-Eingabe über die STANDARD-Symbolleiste aktiviert haben.

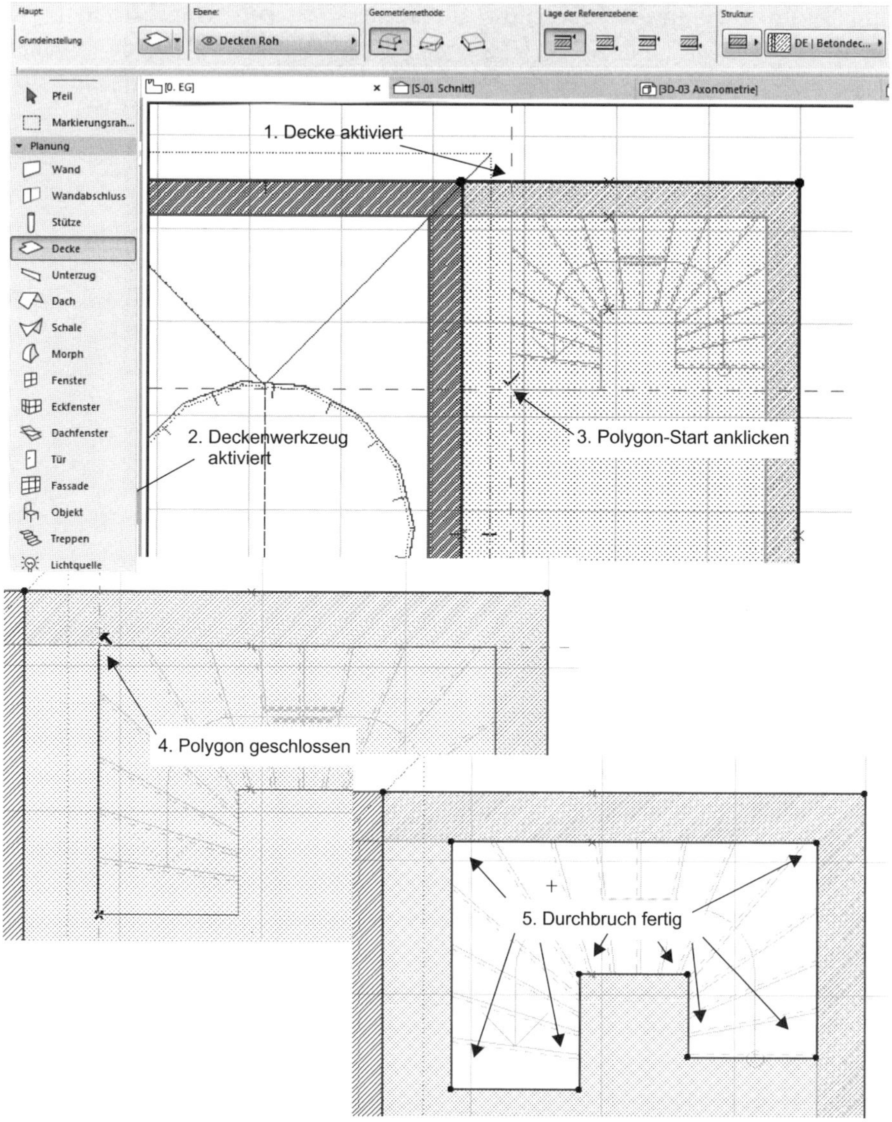

Abb. 7.28: Konstruktion des Durchbruchs

Abb. 7.29: Durchbruch in 3D

7.4 Übungsfragen

1. Wie viele vordefinierte Typen von Treppen gibt es?
2. Wie können Sie Treppenparameter fixieren?
3. Aus welchen Elementen wird eine benutzerdefinierte Treppe erstellt?

Kapitel 8

Fassaden

8.1 Das Fassaden-Werkzeug

Das FASSADEN-Werkzeug erlaubt die Konstruktion komplexer Fassaden sowie die Bearbeitung der Fassade als Ganzes oder jeder Einzelkomponente.

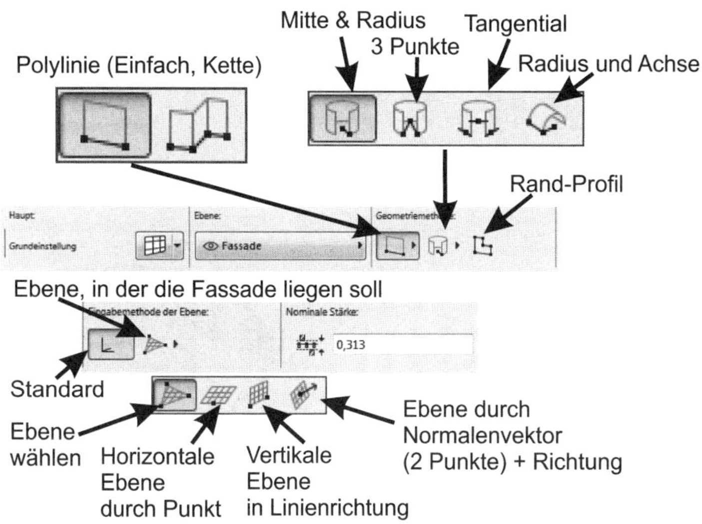

Abb. 8.1: FASSADEN-Werkzeug

Es gibt insgesamt sieben Geometriemethoden.

- Die einfachsten Methoden sind eine *Einzellinie* oder eine
- *Polylinienkontur* als Grundriss.
- Für gebogene Formen gibt es als einfachste Möglichkeit *Kreisbögen* definiert über *Mittelpunkt und Radius* (und natürlich einem Öffnungswinkelbereich),
- ferner den *Kreisbogen* über *drei Punkte,*

- drittens den *Kreis* über zwei *tangierende Elemente* definiert.
- Die vierte Methode erzeugt eine *kreisbogenförmige* Fassade mit *liegender Kreisbogen-Achse* wie das *Tonnendach* einer Bahnhofshalle.
- Die Methode RANDPROFIL erwartet die Wahl einer Ebene und dann die Eingabe von Punkten für Linien- und Bogensegmente wie bei der Polylinie.

Die Ebene für die Fassade kann über STANDARD vorgegeben werden. Das ist dann in den Grundrissen und den 3D-Ansichten die normale xy-Ebene. In Schnitten oder Ansichten bedeutet STANDARD die Schnitt- oder Ansichtsebene. Wenn Sie eine senkrecht stehende Fassade in einer 3D-Ansicht zeichnen wollen, dann können Sie mit den Werkzeugen unter EBENE WÄHLEN die Fassadenebene definieren.

Tipp

Oberflächenfang: Damit die Wahl der Zeichenfläche für die Fassade möglichst einfach mit dem Flächencursor läuft, wäre ANSICHT|OBERFLÄCHEN-FANG zu aktivieren.

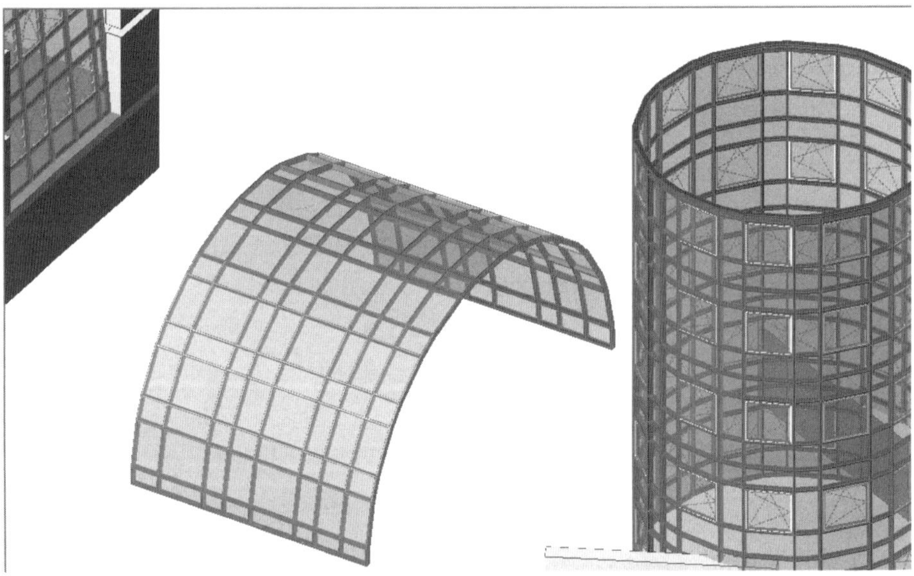

Abb. 8.2: Fassade auch als Tonnendach

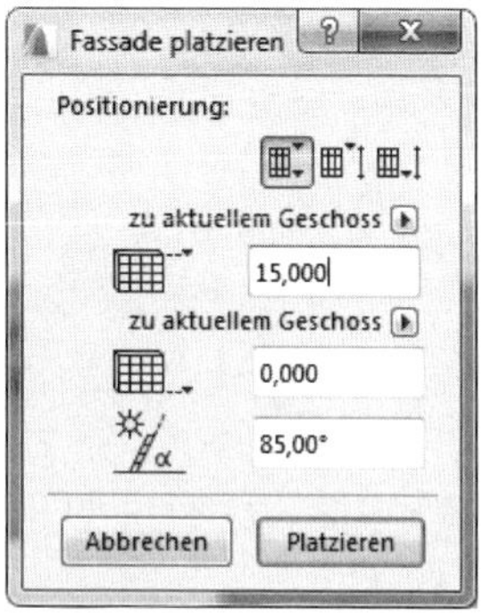

Abb. 8.3: Einfache Fassadengeometrie

Nach Definition der Grundlinie für die einfachste Fassade erscheint ein *Sonnen*-Cursor zur Definition der *Außenseite* und ein Dialogfenster zur Definition der restlichen Geometrie (Abbildung 8.3). Dazu gehören die Gesamthöhe (über alle Stockwerke), die Bezugshöhe und ggf. ein Neigungswinkel. Die hier gezeigten Fassaden sind individuell eingestellt auf Haupt-Paneele in Form von festen Glasflächen und Neben-Paneele mit Fensterflächen. Dazu können aus den Schema-Favoriten entsprechende Rasterungen ausgewählt werden.

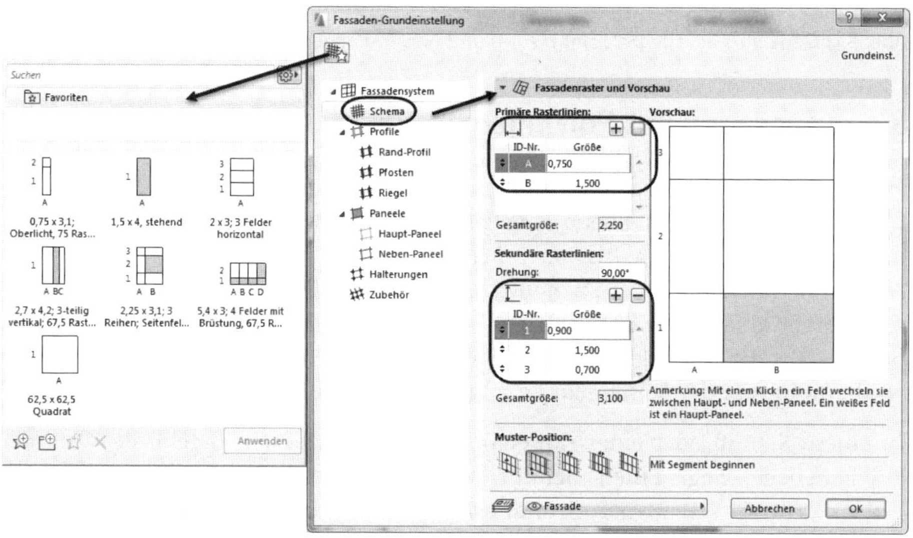

Abb. 8.4: Fassaden-Grundeinstellungen mit vorgegebenen Schemata

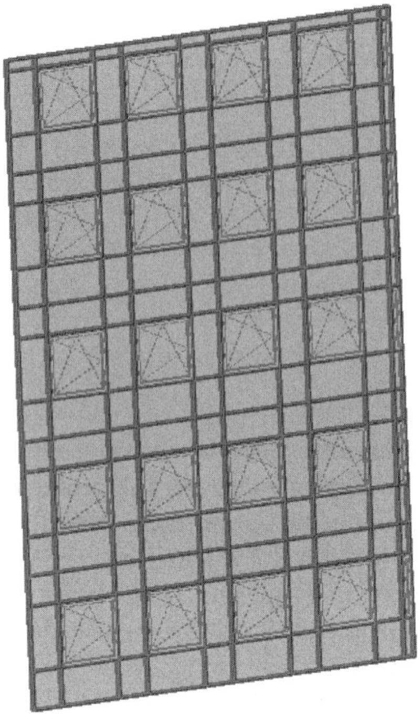

Abb. 8.5: Geneigte Fassade (85°) mit Haupt- und Neben-Paneelen

8.2 Fassaden mit Polylinienkontur

Fassaden mit komplexem Umriss können mit der Geometriemethode RANDPROFIL nach Auswahl einer Ebene konstruiert werden. Man muss dazu nicht unbedingt in einer Seitenansicht oder Schnittansicht sein. Es reicht, in einer 3D-Ansicht den Befehl mit der Ebenenwahl aufzurufen. Dann ist zuerst mit dem Ebenen-Cursor eine passende Wand o.Ä. anzuklicken. Danach werden die Polygonpunkte für die Fassadenberandung eingegeben. Nach Schließen der Kontur erscheint immer der Sonnencursor zu Spezifikation der Außenseite.

In einem Schnitt oder einer Außenansicht fällt bei diesem Befehl die Wahl der Zeichenebene weg. Einen Schnitt können Sie mit WERKZEUGKASTEN|SICHTEN ▾ |SCHNITT in der Grundrissansicht erstellen, eine Außenansicht mit WERKZEUGKASTEN|SICHTEN ▾ |ANSICHT. Klicken Sie zwei Positionen für die Schnittlinie an, z.B. auf der Wandaußenseite, und definieren Sie mit dem AUGEN-CURSOR die Blickrichtung für Schnitt oder Ansicht. Schnitt- oder Außenansicht finden Sie danach sofort im NAVIGATOR unter SCHNITTE bzw. ANSICHTEN. Die Fassade entsteht in der jeweiligen Ansichts- oder Schnittebene, kann aber bequem in der Grundrissansicht dann auf die korrekte Position verschoben werden.

Im Beispiel wurde mit der Geometriemethode RANDPROFIL eine Fassade an bestehende Geometrien über eine Polylinien-Kontur angepasst und mit bogenförmigem Abschluss versehen.

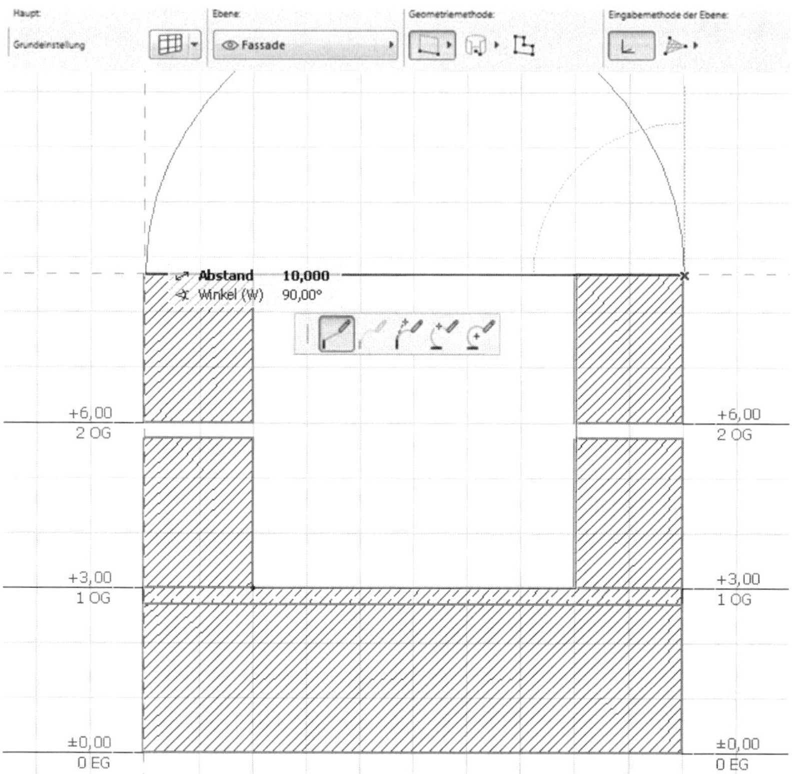

Abb. 8.6: Polylinienkontur in Schnittansicht zeichnen

Für diesen Fall wurde das Fassadenraster geändert. Es besteht nun laut Einstellungsdialogfenster aus gleichmäßigen senkrechten (primären) Rasterlinien im Abstand 1,25. Auch wurde ein Haupt-Paneel in ein Neben-Paneel umgewandelt. Dazu klicken Sie einfach in die gewünschte Fläche, die dann als Neben-Paneel grau markiert wird. Ferner wurde die Muster-Position auf MITTIG BEGINNEN umgeschaltet, um eine symmetrische Fassade zu erhalten.

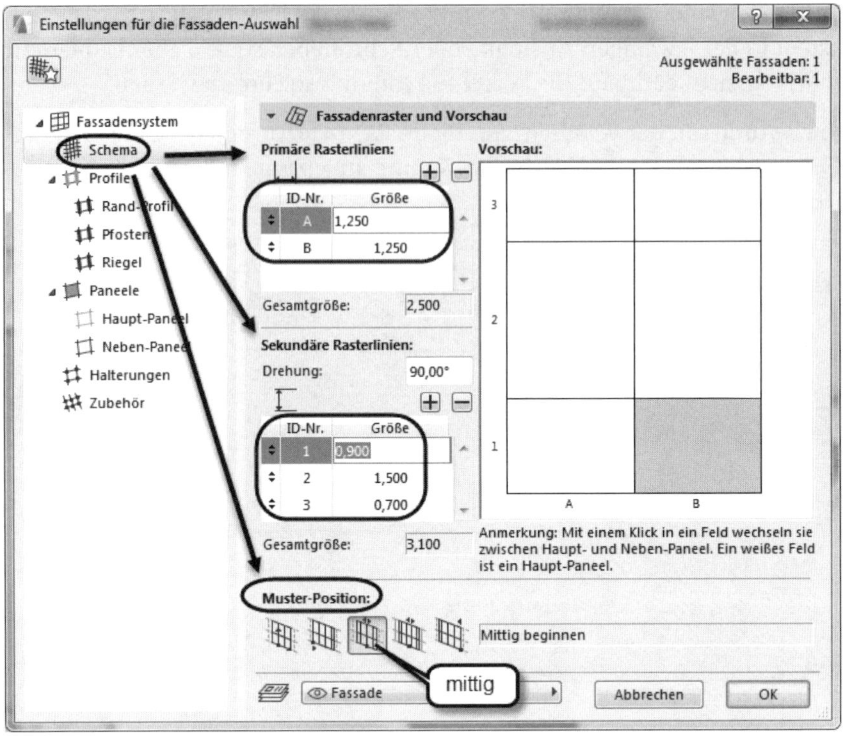

Abb. 8.7: Fassadenraster anpassen

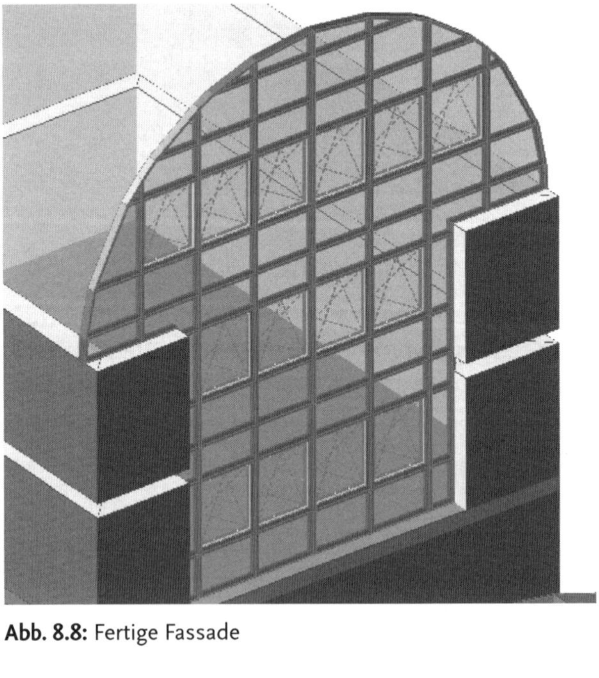

Abb. 8.8: Fertige Fassade

Die Fassade als Ganzes lässt sich auch noch über die PET-PALETTE drehen, wie Abbildung 8.9 zeigt.

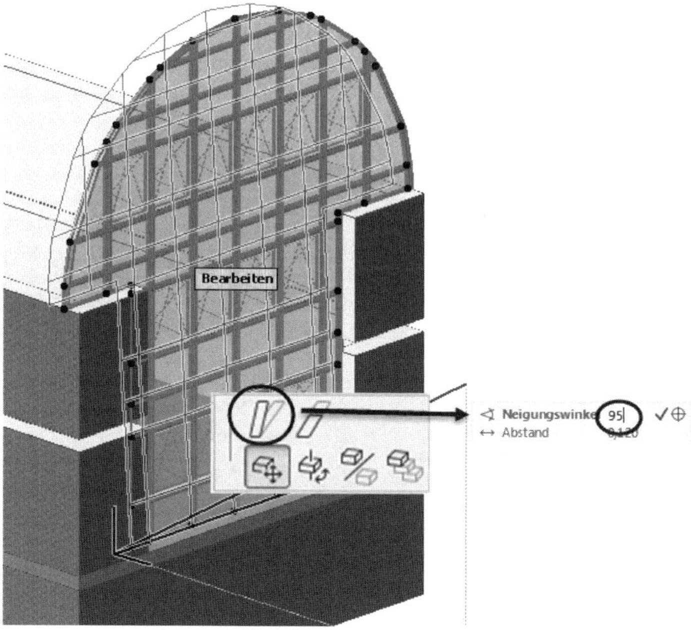

Abb. 8.9: Fassade in 3D kippen

Alternativ kann diese Fassade auch in einer 3D-Ansicht erstellt werden, wenn die Ebene für die Fassade gemäß Fassaden-Grundeinstellung als Erstes durch Anklicken einer Wandfläche oder über drei Punkte definiert wurde und anschließend dann auch die Polylinien-Fassade erstellt wird.

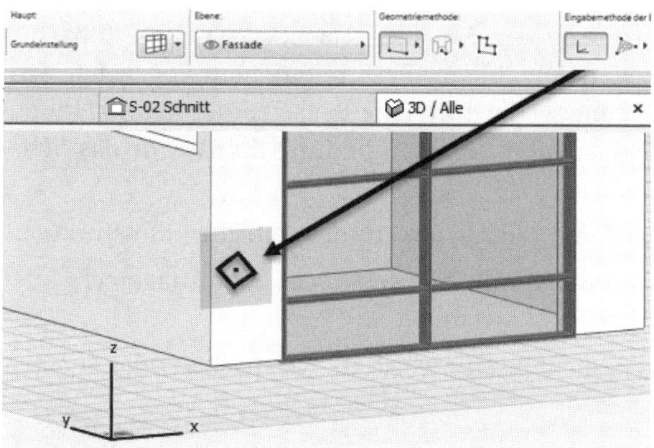

Abb. 8.10: Fassade in 3D-Ansicht, Ebenenfestlegung

8.3 Fassaden bearbeiten

Da die Fassaden aus vielen Einzelelementen bestehen, ist es wichtig, dass es Möglichkeiten zur detaillierten Bearbeitung gibt. Außer der oben gezeigten Bearbeitung über INFOFENSTER und PET-PALETTE können Sie auch in den Bearbeitungsmodus für Einzelelemente gehen. Dazu markieren Sie die Fassade und klicken dann auf BEARBEITEN.

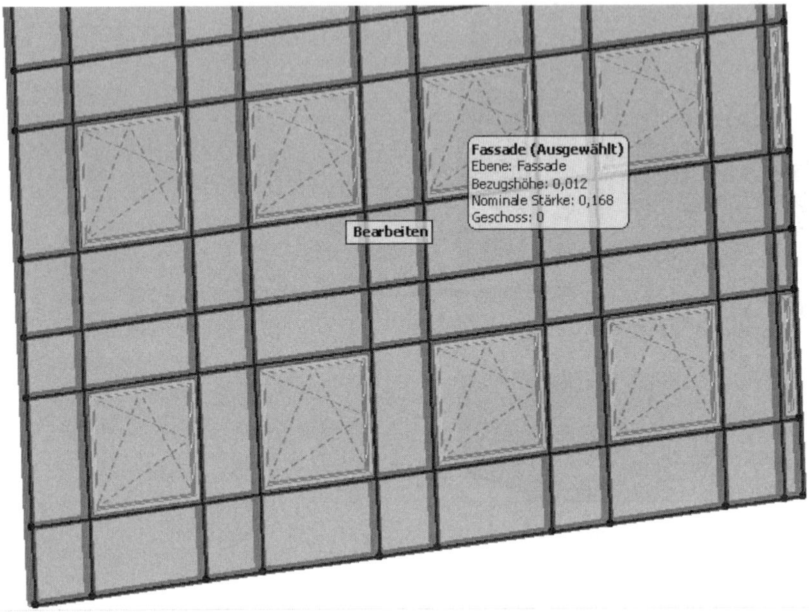

Abb. 8.11: Bearbeitung der Fassadenelemente starten

Im Einzelbearbeitungsmodus wird ein extra Menü zur Einstellung der Sichtbarkeit der verschiedenen Fassadenelemente angezeigt.

- Normalerweise ist die Basisfläche der Fassade, das SCHEMA, unsichtbar. Es wird stets mit einer kompletten Anzahl von Rasterelementen angezeigt, wird also im Allgemeinen größer sein als die durch die Basisgeometrie und Höhenangabe beschränkte echte Fassadenfläche. In Abbildung 8.12 wurde das Schema eingeblendet.
- Das UMFELD wären noch Wände und Ähnliches aus der restlichen Konstruktion.
- Das PROFIL ist die Gesamtheit der Profilstäbe senkrecht oder waagerecht oder als Randprofil.
- Die PANEELE sind die Flächen, die typischerweise als Glasflächen oder Fensterelemente die Fassade ausfüllen.

- HALTERUNGEN für die Paneele sind standardmäßig nicht in der Fassade enthalten, können aber zugeschaltet werden (siehe Abbildung 8.13).
- Als ZUBEHÖR wären VERSCHATTUNGSELEMENTE, DECKKAPPEN oder ANKER möglich, die aber in der aktuellen Fassade nicht enthalten sind.

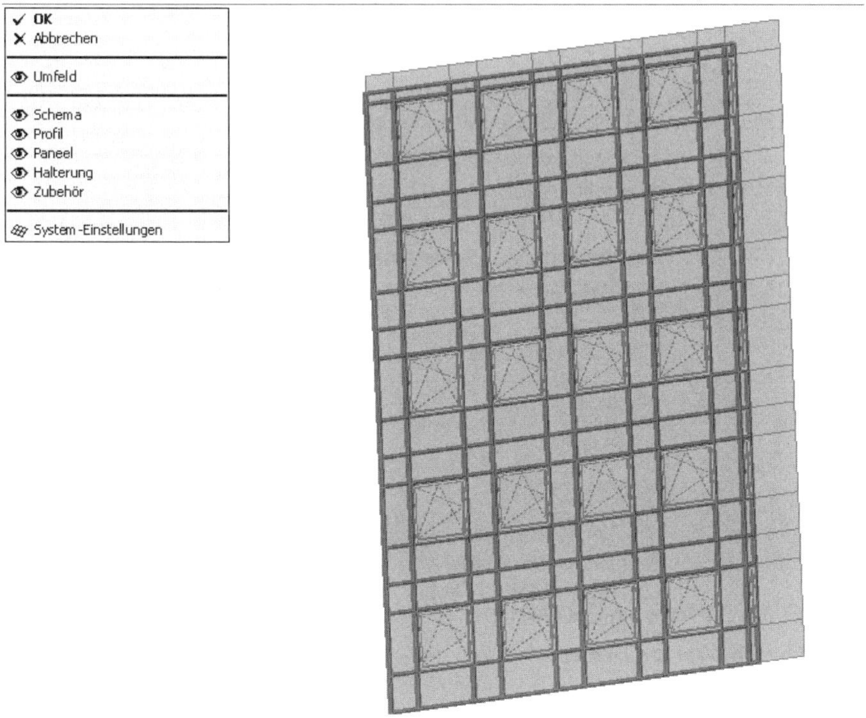

Abb. 8.12: Einzel-Bearbeitungsmodus

Im Einzel-Bearbeitungsmodus können Sie nun die Elemente, die Sie verändern wollen, recht raffiniert auswählen. Nach Klick auf ein Pfosten-Element erscheint eine Auswahlhilfe, über die Sie entweder alle Pfosten in horizontaler daneben oder in senkrechter Richtung darunter dazuwählen können. Sie können damit ganze Pfostenleisten wählen und verschieben. Natürlich können Sie zu einer Pfostenleiste mit der [⇧]-Taste immer noch weitere dazuwählen.

Wollen Sie dagegen *alle Objekte einer Art* wählen, dann müssen Sie die Tastenkombination [Strg]+[⇧]+[A] drücken. Das entspricht der Funktion BEARBEITEN|SUCHEN & AKTIVIEREN. Als Elementtyp ist dann hier im Bearbeitungsmodus automatisch PROFIL eingestellt. Mit dem Plus-Zeichen können Sie dann alle Profilelemente wählen. Nicht erwünschte können Sie mit [⇧]+Klick auch wieder abwählen. Über die Grundeinstellungen lassen sich die Elemente dann bearbeiten.

Abb. 8.13: Auswahl aller Halterungen im Fassaden-BEARBEITEN-Modus über Menü BEARBEITEN|SUCHEN & AKTIVIEREN

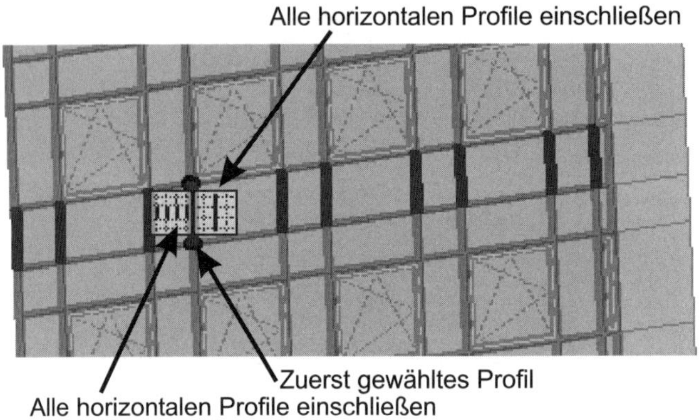

Abb. 8.14: Mehrfach-Wahl von Elementen

Sie können aber auch einzelne Elemente wie beispielsweise einen einzelnen Pfosten wählen und diesen dann über die PET-PALETTE verschieben (Abbildung 8.15) oder vielleicht löschen, weil Sie eine Tür einbauen wollen.

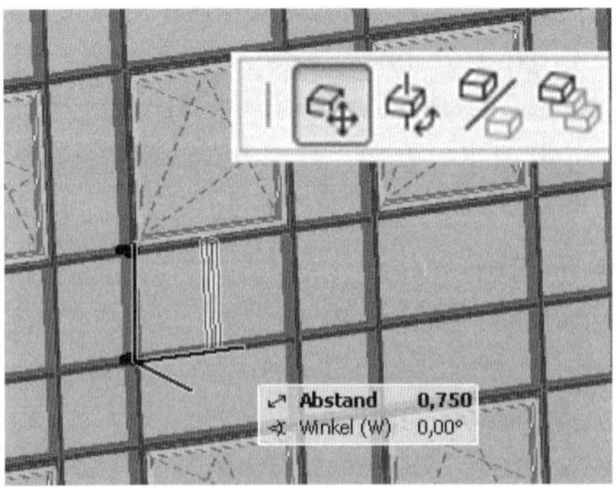

Abb. 8.15: Einzelnes Element verschieben

Wenn Sie ein Paneel anklicken, können Sie ebenfalls alle daneben oder darüber über entsprechende Schaltflächen dazuwählen.

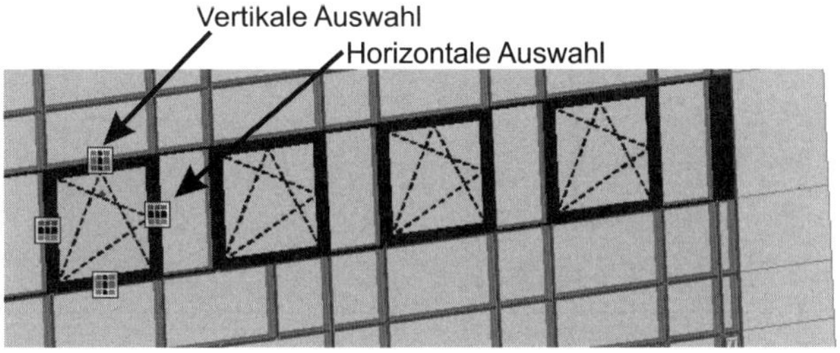

Abb. 8.16: Mehrere gleichartige Elemente nebeneinander wählen

Die Paneele lassen sich wie alle anderen markierten Elemente wieder über das Grundeinstellungsdialogfenster weitgehend modifizieren. Sie können im INFO-FENSTER einfach durch Wahl eines anderen Typs in zweiflüglige Fenster, Türen oder sogar Drehtüren umgewandelt werden.

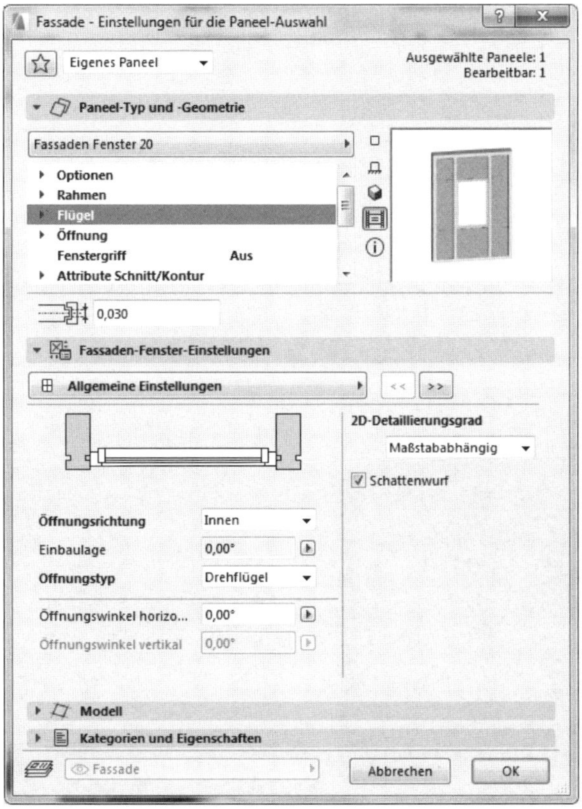

Abb. 8.17: Paneele-Auswahl

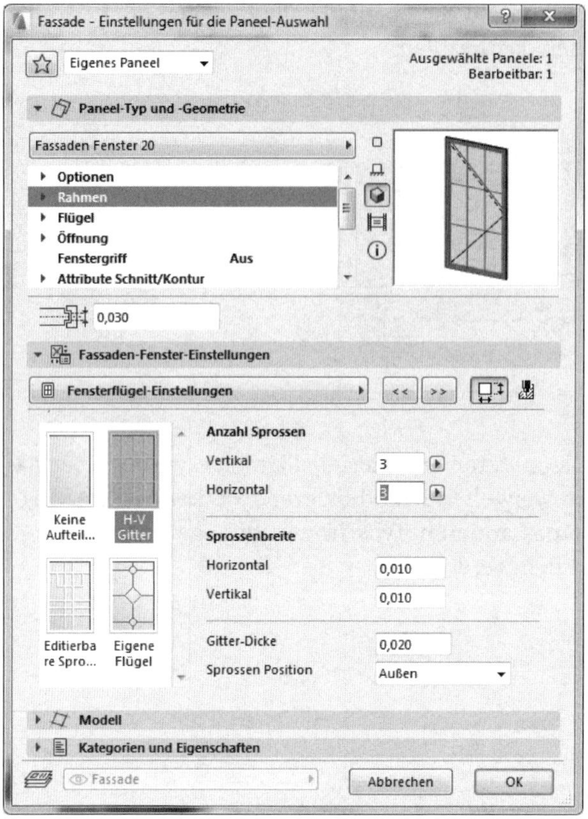

Abb. 8.18: Fassaden-Fenstergestaltung

Genauso können die Profile über Einstellungsdialogfenster Ihren Wünschen angepasst werden.

Abb. 8.19: Fassade mit Drehtür, anstelle von zwei Paneelen eingefügt

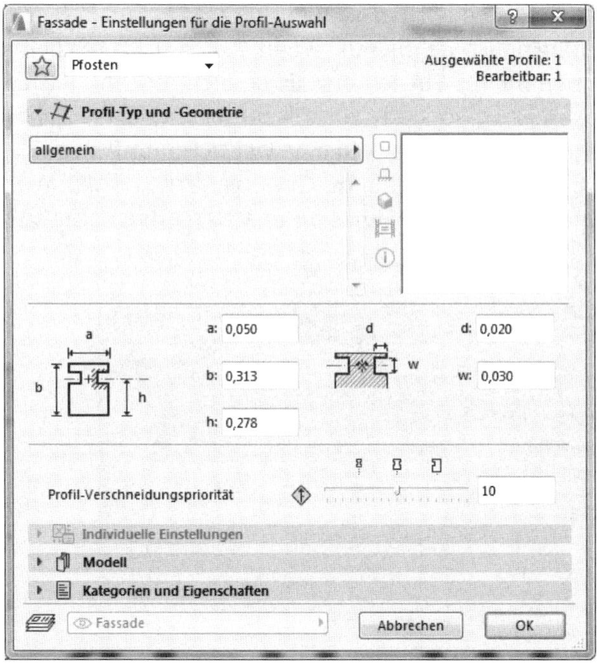

Abb. 8.20: Element-Einstellungen für Fassaden-System

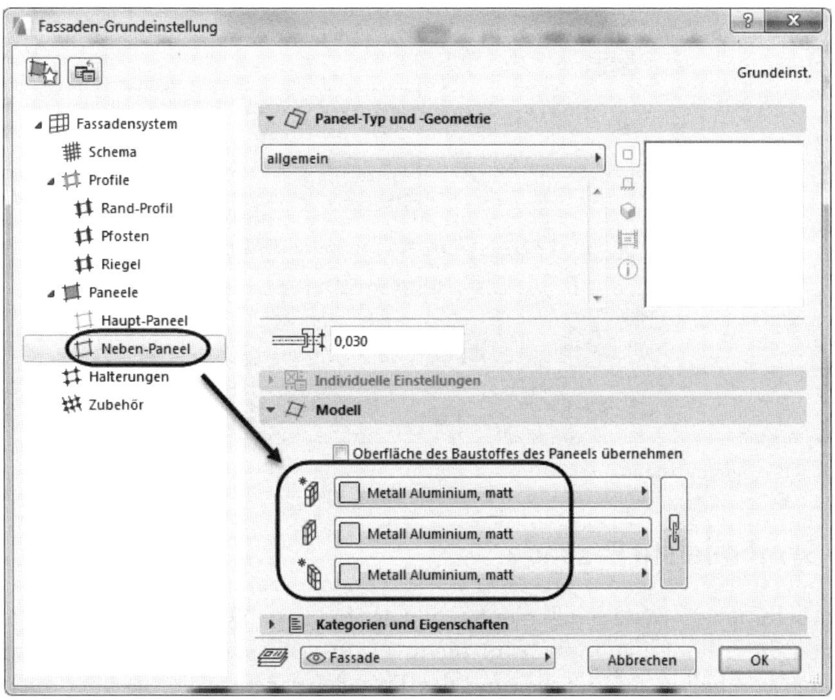

Abb. 8.21: NEBEN-PANEEL *mit Material* Aluminium

Im Einstellungsdialog für das Fassaden-System können Sie HAUPT- und NEBEN-PANEELE mit verschiedenen *Materialien* definieren. Wenn Sie dann das Schema zur Bearbeitung wählen, können Sie im Einstellungsdialog nicht nur die Rasterabstände und Aufteilungen variieren, sondern auch festlegen, welche Flächen Haupt- und Nebenpaneele sind. Mit einem Klick in eine weiße Haupt-Paneel-Fläche wird daraus eine graue Neben-Paneel-Fläche. Im GRUNDEINSTELLUNGSDIALOG kann auch die Positionierung des Fassadenschemas unter MUSTER-POSITION variiert werden.

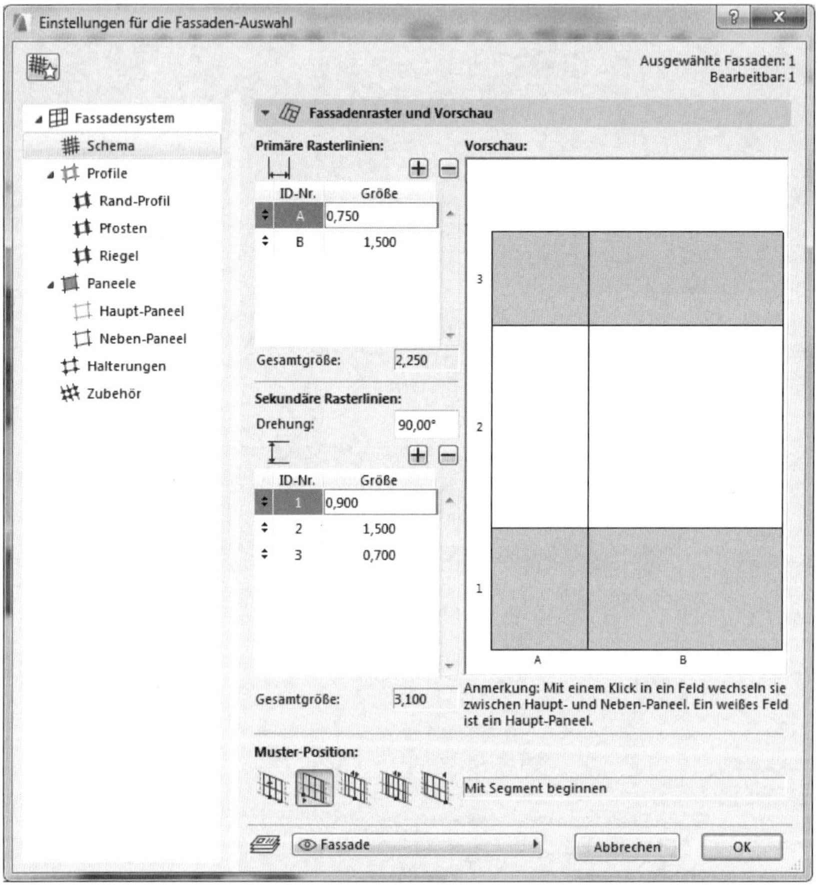

Abb. 8.22: Rasterlinienabstände

8.4 Symbolleiste Fassade

Zur Bearbeitung von Fassadenelementen gibt es eine neue Symbolleiste FASSADE. Sie finden diese Funktionen auch im Menü PLANUNG|FASSADE. Die ersten drei Werkzeuge beinhalten die Bearbeitung des Fassadensystems, die Sie aber auch durch einfaches Anklicken einer Fassade aktivieren können.

Dann folgen zwei Werkzeuge zur Behandlung von Fassadenverschneidungen bei sich kreuzenden Fassaden. Im Falle einer Fassadenverschneidung wird man zuerst FASSADE SPLITTEN aufrufen:

- Zuerst ist die Fassade zu wählen, die aufgetrennt werden soll,
- dann ist der Befehl aufzurufen und
- danach die Fassade, die das Splitten bewirkt zu wählen.
- Zuletzt ist mit dem AUGEN-CURSOR eine Position in der Nähe des Fassadenteils anzugeben, das danach markiert bleiben soll. Üblicherweise wird man mit dem AUGEN-CURSOR auf die Seite des Teils klicken, das man später löschen will.
- Dann können Sie nämlich im Rechtsklick-Menü gleich die Funktion LÖSCHEN aktivieren, ohne neu wählen zu müssen.

Mit der Funktion VERBINDUNGSPROFIL ERSTELLEN können Sie an der gesplitteten Stelle einen Pfosten erstellen lassen. Dafür gibt es zwei Methoden: ECHTE GEHRUNG oder PARALLEL, d.h. in Richtung der ersten Fassade. Vor dem Befehlsaufruf müssen Sie beide Fassaden wählen.

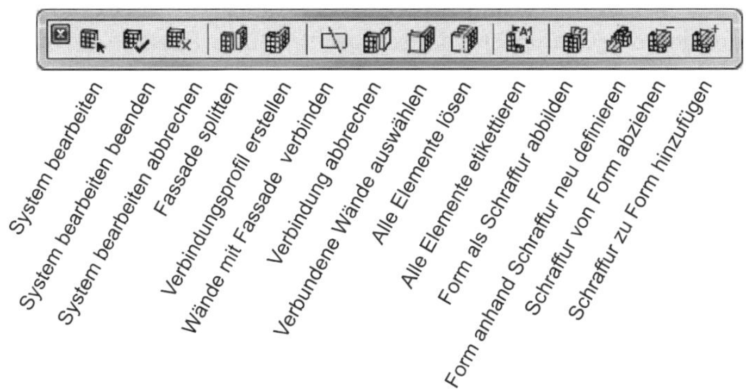

Abb. 8.23: Symbolleiste Fassade

Die nächste Funktion dient dazu, Wände mit einer Fassade logisch und physisch korrekt zu verbinden: WÄNDE MIT FASSADE VERBINDEN. Vor dem Befehlsaufruf müssen Sie die Wand und die Fassade wählen. Dann können Sie die Anschlussbedingungen im Dialog einstellen (Abbildung 8.24) und beenden den Dialog mit VERBINDEN. Die Wand wird danach mit dem Ende, das Sie mit dem AUGEN-CURSOR auswählen, mit der Fassade verknüpft. Diese Wandverbindung erlaubt es, mit dem Werkzeug VERBUNDENE WÄNDE AUSWÄHLEN später über die Fassade diese Wände mit zu wählen. Elemente mit Verbindungen zeigen beim Markieren das quadratische *Verbindungssymbol* (siehe auf Abbildung 8.24 unten), das Sie anklicken können, um die Verbindungen zu sehen und ggf. auch aufzulösen.

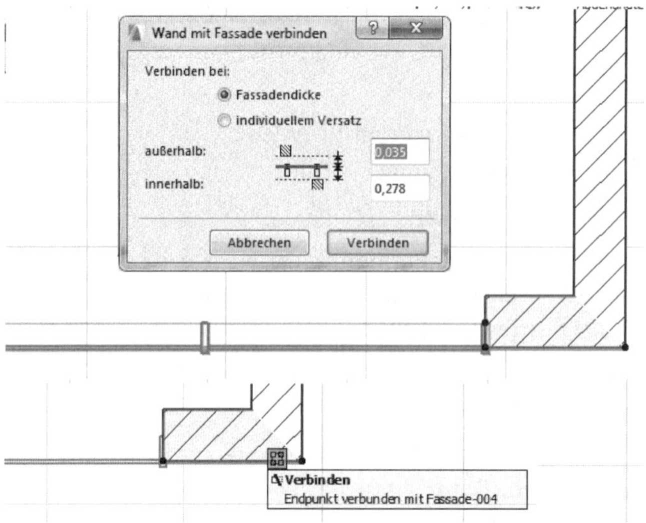

Abb. 8.24: Wandverbindung einer Fassade

Die nächste Funktion hebt die Wandverbindung wieder auf: VERBINDUNG ABBRECHEN. Es folgt eine Funktion zur Wahl der Wände, die mit einer Fassade verbunden sind, VERBUNDENE WÄNDE AUSWÄHLEN, und eine Funktion zum Lösen mehrerer angewählter Wandverbindungen, ALLE ELEMENTE LÖSEN.

Die letzten vier Funktionen dienen dazu, Fassaden anhand von Schraffurumrissen zu verändern. Um zu einer Fassade mit FORM ALS SCHRAFFUR ABBILDEN einen Schraffurumriss zu generieren, sollten Sie in einer passenden *Seitenansicht* sein. In der *Grundrissansicht* oder einer *3D-Ansicht* ist diese Funktion *nicht möglich*. Sie können danach die Schraffur mit der PET-PALETTE bearbeiten und den neuen Umriss wieder auf die Fassade übertragen (FORM ANHAND SCHRAFFUR NEU DEFINIEREN), den neuen Umriss von der Fassade abziehen (SCHRAFFUR VON FORM ABZIEHEN) oder zur Fassade hinzufügen (SCHRAFFUR ZUR FORM HINZUFÜGEN).

8.5 Übungsfragen

1. Wie viele Geometriemethoden gibt es für Fassaden und wie heißen sie?
2. Kann die Fassade geneigt sein?
3. Welche Elemente nennt man Pfosten und Riegel?
4. Welche Bestandteile können im Bearbeitungsmodus einzeln sichtbar gemacht und bearbeitet werden?
5. Welche Arten von Paneelen können Sie auswählen?
6. Was bedeutet die Mehrfachauswahl von Profilelementen?

Kapitel 9

Morph-Elemente

Die Morph-Elemente tragen ihren Namen zu Recht, weil sie sehr verwandlungsfähig sind. Immer wenn Sie Gebäude-Komponenten oder komplette Gebäudeformen frei gestalten wollen, können Sie dies mit Morph-Elementen tun. Morph-Elemente gibt es als Kurven, Flächen und Volumenkörper.

Morph-Elemente können eckig sein und Kanten enthalten, abgerundet werden und im Extremfall mit ihrer gesamten Außenkontur geglättet werden. Damit sind dann organische Formen möglich.

Neben der Modellierbarkeit zeichnen sich auch Morph-Elemente dadurch aus, dass jede Fläche *einzeln* mit einer PET-PALETTE bearbeitet und mit einem bestimmten *Material* belegt werden kann.

Es gibt einerseits das Zeichenwerkzeug MORPH zur direkten Erstellung von Morph-Elementen. Andererseits können aber auch traditionelle Konstruktionselemente in Morph-Elemente *umgewandelt* werden, wenn zur Gestaltung mehr Freiheit nötig ist und die Morph-Werkzeuge genutzt werden sollen.

Abb. 9.1: INFOFENSTER des MORPH-Werkzeugs

9.1 Das Morph-Werkzeug

Zum direkten Erstellen von Morphs dient das MORPH-Werkzeug (Abbildung 9.1). Es bietet vier Geometriemethoden:

- POLYGONAL generiert einen Kurvenzug ähnlich Polylinie, der *offen* oder *geschlossen* sein kann. Beim geschlossenen Polygon entsteht eine *Morph-Fläche*, sofern alle Knotenpunkte in einer *Ebene* liegen. Die Knotenpunkte können aber auch voll dreidimensional mit unterschiedlichen z-Koordinaten erstellt werden.

- RECHTECK, GEDREHTES RECHTECK, GEBOGEN (Mittelpunkt und Radius und Endwinkel), UMFANG (Startpunkt, zwei weitere Punkte auf dem Bogen und Endwinkel).

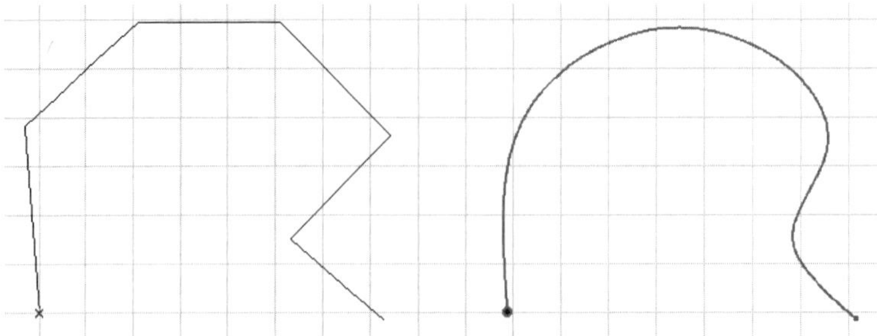

Abb. 9.2: Polygon-Morph, Original und nach Bearbeitung mit der Funktion KANTEN AUSRUNDEN & VEREINIGEN

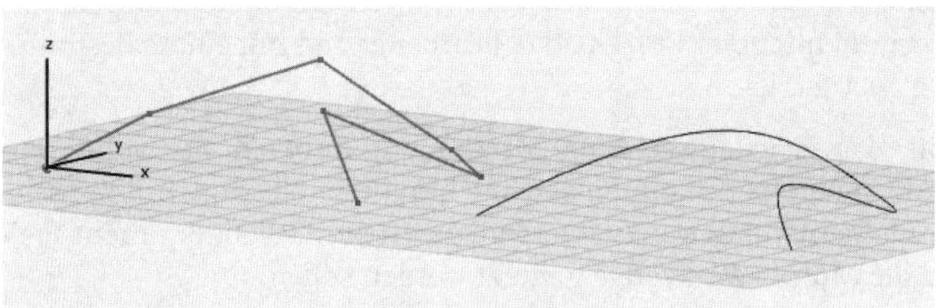

Abb. 9.3: Polygon-Morph in 3D, Original und ausgerundet

- QUADER erzeugt einen quaderförmigen Volumenkörper (Abbildung 9.4).
- ROTATION Sie konstruieren zuerst eine *Kontur* und definieren danach eine *Rotationsachse* über zwei Punkte. Am Schluss geben Sie einen *Rotationswinkel* ein. Wenn die Kontur offen ist, einsteht eine Rotationsfläche, aus einer geschlossenen Kontur ergibt sich ein Volumenkörper (Abbildung 9.4).

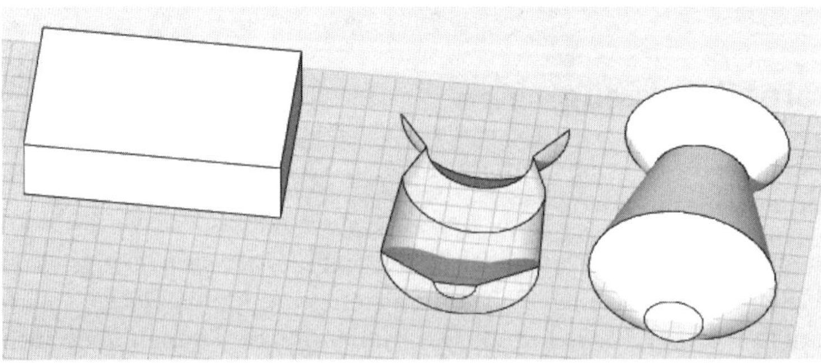

Abb. 9.4: Morphs über Quader und Rotation

Sie können mit den Werkzeugen der PET-PALETTE Knotenpunkte bewegen. Wenn Sie beim einfachen Rechteck einen Knotenpunkt in der Höhe verschieben, bekommt die Fläche einen Knick und bildet zwei ebene Dreiecke (Abbildung 9.5, Abbildung 9.6).

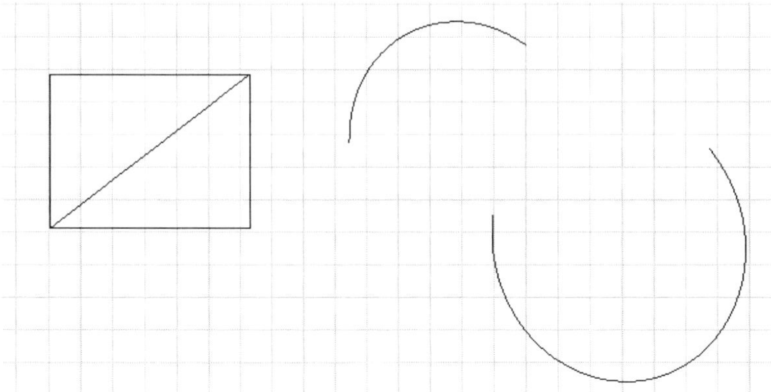

Abb. 9.5: Rechteckiger und bogenförmiger Morph

Wenn Sie einen Endpunkt beim bogenförmigen Morph in z-Richtung verschieben, wird die Bogen-Ebene entsprechend geschwenkt. Es entsteht *keine* Spirale.

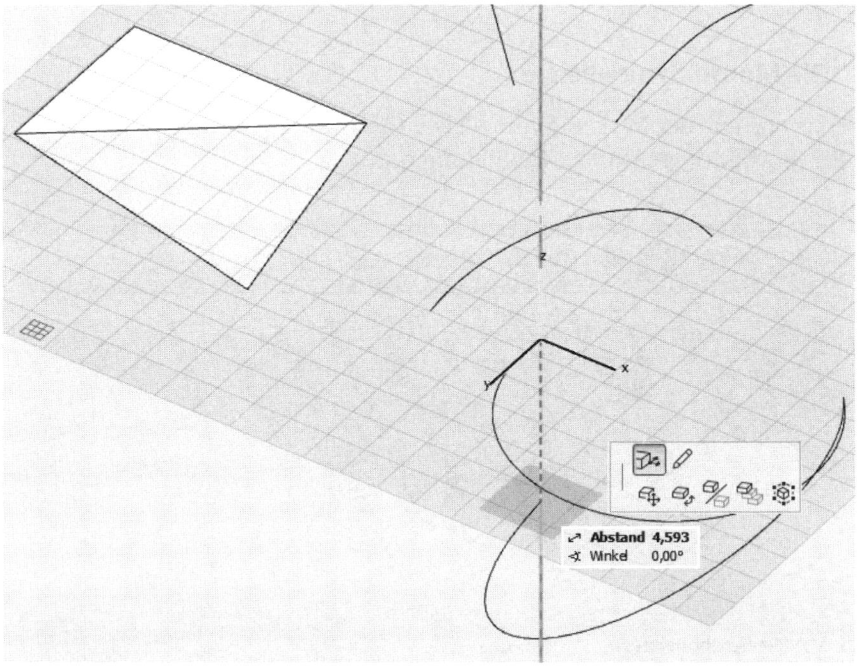

Abb. 9.6: Rechteck-Morph und Bogen-Morph mit in z verschobenen Punkten

Morphs können aber auch mit PLANUNG|AUSWAHL IN MORPHS KONVERTIEREN durch Umwandeln anderer Elemente wie Wände oder Dächer erzeugt werden. Sie finden diese Funktion als erste in der Symbolleiste MORPH (Abbildung 9.8).

9.2 Morph-Bearbeitung

Zur Bearbeitung von Morphs gibt es einerseits die Symbolleiste MORPH (Abbildung 9.8), andererseits die PET-PALETTE. Bei der Bearbeitung muss unterschieden werden zwischen der Bearbeitung des *gesamten Morphs* und der Bearbeitung einzelner Komponenten wie *Flächen*, *Kanten* oder *Knoten* (Eckpunkte).

Beim PFEIL-Werkzeug können Sie einstellen, ob der gesamte Morph gewählt werden soll (grauer Pfeil) oder Unterelemente (weißer Pfeil) (Abbildung 9.7). Sie können aber auch während der Auswahl mit der Tastenkombination [Strg]+[⇧] zwischen den beiden Modi umschalten. Zur Wahl mehrerer Unterobjekte können Sie mit der Taste [⇧] weitere hinzufügen.

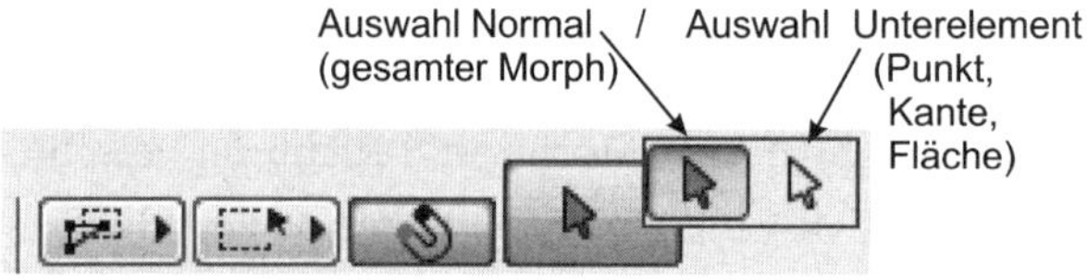

Abb. 9.7: Normale Auswahl und Unterelement-Wahl

9.2.1 Die Morph-Symbolleiste

Die Werkzeuge aus der MORPH-Symbolleiste (Abbildung 9.8) finden Sie auch im Menü PLANUNG|MORPH ÄNDERN (Abbildung 9.12).

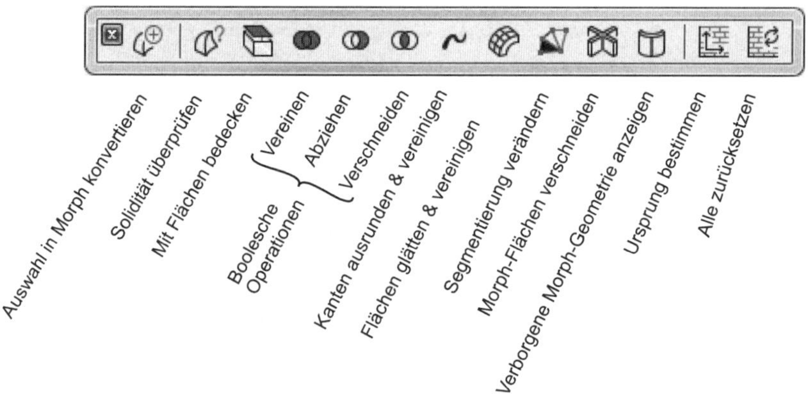

Abb. 9.8: MORPH-Symbolleiste

- Auswahl in Morph konvertieren Damit wandeln Sie beliebige Elemente in Morphs um und gewinnen die neuen Modifikationsmöglichkeiten.
- Solidität überprüfen Die Funktion überprüft die aktuelle Auswahl darauf, ob es alles Morph-Volumina sind. Falls Morph-Flächen oder Morph-Kurven darunter sind, erhalten Sie eine Meldung und könnten mit der Schaltfläche Verdichten eine automatische Umwandlung von Flächen-Konstrukten in Volumenkörper starten. Manchmal können so Flächen-Gebilde durch weitere Flächen zu Volumina geschlossen werden.
- Mit Flächen bedecken Diese Funktion erlaubt, geschlossene Kurvenzüge mit Flächen zu bedecken, auch wenn sie nicht in einer Ebene liegen. Auch können beispielsweise Rotationsflächen, die noch offen sind, damit zu Volumenkörpern geschlossen werden.
- Vereinen Diese Funktion und die nächsten beiden werden als Boole'sche Operationen bezeichnet, weil sie nach den Regeln der Mengenlehre Morph-Volumen kombinieren. Bei Vereinen werden der markierte Morph mit einem zweiten zu einem Gesamtkörper zusammengefasst.
- Abziehen Hiermit kann der markierte Morph von einem zweiten abgezogen werden.
- Verschneiden Hier wird aus dem markierten Körper und einem weiteren der Teil berechnet, der beiden gemeinsam ist.
- Kanten ausrunden & vereinigen Mehrere Kanten können gewählt werden und zu einer gerundeten Gesamtkurve geglättet werden (Abbildung 9.9).

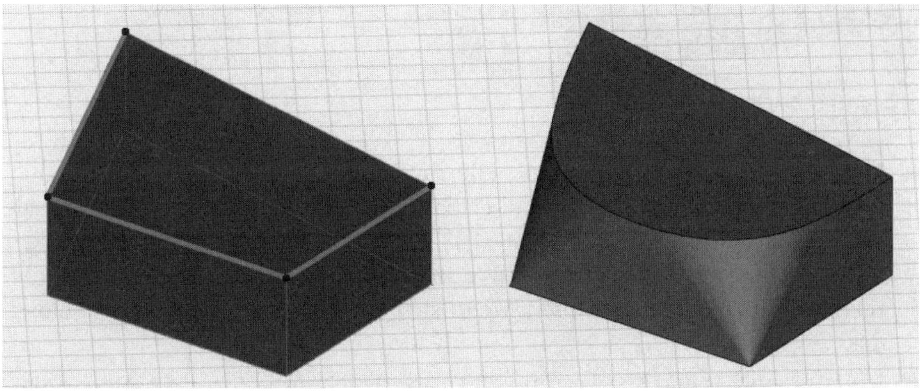

Abb. 9.9: Kanten ausrunden & vereinigen

- Flächen glätten & vereinigen Mehrere Flächen können gewählt werden und zu einer gerundeten Gesamtfläche geglättet werden (Abbildung 9.10).

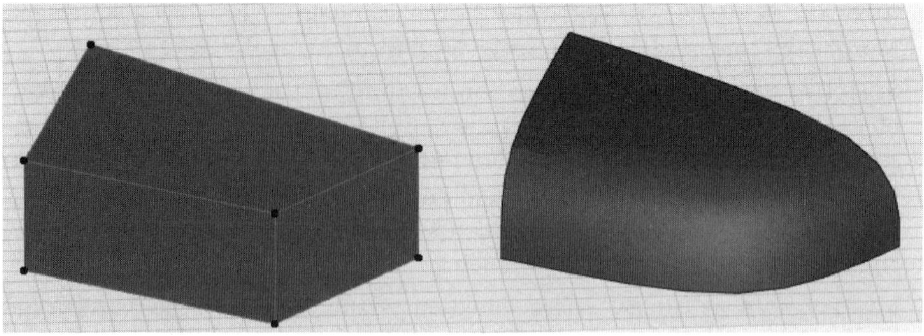

Abb. 9.10: Flächen glätten & vereinigen

- Segmentierung verändern Hiermit verändern Sie die interne Facettierung der geglätteten Oberfläche. Damit wird die Darstellung glatter und die Fläche reagiert auch bei weiteren Veränderungen geschmeidiger.

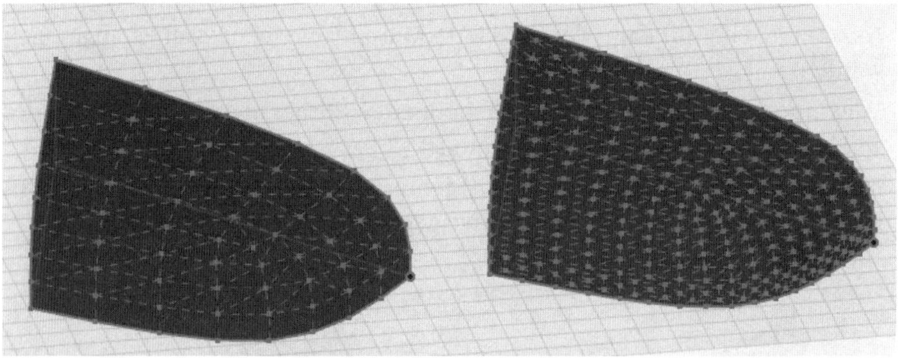

Abb. 9.11: Segmentierung verändern

- Morph-Flächen verschneiden Hiermit können Sie Morph-Flächen miteinander verschneiden. Das können Flächen sein, die Sie über dreidimensionale polygonale Morphs mit Hilfe von Mit Flächen bedecken gelegt haben, oder auch Flächenverschneidungen, die durch extreme Deformationen von Volumen-Morphs entstehen können, wenn sich ein Körper mit sich selbst schneidet.
- Verborgene Morph-Geometrie anzeigen Die interne Facettierung der markierten Morphs wird sichtbar gemacht (Abbildung 9.11).
- Ursprung einstellen Dieses Werkzeug erlaubt die Neudefinition des Ursprungs für Oberflächenmaterialien. Sie können auf der Oberfläche verschoben und über eine Pet-Palette auch gedreht oder gespiegelt werden.
- Alle zurücksetzen Damit können Sie die Ursprungsveränderung zurücksetzen.

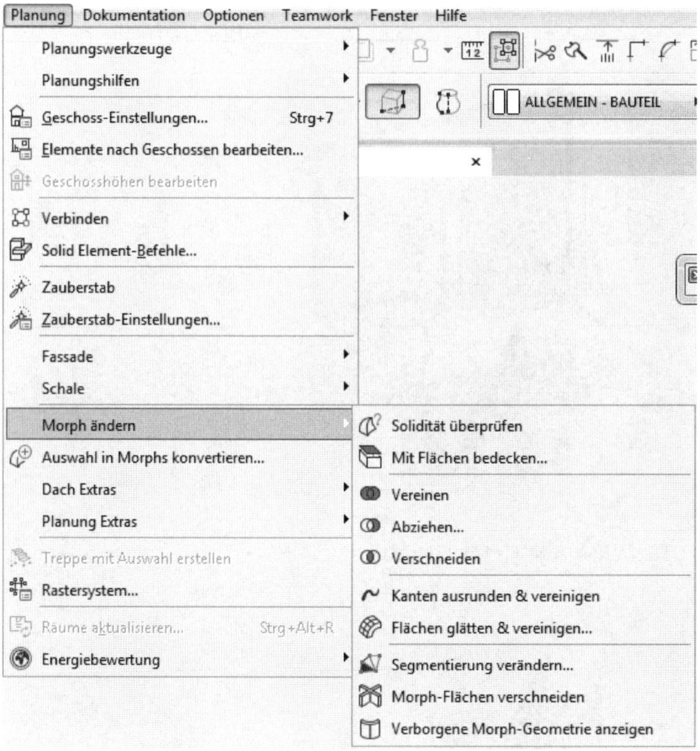

Abb. 9.12: Morph ändern im PLANUNG-Menü

9.2.2 Glätten

Eine sehr interessante Morph-Aktion ist das Glätten von Oberflächen oder ganzen Körpern. In Abbildung 9.13 sind anhand des Torbogens, der übrigens mit der RÖHRE-Funktion aus der PET-PALETTE erzeugt wurde, verschiedene Glättungen ausprobiert worden.

- Links ist der Original-Bogen mit normalen ebenen oder gebogenen Flächen zu sehen.
- Rechts daneben wurden die Flächen, die nach vorne, hinten oder innen zeigen, geglättet, die Außenflächen und die beiden Basisflächen aber in ihren Umgrenzungen beibehalten worden. Man erkennt insbesondere die eckigen Basisflächen.
- In der Abbildung vorne wurden die gleichen Flächen geglättet, aber diesmal die Umrandungen mit geglättet. Dadurch wurden die Basisflächen in der Kontur mit geglättet (Abbildung 9.14).
- Ganz rechts wurde das komplette Volumen geglättet, was zu dem abgehobenen Bogenteil führt.

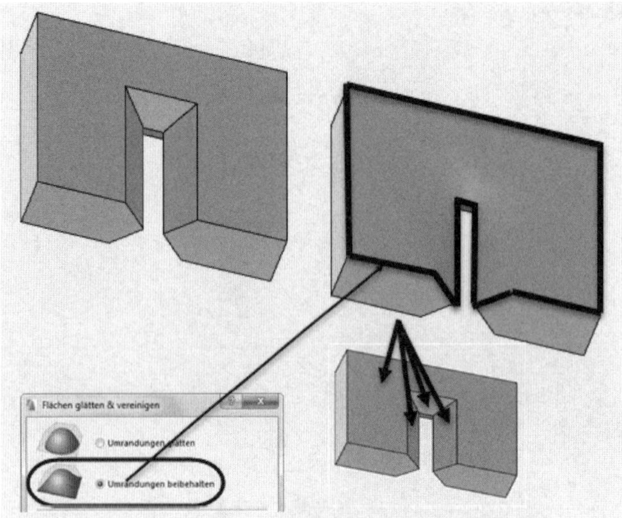

Abb. 9.13: Flächen glätten, Umrandungen beibehalten

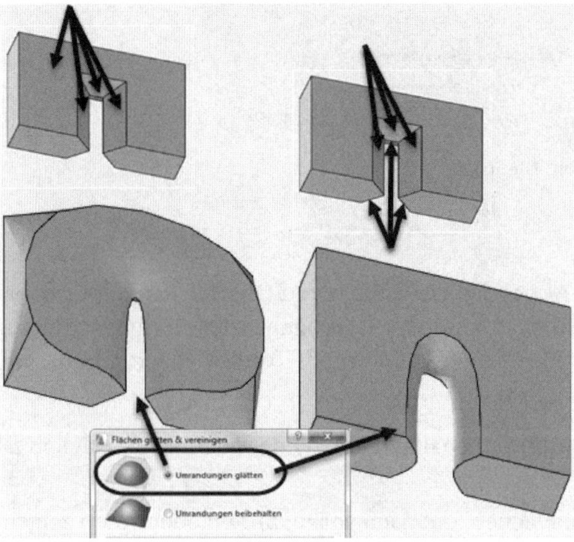

Abb. 9.14: Flächen glätten, Umrandungen glätten

Für das Glätten können per Schieberegler zwei Stufen gewählt werden. Je stärker geglättet wird, desto mehr Facetten werden auch intern erzeugt, was natürlich die Dateigröße und damit auch die Bearbeitungsgeschwindigkeit beeinflusst. Man sollte also den Glättungsgrad nicht unnötig hochschrauben.

Ähnliche Glättungen finden Sie in Abbildung 9.15. Am Beispiel einer Pyramide finden Sie links neben dem Original zuerst eine Glättung der vier Dreiecksflächen unter Beibehaltung der Basisfläche, weiter links daneben die gleiche Glättung mit Glättung der Umgrenzung. Ganz links wurde wieder der komplette Körper geglättet.

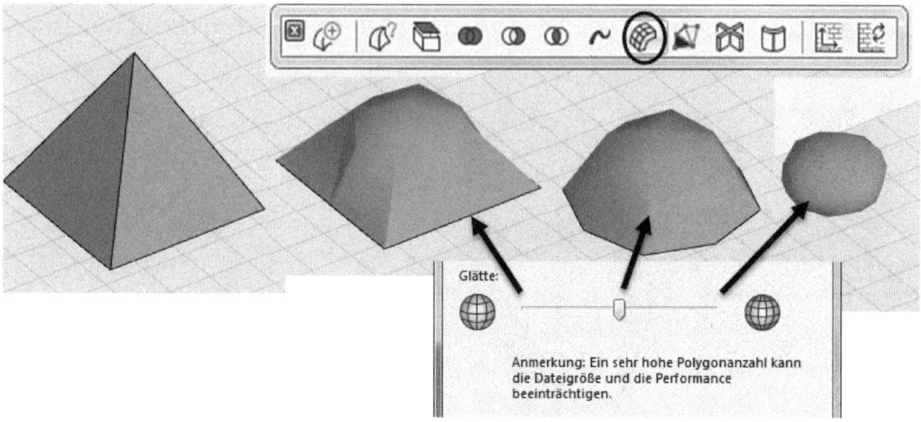

Abb. 9.15: Verschiedene Glättungen bei einer Pyramide

Damit die Körper ggf. ein glatteres Aussehen bekommen, können Sie mit SEGMENTIERUNG VERÄNDERN die Anzahl der internen Facetten erhöhen (Abbildung 9.16). Die Facetten lassen sich mit VERBORGENE MORPH-GEOMETRIE ANZEIGEN gut sichtbar machen.

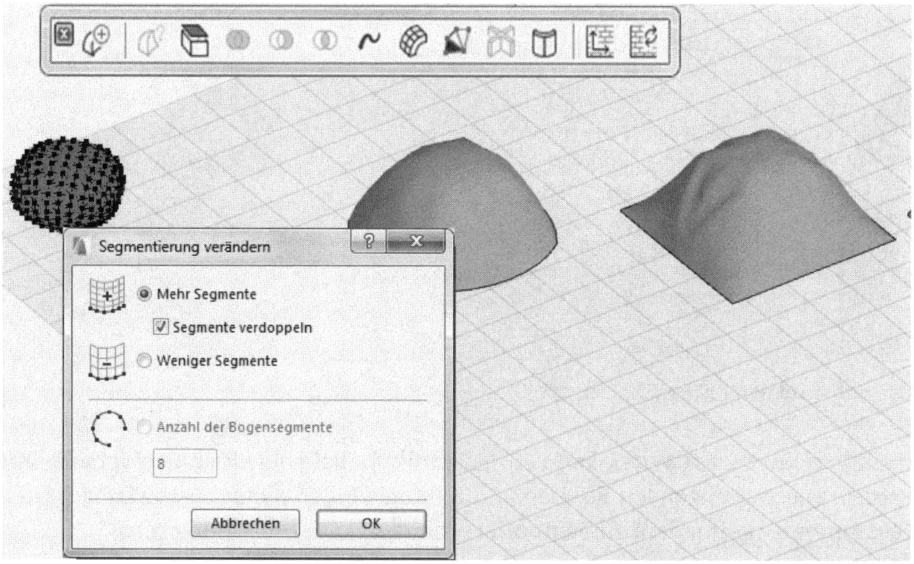

Abb. 9.16: Erhöhung der Segmentierung

9.2.3 Arbeiten mit der Pet-Palette

In diesem Abschnitt sollen einige typische Morphing-Aktionen mit der PET-PALETTE gezeigt werden. Im ersten Beispiel wurden zwei Flächen gewählt, die vorne und die rechts, und dann mit der Pet-Funktion VERSCHIEBEN nach schräg vorne gezogen. Die angrenzenden Flächen werden dann entsprechend verzerrt.

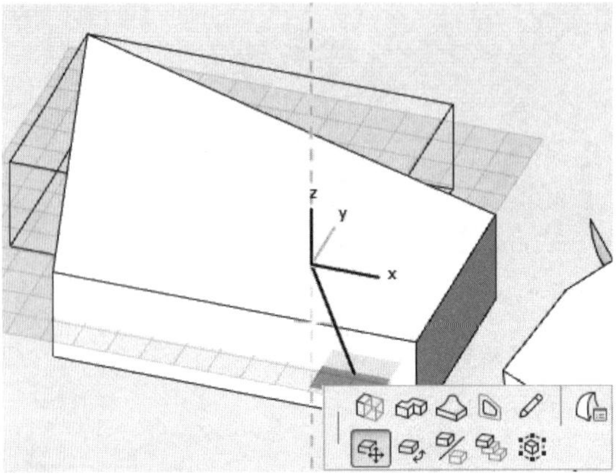

Abb. 9.17: Zwei Morph-Flächen verschieben

Mit der Pet-Funktion ZIEHEN/DRÜCKEN kann eine Fläche in *Normalenrichtung* verschoben werden (Abbildung 9.18).

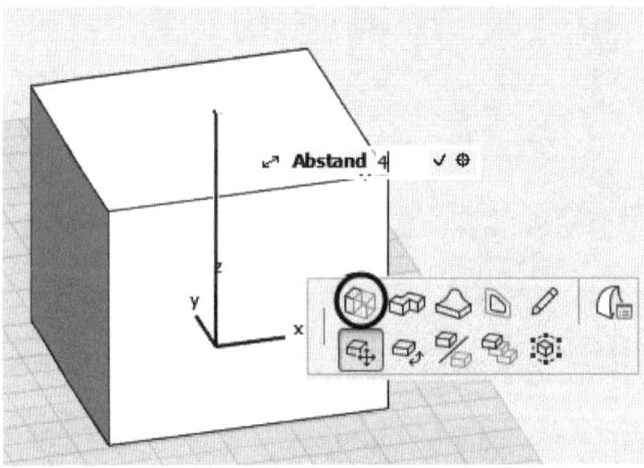

Abb. 9.18: Funktion ZIEHEN/DRÜCKEN

Mit KNOTENPUNKT BEWEGEN kann ein Eckpunkt in beliebige Richtung verschoben werden. Die angrenzenden Flächen und Kanten werden dann so verzerrt, dass der Zusammenhang mit dem Knotenpunkt erhalten bleibt (Abbildung 9.19).

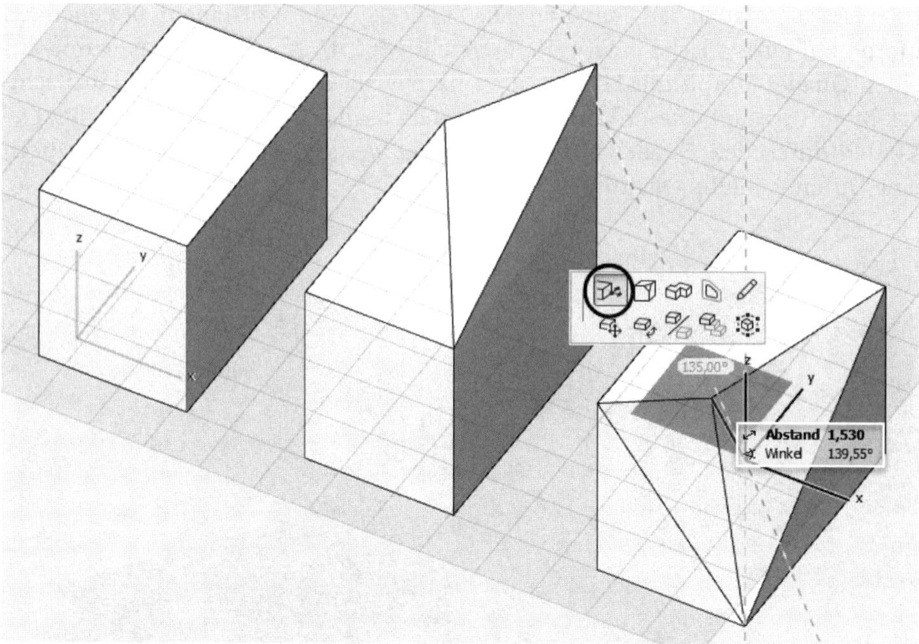

Abb. 9.19: KNOTENPUNKT BEWEGEN

Die Funktion KANTEN VERSETZEN kann bei Wahl einer ebenen Fläche alle Kanten um den gleichen Betrag verschieben und wieder die angrenzenden Flächen und Kanten verzerren. So lässt sich aus dem Würfel in Abbildung 9.20 die Pyramide rechts erstellen.

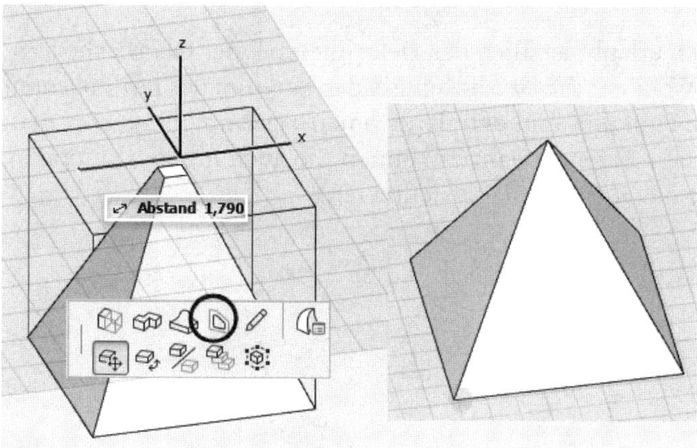

Abb. 9.20: KANTEN VERSETZEN

Interessant ist auch die Funktion HINZUFÜGEN, wenn zu einem bestehenden Morph auf einer Fläche eine weitere erstellt wird. In Abbildung 9.21 wurde auf einen Quader-Morph mit HINZUFÜGEN nach Wahl der oberen Fläche ein Rechteck-Morph erzeugt. Dieser kann dann nämlich nach erneuter Wahl mit DRÜCKEN/ZIEHEN durch den Quader hindurchgedrückt werden, wobei dann automatisch eine Differenzbildung stattfindet.

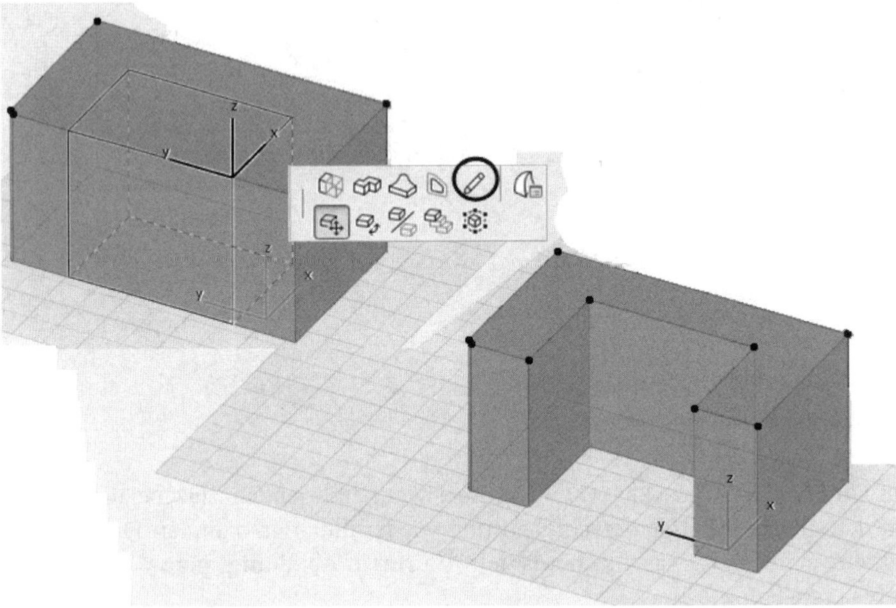

Abb. 9.21: HINZUFÜGEN und ZIEHEN/DRÜCKEN

Die Funktion AUSBEULEN erlaubt letztlich das Deformieren einer Oberfläche ähnlich einer Beule. Nach Wahl der *Fläche* klicken Sie das *Zentrum* der gewünschten Beule an, aktivieren die Funktion und definieren einen *Beulenradius*. Dieser definiert den zu verbeulenden Bereich. Danach können Sie auch grafisch interaktiv oder über Werteeingabe die *Höhe* der Beule definieren.

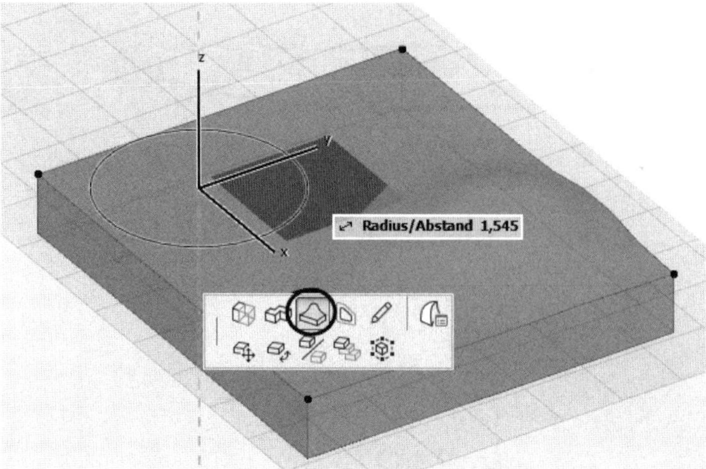

Abb. 9.22: Ausbeulen mit Bereichsbestimmung

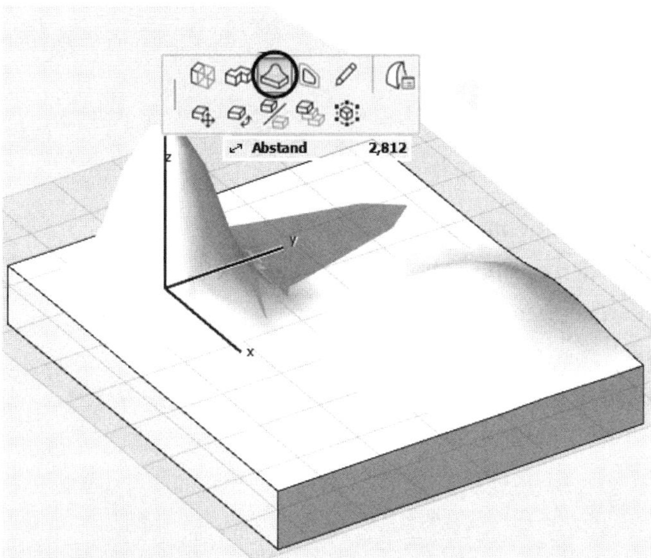

Abb. 9.23: Höhenangabe für Ausbeulen

Mit der Funktion RÖHRE kann eine Fläche in eine Richtung oder sogar entlang einem Polylinien-ähnlichen Pfad gezogen werden (Abbildung 9.24). Diese Aktion wird oft auch als *Sweeping* bezeichnet. Der Pfad für die Röhre-Funktion wird innerhalb der Funktion grafisch interaktiv mit einer PET-PALETTE über Linien und Bogen-Segmente erzeugt. Besonders interessant für die Festlegung der Bogenstücke ist die Möglichkeit, hier die Bearbeitungsebene zu wechseln, um die Lage des Bogens im Raum festzulegen.

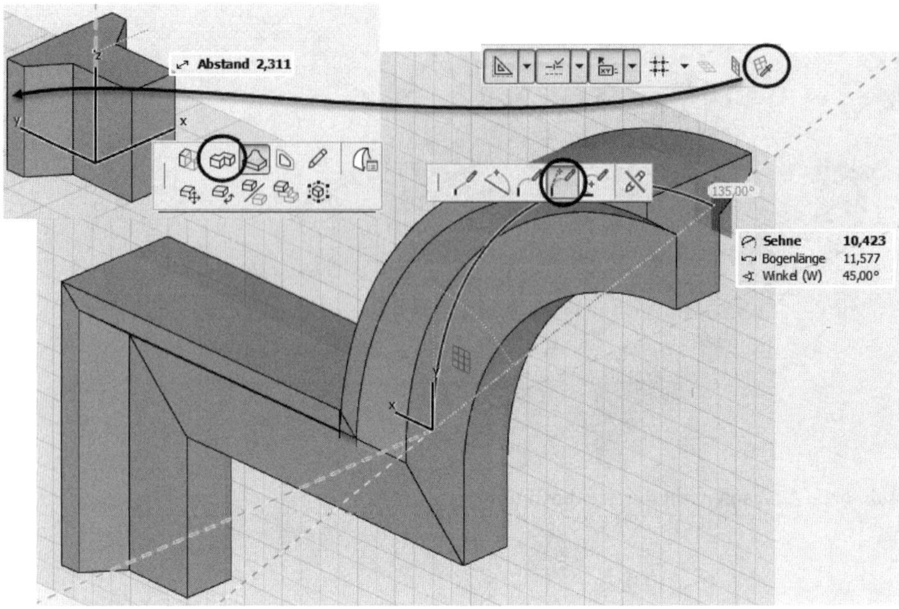

Abb. 9.24: Funktion RÖHRE

9.3 Übungsfragen

1. Welche Arten von Morph-Elementen gibt es?
2. Welche Geometriemethoden erzeugen Volumenkörper?
3. Mit welchen Funktionen können organische Formen erzeugt werden?
4. Welches sind die Boole'schen Operationen?
5. Welches Pfeil-Symbol steht für Unterelementwahl?

Kapitel 10

Bemaßung und Text

Die Bemaßung ist in ArchiCAD *assoziativ*, also mit den bemaßten Elementen verknüpft. Dadurch ändert sich die Bemaßung immer automatisch, wenn die Elemente verändert werden. Bemaßungen können im *Grundrissfenster*, in *Schnitt-/Ansichtsfenstern*, in *Details/Arbeitsblättern* und in *3D-Dokumenten* erstellt werden.

ArchiCAD kennt vier Bemaßungstypen mit individuellen Geometriemethoden:

- BEMAßUNG erstellt Bemaßungen für lineare Elemente in vertikaler oder horizontaler Richtung oder am Element ausgerichtet und für gebogene Elemente (GEOMETRIEMETHODE BOGENLÄNGE). Auch die Bemaßung mit Höhenkoten ist hier als Wahl der Konstruktionsmethode HÖHENBEMAßUNG enthalten. Sie wird in *Schnitten* und *Ansichten* verwendet, um die Höhen der Elemente als Höhenkoten anzuzeigen.
- HÖHENBEMAßUNG wird verwendet, um im Grundrissfenster die Höhenmarke zu setzen, die automatisch die Geschosshöhe erhält.
- RADIALBEMAßUNG bemaßt Radien gebogener Elemente.
- WINKELBEMAßUNG dient zum Bemaßen von Winkeln zwischen linearen Elementen.

10.1 Bemaßungseinstellungen

Die bei der Bemaßung benutzten Einheiten werden im Menü OPTIONEN|PROJEKTPRÄFERENZEN|BEMAßUNGSEINSTELLUNGEN eingestellt. Sie finden hier die Parameter für verschiedene Bemaßungsarten (Abbildung 10.1):

- MAßKETTEN
- WINKELBEMAßUNGEN
- RADIALBEMAßUNGEN
- HÖHENKOTEN
- SCHNITT-/ANSICHTSBEMAßUNGEN
- TÜR-/FENSTER- UND DACHFENSTERBEMAßUNGEN
- BRÜSTUNGSHÖHEN
- FLÄCHENMAßE

Es gibt drei vordefinierte Bemaßungsstandards:

- DIN 1356 Rundung .01 verwendet die Einheit Meter bzw. Zentimeter für Längen unter 1 m. Bei Metern werden zwei Dezimalstellen für die Zentimeter nach dem Komma angezeigt. Millimeter werden in jedem Fall hochgestellt angezeigt und und zwar als zehntel Millimeter genau (bzw. auf 0,01 cm genau). Also bedeutet $10{,}25^{15}$ dann 10 Meter, 25 Zentimeter und 15 zehntel Millimeter (oder 1,5 mm bzw. 0,15 cm). Die Angabe 20^{35} bedeutet dann 20 Zentimeter und 35 zehntel Millimeter (oder 3,5 mm bzw. 0,35 cm).
- DIN 1356 Rundung .25 verwendet die Einheit Meter bzw. Zentimeter für Längen unter 1 m. Bei Metern werden zwei Dezimalstellen für die Zentimeter nach dem Komma angezeigt. Millimeter werden hochgestellt angezeigt, aber auf Vielfache von 2,5 mm gerundet (bzw. auf 0,25 cm genau). Also bedeutet $10{,}25^{25}$ dann 10 Meter, 25 Zentimeter und 25 zehntel Millimeter (oder 2,5 mm bzw. 0,25 cm). Die Angabe 20^{25} bedeutet dann 20 Zentimeter und 25 zehntel Millimeter (oder 2,5 mm bzw. 0,25 cm).
- DIN 1356 Rundung .50 arbeitet ebenfalls mit Metern bzw. Zentimetern für Längen unter 1 m. Bei Metern werden zwei Dezimalstellen für die Zentimeter nach dem Komma angezeigt. Die Millimeter werden wieder hochgestellt, aber auf Vielfache von 5 mm gerundet (bzw. 0,5 cm). Also bedeutet $10{,}25^{5}$ dann 10 Meter, 25 Zentimeter und 5 Millimeter (oder 0,5 cm). Die Angabe 20^{5} bedeutet dann 20 Zentimeter und 5 Millimeter (oder 0,5 cm).

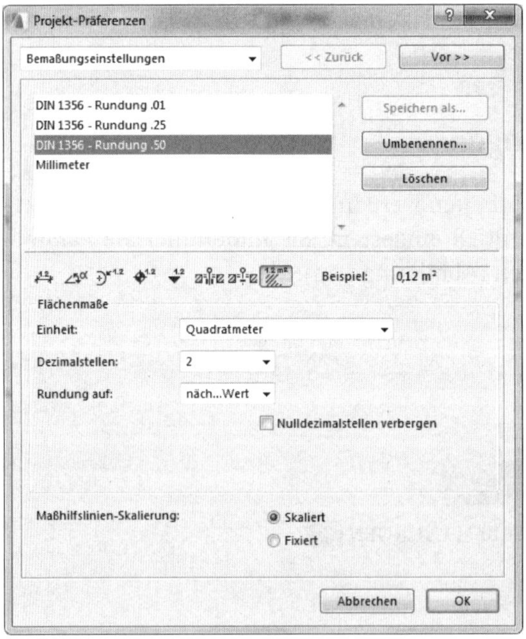

Abb. 10.1: Einstellung der Bemaßung

- MILLIMETER zeigt alle Bemaßungen in Millimetern mit einer Nachkommastelle und bis zu zwei weiteren hochgestellten Stellen an. Damit wird auf 1/1000 mm genau bemaßt. Also bedeutet $110{,}2^{55}$ dann 110 Millimeter, 2 zehntel Millimeter und 55 tausendstel Millimeter. Die Angabe $10.210{,}2^{55}$ bedeutet dann 10 Meter, 210 Millimeter 2 zehntel Millimeter und 55 tausendstel Millimeter.

Die Einstellungen sind eigentlich eindeutig zu verstehen. Die EINHEIT legt fest, ob Sie in *Metern, Zentimetern* oder *Millimetern* bemaßen wollen. Mit DEZIMALSTELLEN ist die Anzahl der *Nachkommastellen* gemeint. Mit RUNDUNGSINTERVALLE können Sie erreichen, dass die nicht mehr angezeigten Dezimalstellen nicht nur gerundet (Abbildung 10.2), sondern auch *hochgestellt* (Abbildung 10.3) angezeigt werden. Alle Werte darüber oder darunter werden zur letzten Dezimalstelle auf- oder abgerundet. Damit erhalten Sie praktisch die sehr gebräuchliche Darstellung der halben Zentimeter als hochgestellte Fünf mit dem Standard DIN 1356 RUNDUNG .50.

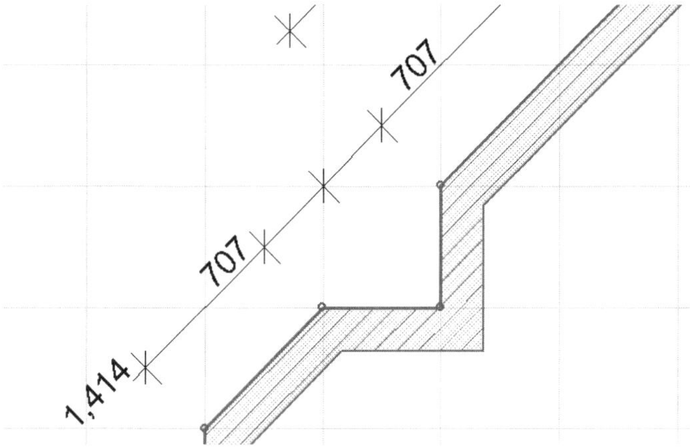

Abb. 10.2: Bemaßung in Millimetern

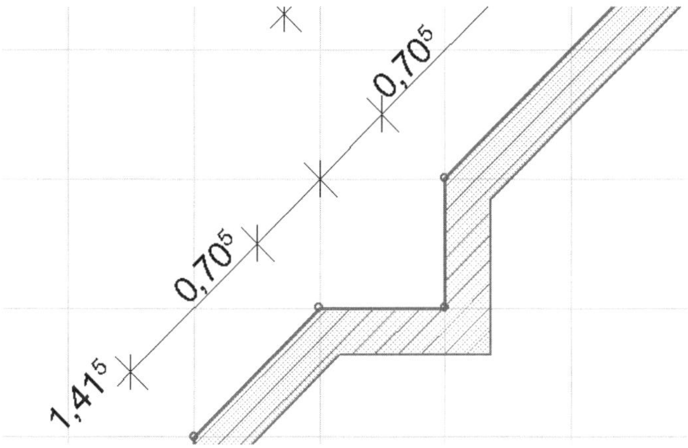

Abb. 10.3: Bemaßung mit hochgestellter Fünf

- Mit NULL VOR KOMMA VERBERGEN lassen sich *führende Nullen* bei Größen unter 1 unterdrücken. Also aus 0,24 wird dann zunächst ,24. Das wird aber dann gleich in Zentimeter-Einheiten umgewandelt und als 24 angezeigt. Maße unter 1 m werden damit in Zentimetern angezeigt.
- NULLDEZIMALSTELLEN VERBERGEN sorgt dafür, dass *Nullen am Ende der Zahl* nach dem Dezimalkomma unterdrückt werden: statt 3,50 wird dann nur 3,5 geschrieben.

Wenn Sie Einstellungen geändert haben, wird dadurch gleich ein neuer Standard erstellt, der vorerst die Bezeichnung INDIVIDUELL erhält. Mit der Schaltfläche SPEICHERN ALS können Sie ihn als neuen Standard mit einem Namen speichern.

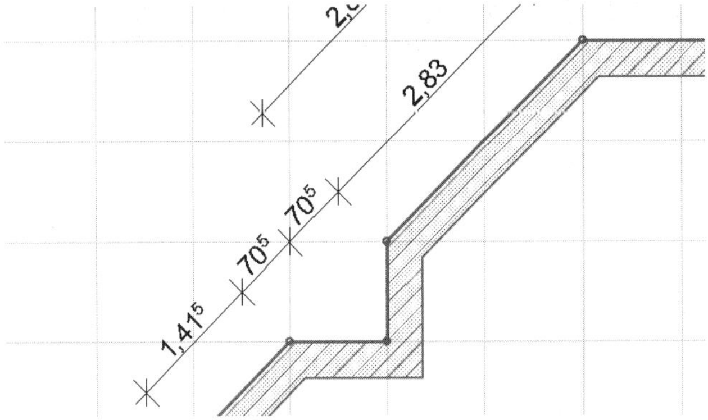

Abb. 10.4: Bemaßung mit Einstellung NULL VOR KOMMA VERBERGEN nach DIN 1357 RUNDUNG.50

10.2 Linear bemaßen

Um lineare Maßketten zu erstellen, aktivieren Sie zunächst das BEMAßUNGS-Werkzeug. Im INFOFENSTER wählen Sie die KONSTRUKTIONSMETHODE und die Geometriemethode.

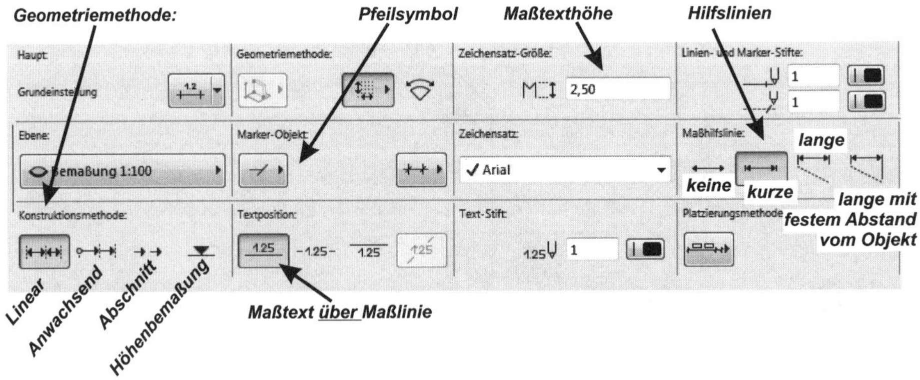

Abb. 10.5: INFOFENSTER für lineare Bemaßung

Es gibt vier KONSTRUKTIONSMETHODEN:

- LINEAR ist die normale Bemaßungsart in der Architektur, auch als *Kettenbemaßung* bezeichnet.
- ANWACHSEND ist eine Bemaßung, die von einer Bezugslinie aus alle Entfernungen bestimmt. Üblicherweise wird diese Bemaßungsart im Maschinenbau verwendet und heißt *Bezugsbemaßung.*
- ABSCHNITT ist ebenfalls eine Bezugsbemaßung, aber es wird jeweils immer nur das Ende der Maßlinie angezeigt.
- HÖHENBEMAßUNG Dies sind die Höhenkoten für die Höhenbemaßung in den Schnitten und Ansichten.

Die Geometriemethoden betreffen die Ausrichtung der Bemaßung am Objekt:

- NUR X-Y generiert die Maßlinien in x- und y-Richtung (waagerecht, senkrecht).
- JEDE RICHTUNG Diese Bemaßung folgt mit der Maßlinie den Bemaßungspunkten am Element, ist also mit dem Element ausgerichtet.
- BOGENLÄNGE Eine Bemaßung für Bogenlängen.
- ABSCHNITT ist ebenfalls eine Bezugsbemaßung, aber es wird jeweils immer nur das Ende der Maßlinie angezeigt.
- HÖHENBEMAßUNG Dies sind die Höhenkoten für die Höhenbemaßung in den Schnitten und Ansichten.

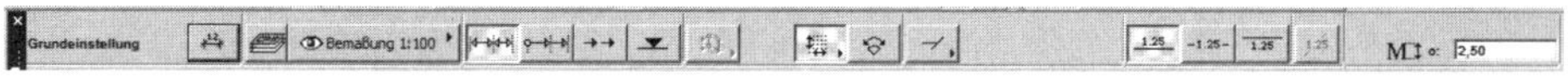

Abb. 10.6: INFOFENSTER für lineare Bemaßung

Die Geometriemethoden betreffen die Ausrichtung der Bemaßung am Objekt:

- NUR X-Y generiert die Maßlinien in x- und y-Richtung.
- JEDE RICHTUNG Diese Bemaßung folgt mit der Maßlinie den Bemaßungspunkten am Element, ist also mit dem Element *ausgerichtet.*
- BOGENLÄNGE Eine Bemaßung, die zur Bemaßung von Bogenlängen dient, ist eine Längenbemaßung wie alle vorhergehenden auch.

Weiter rechts im INFOFENSTER können Sie auch das Maßpfeilsymbol verändern. Abbildung 10.7 zeigt verschiedene Varianten der Bemaßung:

- LINEAR, ANWACHSEND, ABSCHNITT mit Maßpfeil schräg
- ANWACHSEND, ABSCHNITT mit Maßpfeil Pfeil

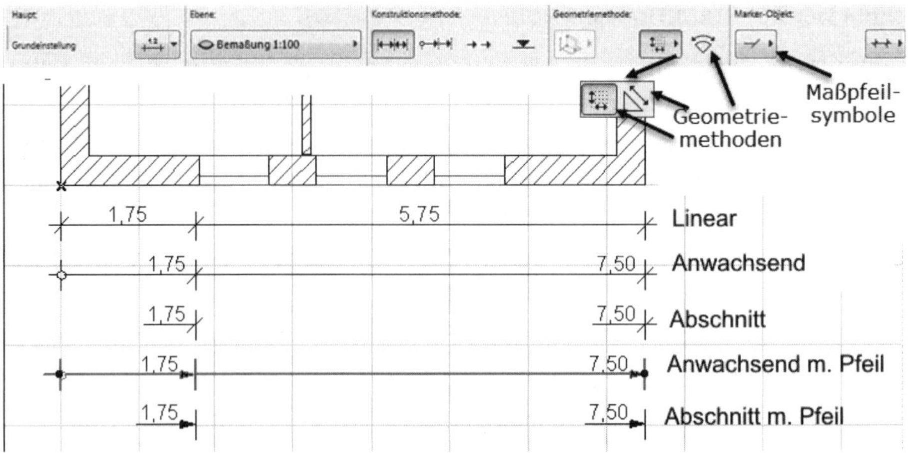

Abb. 10.7: Bemaßungsvarianten

10.2.1 Bemaßungsvorgang

Sie klicken zur Bemaßung zunächst die Bezugspunkte an den Elementen an. Es werden an diesen Positionen kleine kreisförmige Marken gesetzt. Wenn Sie Maßpositionen angeklickt haben, die nicht benötigt werden, können Sie diese Positionen durch weiteres Anklicken wieder entfernen.

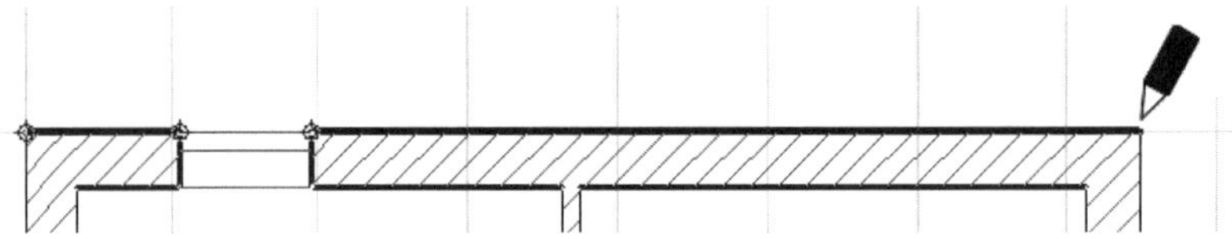

Abb. 10.8: Bezugspunkte für Bemaßung anklicken

Die Wahl der Bezugspunkte beenden Sie mit einem Doppelklick an einer freien Position. Sie können aber auch mit Rechtsklick das Kontextmenü aufrufen und OK wählen. Als dritte Variante können Sie die Taste `Entf` zum Beenden der Maßpositionen drücken.

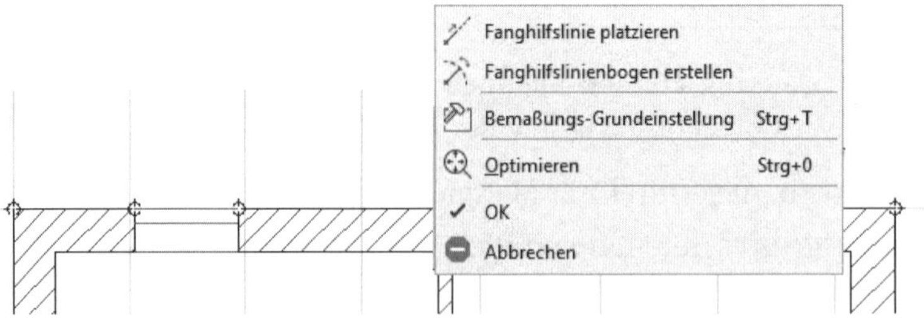

Abb. 10.9: Bezugspunktwahl mit Rechtsklick und OK beenden

Dann erscheint der *Hammer-Cursor,* mit dem Sie abschließend die Position für die Maßlinie festlegen können. Eventuell haben Sie sich dafür vorher eine Hilfslinie im geeigneten Abstand (z. B. 1 m) von der Wand erstellt.

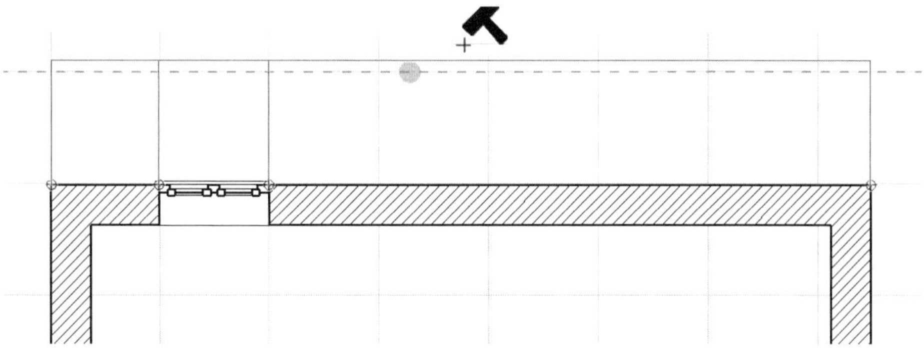

Abb. 10.10: Maßlinien-Position anklicken

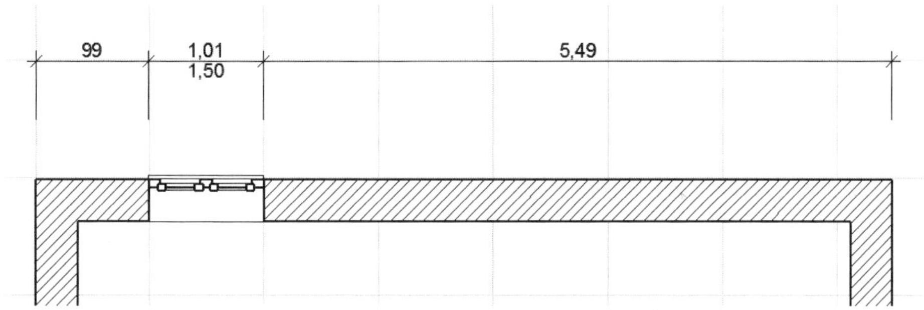

Abb. 10.11: Fertige Maßkette

Eine Bemaßung besteht also (Abbildung 10.12) aus mehreren Komponenten: der *Bemaßungslinie,* den *Maßwerten,* den *Maßpunkten* und den *Maßhilfslinien.* Eine einzelne *Bemaßungseinheit* besteht genau aus *einer Bemaßungslinie, einem Maßwert, zwei Maßpunkten* und *zwei Maßhilfslinien.* Zum Erzeugen der Bemaßung werden die *Bezugspunkte* gewählt. Sie definieren die zu bemaßenden Positionen. Die Symbole für die Bezugspunkte werden nach Erstellen der Bemaßung wieder unsichtbar. Die Bezugspunkte werden sinnvollerweise an den *besonderen Punkten* der Elemente positioniert und rasten an diesen dann ein. Sie werden auch dauerhaft mit den Elementen verknüpft, also *assoziiert.* Damit können sie sich bei Änderungen der Elemente automatisch an die neuen Positionen anpassen, ohne dass die Bemaßung neu erzeugt werden muss. Diese *Bezugspunkte* haben die Form eines *Kreises mit einem Mittellinien-Kreuz.*

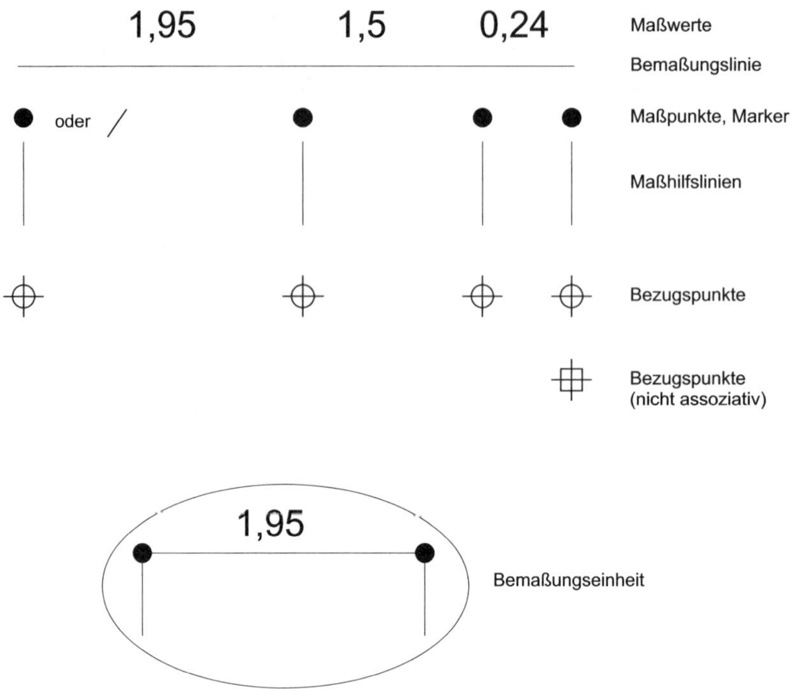

Abb. 10.12: Komponenten eines Bemaßungselements

Wenn Sie versehentlich eine Position gewählt haben, die *kein* charakteristischer Punkt eines Elements ist oder sogar eine freie Position, dann nimmt das Bezugspunktsymbol eine andere Form an, nämlich die eines *Quadrats mit Mittellinienkreuz*. Das soll darauf hindeuten, dass dies kein Maß ist, das mit einem Element verknüpft ist. Es ist damit auch *nicht assoziativ*, kann sich also bei Änderungen an der Zeichnung nicht automatisch an neue Geometrie anpassen.

Es gibt im Einstellungsdialogfenster der Bemaßung, das Sie über das INFOFENSTER aktivieren können, die Option UNABHÄNGIGE BEMAßUNG. Damit lösen Sie die Assoziativität zwischen Bemaßung und Element auf, sodass diese Bemaßung nicht mehr mit dem zugeordneten Element variieren kann.

Bezug der Bemaßung prüfen

Natürlich ist es auch wichtig zu wissen – beispielsweise bei Konstruktionsänderungen –, auf welche Elemente sich einzelne Maßpunkte beziehen. Dazu markieren Sie die betreffende Maßkette mit dem PFEIL-Werkzeug und fahren den gewünschten Marker an und warten, bis er zusammen mit dem assoziierten Objekt dann blau hervorgehoben wird.

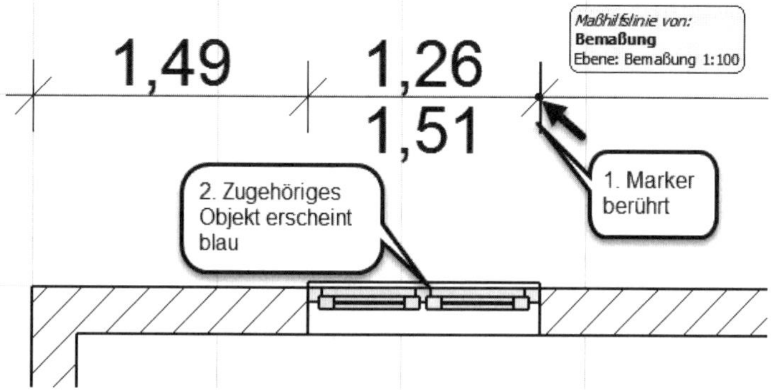

Abb. 10.13: Bemaßung prüfen durch Berühren des Markers

10.2.2 Geometriemethoden

Horizontal, Vertikal

Die Geometriemethode NUR X-Y erzeugt Maßketten parallel zu den x- und y-Achsen. Bei der Methode JEDE RICHTUNG bestimmt sich die Richtung der Bemaßungslinie nach den ersten beiden Bezugspunkten für die Maßkette (Abbildung 10.14).

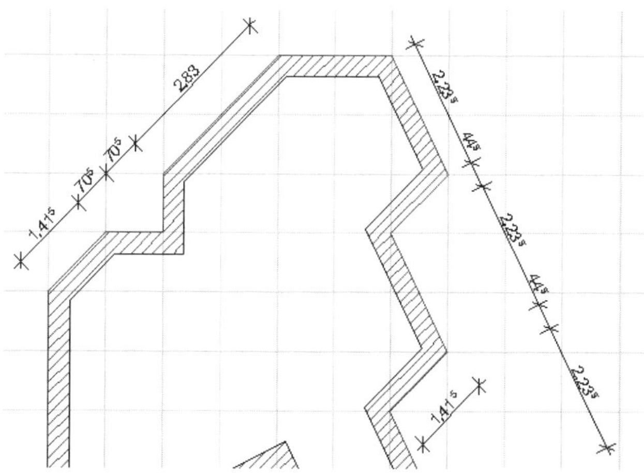

Abb. 10.14: Geometriemethode SCHRÄG

Wandstärken

Zum Bemaßen von Wandstärken brauchen Sie nur eine oder mehrere Wände mit den Methoden NUR X-Y oder JEDE RICHTUNG anzuklicken, damit gleich jeweils 2 Bezugspunkte auf einer Wand entstehen. Die Bemaßung wird nur dann erstellt, wenn die Maßkettenrichtung exakt senkrecht zur Wand angegeben wird. Die erste Wandbemaßung bestimmt auch die Richtung der Maßkette (Abbildung 10.15).

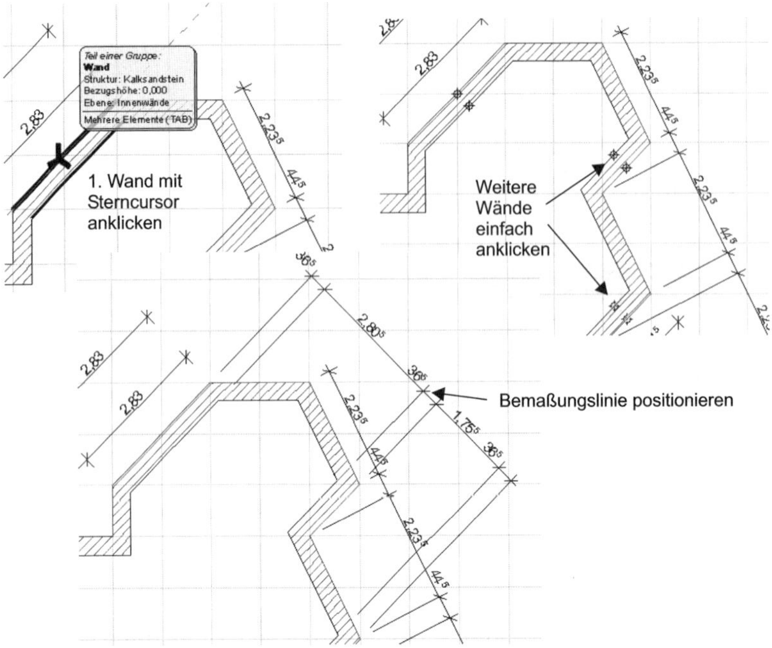

Abb. 10.15: Bemaßung von Wänden

Bogenbemaßung

Die Methode BOGENLÄNGE ermittelt die Bogenlänge (Abbildung 10.16). Sie können einen kompletten Bogen mit dem Mercedesstern-Cursor anklicken, um die Bogenlänge zwischen den Endpunkten zu erhalten, Sie dürfen aber auch noch weitere einzelne Bezugspunkte einzeln hinzufügen wie bei der linearen Bemaßung.

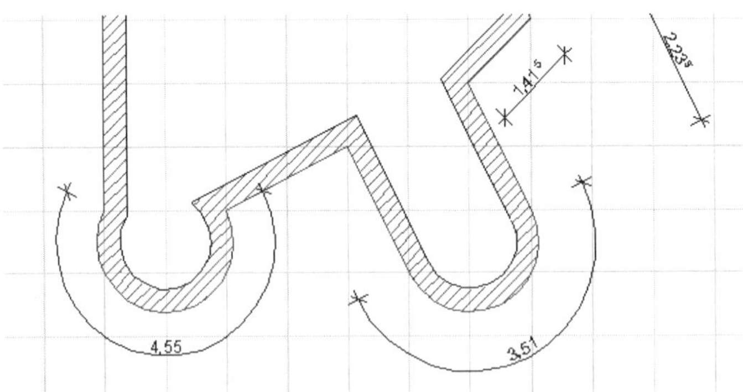

Abb. 10.16: Bogenlängenbemaßung

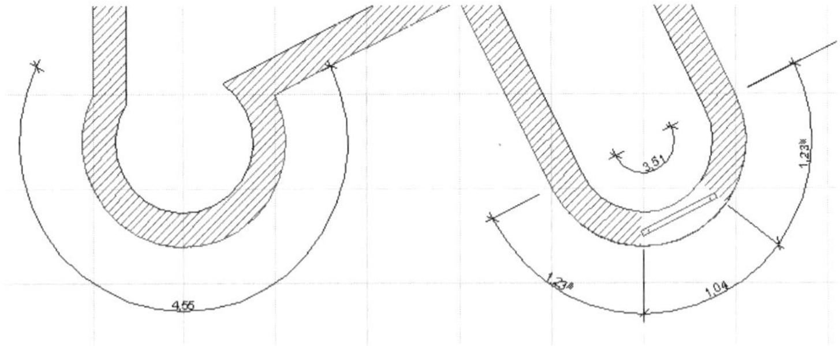

Abb. 10.17: Bogenbemaßung mit zusätzlichen Positionen

Schnitt-/Ansichtsbemaßung

Eine Variante der linearen Bemaßung ist die Bemaßung mit Höhenkoten in Schnitten und Ansichten (Abbildung 10.19). Dazu ist im EINSTELLUNGSDIALOG der linearen Bemaßung der Typ HÖHENBEMAßUNG zu wählen. Sie können dann über die verschiedenen Buttons die Höhenkoten detailliert gestalten wie in Abbildung 10.18 gezeigt. Rechts vom Typ finden Sie die Möglichkeiten für die *Anordnung von Marker und Text,* die Auswahl zwischen Marker *oben* und *unten,* verschiedene *Proportionen* des Dreiecksymbols und die Wahl zwischen *vollem Dreieck* oder *Umrandung.* Schließlich finden Sie etwas tiefer noch die Optionen für *Maßhilfslinien.*

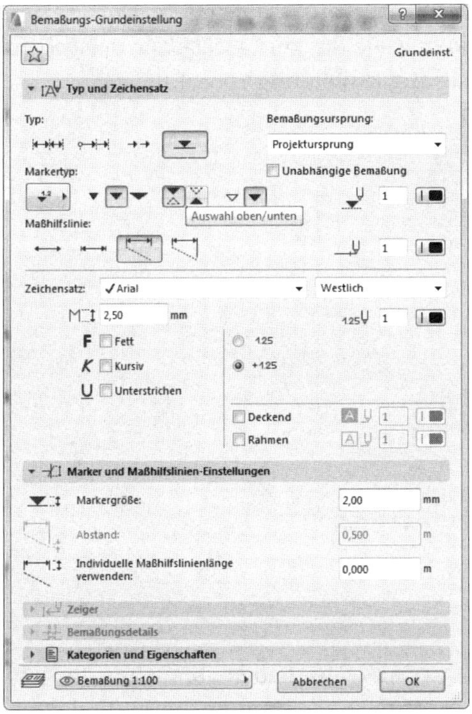

Abb. 10.18: Einstellungen für Höhenkoten

Eine Ansicht wie gezeigt können Sie leicht mit dem Werkzeug SCHNITT oder ANSICHT aus dem WERKZEUGKASTEN im Bereich SICHTEN generieren, indem Sie die Schnittlinie über zwei Punkte außerhalb der Konstruktion erstellen und dann mit dem AUGEN-CURSOR eine Position *in* der Konstruktion für die *Ansichtsrichtung* angeben. Sie werden dann im Navigator sehen, dass der Strukturknoten SCHNITTE oder ANSICHTEN ein neues Element enthält. Auf diese neue Ansicht können Sie doppelklicken, um das Fenster mit der Ansicht zu öffnen. In diesem Fenster bemaßen Sie wie im Beispiel der linearen Bemaßung oben, nur mit dem Typ HÖHENBEMAßUNG.

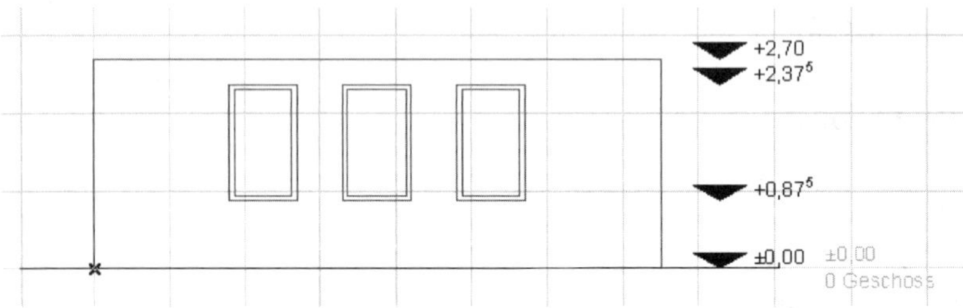

Abb. 10.19: Bemaßung mit Höhenkoten

Der in der Höhenbemaßung verwendete Bezugspunkt für die Höhenangaben kann unter BEMAßUNGSURSPRUNG gewählt werden: PROJEKTURSPRUNG, 1. REFERENZHÖHE, 2. REFERENZHÖHE. Die Angaben für die Referenzhöhen können Sie im Menü OPTIONEN|PROJEKTPRÄFERENZEN|REFERENZHÖHEN einstellen. Dort setzen Sie mit einem Doppelklick in der passenden Zeile das rote *Höhenkotensymbol* auf den gewünschten Nullpunkt für die Bemaßung (Abbildung 10.20).

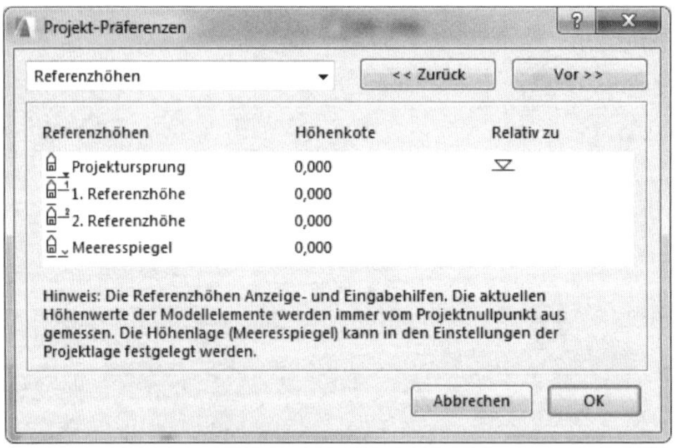

Abb. 10.20: Eintragung der Referenzhöhen

Radialbemaßungen

Wenn Sie das Werkzeug RADIALBEMAßUNG aktiviert haben, brauchen Sie ein bogenförmiges Element nur mit dem *Mercedesstern-Cursor* anzuklicken und dann die *Länge* des Maßpfeils *interaktiv* anzugeben. Die Position des Maßpfeils entlang dem Bogensegment ist durch die erste Klickposition festgelegt. Danach kann nur noch die Maßpfeillänge variiert werden. Sie können nach innen dem Maßpfeil jede beliebige Länge geben, kürzer und länger als bis zum Bogenmittelpunkt, oder Sie *rasten am Bogenmittelpunkt* ein.

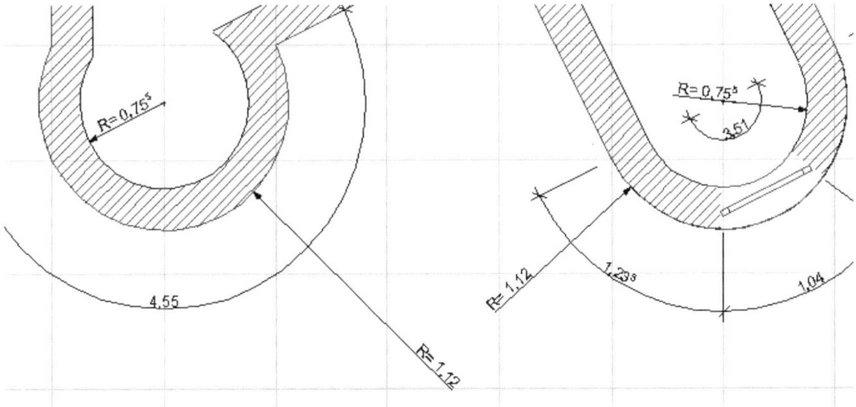

Abb. 10.21: Radialbemaßungen

Die vorgegebenen Einstellungen für Radialbemaßung entsprechen der Norm (Abbildung 10.22). Sie erhalten als Marker den *Pfeil*. Beim Typ können Sie zwischen den Konstruktionsmethoden MIT ODER OHNE MITTELPUNKT wählen, ob ein Mittelpunktskreuz mit erzeugt werden soll oder nicht.

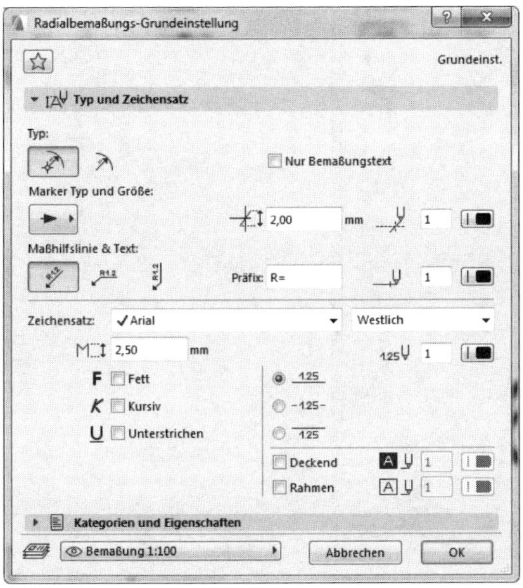

Abb. 10.22: Einstellungen für Radialbemaßung

Die Radialbemaßung kann nachträglich verändert werden, wenn Sie die Bemaßung markieren und für einen der Endpunkte durch Klick die PET-PALETTE aktivieren. Bei Klick an der *Pfeilspitze* wird Ihnen ein Werkzeug zum Drehen des Maßpfeils entlang dem Bogen angeboten (RADIALBEMAßUNG VERSCHIEBEN), für den anderen Endpunkt des Pfeils gibt es ein Werkzeug zur Variation der Pfeillänge (RADIALBEMAßUNG STRECKEN).

Winkelbemaßung

Bei der WINKELBEMAßUNG können Sie im EINSTELLUNGSDIALOG (Abbildung 10.23) bei TYP zwischen INNENBEMAßUNG und AUßENBEMAßUNG wählen. Die INNENBEMAßUNG ist für die Bemaßung spitzer Winkel gedacht. Wird sie auf Außenecken angewendet, so zeigt sie die Bemaßung des inneren Winkels dort an, wo sich die rückwärtigen Verlängerungen der Kanten schneiden würden (siehe Abbildung 10.24 oben). Die Ausrichtung der Maßzahl sollte nach Norm entlang der Maßlinie sein.

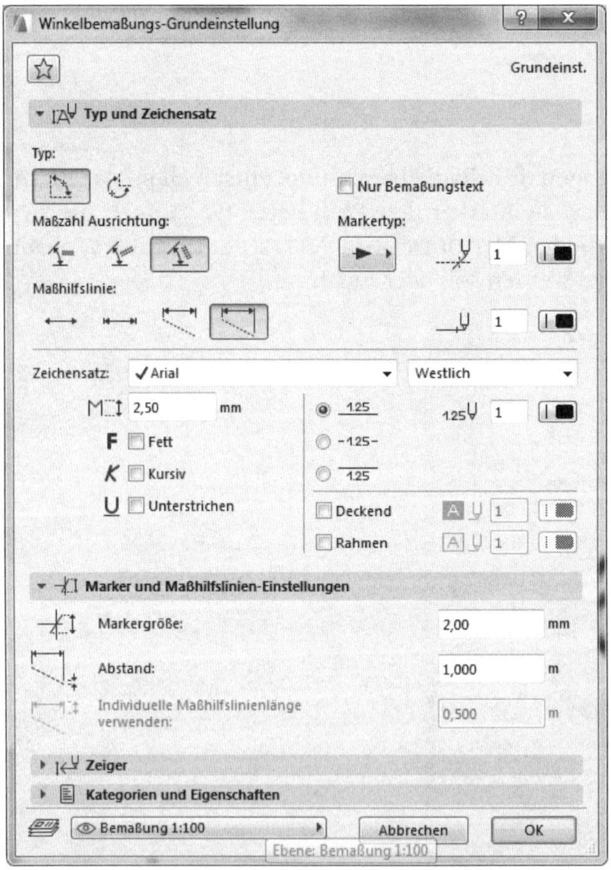

Abb. 10.23: Einstellungen für Winkelbemaßungen

Um die Winkelbemaßung zu setzen, klicken Sie meist die beiden Kanten mit dem Stern-Cursor an und positionieren danach die Maßlinie, wenn der Hammer-Cursor erscheint. Alternativ können Sie aber auch jeden Schenkel eines Winkels durch zwei Punktpositionen definieren.

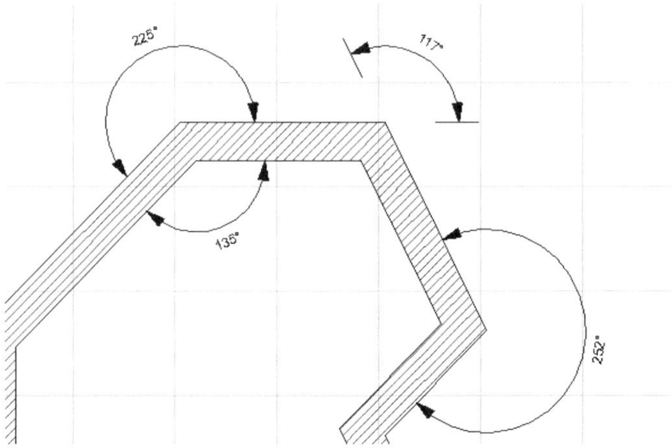

Abb. 10.24: Winkelbemaßung an Ecken

Auch Bögen können mit Winkelbemaßung versehen werden. Sie müssen nur den Bogen mit dem Stern-Cursor anklicken und die Maßlinie mit einem zweiten Klick positionieren (Abbildung 10.25).

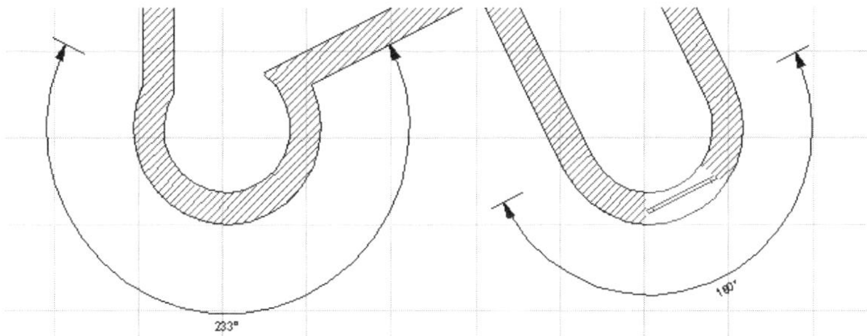

Abb. 10.25: Winkelbemaßung an Bögen

Höhenbemaßung

Mit der Höhenbemaßung setzen Sie Höhenmarken im GRUNDRISSFENSTER. Standardmäßig werden sie an der angeklickten Position auf die jeweilige Geschosshöhe gesetzt. Die Höhenmarken können aber auch mit der Schwerkraft-Funktion auf die aktuelle Oberfläche von Decken, Dächern oder Freiflächen gesetzt werden.

Im EINSTELLUNGSDIALOG können Sie verschiedene Symbolgrößen und Schriftrichtungen wählen sowie noch verschiedene Typen. Die Standard-Vorgaben sind aber in Ordnung.

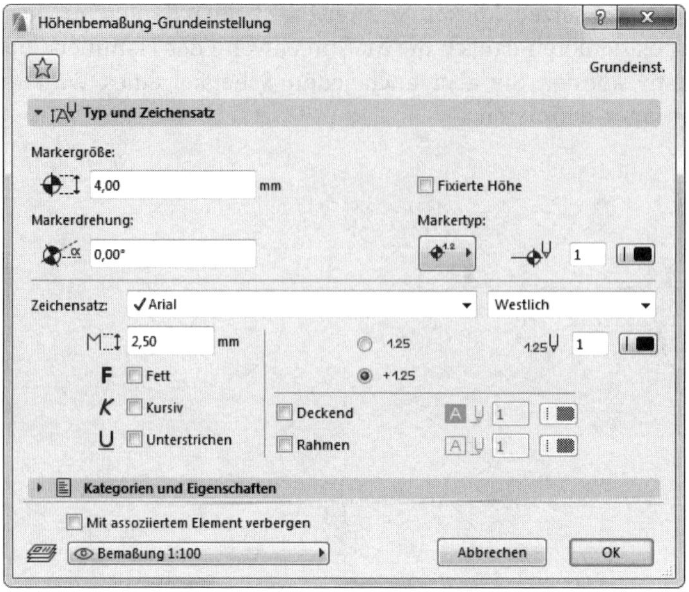

Abb. 10.26: Einstellungen für Höhenbemaßung

In Abbildung 10.27 sind oben links zwei Höhenbemaßungen auf die Geschosshöhe gesetzt worden, die für das Erdgeschoss hier 0,00 beträgt. Die übrigen Höhenbemaßungen wurden bei eingeschalteter Schwerkraft-Funktion auf Freiflächen und ein schräges Dach positioniert. Die Freiflächen sind an den Stützpunktrastern zu erkennen. Sie sehen, dass jeweils die aktuelle Höhe des Ortes angezeigt wird.

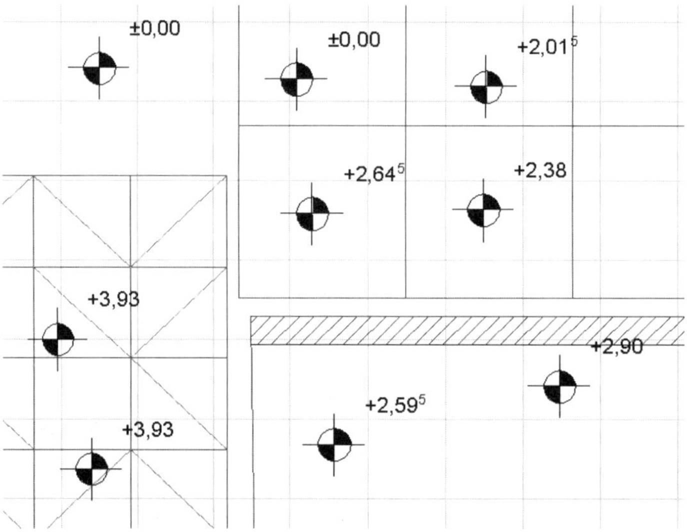

Abb. 10.27: Höhenbemaßungen teilweise mit Schwerkraft

Die SCHWERKRAFT-Funktion können Sie leicht über die STANDARD-Symbolleiste aktivieren. Dort blättern Sie beim *Gewichtssymbol* auf und können drei Varianten aktivieren (einzeln oder gleichzeitig): SCHWERKRAFT AUF DACH, AUF SCHALE, AUF DECKE und/oder AUF FREIFLÄCHE. Damit werden dann Elemente wie Höhenbemaßungen oder auch Stützen nicht auf die aktuelle Geschosshöhe, sondern auf die lokale Höhe der betreffenden Decken, Dächer oder Freiflächen positioniert.

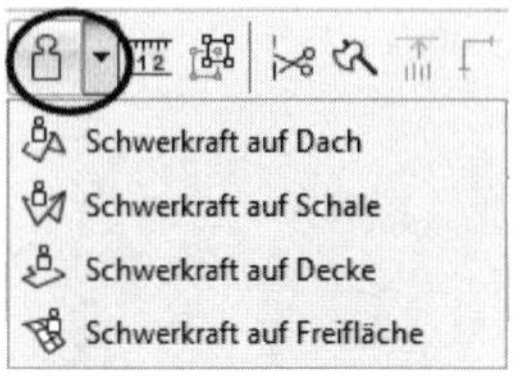

Abb. 10.28: SCHWERKRAFT-Funktion in der STANDARD-Symbolleiste

3D-Bemaßung

Bei der Linearbemaßung gibt es auch drei Optionen für das Bemaßen in 3D-DOKUMENTEN. Dazu muss aber erst ein 3D-DOKUMENT erstellt werden. Gehen Sie dafür ins 3D-Fenster, stellen Sie mit der ORBIT-Funktion die gewünschte Ansichtsrichtung ein und wählen Sie dann per Rechtsklick im Kontextmenü die Option NEUES 3D-DOKUMENT AUS 3D. Geben Sie noch einen sinnvollen Namen für die neue Ansicht ein. Nun gehen Sie ins 3D-Dokument und aktivieren die LINEARBEMAßUNG. Sie können dort zwischen Bemaßungen in verschiedenen Ebenen wählen:

- HORIZONTALE EBENE,
- VERTIKALE EBENE und
- JEDE EBENE.

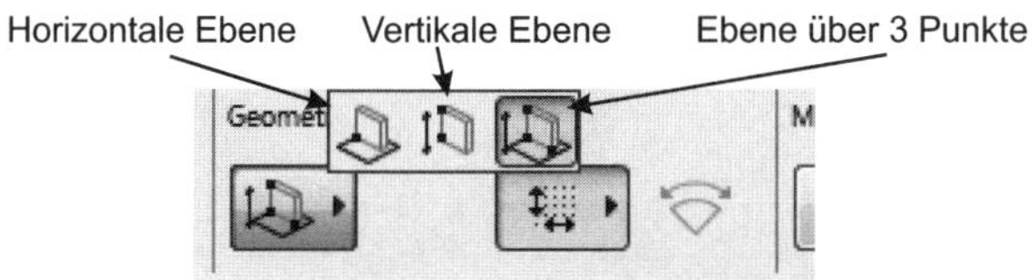

Abb. 10.29: Ebenenwahl für 3D-Bemaßungen

Die 3D-Bemaßungsarten können Sie folgendermaßen anwenden:

- Wählen Sie die gewünschte Bemaßungsart, z.B. VERTIKALE EBENE,
- klicken Sie die zu bemaßenden Positionen der Elemente an,
- schließen Sie die Eingabe mit Rechtsklick und OK oder mit einem *Doppelklick* ab,
- ziehen Sie gemäß dem Richtungsanzeiger in die gewünschte Richtung für die Hilfslinien und

- klicken Sie mit dem HAMMER-Werkzeug auf die Position für den Maßtext (Abbildung 10.30).

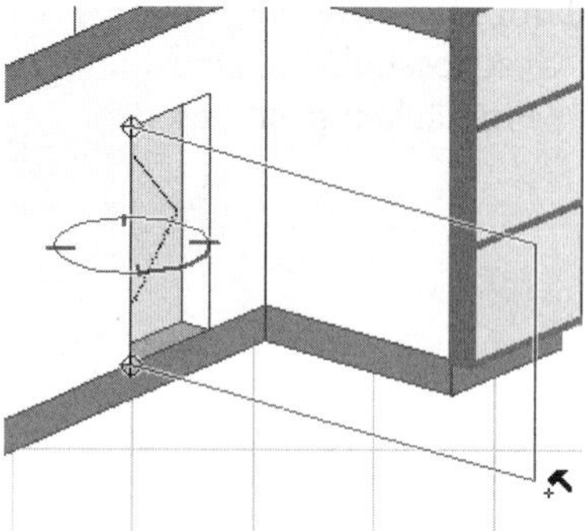

Abb. 10.30: Wahl der Ebenenrichtung über Richtungsanzeiger und der Maßposition mit dem HAMMER-Werkzeug

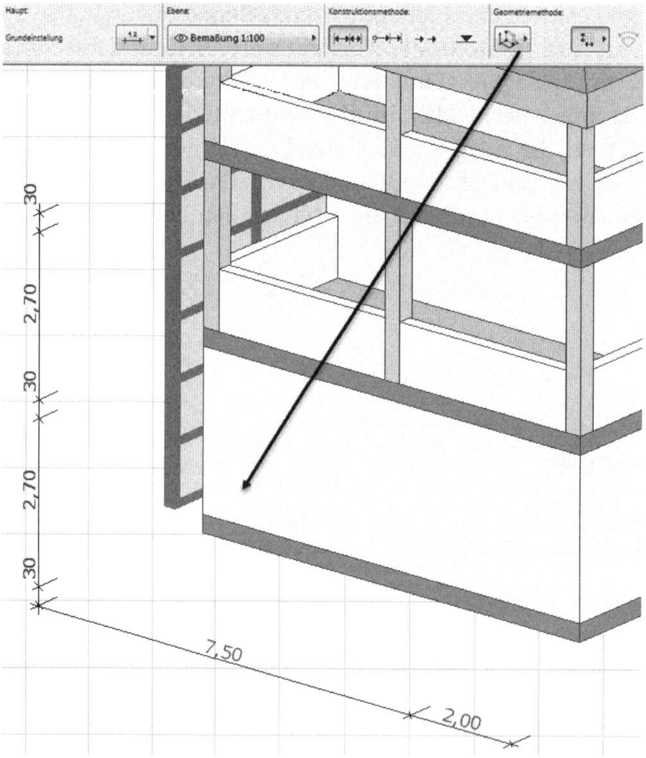

Abb. 10.31: Bemaßung in horizontaler und vertikaler Ebene

Mit der Option JEDE EBENE kann eine Bemaßung auch in der Dachebene ausgeführt werden, wie Abbildung 10.32 zeigt.

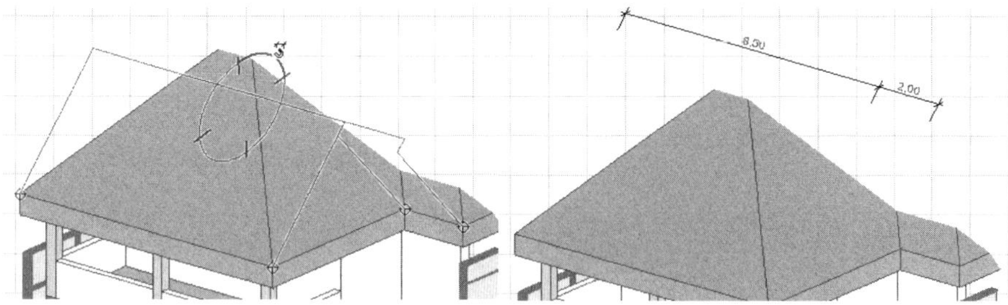

Abb. 10.32: Bemaßung auf einer frei gewählten Ebene (Dachebene)

10.3 Automatisch bemaßen

10.3.1 Außenbemaßung

Zur automatischen Außenbemaßung

- markieren Sie zuerst die zu bemaßenden Elemente und
- rufen dann das Menü DOKUMENTATION|BESCHRIFTUNG|AUTOMATISCHE BEMASSUNG|AUSSENBEMASSUNG auf (Abbildung 10.33).

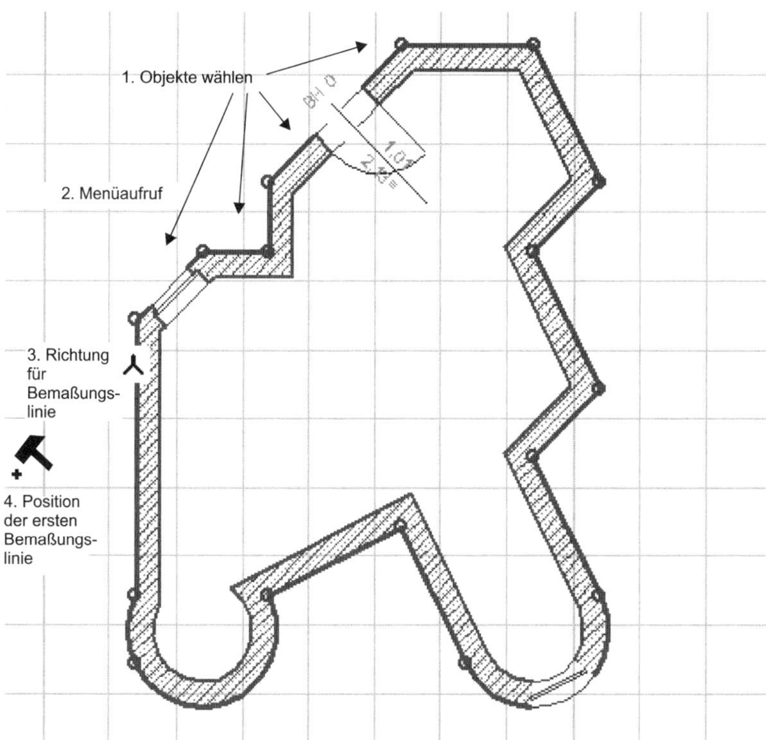

Abb. 10.33: Automatische Außenbemaßung

- Es erscheint dann ein Dialogfeld (Abbildung 10.34), in dem Sie noch Details für die Bemaßung festlegen können. Insbesondere können Sie hier gleich die Bemaßungen auf allen vier Seiten erstellen lassen und den Abstand zwischen den Maßlinien noch anpassen.

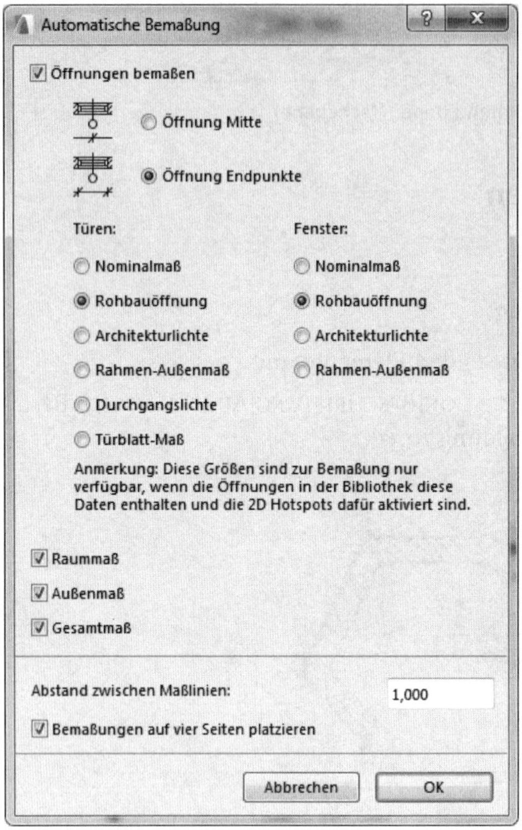

Abb. 10.34: Dialogfeld für automatische Außenbemaßung

- Danach wählen Sie eine Kante mit dem Stern-Cursor, um die Richtung für die erste Maßlinie festzulegen.
- Dann folgt die Position für die innerste Maßlinie, die Sie mit dem Hammer-Cursor definieren.

Abbildung 10.35 zeigt zwei verschiedene Bemaßungen bei unterschiedlicher Wahl der Richtung für die erste Maßlinie. Alle übrigen Maßlinien sind entweder parallel dazu oder senkrecht.

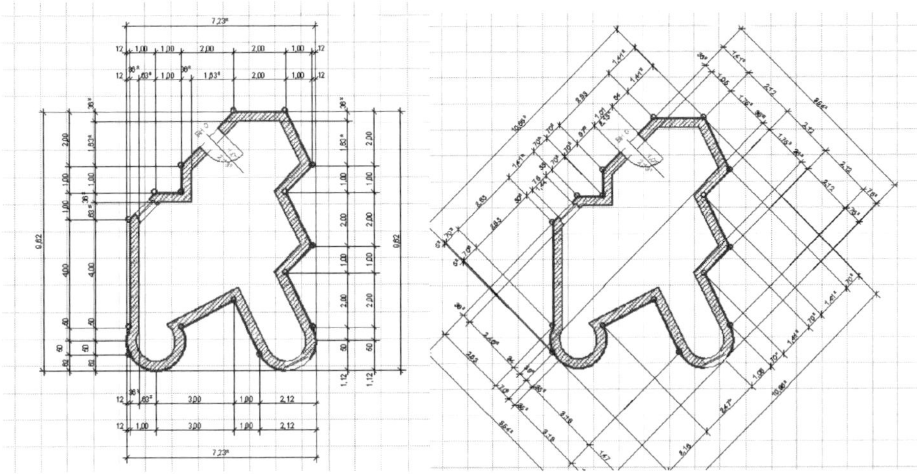

Abb. 10.35: Automatische Bemaßung mit verschiedenen Richtungen

10.3.2 Innenbemaßung

Zur automatischen Erstellung einer Maßkette für die Innenbemaßung

- markieren Sie zuerst die zu bemaßenden Elemente und
- rufen dann das Menü DOKUMENTATION|BESCHRIFTUNG|AUTOMATISCH BEMAẞEN|INNENBEMAẞUNG auf.

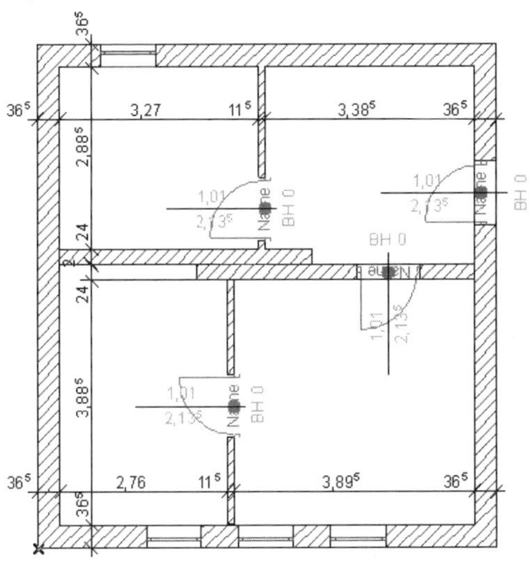

Abb. 10.36: Automatische Innenbemaßung

- Nun erscheint ein Dialogfenster zur Eingabe von Optionen für die Stützen-Bemaßung. Auch können Sie hier wählen, ob bei mehrschichtigem Wandaufbau die Schichten auch bemaßt werden sollen.

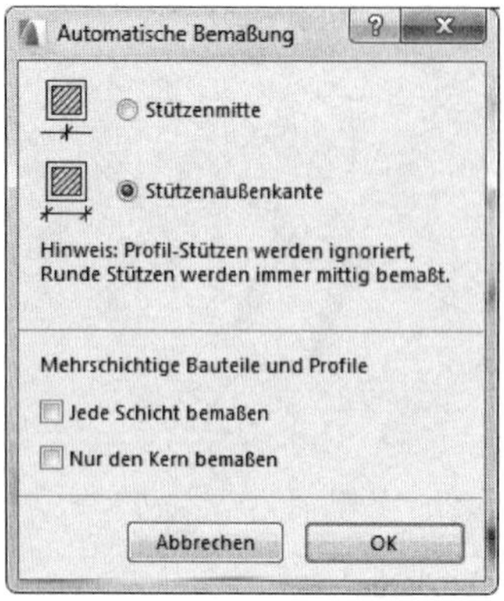

Abb. 10.37: Dialogfenster für automatische Innenbemaßung

- Dann klicken Sie zwei Punkte für eine Linie an, die die zu bemaßenden Elemente schneiden muss, und
- beenden mit einem Doppelklick.
- Danach geben Sie wieder mit dem Hammer-Cursor die Position für die Maßkette an und sind fertig.

Die Innenbemaßung wird also nicht so automatisch erstellt wie die Außenbemaßung, sondern immer Maßkette für Maßkette. In Abbildung 10.36 wurde die Innenbemaßung für die drei Maßketten also dreimal aktiviert.

10.3.3 Änderungen an der Bemaßung

Sie können eine *Maßlinie* wählen und verschieben, indem Sie sie mit dem Stern-Cursor anklicken. Die PET-PALETTE bietet aber noch mehr Möglichkeiten. Das hängt davon ab, ob Sie auf eine Maßlinie oder auf eine Maßpfeilposition klicken.

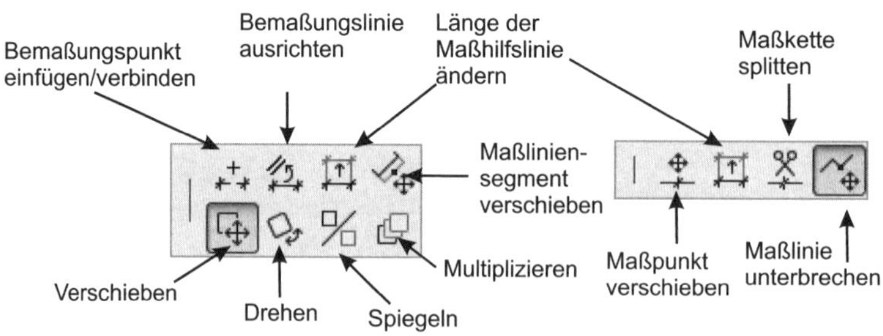

Abb. 10.38: PET-PALETTEN für Bemaßungsänderungen (an Maßlinie, am Maßpfeil)

- BEMAẞUNGSPUNKT EINFÜGEN/VERBINDEN Sie können für eine bestehende Bemaßung eine neue Maßposition an einem Element anklicken und damit die neue Position in die Maßlinie aufnehmen. Alternativ können Sie am Ende einer Maßlinie eine Verbindung zu einer weiteren damit fluchtenden Maßlinie erstellen.
- BEMAẞUNGSLINIE AUSRICHTEN Mit dieser Funktion kann eine neue Bezugskante für die aktuelle Bemaßung gewählt und damit die Maßlinie gedreht werden.
- LÄNGE DER MAẞHILFSLINIE ÄNDERN Hiermit ändern Sie die Länge der Maßhilfslinien in Richtung der bemaßten Elemente.
- MAẞLINIENSEGMENT VERSCHIEBEN verschiebt innerhalb einer Maßkette eine einzelne Maßlinie parallel.
- MAẞPUNKT VERSCHIEBEN erlaubt, die Bemaßungsposition zu ändern, auf eine neue Position zu setzen.
- MAẞKETTE SPLITTEN zerteilt eine Maßkette in zwei Teilketten.
- MAẞLINIE UNTERBRECHEN unterbricht eine Maßkette, um eine einzelne Maßlinie zu verschieben.
- VERSCHIEBEN verschiebt eine gesamte Maßkette.
- DREHEN dreht eine gesamte Maßkette (beispielsweise um 90°).
- SPIEGELN spiegelt eine gesamte Maßkette (beispielsweise an einer 45°-Linie).
- MULTIPLIZIEREN vervielfacht eine gesamte Maßkette.

Wollen Sie innerhalb einer Maßkette nur eine einzelne Maßlinie wählen, um ihre Einstellungen z.B. übers INFOFENSTER zu ändern, dann müssen Sie die Maßlinie *in der Mitte* mit dem *Häkchen-Cursor* anklicken.

Wenn Sie den *Maßtext ändern* wollen, dann können Sie die *linke untere Ecke* vom Text wählen. Damit könnte der Text verschoben werden. Um den Text bearbeiten zu können, müssen Sie ihn nur anklicken und den EINSTELLUNGSDIALOG im INFOFENSTER aktivieren. Es erscheint ein Dialogfenster zum Bearbeiten (Abbildung 10.39). Hier wird unter ERMITTELTER WERT der automatische assoziative Wert angezeigt. Sie könnten ihn mit einer Eintragung bei INDIVIDUELLER TEXT überschreiben. Um dort auch hochgestellte Zahlen zu erhalten, müssten Sie unter AUTOTEXT EINFÜGEN mit ANFANG/ENDE HOCHSTELLUNG das Zeichen ^ einfügen und danach die hochgestellten Zahlen schreiben. Mit der Option ZURÜCK AUF AUTOMATISCH GENERIERTE POSITION können Sie einen verschobenen Maßtext wieder auf die ursprüngliche Position zurückstellen.

Bei *Höhenbemaßungen* können Sie unter AUTOTEXT EINFÜGEN weitere Eintragungen vornehmen oder andere Referenzhöhen wählen, relativ zu denen dann die automatische Bemaßung angegeben wird.

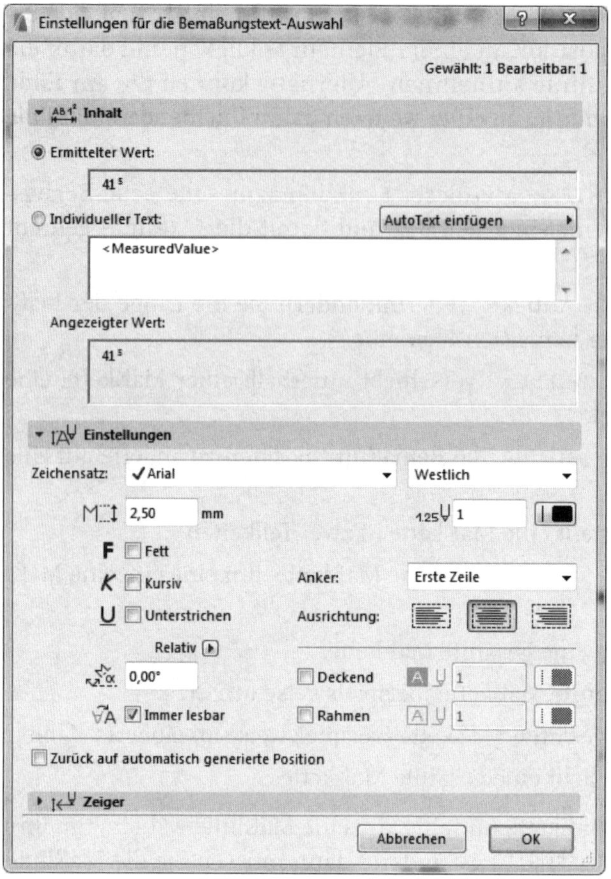

Abb. 10.39: Dialogfenster für Maßtexte

Bemaßungen ergänzen

Bestehende Bemaßungen können unkompliziert ergänzt werden. Sie müssen

- die zu ergänzende Maßkette mit dem PFEIL-Werkzeug markieren,
- mit `Strg` den neuen Bezugspunkt anklicken.

Damit ist diese Position sofort in die neue Maßlinie aufgenommen.

Teile einer Bemaßung löschen

Zum Löschen einer Bemaßungsposition in einer Maßkette klicken Sie den Maßpunkt oder Marker an (nicht den Bezugspunkt am Element, sondern die Marker-Position auf der Maßlinie!) und drücken die Taste `Entf` oder wählen nach Rechtsklick im Kontextmenü die Option LÖSCHEN.

Sie können eine einzelne Maßlinie aus einer Maßkette herauslöschen, indem Sie diese am Mittelpunkt markieren und dann wie oben löschen. Dadurch entsteht eine Lücke und die Bemaßungslinie wird natürlich in zwei Teile zerlegt, die nicht mehr zusammen aktiviert werden können.

Maßketten zusammenlegen

Um zwei Maßketten zusammenzulegen, gehen Sie folgendermaßen vor:

- Markieren Sie die erste Maßkette.
- Markieren Sie die zweite Maßkette mit `Strg` und Klick.

Damit wird die Lücke zwischen beiden Maßketten mit einer Einzelbemaßung überbrückt und die zweite Maßlinie in die erste Maßlinie integriert. Auch wenn die Maßketten *nicht parallel* sind, klappt das und die Richtung von der ersten Maßkette wird für die integrierte zweite übernommen.

10.4 Das Text-Werkzeug

Das TEXT-Werkzeug liegt im WERKZEUGKASTEN im Bereich DOKUMENTATION an erster Stelle. Damit können im GRUNDRISSFENSTER, im SCHNITT-/ANSICHTSFENSTER, im DETAILZEICHNUNGSFENSTER und in 3D-DOKUMENTEN Texte geschrieben werden.

10.4.1 Einstellungen und Darstellung

Nach Klick auf das TEXT-Werkzeug wird das INFOFENSTER mit den Einstellungen belegt. Die Standard-Einstellungen sind in Abbildung 10.40 gezeigt. Wenn Sie unten rechts als Option für die Texthöhe PAPIER-GRÖSSE wählen, können Sie maßstabsunabhängig die Texthöhe angeben, so wie sie später bei der Ausgabe auf dem Papier erscheinen soll. Intern rechnet das Programm diese Höhe dann in Meter um. Die *Texthöhe* ist auf 2 mm bzgl. PAPIER-GRÖSSE voreingestellt. Sie wird dann abhängig vom jeweiligen Maßstab (Palette SCHNELL-OPTIONEN) in der Zeichnung immer so skaliert, dass bei der Plot-Ausgabe später diese Texthöhe erscheint. Das heißt, ein Text erscheint im Grundrissfenster im Maßstab 1:100 doppelt so hoch wie im Maßstab 1:50. Ansonsten sind im Bereich TEXTSTIL die üblichen Textformatierungen einzustellen.

Im Bereich TEXTBLOCK-FORMAT können Sie einen TEXTBLOCKWINKEL für den Textblock einstellen, der den Text dann entsprechend schräg stellt. Mit dem Schalter FESTER WINKEL kann dieser Winkel gegen spätere Verdrehungen mit dem DREH-Werkzeug der PET-PALETTE geschützt werden. Mit der Option IMMER LESBAR wird gewährleistet, dass der Text auch bei Winkeln über 100° lesbar bleibt, das heißt, dann umgedreht wird. Auch beim Spiegeln bleibt ein Text stets lesbar stehen. Wenn ZEILENUMBRUCH aktiviert ist, wird beim Schreiben bei Erreichen der Breite der Textbox automatisch eine neue Zeile begonnen, notfalls auch mitten im Wort. Eine Silbentrennung gibt es hier nicht. Sie können durch Abschalten des Zeilenumbruchs einen Text in eine Zeile zwingen. Die Textbox kann dann nachträglich trotzdem noch dynamisch am Bildschirm verändert werden, und der Zeilenumbruch würde wieder aktiviert werden. Der normale ANKERPUNKT des Textblocks ist die obere linke Ecke der Textbox. Er kann hier auch individuell eingestellt werden.

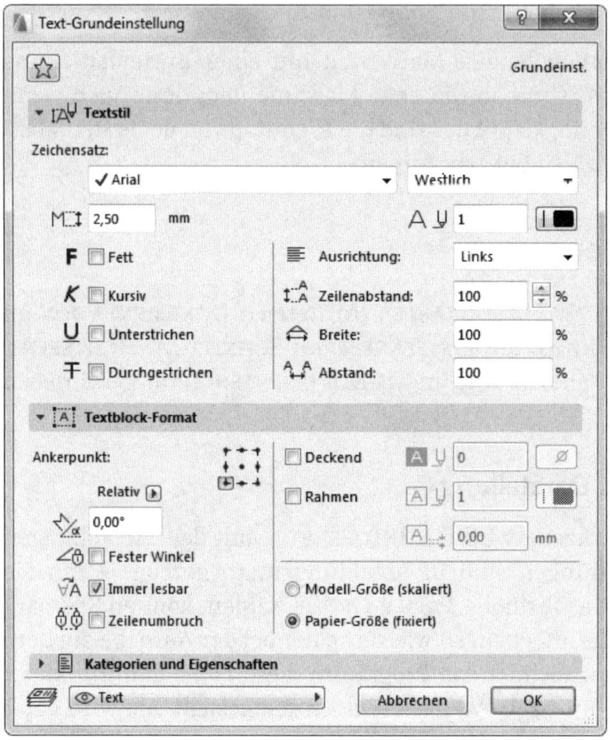

Abb. 10.40: TEXT-Werkzeug-Einstellungen

Der Textblock kann mit einem *deckenden Hintergrund* versehen werden und mit einem *Rahmen*.

Sie können bei Texten auf dem Bildschirm die zugehörige *Textbox* durch kleine *Eckenmarken* anzeigen lassen. Dazu müssen Sie diese Marken mit dem Menü ANSICHT|BILDSCHIRMDARSTELLUNGS-OPTIONEN|ZEICHNUNGS- & BEARBEITUNGSHILFEN EINBLENDEN/AUSBLENDEN ein- oder ausschalten.

10.4.2 Texterstellung

Zum Schreiben eines Textes gehen Sie folgendermaßen vor:

- Aktivieren Sie das TEXT-Werkzeug.
- Ziehen Sie auf dem Bildschirm eine Textbox über zwei diagonale Positionen auf.
- Nun erscheint der Texteditor mit vielen Formatierungsmöglichkeiten (Abbildung 10.41). Die Formatierungen können für den gesamten Text oder nur für markierte Zeichen umgestellt werden.
- Geben Sie nun Ihren Text ein.
- Zusätzlich zum selbst geschriebenen Text können Sie AUTOTEXT-Elemente wählen, SYMBOLE und FAVORITEN. Unter AUTOTEXT versteht man feste Textelemente, die *interne Daten* der Zeichnung widerspiegeln wie der Dateiname oder Pfad. SYMBOLE sind *Sonderzeichen* aus allen möglichen Zeichensatzdateien und FAVORITEN sind feste, als solche abgelegte Texteinstellungen.
- Mit [↵] schalten Sie in die nächste Zeile weiter.
- Zum Beenden der Texteingabe
  - klicken Sie einfach *neben* die Textbox auf einen *freien Platz*,
  - oder klicken Sie nach *Rechtsklick* im Kontextmenü auf OK,
  - oder im KONTROLLFENSTER auf die Schaltfläche OK.

Wenn Sie bei Befehlsbeginn keine Textbox aufziehen, sondern an Ort und Stelle zweimal klicken, entsteht ein *Text ohne Zeilenumbruch*. Dann bewirkt nur Ihr [↵] einen Zeilenwechsel und nicht die Breite der Textbox.

10.4.3 Texte bearbeiten

Existierende Texte können Sie leicht weiterbearbeiten, indem Sie doppelklicken. Dabei dürfen Sie den Text aber nicht an einem der besonderen Punkte erwischen, weil dann die PET-PALETTE mit den normalen Bearbeitungswerkzeugen aktiviert wird. Zu diesen gehört übrigens ein Werkzeug zum Umformen der Textbox. Nach dem *Doppelklick* ist also der TEXTEDITOR wieder geöffnet, mit dem der Text erstellt wurde.

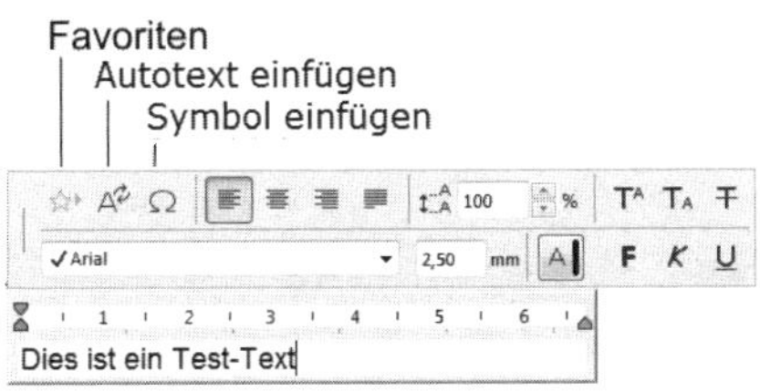

Abb. 10.41: Texteditor

Der Texteditor verfügt über eine Vielzahl von Schaltflächen zur Formatierung. In der oberen Reihe liegen:

- FAVORITEN Sie können hierüber als Favoriten gespeicherte Texteinstellungen aktivieren.
- AUTOTEXT Interne Daten des Projekts, der Layouts, der Zeichnung oder des Systems wie Projektname, Autor, Erstellungsdatum, aktuelles Datum, Zeichnungsname, Pfad und viele ähnliche Daten können damit eingefügt werden.

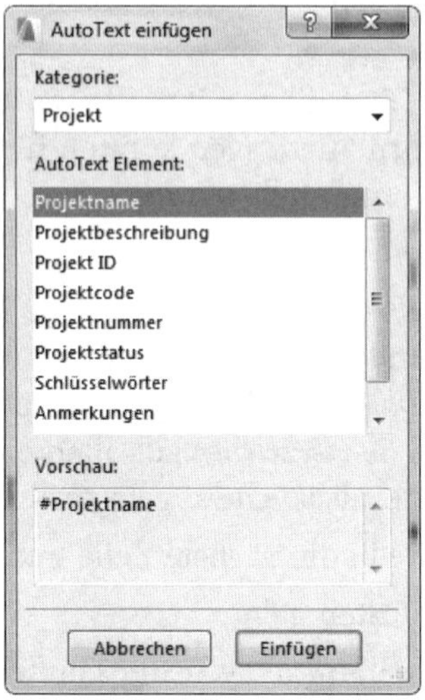

Abb. 10.42: AutoText

- SYMBOLE Die Funktion schaltet zur Zeichen-/Symboltabelle von Windows um, aus der Sie beliebige Zeichen einfügen können. Dazu klicken Sie das gewünschte Zeichen in der Tabelle an, klicken dann auf AUSWÄHLEN und dann auf KOPIEREN. Damit ist das Zeichen in der Zwischenablage. Wechseln Sie zum Texteditor. Dort wählen Sie nach Rechtsklick im Kontextmenü EINSETZEN, und das Zeichen ist in Ihren Text eingefügt.

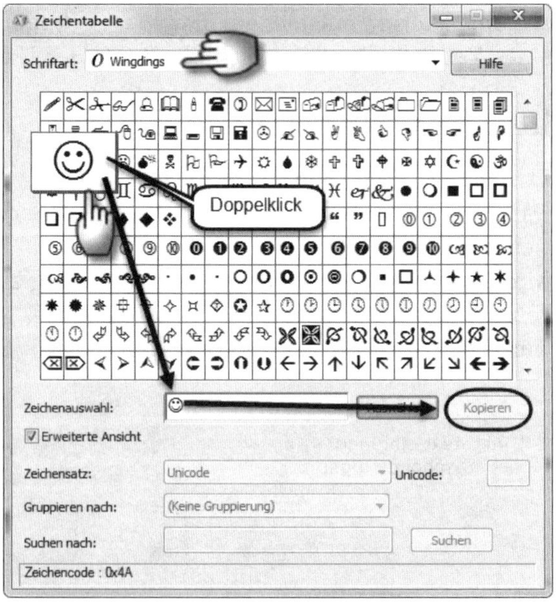

Abb. 10.43: Symboltabelle

- Ausrichtung links, mittig, rechts und Blocksatz wirken in der von Textsystemen bekannten Weise.
- Zeilenabstand dient zum Variieren des normalen Zeilenabstands auf Basis einer Prozentskala.
- Hochgestellt stellt die markierten Zeichen hoch, beispielsweise für m^2 oder m^3.
- Tiefgestellt stellt die markierten Zeichen tief wie in H_2O.
- Durchgestrichen streicht die markierten Zeichen durch.

In der unteren Zeile des Texteditors finden Sie:

- Zeichensatz zum Auswählen des Zeichensatzes.
- Höhe für die Angabe der Zeichenhöhe im späteren Plot (Höhe auf dem Papier).
- Stift bestimmt die Farbe und die Stiftbreite der markierten Zeichen.
- Fett, Kursiv, Unterstrichen sind die üblichen Zeichenformatierungen.

Wenn Sie innerhalb der Textbox rechtsklicken, erscheint ein Kontextmenü (Abbildung 10.44). Darin finden Sie den Aufruf für die Einzüge und Tabulatoren, die Sie mit einem extra Dialogfenster setzen und löschen können (Abbildung 10.45).

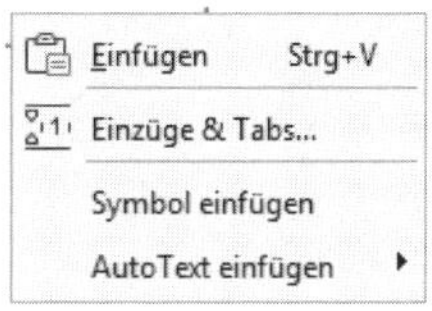

Abb. 10.44: Kontextmenü zum Texteditor

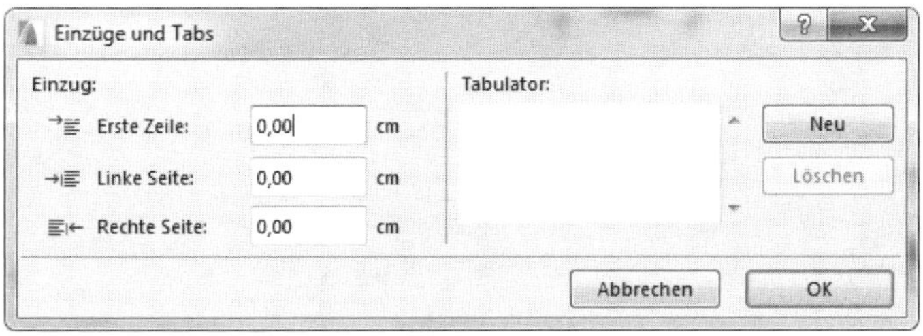

Abb. 10.45: Einzüge und Tabulatoren

10.4.4 Etiketten

Etiketten sind besondere Textblöcke mit einem Hinweispfeil, mit denen Bezeichnungen oder Kommentare an Elemente geschrieben werden. Das Etikett-Werkzeug besitzt wenige Grundeinstellungen zur Form des Etiketts (Abbildung 10.47). Es gibt automatisch generierte Etiketten, die zu Elementen gehören. Sie können aber stets mit dem Werkzeug ein unabhängiges Etikett erzeugen, in das Sie beliebigen Text schreiben können. Dazu geben Sie zuerst die drei Punktpositionen für den Hinweispfeil ein, ziehen dann die Textbox auf und schreiben Ihren Text.

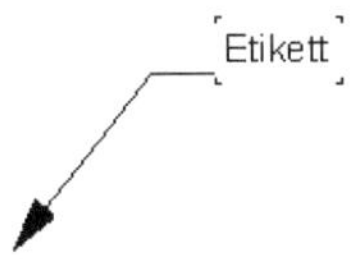

Abb. 10.46: Unabhängiges Etikett

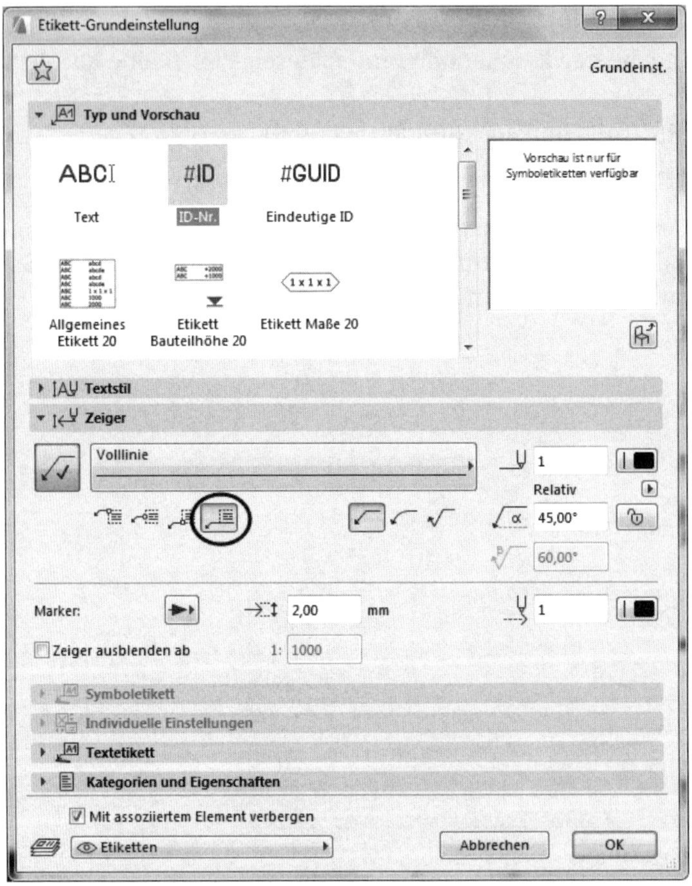

Abb. 10.47: Einstellungen für Etikett

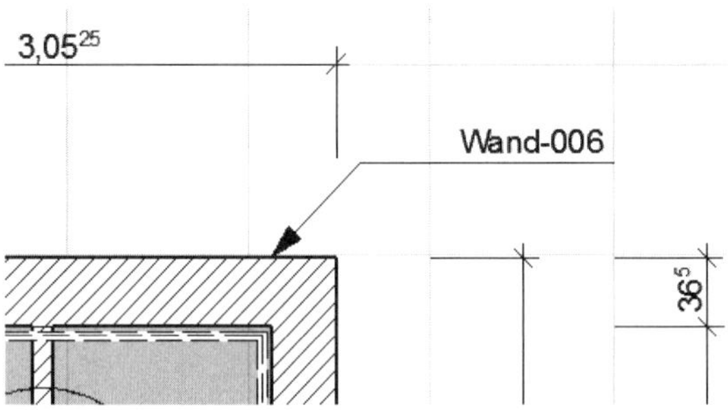

Abb. 10.48: Wand-Etikett

10.4.5 Text ersetzen und Rechtschreibung prüfen

Überall, wo Texte erstellt werden, ist eine Funktion zum Suchen und Ersetzen sowie eine Rechtschreibprüfung vorhanden. Bei ArchiCAD finden Sie diese Funktionen unter Bearbeiten|Text suchen & ersetzen sowie unter Dokumentation|Beschriftung|Rechtschreibung|Rechtschreibung öffnen. Nach Texten suchen können Sie in verschiedenen Elementen: *Textblöcken, Etiketten, Bemaßungen, Raumstempeln* und auch in *Parametern* von GDL-Objekten.

10.5 Änderungsmarken und Änderungsmanager

Zum Markieren und Verwalten von Änderungen gibt es zwei Werkzeuge:

- im Werkzeugkasten unter Dokumentation das Änderungswerkzeug zum Setzen der Markierung um einen Änderungsbereich
- in der Symbolleiste Standard den Änderungsmanager zur Verwaltung aller Änderungen

Daraus ergeben sich zwei Methoden, um Änderungen in den Änderungsmanager einzutragen.

- Mit dem Änderungswerkzeug wird *automatisch* eine Änderung in den Manager eingetragen. Sie wählen je nach der eingestellten Geometriemethode entweder
  - eine Position für die Markierung und eine zweite Position für die Änderungsnummer oder
  - eine polygonale Kontur für eine Revisionswolke und dann eine Position für die Änderungsnummer.

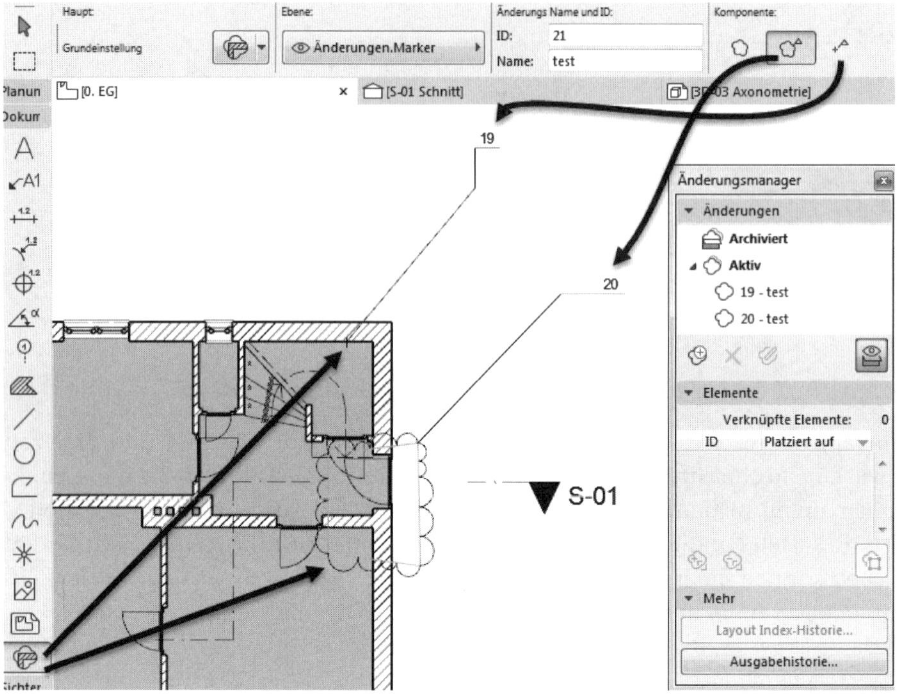

Abb. 10.49: Änderungsmanager

Den ÄNDERUNGSMARKER können Sie individuell über den EINSTELLUNGSDIALOG gestalten. Abbildung 10.50 zeigt die Einstellung des Änderungsmarkers mit Änderungswolke, ID-Nr. und Änderungsnamen. Der so gestaltete Marker wird erstellt, indem zuerst die Umgrenzung polygonal gezeichnet wird. Nach Schließen der Kontur erscheint ein *Hammer-Cursor* zur Positionierung der Texte für ID-Nr. und Änderungsnamen. Danach ist die Änderung automatisch in den Änderungsmanager eingetragen.

Eine *elementspezifische Änderungsmarkierung* wird generiert, indem man

1. das oder die betreffenden Elemente markiert,
2. im ÄNDERUNGSMANAGER das Werkzeug NEUE ÄNDERUNG ERSTELLEN wählt,
3. die Änderungsbeschreibung eingibt.
4. Nach OK ist die Änderung nun eingetragen und
5. zeigt bei Markierung die betroffenen Elemente an.

Im ÄNDERUNGSMANAGER können Sie eine Änderung in der Liste oben anklicken und mit der Funktion unten rechts ZU AUSGEWÄHLTEN GEHEN dann in der entsprechenden Zeichnung anzeigen lassen. Es gibt auch weiterführende Möglichkeiten zur Verfolgung von Änderungen einschließlich der indizierten Ausgabe der Layouts.

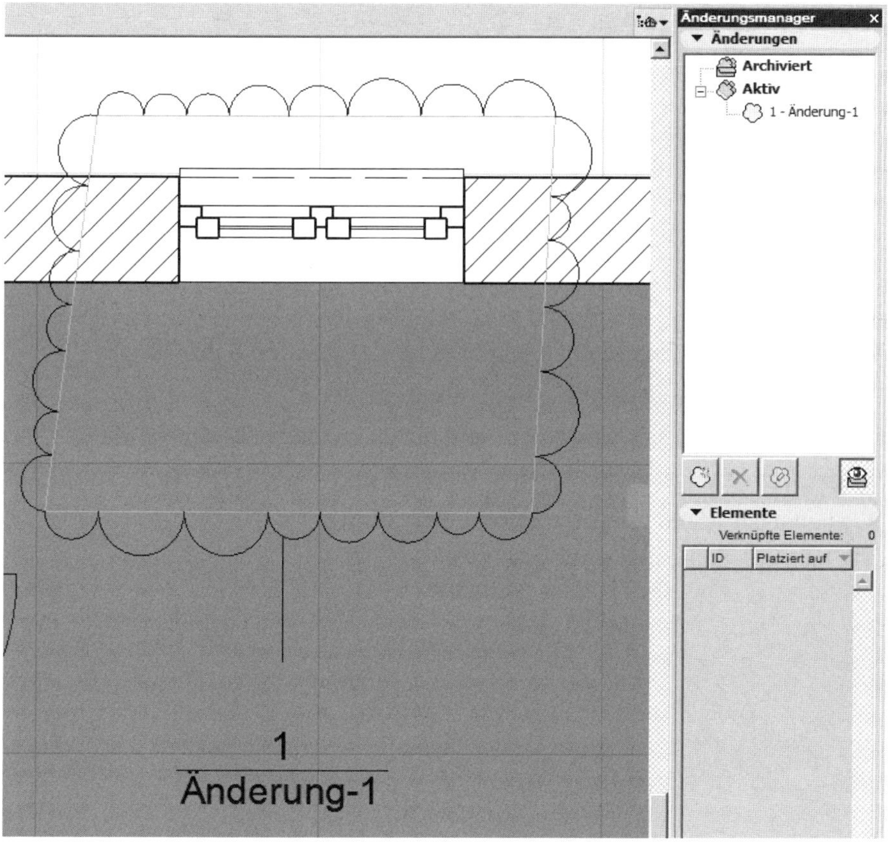

Abb. 10.50: Änderungsmarker anbringen

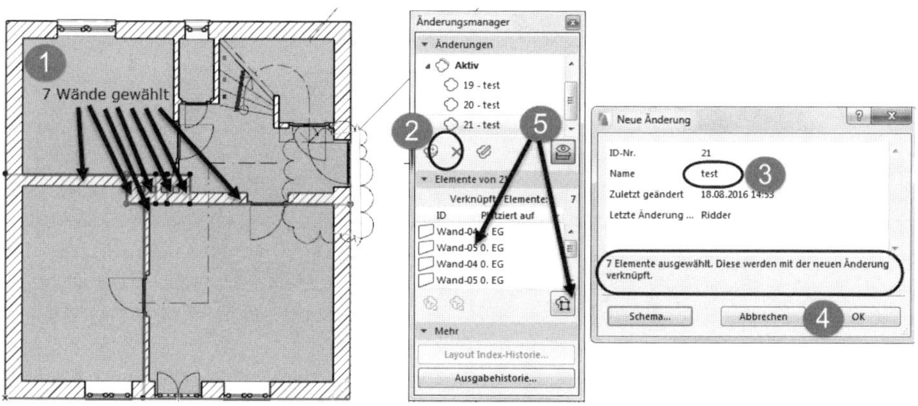

Abb. 10.51: Elementspezifische Änderung

10.6 Übungsfragen

1. Was bedeutet assoziative Bemaßung?
2. Welche Bemaßungswerkzeuge gibt es?
3. Welche Option im Bemaßungswerkzeug generiert die hochgestellte Fünf für halbe Zentimeter?
4. Welche KONSTRUKTIONSMETHODE aus LINEAR, ANWACHSEN, ABSCHNITT oder HÖHENBEMAẞUNG bei der LINEAREN BEMAẞUNG entspricht der normalen Architekturbemaßung?
5. Welche geometrischen Methoden gibt es bei der linearen Bemaßung?
6. Aus welchen Teilen besteht ein Bemaßungselement?
7. Wie unterscheiden sich assoziative und nicht-assoziative Bezugspunkte?
8. Welche Bemaßung wenden Sie in SCHNITTEN und ANSICHTEN in z-Richtung an?
9. Wie lautet das Menü für automatische Bemaßung?
10. Was bedeutet beim Text die Option PAPIER-GRÖẞE?

Kapitel 11

Raumstempel, Listen und Auswertungen

11.1 Raumstempel

Mit dem RAUMFLÄCHEN-WERKZEUG aus der Werkzeuggruppe PLANUNG erstellen Sie *Raumflächen* mit *Raumstempeln*.

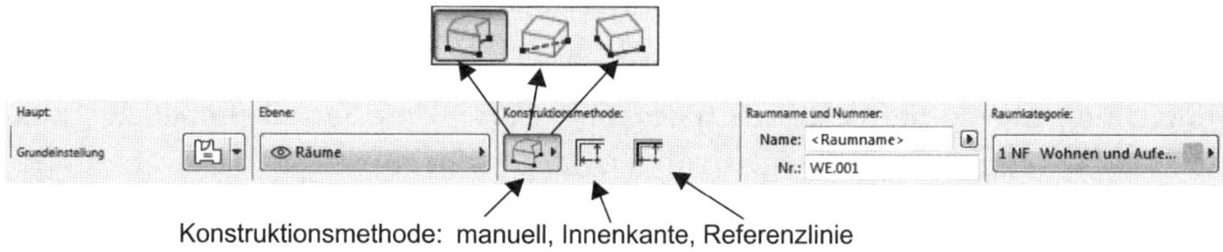

Abb. 11.1: RAUM-Werkzeug

Im INFOFENSTER finden Sie für dieses Werkzeug *drei Konstruktionsmethoden*:

- MANUELL Mit der manuellen Methode definieren Sie selbst den Raum über eine polygonale Kontur, die Sie wie eine Polylinie eingeben, also mit den Varianten POLYLINIE, RECHTECK und GEDREHTES RECHTECK. Sie wird auch wie die Polylinie mit dem *Hammer-Cursor* geschlossen. Danach wird dann mit dem *Hammer-Cursor* die Position für den RAUMSTEMPEL angefordert.
- INNENKANTE Dies ist eine automatische Methode. Mit einem Klick in den Raum hinein wird die Geometrie des Raumes analysiert und die Fläche innerhalb der Wand-Innenkante berechnet. Danach positionieren Sie mit dem *Hammer-Cursor* den RAUMSTEMPEL. Diese Methode setzt aber voraus, dass der Raum *geschlossen* ist. Notfalls müssen Sie den Raum mit einer Linie schließen, damit eine Begrenzung da ist, auch wenn er architektonisch offen sein soll. Für diese Linie, mit der Sie schließen, muss in ihren EINSTELLUNGEN im Panel ALLGEMEINE EINSTELLUNGEN die Checkbox RAUMFLÄCHEN-BEGRENZUNG aktiviert sein.
- REFERENZLINIE Diese Methode arbeitet ebenfalls automatisch. Sie verwendet aber die *Referenzlinie* der Wand als Begrenzung und nicht die Innenkante. Wenn die *Referenzlinie* außen liegt, wird nur der *Innenbereich mit Schraffur* ge-

füllt, aber der *Außenbereich* als *Brutto-Raumfläche* verwendet und die *Wandfläche* als *Abzugsfläche*. Damit wird die *Nettofläche* die gleiche sein, wie bei der Methode INNENKANTE berechnet.

Tipp

Die *Referenzlinien* können Sie sichtbar machen, wenn Sie unter ANSICHT|BILDSCHIRMDARSTELLUNGSOPTIONEN die Anzeige für WAND- & UNTERZUG-REFERENZLINIEN aktivieren.

Im INFOFENSTER kann unter NAME *die Raumbezeichnung aus einer Liste* gewählt werden und eine *Raumnummer* eingegeben werden. Eigene Raumbezeichnungen können auch eingetippt werden. Die *Raumnummer* wird automatisch hochgezählt, auch wenn sie mit Buchstaben beginnt. Ganz rechts ist entsprechend der *Flächennutzung* eine *Raumkategorie* mit zugehöriger *Flächenschraffur* auszuwählen.

Nun klicken Sie in eine geschlossene Wandkontur mit der Methode INNENKANTE hinein und positionieren mit dem *Hammer-Cursor* den Raumstempel. Er muss nicht unbedingt im Innern liegen, sondern kann beliebig positioniert werden. Das Ergebnis zeigt Abbildung 11.2. Der Inhalt des Raumstempels ist vorgabemäßig nur unter Maßstab 1:50 sichtbar. Sein Inhalt kann im Panel RAUMSTEMPEL des RAUM-Werkzeugs eingestellt werden.

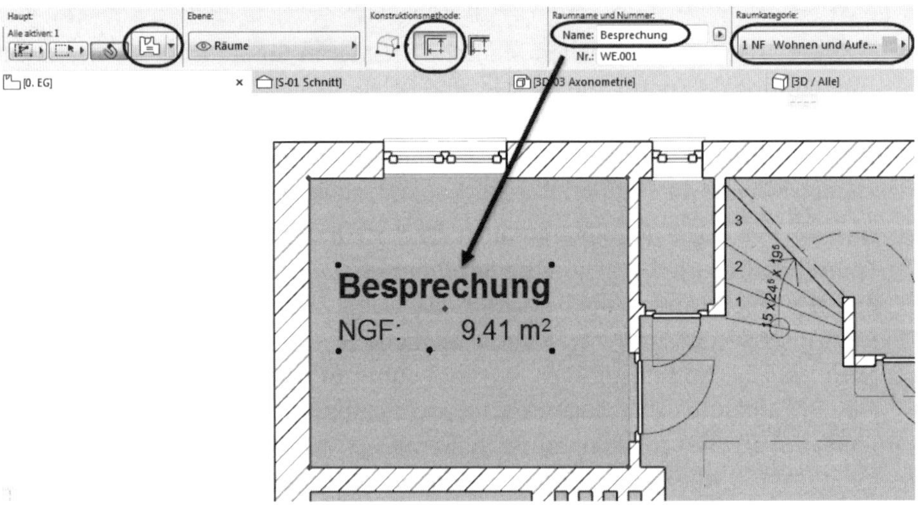

Abb. 11.2: Raumstempel im Grundriss unter Maßstab 1;100

11.1.1 Feineinstellungen

Im EINSTELLUNGSDIALOG des RAUM-Werkzeugs finden Sie noch eine Menge Gestaltungsmöglichkeiten des Raumstempels. Die RAUM-HÖHE im Panel NAME UND POSITIONIERUNG ergibt sich aus der Geschoss-Höhe, von der die Deckenstärke oben und der Bodenaufbau unten abgezogen wird (Abbildung 11.3). Die Daten müssen von Ihnen hier eingetragen werden. Diese Höhe wird bei der Volumenberechnung verwendet und nicht etwa die Höhe der Wände.

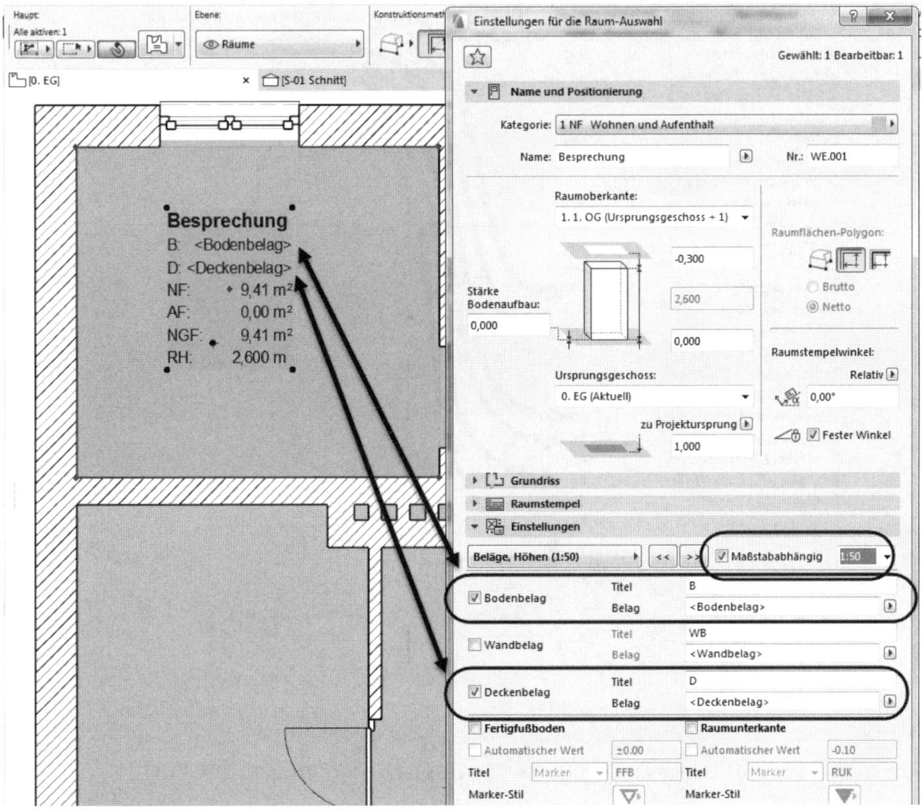

Abb. 11.3: Einstellungen für RAUM-Werkzeug für Maßstab 1:50

Im Panel RAUMSTEMPEL (Abbildung 11.4) wird ein auf deutsche Verhältnisse angepasster Raumstempel angezeigt. Sie können alle Parameter erreichen, indem Sie auf die Dreieckssymbole in der Parameterliste klicken, die Unteroptionen aufblättern und dann auf die Werte oder auf die Schaltflächen AN oder AUS klicken. Für schaltbare Parameter werden Ihnen Checkboxen angeboten.

Andere Raumstempel mit anderen Parametern können Sie übers Menü OPTIONEN|ELEMENT-ATTRIBUTE|RAUMKATEGORIEN (siehe Abbildung 11.20) wählen.

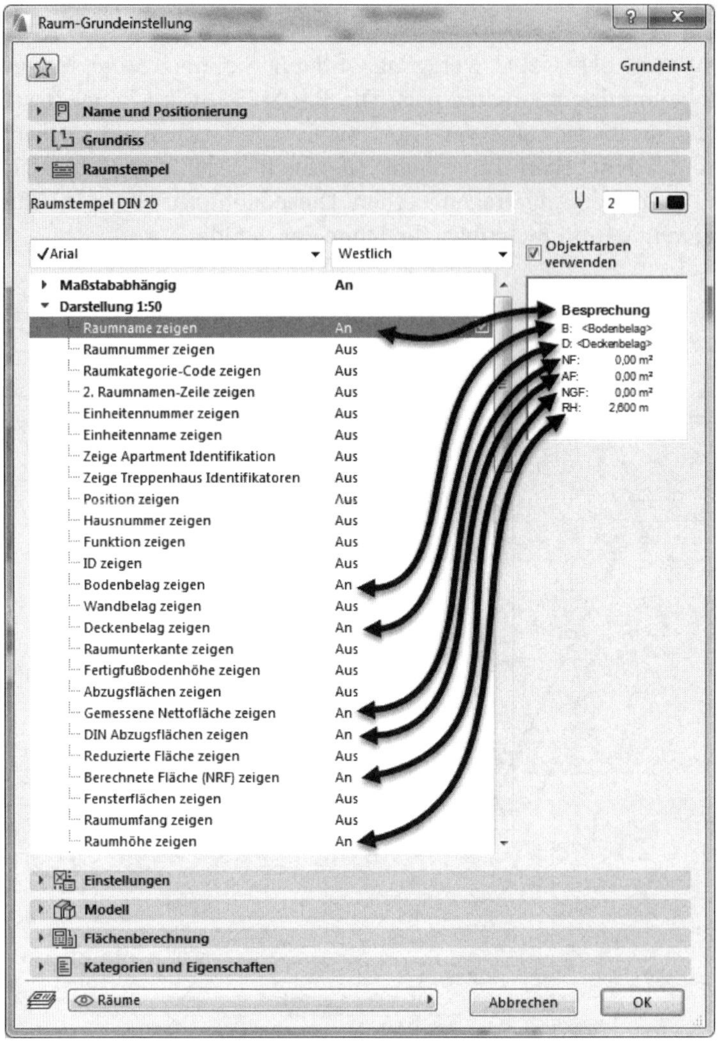

Abb. 11.4: Auszug der Einstellungen RAUM-GRUNDEINSTELLUNG Panel RAUMSTEMPEL

11.1.2 Anzeige von Raumstempeln und Raum-Kategorien

Grundrissfenster

Im GRUNDRISSFENSTER wird ein *Raumstempel* nur bei der Modelldarstellung 01 BEISPIEL ENTWURF durch *die Farbe* angezeigt, die der *Raumkategorie* entspricht. In den anderen Modelldarstellungen erfolgt keine kategorienbezogene Einfärbung. Deshalb soll hier gezeigt werden, wie Sie sich ausgehend von einer bestimmten Modelldarstellung eine neue GRAFISCHE ÜBERSCHREIBUNG mit Farbdarstellung der Raum-Kategorien ableiten können.

Nach der Vorgehensweise der Vorgängerversionen würden Sie über DOKUMENTATION|MODELLDARSTELLUNG|MODELLDARSTELLUNG ERSTELLEN die Darstellung auswählen, für die Sie etwas ändern wollen, hier beispielsweise 03 BEISPIEL AUSFÜHRUNGSPLANUNG. Dort gehen Sie auf SCHRAFFURDARSTELLUNG ÜBERSCHREIBEN und finden die Schaltfläche BRING MICH DAHIN für die neue Funktion DOKUMENTATION|GRAFISCHE ÜBERSCHREIBUNG. Die hätten Sie natürlich gleich direkt aufrufen können.

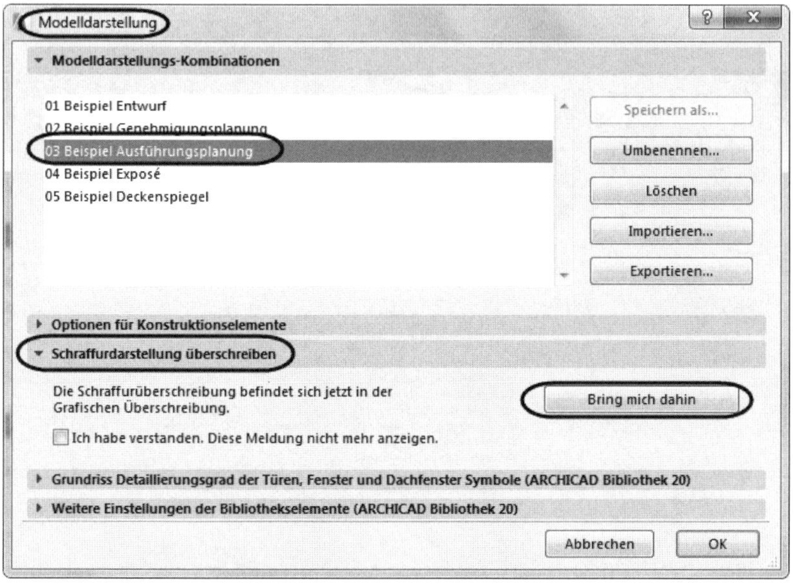

Abb. 11.5: Von der MODELLDARSTELLUNG zur neuen GRAFISCHEN ÜBERSCHREIBUNG

Im Dialogfeld GRAFISCHE ÜBERSCHREIBUNG

1. klicken Sie auf NEU und
2. geben einen Namen wie beispielsweise **`Raum-Anzeige`** ein.
3. Dann wählen Sie NEUES FELD und
4. wählen ALLE RAUMSCHRAFFUREN – MASSIVER VORDERGRUND aus.
5. Danach wählen Sie REGELN BEARBEITEN.

Im nächsten Dialogfeld ist

6. die Regel ALLE RAUMSCHRAFFUREN – MASSIVER VORDERGRUND markiert.
7. Achten Sie darauf, dass auf der rechten Seite das Kriterium lautet ELEMENT-TYP IST GLEICH RAUM.
8. Bei SCHRAFFURTYP wählen Sie **`Misch-Schraffur 0%`**.
9. Aktivieren Sie SCHRAFFURHINTERGRUNDSTIFT und

10. klicken Sie auf das schwarze Kästchen für die Farbwahl.
11. Dort aktivieren Sie am unteren Rand der Farb-Tabelle die RAUMKATEGORIE-FARBE.
12. Mit OK speichern Sie die neue GRAFISCHE ÜBERSCHREIBUNG und aktivieren sie dann in der Tab-Leiste unter dem Zeichenfenster.

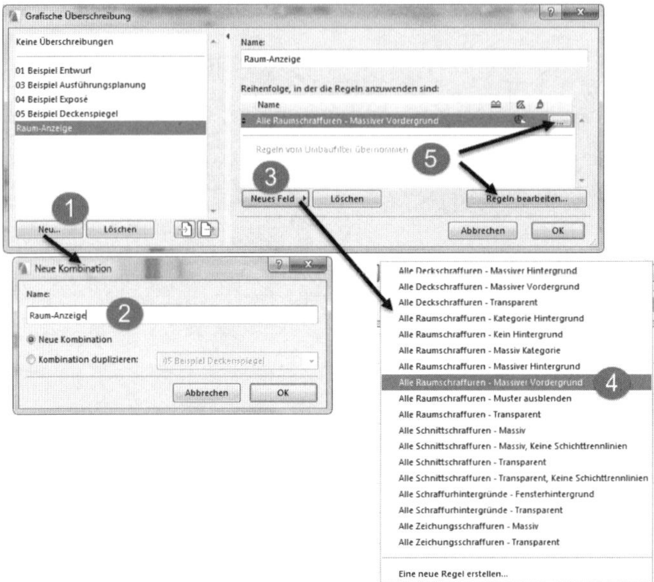

Abb. 11.6: Neue GRAFISCHE ÜBERSCHREIBUNG zur Farbdarstellung der Raumkategorien einrichten

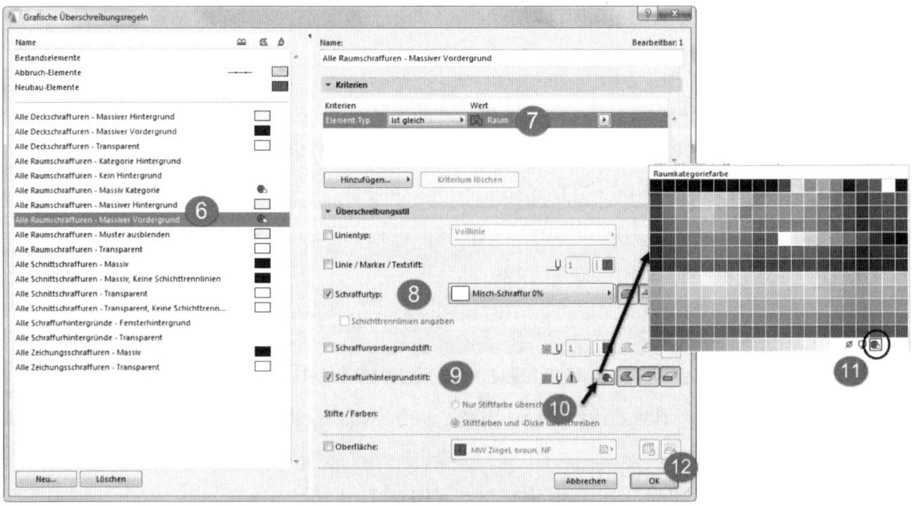

Abb. 11.7: Einstellungen der grafischen Überschreibung

3D-Fenster

Im 3D-FENSTER können Räume als *Volumenkörper* angezeigt werden. Da sie normalerweise von Wänden umschlossen sind, werden Sie die Räume nur sehen, wenn die Wände, Fenster und Türen ausgeblendet sind. Dafür wählen Sie das Menü ANSICHT|ELEMENTE IN 3D|ELEMENTE IN 3D FILTERN UND SCHNEIDEN. Vorgabemäßig sind alle Objekte bis auf die Räume in diesem Filter aktiviert. Aktivieren Sie nun auch noch die Räume, dann erhalten Sie die Darstellung nach Abbildung 11.9 mit verschiedenen Räumen, Wänden und Dächern: links schräge Wände, die einen Raum einschließen, dahinter ein Raum, der ohne Wände mit der Polygon-Methode erstellt wurde. Die Räume im Haus sind natürlich hinter den Mauern nicht zu erkennen.

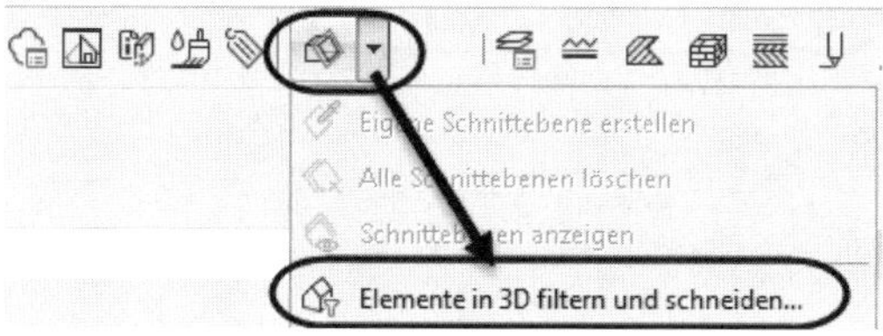

Abb. 11.8: Werkzeug zum 3D-Filtern

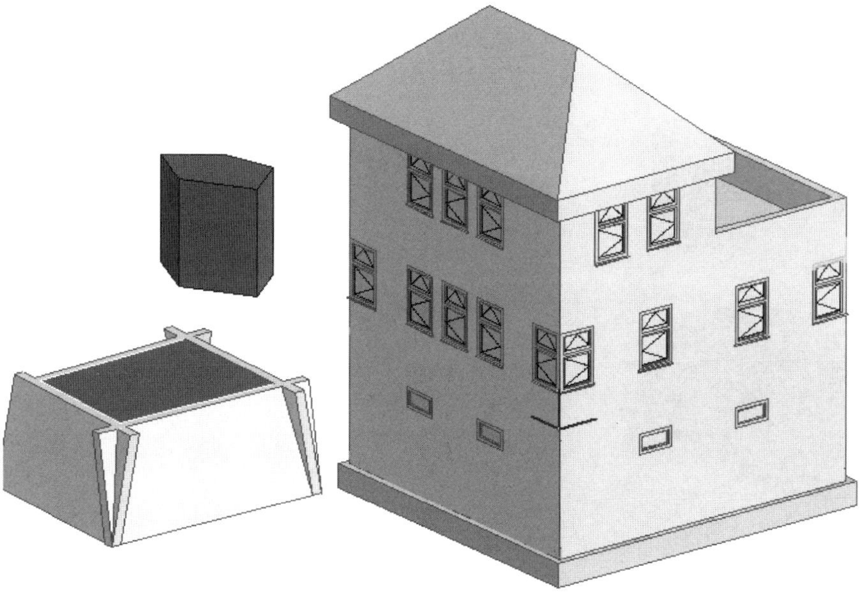

Abb. 11.9: Ungefilterte Ansicht

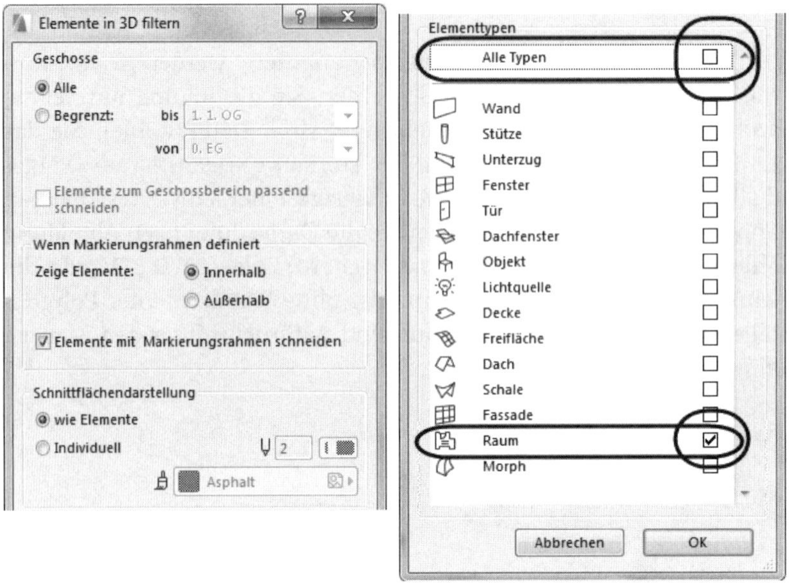

Abb. 11.10: Filter für 3D-Darstellung

Schalten Sie nun den Typ RAUM ein und *alle anderen aus* (Abbildung 11.10). Die gefilterte Darstellung (Abbildung 11.11) zeigt jetzt nur noch die Räume. Es ist zu erkennen, dass der Raum den schrägen Wänden genau folgt.

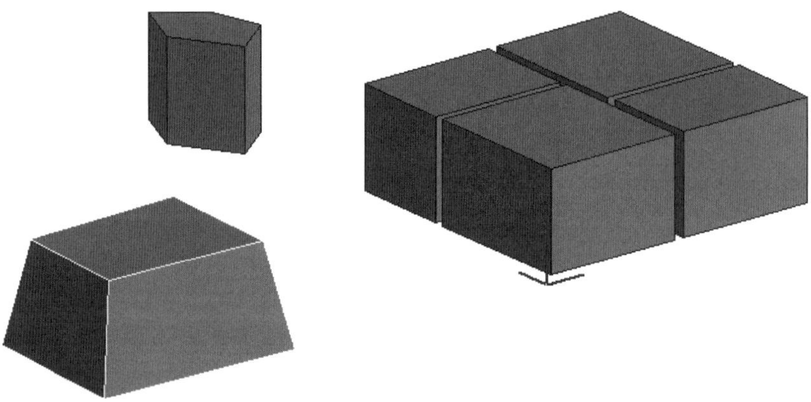

Abb. 11.11: Gefilterte 3D-Darstellung mit verschiedenen Räumen

Bei schrägen Wänden wird die Fläche am Wandfuß als Bruttofläche angezeigt. Die schrägen Partien unter den Wänden werden als Abzugsflächen definiert. Damit ergibt sich die Fläche oben als Nettofläche. Wenn die Flächen nach außen geneigt sind, wird nur die Fläche am Wandfuß als Brutto- und Nettofläche angezeigt.

11.1.3 Räume anpassen

Nach Änderungen im Grundrissfenster

Wenn Wände im Grundrissfenster verschoben werden (Abbildung 11.12), passen die Raumflächen nicht mehr zur Konstruktion. Dann rufen Sie danach das Menü PLANUNG|RÄUME AKTUALISIEREN auf. Sie können damit *alle* Raumflächen aktualisieren lassen oder, wenn die Räume vorher aktiviert wurden, die *ausgewählten* Raumflächen aktualisieren (Abbildung 11.13).

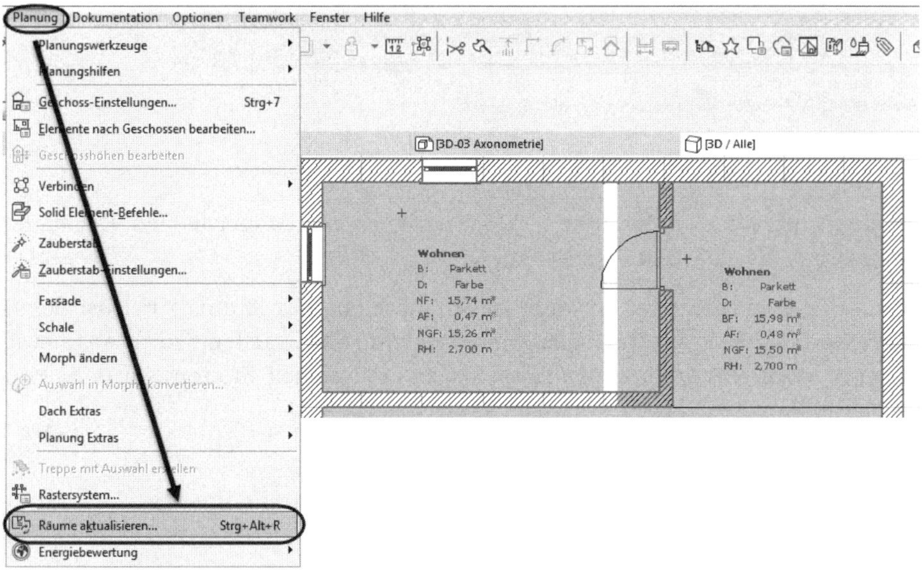

Abb. 11.12: Wand zwischen zwei Räumen wird verschoben.

Diese Neuberechnung klappt aber nur, wenn der *Raumreferenzpunkt* noch zu dem zu berechnenden Raum passt. Dieser Punkt ist diejenige Position, mit der Sie zur Bestimmung des Raumes in die Begrenzung zuerst hineingeklickt hatten. Dieser Punkt wird bei jeder Aktualisierung des Raumes als Ausgangspunkt verwendet, um die Begrenzung neu zu ermitteln.

Sollten Sie bei Ihrem Umbau beispielsweise die Wand so weit verschoben haben, dass sie über den *Raumreferenzpunkt* hinüber verschoben wird, dann wird ausgehend von diesem Punkt der falsche Raum berechnet. In solch einem Fall sollten Sie vor dem Umbau der Wand den *Raumreferenzpunkt* verschieben. Markieren Sie dazu den Raum, klicken Sie den Referenzpunkt an und verschieben Sie ihn mit der passenden Funktion der PET-PALETTE. Meist ist es auch sinnvoll, dabei gleichzeitig den Raumstempel zu verschieben.

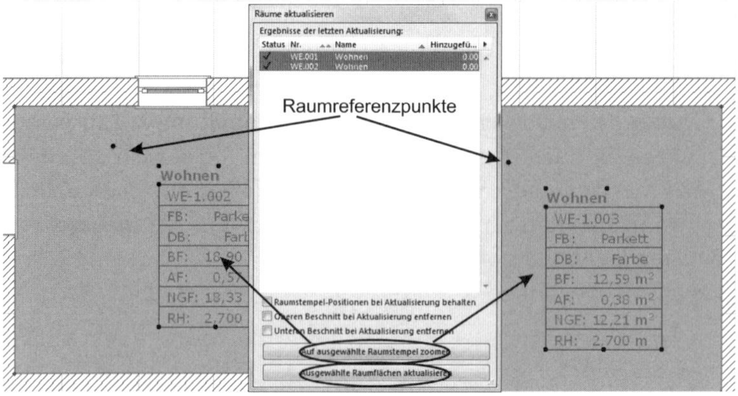

Abb. 11.13: Aktivierte Räume werden aktualisiert.

An Dächer anpassen

Bei der Anpassung von Räumen an Dächer gibt es zwei Möglichkeiten: Der Raum ist niedriger als das Dach oder höher.

Wenn das Dach niedriger ist, müssen Sie die Höhe des Raums zunächst derart vergrößern, dass sie das Dach überragt. Markieren Sie dazu den Raum (Abbildung 11.14), klicken Sie einen *oberen Eckpunkt* an und ziehen Sie ihn mit dem PET-PALETTEN-Werkzeug HÖHE STRECKEN übers Dach.

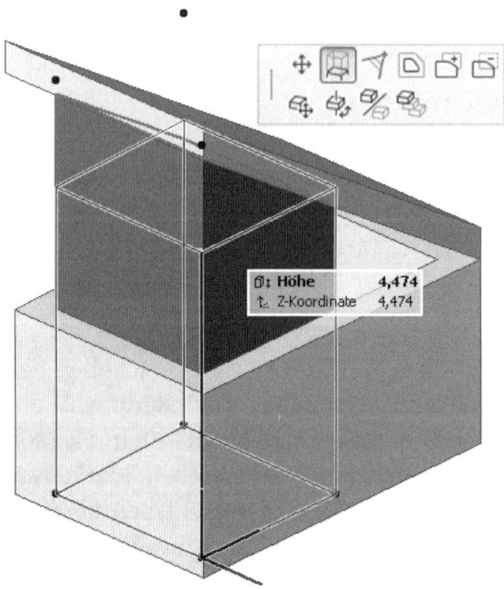

Abb. 11.14: Anzupassender Raum ist aktiviert, Pet-Funktion HÖHE STRECKEN

Gegebenenfalls sollten Sie dazu per Rechtsklick die Darstellung DRAHTMODELL aktivieren, damit Sie auch durch die Wand hindurchgreifen können. Mit dem PFEIL-Werkzeug fahren Sie dann zur Auswahl des Raumes auf eine Kante. Wenn die Anzeige des Elementtyps nicht RAUM zeigt, sondern WAND oder DACH und in der untersten Zeile MEHRERE ELEMENTE (TAB), dann können Sie mit der [Tab]-Taste die Elementtypen durchblättern, bis RAUM angezeigt wird, und mit Klick wählen. Weiter geht es nun wie mit dem höheren Raum im folgenden Absatz.

Wenn die Räume höher sind als das Dach, aktivieren Sie sie per Klick und wählen das Menü PLANUNG|VERBINDEN|ELEMENTE MIT DACH/SCHALE TRIMMEN oder das entsprechende Werkzeug in der STANDARD-Funktionsleiste. Auf die Frage nach dem Trimm-Objekt klicken Sie das Dach an und definieren Sie dann mit einem weiteren Klick in den Bereich unter dem Dach, was von den Räumen stehen bleiben soll. Dieser Bereich erscheint in der Vorschau in blauer Farbe. Dann Klick und Sie sind fertig.

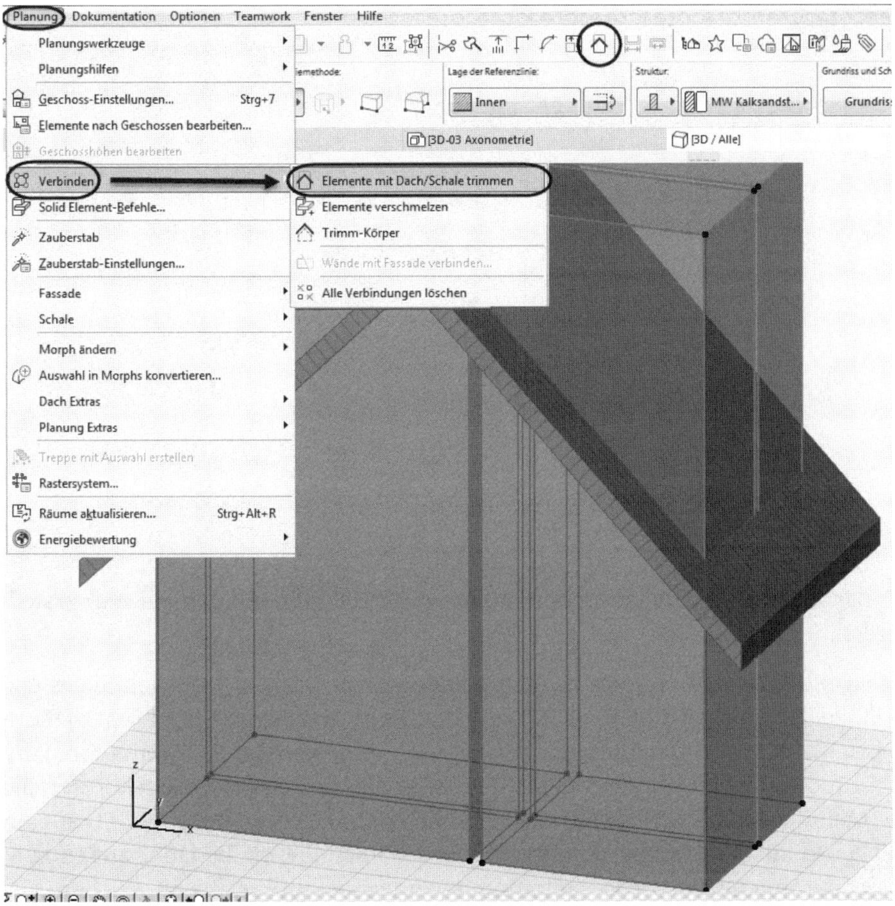

Abb. 11.15: Menü zum Trimmen eines Raumes an Dachflächen

Es gibt eine zweite Funktion zum Trimmen von Elementen: PLANUNG|DACH EXTRAS|RAUM BESCHNEIDEN. Diese Funktion trimmt an *Einzel-Dächern, Decken* und *Unterzügen*. Mit einer Option LÖCHER IGNORIEREN werden auch eventuelle Dachöffnungen für diese Operation geschlossen.

Sie können die Beschneidung des Raums am Dach in den GRUNDEINSTELLUNGEN im Panel MODELL mit der Schaltfläche ALLE OBEREN BESCHNEIDUNGEN RÜCKGÄNGIG MACHEN wieder zurücknehmen.

11.1.4 Raum nach Dachlinien erzeugen

Oft möchte man *den* Teil des Raumes bestimmen, der unter einem Dach eine gegebene Höhe über- oder unterschreitet. Für diesen Zweck können Sie *Dach-Höhenlinien* erstellen lassen.

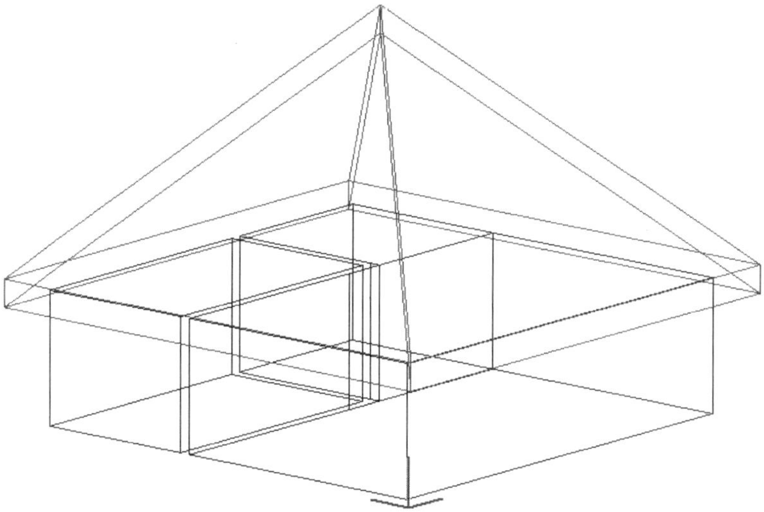

Abb. 11.16: Räume mit Dach, Wandhöhe 2,7 m

Für das Beispiel in Abbildung 11.16 sollen die Dach-Höhenlinien bei 4 m erstellt werden.

Falls das Dach ein komplexes zusammenhängendes Dach ist, zerlegen Sie es erst in Einzeldachflächen mit BEARBEITEN|VEREINIGEN & ZERLEGEN|IN EINZEL-DACHFLÄCHEN ZERLEGEN. Das Dach muss vorher gewählt werden. Aktivieren Sie dann im Grundrissfenster mit dem PFEIL-Werkzeug alle vier Dachsegmente. Rufen Sie die Menüfunktion PLANUNG|DACH EXTRAS|DACH-HÖHENLINIEN ERSTELLEN auf und geben Sie die gewünschte Höhe ein und wählen Sie, ob die Höhe außen bzw. OBEN oder innen bzw. UNTEN genommen werden soll und relativ zu welchem Geschoss. Nach einem Klick auf OK erscheinen die Dach-Höhenlinien im Grundriss.

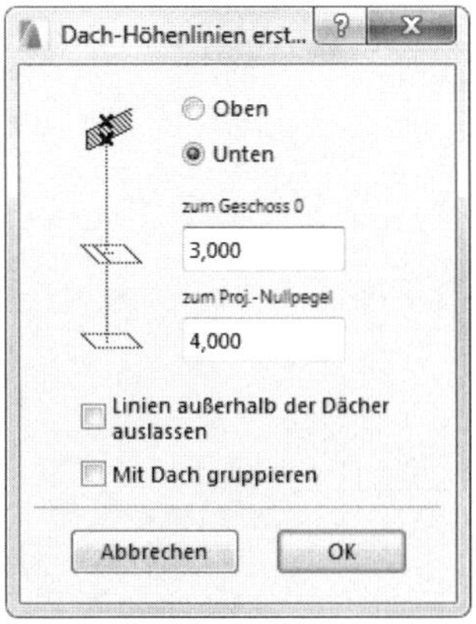

Abb. 11.17: Vorgabe 4 m für die zu berechnenden Höhenlinien

Bevor Sie diese Linien zur Erzeugung der Raumfläche verwenden, aktivieren Sie im EINSTELLUNGSDIALOG der Linien im Panel ALLGEMEINE EINSTELLUNGEN die Checkbox RAUMFLÄCHEN-BEGRENZUNG. Danach können Sie mit dem RAUM-Werkzeug in die Begrenzung der Linien hineinklicken – ggf. mit angepasster Höhe 4 m.

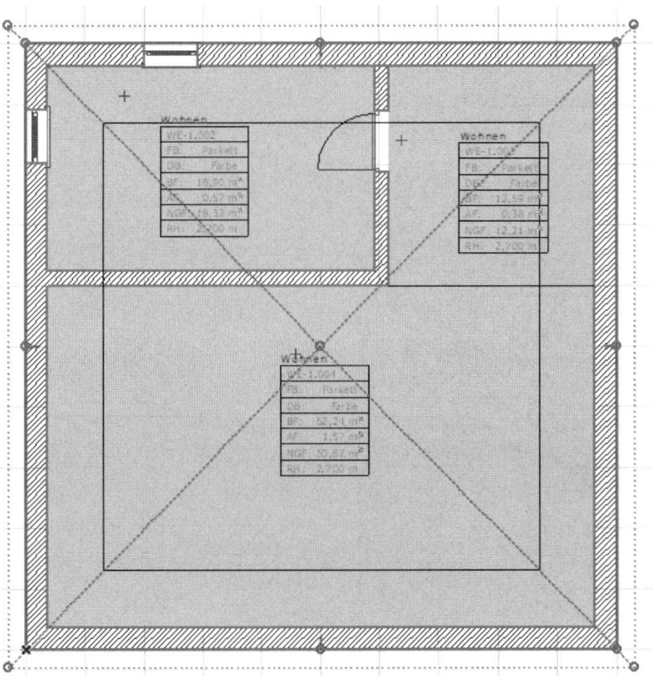

Abb. 11.18: Erzeugte Höhenlinien bei 4 m unterm Dach

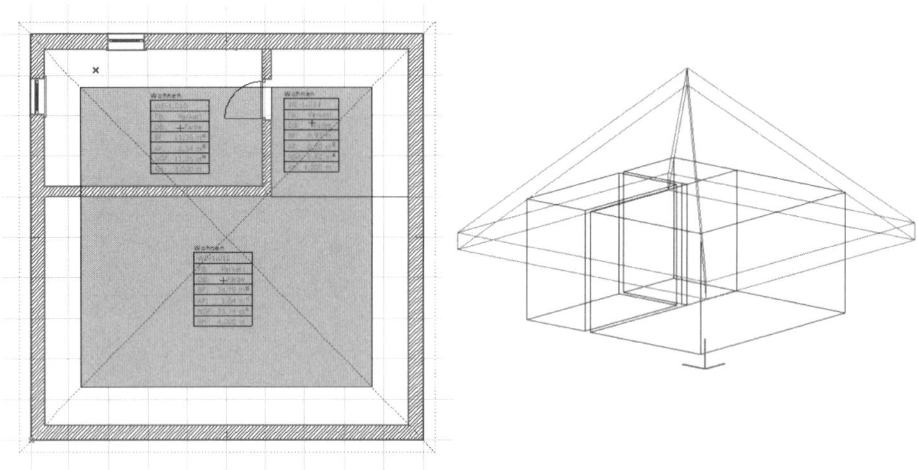

Abb. 11.19: Raum erzeugt mit diesen Höhenlinien als Begrenzung (Raumhöhe 4 m)

11.1.5 Eigene Raumkategorien

Im Menü OPTIONEN|ELEMENT ATTRIBUTE|RAUMKATEGORIEN werden die Raumkategorien verwaltet. Hier erstellen Sie bei Bedarf neue Kategorien mit NEU und unter Eingabe eines *Kategoriecodes*, hier **`11 NF`**, und eines *Raumkategorienamens* wie **`Schlafraum im Dienst`**. Mit einem Doppelklick auf das Feld FARBE kommen Sie zur *Farbauswahl* für die aktuelle Kategorie.

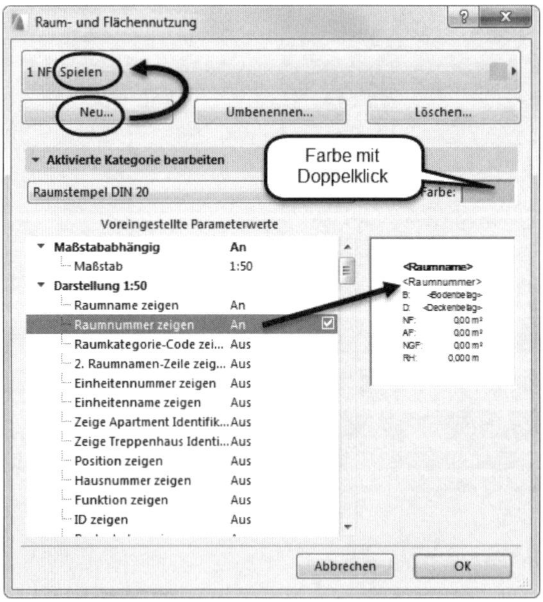

Abb. 11.20: Neue Raumkategorie erstellen

So ganz nebenbei können Sie hier auch die verschiedenen Raumstempel und deren Parameter studieren, die es für andere Länder gibt.

11.2 Listen

In ArchiCAD gibt es im NAVIGATOR zwei Ordner mit Listen, den Ordner AUSWERTUNGEN (Abbildung 11.21) und den Ordner LISTEN (Abbildung 11.25). Beide Arten von Listen können auf Layouts platziert und damit ausgegeben werden. Mit Doppelklick öffnen Sie die Listen zur Ansicht oder Bearbeitung.

Diese Listen aus dem Ordner AUSWERTUNGEN werden auch als *intelligente Listen* bezeichnet, weil sie direkt mit den Elementen des Gebäudemodells verknüpft sind. Die Einträge darin sind bearbeitbar, wirken sich dann aber direkt auf die assoziierten Elemente aus. Wenn Sie beispielsweise eine Türbreite in der Türliste ändern, dann ist auch die dazugehörige Tür im Grundrissfenster und im 3D-Fenster sofort geändert.

Die Listen aus dem Ordner LISTEN sind nur für die Ausgabe zur Dokumentation gedacht, nicht zum Editieren des Gebäudemodells.

11.2.1 Elementlisten

Elementlisten unter AUSWERTUNGEN werden automatisch erstellt, sobald Sie Elemente für Ihre Konstruktion erstellen. Für jeden Elementtyp werden ein oder zwei Elementlisten erstellt. Für viele Elementtypen gibt es eine einfache und eine komplexe Liste. Die komplexen Listen enthalten zusätzlich zu den Elementdaten auch die Elementbilder.

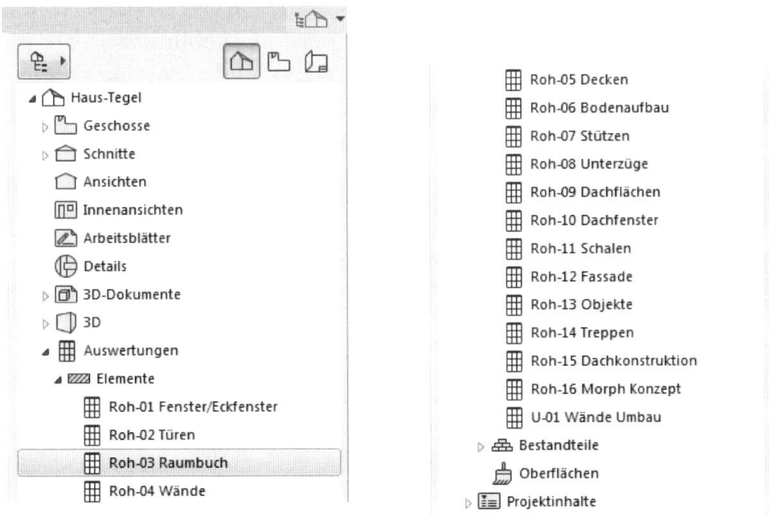

Abb. 11.21: Elementlisten

Die Elementlisten (Abbildung 11.22) können Sie in verschiedener Weise gestalten. Links finden Sie eine Spalte, die mit dem kleinen schwarzen Dreieck im grauen Rand auch ausgeblendet werden kann. Darin legen Sie das Aussehen der Elementliste im Großen fest. Wählen Sie hier zuerst, ob Sie die Elemente in Reihen (Zeilen) oder Spalten anordnen wollen. Dann können Sie ggf. GLEICHE ELEMENTE ZUSAMMENFASSEN aktivieren, wodurch *Summenstücklisten* entstehen können. Weiter gibt es Einstellungsmöglichkeiten für die Texte und die Linien. Ganz unten können Sie noch eine *Fußnotenzeile* für die spätere Ausgabe erzeugen lassen, die beispielsweise Datum und Projektname enthalten kann.

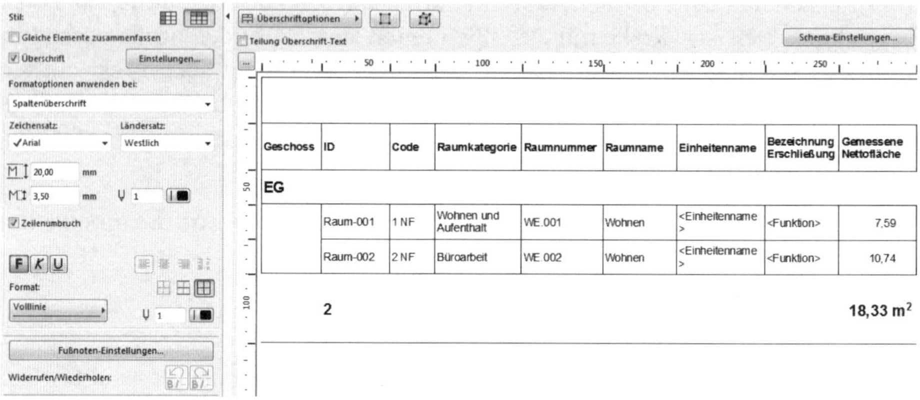

Abb. 11.22: Elementliste mit Gestaltungsmöglichkeiten (links)

In der Liste selbst finden Sie ein *Lineal*. Sie verändern dort die Spaltenbreiten, indem Sie den Cursor auf die Spaltentrenner setzen und diese verschieben.

Dann gibt es noch oben rechts die Schaltfläche SCHEMAEINSTELLUNGEN. Damit können Sie bestimmen, was als Listeninhalt erscheinen soll (Abbildung 11.23). Im Dialogfeld SCHEMA-EINSTELLUNGEN werden unter FELDER/... die Parameter angezeigt, die in der Liste erscheinen. Mit der Schaltfläche LÖSCHEN können Sie unnötige Parameter entfernen und damit auch die Spalten aus der Liste herausnehmen.

Links *vor* jedem Parameter steht ein kleines Doppeldreieck. Mit diesem Symbol ziehen Sie die Parameter nach oben oder unten und ändern damit die Spaltenreihenfolge in der Liste.

Die Parameter werden in Blau oder Schwarz angezeigt.

Hinter dem Parameter wird durch einen *langen Pfeil* gekennzeichnet, ob nach diesem Parameter auf- oder absteigend sortiert wird. Nach meinem Geschmack ist die Pfeilrichtung immer verkehrt herum.

Rechts neben diesem Pfeil gibt es eine Möglichkeit, für diesen Parameter entweder noch die *Summe über seine Werte* oder die *Anzahl* anzeigen zu lassen. Für die *Summe der Werte* klicken Sie, bis das Summensymbol, das griechische Sigma, angezeigt wird. Für die *Berechnung der Anzahl* klicken Sie, bis ein Sigma mit einer Ziffer Eins angezeigt wird.

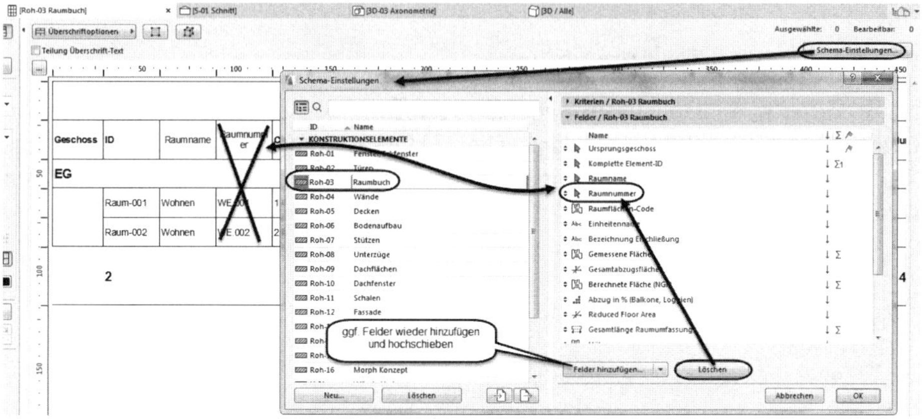

Abb. 11.23: Schema-Einstellungen ändern

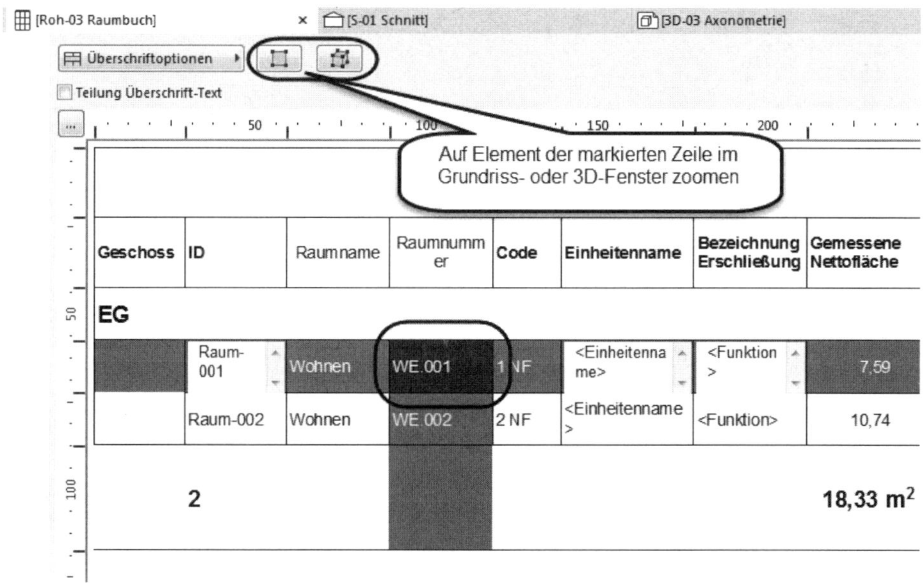

Abb. 11.24: Umgestaltete Raumflächenliste

Wenn Sie in der Liste eine Zeile durch Anklicken markieren, können die dazugehörigen Elemente über einen Button oberhalb des Lineals im Grundrissfenster oder im 3D-Fenster markiert angezeigt werden.

Das Dialogfenster für Listen-Schemata und zur Neuerstellung von Schemata für eigene Elementlisten kann auch mit dem Menü DOKUMENTATION|INTERAKTIVE AUSWERTUNG|SCHEMA-EINSTELLUNGEN aufgerufen werden.

11.2.2 Listen zur Dokumentation

Nicht editierbare Listenzusammenstellungen für die reine Ausgabe finden Sie im Ordner LISTEN (Abbildung 11.25). Diese bieten Ihnen schon gewisse fertige Zusammenstellungen und Summierungen nach verschiedenen Gesichtspunkten (Abbildung 11.26).

Abb. 11.25: Listen im Navigator

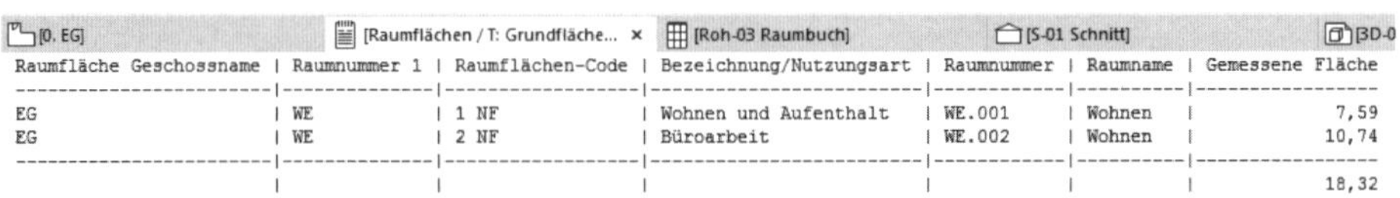

Raumfläche Geschossname	Raumnummer 1	Raumflächen-Code	Bezeichnung/Nutzungsart	Raumnummer	Raumname	Gemessene Fläche
EG	WE	1 NF	Wohnen und Aufenthalt	WE.001	Wohnen	7,59
EG	WE	2 NF	Büroarbeit	WE.002	Wohnen	10,74
						18,32

Abb. 11.26: Grundflächenliste

11.3 Übungsfragen

1. Welche Konstruktionsmethoden gibt es für Raumstempel?
2. Sind Raumflächen in 3D sichtbar?
3. Wo finden Sie die Funktion zum Anpassen von Raumflächen nach Wandverschiebungen?
4. Mit welchem Menü erstellen Sie eigene Raumkategorien?
5. Welches sind intelligente Listen, die mit den Elementen assoziiert sind?
6. Mit welcher Schaltfläche gestalten Sie eine Liste?

Kapitel 12

Schnitte, Ansichten, Innenansichten, Arbeitsblätter, Details und 3D-Dokumente

Im WERKZEUGKASTEN finden Sie im Abschnitt SICHTEN die Werkzeuge zur Erzeugung von *Schnitten, Ansichten, Innenansichten, Arbeitsblättern* und *Details* (Abbildung 12.1). Sobald Sie die dafür nötigen Definitionslinien oder Symbole in die Grundrissansicht einfügen, werden die zugehörigen Schnittzeichnungen erzeugt und im Navigator bei den entsprechenden Projektknoten angezeigt.

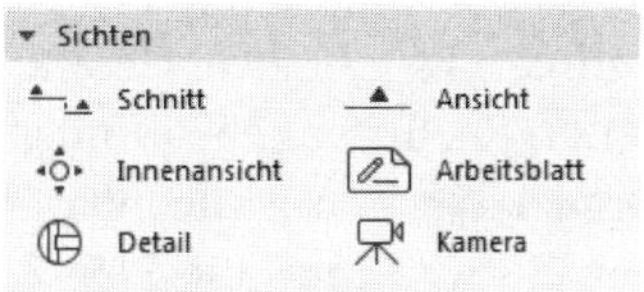

Abb. 12.1: Abschnitt SICHTEN aus dem WERKZEUGKASTEN

- *Schnitte* werden im Grundrissfenster durch geradlinige oder verwinkelte Linien des Schnittverlaufs definiert.
- *Ansichten* werden ähnlich wie Schnitte erzeugt mit dem Unterschied, dass die definierenden Linien komplett außerhalb des Bauwerks liegen.
- *Innenansichten* werden durch ein entsprechendes Symbol im Innern des Gebäudes erstellt und normalerweise durch vier Definitionslinien repräsentiert. Es entstehen dann vier einzelne Innenansichtszeichnungen im Navigator.
- *Arbeitsblätter* sind oft Ausschnitte der Grundrissansicht, die getrennt vom Grundriss weiterbearbeitet werden sollen. *Arbeitsblätter* können aber auch von *Schnitten, Ansichten, Innenansichten,* anderen *Arbeitsblättern, Details* und *3D-Dokumenten* erstellt werden. Die Arbeitsblätter können gemäß der Ursprungsansicht aktuell gehalten werden. Sie ähneln damit den *Details. Arbeitsblätter* enthalten nach Vorgabe im Unterschied zu den *Details* auch die Bemaßungs- und Anmerkungsobjekte aus der Ursprungsansicht und sie übernehmen den Maßstab. Im EINSTELLUNGSDIALOG können Sie mit der Option NUR KONSTRUKTIONSOBJEKTE KOPIEREN die Bemaßungen ausblenden.
- Beim *Detail* bzw. Detailausschnitt wird meist ein kleinerer Maßstab gewählt und es werden vorgabemäßig keine Bemaßungen und Beschriftungen übernommen. In der Ursprungsansicht wird ein Detailrahmen erzeugt. Über den

EINSTELLUNGSDIALOG können Bemaßungen durch Deaktivieren der Option NUR KONSTRUKTIONSOBJEKTE KOPIEREN aber auch übernommen werden.

Als weitere Funktion zur Dokumentation gibt es das 3D-DOKUMENT, das einen Schnappschuss des aktuellen 3D-Fensters aufnimmt und für Dokumentationszwecke mit speziellen Bemaßungen oder Beschriftungen versehen werden kann. Es gibt kein Werkzeug dafür, aber es wird mit dem Menü DOKUMENTATION|DOKUMENTATIONSWERKZEUGE|NEUES 3D-DOKUMENT erzeugt. Im 3D-DOKUMENT können Sie Texte und Etiketten (Hinweistexte), sowie Bemaßungen auch mit ganz speziellen 3D-Eigenschaften erstellen.

12.1 Schnitte

Zur Erzeugung von Schnitten gibt es im WERKZEUGKASTEN unter SICHTEN das Werkzeug SCHNITT. Im INFOFENSTER finden Sie die wichtigsten Einstellungen. Jeder Schnitt bekommt einen *Namen* mit der Vorgabe **`Schnitt`** und eine *ID-Nummer* der Art **S-01**, die dann an der Schnittlinie verzeichnet wird. Schnitte und Ansichten sind auch wieder mit dem Gebäudemodell direkt verknüpft und werden deshalb immer bei Änderungen *automatisch aktualisiert*. Es gibt zwei Geometrieformen für den Schnittverlauf, EINFACH und VERSETZT. Rechts daneben finden Sie drei Buttons zur Wahl der Schnitttiefe: *unendlich*, *begrenzt* (d.h. mit angebbarer Tiefe) und *ohne Tiefe*. Weiter rechts gibt es auch einen Button, um eine *Höhenbegrenzung* einzustellen.

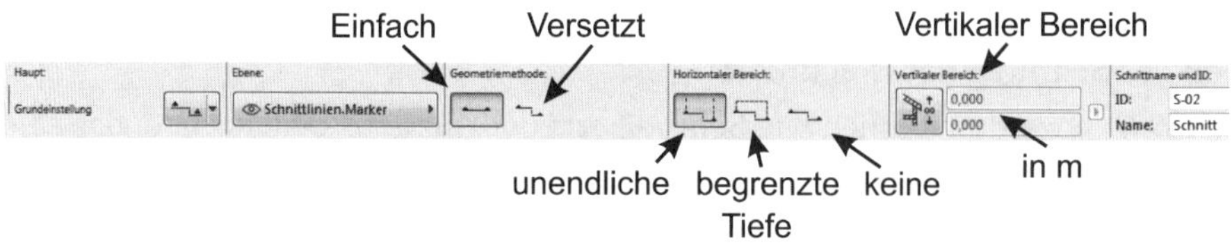

Abb. 12.2: SCHNITT-Werkzeug

Weitere Einstellungen finden Sie im EINSTELLUNGSDIALOG (Abbildung 12.3), der eine Vielzahl von Panels enthält. Sie können dort unter ALLGEMEIN auch wählen, *auf welchen Geschossen* die Schnittlinie angezeigt werden soll.

Im MARKER-Panel (Abbildung 12.4) können Sie wählen, ob die *Schnittlinie durchgehend* (DURCHGEHEND) gezeichnet werden soll oder nur *mit ihren Segmentgrenzen* (SEGMENTIERT). Auch kann hier der *Linientyp* für die Schnittlinie gewählt werden. Um den Schnitt nur mit einem Buchstaben **A-A** an den Schnittlinien-Enden zu bezeichnen, deaktivieren Sie im Listenfeld weiter unten bei ERSTE TEXTZEILE die Option NAMEN ANZEIGEN und REFERENZ-ID ANZEIGEN. Unter EIGENER TEXT geben Sie dann den Schnittbuchstaben **A** ein.

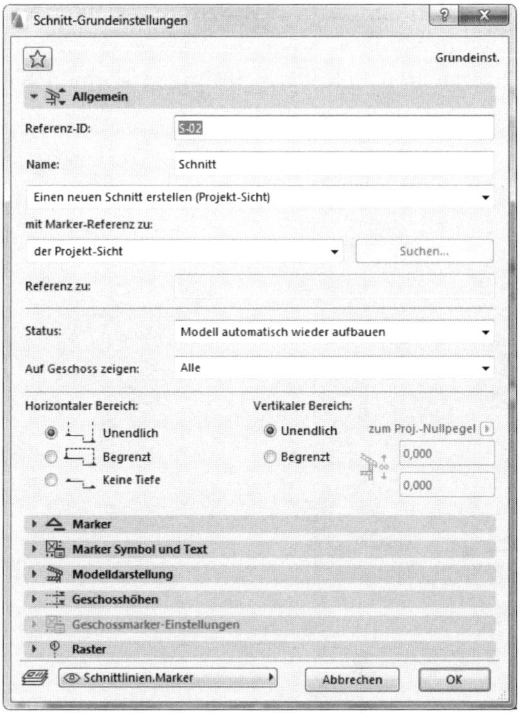

Abb. 12.3: Einstellungen für Schnitte und Ansichten

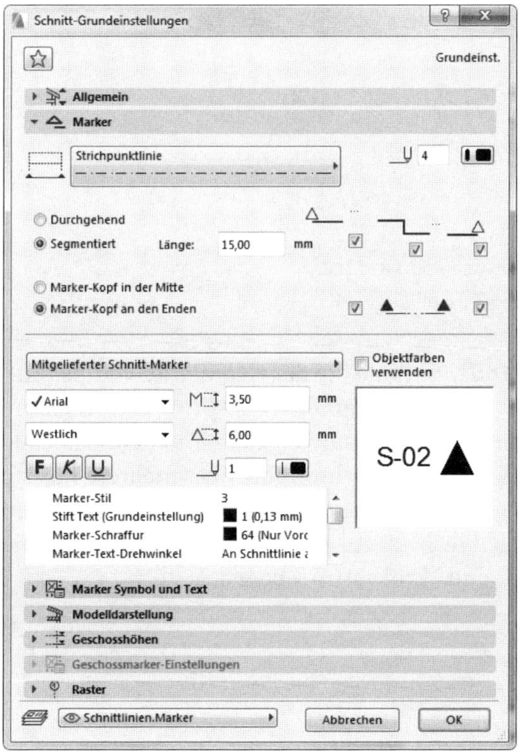

Abb. 12.4: MARKER-Panel der Schnitt-Einstellungen

Im Panel GESCHOSSHÖHEN können Sie wählen, ob in den Schnittansichten die Geschosshöhen automatisch bemaßt werden sollen. Auch die Positionierung und Beschriftung der Marker in den neu erstellten Schnittzeichnungen können Sie hier kontrollieren (Abbildung 12.5).

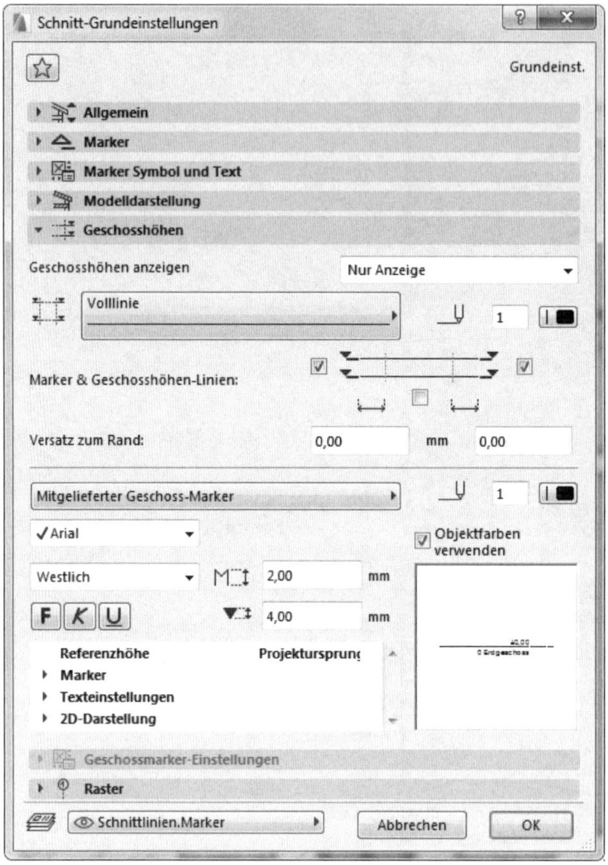

Abb. 12.5: GESCHOSSHÖHEN-Panel der Schnitt-Einstellungen

Der Schnitt wird durch Zeichnen einer Schnittlinie bei der Geometriemethode EINFACH über zwei Punkte oder bei der Geometriemethode VERSETZT über mehrere Punkte erzeugt. Beachten Sie, dass Sie mit der Taste [⇧] die Linie bzw. das erste Segment orthogonal halten können. Wenn Sie die Schnittlinie über mehrere Punkte eingeben, bestimmt das erste Segment die Schnittrichtung, alle weiteren liegen dann automatisch orthogonal bzw. senkrecht dazu. Die segmentierte Schnittlinie wird mit Doppelklick oder Rechtsklick und Wahl von OK beendet.

Danach erscheint der *Augen-Cursor.* Er ist besonders für die Schnitte wichtig, bei denen Sie begrenzte oder unendliche Tiefe gewählt haben. Damit klicken Sie auf die Seite der Schnittlinie, in die sich die Tiefe erstrecken soll, also die Seite, die Sie noch sehen wollen.

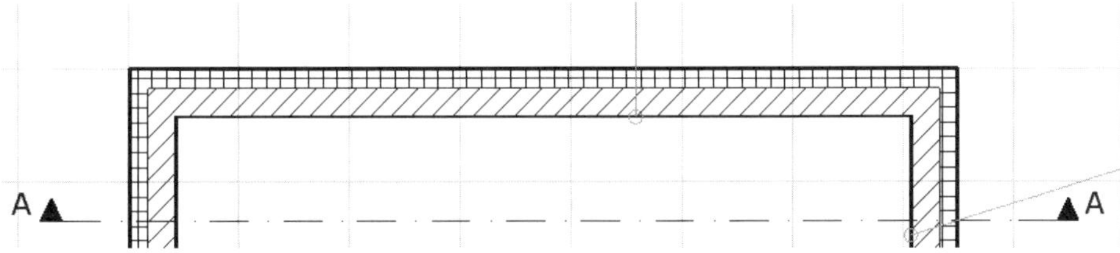

Abb. 12.6: Linie für Schnitt

Wenn der Schnitt erzeugt ist, werden Sie im NAVIGATOR feststellen, dass es einen neuen Eintrag beim Knoten SCHNITTE gibt. Mit Doppelklick können Sie den neuen Schnitt aufblättern und auch weiter bearbeiten, z. B. bemaßen. Abbildung 12.7 zeigt einen Schnitt ohne Tiefe, der also nur Schnittflächen der Elemente enthält, aber keine Ansichten dahinter liegender Elemente. Sogar die Treppenstufen und Geländer werden in der angegebenen Tiefe geschnitten.

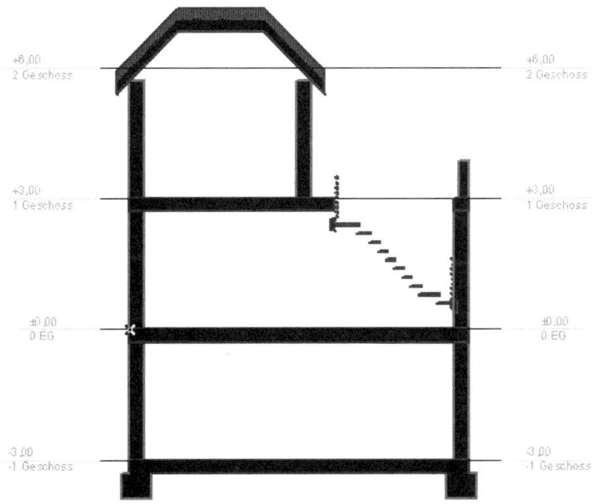

Abb. 12.7: Schnitt ohne Tiefe

Einen Schnitt mit Tiefe sehen Sie in Abbildung 12.8. Alle tiefer liegenden Objekte sind in Draufsicht zu sehen.

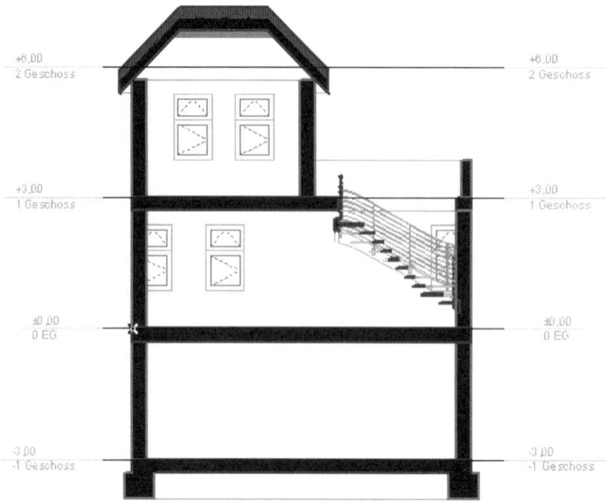

Abb. 12.8: Schnitt mit unendlicher Tiefe

Schnitte können auch nachträglich noch unterbrochen und die Segmente individuell verschoben werden. Dazu gibt es zwei Werkzeuge in der PET-Palette.

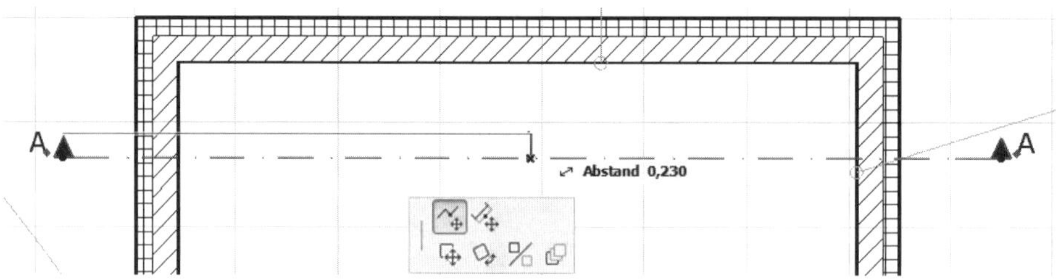

Abb. 12.9: Schnitt am Mittelpunkt unterbrechen und verschieben

12.2 Ansichten

ANSICHTEN sind eigentlich spezielle Schnitte, die im Allgemeinen außerhalb des Objekts liegen und meist mit unendlicher Tiefe ausgeführt werden. Nach Anklicken der beiden Definitionspunkte für die einfache Schnittlinie klicken Sie mit dem AUGEN-CURSOR auf die Seite, die Sie betrachten wollen. Wenn die Definitionslinie nicht die ganze Breite des Bauwerks abdeckt, erhalten Sie auch nur die Ansicht für den so gekennzeichneten Bereich.

Auch hier gibt es die Geometriemethode VERSETZT, um eine Ansichtslinie mit Knickstellen zu erzeugen, die auch in das Innere der Konstruktion gehen kann. In diesem Fall macht auch die Option BEGRENZTE TIEFE einen Sinn.

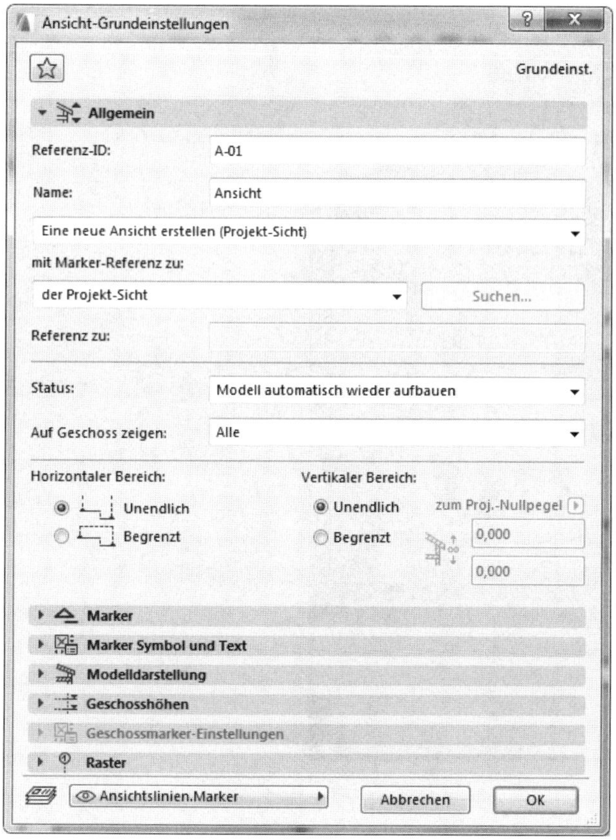

Abb. 12.10: ANSICHT-GRUNDEINSTELLUNGEN

Die ANSICHT unterscheidet sich im Wesentlichen dadurch vom SCHNITT, dass sie Oberflächenfarben und 3D-Schraffuren für die nicht geschnittenen Elemente anzeigt. Dies kann aber im EINSTELLUNGSDIALOG in jedem Fall auch anders eingestellt werden.

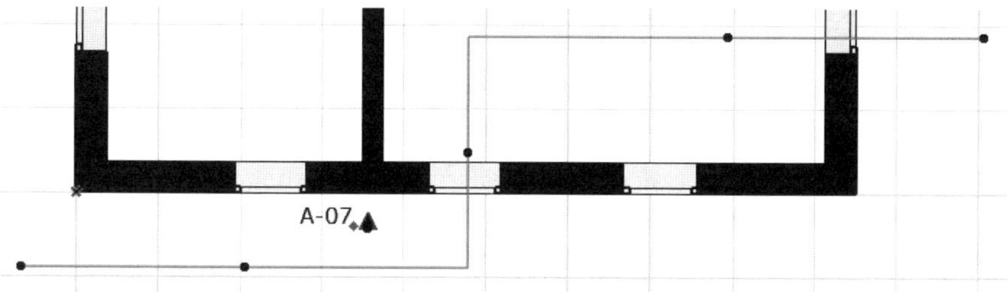

Abb. 12.11: Markierter Linienzug für versetzte Ansicht

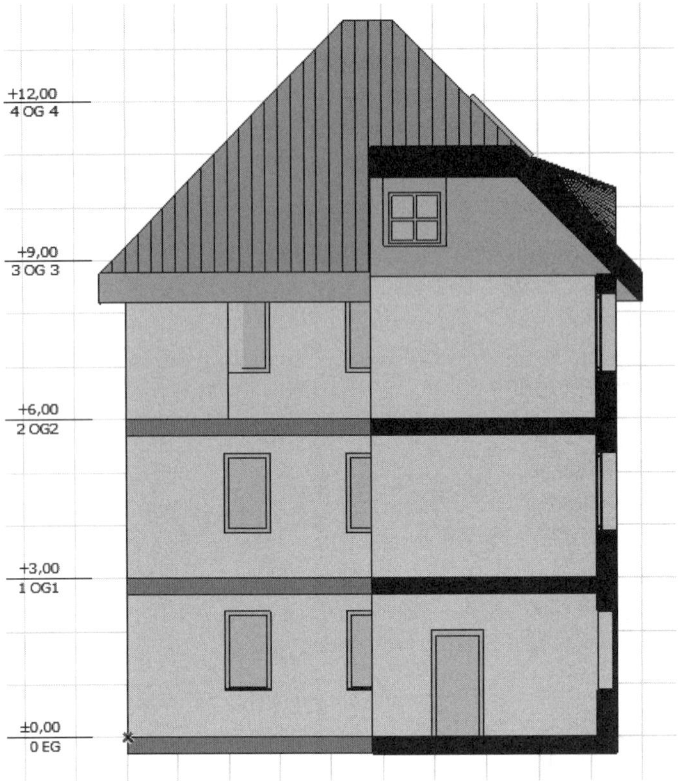

Abb. 12.12: Fertige Ansicht

Die neue Ansicht, die im Ordner ANSICHTEN des NAVIGATORS automatisch erstellt wird, ist mit der Schnittlinie im Grundriss gekoppelt. Wenn Sie die Schnittlinie löschen wollen, erhalten Sie deshalb eine *Warnmeldung*. Führen Sie die Löschung aus, wird auch die zugehörige ANSICHT im NAVIGATOR gelöscht.

12.3 Innenansichten

Innenansichten können mit dem gleichnamigen Werkzeug mit verschiedenen Geometriemethoden erstellt werden: EINFACH, POLYGONAL, RECHTECKIG und GEDREHTES RECHTECK. Im EINSTELLUNGEN-Dialog können Sie angeben, ob die Innenansicht *über alle Stockwerke* gehen oder in der Höhe begrenzt werden soll. In vorliegenden Fall sind keine Höhenbegrenzungen nach oben und unten geplant.

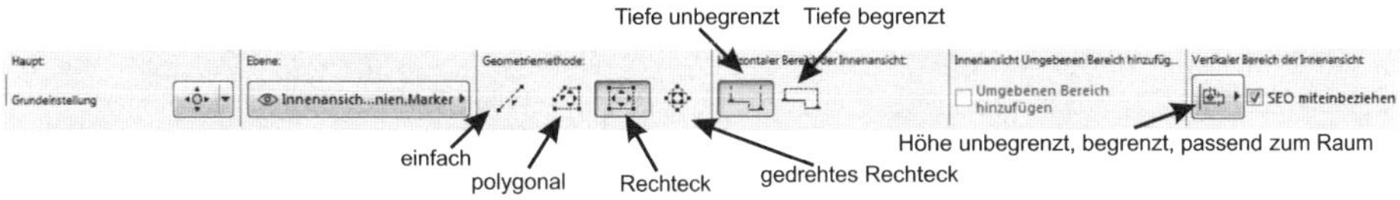

Abb. 12.13: Einstellungen für Innenansicht

Bei der einfachen Innenansicht geben Sie mit einer ersten Linie im Grundrissfenster die Ebene an, auf die Sie blicken wollen. Sie begrenzt die Tiefe, bis zu der die Abbildung maximal reicht. Um Fenster und Türen der hinteren Wand mit zu erfassen, kann diese Linie auch außerhalb des Gebäudes liegen. Wenn Sie alternativ im Einstellungsdialog die Option UMGEBENDEN BEREICH HINZUFÜGEN aktivieren, ist die Tiefe der Sichtbarkeit immer unbegrenzt. Dann definieren Sie auf einer dazu senkrechten Linie den Abstand, aus dem auf die zuerst definierte Ebene geschaut werden soll. Das definiert eine zweite zur ersten parallele Linie mit einem gelben Richtungspfeil, der die Blickrichtung symbolisiert (Abbildung 12.14).

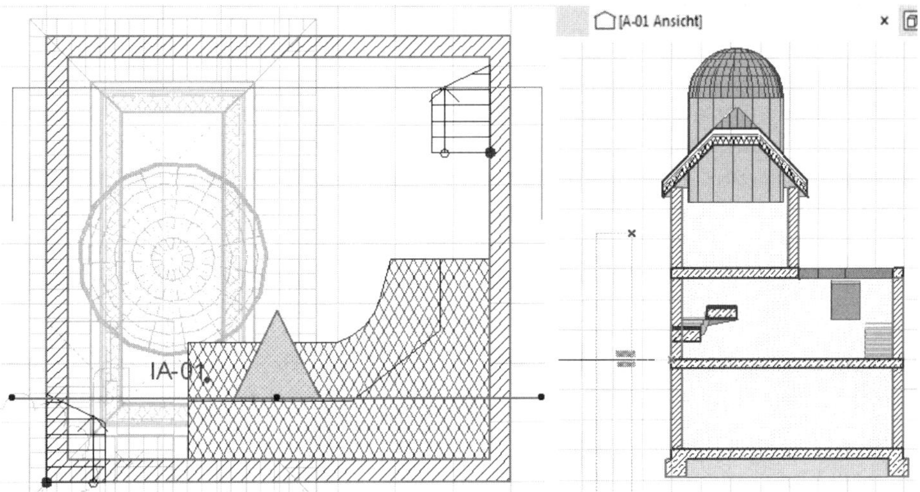

Abb. 12.14: Einfache Innenansicht mit Definitionslinie und resultierender Ansicht

Mit der Geometriemethode RECHTECK geben Sie zuerst über zwei diagonale Positionen ein Rechteck vor, das die zu betrachtenden Objekte umfassen sollte. Als Zweites geben Sie über eine weitere Position ein nach innen parallel versetztes Rechteck an, das die Ausgangspositionen für Ihre Ansichtsebenen definiert (Abbildung 12.15). Die vier resultierenden Ansichtslinien können Sie aber auch nachträglich nach Anklicken und mit entsprechenden Funktionen in den PET-PALETTEN verschieben.

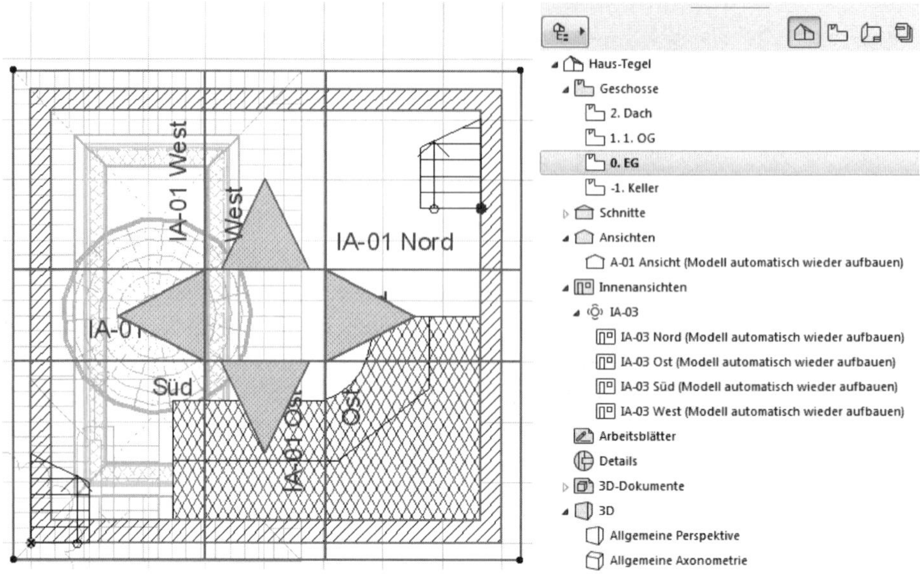

Abb. 12.15: Rechteckige Innenansicht und resultierende Ansichten

Bei diesen vier Ansichten ist es interessant, die Namen beispielsweise automatisch nach den Himmelsrichtungen zu benennen. Dazu müssen Sie in der INNENANSICHT-EINSTELLUNG einen AUTOTEXT aktivieren. Klicken Sie im Panel ALLGEMEIN unter NAME auf das Logo mit dem Buchstaben A und wählen Sie RAUMANSICHT-ORIENTIERUNG. Als Resultat steht in dieser Zeile danach <ORIENTATION> (Abbildung 12.16). Im NAVIGATOR erscheinen dann die entsprechenden Beschriftungen *Nord, Süd, Ost* und *West.*

Wichtig ist auch noch, auf VERTIKALER BEREICH zu achten. Hier können Sie den Schnitt in der Höhe begrenzen. Mit der Option AN RAUM ANGEPASST wird in den Ansichten dann nur das aktuelle Geschoss bemaßt, ansonsten aber alle Geschosse dargestellt. Bei BEGRENZT können Sie einen Höhenbereich eingeben, auf den dann die Innenansichten begrenzt werden. Bei UNENDLICH werden alle Geschosse in den Innenansichten angezeigt und mit Höhenbemaßung versehen.

Unter HORIZONTALER BEREICH wird die Darstellung vorgabemäßig mit NACH BEGRENZUNGSLINIEN auf die von Ihnen eingegebenen äußeren Linien begrenzt. Mit UMGEBENEN BEREICH HINZUFÜGEN wirken die nächstliegenden Wände als äußere Begrenzungen für die Sichtbarkeit von Objekten. Für Innenansichten einzelner Zimmer ist dies eine durchaus sinnvolle Vorgabe.

Wenn das Rechteck für die Innenansichten wie in Abbildung 12.17 auf die Außenwände gelegt wird, erhält man vier Ansichten der kompletten Wände.

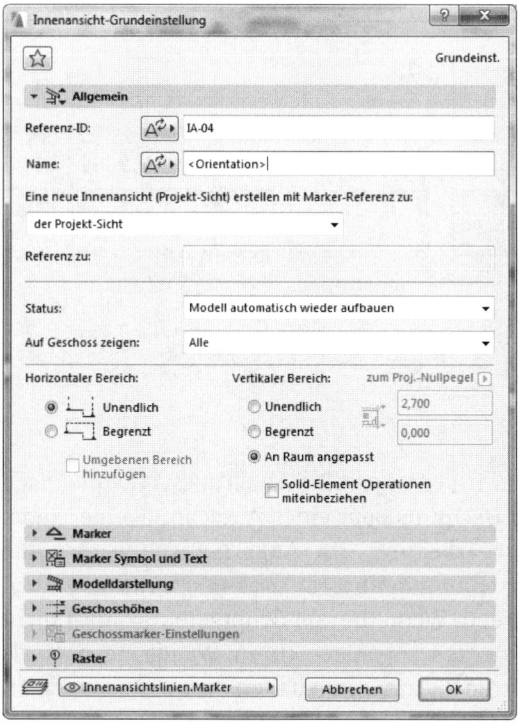

Abb. 12.16: GRUNDEINSTELLUNGEN für INNENANSICHT

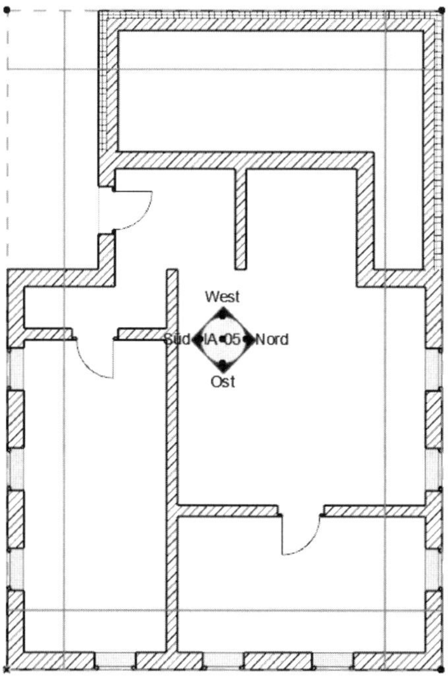

Abb. 12.17: Hilfslinien für eine Gesamt-Innenansicht

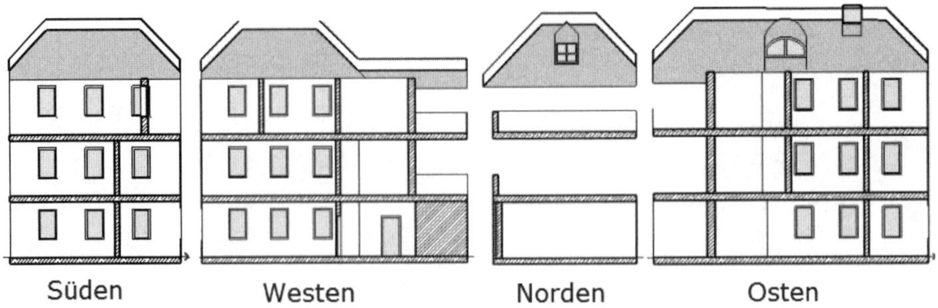

Abb. 12.18: Zusammenkopierte Innenansichten

12.4 Arbeitsblätter

Mit dem Werkzeug (Abbildung 12.19) erzeugen Sie ARBEITSBLÄTTER praktisch als Schnappschuss eines Grundrissausschnitts oder eines Ausschnitts einer anderen Ansicht zur getrennten Weiterbearbeitung. Im ARBEITSBLATT werden die *Architekturelemente* der Grundrissdarstellung in ihre *2D-Zeichnungselemente* zerlegt und können als solche bearbeitet werden. Wenn Sie das Gruppieren noch nicht ausgeschaltet haben, werden die Elemente wie Fenster, Türen, Wände etc. noch als Gruppen von Linien, Bögen, Schraffuren zusammengehalten. Ansonsten zerfallen sie wirklich in die einfachen Zeichenelemente. Sie können im ARBEITSBLATT mit einfachen Zeichenfunktionen aus dem Abschnitt DOKUMENTATION arbeiten wie LINIE, KREIS oder POLYLINIE etc. Aus dem Bereich PLANUNG kann nur die Kategorie OBJEKTE beispielsweise zum Einfügen von Möblierung verwendet werden, die übrigen Funktionen aber nicht.

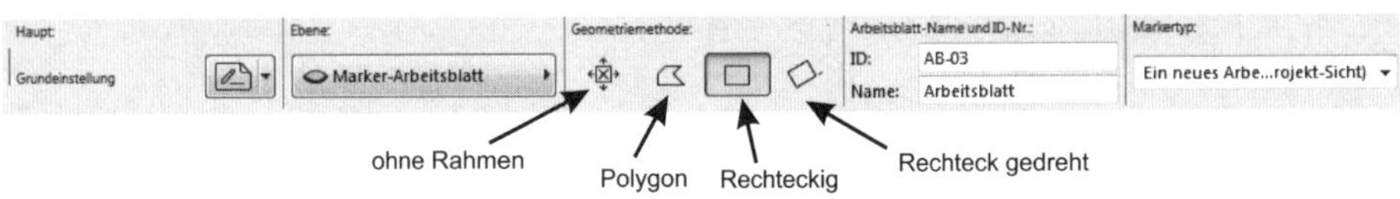

Abb. 12.19: INFOFENSTER zum ARBEITSBLATT

Die Ergänzungen im ARBEITSBLATT haben keinen Einfluss auf die Grundrissansicht, und umgekehrt wird das Arbeitsblatt nicht mehr automatisch mit der Grundrissansicht synchronisiert. In einem Arbeitsblatt können Sie aber über Rechtsklick die Funktion ANHAND DES URSPRUNGSAUSSCHNITTS NEU AUFBAUEN aufrufen und manuell den Inhalt wieder mit dem Grundriss synchronisieren (Abbildung 12.21). Die eigens im Arbeitsblatt erstellten Zeichnungsobjekte bleiben davon unbeeinflusst.

Es gibt wieder verschiedene Geometriemethoden für die Erstellung des Arbeitsblatts: OHNE RAHMEN, POLYGON, RECHTECK, GEDREHTES RECHTECK. Mit der Option OHNE RAHMEN wird nur ein Marker positioniert und ein Arbeitsblatt *von der gesam-*

ten aktuellen Projekt-Sicht (Grundriss, Ansicht, Schnitt o. Ä.) generiert. Die übrigen Geometriemethoden erstellen erst einen Rahmen für den gewünschten Ausschnitt und verlangen dann eine Position für den Marker mit dem Arbeitsblattnamen.

Die im Arbeitsblatt gezeichneten Geometrien können im Grundrissfenster als Transparentpause angezeigt werden. Dazu gehen Sie im NAVIGATOR auf das ARBEITSBLATT und aktivieren per Rechtsklick ALS TRANSPARENTPAUSE ANZEIGEN.

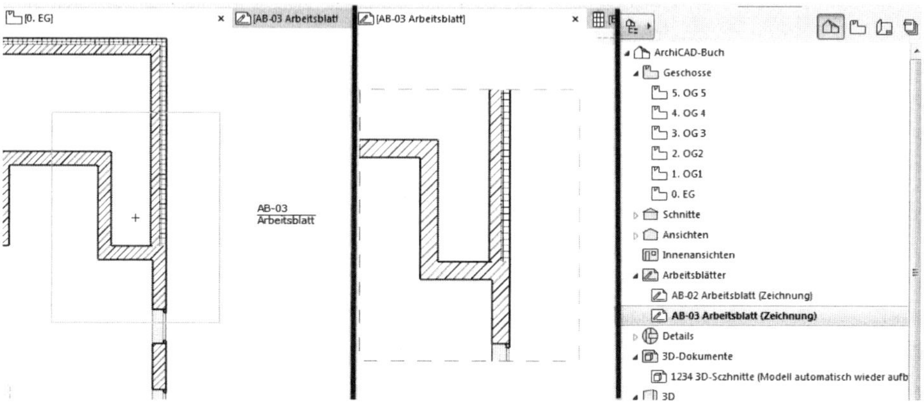

Abb. 12.20: Arbeitsblatt vom Typ Rechteck

Ein ARBEITSBLATT enthält auch die Anmerkungs- und Bemaßungsobjekte aus dem Grundrissfenster und unterscheidet sich damit vom DETAIL. Bemaßungen und Etiketten, deren Bezugspunkte im Arbeitsblattausschnitt liegen, werden angezeigt, auch wenn der Maß- oder Etikettentext außerhalb liegt (Abbildung 12.21).

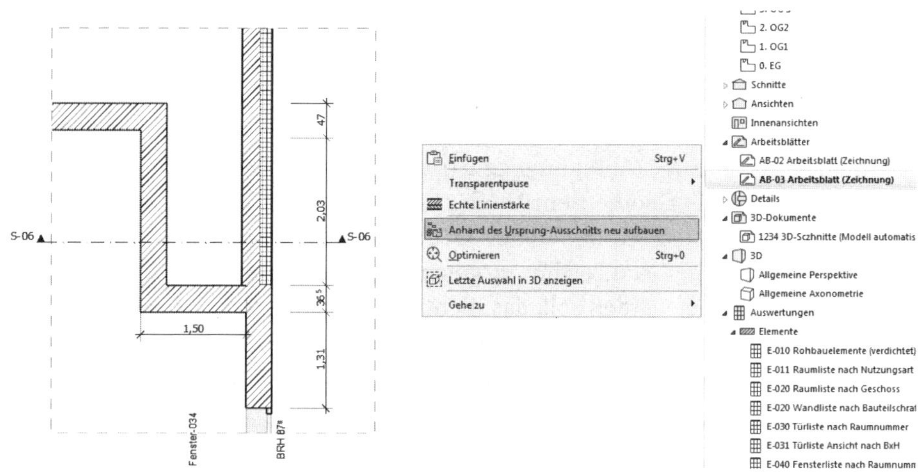

Abb. 12.21: Kontextmenü zum Arbeitsblatt

Mit Rechtsklick auf Arbeitsblätter im NAVIGATOR finden Sie eine Funktion NEUES UNABHÄNGIGES ARBEITSBLATT. Damit wird ein leeres Arbeitsblatt erzeugt, um völlig neue Geometrie zu erstellen, unabhängig vom restlichen Gebäude und ohne direkten Bezug auf Projektelemente.

Arbeitsblätter mit den darin enthaltenen 2D-Konstruktionen, Bemaßungen und Beschriftungen können auch benutzt werden, um als Transparentpausen in anderen Ansichten angezeigt zu werden (Abbildung 12.22).

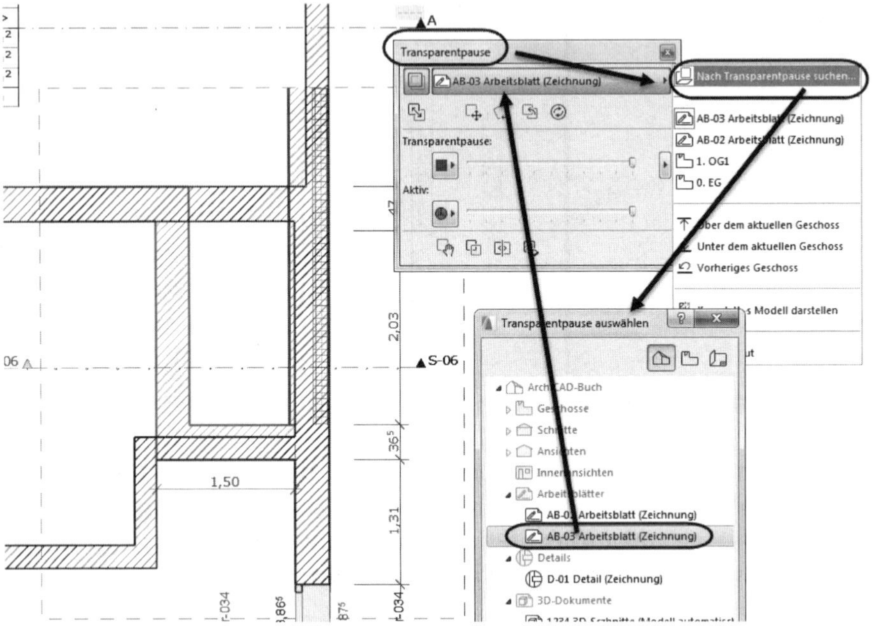

Abb. 12.22: Arbeitsblatt zur transparenten Anzeige in einem Grundriss auswählen

12.5 Details

Mit dem Werkzeug (Abbildung 12.23) erzeugen Sie Detailansichten. Es gibt wieder verschiedene Geometriemethoden: OHNE RAHMEN, POLYGON, RECHTECK, GEDREHTES RECHTECK. Mit der Option OHNE RAHMEN wird nur ein Marker positioniert und eine leere Detailzeichnung generiert. Benutzen Sie das, wenn ein Detail völlig neu gezeichnet werden soll, das nicht aus der aktuellen Projektsicht hervorgeht. Die Funktion verlangt die Positionierung eines Markers in der aktuellen Sicht, aber der kann auch gelöscht werden, um ein Detail ohne Marker zu erstellen.

Die übrigen Optionen verlangen zuerst die Festlegung der Punkte für die Begrenzung der Detailzeichnung und dann eine Position für den Marker, der standardmäßig den *Namen* und die *ID-Nummer* enthält.

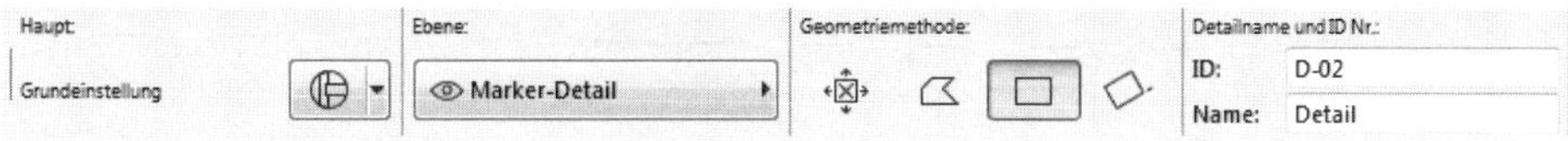

Abb. 12.23: DETAIL-Werkzeug im INFOFENSTER

Als Vorgabe ist die Methode RECHTECK aktiviert. Sie können noch einen Namen für das Detail angeben. Dann klicken Sie zwei diagonale Positionen an, die den Ausschnitt markieren. Danach erscheint der Hammer-Cursor, mit dem Sie den Marker für das Detail positionieren (Abbildung 12.24).

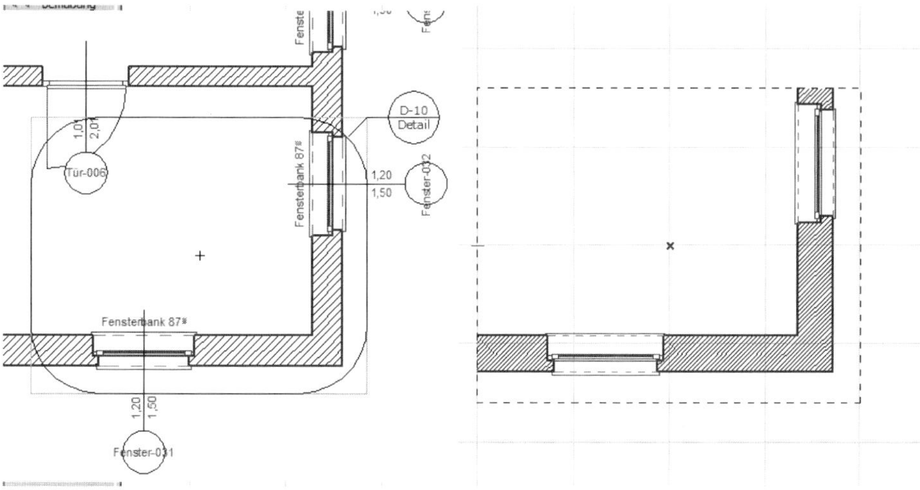

Abb. 12.24: Positionierter Detailausschnitt und Detailansicht

Im EINSTELLUNGSDIALOG gibt es neben der Standard-Vorgabe NEUES DETAIL ERSTELLEN (Abbildung 12.25) noch die Option VERKNÜPFTEN MARKER PLATZIEREN. Damit können Sie ein Detail, das Sie einmal erzeugt haben, an mehreren Stellen des Modells zitieren. Diese Option ist sehr nützlich für Details, die sich z.B. in mehreren Geschossen wiederholen.

Nach Erstellen des Details erscheint im Knoten DETAILS des NAVIGATORS die neue Detailzeichnung. Darin sind die Elemente der Originalzeichnung in einzelne Linien, Kreise und Bögen zerlegt worden. Sie können das Detail durch weitere Geometrieelemente, Bemaßungen und Texte ergänzen. Sollten Sie die Originalzeichnung im Grundrissfenster bearbeitet haben, können Sie das Detail neu aufbauen lassen. Dazu gibt es eine entsprechende Funktion im Kontextmenü des Detailfensters. Die Detailkonstruktionen können Sie übers Kontextmenü als Transparentpause anzeigen lassen.

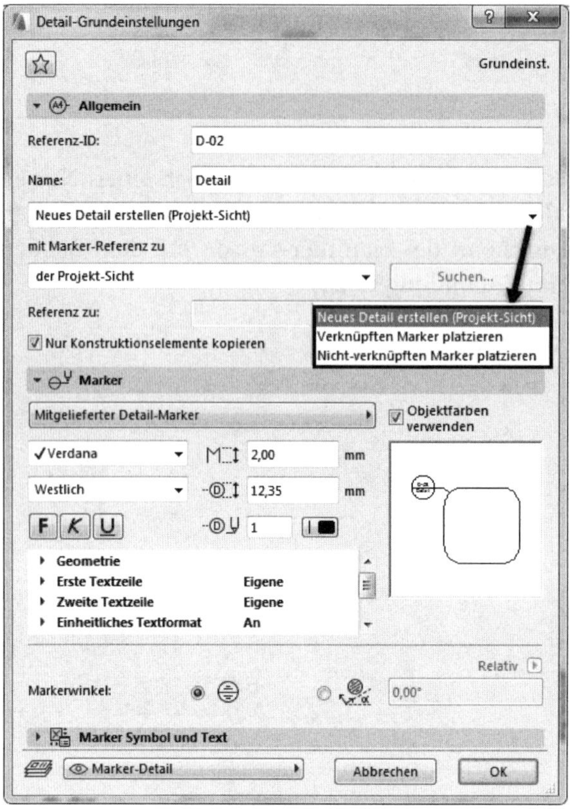

Abb. 12.25: Einstellungen für DETAIL-Werkzeug

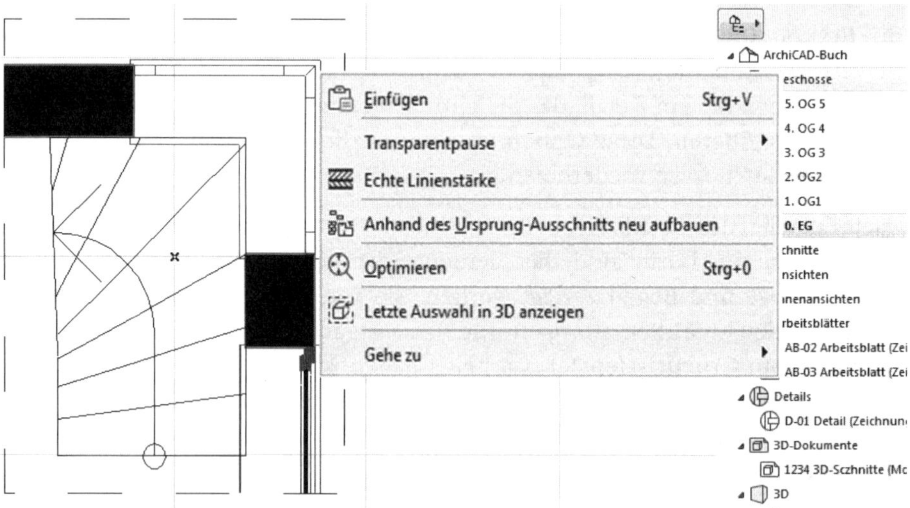

Abb. 12.26: Detail-Ausschnitt kann neu aufgebaut werden.

12.6 Die grafischen Überschreibungen

Mit ArchiCAD 20 gibt es ein nützliches neues Dokumentations-Werkzeug, die GRAFISCHEN ÜBERSCHREIBUNGEN. Damit können die Darstellungen der Elemente an bestimmte Parameter geknüpft werden. Als Beispiel sei hier die Darstellung für Elemente mit Brandschutz-Spezifikation gewählt (Abbildung 12.1).

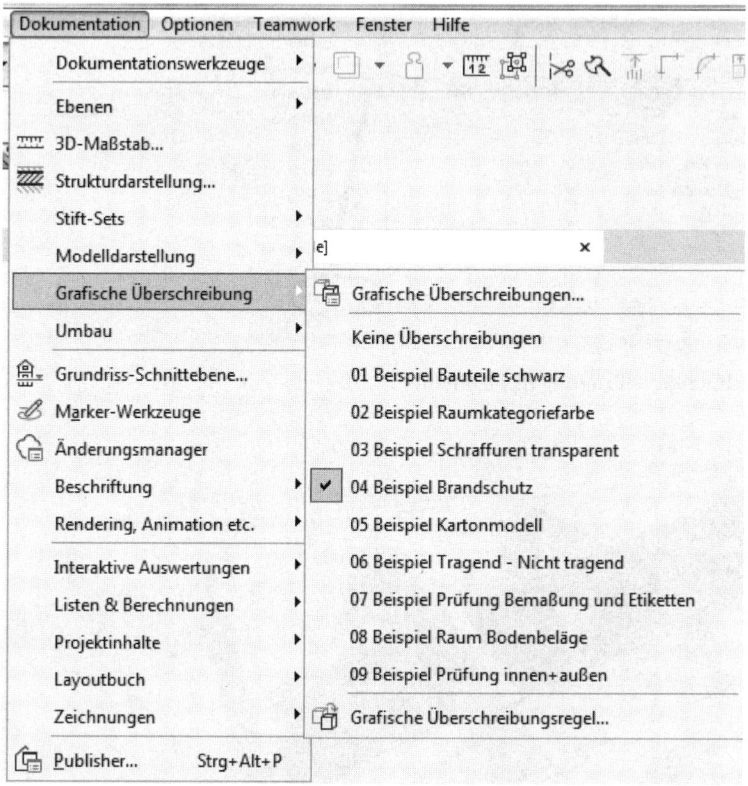

Abb. 12.27: Grafische Überschreibungen bei ArchiCAD 20

Damit diese Überschreibungen greifen, müssen Sie natürlich die entsprechenden Parameter im EINSTELLUNGSDIALOG der Elemente setzen (Abbildung 12.28). Entsprechend erfolgt dann die grafische Darstellung (Abbildung 12.29).

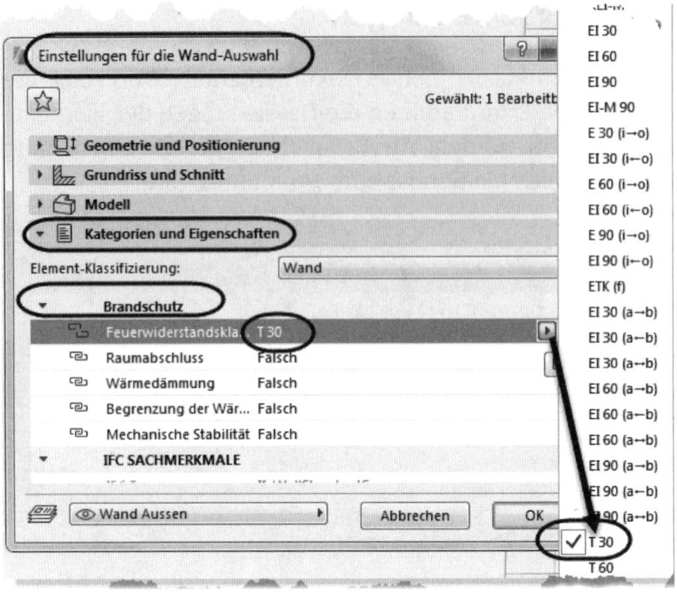

Abb. 12.28: Brandschutz-Klassifizierung des Elements

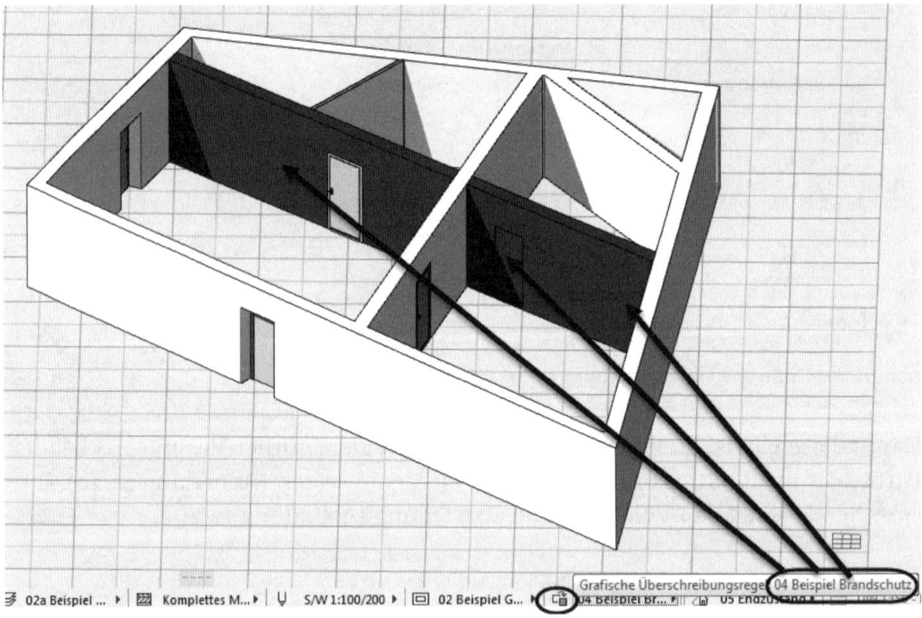

Abb. 12.29: Farbige Hervorhebung der Elemente mit Brandschutzklasse T30

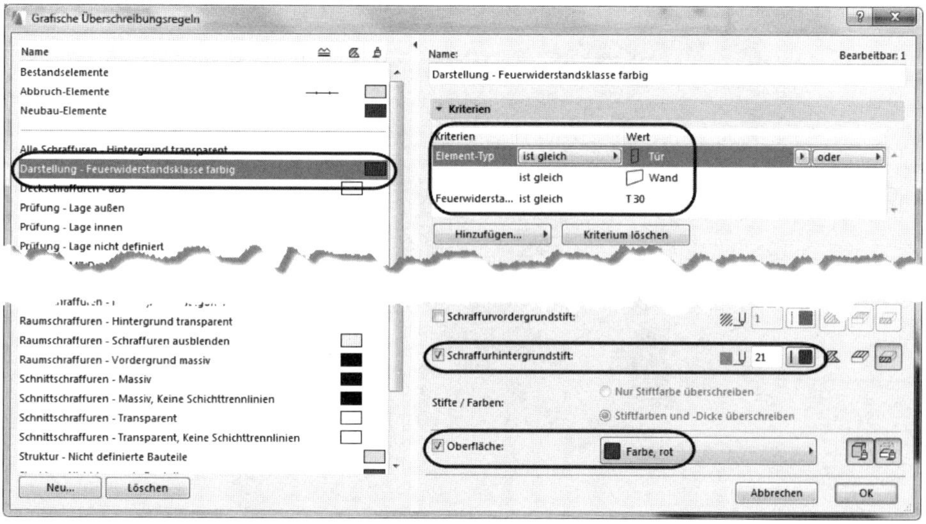

Abb. 12.30: Regel der Brandschutzüberschreibung

Ein zweites Beispiel zeigt die Unterscheidung zwischen tragenden, nichttragenden und unspezifizierten Bauelementen. Hier wurden für die drei Kategorien unterschiedliche Farben in den Regeln festgelegt (Abbildung 12.31).

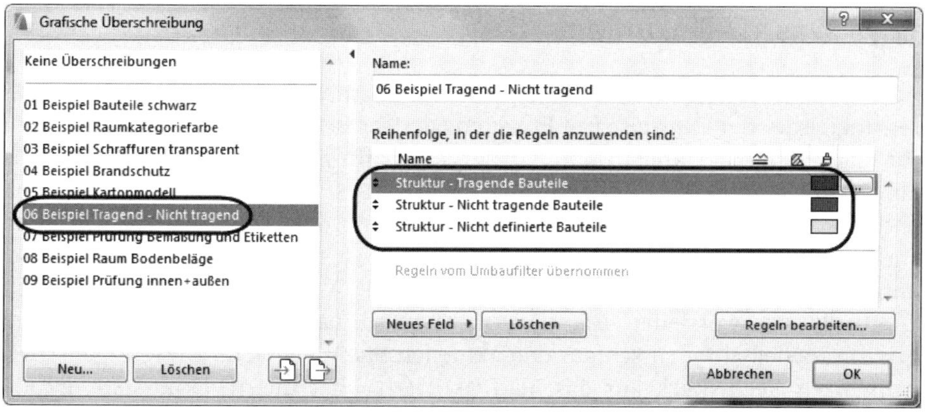

Abb. 12.31: Überschreibungsregeln für tragendende und nichttragende Elemente

Damit die Regeln wirksam werden können, müssen natürlich auch hier die Parameter für die einzelnen Wände wieder im Einstellungsdialog gesetzt werden.

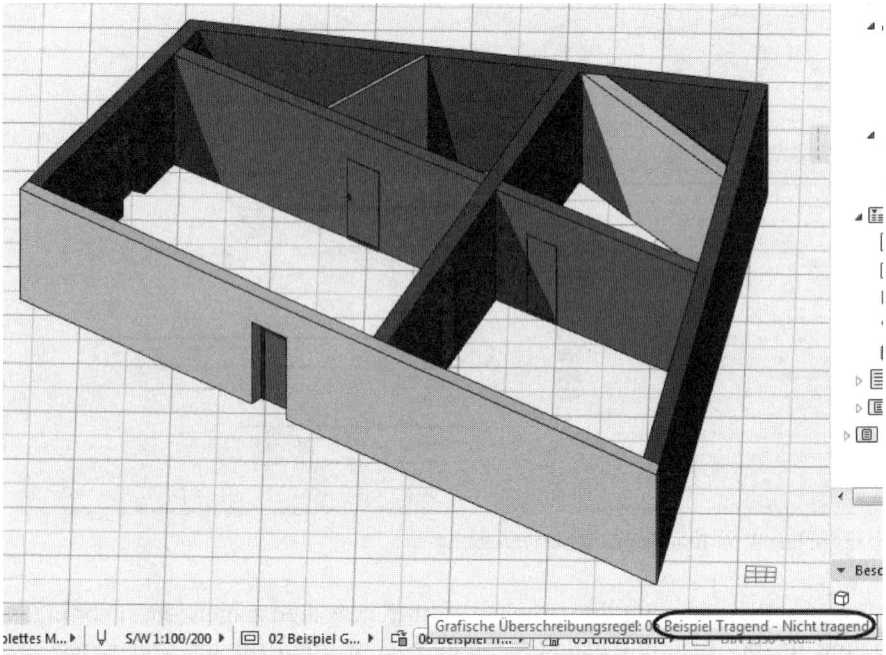

Abb. 12.32: Anzeige für tragende (rot), nichttragende (blau) und unspezifizierte (gelb) Elemente

12.7 Das 3D-Dokument

Auch in axonometrischen oder perspektivischen Ansichten ist es manchmal interessant, Texte oder Hinweise mit Etiketten oder gar Bemaßungen anzubringen, um für Klarheit in einer Konstruktion zu sorgen. Dafür gibt es das 3D-DOKUMENT als eine Art Schnappschuss des aktuellen 3D-FENSTERS. Dabei werden natürlich solche Einstellungen des 3D-FENSTERS wie 3D-SCHNITT oder Filterung übernommen. Im 3D-DOKUMENT können Sie dann bemaßen, Texte und Etiketten (Hinweistexte) anbringen oder 2D-Zeichenelemente mit den 2D-Werkzeugen aus dem Bereich DOKUMENTATION erstellen. Das 3D-DOKUMENT wird standardmäßig bei Änderungen am Modell automatisch auf den aktuellen Stand gebracht. Diese Eigenschaft kann nach Rechtsklick auf das 3D-DOKUMENT über die 3D-DOKUMENT-EIGENSCHAFTEN auf MANUELLES WIEDERAUFBAUEN (MODELL) umgestellt werden.

12.8 3D-Schnitte

Das Werkzeug für 3D-Schnitt finden Sie in der Symbolleiste STANDARD oder im Menü ANSICHT|ELEMENTE IN 3D|3D-SCHNITT AUSFÜHREN. Nach Aktivieren dieser Funktion können Sie eigene Schnittebenen mit ANSICHT|ELEMENTE IN 3D|3D-SCHNITTEBENEN|EIGENE SCHNITTEBENE ERSTELLEN erzeugen.

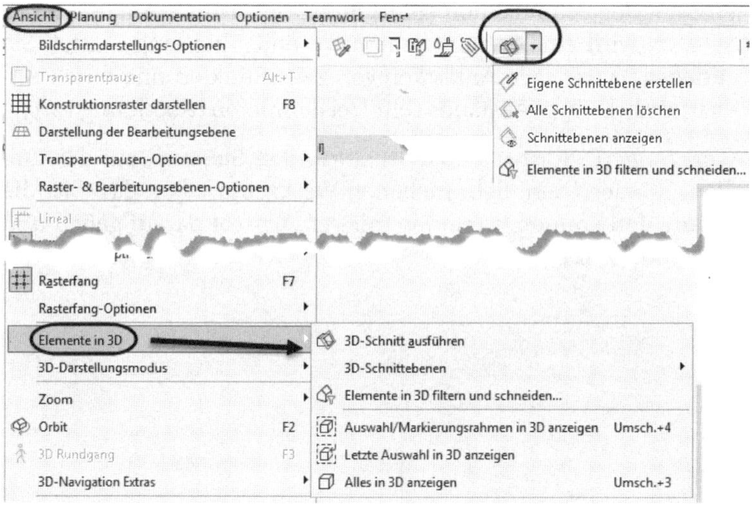

Abb. 12.33: Werkzeuge für 3D-Schnitte

Der Cursor erscheint dann mit einem Flächenwahl-Werkzeug, mit dem Sie eine Fläche anklicken und interaktiv oder durch eine Abstandseingabe positionieren können (Abbildung 12.34).

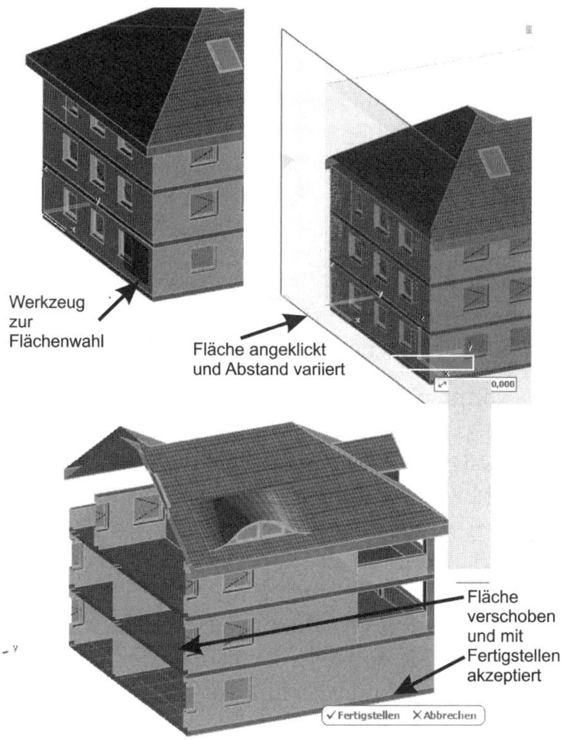

Abb. 12.34: 3D-Schnitt-Definition

Dabei wird die Wirkung der Schnittaktion sofort angezeigt. Durch Anklicken der Funktion FERTIGSTELLEN wird eine Schnittebene dann endgültig eingerichtet. Sie können eine Schnittebene auch nach Anklicken von zwei Punkten und durch Angabe eines Winkels und noch eines Abstands sehr frei definieren (Abbildung 12.35).

Bei aktiviertem Werkzeug 3D-SCHNITT AUSFÜHREN finden Sie auch auf der Zeichenfläche an allen Rändern ein Schnittebenen-Werkzeug, über das Sie die Schnittfunktionen aufrufen können, wenn Sie mit dem Cursor darauf gehen und etwas verweilen (Abbildung 12.35).

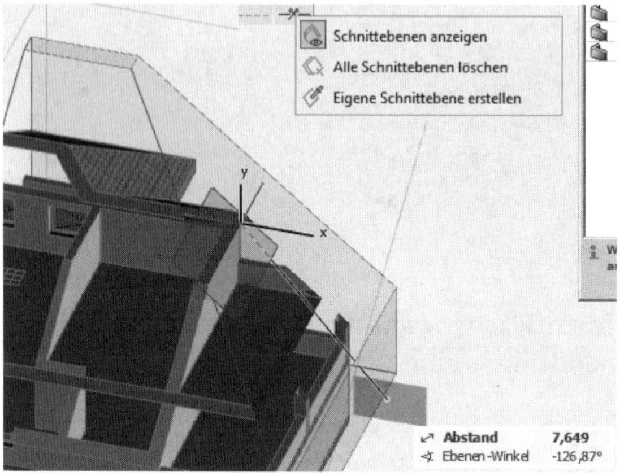

Abb. 12.35: 3D-Schnitt mit drehbarer Schnittebene und SCHNITT-Werkzeug am Bildschirmrand

Das 3D-Fenster wird immer sofort durch die erzeugten Schnittflächen entsprechend geschnitten. Um wieder das ungeschnittene Modell zu sehen, müssen Sie 3D-SCHNITT AUSFÜHREN wieder deaktivieren. Die Einstellungen für den 3D-Schnitt werden mit dem Projekt gespeichert, sofern Sie nicht auf ALLE SCHNITTEBENEN LÖSCHEN klicken. Die Darstellung des 3D-Schnitts kann jederzeit wieder mit 3D-SCHNITT AUSFÜHREN eingeschaltet werden.

Es ist auch möglich, im Grundrissfenster die Schnittebenen zu positionieren. Das kann für orthogonale Schnittebenen viel einfacher sein als im 3D-Fenster.

Zur Speicherung des 3D-SCHNITTS könnten Sie im Kontextmenü nach Rechtsklick die Option NEUES 3D-DOKUMENT AUS 3D wählen. Das 3D-DOKUMENT ist praktisch ein Schnappschuss der aktuellen 3D-Darstellung mit den aktuellen Schnittebenen. Aber dieses 3D-Dokument wird bzgl. der konstruktiven Änderungen dauerhaft synchron zum 3D-Modell gehalten. Ändern Sie eine Wandhöhe im 3D-Modell, ändert sie sich auch im 3D-DOKUMENT. Wenn Sie aber im Original-3D-Fenster die Schnittebenen deaktivieren, ändert sich zunächst nichts im 3D-DOKUMENT, nur wird dann Ihr 3D-Fenster mit einer Warnung versehen, weil es nicht mehr synchron zum 3D-DOKUMENT ist. Erst, wenn Sie entweder im 3D-Fenster die Schnittebenen wieder aktivieren oder alternativ im Kontextmenü das 3D-DOKUMENT neu erstellen lassen, wird die Warnmeldung entfernt. Damit ist eine dauerhafte Speicherung des 3D-Schnitts hier nicht möglich.

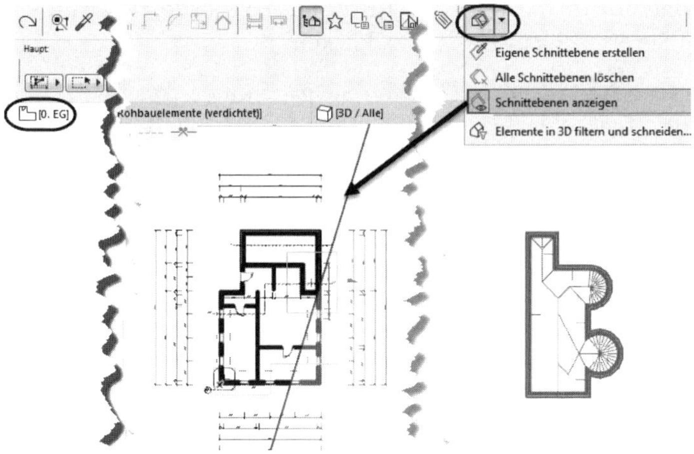

Abb. 12.36: Manipulation der Schnittebenen im Grundriss-Fenster

Sie können den 3D-Schnitt aber als echten Bildschirm-Schnappschuss in ein Layout legen. Richten Sie am besten zuerst im LAYOUTBUCH des NAVIGATORS ein neues Layout ein.

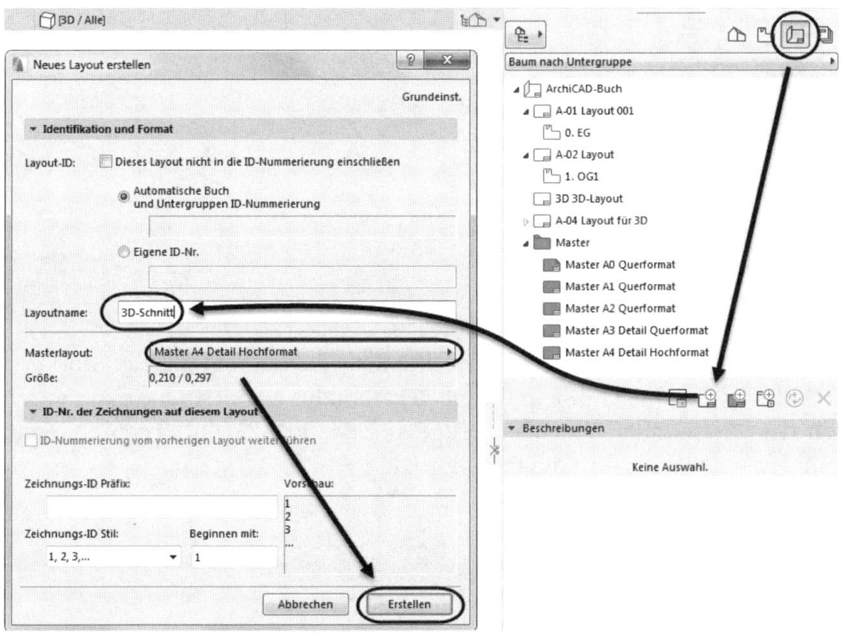

Abb. 12.37: Neues Layout im Layout-Buch erstellen

Um den 3D-SCHNITT ins Layout zu bringen, sollten Sie ihn zuerst als Ausschnitt in die AUSSCHNITT-MAPPE geben. Im 3D-FENSTER zoomen Sie nun auf die geschnittenen Objekte und aktivieren dann im NAVIGATOR nach Rechtsklick auf ALLGEMEINE AXONOMETRIE die Funktion AKTUELLEN AUSSCHNITT SICHERN. Nun erscheint ein Dialogfenster, in dem Sie einfach auf ERSTELLEN klicken.

Gehen Sie in die AUSSCHNITT-MAPPE und suchen Sie ganz unten den zuletzt hinzugefügten Ausschnitt. Mit Rechtsklick gehen Sie ins Kontextmenü und wählen AUF LAYOUT PLATZIEREN.

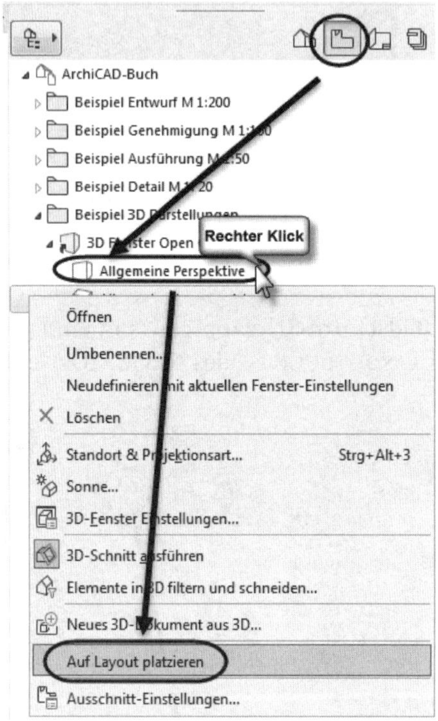

Abb. 12.38: Ausschnitt ins Layout bringen

ArchiCAD wechselt nun in das vorher erstellte neue Layout und platziert dort den 3D-Schnitt als Zeichnung. Größe und Lage der Abbildung können Sie dann durch Anklicken des Ausschnitts über Werkzeuge aus der PET-PALETTE manipulieren. Zum Skalieren eignet sich dort die Funktion LÄNGENÄNDERUNG.

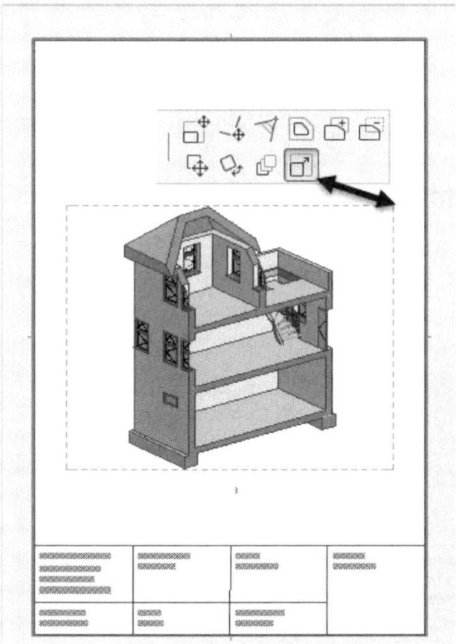

Abb. 12.39: 3D-Schnitt in ein Layout eingefügt

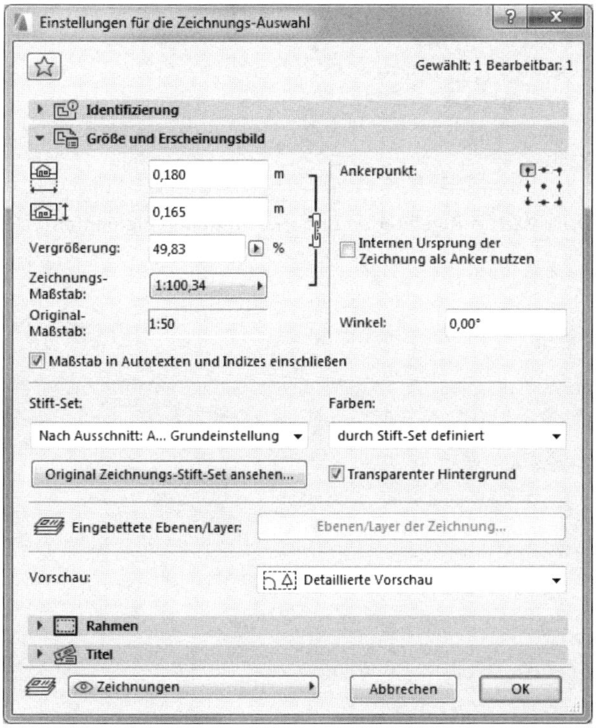

Abb. 12.40: Eigenschaften für die 3D-Schnitt-Zeichnung im Layout

12.8.1 3D-Dokument erstellen

Zum Erstellen eines 3D-DOKUMENTS können Sie

- im aktuellen 3D-FENSTER nach Rechtsklick im Kontextmenü die Funktion NEUES 3D-DOKUMENT AUS 3D... anklicken,
- nach Rechtsklick auf 3D-DOKUMENT im NAVIGATOR die Funktion NEUES 3D-DOKUMENT AUS 3D... oder
- das Menü DOKUMENTATION|DOKUMENTATIONSWERKZEUGE|NEUES 3D-DOKUMENT... aufrufen

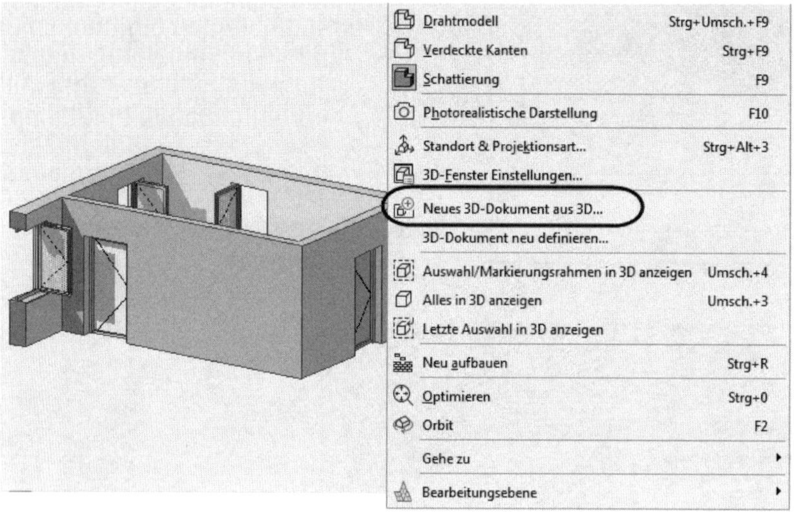

Abb. 12.41: Im 3D-FENSTER ein 3D-DOKUMENT mit gefilterten und geschnittenen Elementen erstellen

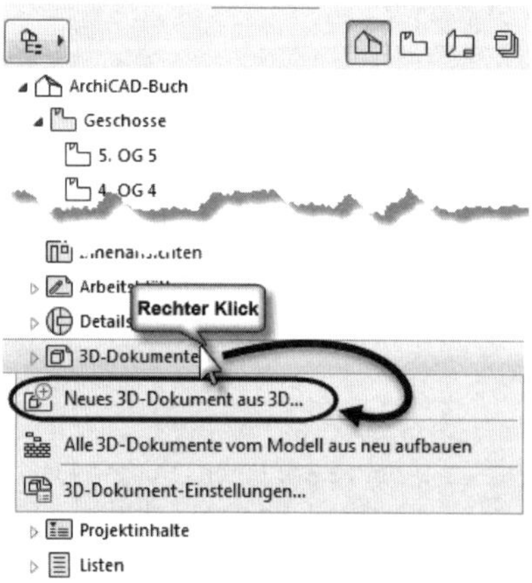

Abb. 12.42: 3D-DOKUMENT über Kontextmenü vom aktuellen 3D-FENSTER erstellen

Im Beispiel von Abbildung 12.43 wurde mit dem Menü Ansicht|Elemente in 3D|Elemente in 3D filtern und schneiden das Dach herausgefiltert und mit Ansicht|Elemente in 3D|3D-Schnittebenen|Eigene Schnittebene erstellen ein Schnitt definiert und mit Ansicht|Elemente in 3D|3D-Schnitt ausführen erzeugt. Dann wurde das 3D-Dokument erstellt. Damit bei Wänden mit Schichtaufbau die einzelnen Schichten zu sehen sind, muss bei den 3D-Dokument-Einstellungen (über Rechtsklick auf das Dokument im Navigator) entweder

- die *Schraffur-Option* Schnitt-Schraffuren – wie in Einstellungen zusammen mit der *Modelldarstellungs-Kombination* 03 Beispiel Ausführungsplanung in den Schnell-Optionen gewählt werden (Abbildung 12.43) oder
- die *Schraffur-Option* Eigene Oberflächenfarbe (schattiert).

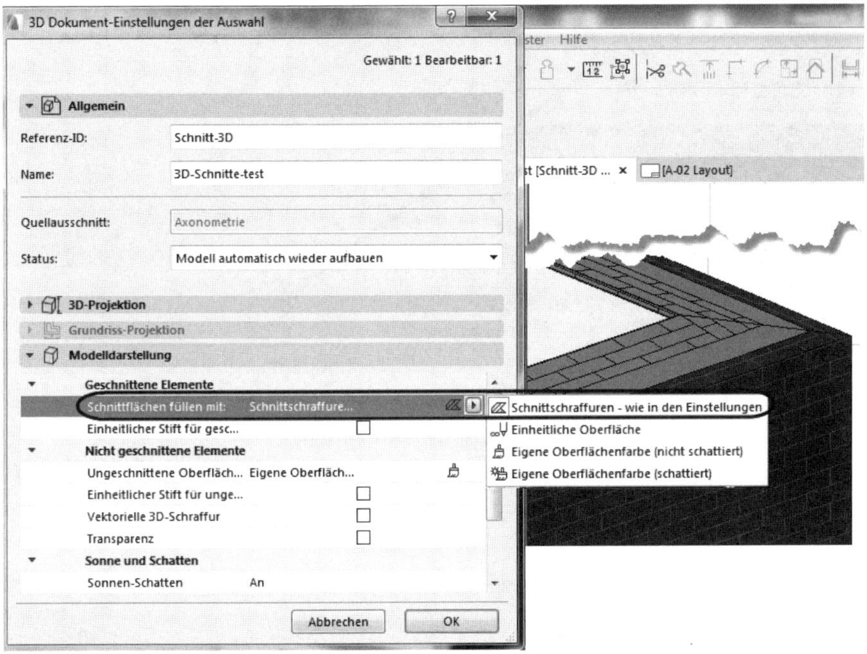

Abb. 12.43: 3D-Dokument-Einstellungen

12.8.2 3D-Dokument aktualisieren und bearbeiten

Wenn Sie ein 3D-Dokument nach Konstruktionsänderungen aktualisieren wollen, können Sie

- mit der rechten Maustaste das 3D-Dokument im Navigator anklicken,
- im Kontextmenü Anhand des Modells neu aufbauen wählen.

Damit wird Ihr 3D-Dokument gemäß den Grundrissdarstellungen wieder auf den aktuellen Stand gebracht.

Wenn Sie aber das 3D-DOKUMENT nach Änderung des 3D-FENSTERS z.B. bezüglich der Ansichtsrichtung wieder aktualisieren wollen, dann kann das 3D-DOKUMENT über die Kontextfunktion MIT DEM AKTUELLEN 3D NEU DEFINIEREN aktualisiert werden. Für diese Aktion kann auch ein 3D-DOKUMENT im NAVIGATOR gewählt werden und im Kontextmenü 3D-DOKUMENT BASIEREND AUF DEM AKTUELLEN 3D-FENSTER NEU AUFBAUEN aufgerufen werden. Es erscheint dann eine Warnung, dass diese Aktion nicht widerrufen werden kann. Sie können aber auch in der 3D-Ansicht (Axonometrie oder Perspektive) im Kontextmenü 3D-DOKUMENT NEU DEFINIEREN wählen und aus den vorhandenen 3D-DOKUMENTEN das zu aktualisierende auswählen.

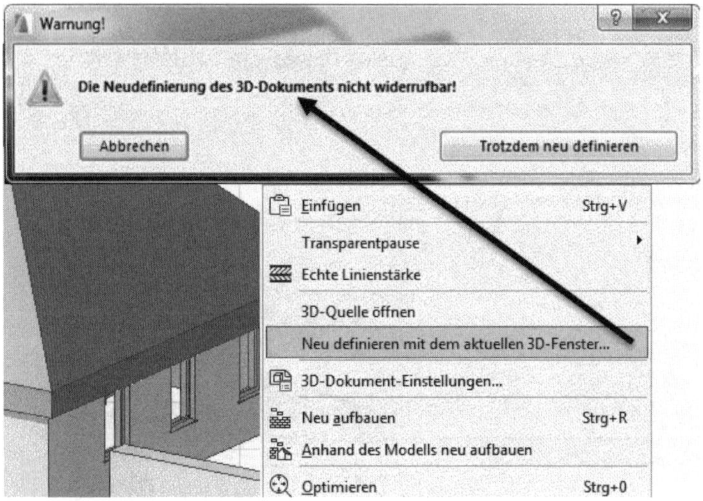

Abb. 12.44: Markiertes 3D-Dokument aktualisieren

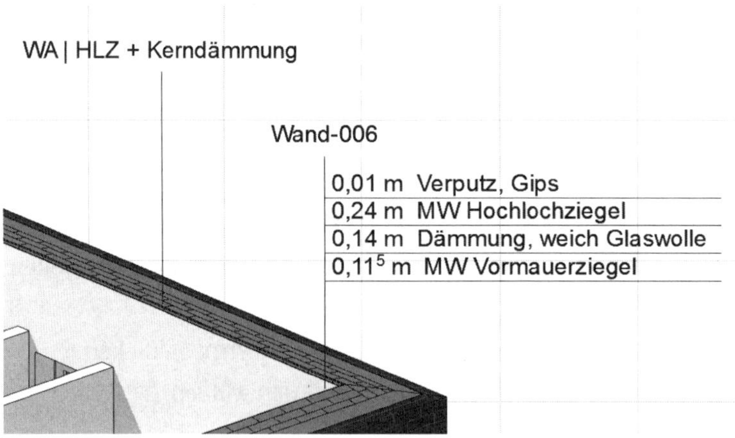

Abb. 12.45: Beschriftung im 3D-Dokument mit Text-Etiketten

Im 3D-DOKUMENT können alle Funktionen für 2D-Konstruktionen verwendet werden. Außerdem ist hier auch die Beschriftung und die Erstellung von Etiketten möglich (Abbildung 12.45).

12.8.3 3D-Dokument bemaßen

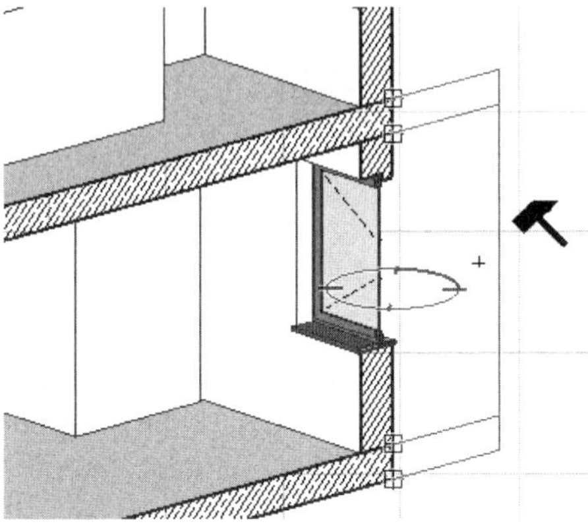

Abb. 12.46: Linearbemaßung auf vertikalen Flächen über die Richtungswahl

Im 3D-DOKUMENT ist im Bemaßungswerkzeug nun auch die Bemaßungsebene wählbar (Abbildung 12.47). Wenn Sie im 3D-DOKUMENT bemaßen, können Sie Eckpunkte normal anklicken und beenden die Angabe der zu bemaßenden Positionen mit einem Doppelklick. Dann erscheint wie in Abbildung 12.46 gezeigt der HAMMER-CURSOR zur Wahl der Fläche. Sie können damit eine Fläche anklicken, zu der parallel bemaßt werden soll, oder wie in der Abbildung gezeigt die Richtungsauswahl bedienen. Erst dann erscheint wieder der BLEISTIFT-CURSOR zur Angabe der Maßlinienposition innerhalb dieser Ebene. Abbildung 12.48 zeigt Beispiele für solche Bemaßungen in den orthogonalen Ebenen.

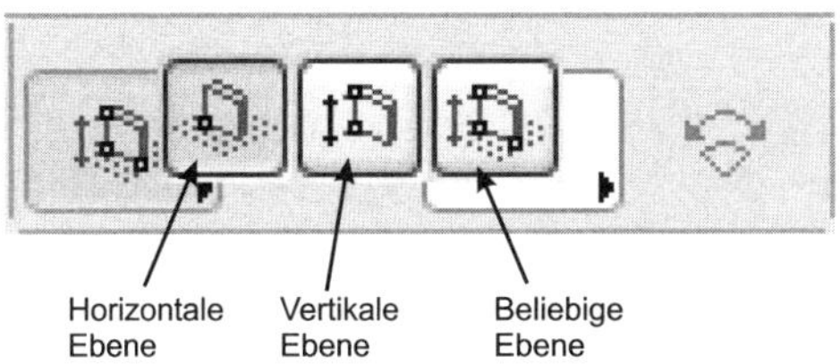

Abb. 12.47: Wahl der Ebene für Bemaßung

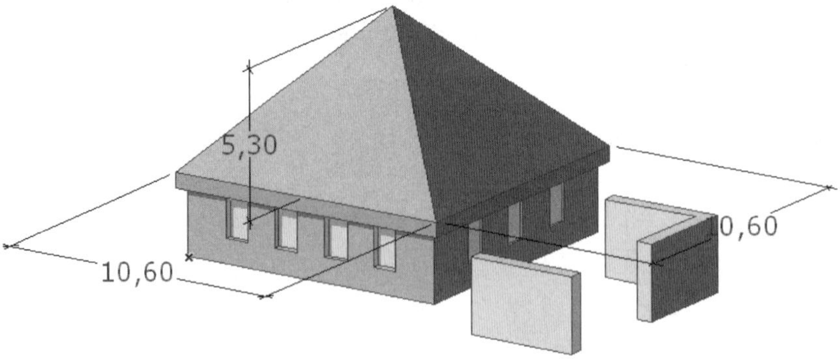

Abb. 12.48: Bemaßung horizontal und vertikal

Fertige Bemaßungen können im 3D-DOKUMENT noch sehr speziell modifiziert werden. Bei Markieren der Maßlinie erscheinen in der PET-PALETTE die Funktionen

- VERSCHIEBEN verschiebt die Maßlinie in der aktuellen Ebene,
- BEMAẞUNGSPUNKT EINFÜGEN fügt zur aktuellen Maßkette eine Position hinzu,
- BEMAẞUNGSLINIE AUSRICHTEN kann beispielsweise die vertikale Maßlinie (5,30m) parallel zur Dachneigung ausrichten, um die Dachlänge zu messen.
- LÄNGE DER MAẞHILFSLINIE ÄNDERN dient zum Verkürzen der Hilfslinien.
- BEMAẞUNGSEBENE VERSETZEN kann die Bemaßung senkrecht zur ursprünglichen Ebene versetzen wie in Abbildung 12.49 gezeigt.

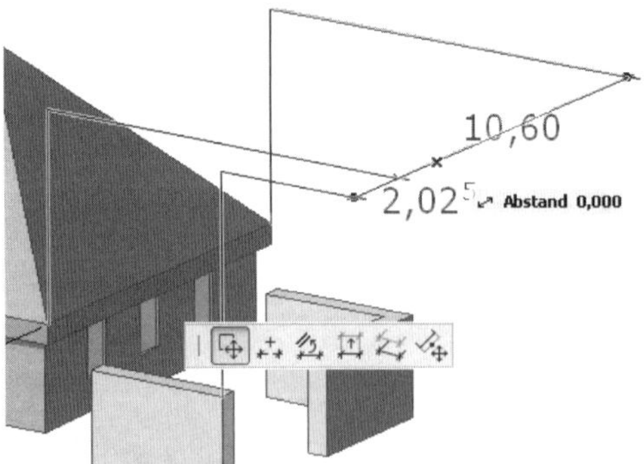

Abb. 12.49: Bemaßungspunkt eingefügt und Bemaßungsebene versetzt

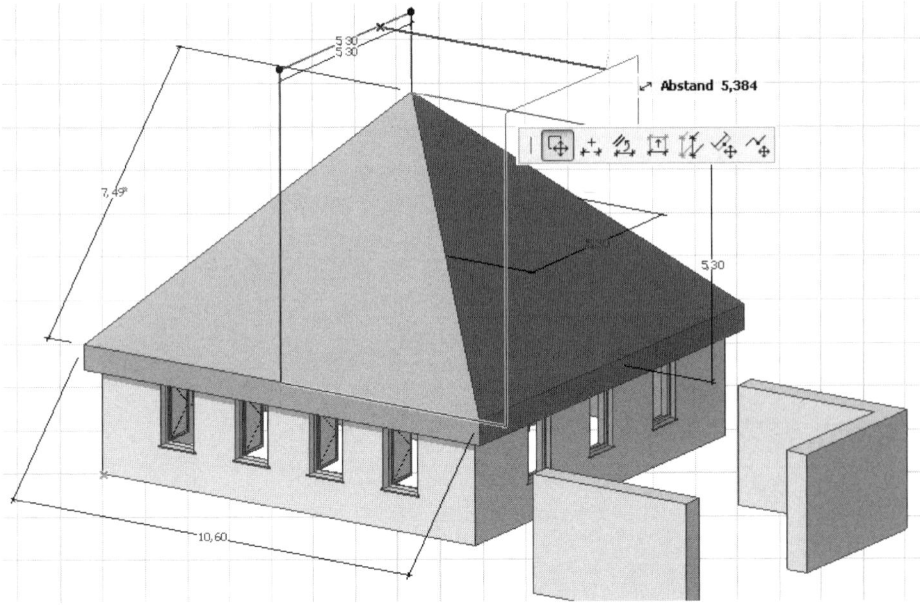

Abb. 12.50: Spezielle Bemaßungsfunktionen im 3D-Dokument

12.9 Übungsfragen

1. Worin besteht der Unterschied zwischen *Ansicht* und *Schnitt*?
2. Wie können Sie den horizontalen Schnittbereich einstellen?
3. Mit welchem Menü werden 3D-Schnitte erzeugt?
4. Wie wird eine Detailansicht erzeugt?
5. Was passiert mit den Elementen im Detailfenster?
6. Wie kann man Details bei Konstruktionsänderungen anpassen?
7. Welche Funktionen sind im 3D-DOKUMENT möglich?

Kapitel 13

Organisation, Layout und Plot

Ziel der Konstruktionsarbeit ist letztendlich die Erstellung von Unterlagen für die Genehmigung des Projekts, Beschaffung der Materialien und Ausführung der Arbeiten. Dazu ist die Erstellung eines Grundrissplans allein natürlich nicht ausreichend. Deshalb verwaltet ArchiCAD neben den rein geometrischen Daten noch einiges mehr, was sich dann im Begriff BIM (Building Information Model) widerspiegelt. *Alle* Informationen eines Bauprojekts sollen möglichst *gemeinsam und mit Bezug aufeinander* in einer Datenstruktur gespeichert sein. Damit das alles zusammen sinnvoll verwaltet werden kann, gibt es zwei wichtige Paletten, den NAVIGATOR und den ORGANISATOR. Diese Organisationsmittel und ihre Strukturierung sollen zuerst vorgestellt werden, bevor im Weiteren dann die Erstellung von LAYOUTS für die *Plotausgabe* erläutert wird. Am Schluss werden auch die weiteren Möglichkeiten des Publizierens in verschiedenen Formaten erläutert.

13.1 Organisation

13.1.1 Der Navigator

Der NAVIGATOR oder korrekter die Palette NAVIGATOR wird unter FENSTER|PALETTEN|NAVIGATOR aufgerufen. Alternativ können Sie ihn über das Werkzeug POP-UP NAVIGATOR aktivieren (Abbildung 13.1). Er dient dazu, das 3D-Modell mit all seinen Objekten und Daten zu verwalten. Dazu werden vier verschiedene Mappen verwendet, die im Ablauf des Konstruktionsprozesses unterschiedliche Objektkategorien enthalten.

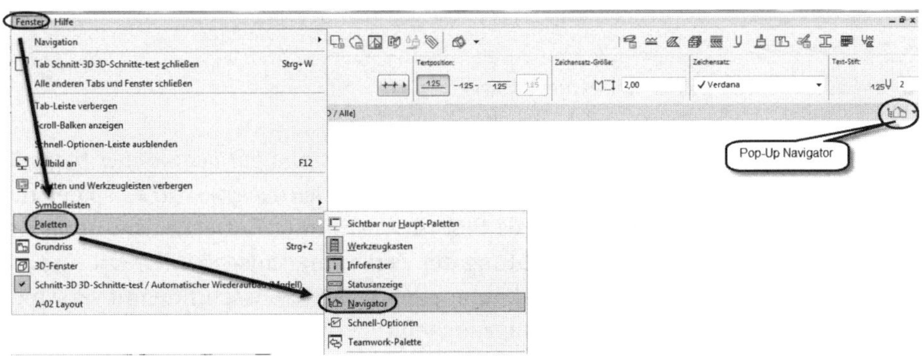

Abb. 13.1: Aufruf des NAVIGATORS

Die Mappen des NAVIGATORS, von denen immer nur eine sichtbar sein kann, sind:

1. PROJEKT-MAPPE,
2. AUSSCHNITT-MAPPE,
3. LAYOUTBUCH und die
4. PUBLISHER-SETS.

- PROJEKT-MAPPE Sie ist standardmäßig aktiviert. Sie enthält die *Baumstruktur des virtuellen Gebäudes*, d.h. des Gebäudes mit all seinen innewohnenden Informationen und Planungsdaten und geometrischen Abmessungen. Sie ist die Mappe, die typischerweise während des Konstruktionsprozesses dauernd gebraucht wird und in der dann auch ständig zwischen den Konstruktionen der verschiedenen Geschosse und den dreidimensionalen Ansichten hin- und hergeschaltet werden kann.

Abb. 13.2: NAVIGATOR-Palette mit PROJEKT-MAPPE

- AUSSCHNITT-MAPPE Sie enthält definierte *Ausschnitte mit bestimmten Maßstäben, Bemaßungen, gezielt aktivierten oder deaktivierten Layern*, wie es später für ganz bestimmte Ausgaben z.B. als Plot für bestimmte Gewerke usw. nötig ist. Dies ist schon ein Schritt in Richtung der Zeichnungsausgabe. Für ein *einziges* Geschoss in der PROJEKT-MAPPE können hier *mehrere* Ausschnitte mit verschiedenen Maßstäben und Darstellungseinstellungen erzeugt werden.

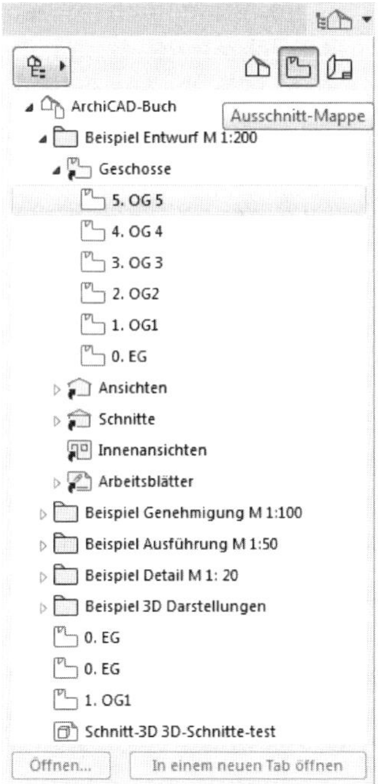

Abb. 13.3: NAVIGATOR-Palette mit AUSSCHNITT-MAPPE

- LAYOUTBUCH Das Layoutbuch verwaltet die *zur Plotausgabe aufbereiteten Layouts*. Das sind auf das jeweilige Ausgabeformat zugeschnittene Zeichnungsrahmen und darin platzierte Ausschnitte aus der AUSSCHNITT-MAPPE.

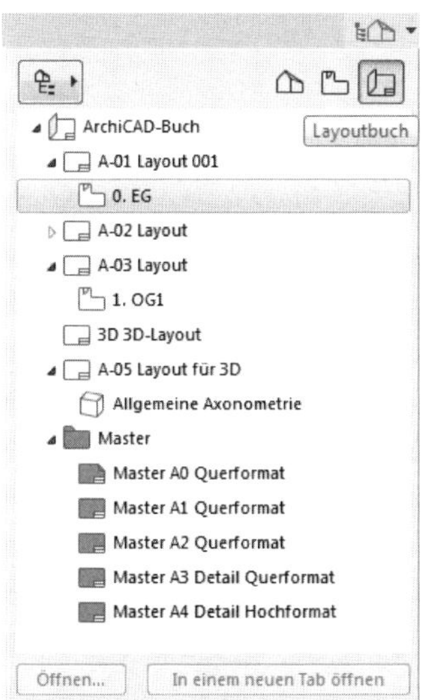

Abb. 13.4: NAVIGATOR-Palette mit LAYOUTBUCH

Im Layoutbuch gibt es sogenannte Master-Layouts, im Wesentlichen leere Papierlayouts für die verschiedenen DIN-Formate mit Zeichnungsrahmen, die als Vorlage für individuelle Layouts dienen. Das individuelle Layout entsteht aus diesen Vorlagen durch Füllen mit Ausschnitten. Aus diesem Layoutbuch können direkt Layouts zur Ausgabe an einen Plotter geschickt werden.

- PUBLISHER Der PUBLISHER kann nur in der vollständigen NAVIGATOR-Palette aufgerufen werden. Im POP-UP NAVIGATOR wird die vollständige Palette nach Rechtsklick auf das PROJEKT-AUSWAHL-Logo aktiviert (Abbildung 13.5). Der PUBLISHER dient zum Verwalten von sogenannten Publisher-Sets, das sind meist *mehrere für die Ausgabe auf jeweils ein bestimmtes Medium zusammengestellte Layouts.* Damit können beispielsweise per Mausklick gleich mehrere in einem Set zusammengestellte Layouts für die Baugenehmigung zugleich an den Plotter geschickt werden. Aber es können hiermit auch Zeichnungen zur Weitergabe mit verschiedenen Dateiformaten wie DWG, DWF oder PDF erstellt werden.

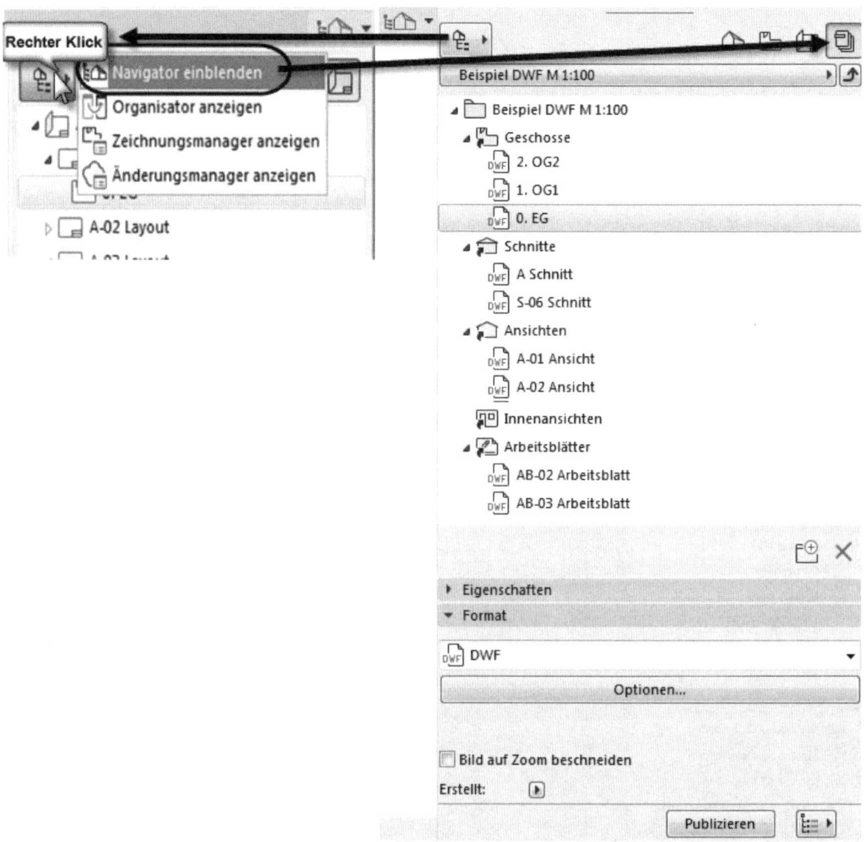

Abb. 13.5: NAVIGATOR-Palette mit PUBLISHER

Sie sehen also, dass die einzelnen Mappen im Projektablauf typischerweise oft nacheinander zum Einsatz kommen und auch Elemente der einen Mappe in eine andere zur Weiterverwendung übergeben werden müssen. Da dies in einem modernen EDV-Programm per *Drag&Drop* möglich sein muss, braucht man noch eine Darstellung, in der *zwei Mappen zugleich* geöffnet werden können, und das ist der ORGANISATOR. Er ist also ein erweiterter NAVIGATOR, der in einem zweiten Fenster wieder Mappen öffnen lässt.

Die Projekt-Mappe

Bei der bisherigen Arbeit mit ArchiCAD haben Sie nur die PROJEKT-MAPPE des NAVIGATORS benutzt. Darin haben Sie meist zwischen dem GRUNDRISSFENSTER und dem 3D-FENSTER gewechselt, um verschiedene Darstellungen der Konstruktion zu sehen. Da in der PROJEKT-MAPPE aber das komplette Projekt verwaltet wird, inklusive seiner internen Daten, gibt es noch weitere Kategorien zur Informationsspeicherung:

- GESCHOSSE Diese Kategorie enthält die zweidimensionalen Konstruktionen der einzelnen Geschosse. Sie werden im GRUNDRISSFENSTER angezeigt und bearbeitet.
- SCHNITTE/ANSICHTEN/INNENANSICHTEN Wenn Sie mit einem der Werkzeuge SCHNITT, ANSICHT oder INNENANSICHT im Grundrissfenster arbeiten, wird automatisch hier der Schnitt, die Ansicht oder die Innenansicht(en) generiert und kann durch Anwahl dann weiterbearbeitet werden, z.B. mit Bemaßung versehen werden.
- ARBEITSBLÄTTER Für ergänzende 2D-Konstruktionen können Sie ähnlich wie DETAILS auch ARBEITSBLÄTTER erzeugen. Diese enthalten aber neben 2D-Kopien der Modell-Geometrie vorgabemäßig auch die zugehörigen Anmerkungs- und Bemaßungselemente. Der Maßstab eines Arbeitsblatts wird von der Ursprungsansicht übernommen. ARBEITSBLÄTTER können gemäß der jeweiligen Ursprungsansicht aktualisiert werden.
- DETAILS In dieser Kategorie entstehen die Detailzeichnungen, wenn Sie in einer Ansicht mit dem DETAIL-Werkzeug einen Detailausschnitt definieren. Sie können ihn dann hier weiterbearbeiten. Das DETAIL enthält die in 2D-Zeichnungselemente zerlegten Komponenten der Original-Konstruktionselemente. Sie können die Detaildarstellung durch weitere eigene 2D-Konstruktionen ergänzen. Nach Änderungen an der Originalkonstruktion kann das Detail übers Kontextmenü mit NEU AUFBAUEN aktualisiert werden. Der Maßstab des Details ist üblicherweise kleiner als die Ursprungsansicht.
- 3D-DOKUMENTE Wenn Sie eine 3D-Ansicht brauchen, in die Sie Texte eintragen können oder bestimmte Sachen bemaßen möchten, dann sollten Sie aus einem 3D-Fenster (siehe nachfolgender Punkt) ein 3D-Dokument erstellen.

- 3D Sobald Sie im GRUNDRISSFENSTER Elemente erzeugen – außer den zweidimensionalen Dokumentationselementen –, entstehen stets dreidimensionale Objekte, die hier in zwei Unterkategorien betrachtet werden können, als ALLGEMEINE PERSPEKTIVE oder ALLGEMEINE AXONOMETRIE.
- AUSWERTUNGEN Hier werden automatisch erzeugte Listen der verschiedenen Elemente Ihrer Konstruktion verwaltet. Diese Listen sind assoziativ mit den Elementen verknüpft. Deshalb können Sie hier in diese Listen auch eingreifen, um z.B. eine Fensterbreite in der Konstruktion zu ändern. Diese Listen sind als Grundlage für Bestellungen und zur Überprüfung der eingebauten Elemente gedacht.
- PROJEKTINHALTE Sie können mit dem Menü DOKUMENTATION|PROJEKTINHALTE|PROJEKT-INHALT-EINSTELLUNGEN hier Inhaltsverzeichnisse von AUSSCHNITTEN, LAYOUTS und ZEICHNUNGEN nach bestimmten Kriterien erstellen. Über die Schemata werden die Filterkriterien festgelegt und die anzuzeigenden Parameter und Informationen.
- LISTEN Diese Kategorie enthält Listen der ELEMENTE, KOMPONENTEN und RAUMFLÄCHEN der Konstruktion.
- INFO Hier werden in zwei Unterkategorien PROJEKTNOTIZEN und PROTOKOLLE verwaltet.

Die Ausschnitt-Mappe

Ein Ausschnitt ist im Prinzip eine Konstruktion, wie sie auch in der PROJEKT-MAPPE verwaltet wird. Nur besteht der Unterschied darin, dass hier diese Konstruktionsansicht mit bestimmten Einstellungen wie *Maßstab* oder *Ebenen-Einstellungen* fest gespeichert bleibt, während in der PROJEKT-MAPPE zum Zwecke der Konstruktion die Vergrößerung stets verändert wird. Bei einfachen Aufgabenstellungen sind die Inhalte von PROJEKT-MAPPE und AUSSCHNITT-MAPPE oft sehr ähnlich. Deshalb kann man sich die Ausschnitte dann auch per *Drag&Drop* durch Herüberziehen aus der PROJEKT-MAPPE erstellen. Dazu müssen Sie dann die ORGANISATOR-Palette aktivieren und beide Mappen öffnen.

Wenn Sie die AUSSCHNITT-MAPPE zum ersten Mal öffnen, werden Sie dort schon vorbereitete Ordner für bestimmte Ebenenkombinationen und Maßstäbe im Bereich 1:20 bis 1:200 vorfinden (Abbildung 13.6). Als Struktur unter diesen Ordnern finden Sie dann immer parallel zur Struktur im NAVIGATOR die bekannten Unterordner für GESCHOSSE, SCHNITTE, ANSICHTEN, INNENANSICHTEN, DETAILS und 3D-DOKUMENTE. Darunter werden Sie auch die in der PROJEKT-MAPPE schon vorhandenen Geschosse und Ansichten finden. Jedes Geschoss und jede Ansicht, die Sie in der PROJEKT-MAPPE einrichten, wird sofort in der Ausschnitt-Mappe in allen vorhandenen Ordnern geklont und später immer aktuell gehalten.

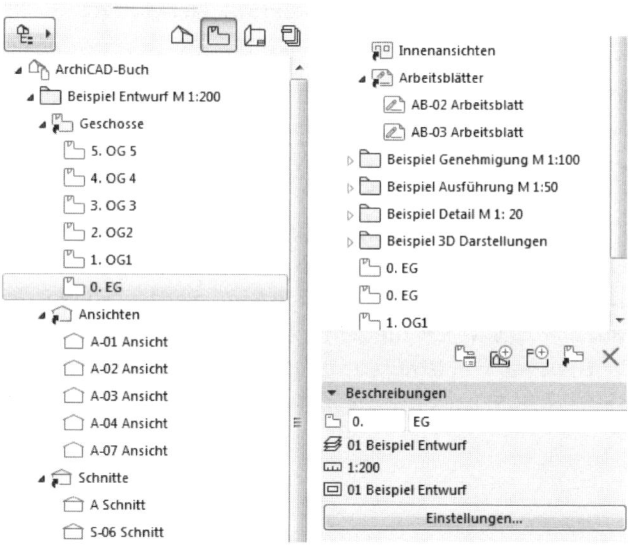

Abb. 13.6: AUSSCHNITT-MAPPE

Sie können in der Ausschnitt-Mappe jederzeit eigene Ordner erstellen und dort eigene Geschosse etc. aus der Projekt-Mappe herüberziehen. Wenn Sie selbst einzelne Elemente oder Ordner aus der PROJEKT-MAPPE in die AUSSCHNITT-MAPPE herüberziehen, dann sind sie nicht geklont.

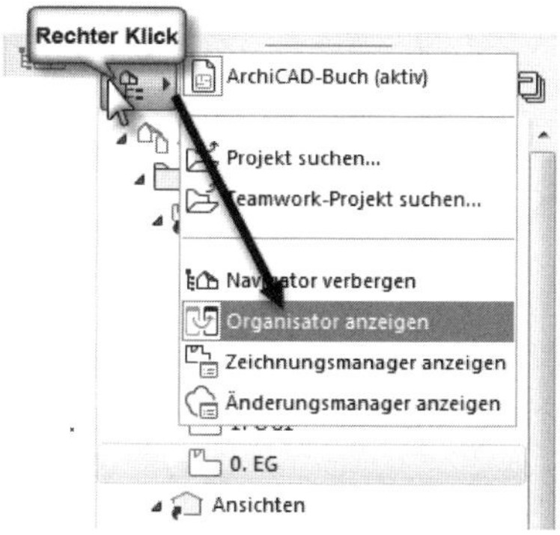

Abb. 13.7: Organisator zur Verwaltung von zwei Mappen aktivieren

Um einen Ordner zu klonen, müssen Sie beim Herüberziehen [Strg]+[Shift] gedrückt halten. Alternativ können Sie auch das Werkzeug in der AUSSCHNITT-MAPPE unterhalb der Strukturanzeige zum Erzeugen geklonter Ordner verwenden. In einem geklonten Ordner werden dann parallel und automatisch neue Geschosse oder Ansichten erzeugt, wenn Sie in der PROJEKT-MAPPE neue Geschosse o.Ä. erstellen.

In der AUSSCHNITT-MAPPE finden Sie im unteren Bereich fünf Werkzeuge:

- AUSSCHNITT-EINSTELLUNGEN dient zum Einstellen der Vorgaben für die Ausschnitte in einem Ordner (Abbildung 13.8). Die wichtigsten Einstellungen sind die *Ebenenauswahl* und die *Skalierung* (Maßstab). Dann können Sie auch noch die *Modelldarstellung*, den *Bemaßungsstil* und einen *Zoomfaktor* wählen. Letzteres wählen Sie nur, wenn unbedingt ein bestimmter Zoomfaktor immer bei diesen Ausschnitten aktiv sein soll. Die *Modelldarstellungen*, verwaltet im Menü DOKUMENTATION|MODELLDARSTELLUNG, geben an, wie die verschiedenen *Konstruktionselemente*, *Schraffuren* und *Raumstempel* angezeigt werden sollen. Es gibt fünf vorgegebene *Modelldarstellungen*, die schon für bestimmte Projektphasen vordefiniert sind: 01 BEISPIEL ENTWURF, 02 BEISPIEL GENEHMIGUNGSPLANUNG, 03 BEISPIEL AUSFÜHRUNGSPLANUNG, 04 BEISPIEL EXPOSÉ und 05 BEISPIEL DECKENSPIEGEL.

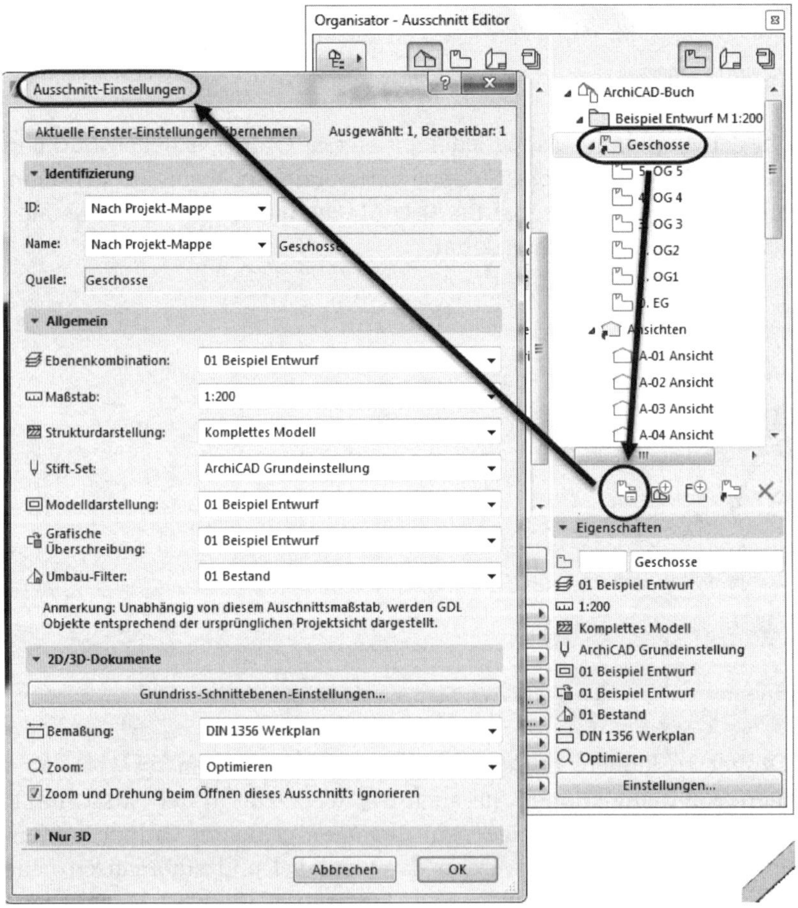

Abb. 13.8: AUSSCHNITT-EINSTELLUNGEN

- AKTUELLEN AUSSCHNITT SICHERN speichert die *aktuelle Darstellung* im Grundrissfenster als neuen Ausschnitt in der AUSSCHNITT-MAPPE im aktuellen Ordner.
- NEUER ORDNER Hiermit legen Sie einen neuen (nicht geklonten) Ordner für Ausschnitte an. Sie können per *Drag&Drop* vorhandene Geschosse aus der AUSSCHNITT-MAPPE in diesen neuen Ordner ziehen (kopieren) und dann im Kontextmenü die Ausschnittseinstellungen ändern. So können Sie beispielsweise die EBENENKOMBINATION von 01 ENTWURF auf 03 AUSFÜHRUNGSPLANUNG ändern oder unter SKALIERUNG einen neuen *Maßstab* wählen.
- ORDNER KLONEN Damit öffnen Sie ein Dialogfenster zur Auswahl eines Verzeichnisses (Ordner) aus der PROJEKT-MAPPE, das dann nach hier geklont, d.h. kopiert wird. Sie tun das, um danach die mitkopierten Ausschnitte übers Kontextmenü mit anderen Einstellungen wie Maßstab und Darstellungseigenschaften zu versehen.
- LÖSCHEN

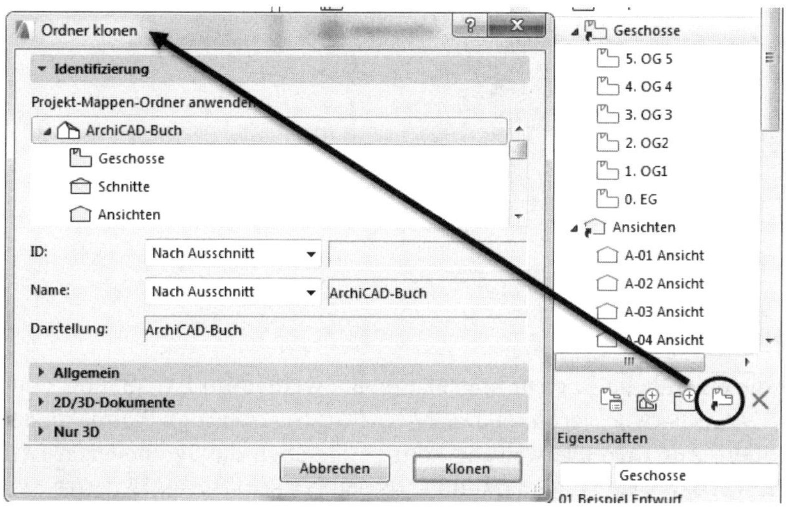

Abb. 13.9: Dialogfenster zum Klonen von Ordnern

13.1.2 Der Organisator

Der ORGANISATOR kann am schnellsten nach einem Rechtsklick auf die NAVIGATOR-Titelleiste über das Kontextmenü gestartet werden. Auf der linken Seite können Sie die vier Mappen des NAVIGATORS öffnen, auf der rechten Seite die Mappen AUSSCHNITT-MAPPE, LAYOUTBUCH und PUBLISHER-SETS. Im ORGANISATOR können Sie deshalb leicht Objekte von links nach rechts *per Drag&Drop kopieren.*

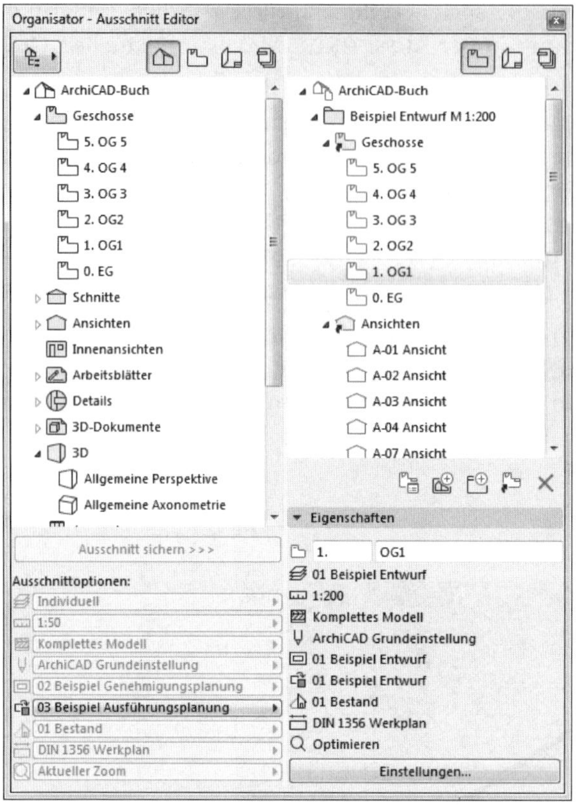

Abb. 13.10: ORGANISATOR-Palette

13.1.3 Layoutbuch

Layouts sind die eigentlichen Zeichnungsblätter. Sie werden im LAYOUTBUCH des NAVIGATORS/ORGANISATORS verwaltet. Das LAYOUTBUCH ersetzt den Plotmaker der älteren Versionen. Zur Layoutverwaltung können Sie auch die Symbolleiste LAYOUTS UND ZEICHNUNGEN verwenden (Menü FENSTER|SYMBOLLEISTEN|LAYOUTS UND ZEICHNUNGEN). Ein Layout ist zunächst einmal ein leerer Zeichnungsrahmen. In Layouts werden *Ansichten, Abbildungen* und/oder *Listenansichten* eingefügt.

Vorgabemäßig werden Sie im LAYOUTBUCH eine Struktur mit zwei Ordnern A-01 Z.B. BAUANTRAG und A-02 Z.B. AUSFÜHRUNGSPLANUNG mit leeren Beispiel-Layouts A-01 LAYOUT 001 finden. Weiter unten liegt der Ordner MASTER mit Masterlayouts für DIN A0, DIN A1, DIN A2, DIN A3 und DIN A4. Weitere leere Layouts erstellen Sie mit Rechtsklick auf einen Ordner-Knoten, indem Sie einen *Namen angeben* und ein *Masterlayout* als Vorlage auswählen.

Das *vorgegebene* Masterlayout ist durch ein Eselsohr oben rechts gekennzeichnet, das ist hier MASTER A2-QUERFORMAT. Sie können jedes andere Masterlayout zum

Vorgabe-Masterlayout machen, indem Sie nach Rechtsklick auf das betreffende Masterlayout die Kontext-Funktion ALS GRUNDEINSTELLUNG FESTLEGEN wählen.

Im Schriftfeld des Zeichnungsrahmens werden automatisch Projektdaten ausgegeben. Die Werte für diese *Projektinformationen* können Sie leicht nach Rechtsklick auf den Projekttitel im NAVIGATOR über die Funktion PROJEKT-INFO eingeben. Das Eingabe-Dialogfeld zeigt Abbildung 13.11. Damit wird dann eine automatische Beschriftung mit den projektintern gespeicherten Daten möglich.

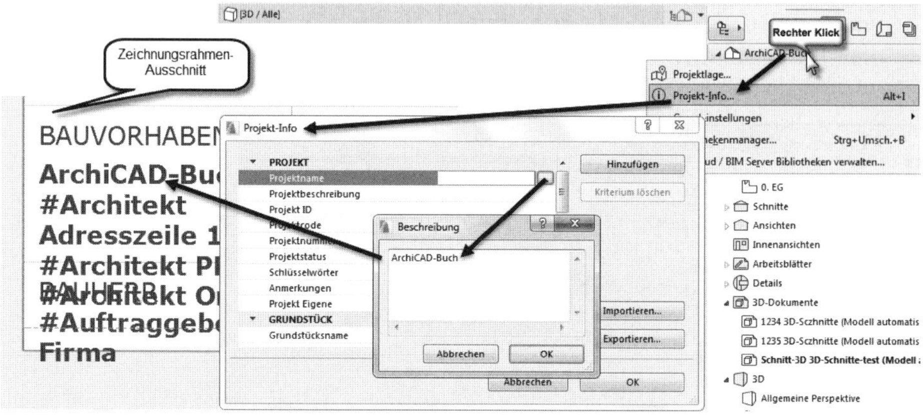

Abb. 13.11: PROJEKT-INFO für den Zeichnungskopf

Die *Projektinformationen* können Sie alternativ auch in der PROJEKT-MAPPE eingeben, indem Sie auch dort nach Rechtsklick auf den obersten Strukturknoten die Option PROJEKT-INFO wählen.

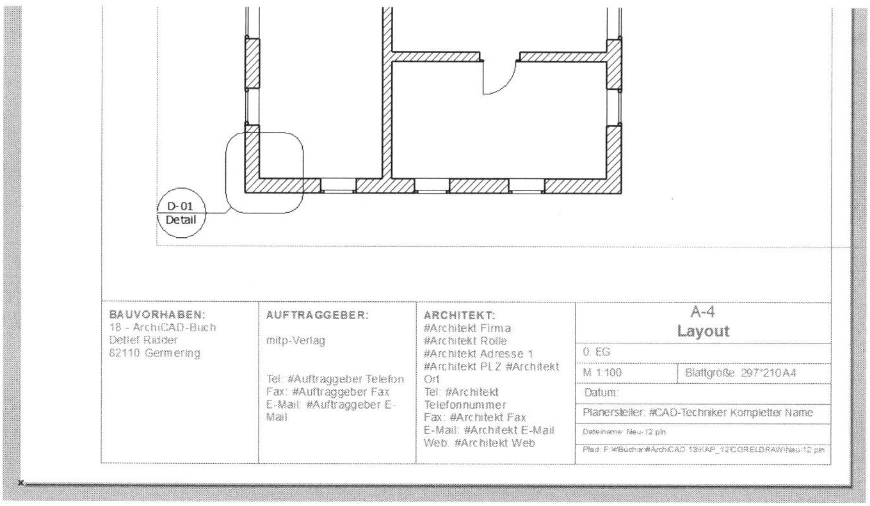

Abb. 13.12: Automatisch beschrifteter Rahmen

Es gibt sechs Werkzeuge unten am Fenster des Layoutbuchs:

- EINSTELLUNGEN verwaltet die Einstellungen eines Layouts. Dabei geht es im Wesentlichen um die ID-Nummer (automatisch vergeben oder eigene), den Namen des Layouts und das benutzte Masterlayout sowie um die ID-Nummerierung der eingefügten Objekte.
- NEUES LAYOUT erzeugt ein neues Layout unter Angabe eines Namens und Wahl des Masterlayouts, d.h. eines Zeichnungsrahmens.
- NEUES MASTERLAYOUT Hiermit wird zunächst ein leeres Masterlayout nach Vorgabe des aktuellen Masters erstellt. Dieses Masterlayout können Sie mit dem Button EINSTELLUNGEN neu gestalten (Abbildung 13.13).

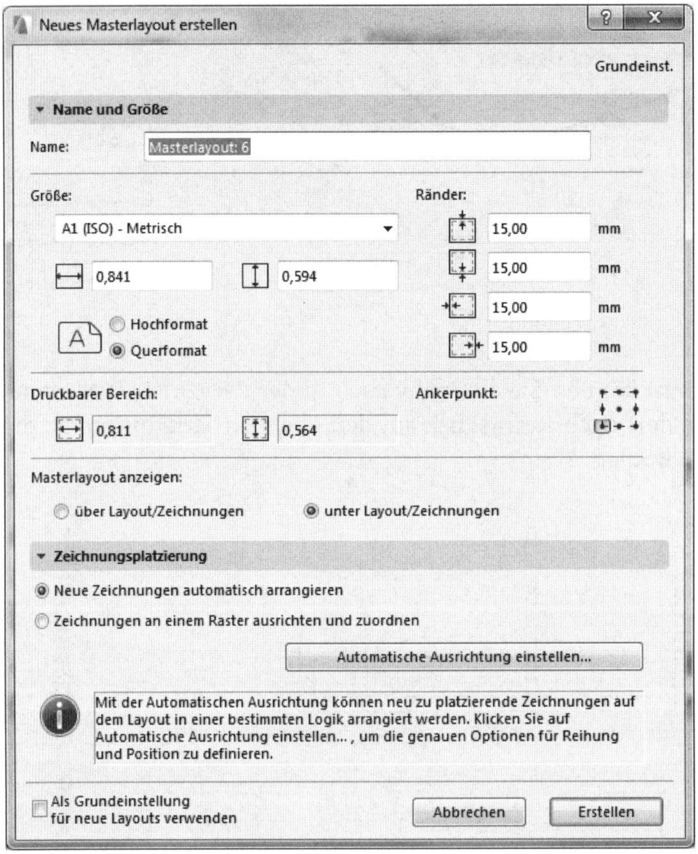

Abb. 13.13: Master-Einstellungen für Name und Größe

Interessant ist auch die Möglichkeit, im Panel ZEICHNUNGSPLATZIERUNG die Option ZEICHNUNGEN AN EINEM RASTER AUSRICHTEN UND ZUORDNEN zu wählen und mit der Schaltfläche RASTER EINSTELLEN die Einstellungen zu gestalten (Abbildung 13.14).

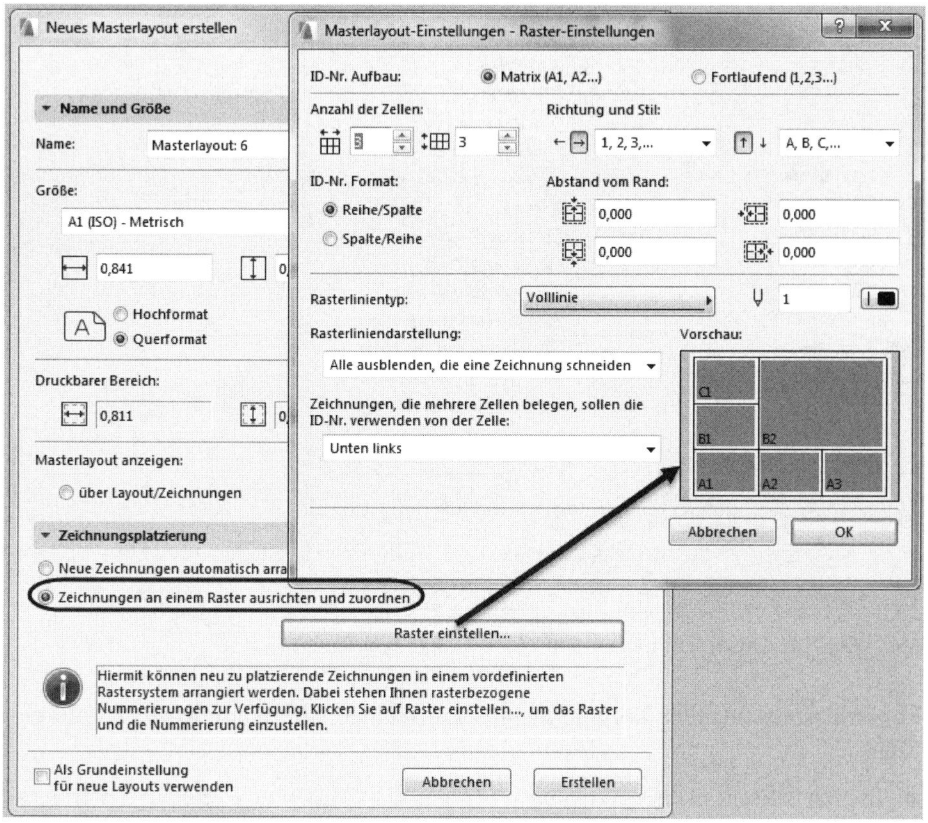

Abb. 13.14: Master-Einstellungen für Anordnung von Zeichnungen im Rahmen

- NEUE UNTERGRUPPE erzeugt einfach einen neuen Unterordner im LAYOUTBUCH.
- AKTUALISIEREN aktualisiert ein Layout nach Konstruktionsänderungen.
- LÖSCHEN löscht ein Layout, einen Ordner oder ein Masterlayout.

Mit dem ORGANISATOR können Sie nun leicht einen *Ausschnitt* in ein *leeres Layout* ziehen. Der Ausschnitt wird dann auf das Layout-Blatt positioniert oder ggf. nach dem eingestellten Raster platziert. Damit wäre Ihre Zeichnung dann bereit für das Plotten.

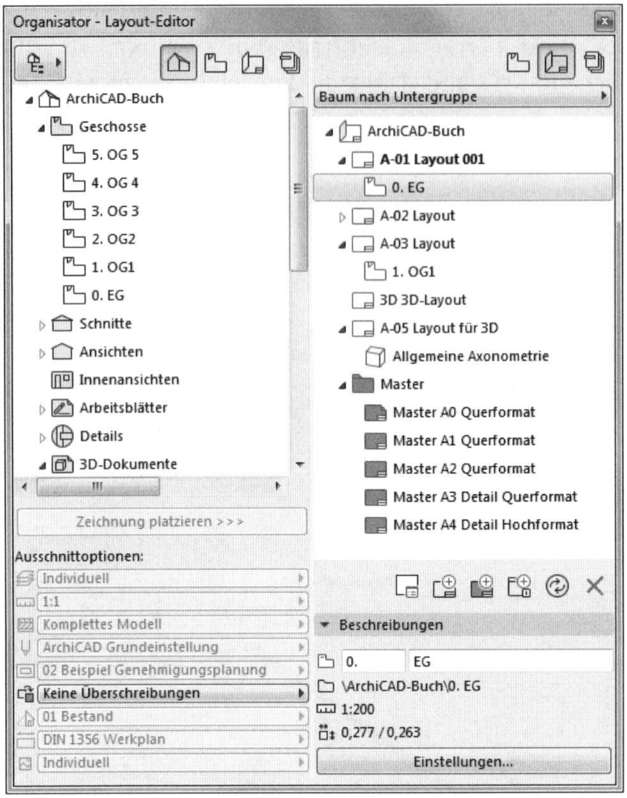

Abb. 13.15: ORGANISATOR mit AUSSCHNITT-MAPPE und Layoutbuch

Konstruktionsansichten können Sie auf unterschiedliche Weise in ein Layout einfügen:

- Im WERKZEUGKASTEN aktivieren Sie das ZEICHNUNGS-Werkzeug, platzieren mit Klick zunächst einen leeren Ausschnitt und wählen dann aus der angebotenen Liste (im Normalfall wird die AUSSCHNITT-MAPPE angezeigt) die gewünschte Ansicht mit Doppelklick aus. Auch andere Quellen sind möglich. Sie können nachträglich per Rechtsklick darauf mit QUELL-AUSSCHNITT-EINSTELLUNGEN BEARBEITEN noch einen individuellen Namen vergeben und sämtliche Einstellungen wie Maßstab etc. bearbeiten.
- Sie können alternativ das ZEICHNUNGS-Werkzeug auch über das Kontextmenü des aktuellen Layouts mit ZEICHNUNG PLATZIEREN wählen. Dann geht es weiter wie oben.
- In der PROJEKT-MAPPE können Sie im Kontextmenü AUSSCHNITT SICHERN wählen und dann in der AUSSCHNITT-MAPPE wieder im Kontextmenü AUF LAYOUT PLATZIEREN, um den aktuellen Zeichnungsausschnitt im aktuellen Maßstab auf das aktuelle Layout zu legen. Auch hier können Sie nachträglich per Rechtsklick darauf QUELL-AUSSCHNITT-EINSTELLUNGEN BEARBEITEN aufrufen.

Den Maßstab für eine platzierte Ansicht können Sie nach Markieren der Ansicht in der zweiten Spalte, unterste Zeile im INFOFENSTER ändern oder über das Fenster EINSTELLUNGEN FÜR DIE ZEICHNUNGSAUSWAHL.

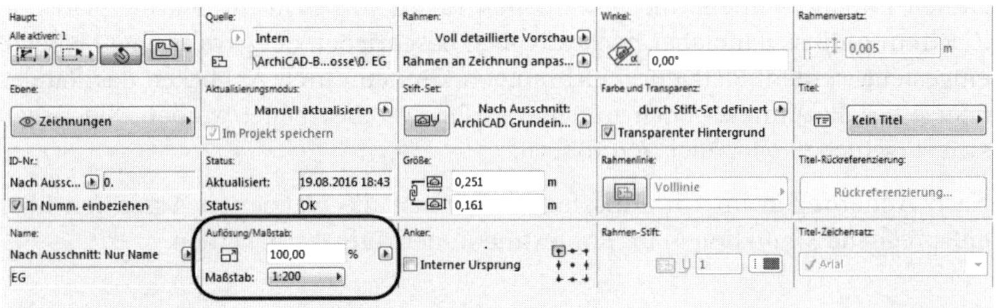

Abb. 13.16: INFOFENSTER für platzierte Ansicht

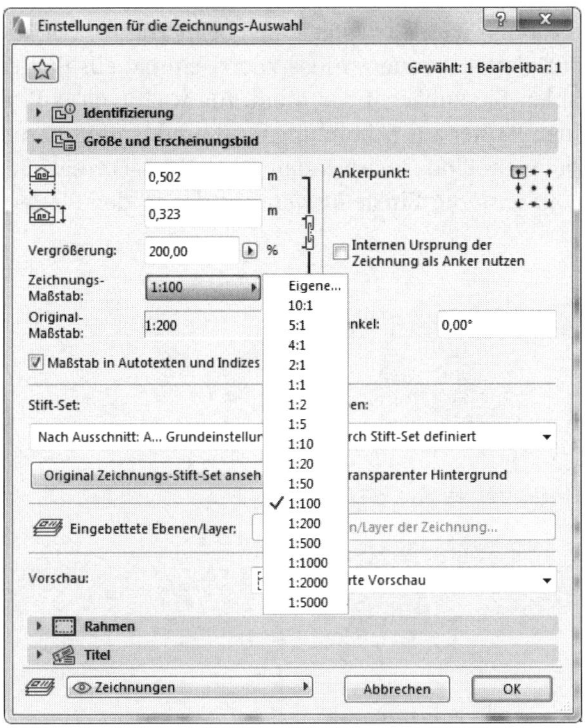

Abb. 13.17: EINSTELLUNGEN-Dialog für die Zeichnung

Sie können auch *Fremdzeichnungen* auf Ihrem Layout platzieren, wenn Sie in der Kontext-Funktion ZEICHNUNG PLATZIEREN die Option ZEICHNUNG VERKNÜPFEN MIT EINER EXTERNEN QUELLE wählen. Gehen Sie danach auf DURCHSUCHEN und wählen Sie die gewünschte Zeichnung aus, z.B. eine AutoCAD-DWG-Datei. Sie müssen dann in einem weiteren Fenster die Einheiten wählen, in denen diese Zeichnung erstellt wurde. Es stehen MILLIMETER und METER zur Verfügung, aber auch eigene Skalierungen durch anzugebende Skalierungsfaktoren. Wenn Sie eine Zeichnung in *Zentimetern* gewählt haben, stellen Sie deshalb als Zeichnungseinheit EIGENE [MM] ein und geben einen Faktor von **10,0** ein. Für die platzierte Zeichnung muss dann aber noch wie oben beschrieben der gewünschte Maßstab eingestellt werden. Platzierte Zeichnungen können durch Anklicken des Randes oder eines Eckpunktes noch mittels PET-PALETTE bearbeitet werden. Sie lassen sich verschieben oder auch vergrößern.

Nach Änderungen im Grundrissfenster können die platzierten Ansichten über entsprechende Funktionen im Kontextmenü neu aufgebaut werden.

13.2 Plotten

Unter *Plotten* ist hier die Ausgabe auf großformatigen Plottern zu verstehen. Die Ausgabe auf kleinen Formaten A4 und A3 wird weiter unten beim Thema *Drucken* behandelt. Bevor Sie ein Layout plotten können, muss zuerst einmal ein Plotter eingerichtet werden. Dazu wählen Sie zunächst das Menü ABLAGE|PLOTTER-EINSTELLUNG und wählen dann einen Plotter aus (Abbildung 13.18) und konfigurieren die Einstellungen. Alle angebotenen Plotter verwenden das HPGL-Format. Sie müssen natürlich darauf achten, dass die Einstellungen mit denen des Plotters konform sind.

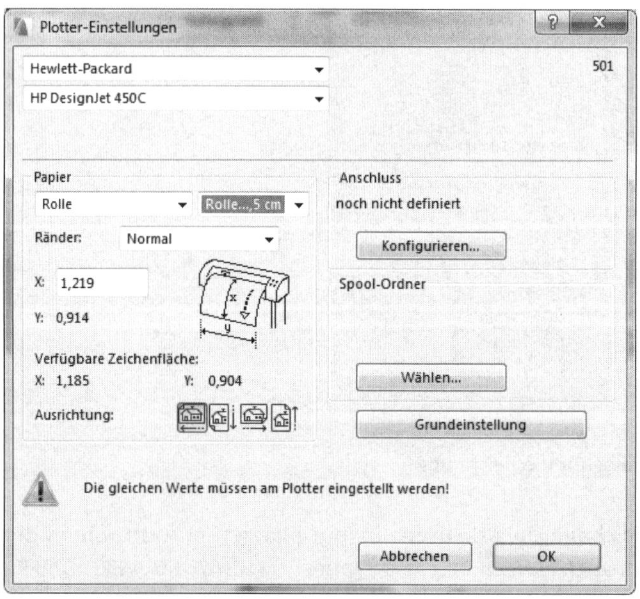

Abb. 13.18: Plotter einstellen

Mit dem Menü ABLAGE|PLOTTEN schicken Sie dann den Plot ab (Abbildung 13.19).

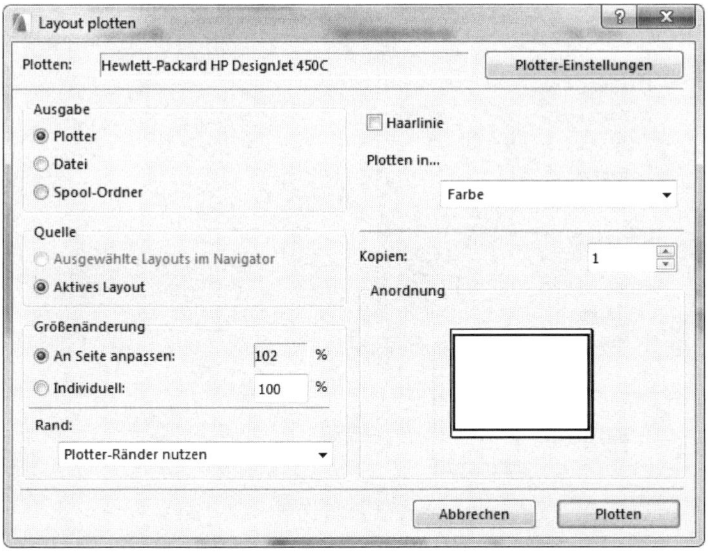

Abb. 13.19: Markiertes Layout plotten

13.3 Drucken

Gedruckt (mit A4- oder A3-Druckern) wird normalerweise nur zu Prüfzwecken, um eine Voransicht für die späteren Plots zu bekommen. Die Plots im größeren Format dienen dann der endgültigen Dokumentation des Projekts.

Die Einstellungen für das Drucken finden Sie unter ABLAGE|PAPIERFORMAT. Hier wählen Sie den betreffenden Drucker aus, das Papierformat und die Ausrichtung hoch oder quer.

Der Druckbefehl selbst ist in der STANDARD-Symbolleiste zu finden oder im Menü ABLAGE|DRUCKEN. Die Eingaben fürs Dialogfenster sind selbsterklärend (Abbildung 13.20). Sie können Layouts, 2D- oder 3D-Fenster fürs Drucken wählen. Nicht gedruckt werden Fixpunkte, Auswahlpunkte, Schnitttiefen-Linien, Dach-Aufsetzlinien, Kameras und Routen. Wahlweise druckbar sind *Konstruktionsraster* und die *Transparentpause*.

Wenn Sie den Druck-Befehl aus dem Grundrissfenster oder einer anderen Projektsicht heraus starten, erscheinen die Optionen RASTER DRUCKEN und TRANSPARENTPAUSE DRUCKEN (nur wenn eine Transparentpause aktiv ist), die Sie aktivieren können.

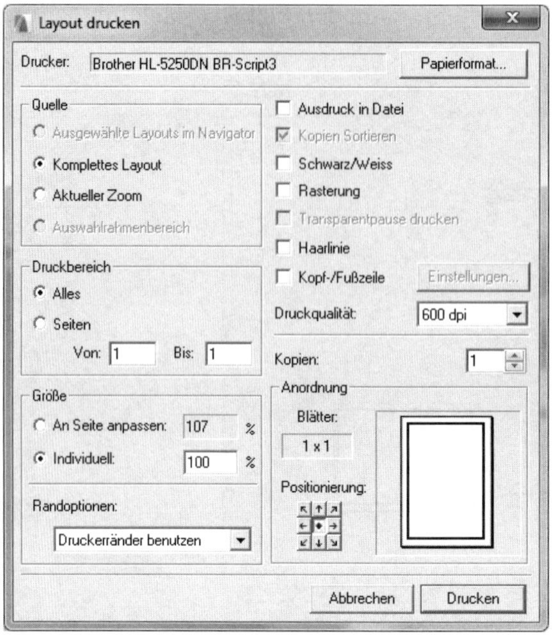

Abb. 13.20: LAYOUT DRUCKEN

Mit der Option KOPF-/FUSSZEILE und den EINSTELLUNGEN daneben können Sie noch *Projektdaten* in extra Kopf- und Fußzeilen drucken lassen.

13.4 Publizieren

Unter Publizieren (zu Deutsch: veröffentlichen) versteht man im Allgemeinen die Dateiausgabe in Fremdformaten zur Weitergabe. Das soll einerseits die Weiterbearbeitung zu anderen Programmsystemen ermöglichen, andererseits nur zur Betrachtung und Beurteilung dienen. Bei den möglichen Ausgabeformaten gibt es solche zur Übergabe an andere CAD-Systeme wie DWG, DXF (beide für AutoCAD) und DGN (für MicroStation). Das Format DWF ist kein spezielles Format zur Übertragung in ein anderes System, sondern ein von der Firma Autodesk definiertes Format, das mit sogenannten Viewern betrachtet werden und ggf. in AutoCAD-Zeichnungen eingefügt werden kann. Eine weitere Art des Publizierens ist die Erzeugung von Rasterdaten für Bildbearbeitungsprogramme, die zum Drucken und einfachen Bearbeiten Verwendung finden. Solche Formate können aber nicht mehr zurück in das Originalformat konvertiert werden.

13.4.1 Publisher-Sets

Zum Ausgeben in verschiedenste Dateiformate, aber auch zum Plotten mehrerer Layouts, gibt es im NAVIGATOR/ORGANISATOR die PUBLISHER-SETS. Mit einem

Klick in die Publisher-Set-Auswahl ganz oben können Sie zwischen verschiedenen vorgegebenen PUBLISHER-SETS für unterschiedliche Maßstäbe und für die Ausgabedateiformate BIMx, DWG (AutoCAD) und PDF (Adobe) wählen. Sie können aber auch selbst eigene Sets mit anderen Ausgabeformaten erstellen, in die Sie im Organisator dann die gewünschten Ansichten mit den verschiedensten Maßstäben und für die Ausgabe in den unterschiedlichsten Formaten herüberziehen können. Der Wert der Publisher-Sets besteht in der Möglichkeit, den Zeichnungssatz hier frei zusammenstellen zu können und dann sowohl den ganzen Satz ausgeben zu können, wobei Maßstab und Ausgabeformat frei bestimmt werden können.

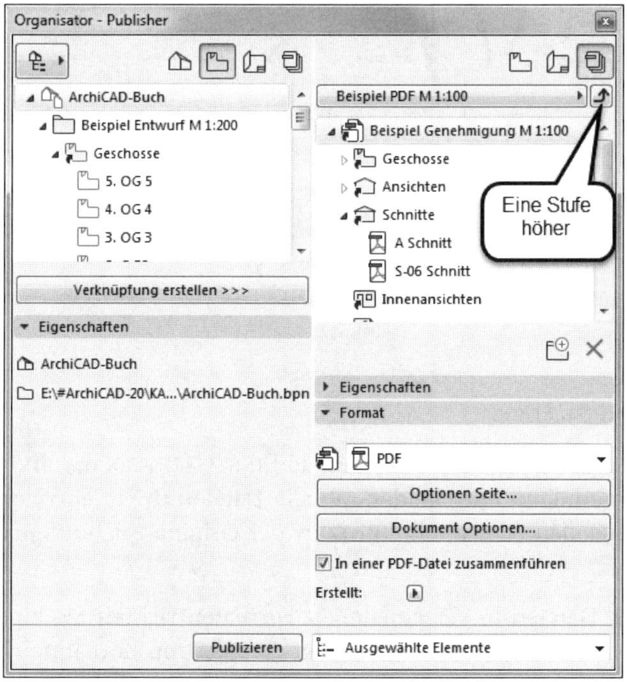

Abb. 13.21: Publisher-Sets-Struktur

Im PUBLISHER ist oben in der ersten Drop-down-Liste der Publisher-Sets BEISPIEL PDF M 1:100 eingestellt. Andere vorbereitete Publisher-Sets werden nach Klick auf diese Drop-down-Liste angezeigt. Mit einem Klick auf den Pfeil daneben mit der Bezeichnung EINE STUFE HÖHER lassen sich alle vorbereiteten Publisher-Sets im Listenfeld dauerhaft anzeigen. Über einen Rechtsklick darauf werden Ihnen die Funktionen NEUES PUBLISHER-SET und EINSTELLUNGEN angeboten.

Unter EINSTELLUNGEN|DATEIEN SICHERN können Sie noch weitere Ausgabeoptionen aktivieren:

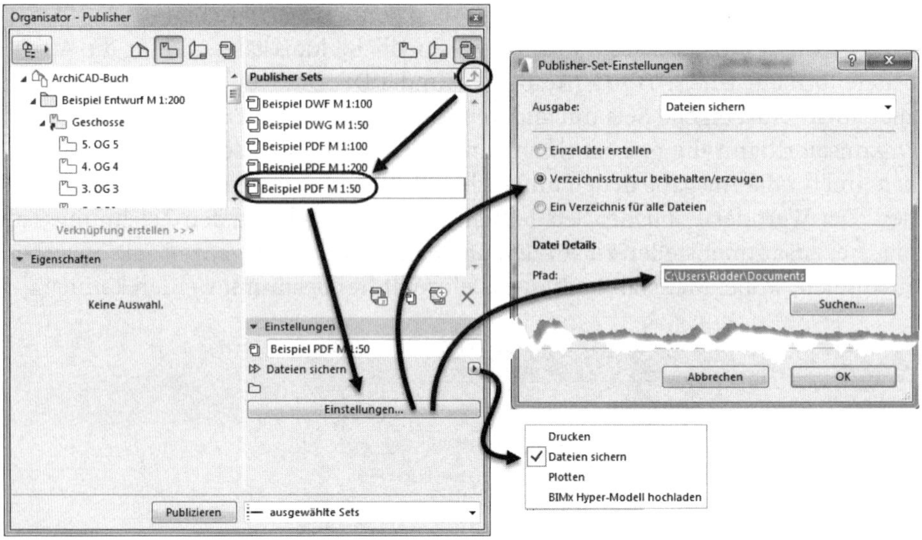

Abb. 13.22: Liste der voreingestellten Publisher-Sets

- DRUCKEN
- DATEIEN SICHERN
- PLOTTEN
- BIMX HYPER-MODELL HOCHLADEN

Für die Option DATEIEN SICHERN geben Sie im Listenfeld EINSTELLUNGEN darunter den Dateipfad an und können dann entscheiden, ob alle Dateien in ein einziges Verzeichnis gestellt werden sollen oder ob die Struktur der Originalzeichnungen beibehalten werden soll.

Zum Publizieren mehrerer Dateien in verschiedenen Formaten richten Sie einfach einen neuen Ordner ein, ziehen die Dateien per Drag&Drop dort hinein, markieren diese und stellen für jede unten dann das gewünschte Format ein (Abbildung 13.23).

Neben der Schaltfläche PUBLIZIEREN wählen Sie mit einem kleinen Button, wie viel Sie publizieren möchten: DIESES SET, AUSGEWÄHLTE ELEMENTE, ALLE SETS. Nach dem Klick auf PUBLIZIEREN erhalten Sie ein Protokoll über den Verlauf.

Danach können Sie die spezifizierten neuen Ordner mit den Ausgabedateien im Windows-Explorer finden.

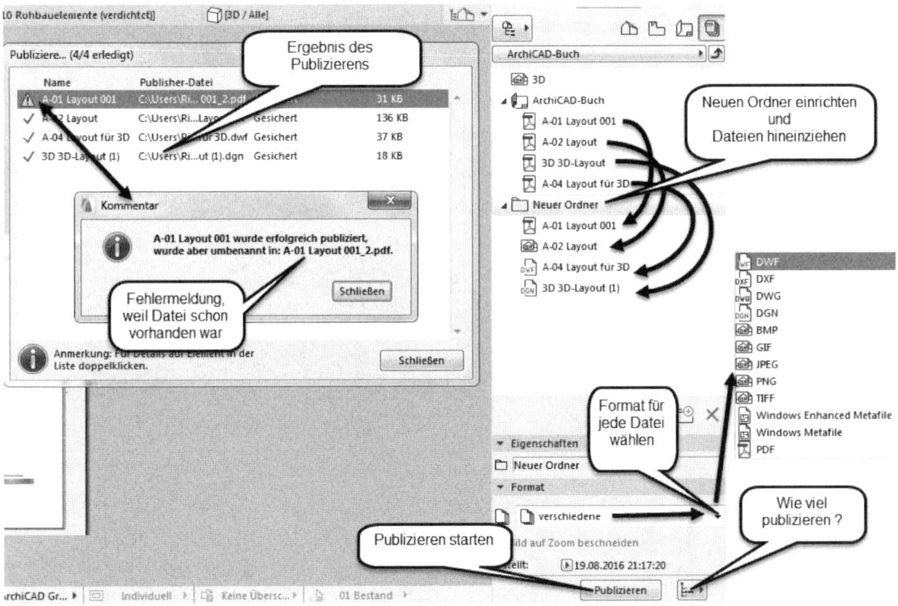

Abb. 13.23: Format fürs Publizieren einstellen

13.5 Übungsfragen

1. Welche Mappen enthält der NAVIGATOR?
2. Wie wird der ORGANISATOR am schnellsten aufgerufen?
3. Wie richten Sie ein neues Masterlayout ein?
4. Wie richten Sie ein neues Layout ein?
5. Mit welchem Menü werden neue Plotter eingerichtet?
6. Welche Ausgabearten fasst man unter Publizieren zusammen?
7. Bei welchem Format sind auch 3D-Objekte möglich?

Kapitel 14

Projekteinstellungen, Geschosse und Ebenen

In den vorangegangenen Kapiteln bin ich davon ausgegangen, dass man mit den vorgegebenen Grundeinstellungen für das Projekt die Geschosse und Ebenen bearbeiten kann. Das ist für Übungsbeispiele natürlich ausreichend, wenn keine speziellen Anforderungen ans Projekt gegeben sind. Die Möglichkeiten für spezifische Voreinstellungen für ein Projekt sollen nun hier geschildert werden.

14.1 Projekteinstellungen

Mit dem Menü OPTIONEN|PROJEKT-PRÄFERENZEN legen Sie die *Voreinstellungen* des Projekts fest. Dazu gehören als wichtigste die verwendeten *Maßeinheiten* und die *Standards für Raumberechnungen.*

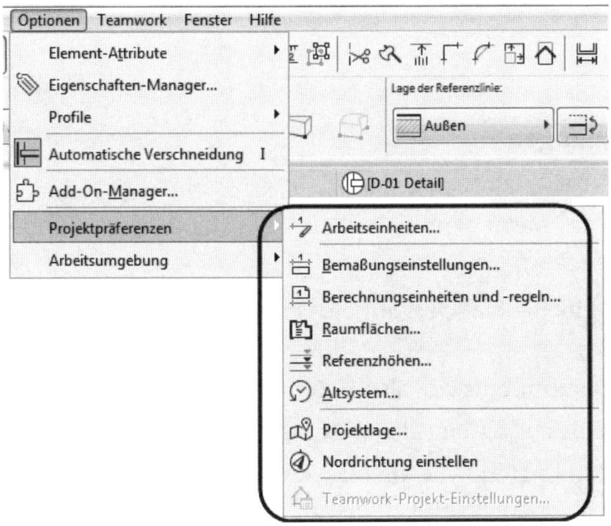

Abb. 14.1: Die Projekteinstellungen

14.1.1 Arbeitseinheiten

Sie stellen hier die Einheiten und die Anzahl der Nachkommastellen ein, mit denen Sie Ihre Konstruktion *erstellen* möchten. In der Regel werden das **Meter** sein, evtl. auch **Zentimeter**. Auch die Winkeleinheiten werden hier festgelegt (Abbildung 14.2).

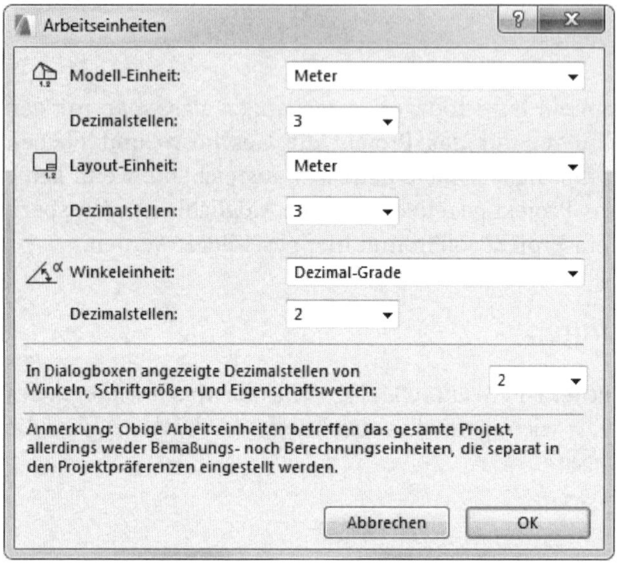

Abb. 14.2: Arbeitseinheiten

14.1.2 Bemaßungseinstellungen

Hier wählen Sie nun, in welchen Einheiten Sie *bemaßen* möchten (Abbildung 14.3). Üblicherweise werden das Meter sein. Es stehen vier gängige Bemaßungsstile zur Verfügung:

- DIN 1356 – RUNDUNG .01 gibt die Maße bis auf 0,01 cm genau an, also auf 1/10 Millimeter (Abbildung 14.3),
- DIN 1356 – RUNDUNG .25 bis auf 0,25 cm, also ¼ Zentimeter, und
- DIN 1356 – RUNDUNG .50 bis auf 0,5 cm, also ½ Zentimeter.
- MILLIMETER bemaßt in Millimetern wie in Maschinenbau und Schreinerei üblich mit Genauigkeit je nach Einstellungen bis auf 0,001 mm.

Über RUNDUNGSINTERVALL wird die Rundung für die obigen Stile entsprechend eingestellt. Für 1-mm-Genauigkeit müssten Sie beim Stil DIN 1356 – RUNDUNG

.01 das RUNDUNGSINTERVALL auf **0.1** schalten. Mit der Option AUS wird immer auf die angegebene Anzahl von Nachkommastellen gerundet, also bei Meter-Einheiten und 2 Nachkommastellen auf volle Zentimeter. Mit der Option NULL VOR KOMMA VERBERGEN wird bei normalen Meter-Einheiten die Anzeige der Maße unter 1 m (Bsp. $0{,}36^5$) auf Zentimeter umgestellt (Bsp. 36^5).

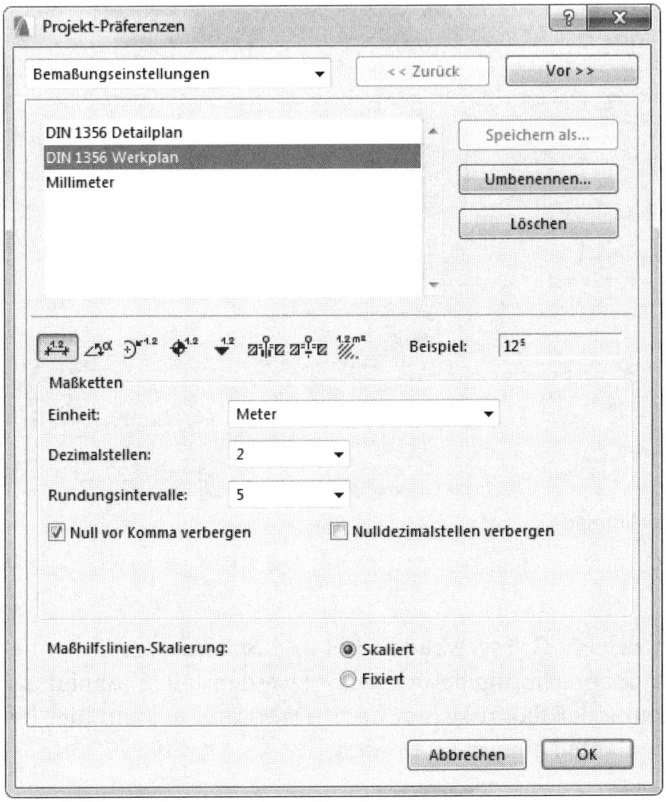

Abb. 14.3: Bemaßungseinstellungen

14.1.3 Berechnungseinheiten und -regeln

Hier geht es um die Einheiten, die bei der Berechnung z. B. von Raumflächen für *Längen*, *Flächen*, *Volumen* und *Winkel* verwendet werden sollen (Abbildung 14.4). Bei den BERECHNUNGSREGELN geht es im Wesentlichen darum, mit welchen Abzügen für Öffnungen bei berechneten Flächen und Volumina von Wänden, Decken, Dächern und Unterzügen gearbeitet werden soll.

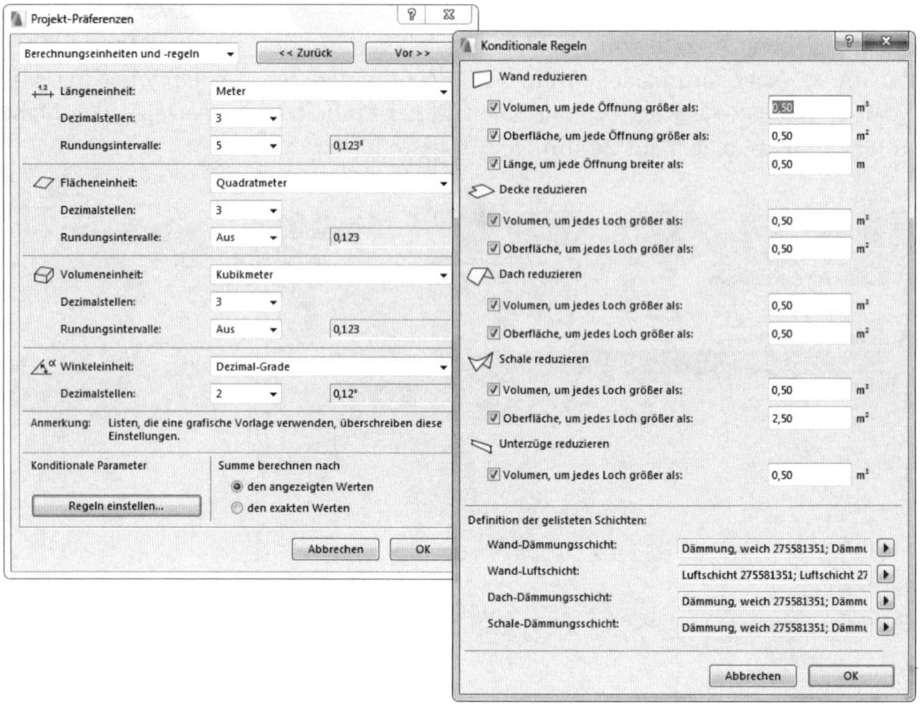

Abb. 14.4: Einheiten für Berechnungen

14.1.4 Raumflächen

Sie bestimmen hier, ab welcher Größe *Wandnischen* und *Stützen* oder innen liegende *Wände* bei der Raumberechnung berücksichtigt werden sollen (Abbildung 14.5). Auch die Gewichtung der Raumflächen unter *Dachschrägen* kann hier bezüglich Höhe und Prozentanteil eingestellt werden.

14.1.5 Referenzhöhen

Hier können Sie bis zu zwei Referenzhöhen angeben, die für die Positionierung der Elemente verwendet werden können (Abbildung 14.6). Die im EINSTELLUNGSDIALOG wählbaren Referenzhöhen PROJEKTURSPRUNG, 1. REFERENZHÖHE und 2. REFERENZHÖHE sind die *Höhennullpunkte* für die dort *absolut* genannten z-Werte.

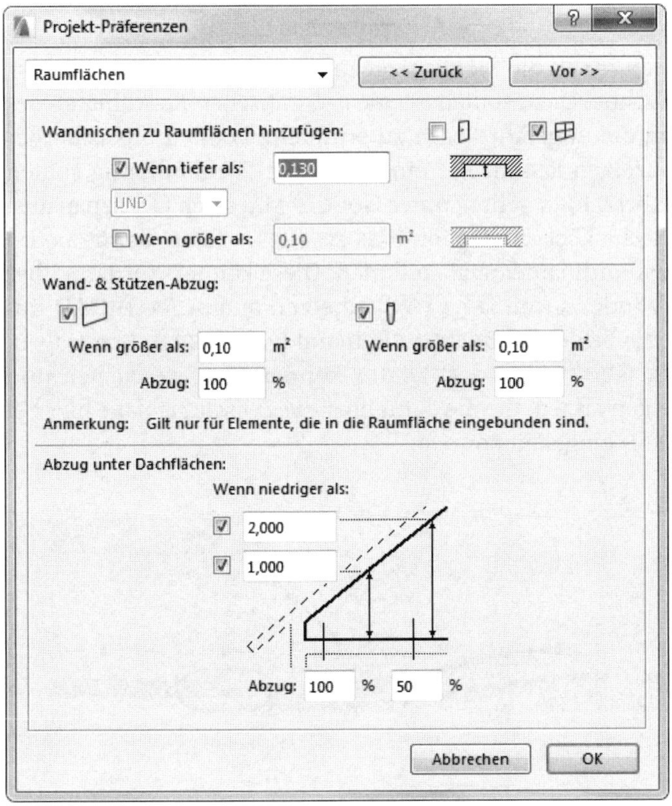

Abb. 14.5: Raumflächen

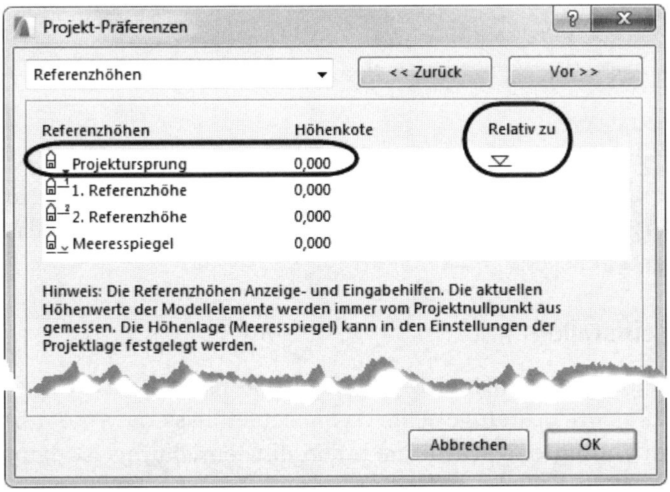

Abb. 14.6: Referenzhöhen

14.1.6 Projektlage

Dieses Dialogfenster bietet Ihnen die Möglichkeit zur exakten Georeferenzierung, also zur genauen Ortseingabe. Dazu sollten Sie die geografischen Koordinaten des Projektortes wissen. Um die ungefähre Lage zu ermitteln, können Sie sich über ORTE eine Städteliste anzeigen lassen. Für eine genauere Positionierung sollten Sie auf IN GOOGLE MAPS ANZEIGEN gehen, unter GOOGLE MAPS den Ort genau auswählen und dort nach Rechtsklick die Option WAS IST HIER wählen, damit Sie im *Google-Suchfeld* oben die Koordinatenangaben finden. Diese können Sie dann über die *Zwischenablage* von Windows (mit [Strg]+[C] kopieren und in ARCHICAD mit [Strg]+[V] einfügen) in die Felder für BREITENGRAD und LÄNGENGRAD übertragen. Über die Schaltfläche IN GOOGLE MAPS ANZEIGEN können Sie Orte suchen und deren Koordinaten anzeigen lassen, die Sie dann über die Zwischenablage hier bei BREITEN- und LÄNGENGRAD eingeben können.

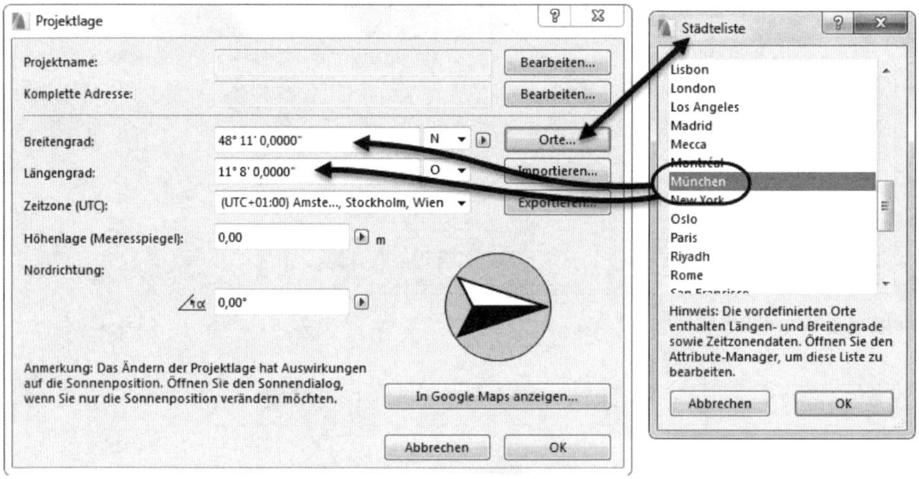

Abb. 14.7: Ortswahl über PROJEKTLAGE

Sie können auch eigene Orte in die Ortsliste eintragen, aber dazu müssen Sie in das Menü OPTIONEN|ELEMENTATTRIBUTE|ATTRIBUTE-MANAGER gehen und das Register mit der *Weltkugel* anklicken.

14.1.7 Nordrichtung einstellen

Die Nordrichtung können Sie eigentlich auch im Dialogfeld PROJEKTLAGE eingeben. Sie ist standardmäßig auf 90° eingestellt. Das bedeutet, dass die y-Koordinatenrichtung der Nordrichtung entspricht, die x-Koordinatenrichtung ist dann Osten. Diesen Wert können Sie beliebig ändern.

Andererseits bietet Ihnen das Menü OPTIONEN|PROJEKTPRÄFERENZEN|NORDRICHTUNG EINSTELLEN eine grafische Option zur Eingabe der Nordrichtung. Falls die

Nordrichtung etwa fluchtend zu einem Gebäudeelement einzustellen ist, wäre diese Option ganz praktisch. Sie brauchen dann nur zwei Punkte zu wählen, von denen Sie die Nordrichtung abgreifen.

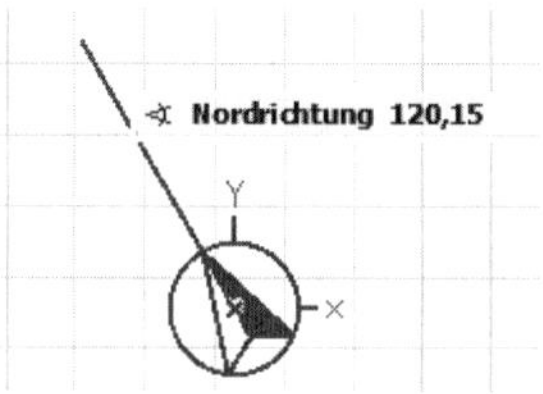

Abb. 14.8: Grafische Eingabe der Nordrichtung

14.2 Geschossverwaltung

Geschosse

Die Geschosse geben die physische Gliederung des Gebäudes wieder. Die einzelnen Grundrisse der Geschosse werden durch diese Einteilung voneinander getrennt.

Abb. 14.9: Geschoss-Einstellungen im Navigator

Die Geschosse werden im NAVIGATOR im Ordner GESCHOSSE verwaltet. Mit Rechtsklick auf ein Geschoss können Sie dort das Kontextmenü aktivieren, in dem Sie auch Funktionen zum Erstellen neuer Geschosse finden. Die Verwaltung für Geschosse bietet aber auch das Menü PLANUNG|GESCHOSS-EINSTELLUNGEN (Abbildung 14.10). Hier können neue Geschosse eingegeben und die Geschosshöhen eingestellt werden. ArchiCAD zählt die Geschosse automatisch durch, Sie dürfen aber auch eigene Geschossnamen hinzufügen.

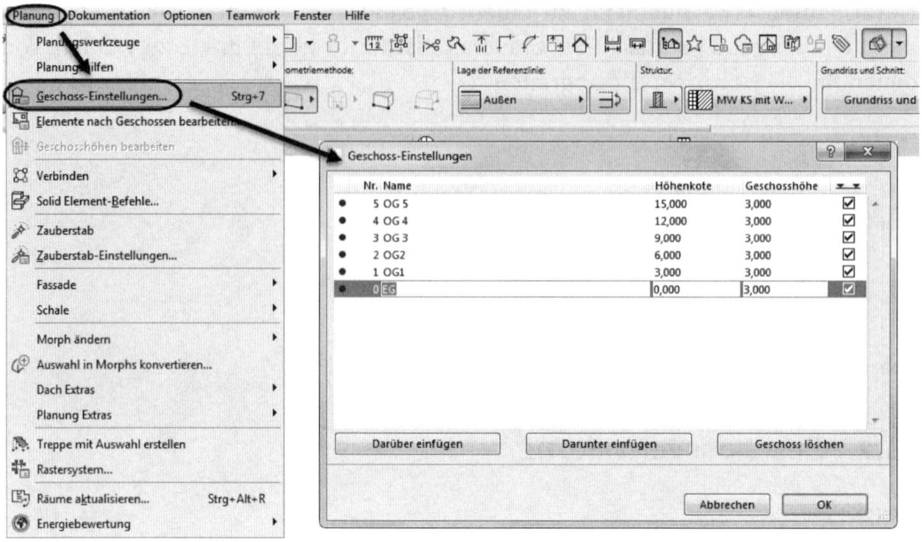

Abb. 14.10: Geschoss-Einstellungen

Transparentpausen

Eine wichtige Rolle spielen die TRANSPARENTPAUSEN. In Ihrer Konstruktion können Sie aus jeder einzelnen Projekt-Sicht – egal ob Geschoss, Ansicht oder Schnitt etc. – eine Transparentpause machen. Dazu können Sie im NAVIGATOR eine Projekt-Sicht anklicken und im Kontextmenü ALS TRANSPARENTPAUSE ANZEIGEN wählen. Mit der unter FENSTER|PALETTEN|TRANSPARENTPAUSE aktivierbaren Palette können Sie sich dann jede dieser TRANSPARENTPAUSEN zusätzlich zu Ihrer aktuellen Projekt-Sicht als Zeichenhilfe anzeigen lassen. Die Elemente auf einer TRANSPARENTPAUSE sind standardmäßig in Rot zu sehen. Diese Farbe ist auch änderbar. Die TRANSPARENTPAUSE ist insbesondere nützlich, wenn Sie Positionen eines anderen Geschosses für die Konstruktionen im aktuellen Geschoss brauchen. Alle Positionen aus einer TRANSPARENTPAUSE können in anderen Projekt-Sichten gefangen werden. Es werden aber nur die ebenen Koordinaten übernommen. Die dritte Koordinate richtet sich natürlich nach der aktuellen Projekt-Sicht.

Sie können die TRANSPARENTPAUSE wechseln oder wählen, indem Sie in der Palette TRANSPARENTPAUSE einfach in die *Liste* klicken und eine andere TRANSPARENTPAUSE auswählen. Wenn die gewünschte TRANSPARENTPAUSE noch nicht in dieser Liste zu finden ist, wählen Sie dort nach Klick die Funktion NACH TRANSPARENTPAUSE SUCHEN und aktivieren Sie die gewünschte Projekt-Sicht aus der Gesamtliste. Dann werden deren Elemente überall in Rot sichtbar. Die Elemente der TRANSPARENTPAUSE können aber von einer anderen Projekt-Sicht aus nicht gewählt werden. Sie können auch nicht mit dem aktuellen Geschoss geplottet werden. Nur die Punktpositionen können für Ihre Konstruktion in der aktuellen Projekt-Sicht genutzt werden.

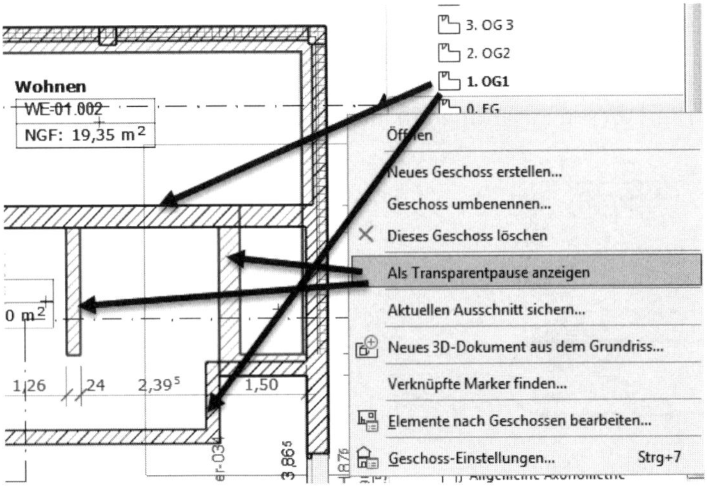

Abb. 14.11: Transparentpause aktivieren

In der Palette TRANSPARENTPAUSE erscheint auf der rechten Seite ein Pfeilsymbol. Darüber wird noch eine *Elementauswahl* angeboten. Damit können Sie steuern, welche Elemente aus der TRANSPARENTPAUSE dann in anderen Projekt-Sichten angezeigt werden sollen. Beispielsweise wäre es sinnvoll, von einem anderen Geschoss nur die Wände in weiteren Geschossen darzustellen.

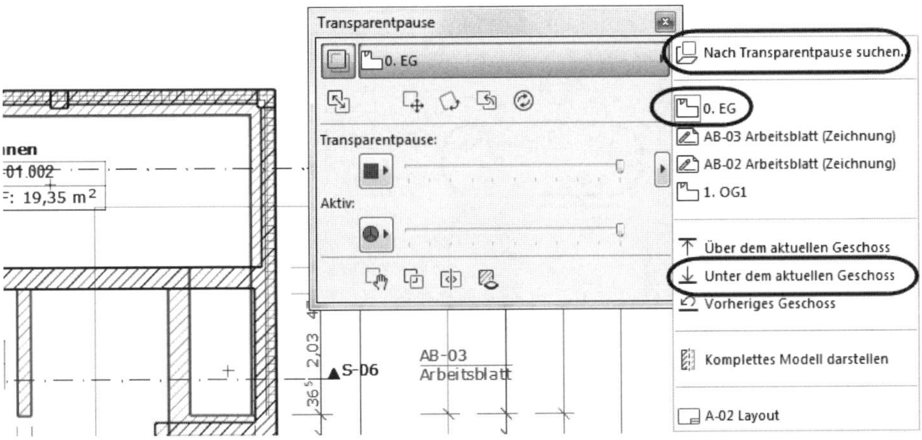

Abb. 14.12: Transparentpausen verwalten

Objekte zwischen Geschossen austauschen

Interessant ist oft auch der Transfer von Objekten in andere Geschosse. Das erreichen Sie einerseits mit den normalen Funktionen aus dem Menü BEARBEITEN, indem Sie die gewünschten Elemente markieren und BEARBEITEN|KOPIEREN wählen. Dann wechseln Sie über den NAVIGATOR ins Zielgeschoss und wählen die Funktion BEARBEITEN|EINFÜGEN. Schon sind die Elemente im neuen Geschoss an der gleichen Stelle. Elemente wie Fenster und Türen, die mit Wänden verbunden sind, können Sie nur mit diesen zusammen in andere Geschosse einsetzen.

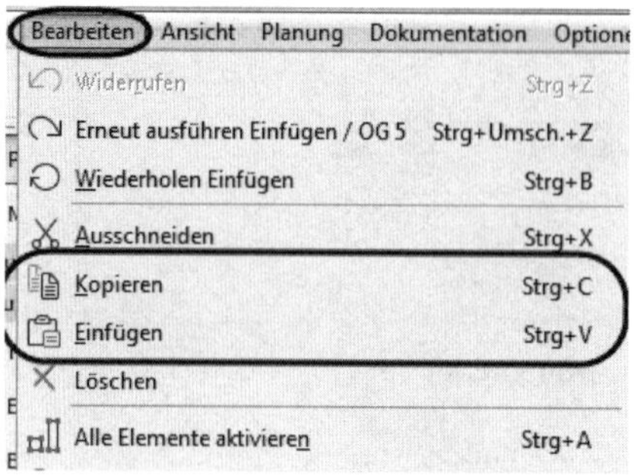

Abb. 14.13: Kopieren und Einfügen

Eine zweite Möglichkeit bietet die Funktion BEARBEITEN|BEWEGEN|ELEMENTE NACH GESCHOSSEN BEARBEITEN an, die Sie auch nach Rechtsklick auf GESCHOSSE im NAVIGATOR erreichen. Wählen Sie die zu kopierenden Elementtypen aus und kopieren Sie dann mit der Schaltfläche KOPIEREN alle Elemente aus dem aktuellen Geschoss in die gewählten Ziel-Geschosse.

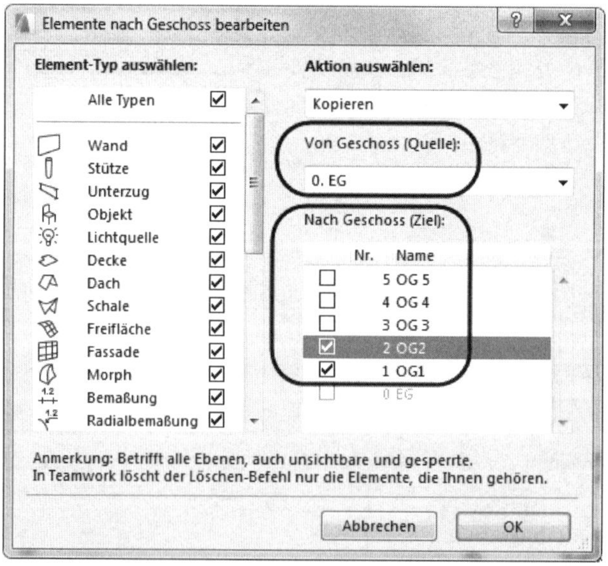

Abb. 14.14: Elemente in andere Geschosse kopieren

14.3 Ebenen

Die Ebenen bewirken eine logische Gliederung des Projekts. Bestimmte Gruppen von Elementen werden auf bestimmten Ebenen abgelegt. Über diese Ebenen können Sie die Sichtbarkeit dieser Elementgruppen steuern. Bestimmte Ebenen können auch gegen Änderungen geschützt werden. Die Ebenen gelten für das gesamte Projekt und sind nicht auf bestimmte Sichten beschränkt. ArchiCAD arbeitet mit Ebenenkombinationen, die aus der Projektvorlage übernommen werden.

Die Einstellungen einzelner Ebenen oder einer Ebenenkombination ändern Sie mit

- OPTIONEN|ELEMENT-ATTRIBUTE|EBENEN (MODELL) oder
- DOKUMENTATION|EBENEN|EBENEN (MODELL).

Für jede Ebene gibt es vier Einstellungen:

- GESPERRT/ENTSICHERT schützt die Elemente dieser Ebene vor *Änderungen* oder erlaubt *Änderungen*.
- ANZEIGEN/AUSBLENDEN steuert die *Sichtbarkeit* der Elemente auf dieser Ebene.
- 3D-ANZEIGE ALS DRAHTMODELL/SCHATTIERT steuert die *Anzeige* im 3D-FENSTER *unabhängig* vom dort gewählten Darstellungsmodus. Abbildung 14.16 zeigt eine 3D-Darstellung im Modus SCHATTIERUNG, wobei aber die Ebenen DACH und WAND AUẞEN explizit auf DRAHTMODELL gestellt wurden. Der Rest, also die Raumflächen, Decken und Unterzüge, erscheinen dann schattiert.
- VERSCHNEIDUNGS-GRUPPE Diese Zahl steuert die Verschneidung von Elementen. Elemente auf verschiedenen Ebenen, aber mit gleicher Gruppe werden miteinander verschnitten. Wenn Elemente nicht miteinander verschnitten werden sollen, müssen Sie ihnen nicht nur verschiedene Ebenen, sondern auch unterschiedliche Verschneidungs-Gruppennummern zuordnen. Standardmäßig liegen alle Ebenen in der Verschneidungs-Gruppe 1. Ändern Sie beispielsweise die Verschneidungs-Gruppe der Innenwände auf **2** und ordnen Sie die inneren Wände auch tatsächlich dieser Ebene zu, dann erscheinen zwischen Außen- und Innenwänden Abschlusskanten. Sie werden also nicht mehr automatisch mit den Außenwänden verschmolzen.

Abbildung 14.15 zeigt das Dialogfeld für Ebenen-Einstellungen. Der Bereich links zeigt die EBENENKOMBINATIONEN an. Das sind Zusammenfassungen aller Ebenen mit ihren speziellen Einstellungen. Um den Effekt dieser EBENENKOMBINATIONEN zu überprüfen, sollten Sie einfach einmal das Dialogfenster so weit aufziehen, dass alle Ebenen zu sehen sind. Dann gehen Sie in die linke Hälfte und klicken die Kombinationen durch. Achten Sie vor allem darauf, wie sich dann in der rechten Spalte die Sichtbarkeit der einzelnen Ebene ändert. In der Palette SCHNELL-OPTIO-

NEN können Sie dann schnell in der obersten Zeile zwischen verschiedenen EBENENKOMBINATIONEN hin- und herschalten und damit gleich die Sichtbarkeit oder Editierbarkeit mehrerer Ebenen auf einen Schlag ändern.

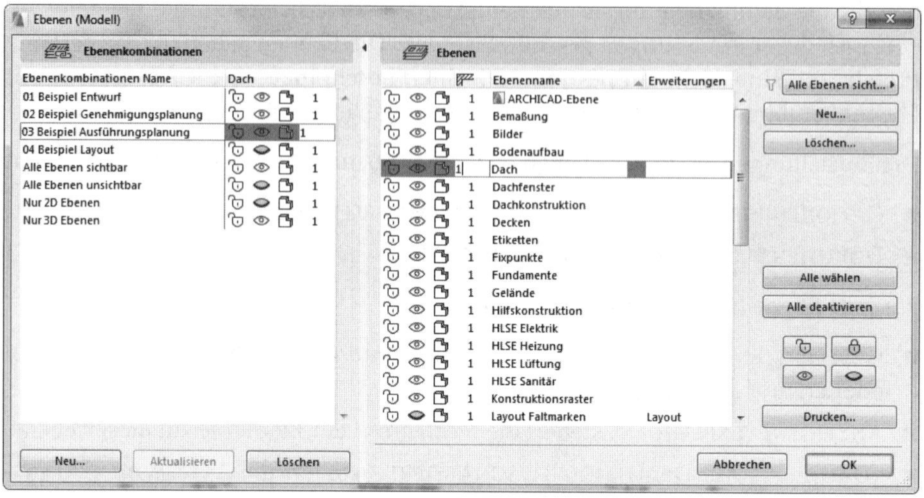

Abb. 14.15: Ebenen-Einstellungen

Die *ArchiCAD-Ebene* ist oben in der Ebenen-Liste markiert (Abbildung 14.15). Das ist eine Ebene, an der Sie nichts ändern können. Für alle anderen Ebenen können Sie die vier Zustände sowie Namen und Beschreibung ändern.

Die *Ebenen-Einstellungen* können für die PROJEKT-MAPPE/AUSSCHNITT-MAPPE einerseits und das LAYOUTBUCH andererseits unterschiedlich vorgenommen werden.

Die *Konstruktions-Werkzeuge* aus dem WERKZEUGKASTEN verwenden jeweils bestimmte voreingestellte Ebenen. Dadurch werden bestimmte Elemente immer automatisch auf bestimmte Ebenen gelegt. Sie können diese Zuordnung aber bei jedem *Konstruktions-Werkzeug* ändern.

Für eine normgerechte Projektverwaltung wäre es eventuell sinnvoll, eigene Ebenengruppen mit Ebenen nach DIN 276 zu erstellen.

Die Änderungen an EBENENKOMBINATIONEN werden in der aktuellen Zeichnung gespeichert. Wenn Sie diese auch für weitere Zeichnungen benötigen, dann sollten Sie ausgehend von der aktuellen Zeichnung eine neue Projektvorlage speichern. Wählen Sie dazu ABLAGE|SICHERN ALS, aktivieren Sie unter TYP ARCHICAD PROJEKTVORLAGE (*.TPL), geben Sie einen passenden Namen ein und wählen Sie ein Projektverzeichnis.

Vorsicht

Wird eine Ebene gelöscht, dann werden auch alle Elemente auf dieser Ebene mit gelöscht.

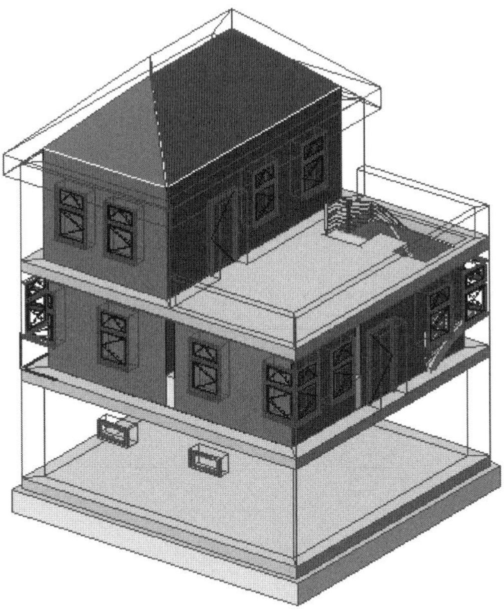

Abb. 14.16: Den Ebenen für 3D-Wände und 3D-Dächer wurde die Drahtmodelldarstellung zugeordnet. In den oberen Stockwerken erscheinen die Räume als Volumenkörper.

14.4 Übungsfragen

1. Wo liegen die Projekteinstellungen?
2. Was können Sie bei den Projekteinstellungen für RAUMFLÄCHEN einstellen?
3. In welchem Menü werden die Geschosse eingestellt?
4. Wo können Sie die Ebenen einstellen?
5. Welche Einstellungen gibt es für Ebenen?

Kapitel 15

Visualisierung

Die Visualisierung ist natürlich ein ganz wichtiger Punkt für die Präsentation eines Bauwerks gegenüber dem Kunden. Die Möglichkeiten, die eine moderne Software hier bietet, sollten nicht unterschätzt werden. ArchiCAD kann mit drei Highlights auftrumpfen:

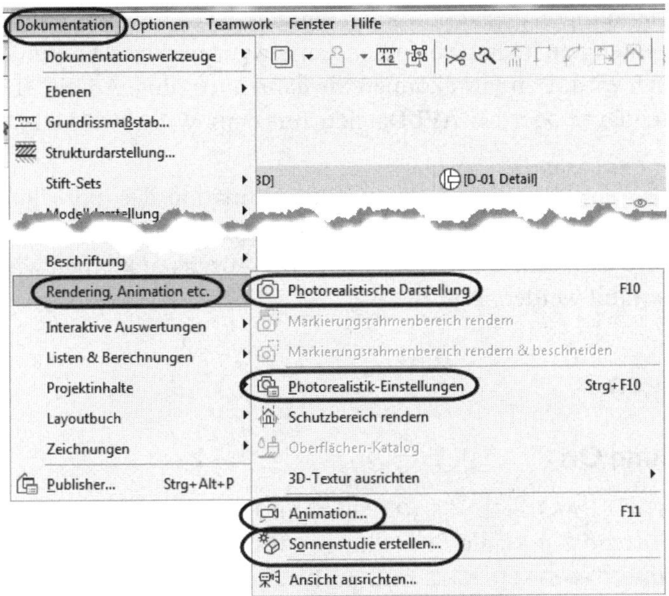

Abb. 15.1: Photorealistische Darstellungen

- PHOTOREALISTISCHE BILDER Im WERKZEUGKASTEN finden Sie unter SICHTEN das KAMERA-Werkzeug. Damit können Sie mit einem Klick in Ihr Geschoss eine Kamera positionieren und mit einem zweiten Klick ausrichten. Das Werkzeug lässt sich beliebig wiederholen, wodurch sogar ein *Animationspfad* von Standpunkt zu Standpunkt entsteht. Von einer Kameraposition aus werden realistisch gerenderte Bilder erzeugt, die Sie in verschiedenen Formaten speichern können. Mit Rendern ist die Berechnung eines solchen photorealistischen Bildes unter Benutzung verschiedener Effekte wie Schattenwurf, Reflexion an glatten Oberflächen, Berücksichtigung des Sonnenstandes und der Oberflächenbeschaffenheiten gemeint.

- Es gibt verschiedene Renderverfahren, man spricht da auch von den verschiedenen *Rendering Engines*. Sie können unter DOKUMENTATION|RENDERING, ANIMATION ETC.|PHOTOREALISTIK-EINSTELLUNGEN unter ENGINE gewählt werden.
  - INTERN Die interne Rendering Engine erzeugt photorealistische Bilder unter Berücksichtigung von Schattenwurf, Transparenz und Reflexionen.
  - CINERENDER BY MAXON Dies ist eine sehr professionelle Rendering Engine, die ausgefeilteste Darstellungen erlaubt. Diese Einstellung ist Vorgabe.
  - SKIZZE Mit dieser Engine werden Darstellungen ähnlich wie Handskizzen generiert. Es gibt eine große Anzahl von Skizzen-Stilen, die Sie einfach mal ausprobieren sollten.
- ANIMATIONEN Durch Erstellen eines Kamerapfades aus vielen Kameras, zwischen denen die Verbindungen geglättet werden können, ist es möglich, einen kleinen Kinofilm zu erzeugen, in dem von einer Kamera zur nächsten kontinuierlich weitergeschaltet wird. Den Film können Sie dann auch ohne ArchiCAD mit dem QUICKTIME-Player oder als AVI-Dateien mit dem WINDOWS MEDIA PLAYER abspielen.
- SONNENSTUDIE Diese Funktion liefert Ihnen eine Animation des aktuellen 3D-Fensters während eines Tages mit simuliertem Sonnenstand. Die Entwicklung der Schattenwürfe lässt sich dann beobachten. Die Ausgaben können wie bei der Animation gewählt werden.

15.1 Vorbereitungen

15.1.1 Sonnenstand und Ort

Mit dem Menü ANSICHT|3D-DARSTELLUNGSMODUS|STANDORT & PROJEKTIONSART rufen Sie mit der Schaltfläche SONNE die Einstellungen für den *Sonnenstand* auf. Für das SONNENLICHT und das STREULICHT sind prozentuale Angaben möglich. Durch aktivierten NEBEL lässt sich die Tiefendarstellung realistischer gestalten. Die Sonne können Sie über Angabe von *Datum und Uhrzeit* (Abbildung 15.2) sowie über die Schaltfläche PROJEKTLAGE auf den gewünschten *Ort* positionieren. Die Eingabe PROJEKTLAGE (Abbildung 15.4) kann über eine Ortsliste bestimmt werden, die Sie über die Schaltfläche ORTE erreichen. Daraus werden dann Längen- und Breitengrad übernommen. Sie können die geografische Lage auch mit IMPORTIEREN aus einer Datei vom Typ *.xml*, *.kmz* oder *.skp* von *Google-Earth* oder *SketchUp* holen. Mit der Schaltfläche IN GOOGLE MAPS ANZEIGEN kann die geografische Lage kontrolliert werden.

Interessant ist auch, dass Sie die Nordrichtung korrigieren dürfen. ArchiCAD nimmt grundsätzlich an, dass in Ihrer Konstruktion die *y-Richtung* der *Nordrich-*

tung und die x-Richtung dann der Richtung Osten entspricht (Sonnenaufgang). Eine abweichende Nordrichtung geben Sie mit OPTIONEN|PROJEKTPRÄFERENZEN|NORDRICHTUNG EINSTELLEN über zwei Punkte ein wie unter Abschnitt 14.1.7 *Nordrichtung einstellen* im letzten Kapitel beschrieben.

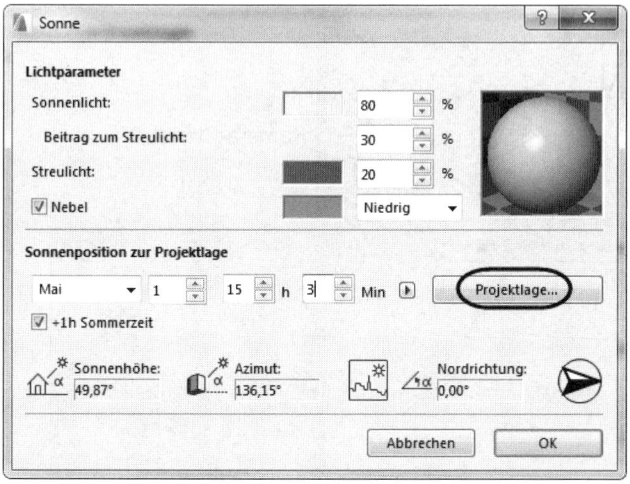

Abb. 15.2: Einstellungen für die Sonne

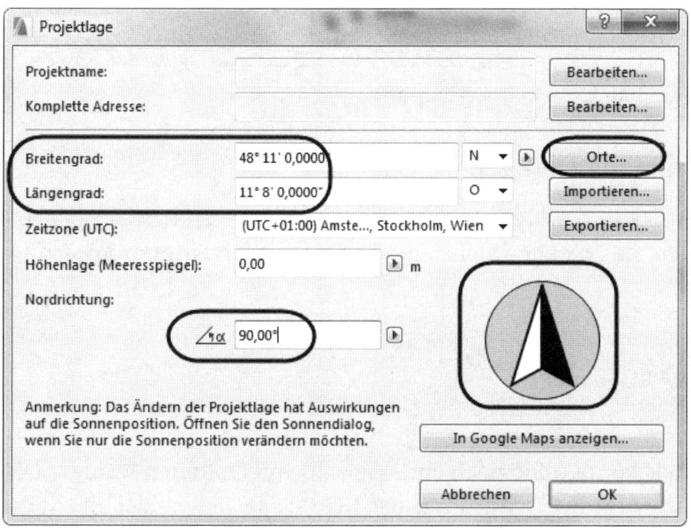

Abb. 15.3: Bestimmung der Projektlage

Die Kameradaten zur Definition des 3D-Fensters können Sie detailliert im Haupt-Dialogfeld für STANDORT & PROJEKTIONSART einstellen (Abbildung 15.4).

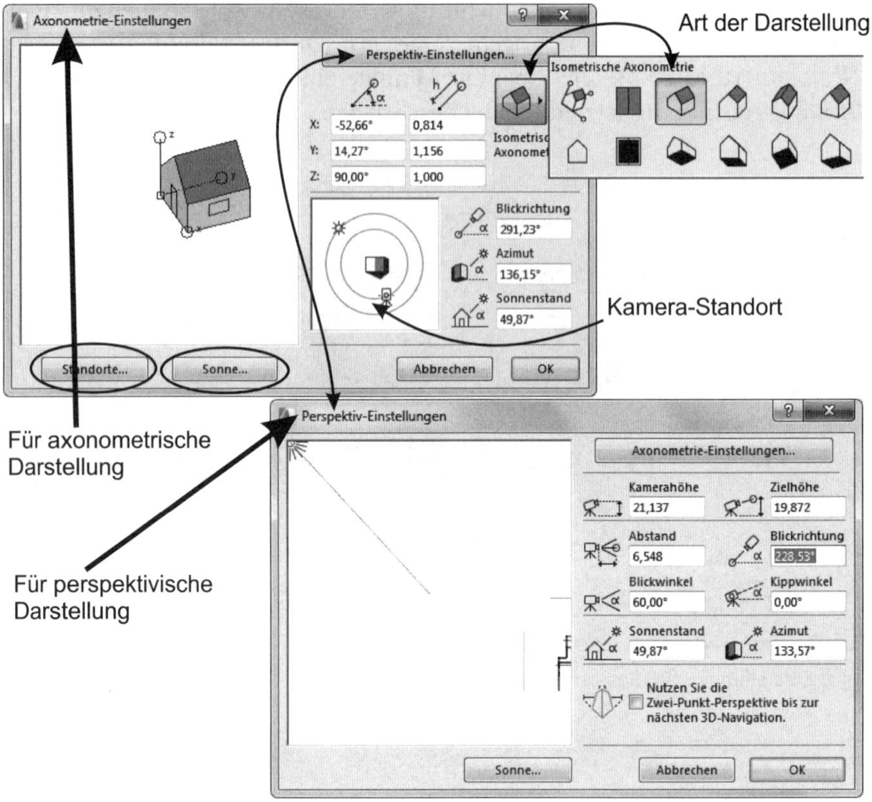

Abb. 15.4: Einstellungen für Standort und Projektionsart

15.1.2 Photorealistik-Einstellungen

Mit dem Menü DOKUMENTATION|RENDERING, ANIMATION ETC.|PHOTOREALISTIK-EINSTELLUNGEN wählen Sie an erster Stelle eine der anfangs erwähnten *Rendering-Engines* aus:

- INTERN,
- CINERENDER BY MAXON oder
- SKIZZE.

In den einzelnen Panels können Sie noch eine Vielzahl von Optionen wählen. Die Frage ergibt sich natürlich immer: Warum muss man da so viel einstellen? Kann man nicht einfach alles aktivieren, was es gibt? Beim Rendering liegt das Problem darin, dass alle diese Effekte eben viel Rechenzeit kosten. Wenn bestimmte Effekte bei Ihrer Konstruktion nicht zur Geltung kommen, können Sie durch ihr Abschalten die Rechenzeit wesentlich verringern. Dabei kommt es dann sehr darauf an, nur Effekte mitzunehmen, die auch spürbare Auswirkungen auf die Bilder haben, sonst ist der PC stundenlang beschäftigt.

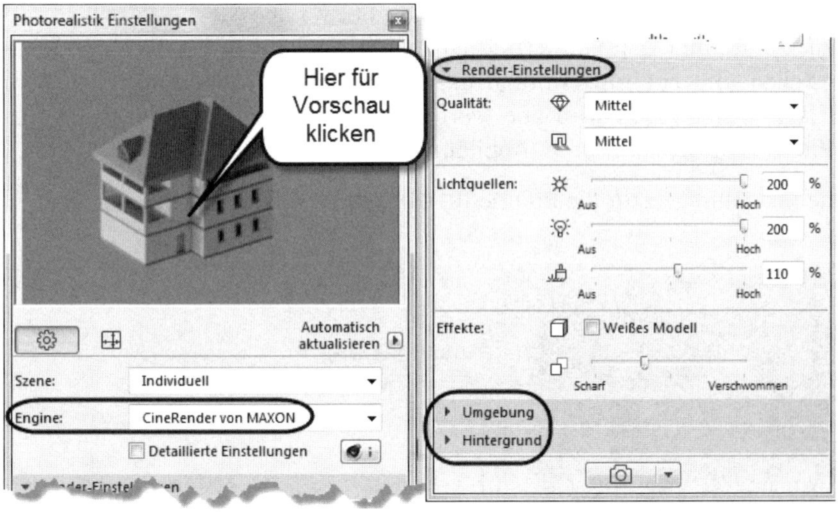

Abb. 15.5: Render-Einstellungen

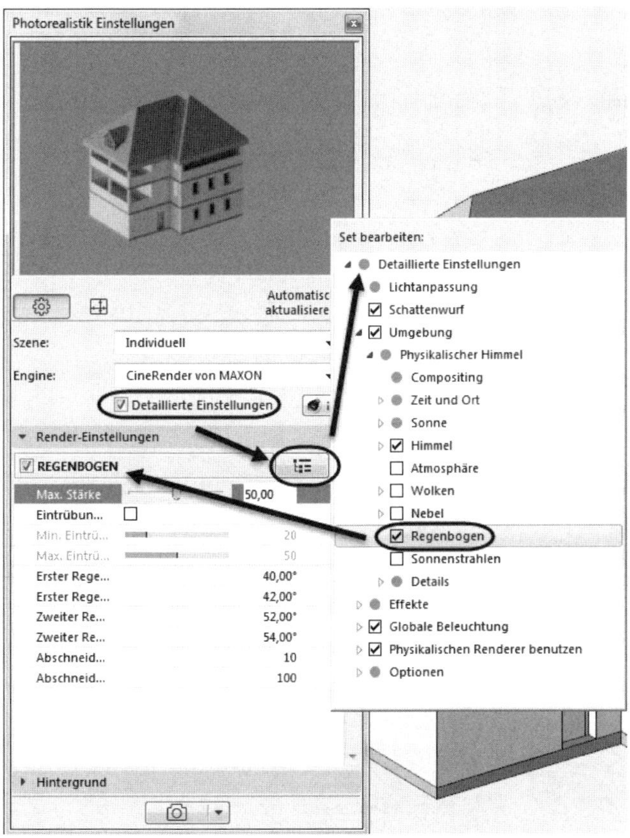

Abb. 15.6: Individuelle CineRender-Einstellungen

Im Panel RENDER-EINSTELLUNGEN (Abbildung 15.6) wählen Sie die *Wirkungen der Lichtquellen* und unter UMGEBUNG und HINTERGRUND können Sie noch den Himmel einstellen und ggf. ein Hintergrund-Bild aktivieren (Abbildung 15.5). Eine Vielzahl an Einstellungen wird aber verfügbar, wenn Sie den Schalter DETAILLIERTE EINSTELLUNGEN aktivieren (Abbildung 15.6).

Mögliche Einstellungen für die Engine INTERN zeigt Abbildung 15.7.

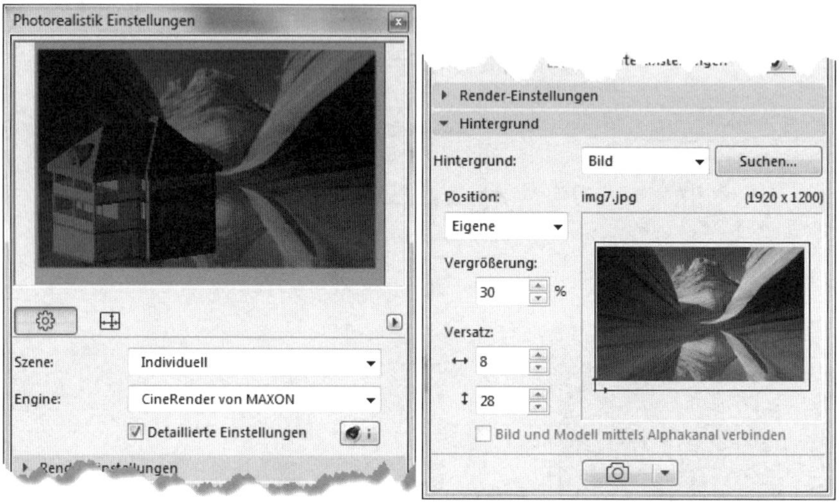

Abb. 15.7: CineRender mit Hintergrund-Bild

Bei der Engine SKIZZE wird die Darstellung einer Handskizze erzeugt (Abbildung 15.8).

Abb. 15.8: Skizzen-Einstellungen

15.1.3 Kamera

Mit dem KAMERA-Werkzeug aus WERKZEUGKASTEN|SICHTEN können Sie eine oder mehrere Kameras in einem GESCHOSS positionieren. Beim ersten Aufruf entsteht eine *Animationsroute* in der Projekt-Sicht 3D, in die alle folgenden Kamerapositionen aufgenommen werden. Eine neue *Animationsroute* für nachfolgende Kameras legen Sie mit der Schaltfläche NEU in den KAMERA-EINSTELLUNGEN an.

Einzelne Kamera

Eigentlich gibt es keine einzelne Kamera. Es gibt nur *Animationsrouten* mit Kameras. Eine einzelne Kamera realisieren Sie also, indem Sie mit dem KAMERA-Werkzeug eine Position und einen zweiten Punkt für die Richtung anklicken. Für die *Animationsroute* und die damit verbundene einzelne *Kamera* erhalten Sie im Strukturbaum des NAVIGATORS im Knoten 3D einen Eintrag. Mit Doppelklick auf die Kamera dort im Strukturbaum wird die der Kamera-Ausrichtung entsprechende Ansicht angezeigt.

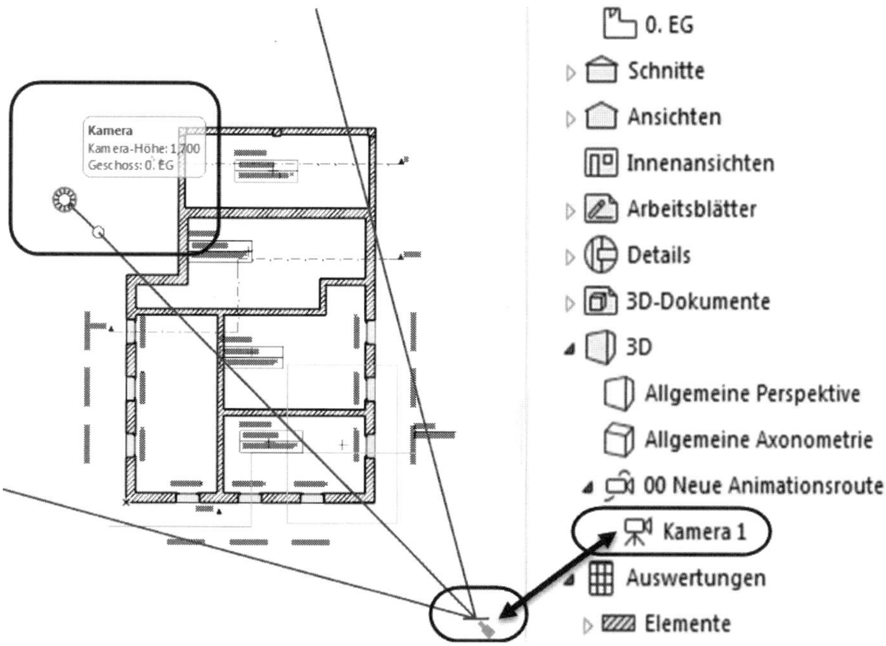

Abb. 15.9: Kamera positionieren

Detailliertere Einstellungen sind im Dialogfeld für KAMERA-EINSTELLUNGEN (Abbildung 15.10) möglich, mit NEU eine neue *Animationsroute* einrichten, die Einstellungen für die Höhe der Kamera und die Höhe des Ziels eingeben und dann die Position und die Zielrichtung bezüglich der Ebene im Grundrissfenster anklicken.

Animationsroute mit mehreren Kameras

Wenn Sie nach der ersten Kameraposition weitere anklicken, werden die nachfolgenden Kameras unter der aktiven *Animationsroute* eingetragen und bilden damit die Grundlage für eine Animation mit mehreren Kameras. In den KAMERA-EINSTELLUNGEN können Sie unter ROUTE die geometrische Form der Route noch bestimmen. Mit der Option BÉZIER für die Kamera und GLÄTTEN für den Zielpunkt erreichen Sie eine besonders glatte Darstellung. Der Pfad mit mehreren Kameras wird genauso wie die Route mit einer einzelnen Kamera im Strukturbaum des NAVIGATORS gespeichert. Trotz der Option GLÄTTEN sollten Sie vielleicht noch selber Hand anlegen und die einzelnen Kamerapositionen anklicken, damit Sie die Splinehebel am Kamerapfad noch so drehen, verlängern oder verkürzen können, dass der Gesamtpfad eine glatte Kontur erhält (Abbildung 15.11). Auf Basis dieser *Animationsroute* kann dann wie weiter unten beschrieben mit DOKUMENTATION|RENDERING, ANIMATION ETC.|ANIMATION eine Animation erstellt und diese dann abgespielt werden.

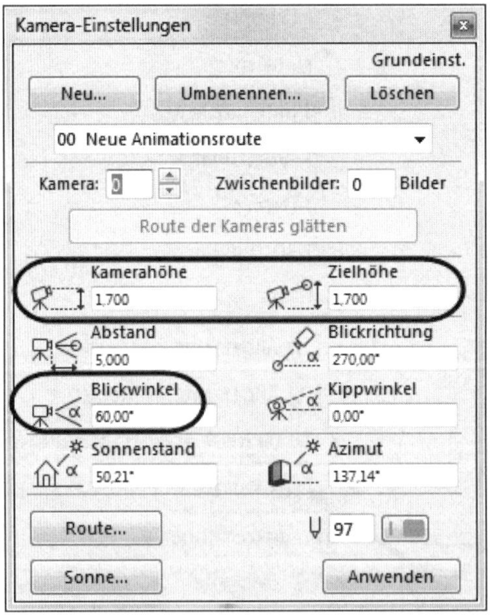

Abb. 15.10: Dialogfeld für KAMERA-Werkzeug

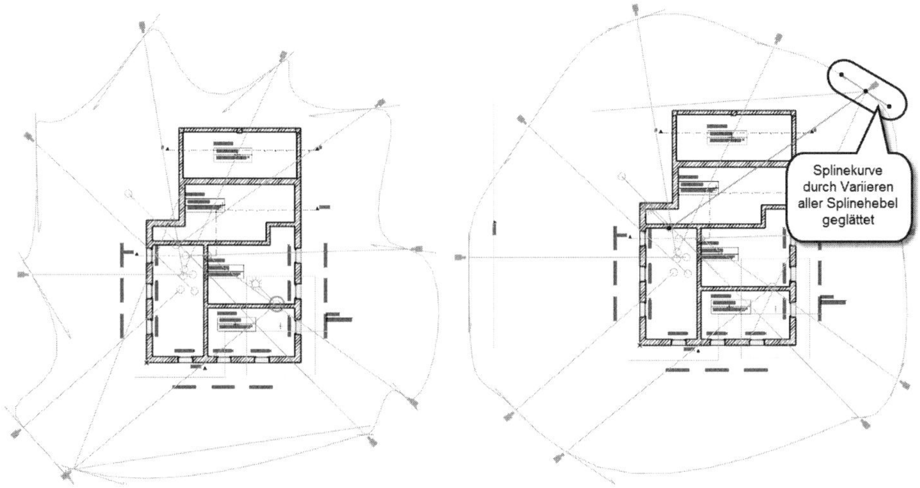

Abb. 15.11: Kamerafolge für Animation vor und nach manueller Glättung

15.1.4 Lichtquellen

Mit dem LICHTQUELLEN-Werkzeug wählen Sie aus einer Vielzahl von Lichtquellen aus. Neben den normalen Lichtquellen wie Lampen und Straßenlaternen aus mehreren Bibliotheken gibt es so spezielle Lichtquellen wie: FLÄCHENLICHT, SONNENOBJEKT und FENSTERLICHT.

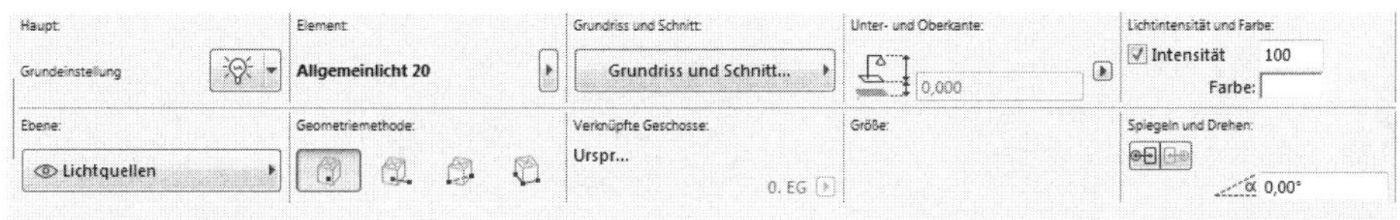

Abb. 15.12: INFOFENSTER für Lichtquellen

Das FLÄCHENLICHT simuliert die Wirkung der Himmelskuppel als Licht gebende Fläche von oben. Das SONNENOBJEKT ist für die Simulation des Sonnenscheins nötig, der mit parallelen Lichtstrahlen Schatten wirft. Was das FLÄCHENLICHT für Außenaufnahmen ist, das bietet das FENSTERLICHT für Innenaufnahmen. Es liefert eine diffuse Beleuchtung entsprechend dem durchs Fenster diffus einfallenden Licht, das ja auch vorhanden ist, wenn die Sonne nicht direkt hereinscheint.

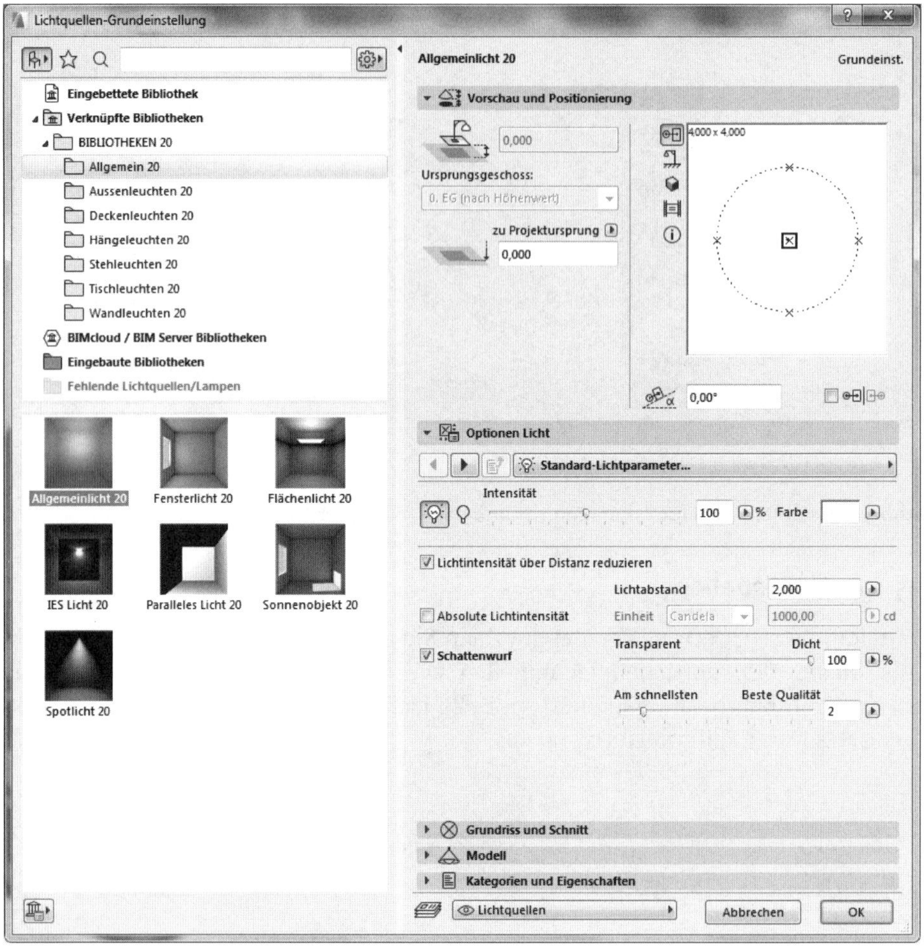

Abb. 15.13: Einstellungsdialog für Lichtquellen

15.2 Photorealistische Bilder

Die photorealistischen Bilder erzeugen Sie mit dem Menü DOKUMENTATION|RENDERING, ANIMATION ETC|PHOTOREALISTISCHE DARSTELLUNG .

Das beste Rendering-Verfahren *CineRender* arbeitet nach dem *Ray-Tracing-Prinzip*. Alle Lichtstrahlen, die über den Bildschirm Ihr Auge treffen, werden praktisch zurückgerechnet. Ray-Tracing bedeutet übersetzt Strahlverfolgung, und genau das geschieht hier. Jeder Lichtstrahl wird von Ihrem Auge über die Flächen der Objekte zurückverfolgt, auch unter Berücksichtigung von Reflexionen und Spiegelungen. Je nachdem, bei welcher Lichtquelle der Strahl seinen Anfangspunkt hat, wird die Lichtfarbe und Intensität berechnet. Auch der blaue Himmel zählt hierbei als flächenartige Lichtquelle. Endet ein Lichtstrahl bei keiner Lichtquelle, dann bleibt der zugehörige Bildpunkt schwarz.

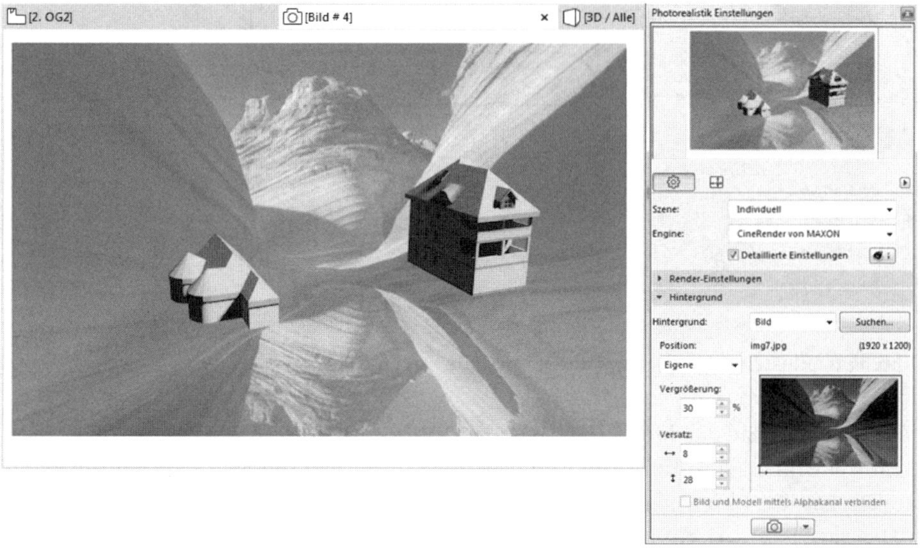

Abb. 15.14: Photorealistik-Darstellung mit Hintergrundbild

15.3 Animationen

Für eine Animation brauchen Sie einen *Kamerapfad* mit mehreren Kameras. Starten Sie im Grundrissfenster. Mit dem Kamera-Werkzeug aus dem Werkzeugkasten, Abschnitt Sichten, erstellen Sie über den Einstellungsdialog mit Neu eine neue Animationsroute. Im Einstellungsdialog können Sie auch die Kameraeigenschaften wie Höhe und Blickrichtung detailliert einstellen. Alle danach angeklickten Kamerapositionen werden der Reihenfolge nach in diese Animationsroute übernommen. Die Animationsroute mit den einzelnen Kamerapositionen finden Sie im Navigator unter 3D mit dem oben eingegebenen Namen.

Gegebenenfalls stellen Sie noch die Eigenschaften der Animationsroute ein, indem Sie nach Rechtsklick im Navigator auf die Animationsroute die Option Route wählen. Dort wählen Sie für glatte Wege bei Kamera die Option Bézier und bei Zielpunkt glätten (Abbildung 15.15). Auch ist es möglich, hier die Route zu schließen. Um einen möglichst ruckfreien Film zu erhalten, sollten Sie bei Einzelbilder die Anzahl der Zwischenbilder höher setzen.

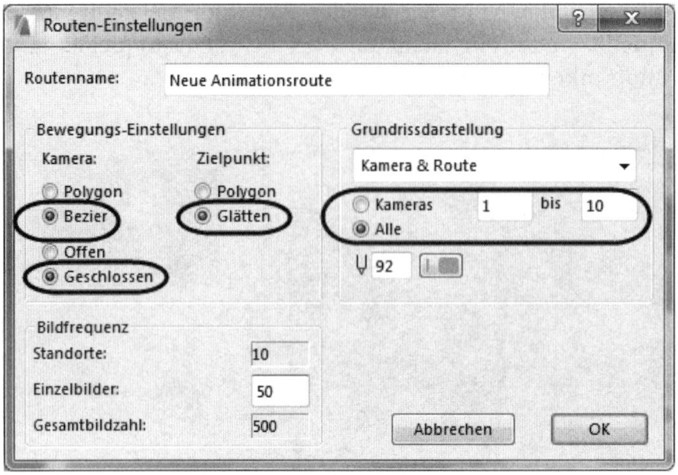

Abb. 15.15: Einstellungen für die Animationsroute

Dann wählen Sie das Menü DOKUMENTATION|RENDERING, ANIMATION ETC.|ANIMATION und lassen die Animation erstellen. Im Dialogfenster (Abbildung 15.16) sollten Sie für einen glatten Filmablauf unbedingt die Option MIT ZWISCHENBILDERN aktivieren. Dann können Sie noch zwischen 3D-FENSTER und PHOTOREALISTIK-FENSTER zu wählen. Als Ausgabeformat ist MP4 FILMDATEIEN oder WINDOWS MOVIEDATEIEN möglich. Mit SICHERN wird die Animation gespeichert und kann abgespielt werden.

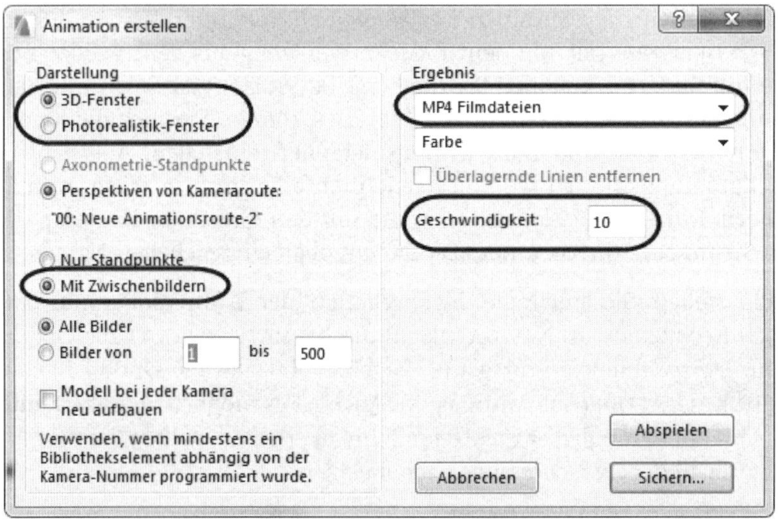

Abb. 15.16: Einstellungen für die Animation

15.4 Sonnenstudie

Eine Sonnenstudie erzeugt für eine bestimmte Kamera einen Film mit der Simulation des Sonnenlaufs für einen Tag.

Für die Sonnenstudie brauchen Sie nur das 3D-FENSTER oder eine einzelne KAMERA. Machen Sie also einen Doppelklick im NAVIGATOR auf das 3D-FENSTER oder die gewünschte KAMERA und wählen Sie das Menü DOKUMENTATION|RENDERING, ANIMATION ETC|SONNENSTUDIE ERSTELLEN. Hier wählen Sie wieder zwischen 3D-FENSTER und dem komfortableren PHOTOREALISTIK-FENSTER und setzen das DATUM für die Sonnenlauf-Simulation, die *Zeitspanne* sowie das ZEITINTERVALL. Mit SICHERN können Sie dann den Film erzeugen lassen oder mit ABSPIELEN sofort anzeigen..

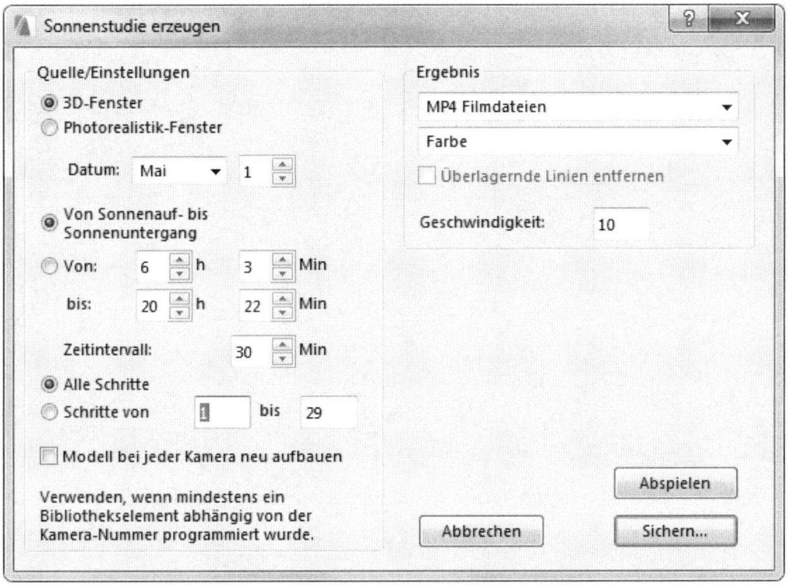

Abb. 15.17: Einstellungen für die Sonnenstudie

15.5 Übungsfragen

1. Welche Rendering Engines gibt es in ArchiCAD?
2. Was ist für die Aufnahme einer Animation nötig?
3. Was ist eine Sonnenstudie?
4. Wo finden Sie die Sonnenstudie?
5. Wo ist Osten in der Konstruktion?

Kapitel 16

Konstruktionsbeispiel

Abschließend soll an einem Konstruktionsbeispiel noch einmal alles geübt werden. Abbildung 16.1 zeigt ein Einfamilienhaus, das nun in einzelnen Schritten konstruiert werden soll.

Abb. 16.1: Beispiel-Haus

16.1 Das Projekt

Beginnen Sie also ein neues Projekt oder machen Sie mit der Konstruktion aus dem ersten Kapitel weiter. Vielleicht aktivieren Sie gleich die beiden nützlichen Paletten KOORDINATEN und KONTROLLFENSTER über das Menü FENSTER|PALETTEN.

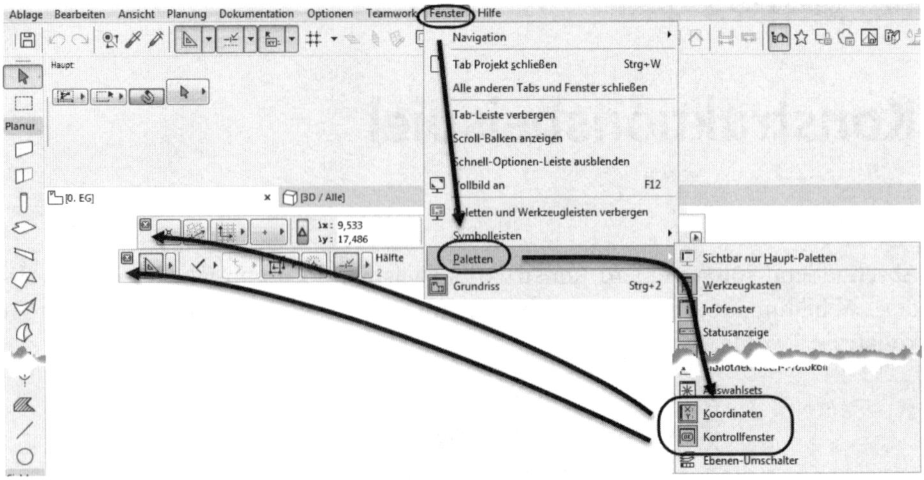

Abb. 16.2: Paletten KOORDINATEN und KONTROLLFENSTER

16.2 Die Geschosse

Richten Sie dann die Geschosse mit GESCHOSS-EINSTELLUNGEN ein, entweder übers Menü PLANUNG|GESCHOSS-EINSTELLUNGEN oder nach Rechtsklick auf GESCHOSSE im NAVIGATOR oder über Tastenkürzel [Strg]+[7] (Abbildung 16.3).

Während der Projektursprung ebenerdig liegen soll, beginnt das Erdgeschoss hier im Beispiel in 1 m Höhe. Entsprechend verschieben sich auch die übrigen Geschosshöhen. Als Höhenkote beim *Erdgeschoss* wäre also **1 m** einzutragen, die übrigen Höhenkoten ergeben sich aus den Geschosshöhen automatisch.

Das Haus besitzt

- ein Erdgeschoss mit **2,90 m** Höhe (Wandhöhe 2,70 m, Deckenstärke 0,20 m),
- ein Obergeschoss **mit 2,90 m** Höhe (Wandhöhe 2,70 m, Deckenstärke 0,20 m) und
- einen Keller, der nur **2,50 m** hoch ist (Wandhöhe 2,30 m, Deckenstärke 0,20 m).
- Auch ein Dachgeschoss sollte für die Decke auf dem obersten Geschoss und die Schornstein-Mauer eingerichtet werden. Beim Dachgeschoss ist die Höhe gleichgültig, weil sie nicht weiter verwendet wird.

Da Sie mit der Konstruktion des Erdgeschosses beginnen werden, und dann Maße und Positionen für die übrigen Geschosse davon abgreifen möchten, erklären Sie am besten gleich das Erdgeschoss zum *transparenten Geschoss*. Nach Rechtsklick auf 0 EG im NAVIGATOR aktivieren Sie dazu die Funktion ALS TRANSPARENTPAUSE ANZEIGEN.

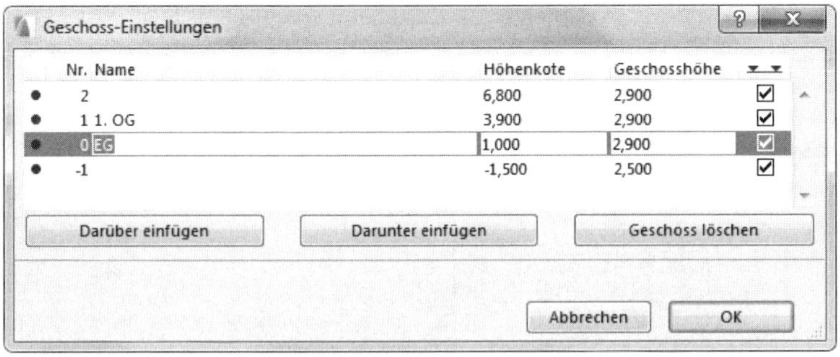

Abb. 16.3: Geschoss-Einstellungen

16.3 Das Erdgeschoss

16.3.1 Wände

Aktivieren Sie nun im NAVIGATOR das Erdgeschoss 0 EG mit einem Doppelklick und erstellen Sie die Außenmauer. Starten Sie das WAND-Werkzeug, aktivieren Sie die Geometriemethode RECHTECK und die Konstruktionsmethode AUßEN. Wählen die Art der Ziegel als VOLLZIEGEL sowie bei ABSTAND ZUM URSPRUNGSGESCHOSS UNTEN **0,00 m** und ABSTAND ZUM VERKNÜPFTEN GESCHOSS DARÜBER **0,00 m**. Die Wandstärke setzen Sie auf **0,365 m**. Die Geschossdecke wird später **0,20 m** stark sein. Die Decken müssen hier an der Oberkante nicht ausgespart werden, weil sie durch die Verschneidungsprioritäten sowieso das Wandmaterial automatisch verdrängen werden.

Abb. 16.4: Einstellungen für Außenwand

Zur bequemen Eingabe der Koordinaten bei einer Entwurfszeichnung würde RASTERFANG mit einem Rasterabstand von `0,5 m` reichen. Da aber die Konstruktion mit echten Baumaßen als Ausführungszeichnung erstellt werden soll, werden die Koordinaten typischerweise über den TRACKER exakt eingegeben. Aktivieren Sie also ggf. noch den TRACKER, um die Koordinaten eingeben zu können. Deaktivieren Sie ggf. den RASTERFANG mit [F7] oder ANSICHT|RASTERFANG-OPTIONEN|RASTERFANG.

Zeichnen Sie zuerst das Rechteck für die Außenwand mit den Abmessungen 7,49 x 7,99 m (Länge und Breite). Rasten Sie am Nullpunkt für die erste Ecke ein und geben Sie dann LÄNGE und BREITE im TRACKER ein.

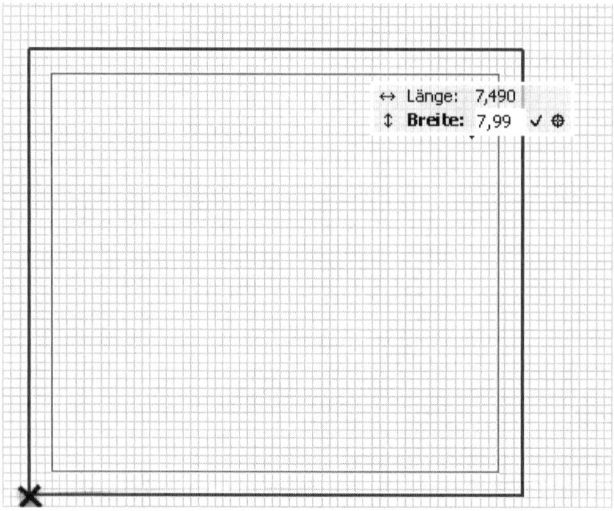

Abb. 16.5: Außenwände als Rechteck 7,49 m auf 7,99 m

Als Nächstes sind nun die breiteren Innenwände zu erstellen. Dazu stellen Sie zuerst die Wand-Einstellungen auf Wandstärke **0,24** um und wählen die Geometriemethode EINFACH und die KONSTRUKTIONSMETHODE AUẞEN.

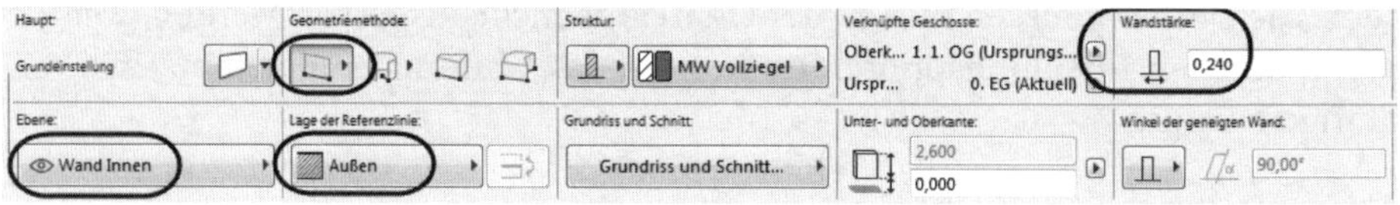

Abb. 16.6: Einstellungen für Innenwände

Außerdem ist es zum Positionieren des Startpunkts der Wand sehr nützlich, jetzt die temporären Hilfslinien zur Verfügung zu haben. Deshalb aktivieren Sie unter STANDARD|FANGHILFEN UND -PUNKTE zunächst nur die FANGHILFEN, noch *nicht* die FANGPUNKTE. Außerdem können Sie links und rechts von diesem Werkzeug noch die HILFSLINIEN und den TRACKER aktivieren.

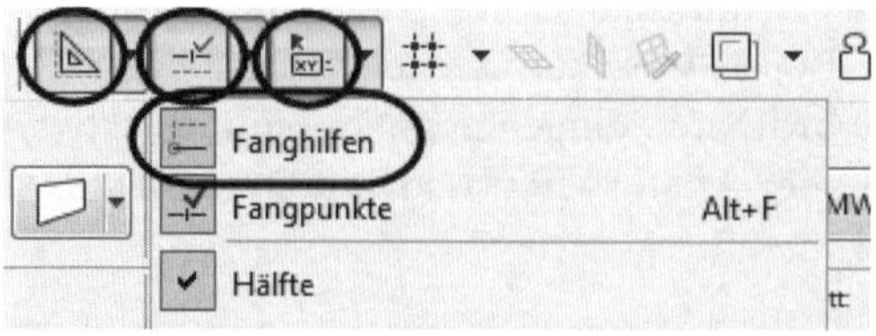

Abb. 16.7: Fanghilfen aktiviert

Gehen Sie dann folgendermaßen vor:

1. Fahren Sie die obere linke Innenecke der Wand mit dem Cursor an, bis ein Häkchen erscheint und die Position hellblau umkringelt wird..
2. Ziehen Sie dann, ohne vorher zu klicken, einfach auf der Wandkante nach unten, bis eine hellblaue Hilfslinie erscheint (Abbildung 16.8).
3. Im TRACKER geben Sie nun den Abstand vom oberen Punkt in der Form **2,885** und [Enter] ein.

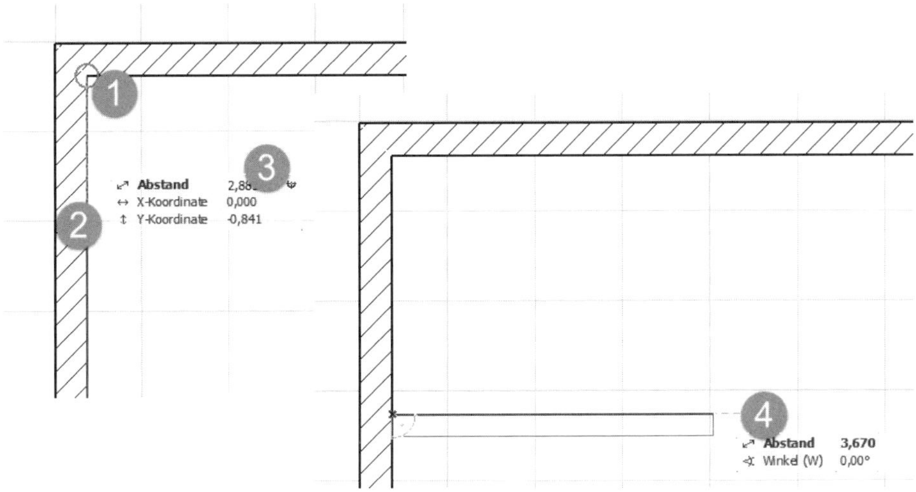

Abb. 16.8: Erste Innenwand

4. Wenn Sie nun ungefähr horizontal nach rechts ziehen, erscheint an der Startposition der Wand eine exakt waagerechte gestrichelte Hilfslinie. Da die genaue Länge der Wand erst später mit der Verschneidung einer senkrechten Wand bestimmt wird, wird die Länge hier noch nicht exakt bestimmt, sondern einfach geklickt.

Für die nächste Wand soll eine permanente Hilfslinie benutzt werden.

5. Gehen Sie mit dem Cursor zum rechten Zeichnungsrand und ziehen Sie von dort die kleine orangefarbene Hilfslinie nach links auf die Innenkante der Außenwand.
6. Dann fahren Sie die Hilfslinie auf der Wand an, warten, bis eine orangefarbene Kreisfläche erscheint, und ziehen an dieser Fläche nach links.
7. Im TRACKER geben Sie die Entfernung von **3,135** ein.
8. Nun können Sie die vorherige Wand am rechten Endpunkt mit dem Cursor auf die Hilfslinie ziehen.

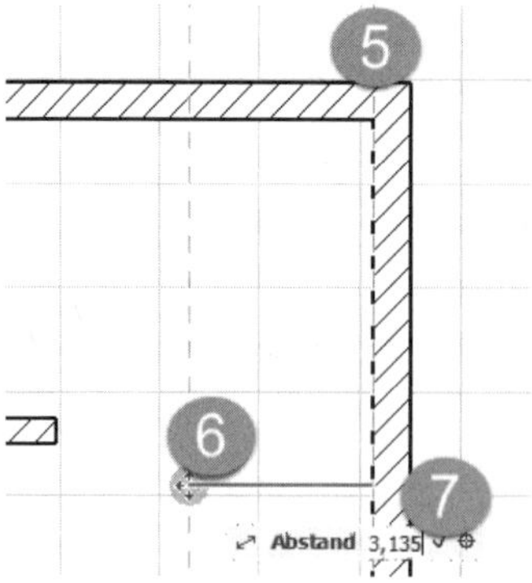

Abb. 16.9: Permanente Hilfslinie positionieren

Bei den anderen Wänden gehen Sie analog vor. Wenn Sie im Befehlsablauf merken, dass Sie die falsche Konstruktionsmethode für die Wand erwischt haben, also INNEN statt AUßEN etwa, dann können Sie auch im laufenden Befehl noch mit ⊟ (LAGE DER REFERENZLINIE: WAND AN DER REFERENZLINIE SPIEGELN) umschalten.

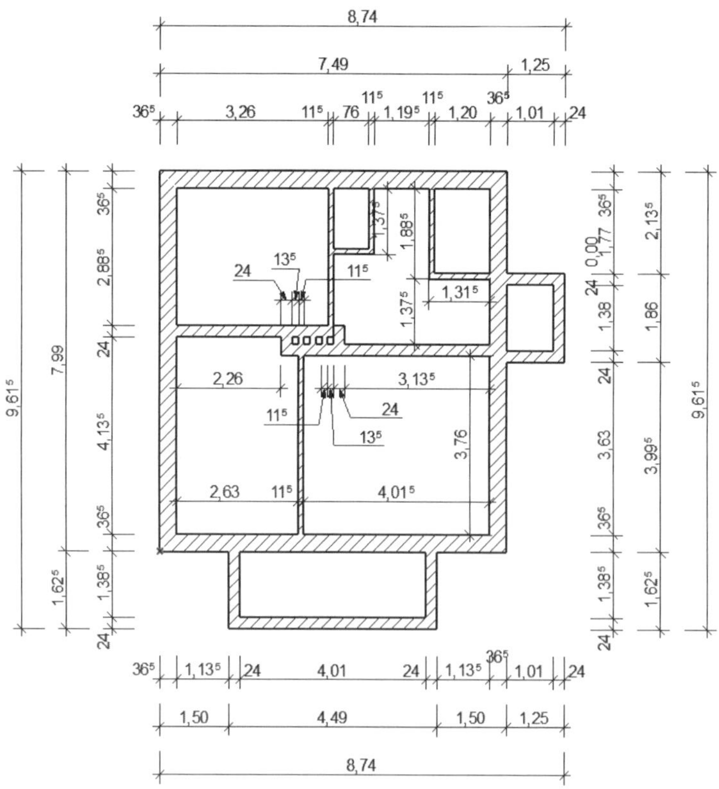

Abb. 16.10: Maße für die Wände im Erdgeschoss

Sind zu lange oder überflüssige Wandstücke entstanden, dann verwenden Sie das Werkzeug TRIMMEN – auch im Menü BEARBEITEN|VERÄNDERN|TRIMMEN –, um Enden oder Zwischenstücke mit dem Scheren-Cursor abzuschneiden. Am schnellsten rufen Sie das SCHEREN-Werkzeug zum Trimmen mit der Taste [Strg] auf. Für zu kurze Wandstücke kann man an Ecken das Werkzeug VERBINDEN gut gebrauchen. Für die dünnen Zwischenwände stellen Sie die Wandstärke auf **0,115**. Verwenden Sie auch übers Kontextmenü für mehrere parallele Wände die nützlichen Bewegungsbefehle wie KOPIE VERSCHIEBEN.

16.3.2 Türen und Fenster

Die Türen werden natürlich mit dem entsprechenden Werkzeug und den nötigen Einstellungen positioniert (Abbildung 16.11). Wenn Sie aber wiederholt die gleichen Türen benötigen, können Sie diese schnell über die Favoriten aussuchen.

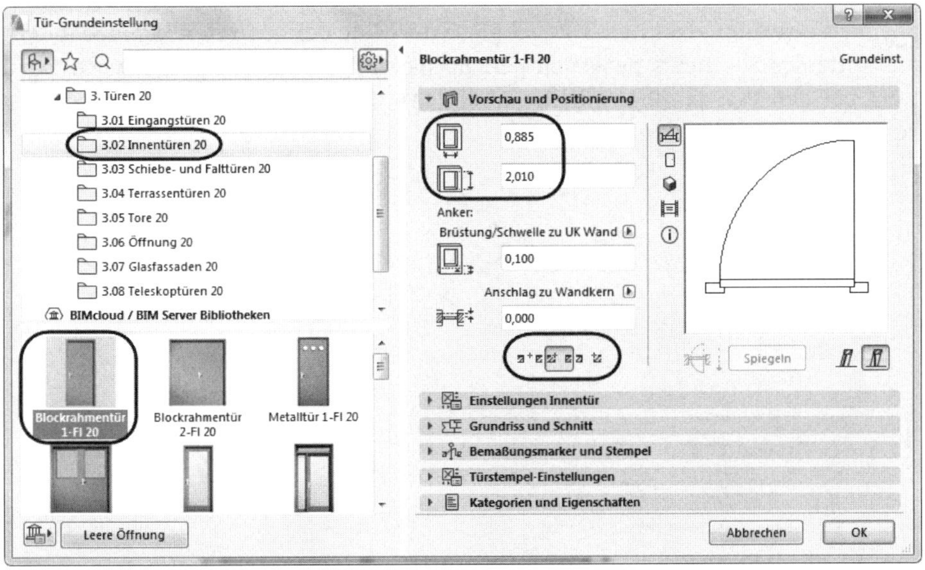

Abb. 16.11: Auswahl einer Innentür

Die Favoriten erreichen Sie übers Werkzeug mit ▸ oder generell über die Favoriten-Palette, die Sie auch noch sinnvoll immer zum Werkzeug passend einstellen sollten (Abbildung 16.12).

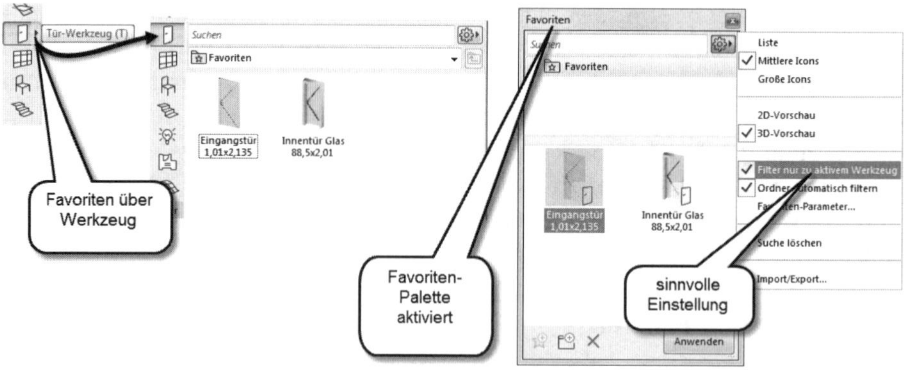

Abb. 16.12: Favoriten übers Werkzeug oder über die FAVORITEN-Palette verwenden

Türen, die auf die Mitte der gesamten Wand gesetzt werden sollen, sind mit der Einstellung ZWISCHEN KNOTENPUNKTEN einfach zu positionieren. Dabei ist vor allem zu beachten, dass in der Regel nicht die Mitte der gesamten Wand, sondern die Mitte des Segments zwischen den nächsten Querwänden gemeint ist. Dazu wäre bei den Fangpunkten nicht nur HÄLFTE zu aktivieren, sondern auch ZWISCHEN SCHNITTPUNKTEN.

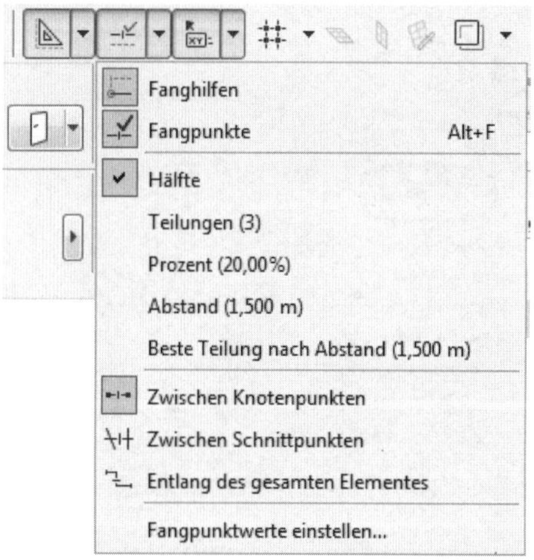

Abb. 16.13: Einstellung der besonderen Fangpunkte (Palette STANDARD), hier Mitte eines Wandstücks

Damit können Sie dann die gewählte Tür auf die Mitte eines Wandstücks positionieren.

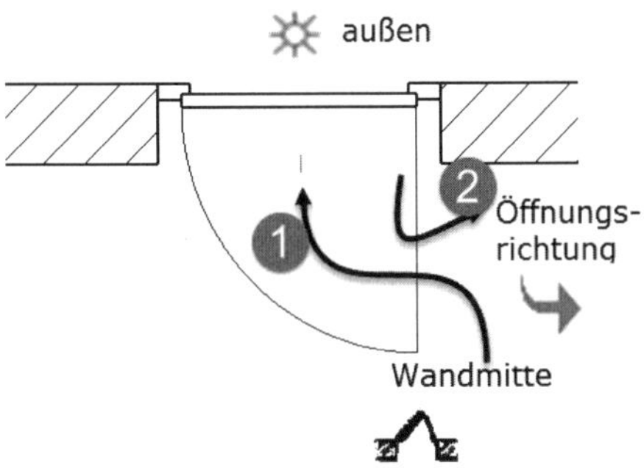

Abb. 16.14: Tür auf Wandmitte legen (1) und Öffnungsrichtung angeben (2)

Zum Einfügen einer Tür mit gegebenem Abstand können Sie wieder Fanghilfen und den TRACKER benutzen, um den Abstand von der Ecke als relative Position einzugeben. In Abbildung 16.15 wird

1. zuerst der Eckpunkt angefahren (Häkchen und hellblauer Kringel erscheinen),
2. dann nach rechts gefahren, damit eine Hilfslinie erscheint, **x** und schließlich
3. der Abstand **1,51** eingegeben und Enter.

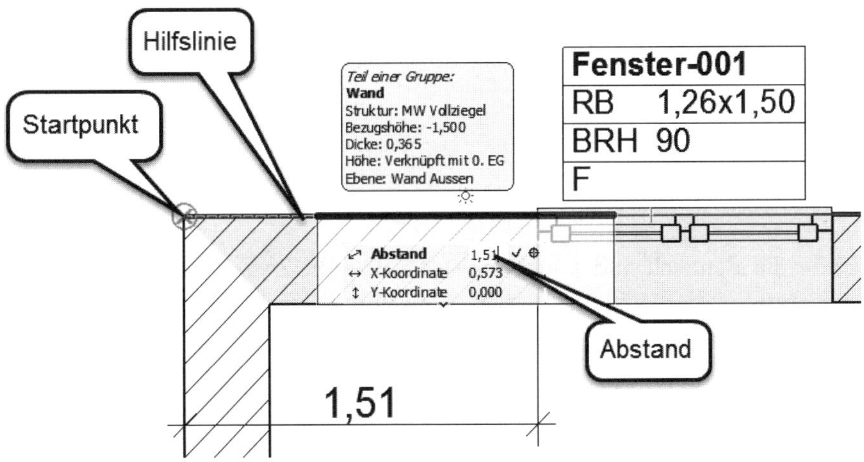

Abb. 16.15: Tür mit Abstand von Ecke positionieren

Beim Einfügen der Fenster gehen Sie analog vor. Wenn eine Tür oder ein Fenster einmal verkehrt herum eingefügt wurde, können Sie es leicht an der Einfügeposition mit der PET-PALETTE spiegeln oder um 180° drehen.

16.4 Die anderen Geschosse

Die Wände für das Obergeschoss und den Keller lassen sich nun leicht erstellen, ohne dass Sie Koordinaten neu eingeben. Es gibt drei Möglichkeiten.

1. Einerseits können Sie ins Obergeschoss gehen und das Erdgeschoss als transparentes Geschoss wählen. Sie müssen dann nur noch die Wände nachzeichnen, indem Sie die passenden Positionen mit dem Häkchen-Cursor anklicken.
2. Andererseits können Sie nach Rechtsklick auf 1 OG im NAVIGATOR die Funktion ELEMENTE NACH GESCHOSS BEARBEITEN wählen, das 0 EG als Quelle wählen und das **1 OG** und **-1 Keller** als Ziele und damit alle Wände, Fenster, Türen und auch Decken in die Zielgeschosse kopieren. Löschen Sie nicht benötigte Wände und schieben Sie einige Wände über die Endpunkte zur richtigen Länge auf.

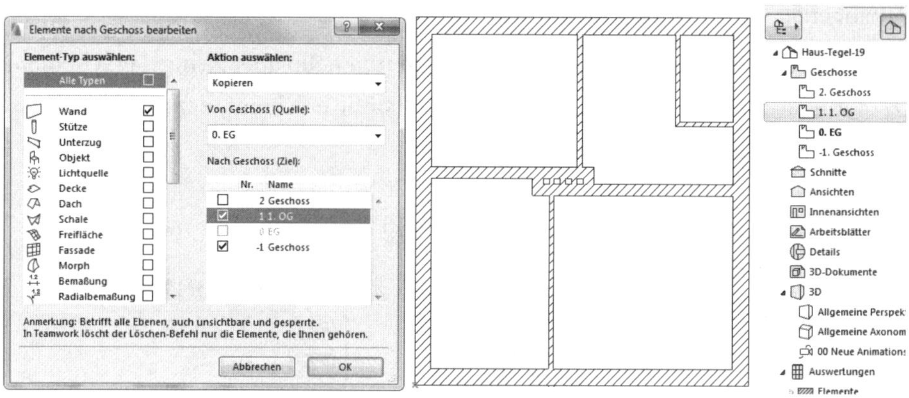

Abb. 16.16: Kopieren der Wände ins Obergeschoss

3. Wände, die identisch sind, können Sie auch über die Zwischenablage kopieren. Markieren Sie die Wände im Erdgeschoss und drücken Sie Strg+C. Dann wechseln Sie ins Obergeschoss und drücken Strg+V, dann *Rechtsklick* und OK. Verwenden Sie zum Markieren das PFEIL-Werkzeug mit der SCHNELLAUSWAHL, weil es dann ausreicht, in die Elementfläche hineinzuklicken. Zum Wählen mehrerer Elemente müssen Sie bei den Folgeelementen die Taste Shift gedrückt halten. Alternativ können Sie für mehrere Elemente auch die Wahl mit einem Rechteck aufziehen. Achten Sie darauf, dass dafür die Feineinstellungen des PFEIL-Werkzeugs richtig gesetzt sind.

Damit die Wandverschneidungen wie gewünscht verlaufen, müssen Sie ggf. einige Wände anklicken und die Endpunkte auf die Definitionslinien der anderen Wände ziehen.

Auch für das Kellergeschoss können viele Wände und Positionen übernommen werden. Die Wände hier sind nur **2,50** m hoch. Das wird beim Kopieren in das andere Geschoss automatisch korrigiert, da die Wände an das jeweilige Unter- und Obergeschoss gekoppelt sind. Sie müssen hier also keine Wandhöhen-Korrekturen vornehmen. Prüfen Sie das ggf. mit dem Werkzeug MAß aus der STANDARD-Symbolleiste im 3D-FENSTER nach.

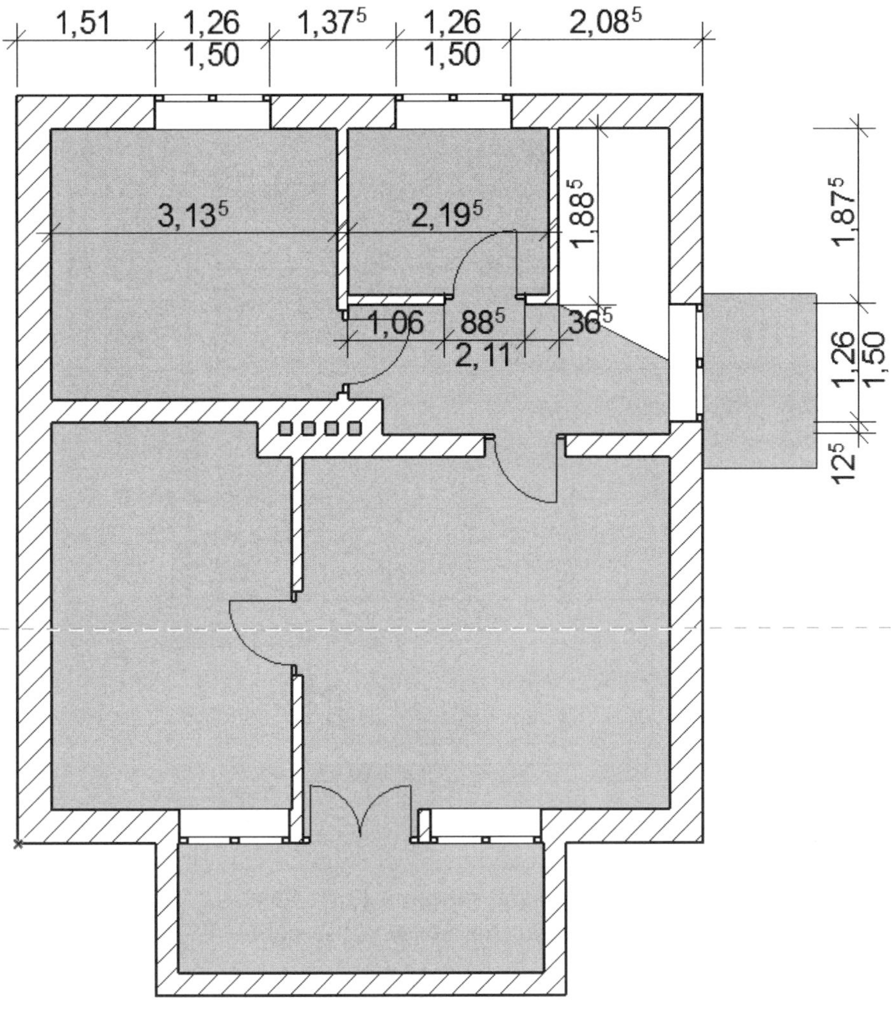

Abb. 16.17: Im Obergeschoss können viele Wände übernommen werden.

Der Unterbau der Terrasse ist mit seinen Maßen in Abbildung 16.18 gezeigt. Bei solchen symmetrischen Konstruktionen sollten Sie immer ausnutzen, dass Sie spiegeln können.

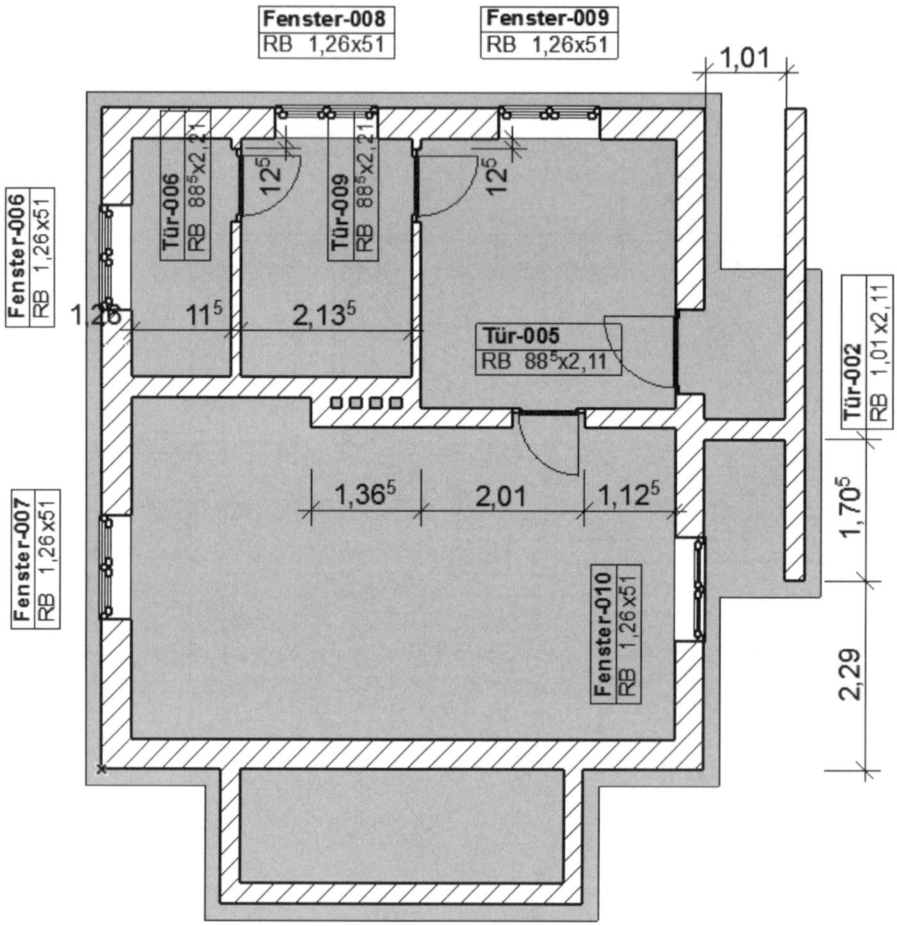

Abb. 16.18: Kellerwände, Fenster und Türen

Nach Konstruktion einer Seitenwand kann mit KOPIE SPIEGELN (Abbildung 16.19) die andere schnell erstellt werden. Als Spiegelachse nehmen Sie die Wandmitte der Außenwände.

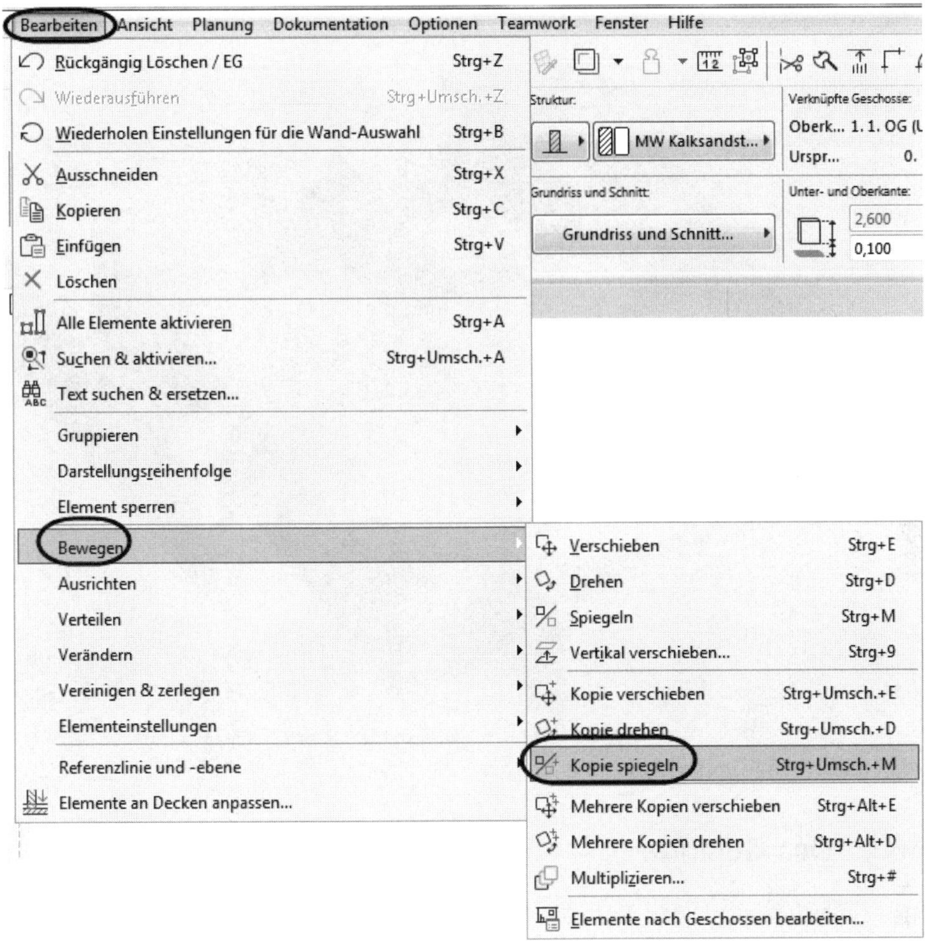

Abb. 16.19: Wand wird als Kopie gespiegelt.

Seitlich wären auch noch die Wände für Kellereingang und Hauseingang zu konstruieren. Die Abmessungen finden Sie in Abbildung 16.18. Hier lohnen sich wieder die orangefarbenen Hilfslinien im gegebenen Abstand oder Eingaben im TRACKER.

Danach sieht dann das Kellergeschoss so aus wie in Abbildung 16.20.

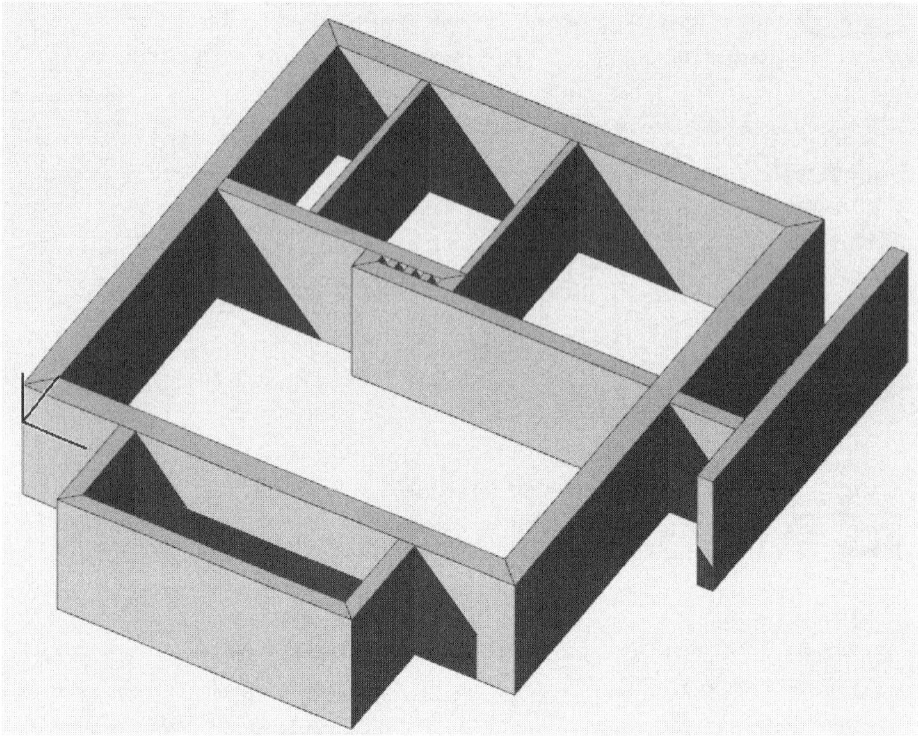

Abb. 16.20: Wände im Kellergeschoss

16.5 Das Gelände

Um nun auch noch den Erdboden zu simulieren, konstruieren Sie einfach eine rechteckige FREIFLÄCHE um das Haus herum mit Geometriemethode RECHTECK. Erstellen Sie diese im Kellergeschoss mit Höhe 1,50 m und Tiefenausdehnung 1 m. Dann liegt die Oberfläche auf Projekturspung und sie geht insgesamt 1 m in die Tiefe – wie in Abbildung 16.21 gezeigt.

Diese Freifläche hat nur einen Nachteil, sie füllt auch die Kellerräume aus. Um den Keller herauszuschneiden, markieren Sie die Freifläche, klicken eine Ecke oder einen Rand an und wählen aus der PET-PALETTE die Option VOM POLYGON ABZIEHEN. An dieser Stelle müssen Sie ggf. die Geometriemethode der Freifläche auf POLYGON umstellen, damit Sie mehr als nur ein Rechteck ausschneiden können. Dann klicken Sie die Eckpunkte des Bereichs an, den Sie abziehen möchten. Berücksichtigen Sie dabei gleich den Platz für die Treppen und schneiden Sie so aus wie in Abbildung 16.22 gezeigt. Alternativ können Sie auch mehrere Rechtecke abziehen.

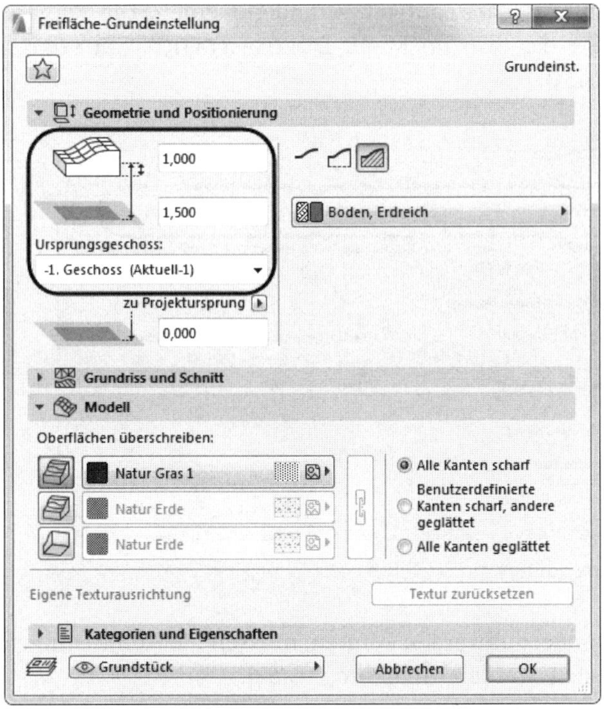

Abb. 16.21: Freifläche 1 m tief ab Projektursprung

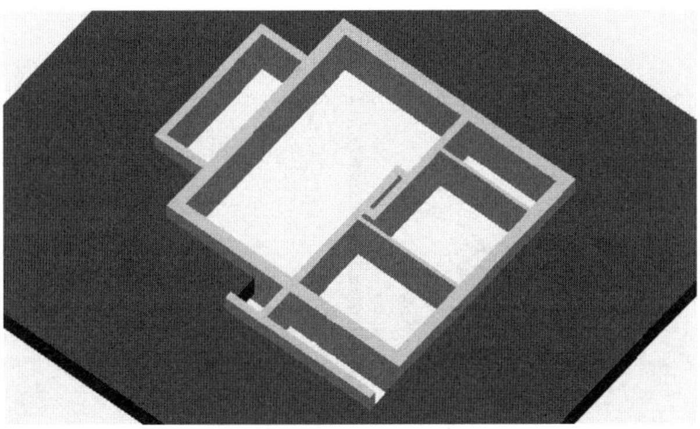

Abb. 16.22: Keller mit Freifläche

16.6 Der Keller

Beim Kellergeschoss ist noch einiges zu beachten. Es wird dort Kellerfenster geben, die im Geschoss recht hoch liegen. Der Keller geht bis zu 1,50 m in die Erde, und die Wandhöhen betragen 2,25 m. Die Kellerfenster werden dann von 1,70 bis 2,20 reichen. Damit sie in der Grundrissdarstellung zu sehen sind, sollten die Schnitthöhen für die Grundrissdarstellungen verändert werden. Die Vorgabe beträgt aber 1 m. Ändern Sie das also im Menü DOKUMENTATION|GRUNDRISS-SCHNITTEBENE (Abbildung 16.23).

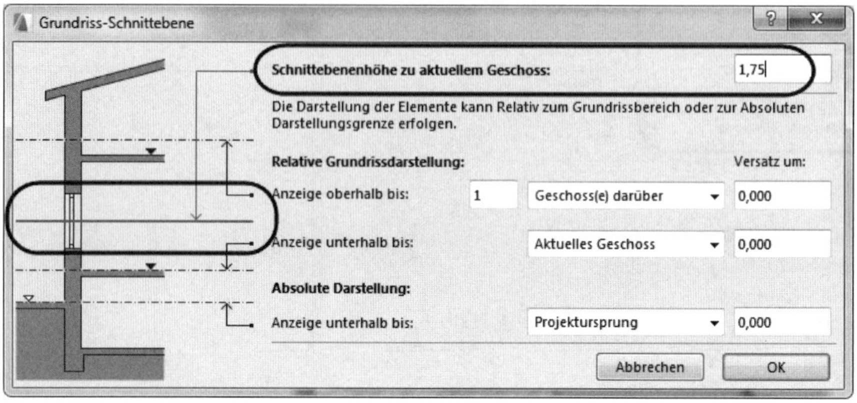

Abb. 16.23: Grundriss-Schnittebene auf 1,75 m

Bevor Fenster in den Keller eingebaut werden können, müssen die Abmessungen im FENSTER-Werkzeug eingestellt werden (Abbildung 16.24).

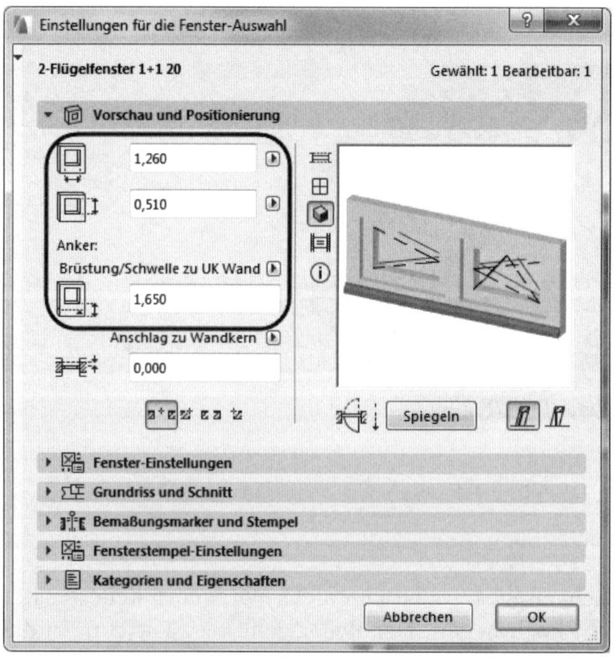

Abb. 16.24: Parameter für Kellerfenster

Sie sollen 80 x 50 cm breit und hoch sein, zweiflügelig und eine Brüstungshöhe von 1,70 m besitzen. Setzen Sie die Fenster mit den Besonderen Fangpunkten wieder in die Mitten der Raumwände. Sie müssen dazu unter Ansicht|Fangpunktoptionen die Optionen Hälfte und Zwischen Schnittpunkten wählen.

Im Einstellungsdialog sollten Sie die Anschläge geeignet wählen. Sie finden sie unter Fenster-Einstellungen|Nominale Größen und Toleranzen, wo Sie bis Anschlag-Einstellungen blättern müssen.

Als Nächstes wird noch eine schöne Metalltür für den Eingang gesucht. Die finden Sie unter den Eingangstüren. Fügen Sie die Tür mit normalen Parametereinstellungen dort ein, wo der Kellereingangsschacht endet (Abbildung 16.18). Weitere einfache Holztüren für innen können Sie aus dem Ordner Innentüren nach den Maßen der Grundriss-Ansicht einsetzen.

16.6.1 Kellertreppe außen

Nun fehlt nur noch die Kellertreppe. Ihre Abmessungen sind Höhe **1,50 m**, Breite **1,01 m** und Länge **2,49 m**. Rufen Sie das Treppen-Werkzeug auf, wählen Sie die einläufige Stahlbetontreppe und verwenden Sie die Parameter aus Abbildung 16.25.

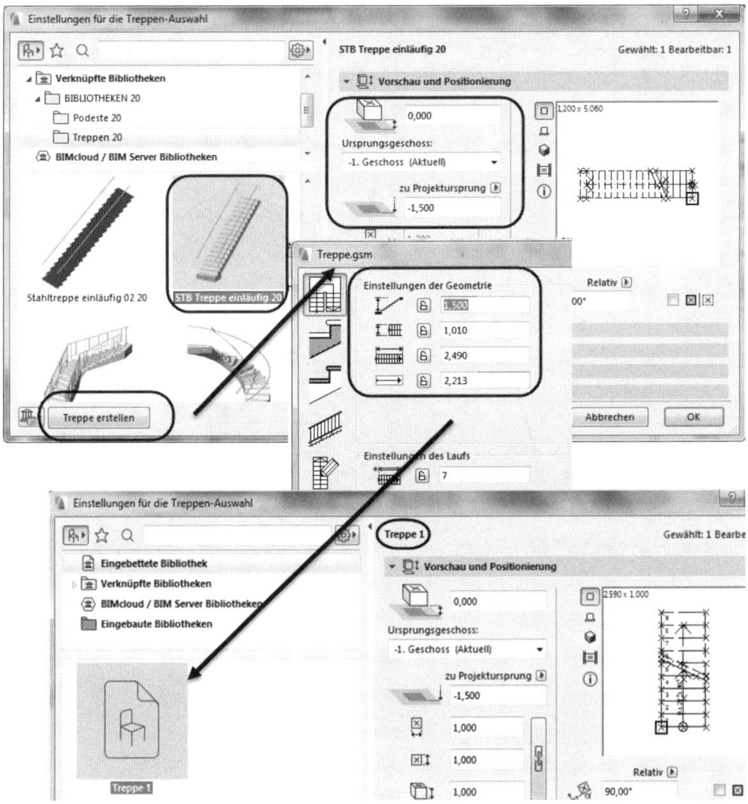

Abb. 16.25: Parameter für Kellertreppe

Nach Eingabe der Treppenhöhe **`0 m`** bzgl. Kellergeschoss und der Treppenhöhe von **`1,50 m`** können Sie aber Breite und Länge nicht individuell angeben. Dazu müssen Sie auf TREPPE ERSTELLEN klicken und die eigenen Werte für Breite und Länge eingeben. Dann wird diese benutzerspezifische Treppe gesichert als **Treppe 1**. Die bauen Sie nun am Kellerausgang ein.

Danach können Sie gleich auch die Eingangstreppe erstellen. Sie beginnt aber nicht auf der Geschosshöhe **`0 m`**, sondern auf Geschosshöhe **`1,50 m`** bzgl. Kellergeschoss und ist **`1 m`** hoch, **`1,01 m`** breit und **`1,70 m`** lang.

Für die Innentreppe wählen Sie im Einstellungsdialog TREPPE ERSTELLEN und suchen aus der Bibliotheksauswahl VERKNÜPFTE BIBLIOTHEKEN|TREPPE 20 eine beliebige Holztreppe aus. Weiter geht es dann mit TREPPE ERSTELLEN links unten und der Auswahl des geeigneten Typs EINLÄUFIG, IM AUFTRITT VIERTELGEWENDELT (Abbildung 16.26). Die richtigen Treppenparameter ergeben dann schnell die gewünschte Treppe.

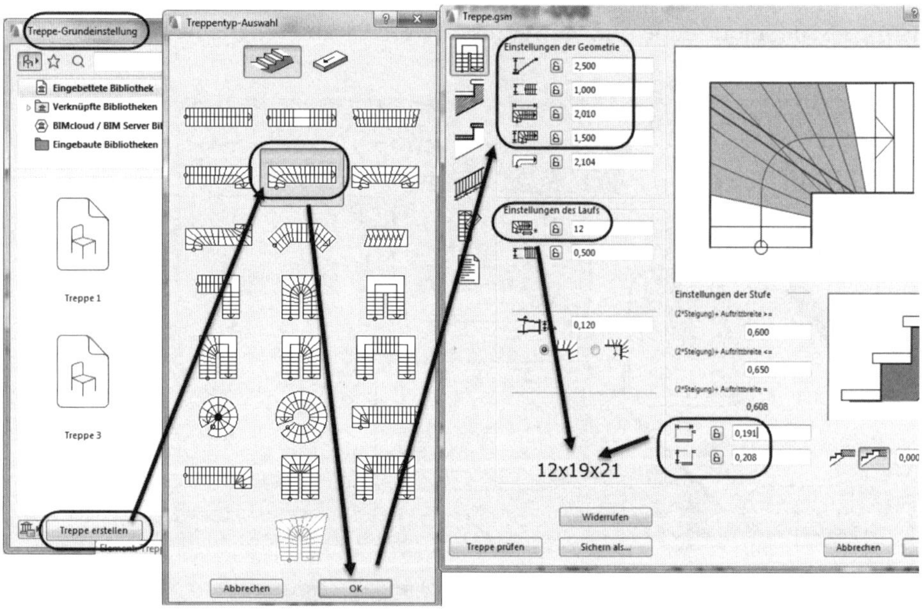

Abb. 16.26: Treppentyp und -parameter

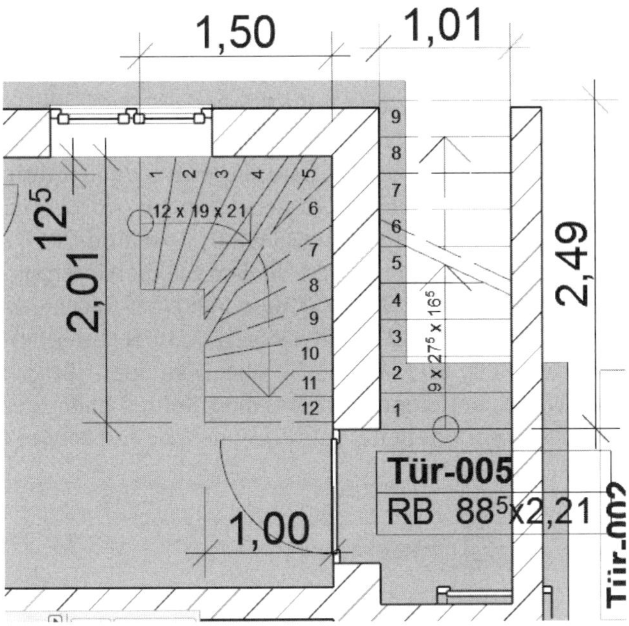

Abb. 16.27: Kellertreppen innen und außen

16.6.2 Der Kellerboden

Dann wäre noch der Boden für den Keller mit dem DECKEN-Werkzeug zu erstellen. Wählen Sie für dieses Beispiel einen Deckenaufbau ohne Schichten unter STRUKTUR: EINFACH und als DECKENDICKE `0,20 m` und arbeiten Sie mit der POLYGON-Methode wie in Abbildung 16.28 angedeutet.

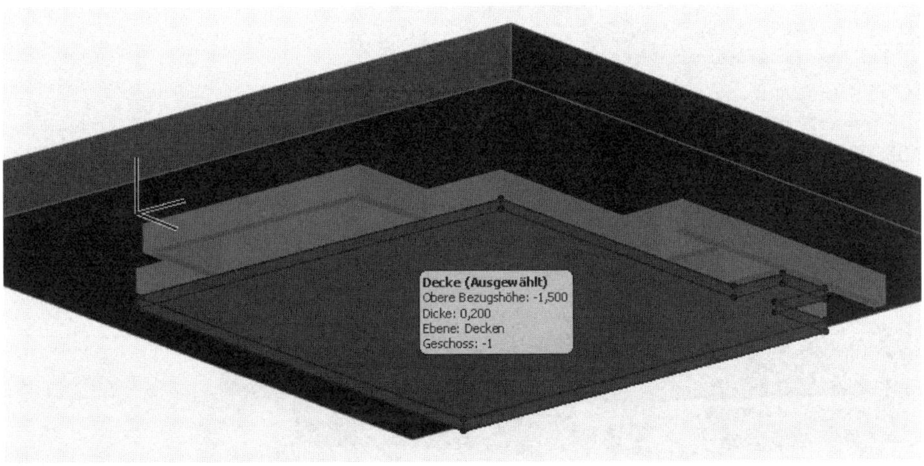

Abb. 16.28: Kellerboden

16.6.3 Fundamente

Zu guter Letzt können Sie noch die Fundamente darunter legen. Verwenden Sie Unterzüge, die Sie in die richtige Tiefe legen. Der Kellerboden liegt bei 1,50 m Tiefe, die Dicke des Bodens beträgt 0,20 m, also liegen die Fundamente bei -1,70 m. Ohne die Statik zu kalkulieren, wurde eine Fundamentstärke von 60 x 60 cm angenommen. Das Problem ist dabei nur: Wie legt man das Fundament mittig unter die Mauern? Die Wandmitten stehen hier zum Fangen nicht zur Verfügung. Hier ist wieder der ACHSVERSATZ nützlich. Bei ACHSVERSATZ **0,30 m** und BREITE **0,60 m** liegt dann eine Kante auf der gewählten Kontur. Stellen Sie die Unterzugparameter folgendermaßen ein: HÖHE **0,60 m**, BREITE **0,60 m**, ABSTAND REFERENZLINIE ZUM URSPRUNGSGESCHOSS **-0,20 m** und ACHSVERSATZ **0,30 m**. Im INFOFENSTER wählen Sie die Methode KETTE und wählen Sie die Positionen für das Fundament *auf* der Kante der Wand. Bei einer geschlossenen Kontur endet der UNTERZUG-Befehl automatisch, bei einer offenen Kontur beenden Sie mit **Doppelklick** oder **Rechtsklick** und OK.

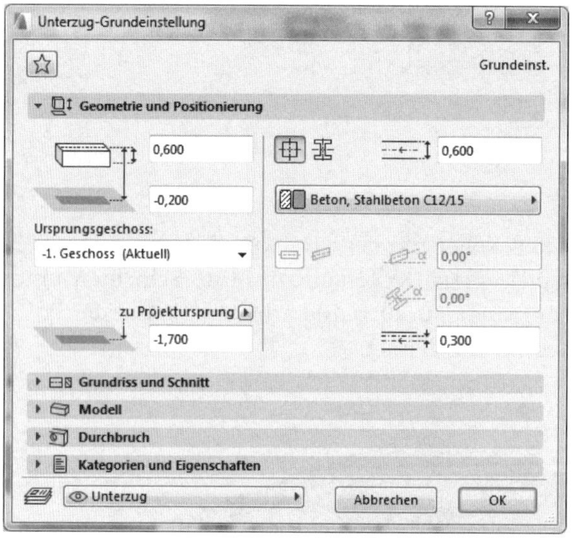

Abb. 16.29: Unterzüge 60 x 60 cm für Fundament

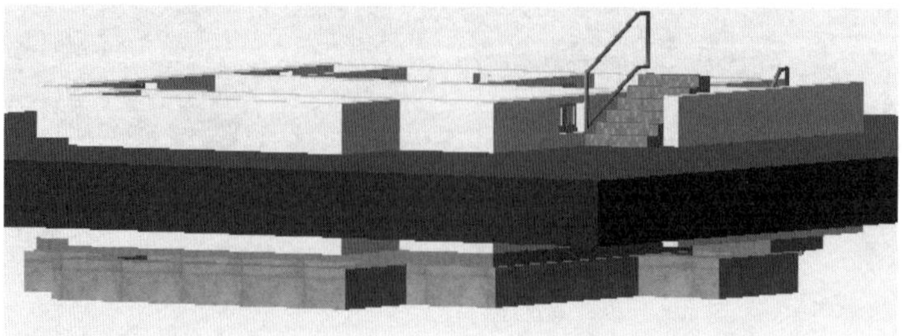

Abb. 16.30: Seitenansicht mit Freifläche, Kellerwänden, Kellerboden und Fundamenten

16.7 Treppe in Erdgeschoss

Im Erdgeschoss geht es weiter mit den Fenstern und Türen. Das dürfte nach den Übungen im Keller nun kein Problem mehr sein. Die Maße gehen aus Abbildung 16.10 hervor. Die übrigen Türen wurden auf entsprechende Wandmittelpunkte gesetzt. Bei den Türen klicken Sie immer auf die Seite mit dem ÖFFNUNGS-CURSOR nach dort, wo sie öffnen sollen. Die Türen haben vorgabemäßig eine Schwellenhöhe von **0,10 m** für einen entsprechenden Fußbodenaufbau. Für unser Beispiel wäre diese Höhe bei BRÜSTUNG/SCHWELLENHÖHE auf **0,00 m** zu setzen.

Eine letzte Schwierigkeit ist die Treppe im Erdgeschoss. Sie muss wegen ihrer Form als eigene Treppe erstellt werden. Dazu muss eine Schraffur erzeugt werden, die dem Treppengrundriss entspricht und eine Lauflinie aus Linien und Bögen. Wie Abbildung 16.31 zeigt, wurden erst einige schräge Hilfslinien konstruiert, ehe die Schraffur erstellt wurde.

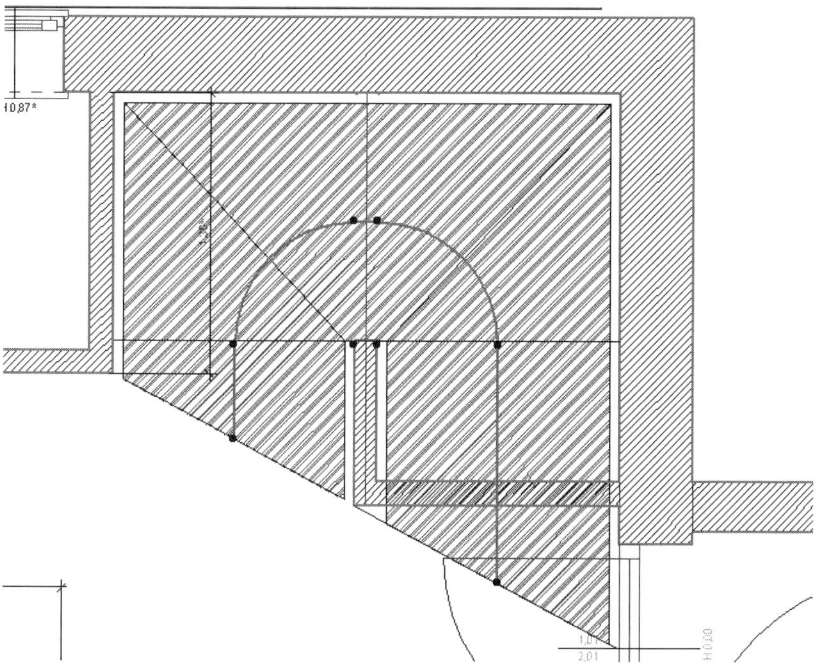

Abb. 16.31: Schraffur, Linien und Bögen für eigene Treppe

Die Schraffur wurde dann polygonal erzeugt. Es soll später aus dieser Schraffur eine Holztreppe mit seitlichen Wangen hervorgehen. Deshalb wurden nach Erstellen der Schraffur aus den Wandpunkten noch Änderungen vorgenommen. Die Kanten der Schraffur, wo später Wangen erstellt werden, wurden nämlich um die Wangenbreite verschoben. Dazu können Sie in der PET-PALETTE die Funktion

KANTE VERSETZEN gut verwenden und dann im TRACKER-Fenster den exakten Abstand **0,05** eingeben.

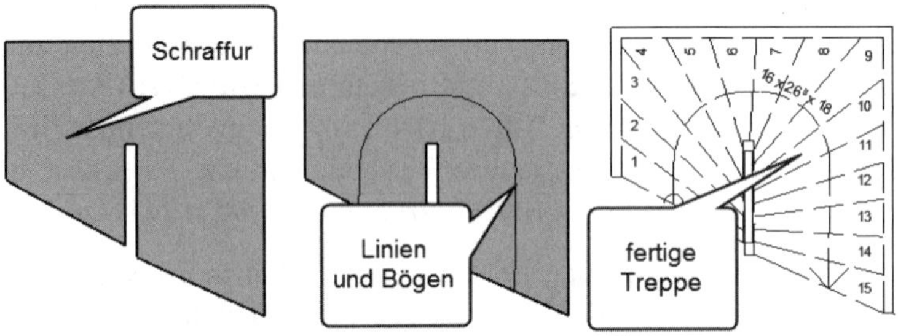

Abb. 16.32: Schraffur und Linien/Bögen zur Treppenerstellung

Die Lauflinie erstellen Sie am besten mit dem LINIE-Werkzeug, indem Sie die Mittelpunkte der schrägen Hilfslinien verbinden und zunächst eckig zeichnen. Dann wählen Sie die entstandenen drei Linien und rufen ABRUNDEN/ABSCHRÄGEN aus der STANDARD-Symbolleiste auf, geben als Radius **0,6** ein und runden damit die Ecken ab. Das Ergebnis zeigt Abbildung 16.31.

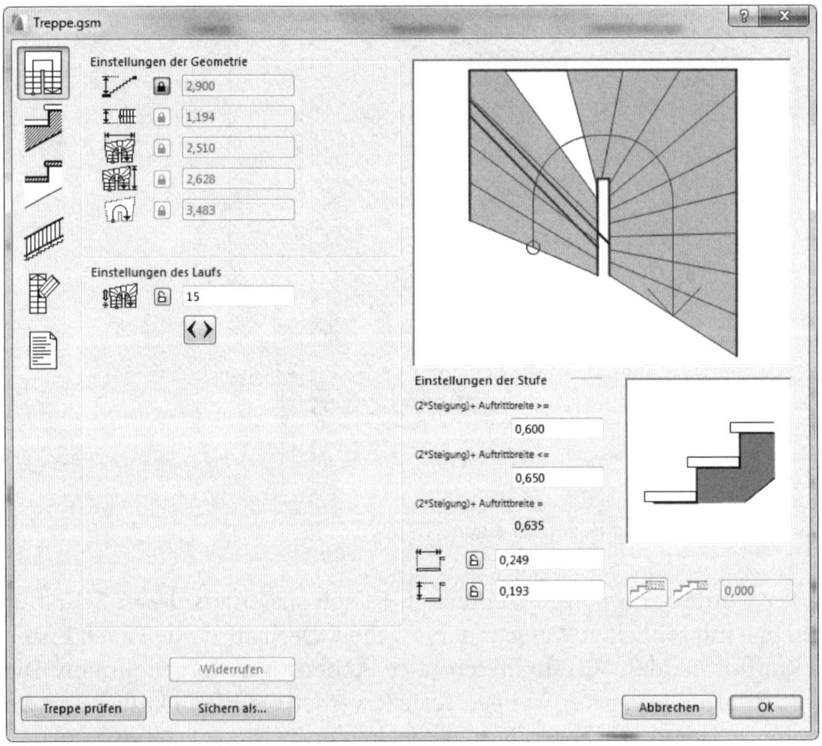

Abb. 16.33: Parameter der eigenen Treppe

Sie dürfen für die Lauflinie keine Polylinie verwenden. Haben Sie doch aus Versehen eine solche erstellt, müssen Sie sie wieder zerlegen. Dafür gibt es die Funktion BEARBEITEN|VEREINIGEN & ZERLEGEN|IN 2D-ELEMENTE ZERLEGEN. Die Lauflinie darf auch nicht aus gruppierten Elementen bestehen. Mit BEARBEITEN|GRUPPIEREN|GRUPPE AUFLÖSEN können Sie Gruppen wieder zerlegen.

Dann wählen Sie die Schraffur und die Linien und Bögen für die Lauflinie und starten den Befehl PLANUNG|TREPPE MIT AUSWAHL ERSTELLEN. Abbildung 16.33 zeigt die Parameter für diese Treppe. Ggf. müssen Sie den Bereich für das Verziehen der Stufen etwas variieren. Klicken Sie in die nächste weiße Stufe, um den Verzugsbereich zu vergrößern oder klicken Sie in die vorletzte schwarze Stufe, um den Verziehungsbereich zu verkleinern. Richten Sie noch das Geländer passend für die Innenseite ein und stellen Sie die Farben für Wangen und Stufen ein. Klicken Sie auf die Schaltfläche TREPPE PRÜFEN, um die Konsistenz zu überprüfen. Dann können Sie mit OK beenden und die Treppe mit einem eigenen Namen speichern. Die Treppe ist ggf. leichter zu erstellen, wenn Sie die Kontur an der Schnittlinie mit der inneren Wand etwas abrunden. Als Wangenbreite sollten Sie wie oben vorgesehen **5** cm wählen.

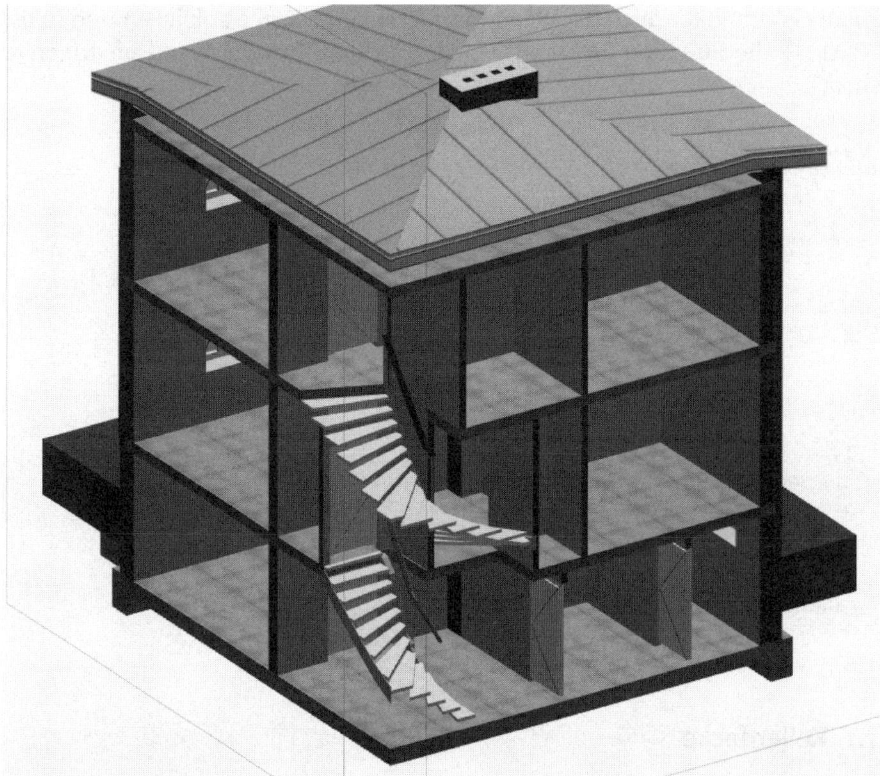

Abb. 16.34: Haus mit eingebauten Treppen

Noch ist der Treppenbau aber nicht ganz fertig. Die Mittelwand der Treppe muss noch verkürzt werden, damit die Treppe hindurchgeht. Das kann einfach durch Verschiebung des Endpunkts geschehen. Die Wand mit der Tür zum Kellerabgang ist aber noch zu hoch. Sie muss nach oben verkürzt werden. Das kann einfach über Änderung der individuellen Wandhöhe geschehen (2,30 m) oder mit den SOLID-ELEMENT-BEFEHLEN.

Sie finden diese SOLID-ELEMENT-BEFEHLE unter PLANUNG|VERBINDEN|SOLID-ELEMENT-BEFEHLE. Gehen Sie folgendermaßen vor:

1. Markieren Sie die Wand.
2. Klicken Sie auf die Schaltfläche ZIELELEMENTE ÜBERNEHMEN.
3. Markieren Sie die Treppe.
4. Klicken Sie auf die Schaltfläche OPERATORELEMENTE ÜBERNEHMEN.
5. Wählen Sie die Funktion ABZUG MIT VERLÄNGERUNG NACH OBEN.
6. Klicken Sie auf AUSFÜHREN.
7. Das Wandende oben verschwindet dann, und Sie können den Funktionsdialog schließen.

Alternativ könnten Sie auch die Wand markieren, eine Kante anklicken und in der PET-PALETTE die Funktion HÖHE STRECKEN aufrufen, um die Wand niedriger zu machen.

Abb. 16.35: Wand durch Treppe beschneiden

16.7.1 Kellerdecke

Als Nächstes soll die Kellerdecke erstellt werden. Schalten Sie dazu das Kellergeschoss transparent, damit Sie auch die Wände vom Balkon und Hauseingang sehen können. Sie machen das am schnellsten mit Rechtsklick auf den Keller im NAVIGATOR und Aufruf der Funktion DIESES GESCHOSS TRANSPARENT MACHEN. Dann verwenden Sie das DECKEN-Werkzeug im ERDGESCHOSS. Stellen Sie die Dicke **0,20 m** ein und konstruieren Sie die Decke polygonal.

Sie sollten auch gleich für die Kellertreppe innen die nötige Aussparung konstruieren. Schalten Sie das DECKEN-Werkzeug am besten auf die Geometriemethode POLYGON. Dann klicken Sie zunächst auf die Außenecken des Hauses bzw. die Ecken für den Treppenbereich. Sie sollten dann hie wie auch bei den übrigen Geschossdecken die Außenkanten etwas von den Wänden nach innen ziehen, damit keine Kältebrücken entstehen.

16.7.2 Der Balkon

Nun sollen die Stützen für den Balkon gesetzt werden. Rufen Sie das STÜTZEN-Werkzeug auf und geben Sie die Abmessungen (Abbildung 16.36) ein und geben Sie vor allem an, mit welcher Ecke Sie die Stütze positionieren wollen.

Zeichnen Sie die Wände für den Balkon mit der Höhe 1 m.

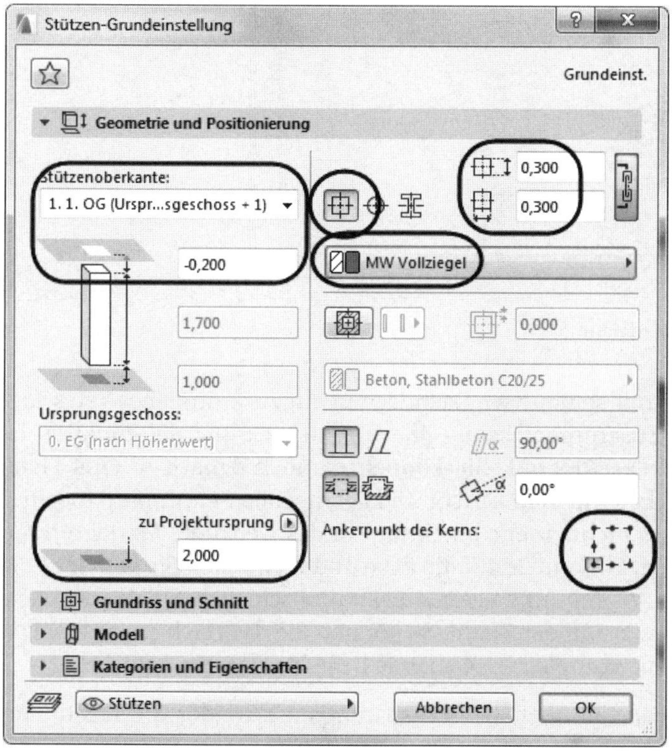

Abb. 16.36: Die Stützen für den Balkon

16.8 Der Hauseingang

Zeichnen Sie auch die übrigen Wände für den Hauseingang mit einer Höhe von 2,55 m. Tür und Fenster fügen Sie wie gewohnt ein.

Die Eingangsüberdachung können Sie mit dem DACH-Werkzeug und der Geometriemethode MULTIFLÄCHEN/KOMPLEXES DACH erstellen. An sich brauchen Sie ein abgeschnittenes Multiflächen-Dach. Sie sollten es erst mal etwas länger konstruieren, sodass es ins Haus hineinragt (Abbildung 16.37). In dem Beispiel wurde fürs Dach kein Schichtaufbau, sondern als STRUKTUR: EINFACH gewählt. Geben Sie eine DACHNEIGUNG von **11°**, eine Stärke von **0,20 m** und im Panel MULTIDACH-GEOMETRIE einen ÜBERSTAND von **0,30 m** ein.

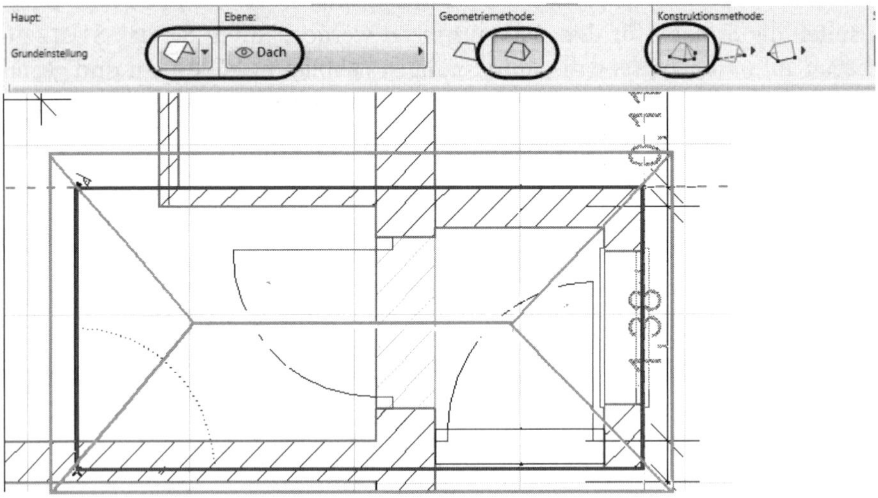

Abb. 16.37: Die Eingangsüberdachung

Das fertige Dach bildet mit seinen vier Dachflächen ein zusammengesetztes Element. Lösen Sie diese Zusammenfassung über Rechtsklick und die Funktion IN EINZEL-DACHFLÄCHEN ZERLEGEN auf. Sie können nämlich danach die ins Haus hineinragenden Dachecken mit dem Cursor und gefangenen Schnittpunktpositionen so verschieben, dass nichts mehr hineinragt in das Gebäude. Markieren Sie jede der vier Dachflächen, klicken Sie auf die Ecke und verwenden Sie von der PET-PALETTE die Funktion KNOTENPUNKT VERSCHIEBEN und schieben Sie den Knotenpunkt auf den Schnittpunkt mit der Wand. So können Sie das Dach anpassen. Die dreieckige Dachfläche, die komplett im Gebäude liegt, löschen Sie natürlich.

Im Obergeschoss können Sie über die Transparentpause wieder die Positionen aus dem Erdgeschoss verwenden, um die Wände zu konstruieren. Die Fenster und Türen liegen meist auf Wandmitten, teilweise auch am Wandende (Abbildung 16.39, Abbildung 16.41).

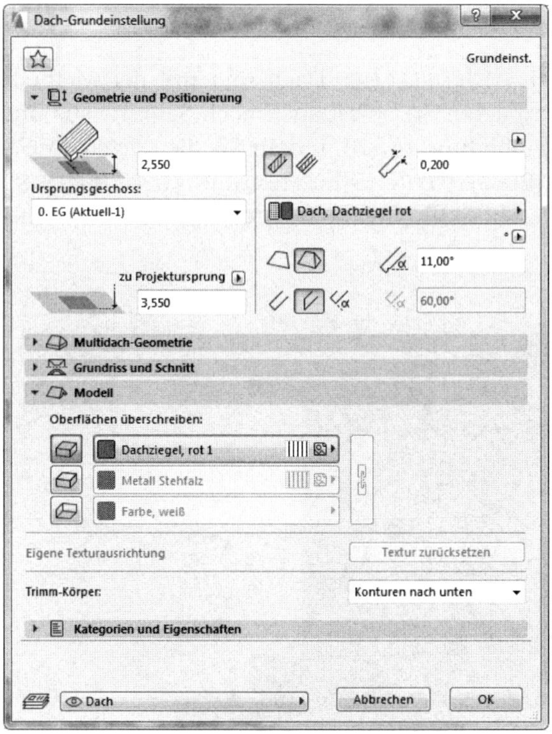

Abb. 16.38: Einstellungen für Eingangsdach

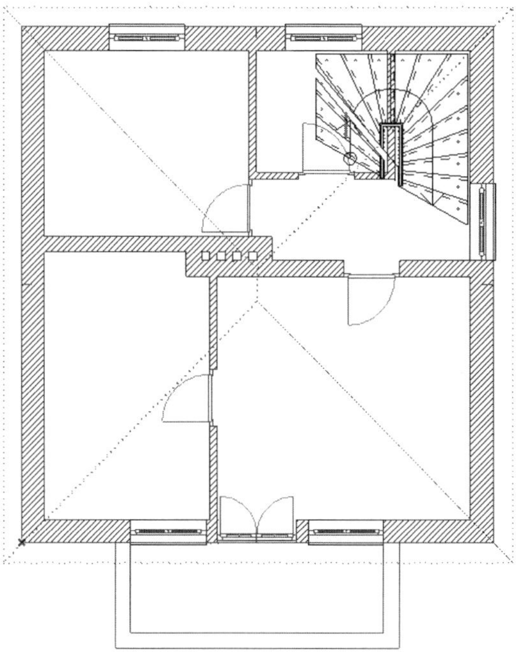

Abb. 16.39: Wände und Fenster im Obergeschoss

16.9 Das Dach

Das Dach erstellen Sie wieder als MULTIFLÄCHEN-Dach und mit der Methode POLYGONAL wie beim Eingang. Probieren Sie selbst auch noch Schnitte aus und analysieren Sie das Haus in 3D (Abbildung 16.40), indem Sie die einzelnen Geschosse auswählen mit ANSICHT|ELEMENTE IN 3D|ELEMENTE IN 3D FILTERN UND SCHNEIDEN. Damit können Sie Geschoss für Geschoss Ihre Konstruktion studieren (Abbildung 16.41).

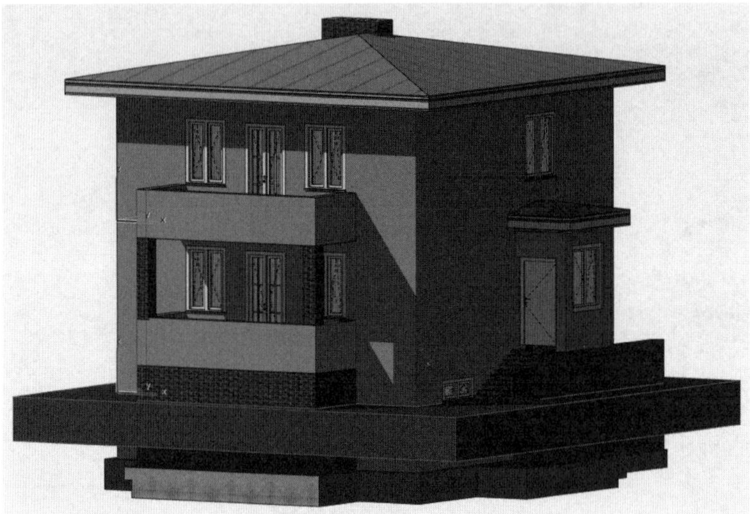

Abb. 16.40: Das Haus im Übersichtsbild

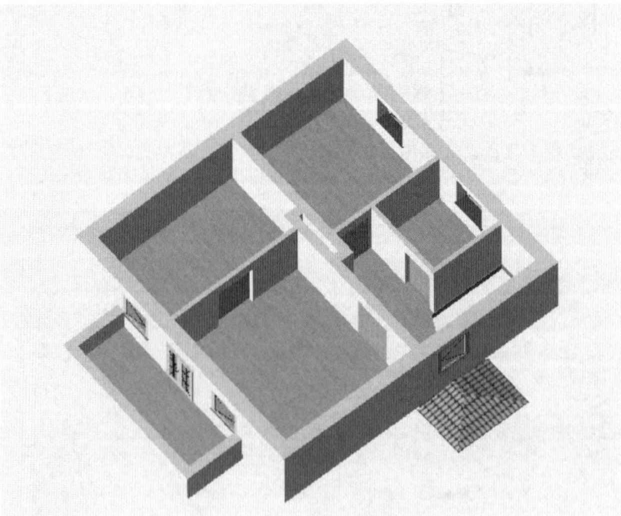

Abb. 16.41: Nur Elemente des Obergeschosses

16.10 Übungsfragen

1. Wo werden die Geschosshöhen eingegeben?
2. Wie geben Sie relative Positionen von einem Elementfang (ggf. mit [E] [Enter]) aus ein?
3. Wo finden Sie das Werkzeug zum Trimmen?
4. Wo finden Sie die Funktion zum Kopieren aller Wände eines Geschosses in ein anderes Geschoss?
5. Wie wird das Gelände (FREIFLÄCHE) aus dem Kellerbereich entfernt?
6. Was ist bei der Grundrissdarstellung des Kellers zu beachten?
7. Wie erstellt man eine beliebig geformte Treppe?
8. Wie kann man ein Gebäude in einer 3D-Ansicht geschossweise anzeigen lassen?

Fragen und Antworten

A.1 Übungsfragen Kapitel 1

1. Was bedeutet die Abkürzung BIM?
2. Wie lange läuft die Demoversion?
3. Was können Sie nicht mit der Demoversion tun?
4. Welches Betriebssystem brauchen Sie für ArchiCAD 20?
5. Welche RAM-Speichergröße ist mindestens erforderlich?
6. Wo liegt der Nullpunkt der Konstruktion beim Start und wie wird er angezeigt?
7. Was sind die wichtigsten Werkzeuge in der Hilfsmittelleiste?
8. Wie wird das Fangen existierender Punkte angezeigt?
9. Wo liegen die Werkzeuge zum Einschalten von Hilfslinien und TRACKER?
10. Womit können Sie die Parameter der Konstruktionselemente einstellen?

A.2 Antworten Kapitel 1

1. BIM bedeutet Building Information Model und hat zur Folge, dass in Ihrer Konstruktion Konstruktionselemente verwendet werden, deren Parameter jederzeit verfügbar sind, direkt über Listen eingesehen und ausgewertet werden können. Änderungen in den Elementlisten bewirken durch die assoziative Zuordnung Änderungen in der Konstruktion.
2. Die Demoversion hat keine zeitliche Begrenzung.
3. Mit der Demoversion können Sie nicht speichern, kopieren oder mit den Teamwork-Funktionen arbeiten.
4. Als Betriebssysteme werden Windows 7, Windows 8 oder Windows 8.1 und auf dem Macintosh Mac OS X 10.9 und 10.10 empfohlen. Auch Windows 10 wurde getestet und Kompatibilität besteht zu Mac OS X 10.8.
5. Mindestens 8 GB RAM-Speicher.
6. Der Nullpunkt liegt beim Start mitten auf der Zeichenfläche und wird durch ein kleines fettes Kreuz markiert.

7. In der HILFSMITTELLEISTE am unteren Rand liegt ganz links die Schaltfläche zum Aktivieren des NAVIGATORS. Dann folgen die Maßstabseinstellungen. Von Mitte bis rechts finden Sie diverse Zoom-Funktionen.
8. Das Fangen existierender Punkte wird durch ein Häkchen angezeigt.
9. Sie finden sie in der Mitte der STANDARD-Symbolleiste.
10. Die Parameter eines Elements finden Sie teilweise im INFOFENSTER, Zugriff auf den kompletten Umfang erhalten Sie, wenn Sie den EINSTELLUNGSDIALOG mit dem ersten Button im INFOFENSTER des Werkzeugs anklicken.

A.3 Übungsfragen Kapitel 2

1. Welches sind die wichtigsten Strukturelemente in der PROJEKTMAPPE?
2. Nennen Sie die wichtigsten Paletten.
3. Was kann mit SCHNELL-OPTIONEN eingestellt werden?
4. In welcher Ansicht erreichen Sie den 3D-RUNDGANG?
5. Wie zeigt das PFEIL-Werkzeug an, dass es auf einem Punkt oder einer Kante einrastet?
6. Welche drei Zoom-Optionen können Sie mit der Maus bedienen?
7. Was bedeutet ALS TRANSPARENTPAUSE ANZEIGEN?
8. Mit welchem Hilfsmittel stellen Sie am einfachsten die Ansichtsrichtung im 3D-Fenster ein?

A.4 Antworten Kapitel 2

1. Die wichtigsten Strukturelemente in der PROJEKTMAPPE sind die GESCHOSSE, die SCHNITTE und ANSICHTEN, die DETAILS, das 3D-Fenster und die ELEMENTLISTEN.
2. Wichtige Paletten sind: WERKZEUGKASTEN, INFOFENSTER, KOORDINATEN-Palette, KONTROLLFENSTER, NAVIGATOR, TRANSPARENTPAUSE und SCHNELL-OPTIONEN
3. In den SCHNELL-OPTIONEN stellen Sie folgende Dinge ein: die EBENENKOMBINATION, den MAẞSTAB, die STRUKTURDARSTELLUNG, das STIFT-SET, die MODELLDARSTELLUNG KOMBINATION, den UMBAU-FILTER und die BEMAẞUNGSEINSTELLUNGEN.
4. In der Ansicht ALLGEMEINE PERSPEKTIVE mit ANSICHT|3D-RUNDGANG oder [F3].
5. Wenn das PFEIL-Werkzeug auf einem Punkt einrastet, erscheint ein *Häkchen*, wenn Sie auf einer Kante einrasten, wird ein *Mercedesstern* gezeigt.
6. Auf der Maus gibt es drei Zoom-Funktionen: *Mausrad rollen* ergibt ein dynamisches Vergrößern und Verkleinern, *Mausrad drücken* und *Maus bewegen* bewirkt

ein Verschieben der Ansicht und ein *Doppelklick* auf das Mausrad bewirkt ein Zoomen auf die gesamte Zeichnung.

7. Eine *transparente Projekt-Sicht* kann in einer aktiven Ansicht als Hintergrund in roter Farbe sichtbar gemacht werden.
8. Die 3D-Ansicht manipulieren Sie am bequemsten mit dem Werkzeug ORBIT.

A.5 Übungsfragen Kapitel 3

1. Wo liegt das Werkzeug zum Festlegen eines individuellen Benutzer-Koordinatenursprungs?
2. Wie schalten Sie wieder auf den Projektursprung zurück?
3. Was ist der Unterschied zwischen dem Konstruktionsraster und dem Fangraster (auch als Rasterfang bezeichnet)?
4. Welches der Raster kann auch ein Nebenraster haben?
5. Nennen Sie die vier wichtigen Fangpunkt-Einstellungen.
6. Wie können Sie eine Koordinate fixieren?
7. Welche relativen Konstruktionsmethoden gibt es?
8. Wie wird der Elementfang aktiviert?

A.6 Antworten Kapitel 3

1. In der Symbolleiste STANDARD, in der Symbolleiste ZEICHENHILFEN, in der Palette KOORDINATEN.
2. Durch Doppelklick aufs Werkzeug BENUTZERURSPRUNG SETZEN.
3. Das KONSTRUKTIONSRASTER kann mit [F8] sichtbar gemacht werden und es kann aus Haupt- und Nebenrastern bestehen. Die Voreinstellung ist 1 x 1 Meter. Das FANGRASTER ist nicht sichtbar und meist enger als das Konstruktionsraster. Die Voreinstellung ist 0,5 x 0,5 Meter.
4. KONSTRUKTIONSRASTER.
5. HÄLFTE, TEILUNGEN, PROZENT, ABSTAND.
6. Durch Einrasten auf horizontalen oder vertikalen Hilfslinien oder durch Eingabe und Festlegen im TRACKER.
7. LOTRECHT, PARALLEL, WINKELHALBIEREND, ABSTAND, WIEDERHOLTER VERSATZ, BESONDERE FANGPUNKTE AUF REFERENZVEKTOR, ZUR OBERFLÄCHE AUSRICHTEN (3D).
8. Mit dem Werkzeug ELEMENTFANG in der Symbolleiste ZEICHENHILFEN oder mit der Taste [E].

A.7 Übungsfragen Kapitel 4

1. Welche zweidimensionalen Geometrieelemente kennen Sie?
2. Welche Geometriemethoden gibt es beim KREIS-Werkzeug?
3. Welche Segment-Übergänge gibt es bei der POLYLINIE in der PET-PALETTE?
4. Was ist charakteristisch für eine SPLINE-Kurve?
5. Welchen Geometriemethoden gibt es bei SCHRAFFUREN?
6. Erscheint ein FIXPUNKT im Plot?

A.8 Antworten Kapitel 4

1. LINIE, KREIS, POLYLINIE, SPLINE, FIXPUNKT, SCHRAFFUR.
2. KREIS (MITTELPUNKT UND RADIUS), KREIS (3 PUNKTE), KREIS (TANGENTEN), ELLIPSE (DIAGONALE), ELLIPSE (HALBE DIAGONALE), ELLIPSE (ELLIPSENRADIEN).
3. GERADE KANTE, BOGEN TANGENTIAL ZUM VORHER GEZEICHNETEN ELEMENT, BOGEN MIT DEFINIERTER TANGENTE, BOGEN DURCH 3 PUNKTE, BOGEN MIT MITTELPUNKT.
4. Es ist eine glatte Kurve durch gegebene Stützpunkte.
5. POLYGON, RECHTECK, GEDREHTES RECHTECK.
6. Nein.

A.9 Übungsfragen Kapitel 5

1. Welche Geometriemethoden gibt es für Wände?
2. Welche Optionen hat die lineare Wand?
3. Welche Querschnitte gibt es für Wände?
4. Womit wird bei Fenstern die Anschlagrichtung spezifiziert?
5. Wie kann die Öffnungsrichtung der Tür (nach innen/nach außen) geändert werden?
6. Wo wird ein Deckenelement platziert?
7. Wie konstruieren Sie einen Deckendurchbruch?
8. Welche Dach-Formen gibt es?
9. Wie wird ein Dach im 3D-Fenster erstellt?
10. Was ist die Vorbedingung für das Anpassen von Wänden an Dächer?

A.10 Antworten Kapitel 5

1. GERADE, GEKRÜMMT, TRAPEZ, POLYGON.
2. EINFACH, POLY, RECHTECK, RECHTECK GEDREHT.
3. GERADE, GENEIGT, TRAPEZ, PROFIL.
4. Mit dem *Richtungspfeil-Cursor.*
5. Mit der Option Spiegeln im EINSTELLUNGSDIALOG.
6. Standardmäßig unter dem aktuellen Geschoss.
7. Aktivieren Sie für die Decke die PET-PALETTE, wählen Sie das Werkzeug VOM POLYGON ABZIEHEN und zeichnen Sie das Polygon für den Durchbruch.
8. Es gibt zwei Geometriemethoden: EINZELFLÄCHEN und MULTIFLÄCHEN. Für EINZELFLÄCHEN gibt es die Konstruktionsmethoden KOMPLEXES DACH, RECHTECKIG, RECHTECK GEDREHT. Für MULTIFLÄCHEN existieren die Konstruktionsmethoden KOMPLEXES DACH, RECHTECKIG MIT GRAT/GIEBEL und RECHTECK GEDREHT MIT GRAT/GIEBEL.
9. Beim EINZELDACH mit Konstruktionsmethode KOMPLEXES DACH geben Sie *drei Punkte* für die Lage der *Dachebene* ein, dann die *Punkte für das Polygon* der Dachumgrenzung.
10. Die Wand muss vor dem Anpassen/Trimmen über das Dach hinaus gestreckt werden, z.B. mit dem Werkzeug HÖHE STRECKEN aus der PET-PALETTE.

A.11 Übungsfragen Kapitel 6

1. Wie erhalten Sie Element-Informationen?
2. Wie wird signalisiert, dass mehrere Elemente übereinander liegen?
3. Wie arbeiten Sie mit der SCHNELLAUSWAHL?
4. Womit fügen Sie Elemente zur Auswahl hinzu?
5. Wie sieht der geschossübergreifende Markierungsrahmen aus?
6. Was ist das Universalwerkzeug zum Bearbeiten?
7. Wie verschieben Sie Elemente am schnellsten?
8. Was bietet die Bearbeitungsfunktion MULTIPLIZIEREN?
9. Zu welcher Funktion gehört der Scheren-Cursor?
10. Womit erstellen Sie aus 2D-Geometrie normale Elemente wie Wände oder Decken?

A.12 Antworten Kapitel 6

1. Durch Anfahren mit dem PFEIL-Werkzeug.
2. Es wird die Meldung MEHRERE ELEMENTE (TAB) angezeigt.
3. Es wird in die Fläche des Elements hineingeklickt.
4. Mit ⇧ und Anklicken.
5. Gestrichelt und fett.
6. PET-PALETTEN nach Anklicken eines Objekts.
7. Objekt markieren und gleich Maustaste gedrückt lassen und verschieben.
8. Sie erstellen mit dieser Funktion regelmäßige Anordnungen durch mehrfaches lineares Verschieben, Drehen, Verschieben in der Höhe und Anordnen in Form einer Matrix.
9. Der *Scheren-Cursor* erscheint beim Trimmen oder bei Drücken der Strg-Taste.
10. Mit dem Zauberstab.

A.13 Übungsfragen Kapitel 7

1. Wie viele vordefinierte Typen von Treppen gibt es?
2. Wie können Sie Treppenparameter fixieren?
3. Aus welchen Elementen wird eine benutzerdefinierte Treppe erstellt?

A.14 Antworten Kapitel 7

1. 21.
2. Mit einem Klick auf das Schloss-Symbol.
3. Aus einer Schraffur und Linien und Bögen für die Lauflinie.

A.15 Übungsfragen Kapitel 8

1. Wie viele Geometriemethoden gibt es für Fassaden und wie heißen sie?
2. Kann die Fassade geneigt sein?
3. Welche Elemente nennt man Pfosten und Riegel?
4. Welche Bestandteile können im Bearbeitungsmodus einzeln sichtbar gemacht und bearbeitet werden?
5. Welche Arten von Paneelen können Sie auswählen?
6. Was bedeutet die Mehrfachauswahl von Profilelementen?

A.16 Antworten Kapitel 8

1. Die sieben Geometriemethoden sind:
   - EINZELLINIE
   - POLYLINIENKONTUR
   - KREISBOGEN ÜBER MITTELPUNKT UND RADIUS
   - KREISBOGEN ÜBER DREI PUNKTE
   - KREISBOGEN ÜBER ZWEI TANGENTEN
   - KREISBOGEN MIT LIEGENDER ACHSE
   - RANDPROFIL
2. Ja, es können Neigungswinkel abweichend von 90° eingegeben werden.
3. *Pfosten* heißen die senkrechten Elemente des Fassadenrasters, *Riegel* die waagerechten.
4. Die Elemente im Bearbeitungsmodus sind SCHEMA, PROFIL, PANEEL, HALTERUNG und ZUBEHÖR.
5. Es gibt neben dem Standard-Paneel die Paneel-Arten *Fenster* (mit einem oder zwei Flügeln), *Tür* (mit einem oder zwei Flügeln), *Drehtür, Schiebetür, Kasten und Eck-Paneel.* Auch eine Option für eigene Paneel-Definitionen ist vorhanden.
6. Mit der Mehrfachwahl können Sie mehrere parallele Pfosten- oder Riegel-Elemente wählen oder auch mehrere fluchtende.

A.17 Übungsfragen Kapitel 9

1. Welche Arten von Morph-Elementen gibt es?
2. Welche Geometriemethoden erzeugen Volumenkörper?
3. Mit welchen Funktionen können organische Formen erzeugt werden?
4. Welches sind die Boole'schen Operationen?
5. Welches Pfeil-Symbol steht für Unterelementwahl?

A.18 Antworten Kapitel 9

1. Es gibt die Geometriemethoden POLYGONAL, RECHTECKIG und GEBOGEN, QUADER und ROTATION.
2. Volumenkörper werden mit der Methode QUADER erzeugt und mit der Methode ROTATION, sofern das Profil geschlossen ist.
3. Die Funktionen KANTEN AUSRUNDEN UND VEREINIGEN, FLÄCHEN GLÄTTEN UND VEREINIGEN und die Pet-Funktion AUSBEULEN generieren organische Formen.

4. Die Boole'schen Operationen sind VEREINEN, ABZIEHEN und VERSCHNEIDEN.
5. Unterelemente werden mit dem weißen Pfeil gewählt, Elemente mit dem grauen Pfeil.

A.19 Übungsfragen Kapitel 10

1. Was bedeutet assoziative Bemaßung?
2. Welche Bemaßungswerkzeuge gibt es?
3. Welche Option im Bemaßungswerkzeug generiert die hochgestellte Fünf für halbe Zentimeter?
4. Welche KONSTRUKTIONSMETHODE aus LINEAR, ANWACHSEN, ABSCHNITT oder HÖHENBEMAẞUNG bei der LINEAREN BEMAẞUNG entspricht der normalen Architekturbemaßung?
5. Welche geometrischen Methoden gibt es bei der linearen Bemaßung?
6. Aus welchen Teilen besteht ein Bemaßungselement?
7. Wie unterscheiden sich assoziative und nicht-assoziative Bezugspunkte?
8. Welche Bemaßung wenden Sie in SCHNITTEN und ANSICHTEN in z-Richtung an?
9. Wie lautet das Menü für automatische Bemaßung?
10. Was bedeutet beim Text die Option PAPIER-GRÖẞE?

A.20 Antworten Kapitel 10

1. Die Bemaßung ist den bemaßten Elementen zugeordnet und ändert sich bei Modifikation der Elemente.
2. BEMAẞUNG LINEAR, WINKELBEMAẞUNG, HÖHENBEMAẞUNG, RADIALBEMAẞUNG.
3. RUNDUNGSINTERVALLE.
4. LINEAR.
5. NUR X-Y, JEDE RICHTUNG, BOGENLÄNGE.
6. Maßwert, Bemaßungslinie, Marker, Maßhilfslinien und Bezugspunkte.
7. Assoziative Bezugspunkte sind rund, nicht-assoziative quadratisch.
8. HÖHENBEMAẞUNG mit dem Höhenkoten-Symbol.
9. DOKUMENTATION|BESCHRIFTUNG|AUTOMATISCHE BEMAẞUNG|AUẞENBEMAẞUNG bzw. ...|INNENBEMAẞUNG.
10. Die Texthöhe wird relativ zum Ausgabemedium fixiert.

A.21 Übungsfragen Kapitel 11

1. Welche Konstruktionsmethoden gibt es für Raumstempel?
2. Sind Raumflächen in 3D sichtbar?
3. Wo finden Sie die Funktion zum Anpassen von Raumflächen nach Wandverschiebungen?
4. Mit welchem Menü erstellen Sie eigene Raumkategorien?
5. Welches sind intelligente Listen, die mit den Elementen assoziiert sind?
6. Mit welcher Schaltfläche gestalten Sie eine Liste?

A.22 Antworten Kapitel 11

1. MANUELL, INNENKANTE, KONSTRUKTIONSLINIE.
2. Ja, aber sie werden Sie erst sehen, wenn Sie nur diese Elemente fürs 3D-FENSTER herausfiltern oder die anderen Elemente wie Wände etc. über die Ebene als Drahtmodell darstellen lassen.
3. PLANUNG|RÄUME AKTUALISIEREN.
4. OPTIONEN|ELEMENT-ATTRIBUTE|RAUMKATEGORIEN.
5. Die ELEMENTLISTEN im NAVIGATOR.
6. Mit der Schaltfläche SCHEMATA.

A.23 Übungsfragen Kapitel 12

1. Worin besteht der Unterschied zwischen *Ansicht* und *Schnitt*?
2. Wie können Sie den horizontalen Schnittbereich einstellen?
3. Mit welchem Menü werden 3D-Schnitte erzeugt?
4. Wie wird eine Detailansicht erzeugt?
5. Was passiert mit den Elementen im Detailfenster?
6. Wie kann man Details bei Konstruktionsänderungen anpassen?
7. Welche Funktionen sind im 3D-DOKUMENT möglich?

A.24 Antworten Kapitel 12

1. Eine *Ansicht* ist ein Schnitt außerhalb der Konstruktion mit unendlicher Schnitttiefe und Blickrichtung aufs Gebäude.
2. Es gibt die Einstellungen UNENDLICHE SCHNITTTIEFE, BEGRENZTE TIEFE oder KEINE TIEFE.

3. Nach Aktivieren von ANSICHT|ELEMENTE IN 3D|3D-SCHNITT AUSFÜHREN unter ANSICHT|ELEMENTE IN 3D|3D-SCHNITTEBENEN|EIGENE SCHNITTEBENE ERSTELLEN.
4. Durch Aufziehen einer Box mit zwei diagonalen Punkten.
5. Sie werden in 2D-Geometrie zerlegt.
6. Übers Kontextmenü können Sie die Option ANHAND DES URSPRUNGS-AUSSCHNITTS NEU AUFBAUEN aufrufen.
7. Im 3D-DOKUMENT sind insbesondere die Funktionen aus dem Bereich DOKUMENTATION wie beispielsweise viele Bemaßungsfunktionen anwendbar.

A.25 Übungsfragen Kapitel 13

1. Welche Mappen enthält der NAVIGATOR?
2. Wie wird der ORGANISATOR am schnellsten aufgerufen?
3. Wie richten Sie ein neues Masterlayout ein?
4. Wie richten Sie ein neues Layout ein?
5. Mit welchem Menü werden neue Plotter eingerichtet?
6. Welche Ausgabearten fasst man unter Publizieren zusammen?
7. Bei welchem Format sind auch 3D-Objekte möglich?

A.26 Antworten Kapitel 13

1. PROJEKT-MAPPE, AUSSCHNITT-MAPPE, LAYOUTBUCH, PUBLISHER-SETS.
2. Über den Button PROJEKT-AUSWAHL links oben im NAVIGATOR.
3. Über Rechtsklick auf den MASTER-Knoten im LAYOUTBUCH.
4. Mit Rechtsklick auf den obersten Knoten im LAYOUTBUCH.
5. ABLAGE|PLOTTER-EINSTELLUNG.
6. Drucken, Plotten und Ausgabe als Datei in verschiedenen Formaten.
7. Beim BIMx-Format oder auch beim PDF-Format.

A.27 Übungsfragen Kapitel 14

1. Wo liegen die Projekteinstellungen?
2. Was können Sie bei den Projekteinstellungen für RAUMFLÄCHEN einstellen?
3. In welchem Menü werden die Geschosse eingestellt?
4. Wo können Sie die Ebenen einstellen?
5. Welche Einstellungen gibt es für Ebenen?

A.28 Antworten Kapitel 14

1. Unter OPTIONEN|PROJEKTPRÄFERENZEN.
2. Sie können für RAUMFLÄCHEN Berechnungsregeln für Nischen und Dachschrägen einstellen.
3. Unter PLANUNG|GESCHOSS-EINSTELLUNGEN oder im NAVIGATOR nach Rechtsklick auf den Knoten GESCHOSSE über GESCHOSS-EINSTELLUNGEN.
4. Unter OPTIONEN|ELEMENT-ATTRIBUTE|EBENEN (MODELL).
5. Ein/Aus, Geschützt/Entsichert, 3D-Draht-Darstellung/3D-Schattierte Darstellung, Ebenen-Schnittmengengruppe.

A.29 Übungsfragen Kapitel 15

1. Welche Rendering Engines gibt es in ArchiCAD?
2. Was ist für die Aufnahme einer Animation nötig?
3. Was ist eine Sonnenstudie?
4. Wo finden Sie die Sonnenstudie?
5. Wo ist Osten in der Konstruktion?

A.30 Antworten Kapitel 15

1. Interne Engine, CineRender by MAXON, Skizze.
2. Ein Kamerapfad.
3. Eine Sonnenstudie ist eine Animationsstudie bei fester Kameraposition mit variabler Sonnenposition und entsprechenden Schattenwürfen über einen bestimmten Zeitraum mit definiertem Ort und Datum.
4. Im Menü DOKUMENTATION|RENDERING, ANIMATION ETC.|SONNENSTUDIE ERSTELLEN.
5. Osten ist die x-Richtung.

A.31 Übungsfragen Kapitel 16

1. Wo werden die Geschosshöhen eingegeben?
2. Wie geben Sie relative Positionen von einem Elementfang (ggf. mit [E] [↵]) aus ein?
3. Wo finden Sie das Werkzeug zum Trimmen?
4. Wo finden Sie die Funktion zum Kopieren aller Wände eines Geschosses in ein anderes Geschoss?

5. Wie wird das Gelände (FREIFLÄCHE) aus dem Kellerbereich entfernt?
6. Was ist bei der Grundrissdarstellung des Kellers zu beachten?
7. Wie erstellt man eine beliebig geformte Treppe?
8. Wie kann man ein Gebäude in einer 3D-Ansicht geschossweise anzeigen lassen?

A.32 Antworten Kapitel 16

1. Am einfachsten nach Rechtsklick auf GESCHOSSE im NAVIGATOR, alternativ im Menü PLANUNG|GESCHOSS-EINSTELLUNGEN oder über [Strg]+[7].
2. Aktivieren Sie nach Anfahren des Elementfangs (Häkchen erscheint) den TRACKER mit **X** oder **Y** und tippen Sie den gewünschten Abstand gefolgt von + oder – ein, je nach gewünschter Richtung.
3. In der STANDARD-Symbolleiste oder über [Strg] oder [Strg]+[Alt]+[Ü].
4. Im NAVIGATOR auf GESCHOSSE oder ein konkretes Geschoss rechtsklicken und die Option ELEMENTE NACH GESCHOSSEN BEARBEITEN wählen.
5. Die Freifläche aktivieren, nochmals anklicken und in der PET-PALETTE die Option VOM POLYGON ABZIEHEN wählen, um den nötigen Ausschnitt für den Keller als geschlossenes Polygon zu zeichnen.
6. Die Fenster liegen in diesem Geschoss oberhalb der normalen Schnittebenenhöhe. Legen Sie diese Höhe mit DOKUMENTATION|GRUNDRISS-SCHNITTEBENE höher.
7. Voraussetzung dafür sind zwei Dinge: ein Schraffurgebiet und die Lauflinie der Treppe. Das Schraffurgebiet definiert den Treppenumriss in der Draufsicht. Die Lauflinie muss aus einzelnen Linien und Bögen (keine Polylinie) bestehen. Dann wählen Sie PLANUNG|TREPPE MIT AUSWAHL ERSTELLEN.
8. Mit der Menüfunktion ANSICHT|ELEMENTE IN 3D|ELEMENTE IN 3D FILTERN UND SCHNEIDEN.

Unterschiede Windows – Macintosh und Tastaturkürzel

Da ArchiCAD unter zwei Betriebssystemen läuft, ergeben sich zwangsläufig einige kleine Unterschiede in der Bedienung. Ich will auf Unterschiede bei der Installation und Verwaltung der Daten hier nicht eingehen, weil dies im Benutzerhandbuch ausführlich geschieht. Hier sollen nur die kleinen Abweichungen zitiert werden, die bei der Bedienung mit den Sondertasten auftreten.

Windows	Mac OS
[Strg]	[⌘]
[Alt]	[⌥]
[Esc]	[Esc]
[⇧]	[⇧]

Die *Tastaturkürzel* erleichtern das tägliche Arbeiten bei häufig benutzten Funktionen. Sie finden diese Kürzel einerseits in den Menüfunktionen als zusätzliche Angabe. Andererseits gibt es eine Auflistung sämtlicher Tastaturkürzel unter dem Menüpunkt OPTIONEN|ARBEITSUMGEBUNG|TASTATURKÜRZEL über die Schaltfläche TASTATURKÜRZEL IM BROWSER ANZEIGEN LASSEN. Sie werden dort auch sehen, dass diese Kürzel unter verschiedenen Situationen unterschiedliche Auswirkung haben. Das Erlernen dieser Abkürzungen geschieht typischerweise während der täglichen Arbeit bei den meistbenutzten Aktionen anhand der Angaben in den Menüs.

Anhang C

Die Benutzeroberfläche im Detail

Beim Start wird standardmäßig die *Arbeitsumgebung* STANDARD-PROFIL 20 angeboten. Im Folgenden werden die Menüleiste, Symbolleisten und Paletten mit ihren wichtigsten Funktionen vorgestellt, um Ihnen einen schnellen Überblick und auch eine Nachschlagemöglichkeit zu bieten.

C.1 Die Standard-20-Arbeitsumgebung

Wenn Sie mit der *Arbeitsumgebung* STANDARD-PROFIL 20 gestartet haben, finden Sie folgende Leisten, Werkzeuge und Paletten auf dem Bildschirm:

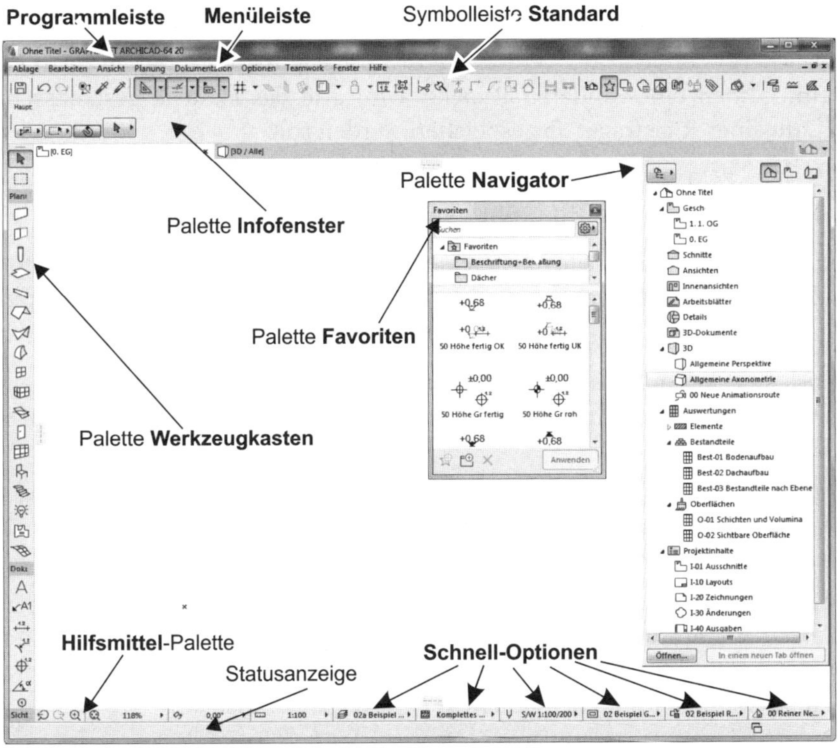

Abb. C.1: Arbeitsumgebung STANDARD-PROFIL 20

Direkt über dem Zeichenfenster liegen TABS zum schnellen Umschalten zwischen verschiedenen Zeichnungsansichten. Hier legt ArchiCAD automatisch die TABS für die zuvor benutzten Ansichten hin, damit nicht umständlich über den NAVIGATOR, sondern schnell und einfach zwischen den häufig benutzten Ansichten mit den TABS gewechselt werden kann. Die Palette NAVIGATOR ist vorgabemäßig nicht aktiviert, kann aber mit dem Werkzeug POP-UP NAVIGATOR darüber schnell eingeschaltet werden. Die Palette FAVORITEN müssten Sie sich auch explizit über das Stern-Symbol in der STANDARD-SYMBOLLEISTE dazu schalten.

C.2 Die Menüleiste

Die Menüleiste mit ihren neun Menüs umfasst alle wichtigen ArchiCAD-Funktionen. Besonders wichtig sind dabei die Funktionen zur Einstellung der Arbeitsumgebung, die nur hier aufgerufen werden können. In der folgenden Übersicht wird eine kleine Charakterisierung der Menüs geboten, damit Sie ein Gefühl dafür bekommen, was wo zu finden ist.

Menü Ablage

Das ABLAGE-Menü dient der *Dateiverwaltung*. Hier können Projekte neu begonnen, gespeichert oder geöffnet werden. Es ist immer nur *ein* Projekt in Bearbeitung. Beim Öffnen eines anderen Projekts wird also das aktuelle geschlossen, natürlich mit einer Rückfrage, ob gespeichert werden soll.

Mit PUBLIZIERE BIMX HYPERMODELL können Sie ein Modell ins Internet stellen, das mit dem frei erhältlichen BIMX VIEWER betrachtet werden kann.

Hier finden sich auch die Möglichkeiten zum *Import* von EXTERNEN DATEN. Dafür gibt es drei wichtige Möglichkeiten: HOTLINKS, *verschiedene Grafikformate* und EXTERNE REFERENZEN (DWG- und DWF-Dateien von AutoCAD).

- Hotlinks sind Verknüpfungen zu Geschossen aus anderen ArchiCAD-Projekten. Diese können nach Änderungen in den anderen Projekten hier aktualisiert werden.
- Mit ABLAGE|EXTERNE DATEN|EXTERNE ZEICHNUNG PLATZIEREN können Sie *diverse Zeichnungsformate* anderer CAD-Programme, *Plotdateien* oder *Rasterdaten* beispielsweise von gescannten Zeichnungen einbringen.
- Die externen Referenzen werden mit XREF EINFÜGEN hinzugefügt und können auch nach Änderungen der externen Dateien aktualisiert werden. Der XREF MANAGER bietet auch die Möglichkeit, diese Zeichnungsobjekte über VERBINDEN zu internen Objekten des aktuellen Geschosses zu machen.
- Neu in dieser Version ist nun die Möglichkeit zum Import von *Punktwolken*.

Schließlich sind auch die *Ploteinstellung* und *Plotausgabe* in diesem Menü angesiedelt.

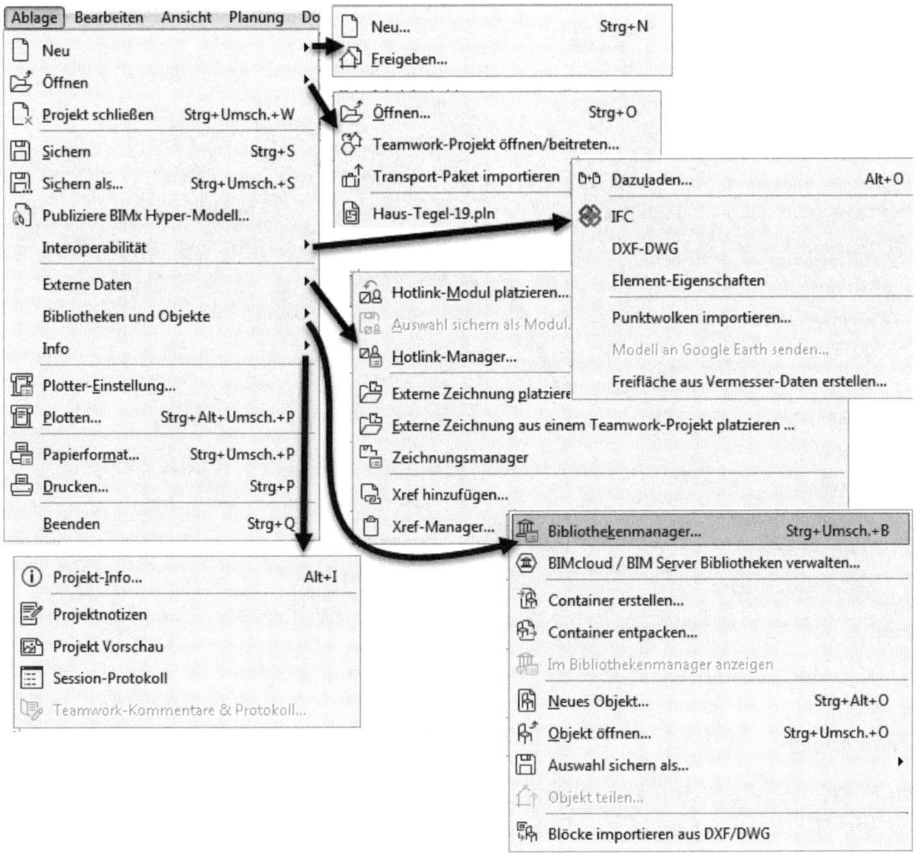

Abb. C.2: Menü ABLAGE

Menü Bearbeiten

Im BEARBEITEN-Menü liegen die Funktionen zur Arbeit mit der Zwischenablage (Kopieren, Einsetzen etc.). Aber auch viele *CAD-spezifische Bearbeitungsfunktionen* liegen hier in den Unterpunkten GRUPPIEREN, BEWEGEN, AUSRICHTEN, VERÄNDERN und VEREINIGEN. Unter ELEMENTEINSTELLUNGEN finden sich die interessanten Möglichkeiten, *Parameter* eines Konstruktionselements *aufzunehmen* und an andere Elemente zu *übergeben* (s.a. entsprechende Werkzeuge PIPETTE und SPRITZE in der Symbolleiste STANDARD).

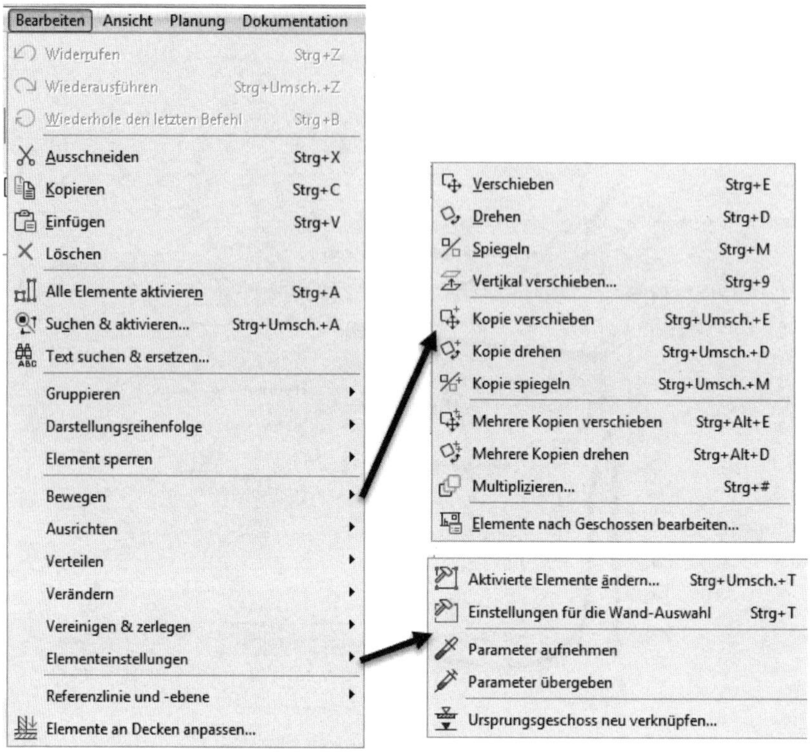

Abb. C.3: Menü BEARBEITEN

Menü Ansicht

Im Menü ANSICHT sind viele Einstellungen für die Konstruktionsarbeit enthalten wie die *Hilfslinien-, Fanghilfen, Fangpunkt-* und *Rastereinstellungen*. Auch die *Zoom*-Funktionen liegen hier, die *3D-Darstellung* und Funktionen zum *Neuaufbau* der Konstruktion. Bei Beginn eines Projekts und auch während der Arbeit sollten Sie hier oder über entsprechende Werkzeuge in der STANDARD-Symbolleiste die *Hilfslinien, Fanghilfen/-punkte* und *Rastereinstellungen* steuern. Für das 3D-Fenster kann die Sichtbarkeit der aktuellen Arbeitsebene aktiviert werden.

Im unteren Bereich des Menüs finden sich zahlreiche Einstellungen für die 3D-Darstellung und auch für 3D-Schnitte.

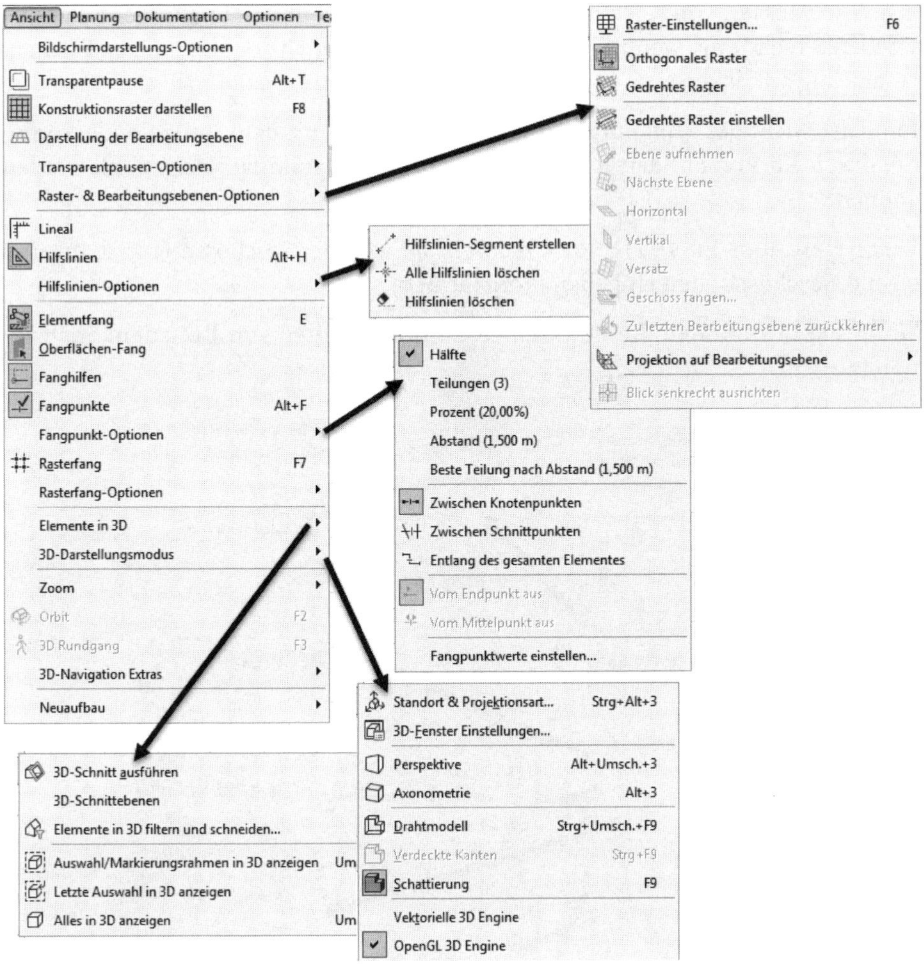

Abb. C.4: Menü ANSICHT

Menü Planung

Hier finden Sie unter PLANUNGSWERKZEUGE die Elemente für Ihre Konstruktion, die auch in der Palette WERKZEUGKASTEN am linken Rand zur Verfügung stehen.

Unter PLANUNGSHILFEN mit den SCHWERKRAFT-Optionen und den EINSCHRÄNKUNGEN *der Bewegung* liegen wertvolle Zeichenhilfen, mit denen Bauteile *in Schwerkraftrichtung* auf Decken oder Dächer positioniert oder in bestimmter Richtung bewegt werden können wie *lotrecht* oder *parallel*. Mit der Funktion BENUTZERURSPRUNG setzen Sie den Nullpunkt der Koordinaten auf eine eigene Position abweichend vom Projektursprung. Die Funktion MAß bietet einmal die Möglichkeit zum Messen von Abständen, wenn Sie *zwei* Positionen anklicken, oder eine Flächenberechnung, wenn Sie mehrere Punkte in Umlaufrichtung einer Flächenberandung anklicken.

Ein ganz wichtiges Hilfsmittel ist der ZAUBERSTAB, mit dem umlaufende Konturen durch Klicken auf den Rand oder in das Innere automatisch gewählt werden können.

Unter GESCHOSS-EINSTELLUNGEN können Sie weitere Geschosse einrichten und eigene Geschosshöhen eingeben (Vorgabe `3 m`).

Unter FASSADE finden Sie Funktionen zum Bearbeiten von Fassadenkonstruktionen.

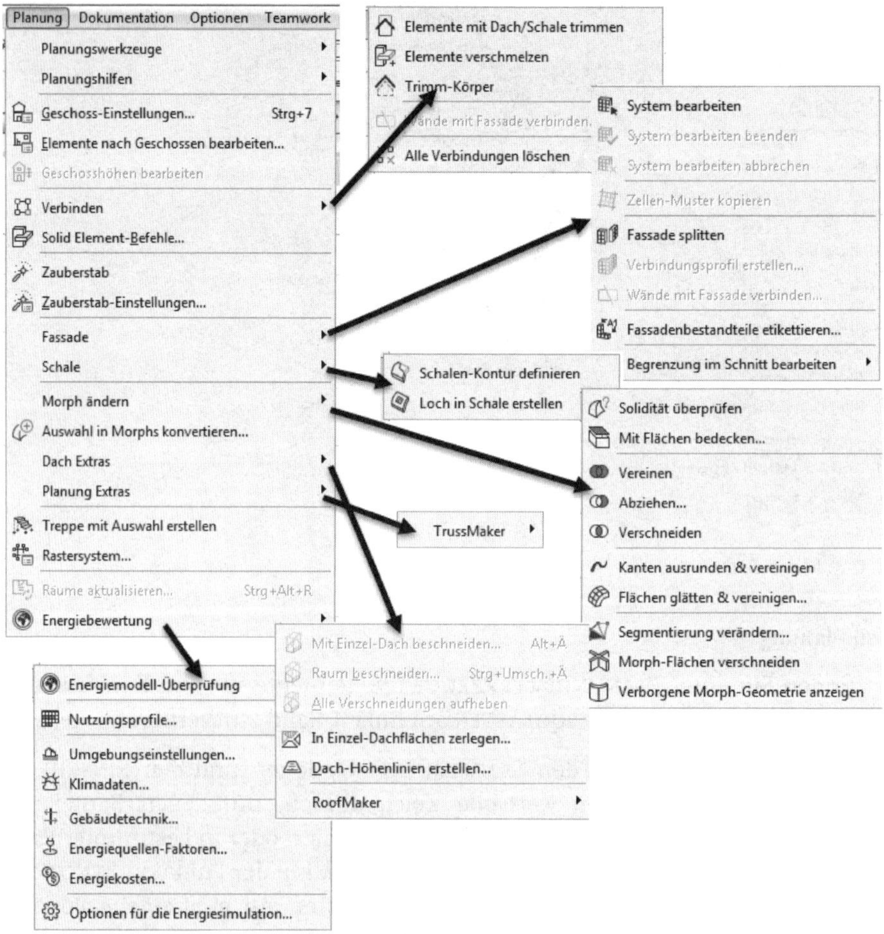

Abb. C.5: Menü PLANUNG

Wichtige Bearbeitungsfunktionen für Dächer und Räume finden sich unter DACH EXTRAS. Hier liegt auch der ROOFMAKER zum Erstellen *von Dächern mit Sparren.*

TREPPE MIT AUSWAHL ERSTELLEN bietet eine Funktion zum Erstellen einer individuellen Treppe aus gewählten Elementen: Der Treppenumfang ist durch ein Schraffurgebiet definiert, die Lauflinie sind einzelne Linien und Bögen.

Mit FREIFLÄCHE AUS VERMESSER-DATEN ERSTELLEN können Sie eine Freifläche aus einer Datei mit mehreren Zeilen mit xyz-Koordinaten erstellen. Die Koordinatenwerte sollten durch Semikolons oder Leerzeichen getrennt sein. Eine Fläche wird dann direkt aus diesen Punktpositionen erstellt.

Weiter unten findet sich unter RASTERSYSTEM eine Funktion zum Erstellen von rechtwinkligen oder bogenförmigen *Konstruktionsrastern* mit *Stützen* und *Unterzügen.*

Unter PLANUNG EXTRAS finden Sie Spezialmenüs zum Erstellen von *Fachwerk* (TRUSSMAKER).

Menü Dokumentation

Dieses vielseitige Menü enthält unter DOKUMENTATIONSWERKZEUGE die Funktionen für *Bemaßung* und *Text.* Auch zwei Optionen zum Einfügen von Rasterbildobjekten und verschiedenen Zeichnungs- und Bildformaten liegen hier. Weiter unten wird noch die Erzeugung von *Schnitten* und *Details* angeboten. Damit entspricht dieser Menüpunkt ungefähr den Bereichen DOKUMENTATION und SICHTEN im WERKZEUGKASTEN am linken Bildschirmrand inklusive einer *Rechtschreibprüfung.*

MARKER-WERKZEUGE bietet eine Palette zur Verwaltung von Markierungen, die unabhängig von der eigentlichen Zeichnung ein und ausgeblendet werden können.

Unter ÄNDERUNGSMANAGER finden Sie ein neues Werkzeug, um Änderungsmarkierungen zu verwalten und deren Historie bis in die Layouts und ausgegebenen Pläne zu verwalten.

Besonders interessant ist unter DOKUMENTATION EXTRAS die Option AUTOMATISCHE BEMAßUNG zur automatisierten Bemaßung einer Konstruktion.

Der Menüpunkt EBENEN bietet eine Ebenen-Verwaltung, in der Sie die Sichtbarkeit der Ebenen beeinflussen und auch eigene Ebenen verwalten können. Unter *Ebenen* versteht man die verschiedenen transparenten Schichten, auf denen die ArchiCAD-Konstruktionselemente je nach Kategorie erzeugt werden. Standardmäßig werden die Ebenen automatisch zugeordnet. Ebenen können auch vor

Änderungen geschützt werden. Bestimmte Einstellungen mehrerer Ebenen können als Ebenenkombinationen gespeichert, abgeschaltet und wieder aktiviert werden.

Eine besonders wichtige Funktion ist auch die GRUNDRISS-SCHNITTEBENE, die festlegt, in welcher Höhe (Vorgabe 1 Meter) die Schnittgenerierung für die 2D-Grundriss-Ansichten erfolgt.

Schließlich finden Sie auch Funktionen fürs photorealistische *Rendern* von dreidimensionalen Darstellungen und zur Erstellung von *Animationsdarstellungen*.

Das LAYOUTBUCH dient der Vorbereitung der *Zeichnungsausgaben* mit entsprechenden Rahmen und Ansichten.

Der PUBLISHER kann Zeichnungen und Bilder in verschiedensten Dateiformaten ausgeben.

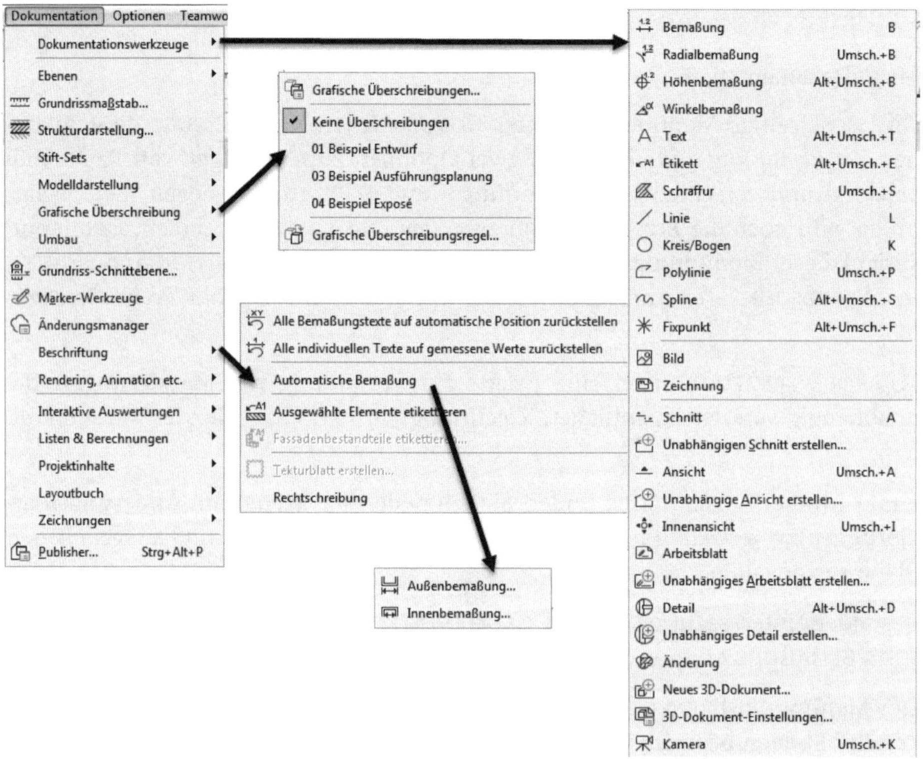

Abb. C.6: Menü DOKUMENTATION

Menü Optionen

Im OPTIONEN-Menü geht es um vielerlei *Voreinstellungen*. Die ELEMENT-ATTRIBUTE dienen zum anwenderspezifischen Bearbeiten der Grundeinstellungen des CAD-Systems wie Ebenen, Stifte, Materialien und vieles andere mehr.

Der ELEMENTFANG etabliert ein Einrasten von Elementen untereinander an ihren charakteristischen Punkten und ist eine wichtige Hilfseinstellung bei Konstruktionsänderungen. Er ist aber nur wirksam, wenn der *Rasterfang nicht* aktiv ist.

AUTOMATISCHE VERSCHNEIDUNG aktiviert das automatische Verschmelzen von Wänden auch unterschiedlicher Dicke.

Mit den ZAUBERSTAB-EINSTELLUNGEN wird vorgegeben, wie dieses Werkzeug gebogene Elemente annähern soll, ob *geradlinige Segmente* oder optimale *Annäherung durch Bögen und Splinekurven* erzeugt werden sollen.

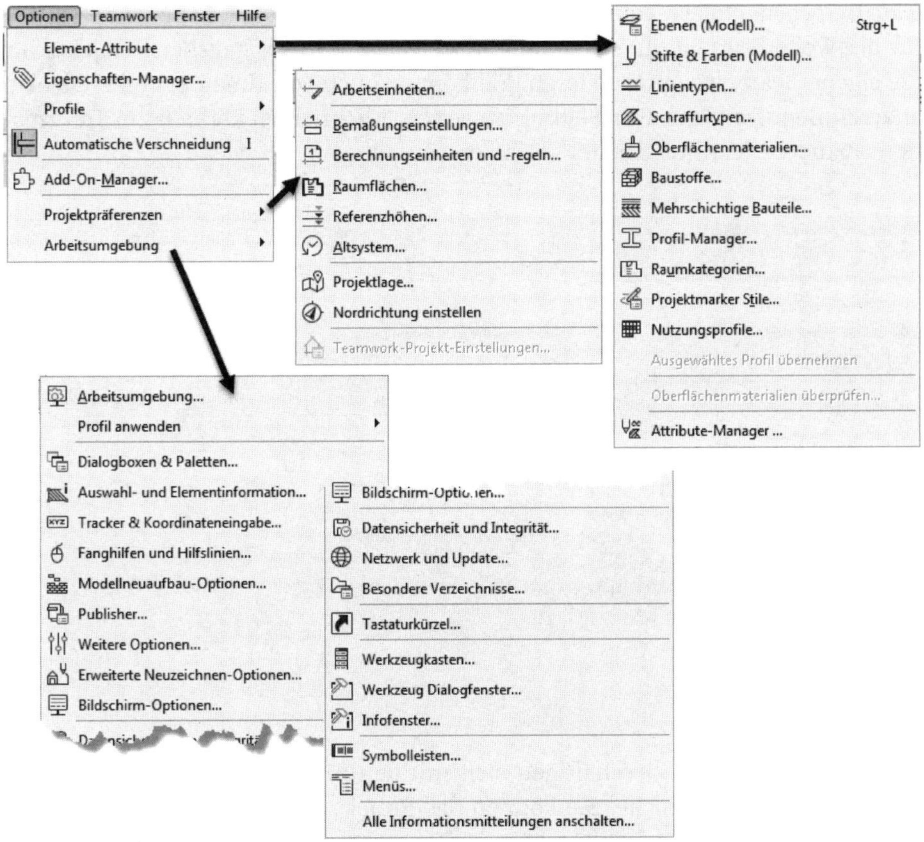

Abb. C.7: Menü OPTIONEN

Mit STANDARD-STAHLPROFILE IMPORTIEREN können Sie Stahlprofile in Ihr Projekt aus einer speziellen Bibliothek übernehmen, die für STÜTZEN oder UNTERZÜGE verwendet werden können. Um sie später auswählen zu können, müssen Sie dann in der INFOLEISTE bei dem gewählten Profil unter RUND, ECKIG, PROFIL auf PROFIL umschalten.

Bei den PROJEKTPRÄFERENZEN sind besonders die Einstellungen für die ARBEITSEINHEITEN interessant. Wenn Sie also in Zentimetern statt Metern arbeiten wollen, können Sie das hier eingeben. Auch die Anzahl der Nachkommastellen lässt sich hier festlegen. Des Weiteren werden hier die Höhen von *Projektursprung, 1. Referenzhöhe* und *2. Referenzhöhe* definiert, auf die sie sich stets bei Höhenangaben beziehen können.

Menü Teamwork

Hier können Sie Team-Projekte öffnen und verlassen oder Projekte als Team-Projekte freigeben. Objekte, die Sie in einem Team-Projekt erstellt haben, können Sie für die Weiterbearbeitung durch andere freigeben oder freigegebene Objekte für die eigene Bearbeitung reservieren. Sie können auch von Ihnen erstellte Objekte anderen Benutzern zur Bearbeitung zuweisen. Nachrichten können zur Information an andere Teammitarbeiter gesendet werden.

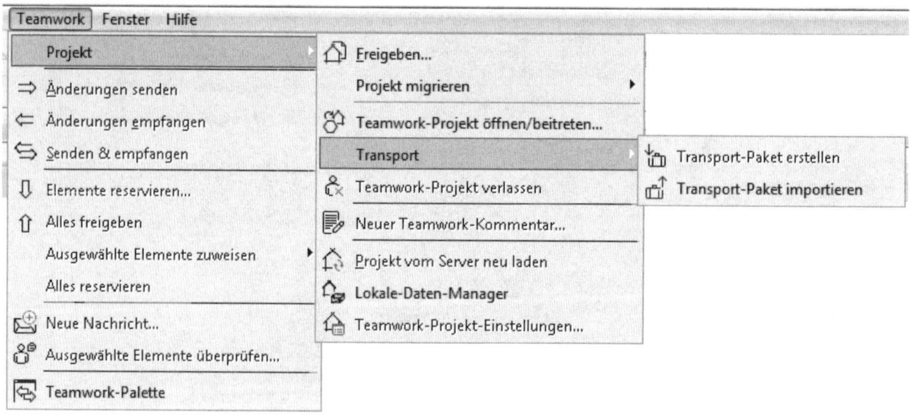

Abb. C.8: Menü TEAMWORK

Menü Fenster

Die ersten drei Zeilen beschäftigen sich mit den in dieser Version neuen TABS oberhalb der Zeichenfläche. Sie können das Projekt über den aktiven TAB schließen, alle anderen TABS schließen oder die TABLEISTE auch komplett verbergen. Als nächstes in diesem Menü werden zwei wichtige Einstellungen für die Arbeitsumgebung angeboten. Mit VOLLBILD AN oder [F12] können Sie die STARTLEISTE des Betriebssystems, die STATUSANZEIGE in ArchiCAD und die PROGRAMMLEISTE verschwinden lassen, damit ein größerer Bildschirm für Ihre Konstruktion zur Verfügung steht. Mit der nächsten Option schließlich, PALETTEN UND WERKZEUGLEISTEN VERBERGEN, bleibt nur noch die *Menüleiste* übrig, der Rest des Bildschirms ist dann *Zeichenfläche*.

Sehr wichtig sind auch die beiden nächsten Positionen. Unter SYMBOLLEISTEN finden Sie die verschiedensten Leisten mit Befehlswerkzeugen, die weiter unten vorgestellt werden. Unter PALETTEN können Sie diverse Paletten mit weiteren Hilfswerkzeugen aktivieren.

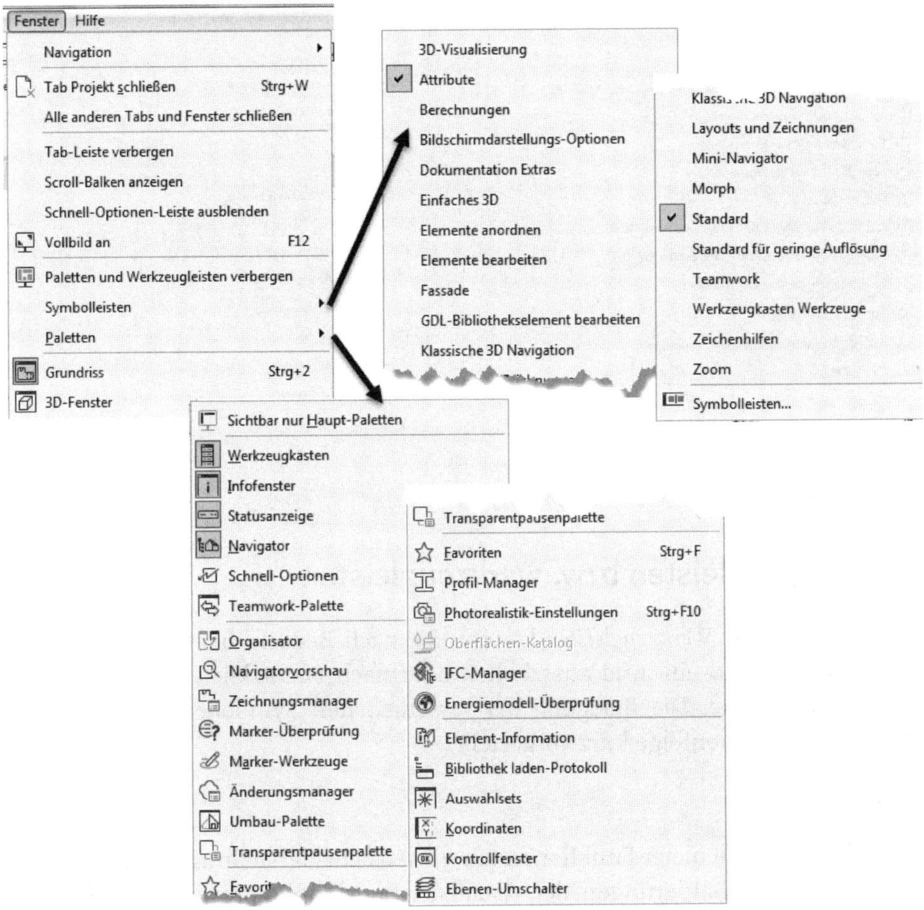

Abb. C.9: Menü FENSTER

Menü Hilfe

Mit den Menüpunkten der HILFE finden Sie die Online-Hilfe sowie viele weitere Informationsquellen bis hin zum Graphisoft-Online-Support übers Internet. Mit der Funktion WERKZEUGHINWEISE AUSBLENDEN bzw. [Strg]+[F1] lassen sich die Hilfetexte aus- und einschalten, die immer erscheinen, wenn Sie eine Sekunde mit dem Cursor auf einem Werkzeug verweilen. Wichtig ist auch die Funktion NACH UPDATES SUCHEN. Damit können Sie, sofern eine Internet-Verbindung aktiv ist, nach Updates suchen und diese herunterladen. Vor dem Einspielen eines Updates ist in der Regel ArchiCAD zu beenden.

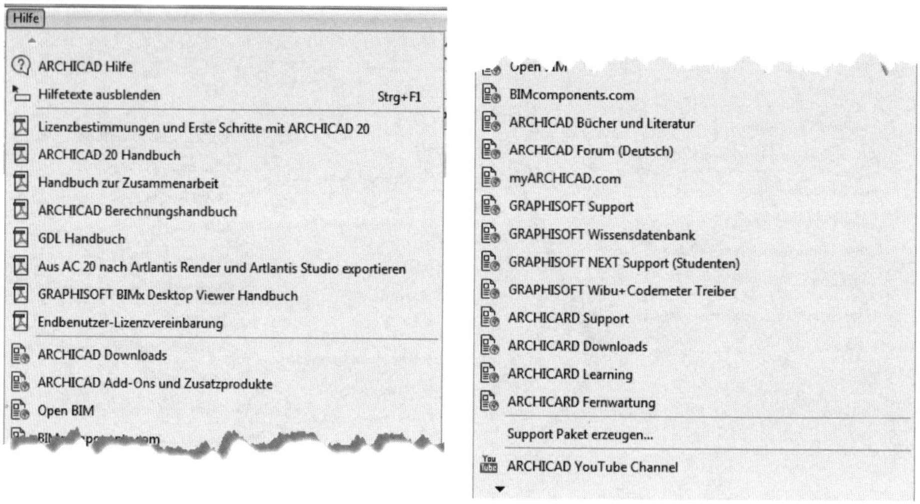

Abb. C.10: Menü HILFE

C.3 Symbolleisten bzw. Werkzeugleisten

Symbolleisten oder *Werkzeugleisten* können Sie nach Bedarf über das Menü FENSTER|SYMBOLLEISTEN ein- und ausschalten oder nach Rechtsklick auf eine existierende Symbolleiste. Die Belegung der verschiedenen Symbolleisten sei hier in *alphabetischer* Reihenfolge kurz vorgestellt.

3D-Visualisierung

Diese Symbolleiste bietet Funktionen zur 3D-Ansichtsdarstellung, zu den Projektionsarten, den Schattierungen, der Visualisierung, der photorealistischen Darstellung, der Animation und für Sonnenstudien.

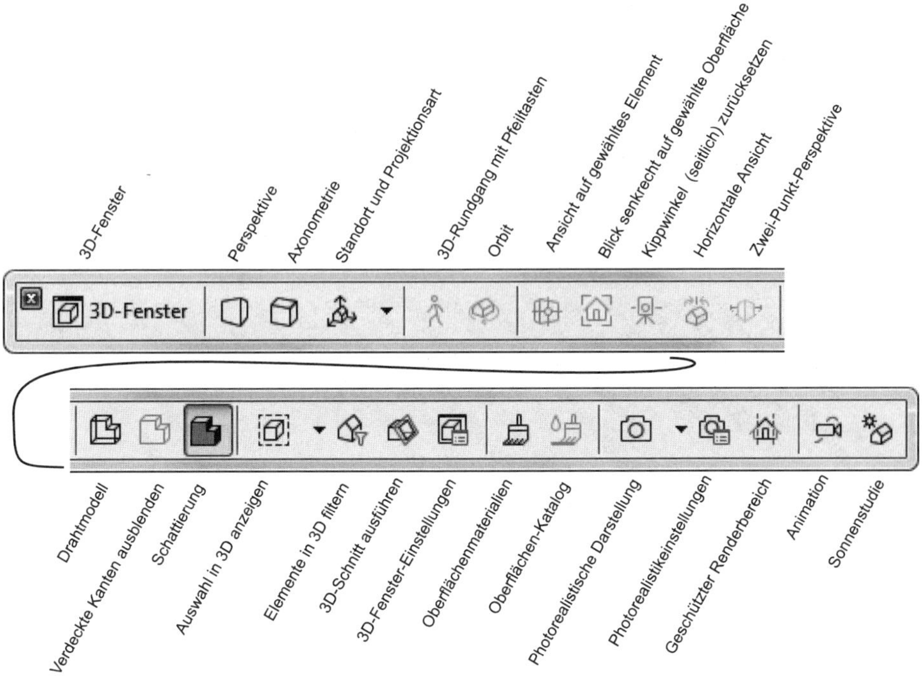

Abb. C.11: Symbolleiste 3D-VISUALISIERUNG

Attribute

Benutzerspezifische Anpassungen von Stiften, Farbe, Strichstärken, Materialien und vieles mehr können hiermit vorgenommen werden. Sie können hier die in den ArchiCAD-Elementen verwendeten Definitionen für die *Farben der verschiedenen Stifte* ändern, z.B. von der ArchiCAD-Farbdarstellung auf Schwarz-Weiß wie im normgerechten Plot. Auch die Definitionen der *Linientypen, Schraffuren*, verschiedenen *Wandaufbauten, Materialien, Flächennutzungsfarben* und *Projektmarker-Stile.*

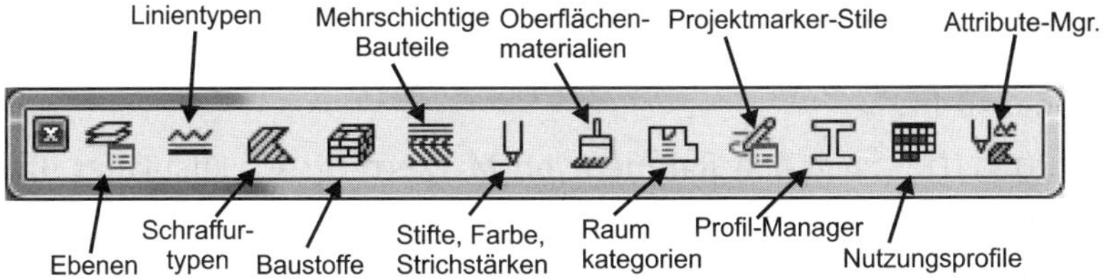

Abb. C.12: Symbolleiste ATTRIBUTE

Bildschirmdarstellungs-Optionen

Hier kann bestimmt werden, mit welcher Darstellung verschiedene Elemente auf dem Bildschirm erscheinen. Meist geht es darum, Hilfsinformationen wie Begrenzungsecken von Elementen anzuzeigen, damit sie leichter für das Ändern angeklickt werden können.

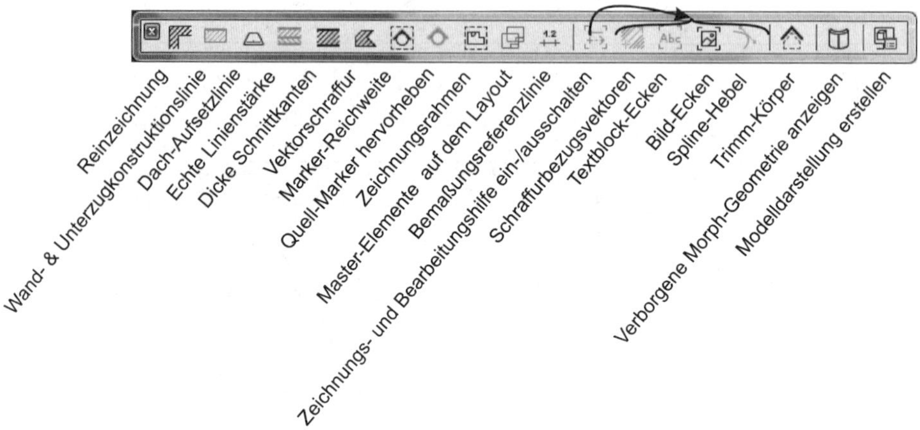

Abb. C.13: Symbolleiste BILDSCHIRMDARSTELLUNGS-OPTIONEN

- REINZEICHNUNG Konstruktionslinien der Wände mit Richtungspfeilen und Verschneidungen werden sichtbar oder nicht.
- WAND- & UNTERZUGSKONSTRUKTIONSLINIEN zeigt die Konstruktionslinien verstärkt an oder nicht.
- DACH-AUFSETZLINIE anzeigen oder nicht
- ECHTE LINIENSTÄRKEN zeigt Linienstärken maßstabsgerecht an oder nicht.
- DICKE SCHNITTKANTEN zeigt Bauteile mit dicken Schnittkanten an oder nicht, wenn die echten Linienstärken abgeschaltet sind.
- VEKTORSCHRAFFUR zeigt Schraffuren als Vektorschraffur oder als Bitmap-Muster an.
- SCHNITT-TIEFE zeigt den Schnitttiefenumriss bei Schnitten mit begrenztem Bereich an oder nicht.
- MARKER-REICHWEITE zeigt den Rahmen von Markern für Arbeitsblätter und Ansichten in verschiedenen Projekt-Sichten an oder nicht.
- QUELL-MARKER HERVORHEBEN hebt die für Details, Arbeitsblätter und Schnitte definierten Bereiche in Projekt-Sichten farblich hervor oder nicht.
- ZEICHNUNGSRAHMEN Den Rahmen des Zeichnungsausschnitts im Layout anzeigen oder nicht

- MASTER-ELEMENTE AUF DEM LAYOUT Den eigentlichen Zeichnungsrahmen mit Schriftfeld im Layout anzeigen oder nicht
- BEMAẞUNGSREFERENZLINIE steuert die Anzeige der *Maßlinie* am Bildschirm, falls im EINSTELLUNGSDIALOG die Option NUR BEMAẞUNGSTEXT aktiviert ist.
- ZEICHNUNGS- UND BEARBEITUNGSHILFEN EIN-/AUSBLENDEN aktiviert die nächsten vier Werkzeuge gemeinsam oder nicht.
- SCHRAFFURBEZUGSVEKTOREN zeigt die Bezugsvektoren von gedrehten Schraffuren an oder nicht.
- TEXTBLOCK-ECKEN Ecken für einen Textblock anzeigen oder nicht
- BILDECKEN Markierungen an den Ecken eingefügter Bilder anzeigen oder nicht
- SPLINE-HEBEL zeigt Stützpunkte und ggf. Start- und Endtangenten zum Modellieren von Splinekurven an oder nicht.
- TRIMM-KÖRPER zeigt den intern benutzten Volumenkörper an, der hinter getrimmten Elementen steht.
- VERBORGENE MORPH-GEOMETRIE ANZEIGEN Die Darstellung interner Kanten von Morph-Elementen kann hiermit aktiviert werden.
- MODELLDARSTELLUNG ERSTELLEN Konfigurieren Sie hiermit die verschiedenen Modelldarstellungen, die Sie in den SCHNELL-OPTIONEN auswählen können.

Einfaches 3D

Die SYMBOLLEISTE stellt eine Auswahl einfacher 3D-Darstellungsfunktionen zur Verfügung. Die ersten beiden Buttons schalten in die 3D-Darstellungen, die übrigen sind dann im 3D-Modus verwendbar:

- PERSPEKTIVE schaltet die Darstellung mit perspektivischer Verzerrung ein.
- AXONOMETRIE schaltet die axonometrische Darstellung ein.
- ORBIT erlaubt, das 3D-Bild mit gedrückter Maustaste vertikal zu kippen und horizontal zu drehen.
- 3D-RUNDGANG ist nur im perspektivischen Modus verfügbar und erlaubt mit den Pfeiltasten eine 3D-Begehung des Bauwerks.
- DRAHTMODELL aktiviert die Darstellung als durchsichtiges Drahtmodell.
- SCHATTIERUNG schaltet die Oberflächenmaterialien für eine schattierte Darstellung ein.

Abb. C.14: Symbolleiste EINFACHES 3D

Elemente anordnen

Diese Werkzeuge bilden vier Funktionsgruppen:

- Sie können Objekte gruppieren, d.h. zusammenfassen, und die Gruppierungen verwalten.
- Sie können die Sichtbarkeitsreihenfolge von Objekten wie Schraffuren und Text u.Ä. beeinflussen.
- Sie können die Ebene, auf der ein gewähltes Objekt liegt, gegen Änderungen sichern oder wieder entsichern.
- Sie können die Sichtbarkeit von Ebenen bzw. Ebenen-Gruppen ein- und ausschalten.

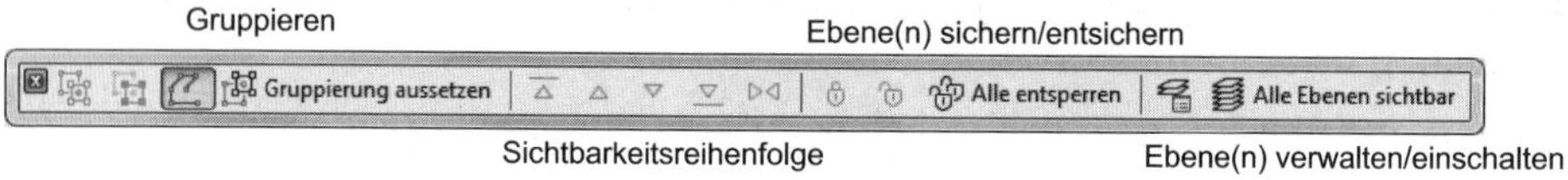

Abb. C.15: Symbolleiste ELEMENTE ANORDNEN

Mehr über die einzelnen Werkzeuge erfahren Sie in Abschnitt 6.9.9, *Symbolleiste »Elemente anordnen«*.

Elemente bearbeiten

Hiermit werden oft benötigte Bearbeitungsfunktionen angeboten, um Elemente zu trimmen (abzuschneiden), Längen- oder Größenänderungen vorzunehmen, Abrundungen vorzunehmen, Ecken-Verbindungen zu erstellen oder Anpassungen zwischen Elementen (z.B. Wände an Dächer anpassen) zu erstellen. Die detaillierte Erläuterung der einzelnen Funktionen finden Sie in Abschnitt 6.4, *Elemente bearbeiten*.

Hier befinden sich auch zahlreiche Funktionen zur Bearbeitung der neuen Morph-Elemente, die allgemeine Volumenkörper darstellen mit vielen Modifikationsmöglichkeiten. Speziell können alle Objekte in MORPHS umgewandelt werden. Morphs lassen sich miteinander mit so genannten *Boole'schen Operationen* wie VEREINEN, ABZIEHEN oder VERSCHNEIDEN kombinieren. Ein weiterer Vorteil von Morphs besteht darin, dass sie geglättet werden können, um organische Formen zu repräsentieren.

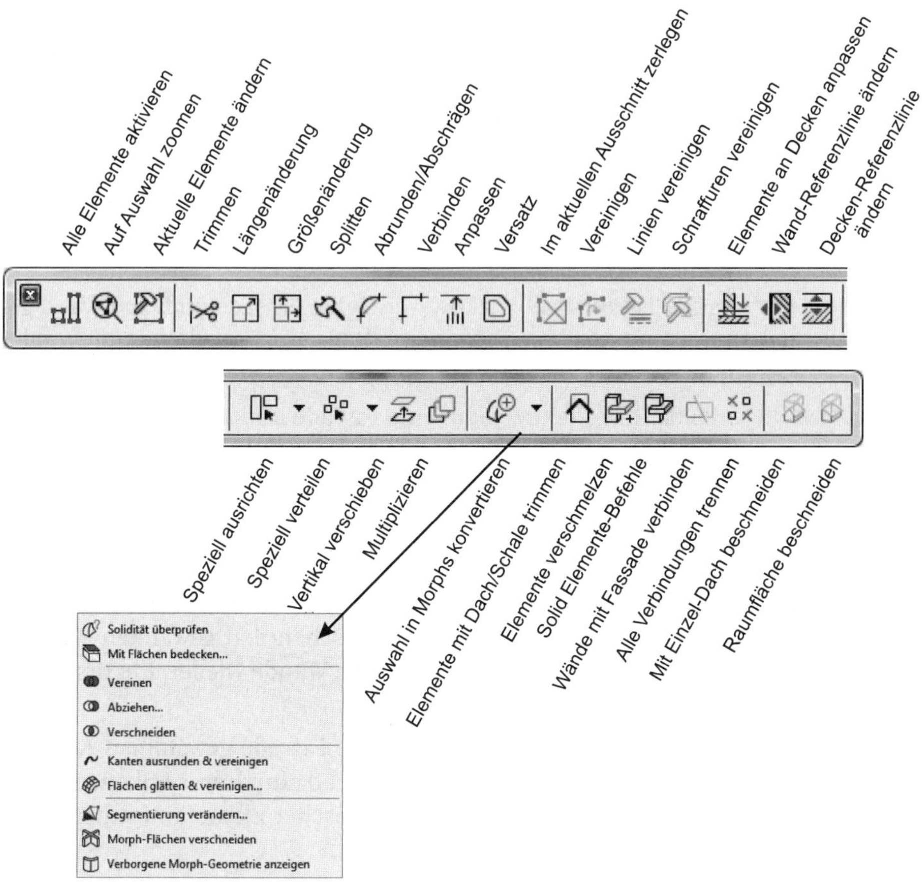

Abb. C.16: Symbolleiste ELEMENTE BEARBEITEN

Fassade

Diese Symbolleiste enthält zahlreiche Optionen zur Bearbeitung von Fassadenelementen. Die Werkzeuge sind jeweils nur unter bestimmten Voraussetzungen aktiv, abhängig davon, ob die benötigten Elemente vorher gewählt sind.

- SYSTEM BEARBEITEN Nach Anklicken einer Fassade erscheint das spezielle Fassadensystem-Bearbeitungsmenü.
- SYSTEM BEARBEITEN BEENDEN (aktiv, wenn Fassadensystem-Bearbeitungsmenü läuft) dient zum Beenden der Fassadensystembearbeitung.
- SYSTEM BEARBEITEN ABBRECHEN (aktiv, wenn Fassadensystem-Bearbeitungsmenü läuft) dient zum Abbrechen der Fassadensystembearbeitung ohne Übernahme der Bearbeitungsergebnisse.

- Fassade splitten (aktiv, wenn eine Fassade gewählt ist) Hiermit kann eine Fassade an der Schnittlinie mit einer anderen unterteilt werden. Der Befehl entspricht dem Splitten für Wände. Das gesplittete überstehende Ende einer Fassade kann dann einfach gelöscht werden.
- Verbindungsprofil erstellen (aktiv, wenn zwei Fassaden gewählt sind) Die Funktion dient zur Erzeugung des fehlenden Profils, nachdem zwei sich schneidende Fassaden gesplittet wurden und die überstehenden Enden entfernt worden sind.
- Wände mit Fassade verbinden (aktiv, wenn eine Fassade und eine Wand gewählt sind) Damit kann die Wand automatisch bis zur Fassade verlängert oder verkürzt werden.
- Verbindung abbrechen (aktiv, wenn eine Fassade und/oder die verbundene Wand gewählt sind) Damit kann die Wand wieder von der Fassade gelöst werden, sodass sie wieder ihre ursprüngliche Länge erhält.
- Verbundene Wand wählen (aktiv, wenn eine Fassade gewählt ist) wählt zur Fassade die Wand hinzu.
- Alle Elemente lösen (aktiv, wenn eine Fassade und/oder die verbundene Wand gewählt sind) löst die Verbindungen zwischen den gewählten Wänden und den zugehörigen Fassaden, sodass alle diese Wände wieder ihre ursprüngliche Länge erhalten.
- Alle Elemente etikettieren (aktiv, wenn eine Fassade gewählt ist) Alle Fassadenelemente wie Paneele und Pfosten können dadurch mit Etiketten versehen werden. Das sind Hinweistexte mit automatischer Elementnummerierung in der Grundrissansicht.
- Form als Schraffur abbilden (aktiv, wenn eine oder mehrere Fassaden gewählt sind) In einer Seitenansicht kann zur Fassade eine Schraffur mit gleichem Umriss erzeugt werden. Solche Schraffuren lassen sich leicht bearbeiten und dann ihrerseits wieder zur Bestimmung der Fassadenumrisse verwenden.
- Form anhand Schraffur neu definieren (aktiv, wenn eine oder mehrere Schraffuren gewählt sind) Die Schraffuren werden verwendet, um die Kontur einer wählbaren Fassade zu bestimmen.
- Schraffur von Form abziehen (aktiv, wenn eine oder mehrere Schraffuren gewählt sind) Die Schraffuren werden verwendet, um von der Kontur einer wählbaren Fassade zu bestimmen. Das Schraffurgebiet wird vom Fassadenumriss abgezogen.
- Schraffur zu Form hinzufügen (aktiv, wenn eine oder mehrere Schraffuren gewählt sind) Die Schraffuren werden verwendet, um von der Kontur einer wählbaren Fassade zu bestimmen. Das Schraffurgebiet wird zum Fassadenumriss hinzugefügt.

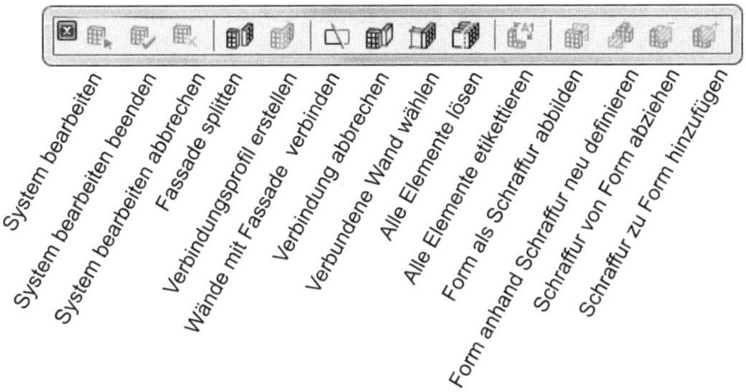

Abb. C.17: Symbolleiste FASSADE

GDL-Bibliothekselement bearbeiten

Diese Symbolleiste dient der Verwaltung von Teilen aus GDL-Bibliotheken. Das sind Bibliotheken, die extern definierte Teile enthalten. Diese Teile werden mit einer *G*eometric *D*escription *L*anguage (daher GDL) erstellt.

Abb. C.18: Symbolleiste GDL-BIBLIOTHEKSELEMENT BEARBEITEN

Klassische 3D Navigation

Hier finden sich einfache Hilfsmittel zur *Bewegung der 3D-Ansicht.* Diese Hilfsmittel werden allerdings durch das moderne Hilfsmittel ORBIT, das mit [F2] aufgerufen werden kann, in den Schatten gestellt.

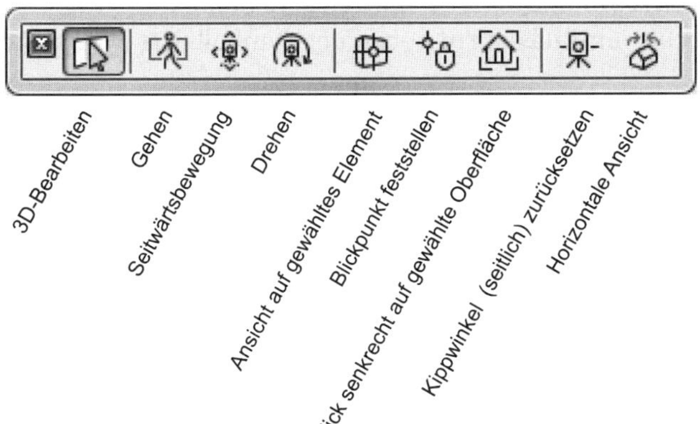

Abb. C.19: Symbolleiste KLASSISCHE 3D NAVIGATION

Layouts und Zeichnungen

Die *Layouts* für Zeichnungen können hiermit erstellt werden. Die mittleren Buttons dienen dazu, *Masterlayouts* und davon abgeleitete *Layouts* zu erstellen. Ein Layout ist die Aufbereitung für die Plotausgabe mit Zeichnungsrahmen und Schriftkopf. Die Masterlayouts sind die Vorgaben für die gewünschten individuellen Layouts. Sie enthalten noch keine individuellen Zeichnungsobjekte, sondern sind nur *leere Rahmen*. Mit dem ersten Button links können Sie einen Ausschnitt aus einem Grundriss in ein Layout legen und damit eine Zeichnung erstellen. Die Layouts werden dann im *Layoutbuch* des NAVIGATORS verwaltet.

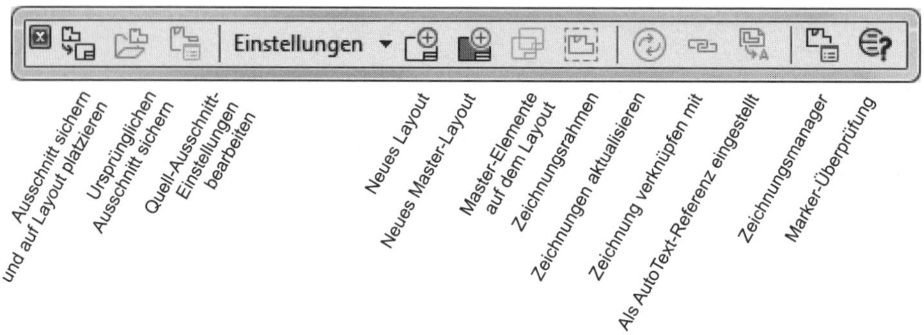

Abb. C.20: Symbolleiste LAYOUTS UND ZEICHNUNGEN

Mini-Navigator

Diese Symbolleiste bietet einige Funktionen an, die auch in der üblicherweise aktivierten NAVIGATOR-Palette angeboten werden. Letztere wird weiter unten beschrieben. Unter GRUNDRISS finden Sie eine *Geschoss-Verwaltung*. Daneben können Sie zwischen *Perspektiv-* und *Axonometrie-Darstellung* wählen. Mit GEHE ZU können Sie diverse letzte Konstruktions- und Listenfenster erreichen. Standardmäßig wird diese Symbolleiste oben rechts am Bildschirm neben der Symbolleiste STANDARD eingeblendet.

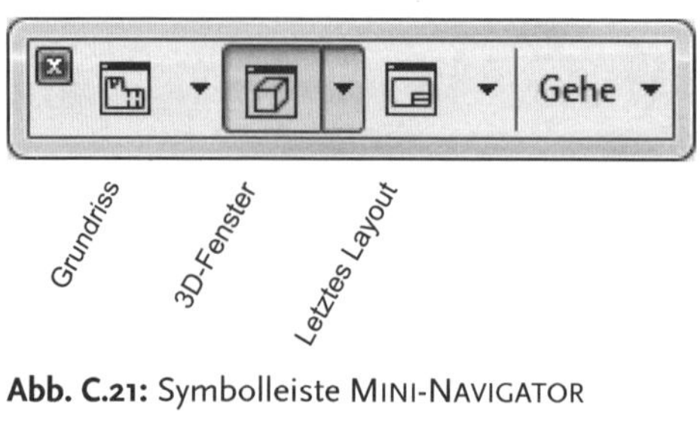

Abb. C.21: Symbolleiste MINI-NAVIGATOR

Morph

Diese neue Symbolleiste dient der Bearbeitung von MORPH-Geometrien. MORPH-Elemente sind Kurven, Flächen oder Volumenkörper, die entweder mit dem MORPH-WERKZEUG erstellt werden oder durch Umwandeln anderer Elemente entstehen. Die wichtigsten Bearbeitungsoperationen liegen in dieser Symbolleiste. MORPH-ELEMENTE können mit Boole'schen Operationen miteinander kombiniert werden (VEREINEN, ABZIEHEN, VERSCHNEIDEN). Morph-Elemente können geglättet werden und damit zur Darstellung moderner organischer Formen dienen. Sie können auch mit den Solid-Elemente-Befehlen bearbeitet werden. Damit stellen sie ein sehr modernes Hilfsmittel für freie Formen dar.

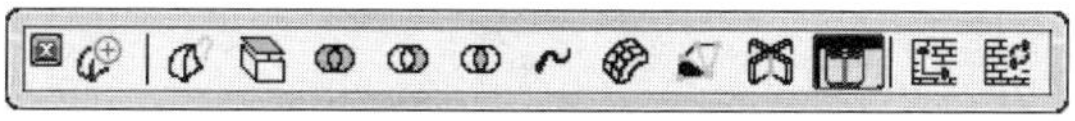

Abb. C.22: Symbolleiste MORPH

Die wichtigsten Funktionen sind:

- AUSWAHL IN MORPH KONVERTIEREN Beliebige Elemente können in Morphs zum Zwecke der Modellierung umgewandelt werden
- SOLIDITÄT ÜBERPRÜFEN
- MIT FLÄCHEN BEDECKEN
- VEREINEN Boole'sche Operation zum additiven Kombinieren von Elementen
- ABZIEHEN Boole'sche Operation zum Kombinieren von Elementen mit Differenzbildung
- VERSCHNEIDEN Boole'sche Operation zum Kombinieren von Elementen, um das kleinste gemeinsame Volumen zu finden
- KANTEN AUSRUNDEN & VEREINIGEN dient zum Ausrunden von Kanten
- FLÄCHEN GLÄTTEN & VEREINIGEN dient zum Ausrunden von Flächen mit fließenden Übergängen
- MORPH-FLÄCHEN VERSCHNEIDEN
- VERBORGENE MORPH-GEOMETRIE ANZEIGEN
- URSPRUNG BESTIMMEN
- ZURÜCKSTELLEN

Standard

Diese Symbolleiste ist üblicherweise aktiviert. Sie enthält die wichtigsten Funktionen zur Dateiverwaltung wie NEU, ÖFFNEN und SPEICHERN. Auch gibt es die Werkzeuge zum *Rücknehmen* und *Wiederherstellen* von Aktionen. Wichtige Zeichenhilfsmittel und Bearbeitungsfunktionen finden Sie hier ebenfalls.

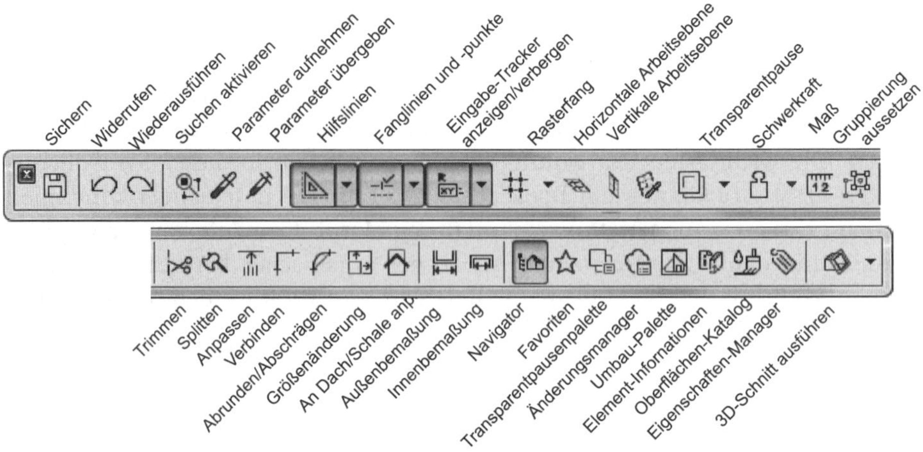

Abb. C.23: Symbolleiste STANDARD

Standard für geringe Auflösung

Diese Leiste enthält eine Unterauswahl der STANDARD-Symbolleiste. Nicht enthalten sind hier die besonderen Fangpunkte, die Schwerkraft-Positionierung und die Markierwerkzeuge für Änderungsmarkierung.

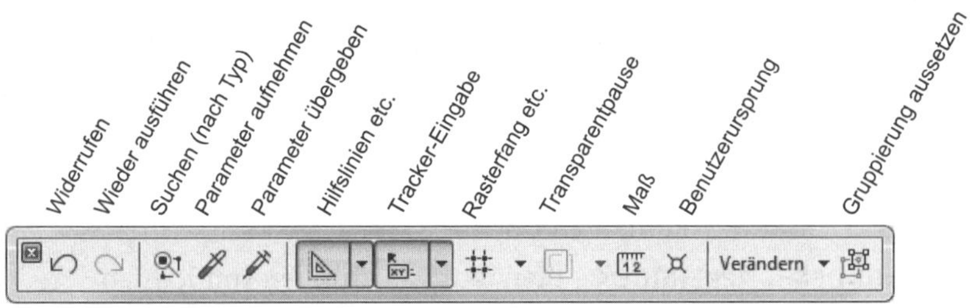

Abb. C.24: Symbolleiste STANDARD FÜR GERINGE AUFLÖSUNG

Teamwork

Hierin geht es um die Zusammenarbeit mehrerer Konstrukteure im Team. Voraussetzung ist, dass Sie in einem Team-Projekt arbeiten, das über den BIM-Server koordiniert wird.

- SENDEN & EMPFANGEN Sie können Ihre Konstruktionsänderungen an den BIM-SERVER senden bzw. den aktuellen Stand von dort abholen.
- ELEMENTE RESERVIEREN Bevor Sie Änderungen an Elementen aus einem Team-Projekt vornehmen können, müssen Sie diese zur Bearbeitung explizit durch Sie reservieren.

- ALLES FREIGEBEN Damit werden Ihre Konstruktionen zur Bearbeitung durch andere freigegeben.
- NEUER TEAMWORK-KOMMENTAR Sie können damit einen Kommentar in das Projekt-Protokoll hinzufügen.
- NEUE NACHRICHT... Sie können hiermit Nachrichten an andere Teammitarbeiter senden.
- AUSGEWÄHLTE ELEMENTE ÜBERPRÜFEN überprüft die Zugehörigkeit von Elementen zu Bearbeitern.
- TEAMWORK-PALETTE Dies aktiviert eine Palette mit den wichtigsten Teamwork-Funktionen.

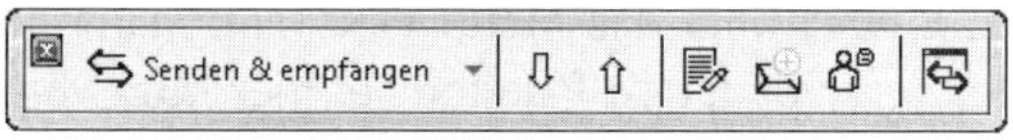

Abb. C.25: Symbolleiste TEAMWORK

Werkzeugkasten Werkzeuge

Diese Symbolleiste ist identisch mit der WERKZEUGKASTEN-Palette. Sie enthält die Funktionen zum Erzeugen der Konstruktionselemente, zum Einfügen von GDL-Objekten, zum Zeichnen einfacher Geometrieobjekte (Linien, Kreise, Polylinien etc.) für Hilfsgeometrien, zur Bemaßung, zur Erzeugung von Schnitten, Detailansichten und Animationen.

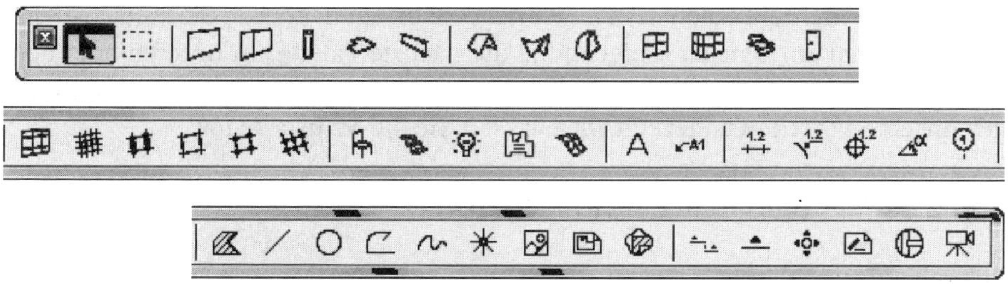

Abb. C.26: Symbolleiste WERKZEUGKASTEN

Zeichenhilfen

Diese Symbolleiste stellt speziell die Hilfsmittel zur Vereinfachung der Geometrieeingabe bereit. Sie sind aber meist schon in der STANDARD-Symbolleiste enthalten. Die Werkzeuge sind: BENUTZERURSPRUNG EINSTELLEN, RASTER- und HILFSLINIENEINSTELLUNGEN, *Bewegungsbeschränkungen* wie *parallel* oder *lotrecht* und letztlich *besondere Fangpunkte*. Die Kapitel 1 und 3 gingen detailliert auf die einzelnen Zeichenhilfen ein.

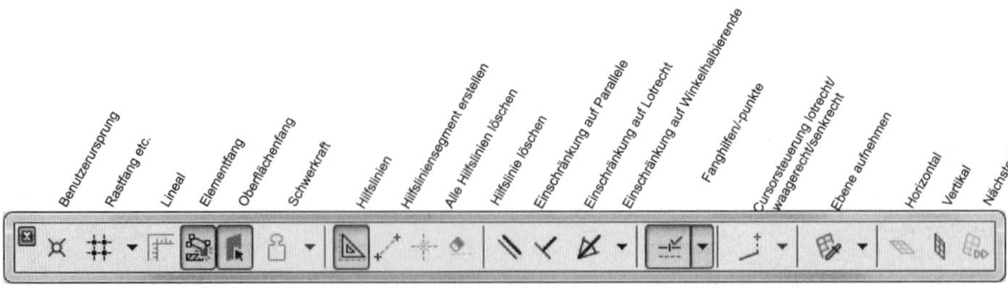

Abb. C.27: Symbolleiste ZEICHENHILFEN

C.4 Paletten

Die *Paletten* können Sie ebenfalls nach Bedarf über das Menü FENSTER|PALETTEN ein- und ausschalten. Die Belegung der verschiedenen Paletten sei hier kurz vorgestellt.

C.4.1 Paletten-Management

Paletten können auf dem Zeichenfenster liegen oder in den Rändern angedockt werden. Zum Andocken müssen Sie eine Palette per Drag&Drop am Rand oben packen und in den Fensterrand ziehen. Sie können dann mit einem Doppelklick auch wieder zwischen dem angedockten Zustand und der freistehenden Palette wechseln. Nicht alle Paletten lassen sich derart andocken.

Es können aber auch mehrere Paletten in einer Spalte untereinander angedockt werden. Um mehrere Paletten in eine Spalte zu bringen, docken Sie zunächst eine Palette normal an. Danach schieben Sie die nächste Palette am unteren oder oberen Rand hinein und achten auf die schwarz umrandete Vorschau. Wenn die gewünschte Vorschau angezeigt wird, lassen Sie die Maustaste los.

C.4.2 Kurzbeschreibung aller Paletten

Auswahlen/Auswahlsets

Mit dieser Palette lassen sich *benannte Sätze* von gewählten Elementen zusammenstellen. Dazu markieren Sie zunächst die Objekte, die zum Auswahlsatz gehören sollen, klicken dann auf das Listboxsymbol rechts oben und wählen AUSWAHL HINZUFÜGEN. Es wird ein Name angefordert und Sie speichern diese Auswahl mit SICHERN. Sie können nun eine Auswahl durch Doppelklick auf den Namen aktivieren. Zur Manipulation von Auswahlen gibt es noch drei Buttons. Mit X können Sie aus einer bestehenden Auswahl alle Objekte bis auf den aktuell markierten Satz herausnehmen. Mit – nehmen Sie den markierten Satz aus einer aktuellen Auswahl heraus. Mit + fügen Sie den markierten Satz zur aktuellen Auswahl hinzu.

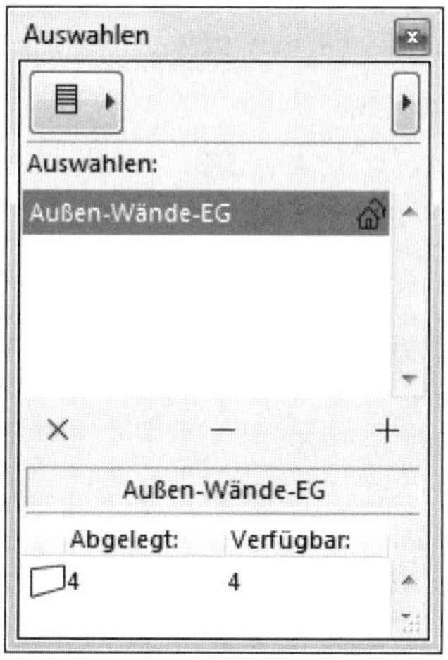

Abb. C.28: Palette AUSWAHLEN für Auswahlsets

Bibliotheken laden-Protokoll

Diese Palette protokolliert fehlende Bibliothekselemente, die für diese Zeichnung benötigt werden, oder doppelte vorhandene. Sie können dann versuchen, über den Bibliotheken-Manager die nötigen Bibliotheken ins Projekt aufzunehmen. Meist handelt es sich wie im Beispiel um Elemente aus Bibliotheken älterer Programmversionen. Wenn doppelte Elemente gefunden wurden, können Sie überflüssige Bibliotheken entfernen.

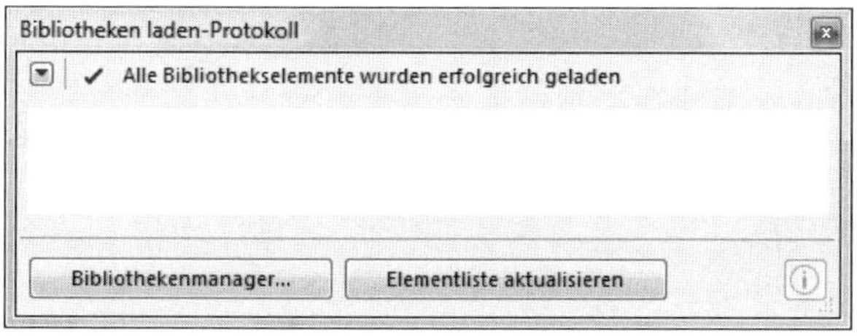

Abb. C.29: Palette BIBLIOTHEK LADEN-PROTOKOLL

Ebenen-Umschalter

Die Palette bietet in sieben Buttons schnelle Möglichkeiten zum *Umschalten* von Ebeneneinstellungen:

- Sichtbare können ausgeblendet werden und umgekehrt.
- Geschützte, d.h. gegen Änderungen geschützte, können entsichert werden und umgekehrt.

Neben diesem *globalen* Umschalten können Sie auch die *Ebenen* gewählter Elemente gezielt bearbeiten:

- *Ausblenden*
- *Schützen (gegen Änderungen)*
- *Entsichern (Änderungen wieder erlauben)*
- Schließlich lassen sich auch die Ebenen der nicht gewählten Elemente hier ausschalten und/oder
- schützen.

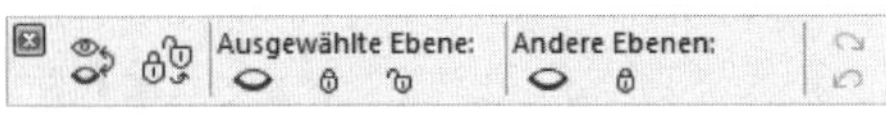

Abb. C.30: Palette EBENEN-UMSCHALTER

Am rechten Ende der Palette können alle Einstellungen mit zwei Buttons zurückgenommen oder wiederhergestellt werden.

Element-Information

Diese Palette zeigt Ihnen auf Wunsch verschiedene Daten gewählter Objekte an: *Eigenschaften* (Elementtyp, interne Bezeichnung, Ebenenzuordnung), *Länge, Fläche* im Grundriss, *Höhe, Oberflächenabmessungen* und *Volumen.*

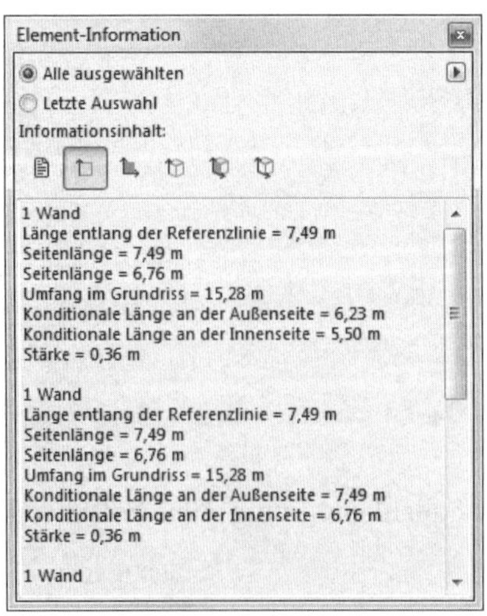

Abb. C.31: Palette ELEMENT-INFORMATION

Favoriten

Diese Palette bietet für jedes Werkzeug die als Favoriten gespeicherten Einstellungen an. Favoriten können während der Arbeit mit einem Werkzeug im *Einstellungsdialogfenster* dieses Werkzeugs gespeichert werden. Dazu klicken Sie in der Palette INFOFENSTER des aktiven Werkzeugs das Icon EINSTELLUNGSDIALOG mit dem Werkzeugbild links oben an und darin dann die Schaltfläche FAVORITEN. Dort wählen Sie dann AKTUELLE EINSTELLUNGEN ALS FAVORITEN SPEICHERN und geben einen sinnvollen selbsterklärenden Namen dafür ein.

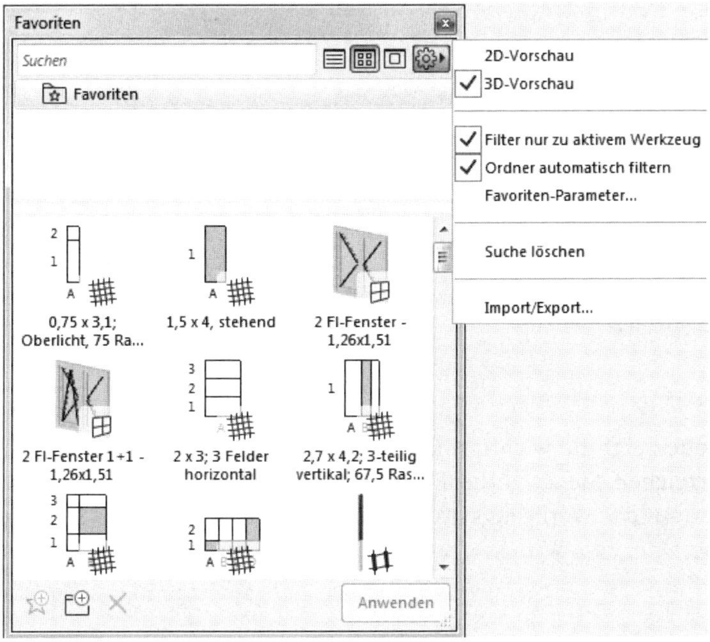

Abb. C.32: Palette FAVORITEN

IFC-Manager

Für den Austausch von Elementen mit anderen CAD-Systemen gibt es einen Standard: *IFC* (*Industry Foundation Classes*). Mit ABLAGE|INTEROPERABILITÄT|IFC|DAZULADEN können Sie IFC-Dateien öffnen oder dazuladen. Mit dem IFC-MANAGER haben Sie dann Zugriff auf die Daten der Objekte, die Sie nicht mit den normalen Einstellungsdialogen erreichen.

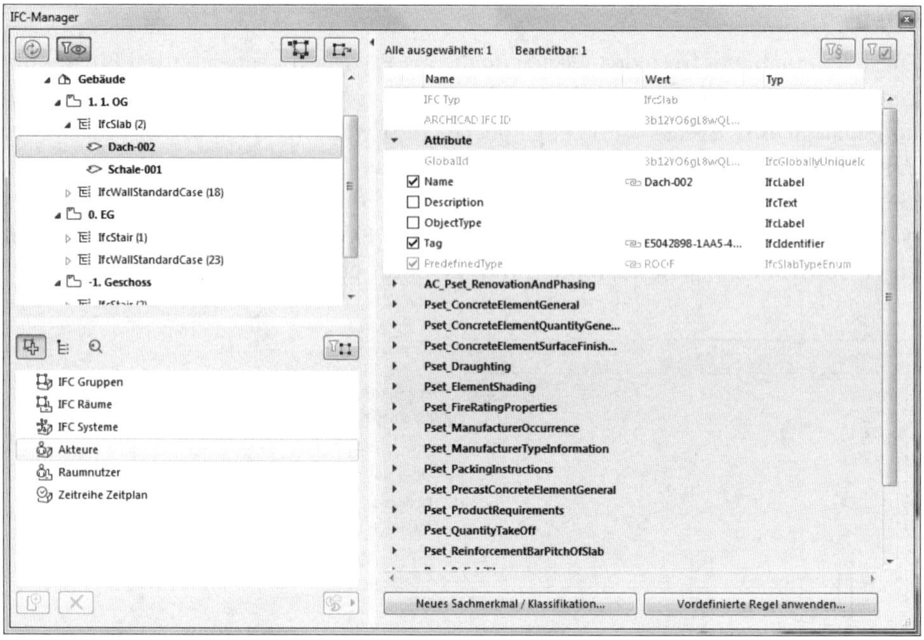

Abb. C.33: Palette IFC-MANAGER

Infofenster

Diese wichtige Palette zeigt die wichtigsten *Einstellungen des gerade aktiven Werkzeugs* an. Hierin erreichen Sie auch die *Einstellungsdialogfenster der verschiedenen Werkzeuge*, wenn Sie auf das Werkzeugsymbol klicken. Dort wiederum können Sie *Favoriten-Einstellungen für jedes Werkzeug* speichern und wieder laden.

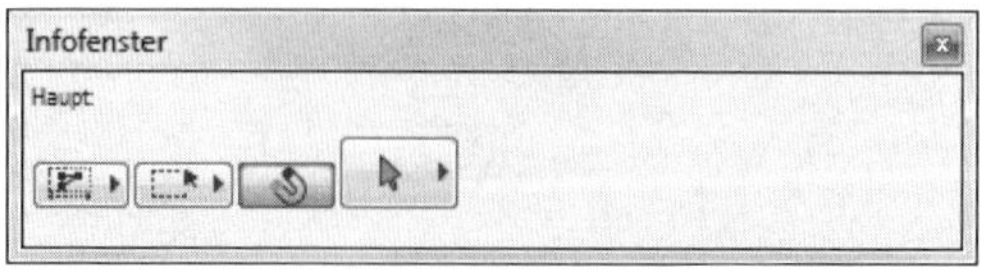

Abb. C.34: Palette INFOFENSTER für Pfeilsymbol

Kontrollfenster-Palette

Diese Palette verwaltet die *Hilfslinien*, die *relativen Konstruktionsmethoden* (Bewegungsbeschränkungen wie lotrecht, parallel u.Ä.), *Fangpunktvarianten*, das *Gruppieren* von Objekten, den *Zauberstab* (Umwandlung von einfacher Geometrie in Wände u.Ä.).

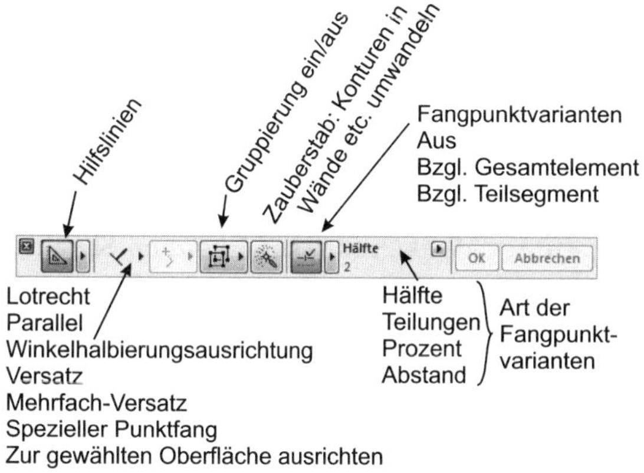

Abb. C.35: Palette KONTROLLFENSTER

Koordinaten-Palette

Diese Palette zeigt die aktuellen *Cursorkoordinaten* an und kann auch zur *Koordinaten-Eingabe* verwendet werden. Hiermit kann der Benutzerursprung neu bestimmt werden und das Raster und der Rasterfang gesteuert werden.

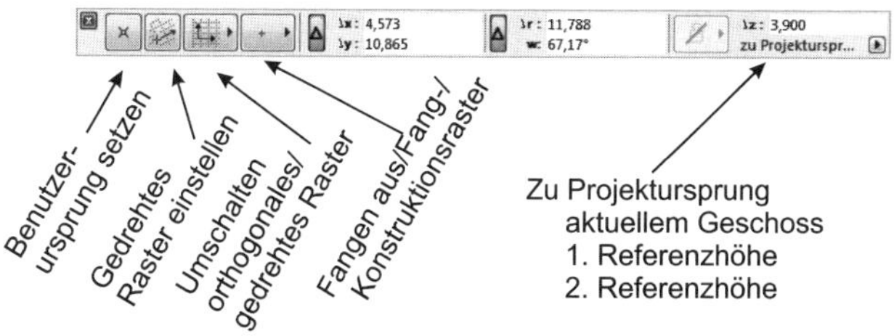

Abb. C.36: Palette KOORDINATEN

Marker-Überprüfung

Mit dieser Palette können Sie überprüfen, ob Marker für Schnitte, Ansichten etc. in der aktuellen Projekt-Sicht eventuell keine Referenz haben.

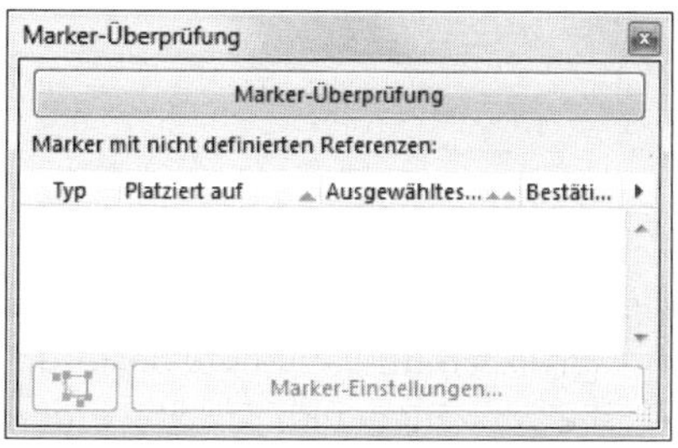

Abb. C.37: Überprüfen von Marker-Einträgen

Marker Werkzeuge

Mit den Werkzeugen hier können Sie mit dem Button unter KORREKTUREN Ihre Korrekturen oder Änderungen markieren und hervorheben, dokumentieren und beschriften. Zum Lokalisieren sind unter AUSSCHNITT UND AUSWAHL die beiden Buttons AUF ELEMENT ZOOMEN und ELEMENTE AUSWÄHLEN wichtig.

Mit dem Button EINTRAG HINZUFÜGEN unter MARKER EINTRÄGE können Sie auch Einträge aus DWF-Dateien, die mit dem *Reviewer-Programm* mit Markierungen versehen wurden, in Ihre Konstruktion übertragen.

Abb. C.38: Palette MARKER WERKZEUGE

Navigator

Der üblicherweise aktivierte NAVIGATOR zeigt die *Struktur des aktuellen Projekts* an. Er enthält den Strukturbaum mit den einzelnen *Geschossen* und auch die besonderen Ansichten für *3D, Schnitte* und *Details*. Auch die verschiedenen *Listen* werden hier gezeigt. Durch Anklicken eines Untereintrags öffnen Sie das Anzeigefenster dafür. Wenn es zu einem Knoten wie hier im Beispiel *Details* kein Plus-Symbol gibt, dann sind eben noch keine Untereinträge vorhanden, sprich keine *Details* erstellt worden.

Darunter finden Sie noch BESCHREIBUNGEN, wo das aktuell gewählte Geschoss, die aktuelle Ansicht oder Liste mit ihren EINSTELLUNGEN verwaltet werden kann. Insbesondere können hier auch zusätzliche *Geschosse eingerichtet* werden oder *3D-Ansichtseinstellungen* geändert werden.

Bei einem Team-Projekt werden darunter noch die Möglichkeiten zur Reservierung angezeigt, reservierte Elemente können von Ihnen bearbeitet werden, freigegebene von anderen Teamkollegen.

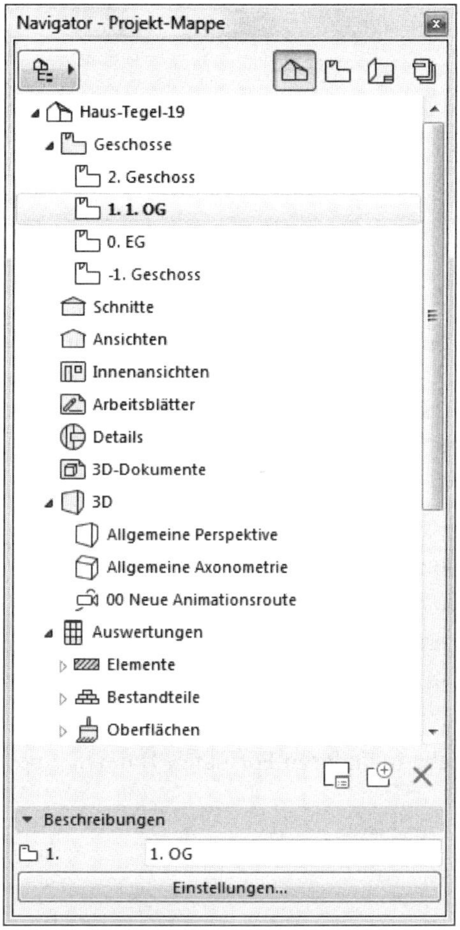

Abb. C.39: Palette NAVIGATOR

Navigatorvorschau

Die NAVIGATORVORSCHAU bietet ein Übersichtsfenster zum besseren Einstellen der Ansicht im Zeichenfenster (GRUNDRISS oder 3D) an. Insbesondere für 3D-Ansichten können Sie damit bequem Standpunkt und Blickrichtung bestimmen.

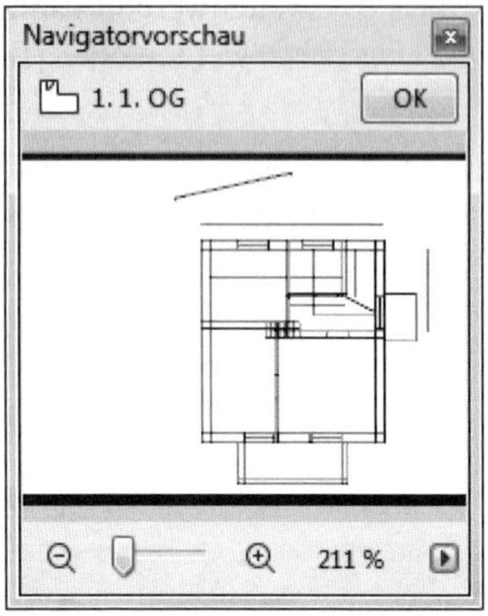

Abb. C.40: Palette NAVIGATORVORSCHAU

Organisator

Mit dieser Palette haben Sie über die vier Schaltflächen oben Zugriff auf die PROJEKT-MAPPE, die AUSSCHNITT-MAPPE, das LAYOUTBUCH und auf PUBLISHER-SETS. Dieses Werkzeug ist dann nützlich, wenn Sie Elemente aus einer Mappe in eine andere übertragen wollen, beispielsweise Grundrisse in die Ausschnitt-Mappe und weiter in das Layoutbuch (siehe Kapitel 12, *Organisation, Layout und Plot*).

- PROJEKT-MAPPE enthält die Projektstruktur mit den Geschossen, Schnitten, Ansichten, Details und 3D-Ansichten sowie den Listen.
- AUSSCHNITT-MAPPE enthält alle Ausschnitte der Projekt-Mappe mit festgeschriebenem Maßstab und individuell erstellte Ausschnitte.
- LAYOUTBUCH enthält alle zum Plotten aufbereiteten Zeichnungsdarstellungen.
- PUBLISHER-SETS erlaubt, zur Weitergabe in anderen Formaten Dateien zu erstellen.

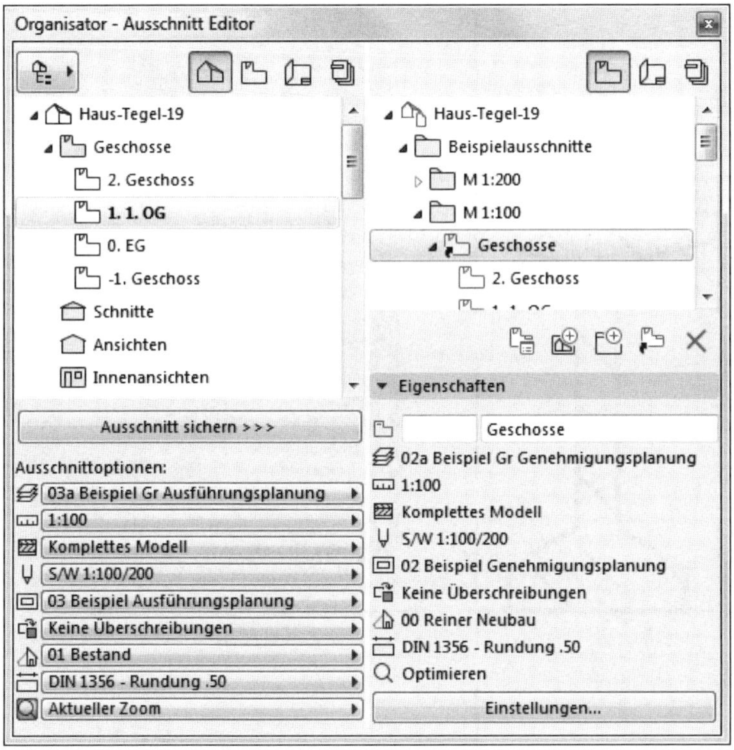

Abb. C.41: Palette ORGANISATOR – PUBLISHER

Profil-Manager

Der PROFIL-MANAGER erlaubt die Erstellung und Verwaltung *eigener Profile* für *Wände, Stützen* und *Unterzüge*. Diese Profile können aufgerufen werden, wenn Sie im EINSTELLUNGSDIALOG des WAND-, STÜTZEN- oder UNTERZUG-Werkzeugs über die betreffenden *Form-Icons* die Option WANDFORM oder PROFIL aktivieren und dann im Abschnitt STRUKTUR in der Zeile PROFIL das Profil auswählen. Im PROFIL-MANAGER erscheinen als Vorgaben auch solche Profile, die Sie über das Menü OPTIONEN|PROFILE|STANDARD STAHLPROFILE IMPORTIEREN geladen haben.

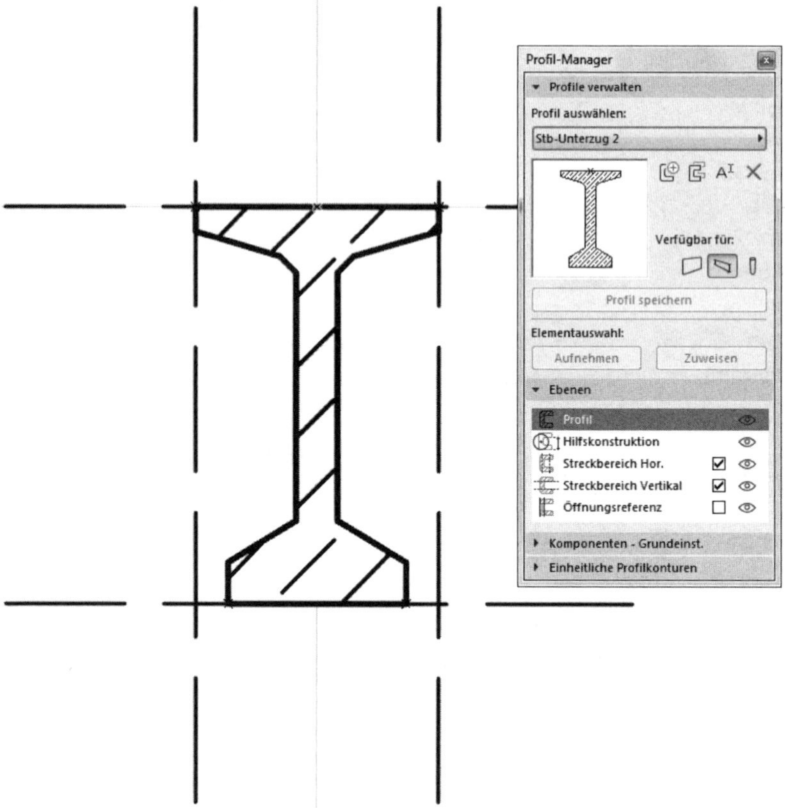

Abb. C.42: Palette PROFIL-MANAGER mit Bearbeitungsfenster

Schnell-Optionen

Hier können Sie die EBENENKOMBINATIONEN für die aktuelle Darstellung wählen, den MAẞSTAB, die STRUKTURDARSTELLUNG, das STIFTSET und die MODELLDARSTELLUNG-KOMBINATIONEN. Es gibt unterschiedliche Darstellungen für ENTWURF, GENEHMIGUNGSPLANUNG, AUSFÜHRUNGSPLANUNG oder DECKENSPIEGEL.

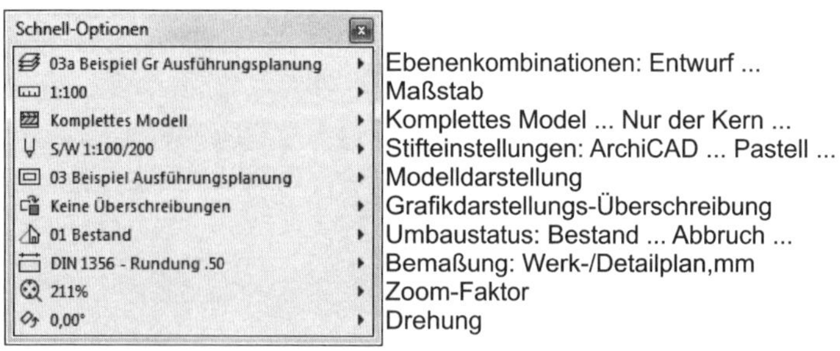

Abb. C.43: Palette SCHNELL-OPTIONEN

Statusanzeige

Dies ist eigentlich keine Palette, sondern nur die unterste Leiste des Programms. In dieser Leiste finden Sie links bei der Abarbeitung von Funktionen die Dialogtexte und den Text, den Sie in Abbildung C.44 sehen.

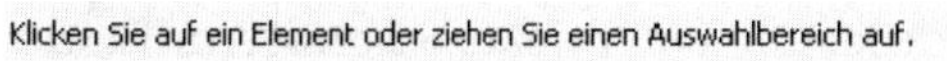

Abb. C.44: Palette STATUSANZEIGE

Teamwork

Die TEAMWORK-Palette ist nur in einem entsprechenden Teamwork-Projekt verfügbar. Sie steuern damit Ihre Freigaben und Reservierungen von Elementen oder Geschossen für die Bearbeitung von anderen Team-Mitgliedern oder für sich selbst. Auch Änderungsstände und Nachrichten können Sie an andere Bearbeiter verschicken.

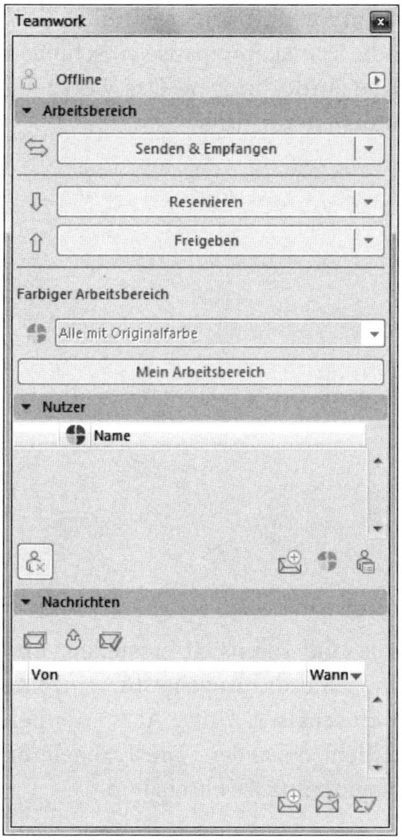

Abb. C.45: TEAMWORK-Palette

Transparentpause

Mit dieser Palette können andere Projekt-Sichten als Transparentpausen in der aktuellen Projekt-Sicht angezeigt werden, damit sie als Basis von Konstruktionen dort verwendet werden können. Insbesondere können Fangpositionen dann übernommen werden. Die Transparentpausen werden vorgabemäßig rot markiert.

Eine *Transparentpause* wird nach Rechtsklick auf eine Projekt-Sicht mit ALS TRANSPARENTPAUSE ANZEIGEN erstellt.

Mit  wird in der Palette die Transparentpausenverwaltung aktiviert. Über das Listenfeld daneben können dann die Transparentpausen ausgewählt werden, die rot markiert angezeigt werden sollen. Sie wählen entweder eine vorhandene Transparentpause über ihren Namen direkt aus oder können im Fall von Geschossen mit UNTER DEM GESCHOSS oder ÜBER DEM GESCHOSS die darunter oder darüber liegenden Geschosse direkt wählen. Die Konstruktionswerkzeuge arbeiten aber stets in der aktuellen Projekt-Sicht.

Mit dem Werkzeug  können Sie aber zwischen der aktuellen Projekt-Sicht und der Transparentpause hin- und herwechseln, wenn Sie dort konstruieren wollen. Mit den Werkzeugen daneben können Sie auch die Transparentpause verschieben und drehen oder auch wieder in die Ausgangslage zurückbringen. Das Werkzeug ganz rechts aktualisiert nach Änderungen die Transparentpause.

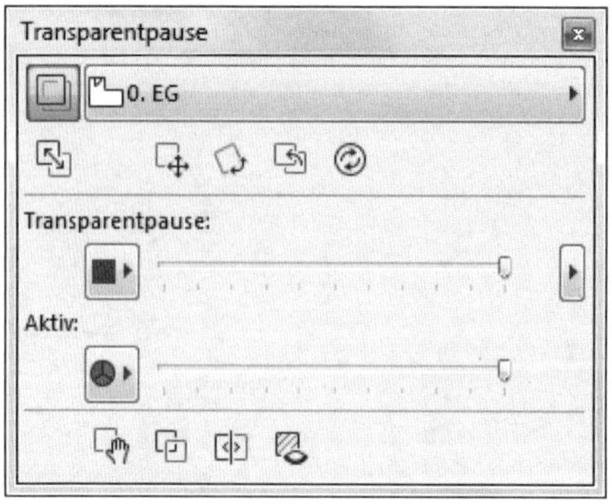

Abb. C.46: Palette TRANSPARENTPAUSE

Unter TRANSPARENTPAUSE lässt sich deren Farbe und Intensität einstellen, und über ein Listenfeld auf der rechten Seite können Sie die Anzeige für einzelne Objekte der Transparentpause aus- und wieder einschalten. Unter AKTIV können Sie Farbe und Intensität der aktuellen Projekt-Sicht einstellen. Die Farbgebung verschwindet wieder, wenn Sie generell die Transparentpause abschalten.

In der untersten Zeile finden sich nützliche Werkzeuge für den Vergleich zwischen Transparentpause und aktueller Projekt-Sicht. Mit können Sie die Transparentpause dynamisch verschieben. Mit einem Klick wählen Sie den Startpunkt für die dynamische Verschiebung der Transparentpause und bewegen sie dann dynamisch. Nach einem zweiten Klick wird sie wieder zurückgeschoben. Das Werkzeug zeigt die Transparentpause über oder unter der aktuellen Projekt-Sicht an. Mit werden die Splitter angezeigt, die Sie während Ihrer Arbeit vom Rand aus über die ganze Konstruktion ziehen können, um die gemäß oben liegende Schicht wie eine Folie wegzuziehen, damit nur eine Schicht sichtbar bleibt. Das Werkzeug schaltet Schraffuren und Raumflächen aus oder ein.

Umbau

Mit dieser Palette können Sie Elemente den verschiedenen Bauphasen BESTAND, ABBRUCH oder NEUBAU zuweisen. Sie können auch die generelle *Sichtbarkeit* der Elemente für *alle* entsprechenden Filter einschalten oder nur auf den *aktuellen* Umbau-Filter beschränken. Die Umbau-Filter zeigen die verschiedenen Bauphasen mit oder ohne Abbruch- und Neubau-Elemente an, auch teilweise mit farblicher Hervorhebung (siehe Kapitel 5). Die Anzeigeeigenschaften der Filter lassen sich noch über Optionen steuern.

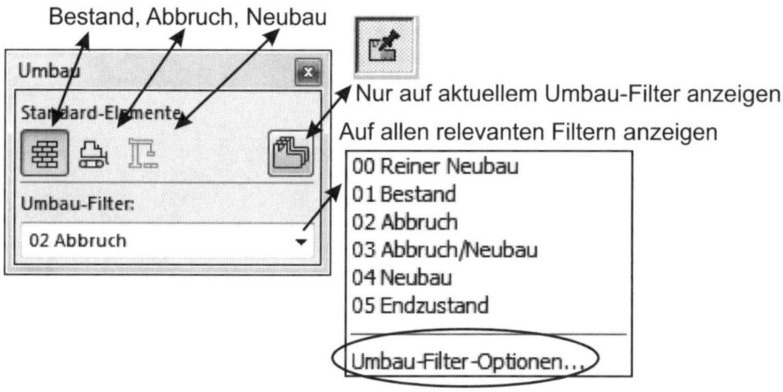

Abb. C.47: UMBAU-Palette

Werkzeugkasten-Palette

Dieser *Werkzeugkasten* ist identisch mit der *Symbolleiste* WERKZEUGE. Er enthält die Funktionen zum Erzeugen der Konstruktionselemente, zum Einfügen von GDL-Objekten, zum Zeichnen einfacher Geometrieobjekte (Linien, Kreise, Polylinien etc.) für Hilfsgeometrien, zur Bemaßung, zur Erzeugung von Schnitten, Detailansichten und Animationen.

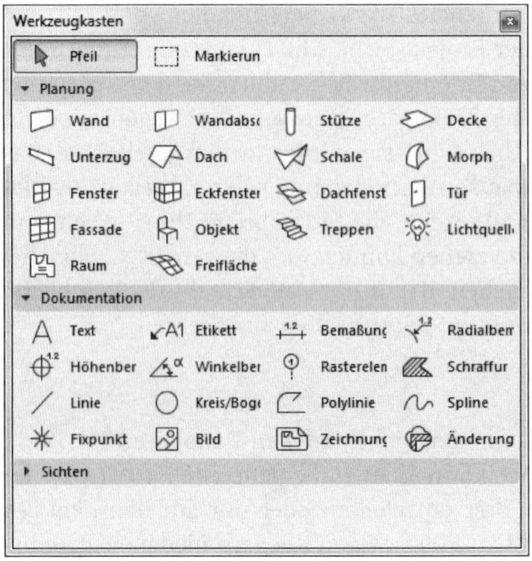

Abb. C.48: Palette WERKZEUGKASTEN

Zeichnungs-Manager

Die auf den einzelnen Layouts platzierten Zeichnungen bzw. Ausschnitte können hiermit verwaltet werden. Auch eingefügte Zeichnungen und DWG-Dateien werden hier angezeigt.

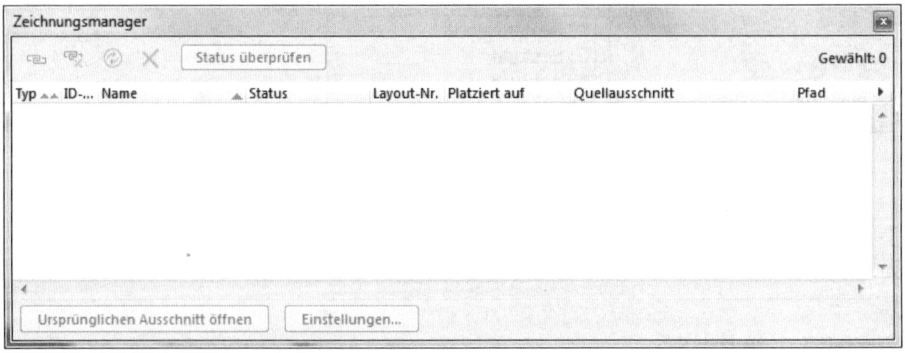

Abb. C.49: Palette ZEICHNUNGS-MANAGER

C.5 Kontextmenü im Grundrissfenster

Kontextmenüs bieten immer die wichtigsten Funktionen an, die in der aktuellen Situation angeboten werden können. Kontextmenüs werden mit Rechtsklick aufgerufen. Abbildung C.50 zeigt das Kontextmenü im Grundrissfenster (wenn keine Elemente aktiviert sind und kein Werkzeug aktiv ist). Das *Grundrissfenster* wird angezeigt, nachdem Sie gestartet haben oder immer, wenn Sie im NAVIGATOR die PROJEKT-MAPPE und darin ein Geschoss aktiviert haben. Folgende Funktionen werden nach Rechtsklick angeboten:

- EINSETZEN fügt Objekte aus der Zwischenablage ein.
- VOLL-BILDSCHIRM vergrößert die nutzbare Bildschirmfläche etwas, indem die PROGRAMMLEISTE, die Leiste STATUSANZEIGE und die Windows-Startleiste weggeschaltet werden.
- VOLL-BILDSCHIRM & ALLE PALETTEN AUSBLENDEN vergrößert die nutzbare Bildschirmfläche, sodass nur noch die MENÜLEISTE, das GRUNDRISSFENSTER und die BILDLAUFLEISTE übrig bleiben.
- TRANSPARENTPAUSE Hierunter geht es zum Menü, das Transparentpausen verwaltet. Mit dem obersten Punkt im Untermenü aktivieren und deaktivieren Sie den Modus TRANSPARENTPAUSE. Die Palette für Transparentpausen kann ganz unten im Untermenü aktiviert werden. Sie können das Geschoss unter oder über dem aktuellen als rote Transparentpause anzeigen lassen, um beispielsweise Positionen aus dem anderen Geschoss zu übernehmen. Voraussetzung ist aber, dass Sie von dem gewünschten Geschoss vorher über Rechtsklick im Navigator eine Transparentpause erstellt haben.
- REINZEICHNUNG schaltet den Reinzeichnungsmodus ein, in dem die Verschneidungen von Elementen korrekt dargestellt werden. Alternativ werden die Konstruktionslinien der einzelnen Wände mit Andeutung der Laufrichtung gezeigt.
- ECHTE LINIENSTÄRKE schaltet die Darstellung echter Linienstärken ein. Bei entsprechend starker Zoom-Vergrößerung können Sie dann die Unterschiede zwischen dicken, dünnen und mittelstarken Linien sehen. Ohne echte Linienstärke werden alle Linien als dünne Haarlinien angezeigt.
- AUSSCHNITT SICHERN UND AUF LAYOUT PLATZIEREN Hiermit können Sie den aktuellen Ausschnitt auf das aktuelle Layout in der LAYOUT-MAPPE legen. Die Layout-Mappe oder das Layoutbuch ist die Sammlung aller Zeichnungen (mit Rahmen und Schriftfeld) des gesamten Projekts.
- NEUES 3D-DOKUMENT AUS DEM GRUNDRISS erstellt ein neues 3D-Dokument vom aktuellen Grundrissfenster.
- 3D-DOKUMENT NEU DEFINIEREN definiert das zum aktuellen Grundrissfenster gehörige 3D-Dokument nach aktuellem Stand neu.
- NEU AUFBAUEN aktualisiert den Fensterinhalt.
- OPTIMIEREN Die gesamte Konstruktion mit Ausnahme ausgeblendeter Ebenen wird auf das Fenster gezoomt.
- AUSWAHL/MARKIERUNGSRAHMEN IN 3D ANZEIGEN zeigt nur die markierten Elemente oder den durch einen Markierungsrahmen begrenzten Ausschnitt im 3D-FENSTER.

- Alles in 3D anzeigen zeigt alles im 3D-Fenster an.
- Letzte Auswahl/Markierungsrahmen in 3D anzeigen zeigt letzte Auswahl als 3D-Ansicht an.
- Gehe zu|Letzter Schnitt wechselt in den zuletzt aktivierten *Schnitt*.
- Gehe zu|Letzte Detailzeichnung wechselt in die zuletzt aktivierte *Detailzeichnung*.
- Gehe zu|3D-Fenster wechselt ins 3D-Fenster.
- Gehe zu|Letztes Layout wechselt ins zuletzt benutzte *Layout*.
- Gehe zu|Letzte Liste wechselt in die zuletzt benutzte *Liste*.

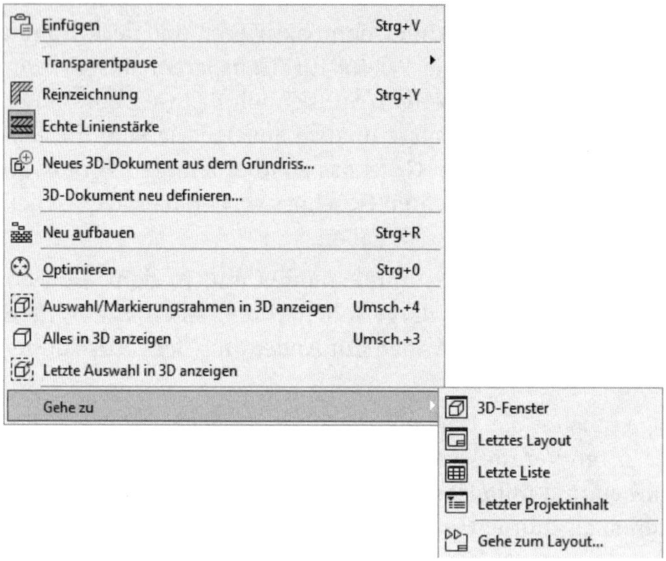

Abb. C.50: Kontextmenü im Grundrissfenster

C.6 Ansicht im 3D-Fenster manipulieren

Das *3D-Fenster* wird aktiviert, wenn Sie im Navigator in der Projekt-Mappe den Knoten 3D mit einem Klick aufblättern und mit Doppelklick Allgemeine Axonometrie oder Allgemeine Perspektive aktivieren.

C.6.1 Orbit

Zur Ansichtsmanipulation im 3D-Fenster gibt es in der Bildlaufleiste neben den oben beschriebenen Optionen eine Zoom-Option, das Werkzeug Orbit . Damit können Sie die Ansicht durch vertikale Bewegung bei gedrückter Maustaste um die horizontale Achse und umgekehrt mit horizontaler Bewegung um die vertikale Achse drehen. So können Sie jede beliebige Ansichtsrichtung einstellen.

C.6.2 Das Kontextmenü im 3D-Fenster

Das 3D-Fenster kennt zwei Darstellungsarten, die ALLGEMEINE PERSPEKTIVE und die ALLGEMEINE AXONOMETRIE. Erstere ist eine Darstellung mit Fluchtpunkt und Blickpunkt, bei der sich parallele Kanten in der Verlängerung treffen. Die axonometrische Darstellung dagegen erhält die Parallelität von Kanten. Sie können zwischen beiden Darstellungsarten über die NAVIGATOR-Palette durch Doppelklick umschalten.

Das Kontextmenü im 3D-FENSTER erhalten Sie mit einem Rechtsklick (Abbildung C.51), wenn keine Elemente gewählt sind. Es enthält einige Punkte, die ähnlich oder gleich dem Kontextmenü im GRUNDRISS-FENSTER sind, aber auch einige sehr 3D-spezifische. 3D-Einstellungen können Sie alternativ auch über das Menü ANSICHT|3D-DARSTELLUNGSMODUS vornehmen.

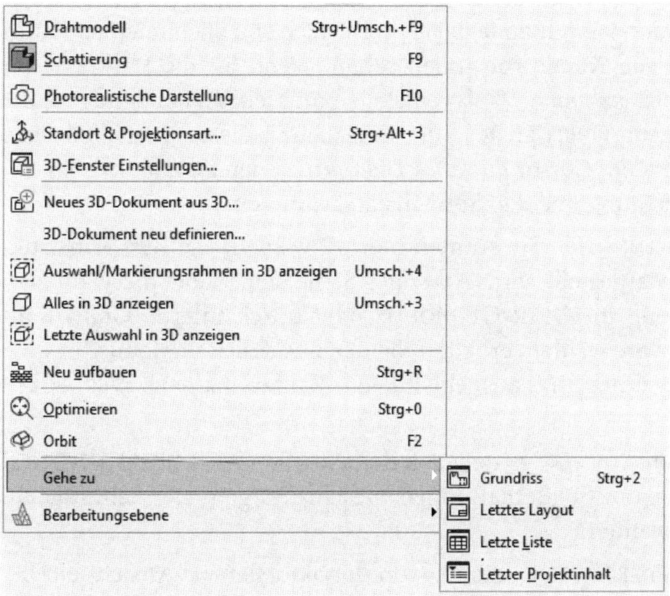

Abb. C.51: Kontextmenü im 3D-Fenster

- DRAHTMODELL In dieser Darstellungsart werden alle Elemente nur durch ihre Kanten repräsentiert. Alle Flächen sind dann durchsichtig. Diese Darstellungsart wird gewählt, um innen liegende Elemente oder Kanten zu sehen und bearbeiten zu können.

- SCHATTIERUNG In dieser Darstellungsart erscheinen alle Elemente mit undurchsichtigen schattierten Oberflächen. Auch die Materialien der Oberflächen kommen hier zur Geltung.
- PHOTOREALISTISCHE DARSTELLUNG Mit dieser Funktion wird in einem extra Fenster eine photorealistische Darstellung der Konstruktion neu berechnet. Die Einstellungen für Details der photorealistischen Darstellung finden Sie unter DOKUMENTATION|RENDERING, ANIMATION ETC.|PHOTOREALISTIK-EINSTELLUNGEN.
- STANDORT & PROJEKTIONSART Je nachdem, ob Sie in der perspektivischen oder axonometrischen Darstellung sind, erhalten Sie unterschiedliche Dialogfenster zur Einstellung der Ansichten (Abbildung C.52, Abbildung C.53). Zu beachten ist, dass Sie in beiden Fenstern *im kleinen Vorschaufenster* die *Ansichtsrichtungen, Beleuchtungsrichtung* und *Blickpunkt* auch *interaktiv mit dem Cursor* variieren können. Mit der Schaltfläche PERSPEKTIV-EINSTELLUNGEN bzw. AXONOMETRIE-EINSTELLUNGEN können Sie zwischen diesen beiden Darstellungsarten wechseln. Bei den Einstellungen für die *Perspektive* wird gern ein größerer BILDWINKEL gewählt, um damit eine etwas übertriebene Perspektive zu erreichen (Abbildung C.54). Dann kann man beispielsweise auch von oben in einen Raum hineinschauen und alle Wände von innen sehen. Wenn Sie die Blickrichtung nicht gerade über *ganz bestimmte Winkel* einstellen müssen, verwenden Sie dafür natürlich das Werkzeug ORBIT anstelle der Eingaben in diesen Dialogfenstern. Sie können auch mit dem Cursor *direkt im Dialogfenster* den Standpunkt des Betrachters, die Blickrichtung und den Sonnenstand variieren.
- 3D-FENSTER EINSTELLUNGEN Sie können hiermit wählen, wie Ihre Konstruktion im 3D-Fenster dargestellt wird. An erster Stelle steht dabei die Wahl zwischen der Darstellung im OPEN GL-MODUS oder durch interne Grafik-Software. Wenn Sie Letztere wählen, erhalten Sie den zusätzlichen Modus für eine unschattierte Darstellung mit ausgeblendeten Kanten namens VERDECKTE KANTEN.
- NEUES 3D-DOKUMENT AUS 3D erstellt von der aktuellen Ansicht ein 3D-Dokument. Dieses kann dann für Bemaßungen, Beschriftungen oder Schnittgenerierung verwendet werden.
- 3D-DOKUMENT NEU DEFINIEREN erstellt von der aktuellen 3D-Ansicht ein bestehendes 3D-Dokument neu. Das Dokument, das überschrieben werden soll, wird dann aus einer Liste gewählt.
- AUSWAHL/MARKIERUNGSRAHMEN IN 3D ANZEIGEN zeigt nur die vorher markierten oder durch einen Auswahlrahmen bregrenzten Elemente im 3D-FENSTER an.

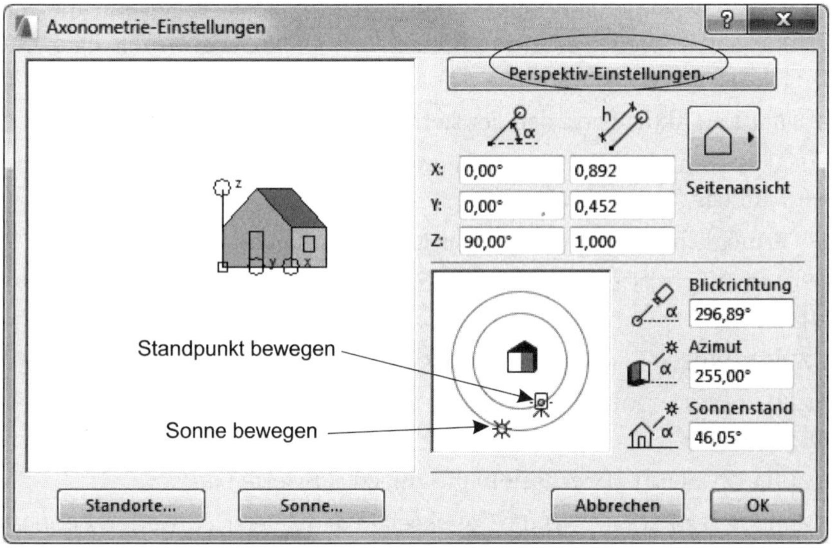

Abb. C.52: Einstellungen für die Allgemeine Axonometrie

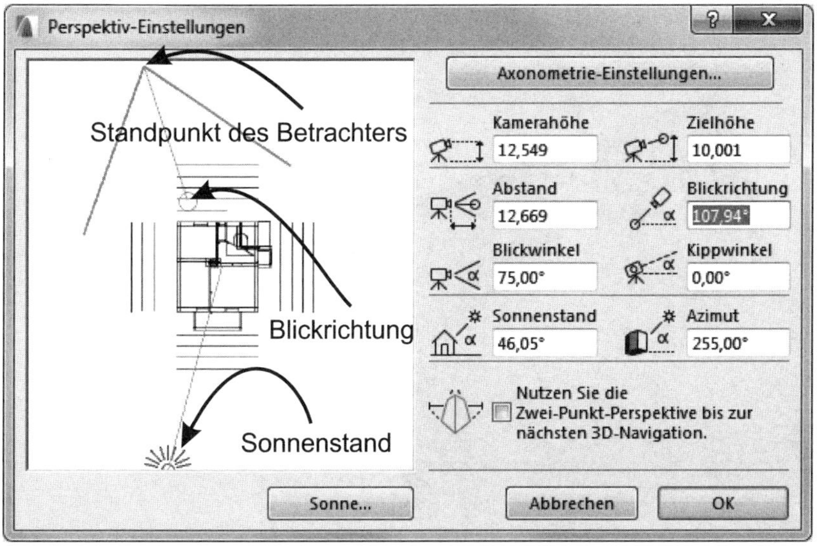

Abb. C.53: Einstellungen für die Allgemeine Perspektive

- ALLES IN 3D ANZEIGEN (GEFILTERT) zeigt alle Elemente im 3D-Fenster an, wenn Elemente vorher gefiltert wurden, nur die gefilterten (siehe ANSICHT|ELEMENTE IN 3D|ELEMENTE IN 3D FILTERN UND SCHNEIDEN).

- LETZTE AUSWAHL/MARKIERUNGSRAHMEN IN 3D ANZEIGEN zeigt nur die vorher markierten Elemente oder durch eine Auswahlbox begrenzten Elemente im 3D-FENSTER an.
- NEU AUFBAUEN aktualisiert den Fensterinhalt.
- OPTIMIEREN Die gesamte Konstruktion mit Ausnahme ausgeblendeter Ebenen wird auf das Fenster gezoomt.
- ORBIT ermöglicht das Schwenken des Modells mit gedrückter Maustaste.
- ZWEI-PUNKT-PERSPEKTIVE aktiviert eine perspektivische Darstellung mit zwei Fluchtpunkten.
- GEHE ZU|GRUNDRISS wechselt ins GRUNDRISS-FENSTER.
- GEHE ZU|LETZTES LAYOUT wechselt ins zuletzt aktivierte LAYOUT (vorbereitete Plotausgabe).
- GEHE ZU|LETZTE LISTE wechselt in die zuletzt aktivierte LISTE.
- GEHE ZU|LETZTER PROJEKTINHALT wechselt in den zuletzt aktivierten PROJEKTINHALT.
- BEARBEITUNGSEBENE verzweigt zu verschiedenen Funktionen zur Erstellung einer Bearbeitungsebene.

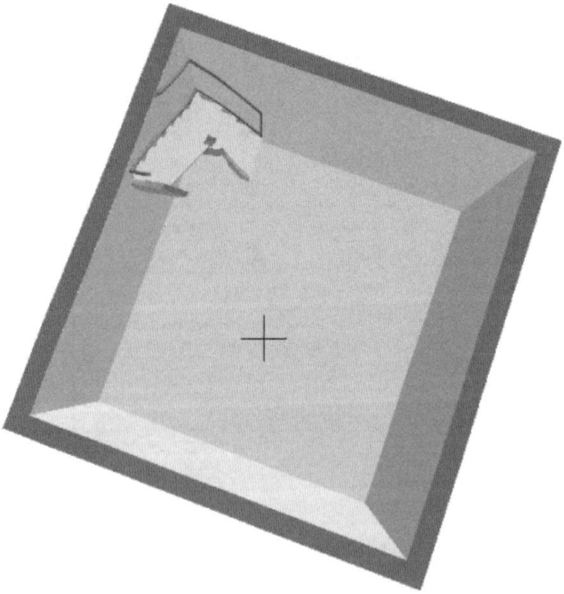

Abb. C.54: Perspektivische Ansicht mit großem Bildwinkel

C.6.3 Standortbestimmung für 3D-Darstellungen

In den Dialogfenstern zur Einstellung für die ALLGEMEINE PERSPEKTIVE oder ALLGEMEINE AXONOMETRIE (Abbildung C.52, Abbildung C.53) finden Sie die Schaltfläche SONNE. Damit können Sie das Sonnenlicht nach *Farbe, Sonnenstand* und *Ort* beeinflussen (Abbildung C.55). Unter ORT UND DATUM befindet sich auch die Datumseingabe. Hinter STADT WÄHLEN verbirgt sich dann die Verwaltung einer Ortsliste (Abbildung C.56). Sie wählen aus dieser Liste den gewünschten Ort aus. Damit können Sie die Beleuchtungsbedingungen an einem bestimmten Ort zu einem bestimmten Zeitpunkt simulieren.

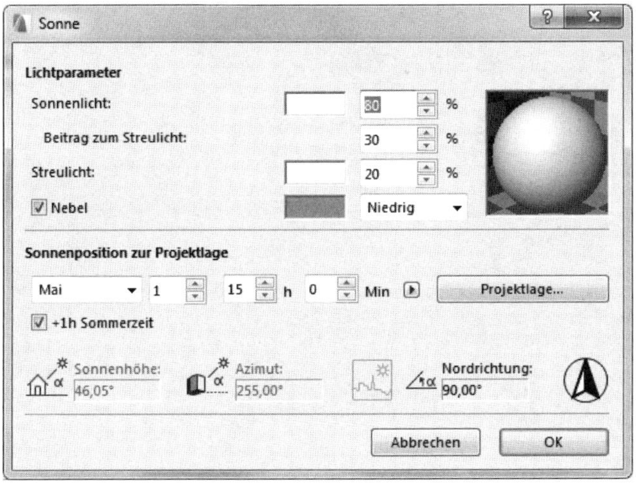

Abb. C.55: Sonnenstandangaben

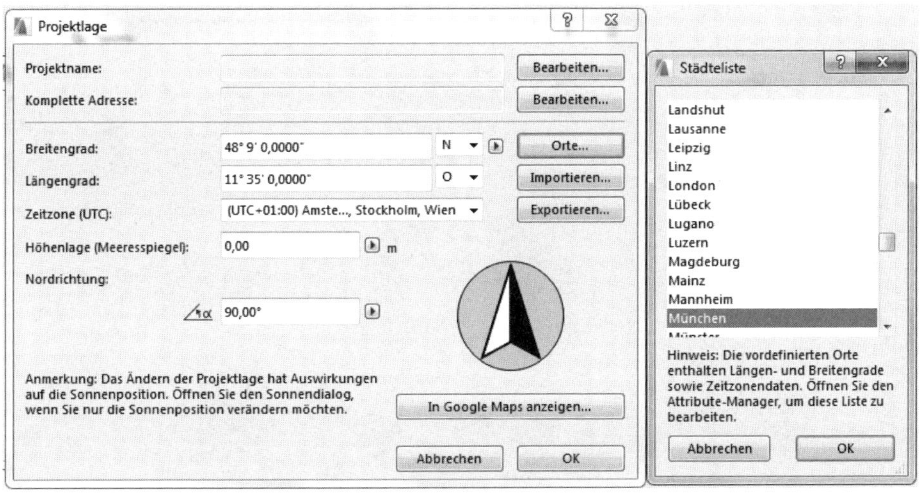

Abb. C.56: München als Ort auswählen

Stichwortverzeichnis

Symbole

Δ-Symbol 40

Numerisch

1. Referenzhöhe 482
2. Referenzhöhe 482
3D 54, 384
3D-Dokument 293, 347ff, 383
3D-Fenster 73, 79, 512, 513
3D-Schnitt 366
3D-Visualisierung 484

A

Abbruch 128, 141ff, 509
Ablage-Menü 474
Abrunden 195, 199, 224, 233
Abschrägen 224, 233
Abstand
    Fangpunkt 100
Abziehen 283, 488, 493
    vom Polygon 211
Abzug 235
Addieren 206
Änderung 502
Änderungsmanager 323
Änderungswolke 324
Animation 416, 425
Anker
    Fassade 271
Ankerpunkt 179
Anpassen 208, 226, 233
Anpassung
    Raum an Dach 336
Anpassungsoperation 207
Anschlussreihenfolge 133
Ansicht 352
Ansicht-Menü 476
Anzeigereihenfolge 237
Arbeitsebene 79
Arbeitsebenenauswahl 79
Arbeitseinheit 402, 482
Arbeitsumgebung 57, 473
ArchiCAD
    starten 19
Assoziativ 293
Attribut 114, 130, 134, 485
Aufteilen 206f
Ausbeulen 290
Ausrichten
    speziell 234
Ausschneiden 238
Ausschnitt-Mappe 380, 384, 504
Auswahl 496
    beenden 192
    nach Kriterien 193
Auswahlset 194
Auswahlverfahren 192
Außenbemaßung
    automatisch 311
Automatisch bemaßen 311
AutoText 320, 356
Axonometrie 74, 384, 492, 514

B

Bauelement
    tragendes 365
Bauphase 141, 509
Bearbeiten-Menü 217, 475
Bearbeitungsbefehl 189
Bearbeitungsebene 79
Bearbeitungsfunktion 197
Bearbeitungsursprung 81, 82
Bemaßen
    in 3D 375
Bemaßung 51, 479
    ändern 314
    automatisch 311
    ergänzen 316
    Höhenbemaßung 293, 307
    lineare 293
    löschen 316
    Radialbemaßung 293, 304
    Wandstärken 301
    Winkelbemaßung 293, 306
Bemaßungseinstellung 402
Bemaßungselement 300
Bemaßungsvorgang 298
Bemaßung-Werkzeug 51
Benutzeranpassung 276
Benutzeroberfläche 57, 473
Benutzerursprung 81, 82, 477

Beschneidung
rückgängig 338
Bestand 141, 509
Betriebssystem 16
Bibliotheken laden-Protokoll 497
Bild
photorealistisches 415, 424
Bildschirmdarstellungs-Option 486
Bildschirmoberfläche 21
BIM 15
Bogen 111, 115
Bogenbemaßung 302
Boole'sche Operation 283, 488

D

Dachdurchbruch 167, 176
Dachfenster 175
Dachform 161
Dachgaube 175
Dach-Höhenlinie 338
Dachneigung 169
Dachschräge 404
Dach-Werkzeug 160
Darstellung
photorealistische 74, 514
Darstellungskombination 23
Darstellungsoption 166
Decke 155
anpassen 233
Deckendurchbruch 260
Deckkappe 271
Detail 360, 383
Detailansicht 358, 360
Detail-Werkzeug 383
Dezimalstelle 295
Dokumentation-Menü 479
Drag&Drop 238
Drahtmodell 73, 513
Drahtmodell/schattiert 411
Drehen 202
Ansicht 70
Drehtür
in Fassade 273
Dreizack 193
Drucken 395

E

Ebene 132, 411, 479
Ein/aus 411
Einstellung 412
Gesperrt/entsichert 411
Ebenenkombination 23
Ebenen-Umschalter 497
Ebenen-Verwaltung 237, 479
Ein/aus
für Ebenen 411
Einfaches 3D 487
Eingabeaufforderungen 24
Einheiten-Einstellung 482
Einsetzen 71, 238, 511
Einstellungsdialog
Wand 136
Element
aktivieren 232
anordnen 488
bearbeiten 488
Elemente anordnen (Symbolleiste) 236
Elemente bearbeiten (Symbolleiste) 231
Elementfang 28, 109, 481
Element-Information 189, 498
Ellipse 111, 115
Entsichern 238
Etikett 140, 321
Etikett-Werkzeug 321
Extrudiert 172
Extrusion 172
vertikale 173

F

Fachwerk 479
Fangen 39
Fanghilfe 28, 95
Fangpunkt 28, 97, 100f
Fangpunktvariante 103
Farbe 23
Fassade 489
Anker 271
bearbeiten 270
Halterung 271
komplexer Umriss 266
mit Wand verbinden 235
Profil 270
Schema 270
Zubehör 271
Fassaden-Werkzeug 263
Favoriten 28
Favoriten (Palette) 499
Fenster-Menü 482
Fenster-Werkzeug 50, 145
Fixpunkt 111, 122
Fläche 279
ausrunden 283
Flächenberechnung 478
Form
freie 493
organische 488, 493
Freie Form 493
Freifläche 185

Freigabe 507
Fremdzeichnung 393

G

GDL-Bibliothekselement bearbeiten (Symbolleiste) 491
Geländer
  Einstellungen 248
Geometrie
  zweidimensionale 111
Geometriemethode 128
  für Bemaßung 301
  gekrümmt 128
  Wand 26
Georeferenzierung 406
Gepaart 172
Geschoss 25, 383, 407
  Einstellungen 407, 478
  Elemente kopieren 219
  Verwaltung 492
  Voreinstellungen 25
Geschoss-Einstellung 137
Geschoss-Einstellungen 430
Geschosshöhe 137
Gesperrt/entsichert
  für Ebenen 411
Glätten 283ff
grafische Überschreibungen 363
Größenänderung 232
Grundeinstellung
  Wandkomponenten 135
Grundrissfenster 21, 73, 383
Grundriss-Schnittebene 480
Gruppe 144
Gruppierung 237
  aussetzen 144
Gruppierungsfunktion 144

H

Hälfte
  Fangpunkt 100
Halterung
  Fassade 271
Hardware
  Voraussetzungen 16
Haupt-Hilfslinie 98
Hilfe-Menü 484
Hilfslinie 28, 93
  permanent 52, 94
  temporäre 95
Hilfsmittelleiste 22, 69
Hilfspunkt 97
Hintergrund 237
Hinzufügen
  zum Polygon 211
Höhenbemaßung 293, 307
Höhenlinie
  für Dach 171
Höhenverschiebung 203

I

IFC 499
IFC-Manager 499
Industry Foundation Classes 499
Infofenster 21, 58, 500
Innenansicht 354
Innenbemaßung
  automatisch 313
Installation 16

K

Kamera-Werkzeug 421
Kante
  abrunden 199
  ausrunden 283
  versetzen 210
Kartesische Koordinate 81
Klassische 3D Navigation (Symbolleiste) 491
Klonen
  Ordner 385
Knotenpunkt 281
  neuer 199
  verschieben 210
Komplexes Profil 134
Konstruktionsbeispiel 429
Konstruktionsmethode
  relative 105
Konstruktionsraster 36, 91
Kontextmenü 70, 216, 510
  3D-Fenster 73, 513
Kontrollfenster 105, 214
Kontrollfenster-Palette 500
Konvertieren
  in Morph 234, 282
Koordinate 81
  absolute 40
  im Tracker 87
  kartesische 81
  polar 41, 81
  rechtwinklige 40, 81
  relative 40
Koordinateneingabe 31, 83
Koordinaten-Fang 104
Koordinatenfenster 38
Koordinatennullpunkt 21
Koordinaten-Palette 83, 501
Koordinatenursprung 81

Kopieren 238
 auf Geschosse 409
Korrektur 502
Kreis 111, 115
Kriterium
 für Auswahl 193
Kurve 279

L

Längenänderung 197, 203
Layout 388
Layoutbuch 381, 388, 480, 504
Layout-Mappe 511
Layouts und Zeichnungen (Symbolleiste) 492
Lichtquellen-Werkzeug 423
Linear bemaßen 296
Lineare Bemaßung 293
Linie 111, 112
Linienbezogen 172
Linienstärke 23
Liste 384
Listen (Ordner) 344
Lofting 172
Lotrecht 106

M

Marker Werkzeuge (Symbolleiste) 502
Marker-Werkzeug 501
Markieren 88
Markierung 396
Markierungsfarbe 192
Markierungsrahmen 192
Masterlayout 390
Maßkette
 zusammenlegen 317
Maßlinienposition 51
Maßstab 23, 70
Material 130
Mausrad 68
Mehrschicht
 Wandaufbau 130
Mehrschichtige Wand 134
Menüleiste 20, 57
Messen 478
Messen-Werkzeug 89
Meter 482
Mini-Navigator 492
Modelldarstellung
 eigene 330
Morph 488, 493
Morph-Element 279
Morph-Geometrie 284
Morphing-Regel 172
Morph-Werkzeug 279
Multiplizieren 205, 233

N

Nachkommastelle 482
Navigator 21, 59, 379, 502
Navigator-Vorschau 504
Nebenraster 92
Neubau 141, 509
Nordrichtung 406
Null vor Komma 296

O

Oberlicht 175
Öffnungsreferenz 135
Öffnungswinkel
 für Fenster 147
Operation
 Boole'sche 488
Optimieren 70, 72, 511
Optionen-Menü 481
Orbit 22, 69, 73, 512
Ordner
 klonen 385
Organisator 383, 387, 504
Organische Form 488, 493
Ortseingabe 406
Ortsliste
 eigene Orte 406

P

Palette 483, 496
Paneele 265
Parallel 106
Permanente Hilfslinie 52
Perspektive 384, 492
Pet-Palette 27, 195, 198
Pfeil-Werkzeug 21, 66, 189, 192
Pfosten-Element 271
Photorealistik
 Einstellungen 418
Photorealistische Darstellung 74, 514
Photorealistisches Bild 415, 424
Planung-Menü 477
Planungswerkzeug 477
Plotten 394
Polare Koordinate 81
Polarkoordinate 41
Polygon
 Geometriemethode 129
 umformen 210
Polygonaler Versatz 211
Polygonform
 modifizieren 211

Polylinie 111, 117
Priorität 130
Profil
eigenes 130, 180
Fassade 270
komplexes 130, 134
Profil-Manager 134, 505
Profilwand 134
Programmleiste 57
Projekteinstellung 401
Projekt-Index 384
Projektinformation 389
Projekt-Mappe 380, 383, 504
Projektort 406
Projekt-Präferenz 401
Projektursprung 30, 81, 82, 137, 482
Prozent
Fangpunkt 100
Publisher 382
Publisher-Set 396, 504
Punktwolken 474

Q

Quader 280

R

Radialbemaßung 293, 304
Rampen 243
Raster 91
gedrehtes 38, 97
orthogonales 38
Rasterfang 36, 91
Raum
3D 333
beschneiden 235
Raumberechnung 404
Raumfläche 327, 404
anpassen 335
Raumflächen-Begrenzung 171
Raumkategorie 340
Raumreferenzpunkt 335
Raumstempel 140, 327, 329
Raum-Werkzeug 140, 327
Einstellungsdialog 329
Rechtschreibprüfung 479
Rechtwinklige Koordinate 81
Referenzhöhe 304, 404, 482
Referenzkante 129
Reinzeichnung 71, 486, 511
Relative Konstruktionsmethode 105
Rendering Engine 416
Reservierung 507
Reviewer-Programm 502
Röhre-Funktion 285
Rotation 172, 280
Rotiert 172
Route 425
Rundungsintervall 295

S

Schale 171
Schattierung 73, 514
Schema
Fassade 270
Schema-Einstellungen (Dialogfeld) 342
Schichtaufbau 373
Schnellauswahl 190
Schnell-Option 61
Schnell-Optionen 23
Schnell-Optionen (Palette) 506
Schnitt 348, 479
Schnitt/Ansicht 383
Schnitt-/Ansichtsbemaßung 303
Schnittgenerierung 480
Schnittmenge 235
Schraffur 111, 123, 228
Schützen 238
Schwenken
3D-Ansicht 69
Schwerkraft 308, 477
Segmentierung 284
bei Morph 287
Skizze 416
Solid-Element-Befehle 452
Werkzeug 234
Solidität
überprüfen 283
Sonne 77, 517
Sonnenstand 77, 416, 517
Sonnenstudie 427
Sparren 479
Speichern 49
Spiegeln 202
an Referenzkante 130
Spline 111, 119
Splitten 223, 232
Stahlprofil 178, 482, 505
Standard für geringe Auflösung (Symbolleiste) 494
Standard-Element 127
Standard-Funktion 21
Standard-Symbolleiste 57, 493
Start-Dialogfenster 19
Statusanzeige 25, 507
Statusleiste 24
Streckungsbereich 134
Studentenversion 16
Stütze 178
in Wand 181
Stützen 228

Suchen und Ersetzen
Text 323
Sweeping 291
Symbol 320
Symbolleiste 483, 484
Morph 282

T

Tab-Leiste 72
Tabs
für Ansichtsfenster 21
Tangentenrichtung
für Segment 200
Tastaturkürzel 230, 471
Teamwork-Menü 482
Teamwork-Palette 507
Teamwork-Symbolleiste 494
Teilung 100
Testversion 15
Texteditor 319
Text-Werkzeug 317
Tracker 28, 85
Transparentpause 408, 508
Trapez 129
Trapezwand 200
Treppe 241
benutzerdefinierte 256
mit Auswahl erstellen 451
Treppenlauf
Einstellungen 244
Treppen-Werkzeug 241
Trimmen 207, 222, 232, 435
mit Dach/Schale 234
TrussMaker 479
Tür 153
Tür-Werkzeug 45

U

Überschreibungen 363
Umbau 509
Filter 141
Status 141
Umbau-Filter 509
Unterelement
wählen 282
Unterzug 182, 228
Update 484

V

Verbinden 225, 233
Verbindungssymbol 277
Vereinen 235, 283, 488, 493
Vereinigen 227, 233
Vergrößern 22
Versatz
polygonaler 211
Verschattungselement 271
Verschieben 197, 201
vertikal 233
Verschneiden 283, 488, 493
Verschneidungsgruppe 132
Verschneidungspriorität 130
Verteilen 206
speziell 234
Visualisierung 415
Voll-Bildschirm 511
Volumenkörper 279, 333
Voraussetzung 16
Vordergrund 237

W

Wand
mehrschichtige 134
mit Fassade verbinden 235
Wand, Altbau 134
Wandaufbau 130
Wandform 130
Wandhöhe 136
Wandstärke
bemaßen 301
Wandverschneidung 481
Wand-Werkzeug 25, 127
Weich 172
Werkzeugkasten 21, 58
Werkzeugkasten Werkzeuge 495
Werkzeugkasten-Palette 509
Werkzeugleiste 484
Wiederholter Versatz 107
Winkel
Hilfslinien 96
Winkelbemaßung 293, 306
Winkelhalbierende 107

Z

Zauberstab 117, 212, 481
Zeichenhilfen 495
Zeichnung 480
Zeichnungsauswahleinstellung 393
Zeichnungs-Manager 510
Zentimeter 482
Zerlegen 228, 233
Ziehen 197
Zoom 22, 69, 232
Zoom-Funktion 68
Zubehör
Fassade 271